U0284233

《化工过程强化关键技术丛书》编委会

"十三五"国家重点出版物
出版规划项目

化工过程强化关键技术丛书
中国化工学会 组织编写

化工过程强化传热

Heat Transfer Enhancement in Chemical Process

孙丽丽　等编著

化学工业出版社
·北京·

《化工过程强化传热》是《化工过程强化关键技术丛书》的一个分册，本书从传热基本原理剖析入手，对强化传热理论与方法进行梳理，在此基础上，重点围绕石油化工行业中具有代表性的炼油、芳烃、乙烯等三大内容，从设备元件、工艺过程、工厂全局等三个应用层次，对强化传热在石化工业中的实践应用进行了系统总结。全书设强化传热理论与方法、强化传热工程应用两篇，内容包括绪论、强化传热基本原理、污垢热阻及其抑制方法、换热网络合成技术、常用强化传热元件及设备、典型炼油装置中的强化传热、芳烃联合装置中的强化传热、典型乙烯及下游装置中的强化传热、强化传热与全厂节能等。

《化工过程强化传热》凝结了作者们在化工过程强化传热领域多年的理论研究和实践经验，是多项国家和省部级科技进步奖、优秀工程设计奖等成果的结晶，所举的应用案例生动鲜活，所述的方法、程序逻辑性和实用性较强，对于实际问题解决具有很好的指导意义，可供石油化工等流程工业的科研人员、工程技术人员、生产管理人员以及高等院校化工及相关专业研究生、本科生学习参考。

图书在版编目（CIP）数据

化工过程强化传热 / 中国化工学会组织编写；孙丽丽等编著．—北京：化学工业出版社，2019.3（2023.4重印）
（化工过程强化关键技术丛书）
“十三五”国家重点出版物出版规划项目
ISBN 978-7-122-33889-1

Ⅰ.①化… Ⅱ.①中… ②孙… Ⅲ.①化工过程-传热过程 Ⅳ.①TQ02

中国版本图书馆CIP数据核字（2019）第027967号

责任编辑：丁建华　杜进祥　　装帧设计：关　飞
责任校对：王　静

出版发行：化学工业出版社（北京市东城区青年湖南街13号　邮政编码100011）
印　　装：北京建宏印刷有限公司
710mm×1000mm　1/16　印张29　字数570千字　2023年4月北京第1版第3次印刷

购书咨询：010-64518888　　售后服务：010-64518899
网　　址：http://www.cip.com.cn
凡购买本书，如有缺损质量问题，本社销售中心负责调换。

定　　价：298.00元

作者简介

孙丽丽，山东烟台人，1983 年 7 月毕业于华东石油学院。中国化工学会首批会士，全国工程勘察设计大师，享受国务院政府特殊津贴。现任中国石化工程建设有限公司总经理、党委书记，教授级高工。

她长期从事石化工程设计、研发和管理工作，主持研发出原油清洁高效转化系列工程技术，在炼油技术集成创新上取得重大突破；主持研发出高效环保芳烃集成设计技术，在芳烃自主技术工程创新上填补了国内空白；攻克了高酸天然气净化关键技术，解决了高酸天然气超大规模安全高效净化处理的世界性难题；创建了石化工程整体化管理新模式，主持设计建成了我国首座单系列千万吨级炼厂、首套自主技术芳烃联合装置和世界第二大高酸天然气净化厂等多项我国石化行业重大标志性工程；创新发展了系统化强化传热理论与方法，并在炼油化工工程中成功应用；她大力开拓海外市场，高质量建成我国最大海外合资炼油项目——20Mt/a 沙特延布炼厂。带领的工程公司在美国 ENR 和中国《建筑时报》“最具国际拓展力工程设计企业”联合排名中多次位列榜首。获国家科技进步特等奖 2 项、二等奖 2 项；获全国工程勘察设计金奖 1 项，全国工程总承包金钥匙奖 3 项；获何梁何利基金科学与技术创新奖、侯德榜化工科学技术成就奖。授权专利 36 项，出版专著 4 部，发表学术论文 50 余篇。兼任中国工程咨询协会副会长、中国化工学会化工过程强化专业委员会副主任委员、北京石油学会理事长、北京市科协常委等。

丛书序言

化学工业是国民经济的支柱产业，与我们的生产和生活密切相关。改革开放 40 年来，我国化学工业得到了长足的发展，但质量和效益有待提高，资源和环境备受关注。为了实现从化学工业大国向化学工业强国转变的目标，创新驱动推进产业转型升级至关重要。

“工程科学是推动人类进步的发动机，是产业革命、经济发展、社会进步的有力杠杆”。化学工程是一门重要的工程科学，化工过程强化又是其中的一个优先发展的领域，它灵活应用化学工程的理论和技术，创新工艺、设备，提高效率，节能减排、提质增效，推进化工的绿色、低碳、可持续发展。近年来，我国已在此领域取得一系列理论和工程化成果，对节能减排、降低能耗、提升本质安全等产生了巨大的影响，社会效益和经济效益显著，为践行“青山绿水就是金山银山”的理念和推进化工高质量发展做出了重要的贡献。

为推动化学工业和化学工程学科的发展，中国化工学会组织编写了这套《化工过程强化关键技术丛书》。各分册的主编来自清华大学、北京化工大学、中北大学等高校和中国科学院、中国石油化工集团公司等科研院所、企业，都是化工过程强化各领域的领军人才。丛书的编写以党的十九大精神为指引，以创新驱动推进我国化学工业可持续发展为目标，紧密围绕过程安全和环境友好等迫切需求，对化工过程强化的前沿技术以及关键技术进行了阐述，符合“中国制造 2025”方针，符合“创新、协调、绿色、开放、共享”五大发展理念。丛书系统阐述了超重力反应、超重力分离、精馏强化、微化工、传热强化、萃取过程强化、膜过程强化、催化过程强化、聚合过程强化、反应器（装备）强化以及等离子体化工、微波化工、超声化工等一系列创新性强、关注度高、应用广泛的科技成果，多项关键技术已达到国际领先水平。丛书各分册从化工过程强化思路出发介绍原理、方法，突出应用，强调工程化，展现过程强化前后的对比效果，系统性强，资料新颖，图文并茂，反映了当前过程强化的最新科研成果和生产技术水平，有助于读者了解最新的过程强化理论和技术，对学术研究和工程化实施均有指导意义。

本套丛书的出版将为化工界提供一套综合性很强的参考书，希望能推进化工过程强化技术的推广和应用，为建设我国高效、绿色和安全的化学工业体系增砖添瓦。

中国科学院院士：费维扬

中国工程院院士：舒兴田

2019 年 3 月

前言

党的十九大报告中强调，“要牢固树立社会主义生态文明观”，“推进资源全面节约和循环利用”。因此，推进能源生产和消费革命，构建清洁低碳、安全高效的能源体系，是建设美丽中国的必备条件。石油化学工业是产能大户也是用能大户，其节能技术创新尤为重要。强化传热作为一种显著改善过程传热性能的节能新技术，因其能缩小设备尺寸、提高热效率、降低能耗及废物排放，近年来在化工等流程工业中得到广泛应用，获得众多高校科研人员、工程技术人员和生产管理人员的普遍重视，相关研究成果不断涌现，既有完整的理论研究，也有局部的实践应用。但从鲜活生动的案例剖析角度出发，系统性阐述强化传热在化工领域内应用实施的专著尚属空白。有鉴于此，为全面总结强化传热在化工过程，尤其是石油化工过程中的实践经验和应用成果，携手将强化传热技术应用推向一个新的高度，全国工程勘察设计大师孙丽丽教授级高工牵头编写了这本专著。

本书从强化传热的基本原理剖析入手，对该技术的理论与方法进行梳理，并对典型用能设备的强化传热方法进行简述。在此基础上，重点围绕石油化工行业中具有代表性的炼油、芳烃和乙烯等三大内容，从设备元件、工艺过程和工厂全局等三个应用层次，对强化传热在石化工业中的全面实践应用进行了系统总结。第一个层次是设备元件强化，冷换设备是石油化工等领域的通用传热设备，半个世纪以来，它从第一代仅能实现传热功能的光管管壳式换热器开发应用开始，发展到了具有复合强化传热技术以及微通道强化传热功能的第四代，通过采用强化传热元件、改进冷换设备结构等方式，第四代冷换设备达到了经济高效利用能源的目的。第二个层次是工艺过程强化，将“夹点”技术应用于工艺流程，从装置的角度分析生产过程热能的特点，找出系统用能瓶颈，施以针对性措施，以实现过程强化与用能集成。第三个层次是工厂全局强化，基于上述两个层次的设备元件和工艺过程强化传热，从全厂流程优化、工艺装置集成联合、公用工程和辅助设施匹配适应以及低温余热综合利用等方面对企业系统用能进行宏观的架构和设计，构建工厂优质的用能基因。

本书是集中国石化工程建设有限公司40余项国家和省部级科技进步奖、全国优秀工程设计奖、全国工程总承包奖等成果的结晶，如获得国家科技进步特等奖的“高效环保芳烃成套技术开发及应用”、获得国家科技进步一等奖的“减压渣油催化裂化成套技术开发及工业应用”等。本书是我国第一部全面、系统、具体、生动地论述化工过程强化传热理论、应用方法及效果的专著，希望本书不论是对相关领域的技术研发、生产管理的从业者，还是高等院校的广大师生，都能有较强的指导作用和参考价值。

本书由孙丽丽负责框架设计、草拟写作提纲、设置编写要求并统稿和定稿。第一章由孙丽丽撰写；第二章和第三章由白博峰和高莉萍撰写；第四章由王亚彪和魏志强撰写；第五章第一节由高莉萍和孙丽丽撰写，第二节由聂毅强和孙丽丽撰写，第三节由蔡建光和张伟乾撰写；第六章第一节由陈开辈和高莉萍撰写，第二节由王韶华、沙利和王天宇撰写，第三节由蹇江海和王天宇撰写，第四节由宋智博和蹇江海撰写，第五节由阮宇红、高莉萍和王松涛撰写，第六节由王青川和高莉萍撰写，第七节由张荫荣和高莉萍撰写，第八节由吴德飞、安娜和王天宇撰写，第九节由王恩民、张立新和高莉萍撰写；第七章第一节由刘永芳、张方方和高莉萍撰写，第二节由易建彬和高莉萍撰写，第三节和第四节由司马坚和高莉萍撰写，第五节由姜晓花和高莉萍撰写；第八章第一节由李昌力撰写，第二节由赵百仁和宁静撰写，第三节由王艳丽和聂毅强撰写，第四节由徐垚、张建华和聂毅强撰写，第五节由白焱、郭晓园和聂毅强撰写，第六节由马立国和聂毅强撰写，第七节由陈茂春和聂毅强撰写；第九章由魏志强、王剑波和蔡建光撰写。蒋荣兴、刘永芳、李进锋、李广华、袁忠勋、刘凯祥、李出和、杨照、孙毅、袁毅夫、吴雷、戴文松、何细藕、王振维、刘洁、王鑫泉、丁文有、朱敬镐、刘江峰、陈钢、韩健、袁承志、刘长爱、李玉新、刘思含、应江宁、马东扬、商家平、胡楠、刘培等也为本书做出了贡献。

本书的编写人员除西安交通大学动力工程多相流国家重点实验室白博峰教授外，其余均来自中国石化工程建设有限公司。这些同志都具有较高的理论水平和丰富的实践经验，他们以严谨认真、一丝不苟的态度和敬业精神为书稿付出了艰辛的努力。在本书编撰过程中，还得到了中国化工学会、化学工业出版社等单位，以及大连理工大学马学虎教授、中国船舶重工集团公司第七一一研究所栾辉宝、辽宁石油化工大学高磊、北京广厦环能科技股份有限公司屈英琳以及洛阳隆华传热节能股份有限公司田国华等专家的大力帮助。在此对他们表示诚挚的谢意。

本书力求理论与实践紧密结合、工艺技术与过程强化技术紧密结合、工艺装置与公用工程紧密结合、局部与全局紧密结合，以确保展现出学术性、系统性、原创性、新颖性和实用性。但限于编者水平，加之参编人员众多，虽经多次审查、讨论和修改，仍可能有不妥或不足之处，敬请广大读者批评指正。

编著者

2019 年 1 月

目录

第一章　绪论　/ 1

第一篇　强化传热理论与方法　/ 21

第二章　强化传热基本原理　/ 23

第七章　芳烃联合装置中的强化传热 / 272

第八章　典型乙烯及下游装置中的强化传热　/ 333

第九章　强化传热与全厂节能　/ 400

第一章

绪　论

第一节　强化传热的意义

一、强化传热是节能减排的重要手段

2017年全球一次能源消费中，化石能源消耗总量为115.1亿吨油当量，未来仍将继续增长。与之相对应的，近年全球性生态环境问题日益突出，尤其是全球气候变暖、环境恶化、灾害频发等重大问题，不仅影响全球经济、社会的可持续发展，而且以越来越快的速度威胁着人类生存的基础，引起国际社会的高度关注，美国、欧盟、日本都在积极致力于化石能源的减量化发展，我国《能源发展“十三五”规划》也提出到2020年能源消费总量要控制在50亿吨标准煤以内。

化石能源的减量化发展有两条途径，一是调整能源结构，大力发展可再生能源，提高其在能源消费中的比例；二是提高流程工业等能源消费大户的能量利用效率，节约化石能源消费。提高过程能量综合利用效率，减缓能量在利用过程的降质、降级过程，是节能减排的关键环节和源头措施，而强化传热是实现化石能源减量化发展的重要抓手，具有重要的节能减排意义。

二、强化传热对成本节约有积极的促进作用

在化工企业中，换热器投资约占整个装置投资的5%～15%。对于原油蒸馏装置，换热器投资约占整个装置投资的11%～16%，占静设备投资的30%～

40%；对于乙烯装置，换热器投资约占整个装置投资的6%左右，约占静设备投资的30%～40%；对于渣油加氢装置，换热器投资约占整个装置投资的5%～8%，约占静设备投资的34%～40%。在热电厂中，如果将锅炉看作换热设备，则换热器投资约占整个电厂总投资的70%左右[1]。在制冷机中，蒸发器的重量要占制冷机总重量的30%～40%，其动力消耗约占总值的20%～30%。由此可见，换热器的合理设计、运转和改进对于节省投资、材料使用、能源消耗和布置空间十分重要。

三、强化传热对化工行业节能减排有重要贡献

化工行业既是能源重要提供方，也是能源消耗大户。2017年，我国原油总加工量达56777万吨，按照吨原油消耗60～65kgoe（千克标准油）计算，加工这些原油消耗的能源折合原油约4000万吨。某石化集团公司炼油能耗变化趋势如图1-1所示。化工行业消耗的能源主要是燃料气和电，其中燃料气全部转化为热能推动工艺过程。化工过程存在大量的工艺物流间的换热，这部分工艺用能过程中热能的循环量约为转换输入热能的1.5～3倍。

进入21世纪以来，炼化企业节能工作取得了显著进步。一方面，传统节能技术逐步成熟和被广泛应用，尤其是近年来新建成投产的炼化企业，在设计阶段已经考虑和应用了大量成熟的节能技术，使得原油蒸馏、催化裂化、连续重整、加氢处理、加氢裂化等炼油主体装置能耗普遍达到先进水平。另一方面，油品质量不断升级，2017年已实现生产供应国Ⅴ油品，2020年7月1日全国要实现生产供应国ⅥA油品；2023年7月1日全国要实现生产供应国ⅥB油品。同时，2015年国家环保部联合相关部委发布的《石油炼制工业污染物排放标准》（GB 31570—2015）和《石油化学工业污染物排放标准》（GB 31571—2015）部分指标已经达到世界上

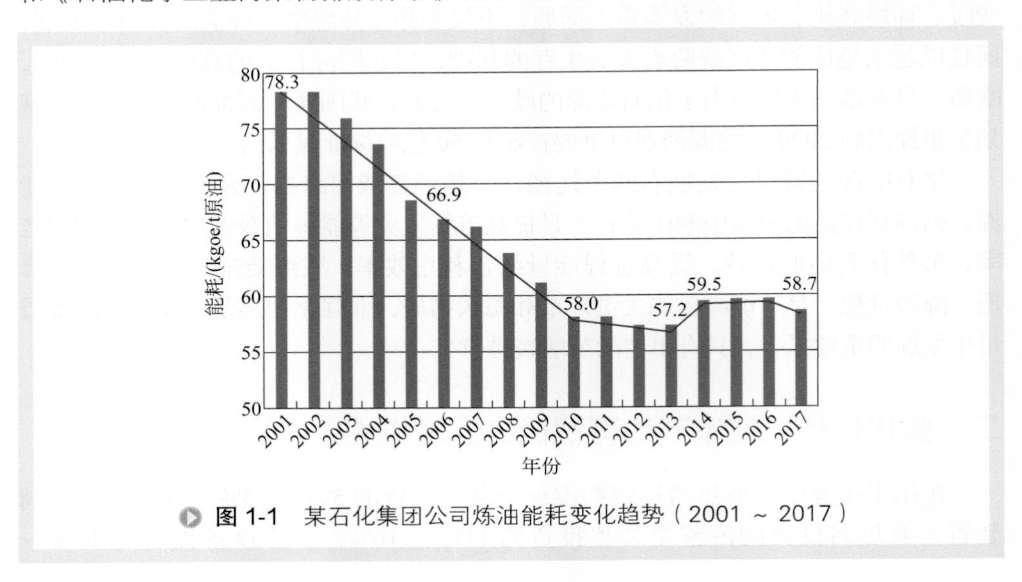

图1-1　某石化集团公司炼油能耗变化趋势（2001～2017）

最严的标准限值。油品质量升级，环保要求提高，需要增加额外的生产装置、处理工艺和额外的能源消耗，一定程度上减缓了炼油能耗的降低趋势。

未来，化工企业节能工作将长期处于攻坚阶段，需要精耕细作，并需要从系统化、智能化的视角实施节能规划、诊断、优化、评价。强化传热是实现化工企业节能降耗的重要手段之一，在化工行业节能工作中扮演重要的角色。

第二节 强化传热技术进展

传统化工过程强化传热技术重点关注换热器等单体设备及元件的强化传热，对化工过程热能强化利用具有积极作用。但在现今化工过程工程实践中，热能强化利用是一项复杂的系统工程，工艺过程、工厂全局等因素都对其具有决定性影响。化工过程强化传热应系统考虑热能强化利用的各种因素。至今，化工过程强化传热技术获得蓬勃发展和延伸。第一层次是传热设备元件的强化，第二层次是工艺过程的强化，第三层次是工厂全局的强化。其第一层次是传统的强化传热技术，已发展到目前的第四代技术，第二和第三层次是基于系统工程理论的化工过程强化传热技术的延伸。本小节从换热器强化传热和换热网络优化两个方面介绍强化传热技术的主要进展。

一、换热器强化传热技术

换热器是将热流体的部分热量传递给冷流体的设备，又称热交换器。换热器家族产品在石油化工、电力、冶金等流程工业中占有重要地位，被广泛应用[2]。强化传热技术伴随换热器在各领域的应用而蓬勃发展，已从第一代发展到目前的第四代。对换热管而言，第一代传热技术以光管为代表，主要实现传热功能；第二代传热技术以平翅片、二维肋片为代表，主要改变换热器结构，提高过程效率、节省能耗；第三代传热技术以三维粗糙元、三维肋片为代表，主要提高传热效率；第四代传热技术又称复合强化传热技术，主要运用复合强化方法达到更好的传热效果。

强化传热技术主要围绕四个目标开展工作[1,3-5]，一是减小初始设计的传热面积，降低设备体积，减少设备金属消耗量；二是提高现有换热器的换热能力；三是使换热器能在较低温差下工作；四是减少换热器压降，降低动力消耗。围绕上述目标，科研工作者开展了大量研究工作[1,6,7]，推动着换热器强化传热技术不断进步。

强化换热器传热能力一般从三方面着手：一是增加换热面积，如螺纹管、横纹管（或称横纹槽管）和表面多孔管，既增加了有效换热面积，又改善了流体流动方式，提高换热器传热性能；二是增大有效平均温差，如果工艺条件许可，尽可能增大冷、热流体进出口温差；如果工艺条件不允许更改流体温度，可以通过逆流换热增大有效平均温差；三是提高换热器总传热系数：提高膜传热系数、降低污垢热阻，从而提高总传热系数，提高换热器性能。

表 1-1 给出了化工行业典型换热器强化传热技术[8]。

表1-1　化工行业典型换热器强化传热技术

分类			结构特点及强化传热机理	适用工况
管壳式换热器	壳程强化	螺纹管	换热管外螺纹结构扩大二次传热面积	无相变、沸腾、冷凝
		表面多孔管	多孔结构增加气泡核心	沸腾
		T 形翅片管	T 形通道增加气泡核心	沸腾
		锯齿形翅片管	不连续翅片减薄冷凝液膜厚度	冷凝
		纵槽管	V 形纵槽减薄冷凝液膜厚度	冷凝
		折流杆	折流杆改变介质流动方向，纵向流降低压降、消除振动	相变工况
		螺旋折流板	螺旋流减少流动死区、减轻振动趋势	无相变、沸腾、冷凝
	管程强化	表面多孔管	多孔结构增加气泡核心	沸腾
		内插件	内插件改变流动状态，破坏边界层强化传热，增加湍动	无相变
	双面强化	横纹管	一次加工双面成形，双面强化	无相变、沸腾、冷凝
		扭曲管	无折流板结构，管程、壳程流体螺旋状流动	无相变、沸腾、冷凝
		波纹管	增加流体湍动	无相变、沸腾、冷凝
		管内多孔表面管外纵槽的高效管	管内多孔表面强化沸腾传热，管外纵槽强化冷凝	立式安装的再沸器（也称重沸器），管内沸腾、管外冷凝工况
	其他	缠绕管	设备紧凑，降低热端温差，多股物流换热	无相变、沸腾、冷凝
板式换热器		螺旋板式	通道宽度灵活调节，纯逆流换热	含颗粒、高黏度流体换热
		波纹板式	紧凑式换热设备，高湍流度	无相变、沸腾、冷凝
		板翅式	紧凑式换热设备，多股物流换热	无相变、沸腾、冷凝

二、换热网络优化技术

通过换热网络优化设计提高能量综合利用效率，在炼油化工等高耗能产业中广泛应用，引发了研究者的持续关注，其中启发式法、数学规划法等是典型的换热网络优化综合方法。

1. 启发式法

启发式法是从热力学原理和工程设计经验出发，根据若干设计目标与试探规则，形成初始网络结构，再对初始结构进行调整直至达到最优结构。启发式法简单易用，在工程实践中应用最多。夹点技术是目前应用最广、影响最深的一种启发式法。

1978年，Linnhoff等首次提出夹点技术，之后经应用发展，将其从换热网络综合推广到整个过程系统的能量分析与优化[9-11]。夹点设计法首先绘制出冷物流和热物流的组合曲线，通过如图1-2所示的温焓图（*T-H*图）确定夹点位置，计算最小冷、热公用工程用量。在应用夹点技术进行换热网络设计时，需遵循三条基本规则：①不能有热量穿越夹点；②夹点上方不能使用冷公用工程；③夹点下方不能使用热公用工程。夹点技术为工程设计人员提供直观的指导和建议，具有重要的实用价值。

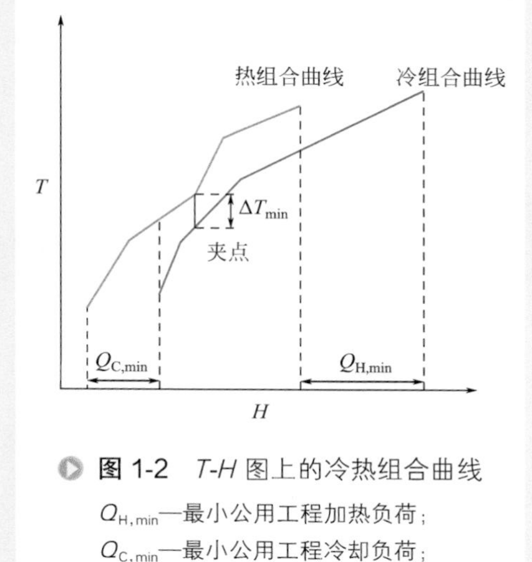

图1-2　*T-H*图上的冷热组合曲线

$Q_{H,min}$—最小公用工程加热负荷；

$Q_{C,min}$—最小公用工程冷却负荷；

ΔT_{min}—最小允许传热温差

2. 数学规划法

数学规划法是建立换热网络综合问题的数学模型，通过求解满足一定约束条件的目标函数，获得最优的换热网络结构。根据目标函数和约束条件的特点，常用的数学模型可分为线性规划（linear program，LP）、非线性规划（non-linear program，NLP）、混合整数线性规划（mixed integer linear program，MILP）和混合整数非线性规划（mixed integer non-linear program，MINLP）等。数学规划法求解换热网络综合问题一般包括三个步骤[9,12-15]：

第一，构造含有所有可行方案的超结构模型。

第二，将超结构模型写成数学表述式，其基本形式为：

$$\begin{cases}\min\ Z=f(x,y)\\ \text{s.t.}\ g_i(x,y)\leqslant 0 \quad (i\in I)\\ \quad h_j(x,y)=0 \quad (j\in J)\end{cases} \tag{1-1}$$

第三，选择适当的算法求解式（1-1），获得最优换热网络结构。

换热网络涉及的因素较多，而且非常复杂。在建立各种换热网络的数学模型时，不可避免要进行简化和假设，使得所建立的数学模型与所描述的实际过程出现偏差，所获得的最优解会偏离实际的最优解。

工程应用中，基于夹点技术的换热网络优化还需要解决诸多具体问题，如：阈值问题、精馏塔的布置问题、热泵的布置问题、多装置或全厂热集成问题等。换热网络优化技术的主要作用是奠定全厂、工艺装置热能优化利用的框架，在宏观层次明确强化传热的方向；换热器强化传热技术是实现热能优化利用的具体强化措施。两者相辅相成，都是化工过程强化传热的重要方式。

第三节 强化传热工程化应用

一、创新强化传热工程化策略

系统考虑化工过程强化利用的各种因素。给出了炼化企业创新强化传热工程化策略图（图 1-3），包括创新强化传热的目标、涉及的强化原理、应用背景、部分强化技术等[8]。

节能减排、清洁环保、空间集约、投资节省、绿色低碳既是现代炼化企业发展的总目标，也是强化传热助力提升炼化企业竞争力的新目标。创新强化传热目标的实现是一项复杂的系统工程，涉及设备元件强化传热、工艺过程强化传热和全厂强化传热三个层次。设备元件强化传热是第一层次，是炼化企业实现强化传热的共性基础；工艺过程强化传热是第二层次，是连接设备元件强化传热与全厂强化传热重要纽带；全厂强化传热是第三层次。第二层次依托于第一层次，同时约束第一层

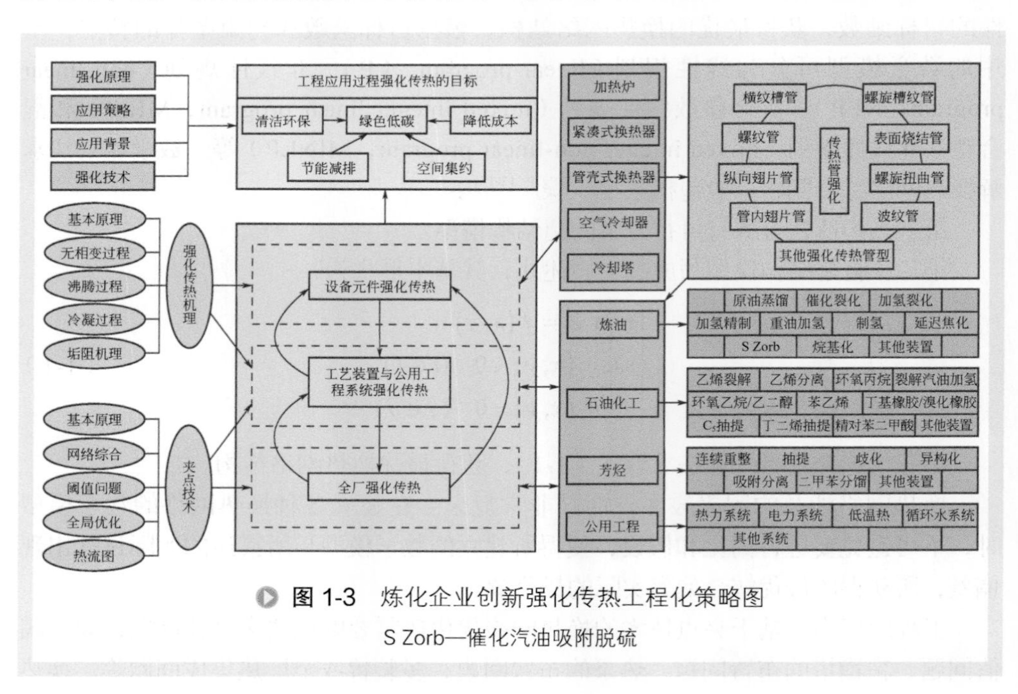

图 1-3 炼化企业创新强化传热工程化策略图

S Zorb—催化汽油吸附脱硫

次；第三层次依托第一层次、第二层次，同时对两个层次进行反馈协调。

创新炼化企业强化传热，要求在全厂范围内全局权衡优化，不能是设备元件强化传热或单个工艺强化传热的简单加和。其中，设备元件强化传热要与单元技术集成创新相结合，工艺强化传热要与工艺及工程技术的集成应用相结合，全厂强化传热要与综合强化传热技术、工厂优化技术协同应用相结合。

二、面向特殊工艺、介质、过程的设备元件强化传热

炼化企业存在诸多特殊工艺和介质，需要针对工艺特点与介质物性使用特殊强化传热换热器。为解决管壳式换热器壳程强化传热膜传热系数太低的问题，对工艺介质无相变推荐使用螺纹管、横纹管、螺旋槽纹管等强化传热管，对工艺介质冷凝推荐使用纵槽管、锯齿形翅片管等强化传热管，对工艺介质沸腾推荐使用T形翅片管、表面多孔管等强化传热管；为解决传统结构引起的压降高及振动问题，推荐使用双弓形、三弓形、螺旋叶片、螺旋形折流板、折流杆等强化传热结构与类型；为解决提高壳程膜传热系数与压降增加、出现振动的矛盾，可集成折流杆与螺纹管、螺旋折流板和螺纹管等。对于管壳式换热器管程强化传热，为解决管内层流流动导致膜传热系数太低的问题，建议采用内插件强化流体扰动、破坏管壁壁面的边界层；为解决管内湍流流动状态下进一步强化膜传热系数的问题，建议采用波纹管、翅片管、粗糙肋管、管内表面多孔管等。对管程、壳程膜传热系数接近，整体需要强化的换热器，推荐使用波纹管、内波纹外螺纹管、扭曲管、管内表面多孔管外纵槽管等双面强化传热元件。

此外，为强化小温差沸腾传热，在芳烃联合装置抽余液塔底再沸器开发应用了表面多孔管换热器；为解决高黏度流体膜传热系数低与压降高的问题，在浆态床加氢装置热高分液蒸汽发生器开发应用了螺旋板式换热器；为解决小温差和空间窄的问题，在高密度聚乙烯装置夹套水冷却器开发应用了板框式换热器；为解决大流量、大负荷，冷热流体温度深度交叉与允许压降小的问题，在连续重整装置反应器进料与产物换热器开发应用了板壳式换热器；为解决空间小与允许压降小的问题，而开发应用了板式空冷器；为解决工艺介质出口温度低的问题，开发应用了蒸发式空冷器；为解决一台设备中实现多股物流换热问题，在乙烯装置开发应用了板翅式换热器集成的冷箱等，都是面向特殊工艺、介质、过程的设备元件强化传热。

如某乙烯装置有8股流体相互换热，需要21台管壳式换热器，设备质量266t；若采用如图1-4所示的冷箱，则可将多股流体集中在一台设备之中换热，设备质量可减少至20t，有效地减少设备重量及占地空间，实现集约设计的目标。

如表面蒸发空冷器可将工艺介质直接冷却到干球温度以下，减少了循环水冷却器，不仅节省金属消耗，还可节约水冷后的凉水塔、循环水泵、循环水管网及空冷器钢构架平台等相应投资。

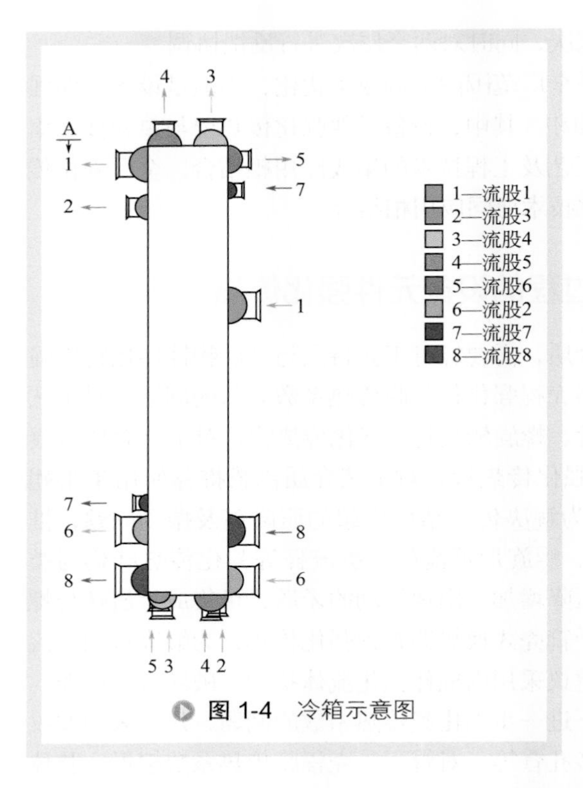

图 1-4　冷箱示意图

折流杆主要用于消除振动、降低壳程压降，换热器壳程膜传热系数随之下降。当壳程为控制热阻时，采用折流杆代替弓形折流板可有效强化传热。壳程气相介质横向冲刷易引发管束流体诱导振动。在调整折流板仍不能消除振动的情况下，一般采取扩大壳径、降低壳程流速的方法来避开共振频率。以某压缩机级间冷却器为例，壳体直径扩大到 1200mm，弓形折流板换热器才能够彻底消除振动警告；若改用折流杆代替折流板，同样换热管长度时，仅 700mm 直径即可满足设备换热要求，并消除振动隐患。

强化传热技术的应用不仅可以减少设备重量，还可影响工艺过程，实现节能降耗的目的。如表面多孔管用于轻烃再沸器，可以降低热流体的温位要求，从而可以采用更低等级公用工程或者利用装置中低温位介质；板式换热器或缠绕管式换热器可缩小热端温差，用于原料加热器，降低加热炉负荷及减少燃料消耗，以及减少后续空气冷却器电耗和循环水消耗。

流体在螺旋板式换热器流道内呈螺旋流动，湍流剧烈，污垢不易沉积。用于高黏、易结垢介质的换热，在获得较高传热系数的同时，其自清洁作用可延长操作周期。

三、工艺过程强化传热

工艺过程强化传热对推动工艺过程节能减排、节省投资具有重要意义。一些典型工艺过程，具有特殊的热能利用和强化传热特点。

1. 原油蒸馏装置——夹点技术的最佳应用示范

原油蒸馏是炼油工业的第一道生产工序，原油经换热、加热后分馏切割出不同沸点范围的产品，产品经换热冷却，完成整个生产过程，一般只涉及物理变化。由于大量的原油在本装置中加热汽化、冷凝冷却，装置能量消耗很高。燃料消耗一般占装置能耗的 70% ～ 85%，通过复杂的换热网络充分利用燃料燃烧释放的热能，是装置能量合理利用的关键。

原油蒸馏装置具有复杂的换热网络，以国内某3.5Mt/a原油蒸馏装置为例，如图1-5所示，仅原油预热部分，就设置了33个换热台位，约69台换热器。换热网络设计过程中，充分应用了夹点技术，并根据工程经验对换热网络影响重大的因素进行了综合评估选择。

一是原油分路优化。多路设计可以在一定程度上实现冷热物流的合理匹配，增加换热网络的灵活性。案例中脱前原油分为三路换热，脱后原油和初馏塔底油分为二路换热，采用等流量设计，各路的换热量及压力降基本相等。

二是换热网络热物流合理的换热顺序。首先，对于热容量小、温位低的热源，安排在换热一段预热原油，例如初顶循、常顶循等；其次，对于热容量较小，但温位高的热源，由于换热过程中温度下降很快，出口端温差小，尽管温位高，也参与

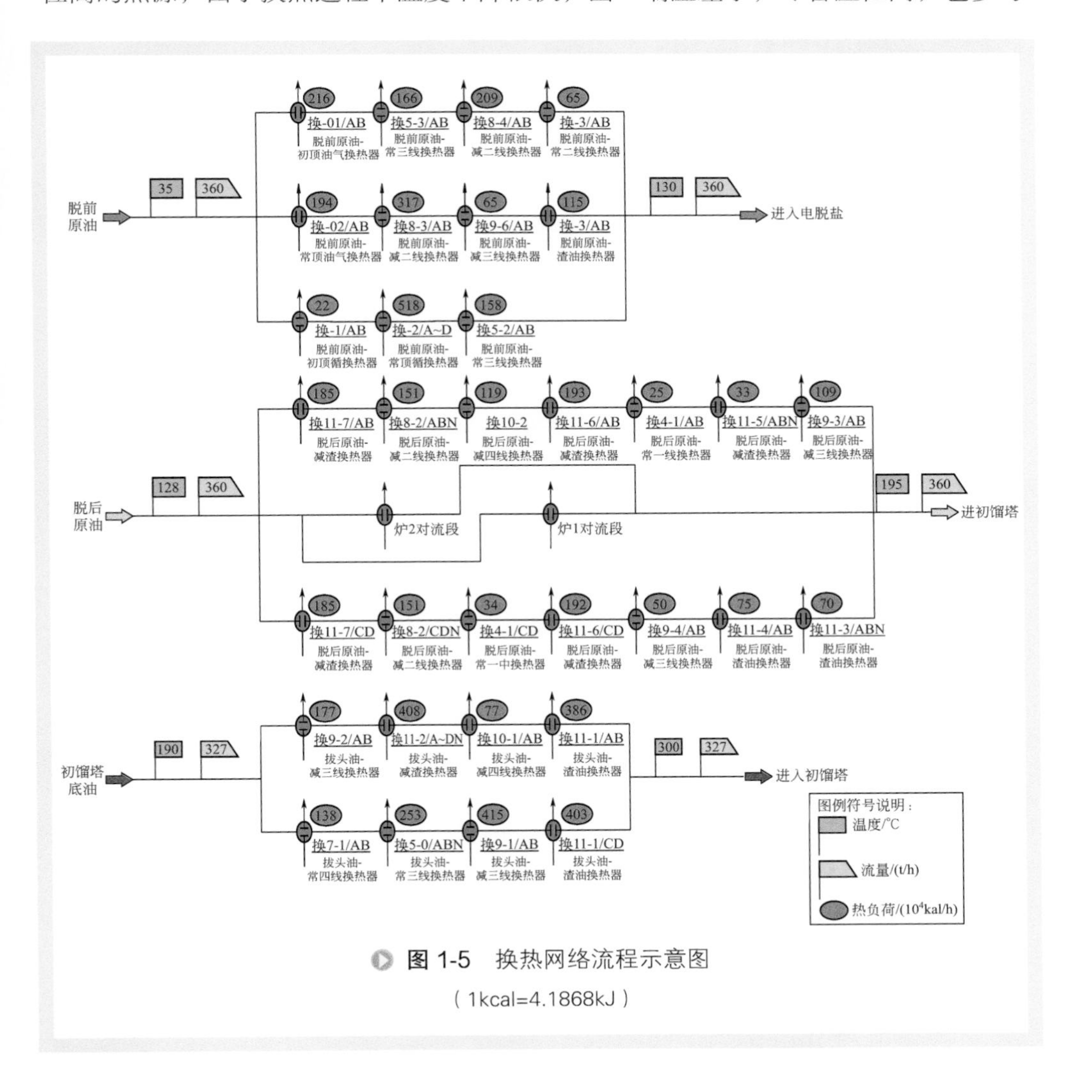

图1-5　换热网络流程示意图

（1kcal=4.1868kJ）

到换热一段原油预热。再次，对于热容量大，温位又高的热源，安排在后段进行首次换热，再回到前面与冷流换热，例如减压渣油分为两路参与换热，温位高的部分在换热三段与初馏塔底油换热，换热后温位下降，再先后参与换热二段与脱盐油换热及参与换热一段与脱前原油换热。

表 1-2 给出了近年来中国石化工程建设有限公司（SEI）设计建成的千万吨级原油蒸馏装置的参数（部分参数进行了近似处理），通过换热网络优化设计与单元设备强化传热，这些装置能耗均处于国际先进水平。AspenTech 公司对惠州二期原油蒸馏装置分析评价后，认为换热终温达到了一个极难达到的水平。

表1-2　国内千万吨级原油蒸馏装置关键数据

所在企业	加工量 /（Mt/a）	换热终温 /℃	能耗 /（kgoe/t）	备注
海南炼化	8	290	8.5	常压渣油外甩
青岛炼化	10	320	9.0	减压深拔
惠州一期	12	310	8.2	
惠州二期	10	300	8.0	向轻烃装置供热
泉州石化	12	320	8.5	减压深拔，向轻烃装置供热，有催化装置热输入

2. 催化裂化装置——热端阈值问题换热网络

催化裂化是炼油厂重油转化为轻质油的核心装置，该装置副产大量焦炭，会在再生器内燃烧释放大量热量，满足装置自身换热需求后，还有富余。同时，该装置只需要冷公用工程，不需要热公用工程，是典型的热端阈值问题换热网络，如图 1-6 所示。装置强化热能利用的关键是用好焦炭燃烧释放的热量，催化裂化装置

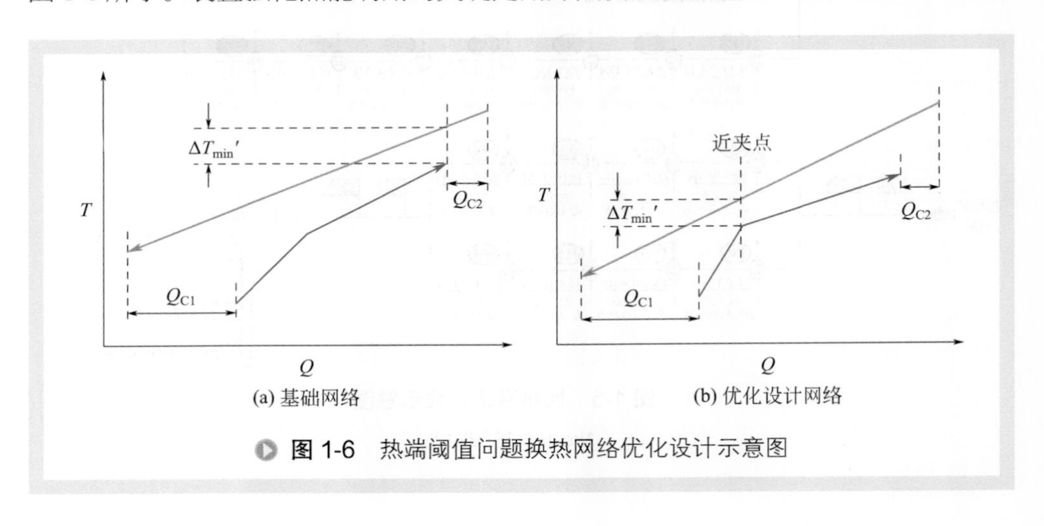

图 1-6　热端阈值问题换热网络优化设计示意图

存在与其他炼油装置热集成的可能性，合理设计换热网络，实现催化裂化装置与其他装置的有效热集成，有利于降低整个炼化企业的能量消耗。

具体换热过程中，对于高温位热能，焦炭在再生器内燃烧释放的热量，一部分通过再生器的内、外取热发生中压或次高压蒸汽取走；另一部分通过反应油气带入分馏系统，通过循环油浆发生中压蒸汽或与其他装置热集成加以利用。对于装置中温位热能，通过反应油气带入分馏系统，即吸收油循环回流，一中段循环回流、二中段循环回流，多用来预热催化裂化原料油和与吸收稳定系统热集成，为解吸塔、稳定塔再沸器提供热源。对于装置低温位热能，如顶循环回流、塔顶油气等，多通过热媒水回收，或直接与气体分馏装置热集成。

3. 加氢类工艺装置——工艺过程与设备元件协同强化传热

炼油厂加氢工艺装置包括加氢处理、加氢裂化等，在炼油生产过程中占有举足轻重的作用。加氢类工艺装置热能利用有两个特征：一是通过强化原料油与反应流出物的换热器及相关工艺过程充分利用反应产生的热量；二是换热网络分为高压、低压两个部分分别优化综合，同时换热网络的优化综合与产品分离工艺过程相结合。

加氢原料预热强化传热过程，原料油与氢气加热有两种工艺，一种是“炉前混氢”工艺，另一种是“炉后混油”工艺。“炉前混氢”是原料油与氢气混合成两相流后与反应产物换热，再进入反应进料加热炉。“炉后混油”是原料油和氢气分别单相与反应产物换热，原料油在反应进料加热炉出口混合进反应器，两种换热流程见图 1-7。与“炉后混油”相比，“炉前混氢”由于强化了冷侧物流的传热系数，可节约传热面积约 40% 以上。

加氢反应产物冷却及分离有两种工艺流程，一种是“热高分”流程，另一种是“冷高分”流程。“热高分”流程是指反应产物冷却到 240℃或更高温度进入热高压分离器进行气液分离，分离出的液相降压后去分馏部分，而气相继续冷却到 50℃进入冷高压分离器。“冷高分”流程是指反应产物冷却到 50℃后进入冷高压分离器进行气液分离，冷油降压后再与反应产物换热到 230℃以上进入分馏部分。两种工艺的换热流程如图 1-8 所示。热高分流程强化了热物流（反应产物）的传热，所需总换热面积比冷高分流程约低 40%，同时燃料节约能耗 5% ～ 10%。

4. 乙烯装置——冷能优化利用

乙烯装置包括乙烯裂解和乙烯分离两部分，其中乙烯分离包括裂解气干燥、组分预切割、氢气分离、甲烷分离、乙烯 / 乙烷分离以及碳三的分离等。乙烯装置由于涉及较多低碳烃的精馏分离，需要大量冷量作为冷却介质。乙烯装置冷公用工程的能耗约占装置总能耗的 25%，合理优化利用冷能，是乙烯装置热能利用、强化传热的关键。

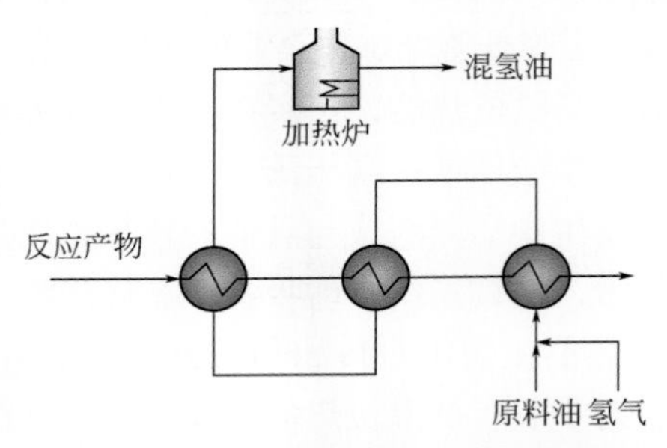

(a) 炉前混氢反应产物与混氢油换热流程

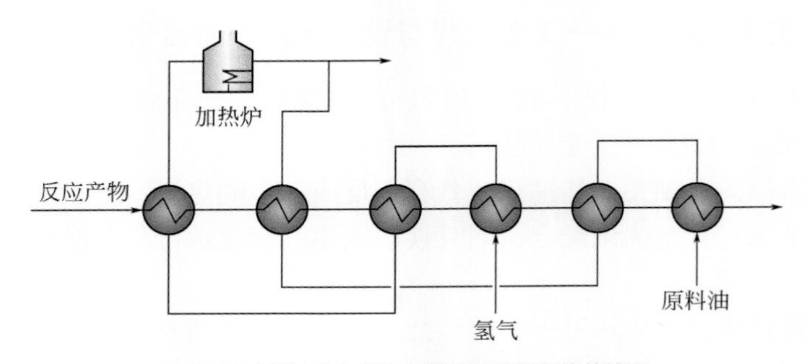

(b) 炉后混油反应产物与原料油和氢气换热流程

图 1-7 炉前混氢和炉后混油换热流程简图

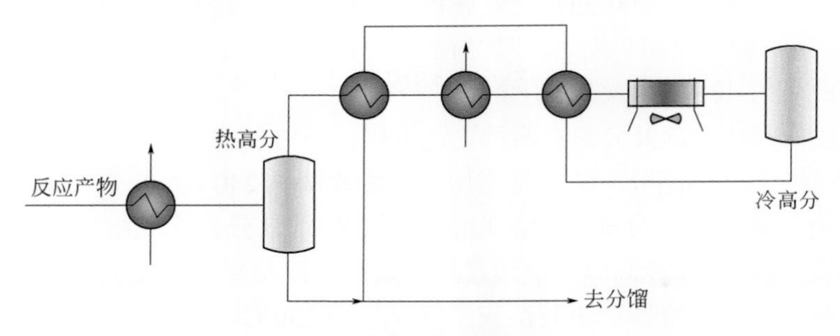

(a) 热高分方案换热流程

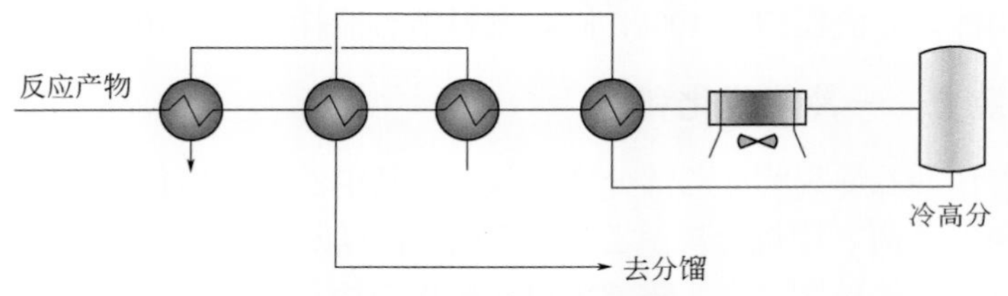

(b) 冷高分方案换热流程

图 1-8 热高分与冷高分工艺流程示意图

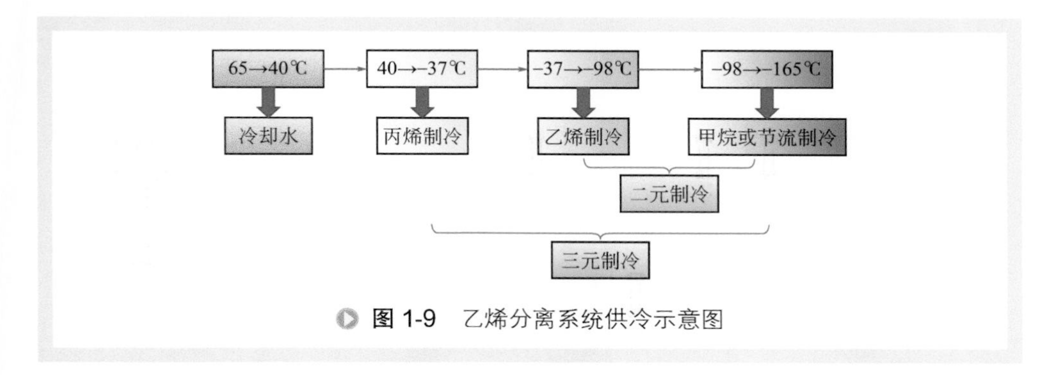

图 1-9　乙烯分离系统供冷示意图

乙烯装置所需冷量，常温级由循环冷却水提供，40 ～ -37℃级由丙烯（或三元）制冷系统提供，-37 ～ -98℃级由乙烯（或二元）制冷系统提供，-98℃以下的由甲烷或膨胀机制冷系统提供，图 1-9 是装置的供冷示意图。

乙烯装置强化冷能利用通过两个途径实现，一是夹点技术广泛应用，如优先利用工艺物流回收冷量，合理选择冷、热公用工程，降低传热温差，根据工艺要求采用多温位制冷，降低制冷机功率等。二是乙烯冷分离系统深冷区域的脱甲烷塔换热器、脱乙烷塔换热器、乙烯精馏塔换热器和甲烷化换热器多采用冷箱和板翅式换热器。

中国石化作为世界上五大乙烯技术专利商之一，乙烯技术历经 30 余年自主研发，整体技术水平先进，尤其是结合强化传热等节能降耗措施的实施，乙烯单位能耗已达到国际领先水平。

5. 芳烃联合装置——热源总成与低温热优化利用

芳烃联合装置采用典型的“热源总成”热能强化集成方案。二甲苯塔是芳烃联合装置的物料和热量中心，通过二甲苯塔底再沸炉间接为抽出液塔、抽余液塔、脱庚烷塔、重芳烃塔、解吸剂再蒸馏塔、邻二甲苯塔六座塔的再沸器提供热源，芳烃联合装置热集成流程如图 1-10 所示（脱庚烷塔、解吸剂再蒸馏塔、邻二甲苯塔在图中未示出）。该热集成方案实施时，为回收二甲苯塔顶物料的冷凝热，通常将二甲苯塔与抽余液塔、抽出液塔等精馏塔进行热量集成，二甲苯塔适度加压操作，抽余液塔和抽出液塔常压操作，二甲苯塔顶气相物流的冷凝潜热作为抽余液塔和抽出液塔底再沸器的热源。以某装置为例，实施上述方案后，装置多回收约 80MW 热量。为进一步回收抽余液塔、抽出液塔顶冷凝热，通过工艺优化，将抽余液塔和抽出液塔操作压力由常压提升至 0.25 ～ 0.31MPa，塔顶冷凝热温位约 140 ～ 150℃，塔顶物流发生 0.5MPa 饱和蒸汽。相应二甲苯塔提压至 1.2MPa，塔顶物料为抽余液塔、抽出液塔再沸器提供热源。以某 0.6Mt/a 芳烃联合装置为例，方案实施后，装置可进一步回收热量约 90MW。抽余液塔和抽出液塔冷凝热可发生 0.5MPa 的饱和蒸汽 180t/h，净发电 18000kW，每吨对二甲苯产品的能耗可降低约 50kgoe。

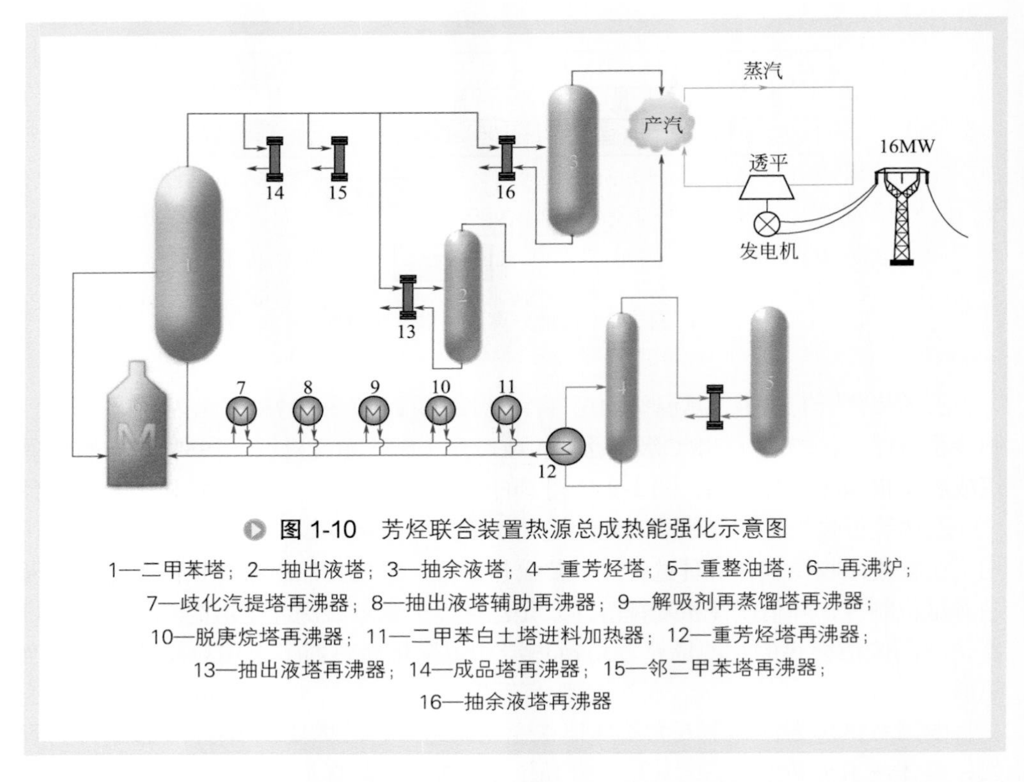

图 1-10　芳烃联合装置热源总成热能强化示意图

1—二甲苯塔；2—抽出液塔；3—抽余液塔；4—重芳烃塔；5—重整油塔；6—再沸炉；7—歧化汽提塔再沸器；8—抽出液塔辅助再沸器；9—解吸剂再蒸馏塔再沸器；10—脱庚烷塔再沸器；11—二甲苯白土塔进料加热器；12—重芳烃塔再沸器；13—抽出液塔再沸器；14—成品塔再沸器；15—邻二甲苯塔再沸器；16—抽余液塔再沸器

“一炉七塔”热源总成、多塔提压热集成，是典型的通过工艺过程优化实现强化传热、合理用能案例。在海南炼化芳烃项目中，强化传热集成方案使得该厂能源消耗同比降低 15%，与国际先进工艺比肩，有效助推了国产化芳烃工艺走向国际市场。

四、全厂强化传热

全厂强化传热需要依托设备元件强化传热和工艺过程强化传热，同时也对其进行反馈协调，以实现企业层面的全局优化。炼化工业未来强化传热的实现途径包括：优化提升全厂物料的热直供与存储温位，工艺装置热联合与集约化设计，炼厂气体集中处理，产生更高压力等级蒸汽并梯级优化利用和减少燃料消耗，全厂大系统回收与优化利用低温热资源，循环水系统串联使用与冷量传递强化等。

21 世纪以来，中国石化工程建设有限公司承担设计建设了一批千万吨级炼厂，从海南炼化之后，单系列大型化、千万吨级、国产化、技术集成、技术创新等词汇逐步成为中国炼油领域的关键词与主题词。之后，一系列大型炼化企业建成投产，包括青岛炼化 10Mt/a、惠州一期 12Mt/a、惠州二期 10Mt/a、泉州石化 12Mt/a 等。鉴于上述炼厂设计建设过程中已应用、完善了“创新强化传热工程化策略”，本节以上述炼厂为例，进行相应说明。

1. 优化提升全厂物料的热直供与存储温位

实现全厂物料的热直供，对炼化企业全厂高效合理利用热能至关重要。一方面，有效避免同一物料在上游工艺装置冷却，而送至下游工艺装置后，又需要换热升温。工艺装置间的重复冷却升温，既浪费了升温所需热能，也浪费了冷却所需的冷公用工程。另一方面，热直供料实现后，工艺装置用热条件发生变化，需要二次优化工艺装置的换热网络。换热网络的二次优化，是提升炼化企业用能水平的重要契机。

近年来，随着技术装备进步，热直供料应予全面推广，工程上推荐的典型热直供料目标温度如下：

① 常压渣油、减压蜡油、减压渣油等直供加氢裂化装置的原料油，热直供料推荐温度为 140 ～ 180℃；

② 加氢渣油、加氢蜡油等直供催化裂化装置的原料油，热直供料推荐温度为 180 ～ 210℃；

③ 减压渣油、脱沥青油、催化外甩油浆等直供延迟焦化装置的原料油，热直供料推荐温度为 180 ～ 220℃；

④ 直供加氢裂化、加氢改质装置的原料油，热直供料推荐温度为 130 ～ 160℃；

⑤ 直供柴油加氢装置的原料油，热直供料推荐温度为 130 ～ 160℃；

⑥ 直供煤油加氢装置的原料油，热直供料推荐温度为 110 ～ 130℃；

⑦ 直供 S Zorb 装置的原料油，热直供料推荐温度为 100 ～ 150℃。

在全厂物料热直供过程中，需要关注下游工艺装置进料在上游工艺装置发生蒸汽的工况，发生蒸汽也是典型的工艺物流冷却过程。如炼油厂加氢渣油、加氢蜡油多用于发生 1.0MPa、0.4MPa 的蒸汽后，再作为原料送至催化裂化装置，用循环油浆二次加热。从全局层面看，上游渣油加氢装置、蜡油加氢装置发生 1.0MPa、0.4MPa 蒸汽的热量利用后，需要催化裂化装置循环油浆的热量递补，而循环油浆可以发生 3.5MPa 蒸汽，高品质温位的热量未能得到合理利用。诸如此类工艺过程，应结合全厂物料热直供统一优化。同时，对于工艺要求需要中间存储的物料，要合理提升物料储存温度，避免因存储导致的热量损失。

2. 工艺装置集约化设计

为满足资源合理利用和节能降耗的需求，联合装置的理念要从传统的个别装置的联合转变为整个炼厂作为一个“大联合装置”。海南炼化将工艺装置、公用工程及系统配套作为一个整体进行集成优化，装置间的物料从传统的热物料直供变为交叉往返互供，使热量的综合利用最优化，并大幅减少机械能和占地。海南炼化主要工艺装置包括重油加工、馏分油加工、气体加工、环境保护等4个装置功能区，相对集中，便于大物料输送，减少输送距离，避免机械能和散热损失，中间原料储存天数平均2天。在合理划分功能区后，为实现装置间的热量互供，将其组合为7套联合装置，装置间实现物料交叉往返互供。如催化裂化装置与气体分馏装置实现热量联合，利用催化裂化装置内的余热加热热水，提供给气体分馏装置作为热源；渣油加氢处理与加氢裂化两套装置联合布置，实现部分压缩机和高压泵及公用工程单元共用；连续重整装置与异构化装置共用稳定塔系统，实现加工过程的紧密联合；全厂轻烃回收集中处理，酸性水、溶剂集中再生以及硫黄回收系统的集中优化，实现物料间联合。

全厂轻烃回收集中处理，是采用集成化的技术，通过吸附、吸收、冷冻、分离等手段，在能量消耗较少的基础上将轻烃、氢气、乙烯、乙烷等有效组分回收，实现资源有效利用。同时，炼厂气体回收过程为大系统利用低温热拓展新热阱，一方面，气体分馏分离过程中，70～90℃的热媒水是再沸器的良好热源；另一方面，气体冷冻分离过程需要大量低温水，溴化锂低温制冷水可以满足生产需要，是炼厂热媒水高附加值利用的良好途径。对某10Mt/a的加氢型炼厂，设置氢气回收系统，每年大约可回收氢气约7000t；同时富含氢气的变压吸附（PSA）尾气升压后作为制氢装置原料，该创新设计为低热值PSA尾气提供出路，同时也节省制氢原料，另外可以消耗富余的回收工艺低温热获取的热媒水，降低工艺冷却负荷，节省电耗和循环水消耗。

环保装置的集成设置，便于提升低压蒸汽能量利用水平。炼厂环保装置包括酸性水汽提、溶剂再生等，是炼厂低压蒸汽消耗大户，以某1000万吨炼厂为例，酸性水汽提、溶剂再生装置消耗0.4MPa、1.0MPa蒸汽约120～150t/h，该能耗约占整个炼厂能耗的5.0%～10.0%。环保装置的集成设置，主要考虑加氢型和非加氢型装置产生的酸性水中含有不同种类和数量的氨、酚类和氰化物等杂质，将其分别处理，可减少水质污染，降低因混合加工增加的额外能耗，节约低压蒸汽消耗。

3. 生产更高压力等级蒸汽并梯级优化利用和减少燃料消耗

在蒸汽利用方面，应充分利用装置内油品及烟气的余热来发生蒸汽或加热给水。在各装置的余热回收设计中，产汽设备根据热源温位，尽量发生高参数蒸汽；用汽设备在工艺条件允许的前提下，尽量采用较低参数的蒸汽。在各等级的蒸汽管网间尽可能选用背压式汽轮机驱动较大功率的机械设备，透平背压或抽汽排出的蒸汽供下一级管网使用，实现蒸汽能量的逐级利用。充分回收和利用全厂的蒸汽凝结水，减少补充水量，降低装置和全厂能耗。在某些生产操作联系较为紧密的装置实现热联合，既降低了上游装置的冷却水用量，也减少了下游装置的蒸汽用量，从而减少锅炉供汽量，节省燃料消耗。如传统炼厂动力锅炉多生产3.5MPa蒸汽，一是限于满足工艺生产需求；二是限于工程装备压力等级限制。随着工程装备技术的发展，开展炼化企业蒸汽动力系统热能优化利用的主要方式是生产更高压力等级蒸汽并梯级优化利用。如：生产10.0MPa蒸汽与生产3.5MPa蒸汽所需要的热量相近，10.0MPa蒸汽可以背压到3.5MPa蒸汽使用，10.0MPa蒸汽背压到3.5MPa蒸汽所发生的电力，也拓展了蒸汽的梯级优化利用（图1-11）。

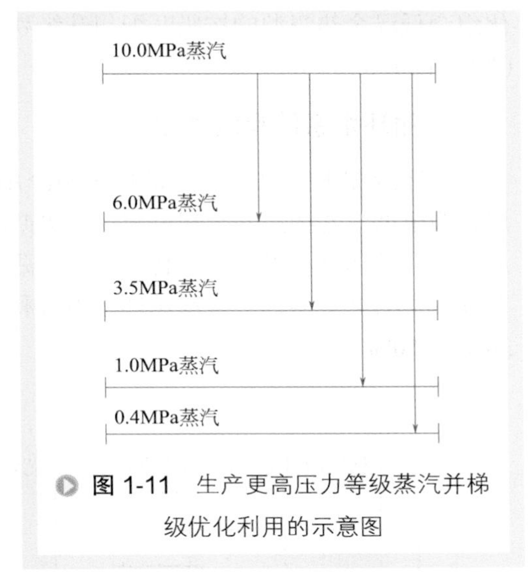

图1-11　生产更高压力等级蒸汽并梯级优化利用的示意图

在燃料利用方面，加热炉用燃料所占的比例较大。初步估算，燃料气中的H_2S含量不超过30ppm（10^{-6}），加热炉排烟温度可降低到120℃以下。在加热炉设计中采用高效燃烧器并设置空气预热器等强化措施，设计热效率可超过92%，从而大大节省燃料消耗。

4. 全厂大系统回收与优化利用低温热资源

炼化企业拥有大量低温余热资源，某5Mt/a的炼化企业，每小时可产生约80MW以上的低温余热资源。这些低温余热资源需要在全厂综合平衡，实现大系统回收与优化利用。炼化企业低温余热资源是指50～200℃的油品，或者100～400℃的气体或烟气。按照温度不同，低温余热资源又可以分为3类：150～200℃的油品，300～400℃的气体或烟气，是较高品位的低温余热资源，这类低温余热资源基本已经通过直接换热加以利用；80～150℃的油品，200～300℃的气体或烟气，是中等品位的低温余热资源，这类低温余热资源是目前炼化企业低温余热综合利用技术攻关的关键点；50～80℃的油品，100～200℃的气体或烟气，是较低品位的低温余热资源，这类低温余热资源目前多是直接冷却排放，在当前技术发展状况下，经济性不合理是制约这类低温余热资源的关键。低温余热资源的利用途径有两类[16]。一是按级匹配利用，即向温位更低的物流换热利用，主要包括：为低温再沸器提供热源、预热空气、储罐与管线维温伴热、原油预热、北方冬季采暖、提供生活热水等。二是升级利用，具体表现为热升级、制冷、做功等形式，包括：吸收式热泵、溴化锂制冷、低温发电、海水淡化等。

炼化企业全厂大系统回收与优化利用低温热资源，需要在充分考虑炼油全局范围内低温热源、热阱的量、温位及平面布置等具体条件下，进行循环热媒水低温热系统的优化设置，然后通过循环热媒水流程的串、并联设计，实现冷热物流的匹配优化以及热量回收的最大化[16]，同时考虑炼化企业用能、用热实际情况，合理优化组合低温余热资源的按级匹配与升级利用，实现炼化企业低温热资源的优化利用（图 1-12）。

5. 循环水系统串级利用

循环冷却水的串级利用是指按照冷却水的温升要求实现冷却水的梯级多次利用，即根据工艺物流的冷却负荷，一次循环冷却水温升较小时再次利用冷却其他物流，实现循环冷却水的串联利用，减少循环水消耗。传统循环水系统与串级循环水系统示意图见图 1-13，实现循环水串级利用后，炼化企业循环水总消耗量可降低约 30% ～ 50%。

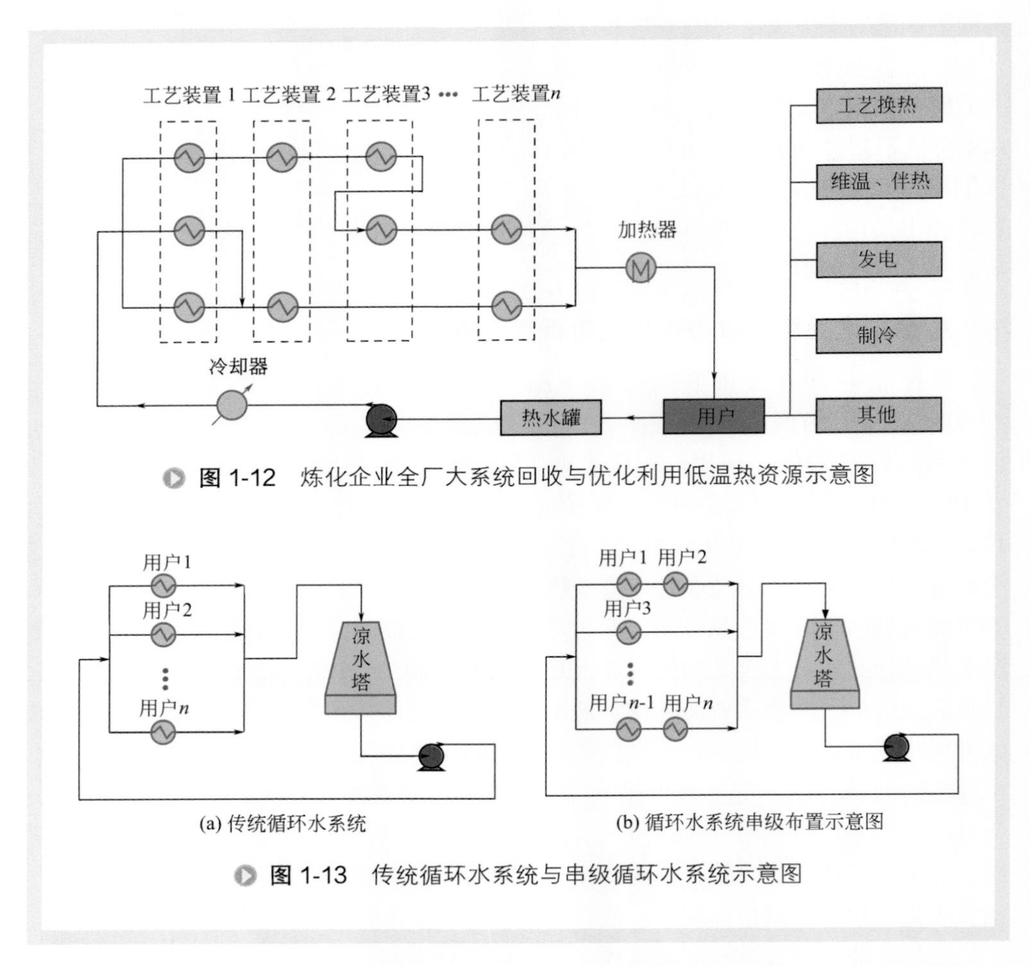

图 1-12　炼化企业全厂大系统回收与优化利用低温热资源示意图

(a) 传统循环水系统　　(b) 循环水系统串级布置示意图

图 1-13　传统循环水系统与串级循环水系统示意图

创新强化传热工程化策略在海南炼化、青岛炼化等炼厂中成功应用，支撑了这些企业的绿色低碳、清洁环保、节能减排、空间集约和投资节约。选取企业近 3 年综合能耗、单因能耗、燃动能耗、吨油利润、产值能耗的平均值作为评价企业核心

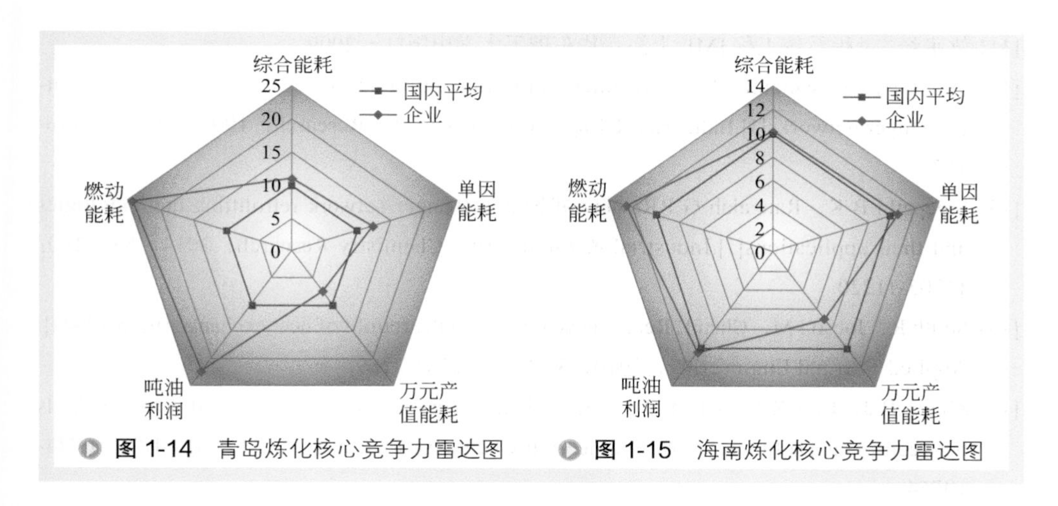

图 1-14 青岛炼化核心竞争力雷达图　图 1-15 海南炼化核心竞争力雷达图

竞争力的指标，绘制企业核心竞争力指标雷达图。

青岛炼化核心竞争力雷达图如图 1-14 所示，其中，以国内平均水平的指标定义为 10。可以看出，青岛炼化综合能耗、单因能耗处于国内先进水平，燃动能耗、吨油利润处于国内领先水平，万元产值能耗处于国内较先进水平，综合竞争力处于国内先进水平。

海南炼化核心竞争力雷达图如图 1-15 所示，可以看出，该企业综合能耗、单因能耗、燃动能耗、吨油利润均处于国内先进水平，万元产值能耗处于国内一般水平，综合竞争力处于国内先进水平。

参考文献

[1] 林宗虎，汪军，李瑞阳等 . 强化传热技术 [M]. 北京：化学工业出版社，2007.

[2] 兰州石油机械研究所 . 换热器 [M]. 第 2 版 . 北京：中国石化出版社，2013.

[3] 崔海亭，彭培英 . 强化传热技术及其应用 [M]. 北京：化学工业出版社，2006.

[4] 朱冬生，钱颂文 . 强化传热技术及其设计应用 [J]. 化工装备技术，2000，21（6）：1-9.

[5] 林宗虎 . 管式换热器中的单相流体强化传热技术 [J]. 自然杂志，2013，35（5）：313-319.

[6] 林文珠，曹嘉豪，方晓明等 . 管壳式换热器强化传热研究进展 [J]. 化工进展，2018，37（4）：1276-1286.

[7] 肖武，史朝霞，姜晓滨等 . 考虑管壳式换热器传热强化的换热网络综合研究进展 [J]. 化工进展，2018，37（4）：1267-1275.

[8] 孙丽丽 . 创新强化传热策略与应用提升炼化企业竞争力 . 化工进展，2019，38（2）：711-719.

[9] Kemp I C.Pinch analysis and process integration：A user guide on process integration for the efficient use of energy[M].2nd ed.UK：Butterworth-Heinemann，2007.

[10] 冯霄 . 化工节能原理与技术 [M]. 第 4 版 . 北京：化学工业出版社，2015.

[11] 姚平经 . 过程系统工程 [M]. 上海：华东理工大学出版社，2009.

[12] Yee T F，Grossmann I E.A screening and optimization approach for the retrofit of heat-exchanger networks[J].Industrial & Engineering Chemistry Research，1991，30（1）：146-162.

[13] Sreepathi B K，Rangaiah G P.Review of heat exchanger network retrofitting methodologies and their applications[J].Industrial & Engineering Chemistry Research，2014，53（28）：11205-11220.

[14] Smith R，Jobson M，Chen L.Recent development in the retrofit of heat exchanger networks[J].Applied Thermal Engineering，2010，30（16）：2281-2289.

[15] Zhang B J，Luo X L，Chen Q L，et al.Heat integration by multiple hot discharges/feeds between plants[J].Industrial & Engineering Chemistry Research，2011，50（18）：10744-10754.

[16] 华贲 . 炼油厂能量系统优化技术研究和应用 [M]. 北京：中国石化出版社，2009.

第一篇

强化传热理论与方法

第二章

强化传热基本原理

第一节 概述

换热器内强化传热技术是通过采用强化传热元件、改进换热器结构，提高换热器单位时间、单位体积上传递的热量，提高传热效率，降低成本以达到最优化生产的目的[1]。其主要任务是提高传热效率，用最经济的设备来传递规定的热量、用最经济的冷却方式来保护高温部件的安全、用最高的热效率来实现能源的合理利用[2]，具有重要的研究意义。换热器强化传热技术在各工业领域蓬勃发展，已从第一代发展到目前的第四代。第一代传热技术以光管为代表，主要实现传热功能；第二代传热技术以平翅片、二维肋片为代表，紧凑式换热设备得到应用；第三代传热技术以三维粗糙元、三维肋片为代表，主要提高传热效率；第四代传热技术又称为复合强化传热技术，主要运用复合强化方法达到更好的传热效果[3]。

一、换热器强化传热基本理论

描述换热元件强化传热的理论众多，主要包括边界层理论、核心流强化传热理论、烱理论、热质理论与场协同理论。

1. 边界层理论

边界层理论[4]是传统管内强化传热技术理论的基础，普朗特建立的边界层理论将对流换热温度场分为热边界层区和主流区。热边界层是热量传递的一个阻力集中区域，传统的对流强化传热技术均是基于热边界层的研究，包括大多数无源强化传热技术，如扩展表面、粗糙表面、旋流发生器等。改变换热器的结构和形状可改变换热面，破坏流体的边界层，压缩热边界层，促进二次流的形成和增加流体湍流度，从而实现强化传热，其缺点是流动阻力增加较多。

2. 核心流强化传热理论

对流换热温度场分为热边界层区和主流区，管内流动分为边界流和核心流，边界层以外的区域都称为核心流区。流体在受限的空间流动时，随着流动的充分发展，边界层在中心轴线汇合，温度梯度存在于充分发展的管内对流换热的整个流场中，流体本身或核心流区域的研究得到人们的重视。刘伟教授提出核心流强化理论[5]，并通过实验验证了其正确性，核心流强化最直接的方法是使管内核心流区流体温度尽可能均匀化，以便在管壁附近形成具有较大温度梯度的等效热边界层，从而实现显著的强化效果（如金属多孔介质的应用），并总结出核心流强化传热理论的四个基本原则，即尽量增强核心流区流体温度均匀性；尽量增强核心流区流体扰动；尽量减少核心流区强化元面积；尽量减少核心流区边界附近流体扰动。核心流强化传热是一种基于流体的强化传热方法，与边界层理论最大的不同是强化传热面与流体之间不发生对流换热，不仅强调强化传热，而且强调减小流动阻力的增量，减少能量耗散。

3. 炽理论和热质理论[6]

考虑到不可逆性是有限温差下热量传递现象的本质，过增元等采用归纳法和演绎法，从传热学角度定义了传热学的一个新核心物理量——炽（曾称作热量传递势容），它代表了物体向外传递热量的能力。在传热过程中，炽不守恒且存在耗散。炽耗散能够度量传热过程的不可逆性，可用来定义传热过程的效率。并且，将炽耗散与热流平方的比值定义为传热过程的炽耗散热阻，提出了换热过程优化的最小炽耗散热阻原理：在给定的约束条件下，当炽耗散热阻最小时，热量传递效率最高。在此基础上，结合变分原理，导出了导热、对流以及辐射换热过程的优化控制方程，有效提升了换热性能。与此同时，过增元院士等[7]从审视热量的本质出发，建立了热质理论，提出了热的“能、质”二象性学说，指出可以采用牛顿力学和分析力学等分析方法研究热量的传递规律。例如：可用牛顿运动定律描述热量传递过程，从而建立普适导热定律。它不仅适用于分析空间和时间微纳的极端条件下的传热过程，而且可以在常规条件下退化为常用的傅里叶导热定律。并且，热质理论也揭示了炽的物理含义，明确了炽是热质传递势能的简化表达式。

4. 场协同理论

近年来我国学者提出了传热优化的场协同原理。过增元院士等[7]从二维层流边界层能量出发，重新审视了热量输运的物理机制，把对流换热比拟成有内热源的导热过程，并指出热源强度不仅取决于流体的速度和物性，而且取决于流速和热流矢量的协同，两者场协同角越小，协同程度越高，换热强度越大。由场协同原则可知，改善速度与热流场的协同度使其达到最佳，可以实现最好的对流强化传热效果，可以通过减小速度与热流矢量的夹角、增加速度与热流场的均匀性来改善协同度，场协同原则为发展强化传热技术提供了新思路。有诸多学者对场协同理论及其应用进行了研究，并取得了一定成就，如陶文铨院士等将场协同理论应用于制冷机的研究，对脉管制冷机的相关参数进行了优化。

对于换热器的结构而言，除了通过对结构的改变增加换热量，还需要减小流动阻力，提高综合传热能力。刘伟教授在场协同理论的基础上，通过分析非等温单相对流换热层流流场中的物理量之间的关系，发现流体的流动阻力和强化传热综合性能同样对应着某些参数场的协同，并提出场物理量协同理论。该理论定义了不同的协同角，作为评判对流换热程度的依据。

$$\beta = \arccos \frac{\boldsymbol{U} \bullet \nabla \boldsymbol{T}}{|\boldsymbol{U}||\nabla \boldsymbol{T}|} \tag{2-1}$$

$$\theta = \arccos \frac{\boldsymbol{U} \bullet \nabla \boldsymbol{p}}{|\boldsymbol{U}||\nabla \boldsymbol{p}|} \tag{2-2}$$

$$\gamma = \arccos \frac{\nabla \boldsymbol{T} \bullet \nabla \boldsymbol{u}}{|\nabla \boldsymbol{T}||\nabla \boldsymbol{u}|} \tag{2-3}$$

式中，$\boldsymbol{U}$ 为速度矢量，m/s；$\boldsymbol{T}$ 为温度，℃；β、θ、γ 为协同角，(°)。

速度矢量 $\boldsymbol{U}$ 与温度梯度矢量 $\Delta \boldsymbol{T}$ 之间的夹角 β 越小，表面传热系数 k 越大；速度 $\boldsymbol{U}$ 与压力梯度$\nabla \boldsymbol{p}$ 之间的夹角 θ 越小，流体压降 $\Delta \boldsymbol{p}$ 越小；温度梯度 $\nabla \boldsymbol{T}$ 与速度梯度 $\nabla \boldsymbol{u}$ 之间的夹角 γ 越大，强化传热的综合性能系数越高。

场物理量协同理论通过一个全新的视角认识和理解强化传热机理，为强化传热技术的发展做出了新的贡献。

二、对流强化传热机理分析

关于强化传热的机理，很多文献都做了阐述，主要是根据传热的基本公式来分析影响传热的各种因素。传热的基本计算式为

$$Q = KS\Delta T_{\mathrm{m}} \tag{2-4}$$

又可以表示为

$$\frac{Q}{S} = \frac{\Delta T_{\mathrm{m}}}{1/K} = \frac{\Delta T_{\mathrm{m}}}{R} \tag{2-5}$$

式中　Q——热负荷，W；

K——总传热系数，W/（m^2 • K）；

S——换热面积，m^2；

ΔT_m——冷热流体的有效平均温差，K；

R——传热总热阻，$m^2 \cdot K/W$。

从传热的基本公式可知，单位传热面积的传热速率与传热推动力成正比，与热阻成反比。提高换热器的传热能力可以通过提高传热推动力或者降低传热热阻来实现。因此要想增加换热器的传热量，可以从三个方面着手：增加换热面积、增大平均传热温差和提高总传热系数[2,8,9]。

1. 增加换热面积

增加单位体积内的换热面积实现强化传热是目前研究最多、最有效的强化传热方式。如采用肋片管、螺旋管、横纹管、缩放管、翅片管、板肋式传热面、多孔介质结构等，不仅增加了单位体积内的换热面积，还改善了流体的流动状态。通过改变换热器结构来增加换热面积或提高传热系数是强化传热的核心，在不同流动状态下，要根据实际需要综合考虑各种因素，选用合适的换热器结构，达到强化传热的目的。

2. 增大平均传热温差

增大平均传热温差的方法有两种。第一种方法是在工艺条件允许情况下，提高热流体的进口温度或降低冷流体的进口温度，以增大冷、热流体进出口温差；第二种方法可通过改变换热面的布置方式来改变温差以实现强化传热的目的。当换热器中冷、热流体均无相变时，应尽可能在结构上采用逆流或接近于逆流的流动排布形式以增大平均传热温差。也可以增加换热器的壳程数增加平均温差。不过不能一味追求传热温差的增加，需兼顾整个系统能量的合理利用，在增加传热温差时应综合考虑技术可行性和经济合理性。

3. 提高总传热系数

在实际的工程中，换热面积和平均传热温差往往受到限制，不能作太大改变，在给定的换热面积和平均传热温差的条件下，只能通过提高总传热系数来强化传热。总传热系数 K 的表达式为：

$$\frac{1}{K}=\frac{1}{h_o}+R_o+R_w+R_i\frac{A_o}{A_i}+\frac{1}{h_i}\times\frac{A_o}{A_i} \tag{2-6}$$

式中 h_i，h_o——管内、管外流体的膜传热系数，W/（$m^2 \cdot K$）;

R_i，R_o——管内、管外侧流体的污垢热阻，$m^2 \cdot K/W$；

R_w——换热管壁面污垢热阻，$m^2 \cdot K/W$；

A_i，A_o——管内、管外传热面积，m^2。

由式（2-6）可知，提高总传热系数必须减小热阻。热阻由壁面内外两侧流体热阻和壁面热阻三部分组成，减小影响最大的热阻强化效果最好，通常情况下对流热阻是阻碍传热的主要因素，金属换热器壁面热阻为次要因素，污垢热阻为可变因素，随着时间的增加，污垢热阻会从非主要因素转化为阻碍传热的主要因素，需要根据实际应用分析最大热阻，采取相应的措施，减小热阻，强化传热。减小热阻的方法很多，如提高流体的速度、改变换热器的结构、改变换热器壁面材料等。

三、强化传热性能评价方法

换热器设备节能的关键是提高换热器的综合性能。随着强化传热技术在工程上的广泛应用，需要对这一技术进行评价，判断其先进性，帮助人们更好地应用传热技术和指导研究。最早采用单一参数评价，如特定流速下的传热系数和压力降、摩擦系数、效能、换热强化比 Nu/Nu_0 等，但是强化传热在减小温差传热不可逆损失的同时也增加了流动阻力，阻力系数随传热系数增加而显著增加。将传热与流体流动综合考虑，提出（Nu/Nu_0）/（f/f_0）准则数，值越大其能效越高，对于不同的换热器，其准则数又存在一定差异。

基于热力学第一定律的评价方法和指标[10]，有比压力降 J、能量系数、面积质量因子等，物理意义清晰，但不同换热面积及不同工况下的评价结果差异大。Webb[11] 等定义了通用的性能评价指标（performance evaluation criterion，PEC），如式（2-7）所示，用来评价传热单元整体的传热性能和压降增加，可以准确地对强化传热性能进行评价。在相同的 Re 数下，当流体的物理性质和换热面积不变，基于相同泵功率消耗下对所传递的热量进行比较，如式（2-8）所示。

$$\mathrm{PEC}=\frac{hA/h_0A}{(f/f_0)^{1/3}(A/A_0)^{2/3}}=\frac{Nu/Nu_0}{(f/f_0)^{1/3}(Re/Re_0)(Pr/Pr_0)^{1/3}} \quad (2\text{-}7)$$

$$\mathrm{PEC}=\frac{Nu/Nu_0}{(f/f_0)^{1/3}} \quad (2\text{-}8)$$

式中，努塞尔数 Nu、普朗特数 Pr、雷诺数 Re 均为无量纲特征数，流体阻力系数 f 也是无量纲。下标 0 代表对比基准：光管。

陶文铨院士等在上述基础上进行了发展[12]，根据强化表面与准表面的对比即 Nu/Nu_0 与 f/f_0 的关系，总结出以节能为目的的传热阻力综合性能评价图，划分为强化传热不节能区、等泵功强化换热区、相同压降强化换热区和相同摩擦阻力系数强化换热的最优区域。

基于热力学第二定律主要包括熵和火用评价方法。这两种评价方法在换热器流动传热过程分析、优化整体结构等方面成功应用[13]，基于熵或火用的方法可反映换热器在具体热工参数条件下的能效特性，但是不能确定出该换热器在所有这种类型的换热器整体中所处的能效水平。

白博峰教授等通过理论分析换热器水 - 水无相变流动与传热综合特性，针对板式换热器进行了能效评价指标（energy efficiency index，EEI）的推导及有效性分析，提出了换热器的能效指标[14]，如式（2-9）所示。EEI 反映了换热器整体固有能效属性，代表换热器消耗单位折合流动压降获得的传热系数。当温差和流体流量相同时，对于相同的换热面积和相同流体流动长度的换热器而言，能效指标越大，消耗单位折合泵功获得的流量越大。通过选取合理的 n，EEI 具有良好的稳定性。

$$\mathrm{EEI}=\frac{K}{\nabla p^{n}} \tag{2-9}$$

式中　K——总传热系数，W/（m^2 • K）；

∇p——压力梯度。

强化传热性能的综合评价指标还可用协同角反映对流换热的多场协同关系，协同角越优，强化传热效果越好[12]。目前关于强化传热性能评价方法较多，实际应用时应根据具体需求选取合适的评价方法。

四、强化传热技术分类[3]

强化传热技术可以针对传热过程的特点，从不同的角度进行分类。

若从传热过程来分，可以分为导热过程强化、辐射传热过程强化和对流换热强化。导热过程强化是指在高热流场合，设法降低接触热阻；辐射传热过程强化可以通过改变影响辐射的材料、表面粗糙度等因素来实现；对流换热强化可以通过改变流动状态、换热器结构等方式实现。对流换热强化应用领域最为广泛，受到人们的重视，是各应用领域的研究重点。

若从流体传热过程是否发生相变分类，可以分为无相变过程的传热强化和相变过程的传热强化。顾名思义，无相变过程传热强化指流体在换热过程中不发生蒸发、凝结等相态变化，一般指单相流传热强化过程，大多数强化传热技术都是基于单相流强化传热发展起来的；相变过程传热强化是指流体在与壁面换热过程中，本身发生了相态变化的过程，相应传热技术包括冷凝和沸腾传热强化过程。冷凝强化传热方法包括粗糙表面法中的花瓣形翅片管和锯齿形翅片管，特殊表面处理法（如化学覆盖层、电镀法、聚合物涂层）等；关于沸腾强化传热的研究一般是对管内强制对流沸腾强化和池沸腾强化传热，前者的强化方法包括换热面表面粗糙法、表面特殊处理、流体旋转法、扩展表面等，后者包括强化表面法、添加剂法、外加矢量场法等。相变过程传热强化广泛存在于材料科学、冶金工程、化学工业和热力工程等领域。

若从提高传热系数的各种强化技术来分，可分为有源强化技术、无源强化技术和复合强化技术。其中有源强化技术和无源强化技术分别又称为有功技术和无功技术。有源强化技术包括电磁场作用、静电场法、振动法、机械法、射流冲击、喷射或吸出等需要外部功率输入的强化传热技术，具有一定的局限性，目前未得到广泛应用；无源强化技术是指不需要外功输入的强化传热技术，主要是通过改变换热器的形状、结构来实现强化传热。因不需要消耗外功，应用广泛，是目前工业强化传热的手段，主要包括扩展表面、异形表面、粗糙表面、管内插入物、仿生优化、添加剂等。复合强化传热技术是指将两种或两种以上的强化传热方法同时应用于换热器，以期获得更大强化传热效果的技术。复合强化传热对换热器改造要求高，多用于复杂的设计领域，虽暂未普遍应用，但也是研究的重点。复合强化传热技术的研究范围很广，如螺旋槽纹管内插入扭带或旋流装置 [15]、波纹管内插入螺旋线 [16]、粗糙管中插入扭带 [17] 等。

第二节 无相变过程传热强化

无相变过程对流换热分为自然对流换热和强制对流换热。影响单相流体对流换热的因素很多，如流动状态、流体物性、流道的尺寸和形状等。强化单相流体对流换热主要是设法减小层流底层厚度，增加流体的湍流强度，降低层流底层的传热热阻，提高传热系数。

强化单相流体对流换热技术归根结底都是为了提高流体速度场与温度场的均匀性，改善速度和温度梯度之间的协同程度。场协同原理对强化单相对流传热具有普适性，为高效传热表面的开发指出了方向 [18]。

一、人工粗糙表面法

流体流经粗糙面会出现局部回流区和局部分离区，增加扰动、减薄边界层，从而增强换热。整体粗糙度可通过传统的机械加工、成形、铸造、碾轧、电化学腐蚀或焊接等过程产生，各种插入物也可以引起表面的凸起，增加管壁的粗糙度，人工粗糙度和扩展表面通常结合在一起使用 [2]，共同实现强化传热。在实际的工程应用中，要选择适当的粗糙度才能达到理想的强化效果，粗糙度过小，低速流体贴近粗糙管壁面平滑流动，无漩涡产生，不能很好地改善传热；粗糙度过大，易形成接近死滞的漩涡，造成热阻过大，对层流换热产生不利影响。人工粗糙表面法通常用于强化单相流体强制湍流换热过程。García 等 [19] 通过实验，对比波纹管、旋流管和插入金属线圈的管道在层流区、过渡区、湍流区的实验结果，粗糙管结构如图 2-1 所示，研究发现：当 Re<200 时，粗糙管强化效果不明显；当 200<Re<2000 时，粗

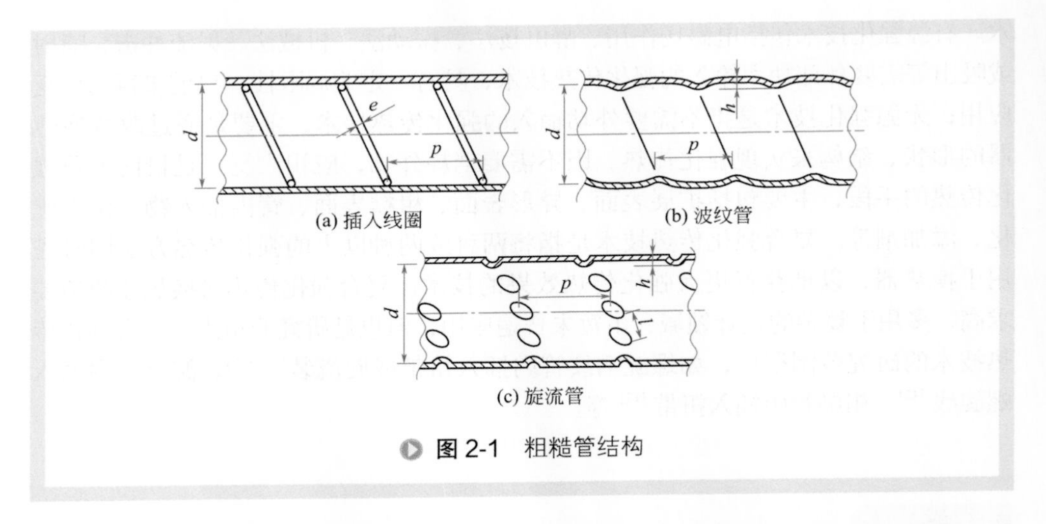

图 2-1　粗糙管结构

糙结构的形状对强化效果的影响较大，管内插入金属线圈的表面粗糙法，强化效果最好并且流体状态可预测；当 $Re>2000$ 时，波纹管和旋流管强化效果较好。

二、扩展表面法[1,2,20]

扩展表面法主要是通过增加换热面积、提高传热系数来增加换热量，适用于气相介质的传热强化。翅片是扩展表面最有效的方法，其种类繁多，主要包括平直翅片、波纹翅片、锯齿形翅片、斜针翅片、新型钉翅片、花瓣形翅片、多孔翅片、百叶窗翅片、钉头翅片等。与光管相比，消耗相同的金属，翅片管具有更大的表面积，不仅提高设备的紧凑性、传热效率，还能够提高换热器的强度和承压能力，广泛应用于化工、石油化工等工艺装置中。翅片管的制备工艺要求严格，其质量的优劣直接影响换热器的工作性能，所以选择基管及翅片的结构和材料时应该综合考虑，选择最优方案。

翅片管主要是通过其特殊结构增加流体的扰动、破坏层流边界层、增加湍流程度，促进对流换热，对层流和湍流都有显著的强化作用；同时增大换热面积、增加换热量，从两个方面达到强化传热的效果。与此同时，流体的扰动会阻止污垢的积累，达到阻垢的效果。但扩展表面法在提高换热面积的同时会使压降升高，也可能会带来噪声和振动。

三、异形表面法[2,9]

用轧制、冲压、打扁或爆炸成型等方式将换热面制造成各种凹凸形、波纹形、扁平状等，使流道截面的形状和大小均发生变化。异形表面不仅使换热面有所增加，还使流体在流道中的流动状态不断改变，增加扰动，减少热边界层厚度，从而使传热得到强化，主要应用的异形管包括槽纹管、旋流管、波纹管[21]、缩放管[22]、横纹槽管、螺旋扭曲管、内肋管等。以下为几种异形管的简介：

（1）槽纹管[23,24] 槽纹管是一种通过滚轧冷加工而成的高效异形强化传热管，可对有相变和无相变传热进行管程、壳程双边强化，强化效果显著，自1966年诞生以来，就受到人们的关注，主要是管内靠近壁面液体顺槽旋流，减薄边界层厚度，轴向流动液体通过螺旋槽纹凸起时，引起边界层扰动和分层，加快热传递，提高传热系数，增加传热量来强化传热。螺旋槽纹管的制造工艺简单、抗垢能力强，应用领域广泛。

Moffat[23] 和 Zimparov[24] 分别对卧式冷凝器中螺旋槽纹管的结构参数对传热和流动特性的影响进行了研究。Moffat 对 11 种不同槽距和槽深的螺旋槽纹管进行实验，总结出了管的几何尺寸对传热摩擦的影响并建立了总传热系数、冷凝侧的传热系数的相关准则方程；Zimparov 测定了 11 种不同结构参数的传热性能和压降损失，得到了螺旋槽纹管内外侧的传热系数和总传热系数。不同的院校和研究单位对螺旋槽纹管的换热性能、阻力系数、应用领域、综合性能评价等研究作了大量的工作，并取得了很多成就，如对单头螺旋槽纹管、多头螺旋槽纹管、新型外螺纹横纹管等的研究。

对螺旋槽纹管的传热研究已经积累了大量的数据，从理论到实验达到了一定高度。与光管相比，现有的螺旋槽纹管传热系数提高 2 ～ 4 倍。未来研究方向是在理论研究方面参数优化、采用模拟和可视化技术进行研究、采用新模型和新方法等。

（2）旋流管（异形凹槽螺旋槽纹管） 旋流管是一种管壁上机械滚压轧制成型、具有外凹内凸的螺旋形槽的高效传热异形管，传热机理与螺旋槽纹管相似，又称为异形螺旋槽纹管。其槽纹是半流线的勺形或 W 形，结构简单、加工方便、强化效果显著。与相同直径的光管相比，可节约传热面积 20% ～ 30%，节约材料 20% 以上，其传热系数比光管提高 3.5 倍，压降增大 1.1 ～ 4 倍[2]。Li M[25] 等提出的旋流管结构如图 2-2 所示；采用无量纲性能评价标准对该类型管强化传热的性能进行了评价，与等效光管相比，传热量增强 200%。

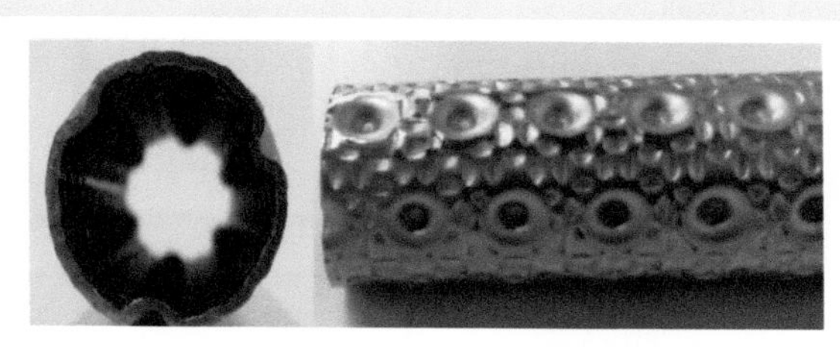

图 2-2 旋流管及其截面图

（3）波纹管　波纹管是表面有波纹凸起的强化换热管。其强化机理是由于波纹管的波峰与波谷的设计，使流体流速和压力总是处于规律性的扰动状态，破坏边界层，波纹管的喷射（弧形段进口）和节流（出口）效应以及强烈的管内扰动现象，使强化传热系数明显提高，管壁不易结垢，是一种新型、高效的异形管[2]。波纹管的优点为较高的传热系数、较强的防垢能力、适用范围广、设备维修量小等。通常其传热效率是光管的 1.5 ～ 3 倍。Kareem[21] 等收集从 1977 ～ 2015 年所有波纹管的论文资料进行总结，并对研究成果按波纹管结构、使用范围（层流区、湍流区）、局限性、强化程度等进行了分类整理，作为波纹管的数据库供研究波纹管的学者使用。

（4）缩放管[22]　缩放管是由依次交替的收缩段和扩张段组成的波纹管道。在扩张段中由于流体质点速度变化产生的旋涡在收缩段得到有效的利用，冲刷流体边界层，使其减薄，可强化管内外单相流体的传热，而且抗垢能力较光管好。对缩放管的传热与流动性能的研究表明，在同等压降下，雷诺数为 10^5 时，传热量比光管增加 85%；在同等压降下，缩放管的传热量比光管大 70% 以上。该管广泛用于空气预热器、油冷却器、冷凝器等换热器。

（5）横纹槽管　横纹槽管是滚压而成的双面强化管，影响横纹槽管的主要结构参数是肋间距和肋形，肋高的影响不大。试验表明，其管内传热系数是光管的 2 ～ 3 倍，在纵向冲刷条件下，管外传热系数可达光管的 1.6 倍；垂直冷凝膜传热系数最高比光管大 5 倍，水平时比光管大 1 ～ 2.4 倍。

（6）螺旋扭曲管　螺旋扭曲管是把圆形光管压成椭圆形，再经旋转扭曲而成，又称椭圆扁管。流体在管内处于螺旋流动状态，破坏了管壁附近的层流边界层，提高了传热效率。管与管在椭圆长轴处相接触，相互支撑而取消了折流板，节约了材料和成本，同时，减小了管束间的振动和磨损，保证了设备的抗振性、延长了使用寿命。与光管相比，螺旋扭曲管热流密度提高 50%，容积减小 30%。

四、振动法

振动法包括两种方法，一种是换热面的振动，另一种是流体振动或者脉动，其机理都是通过振动加强流体扰动，从而实现强化传热。对于自然对流，Park 和 Kim[26] 在试验中发现传热系数随着逐渐升高的频率或振幅提高，当振动强度达到临界值实现共振时，强化效果最好。对于强制对流，研究表明传热系数可提高 20% ～ 400%，但强制对流时换热面的振动可能会造成局部地区的压力降低至液体的饱和压力产生汽蚀的危险。目前超声波振动除垢方法已在过程中得到应用。流体诱导振动破坏性大，目前在换热器设计过程中尽可能防止其发生。随着技术的发展，可控制流体诱导振动为换热管去污，提高传热效率[10]。

五、流体旋转法（插入物）

插入物强化传热是利用插入物使流体产生径向流动，加强流体的混合，提高对流传热系数，尤其是对强化气体、低雷诺数流体或高黏度流体的传热更为有效。插入物种类很多，如扭带、螺旋线、螺旋片、百叶窗片、静态混合器等。

（1）扭带　扭带是一种最简单的旋流装置，由薄金属片扭转而成，插入管道，使管内流体旋转并引起二次流，促进径向混合，实现强化传热，虽然阻力增大较多，但其工艺简单、拆装方便、成本较低、清洗污垢容易等特点被广泛应用。扭带主要分为连续扭带、间隔扭带和异形扭带。诸多文献对连续扭带进行了研究，并在前人的基础上对阻力计算关联式进行了补充和修正。为了弥补连续扭带阻力增大较多的缺点，人们提出间隔扭带和异形扭带的应用，并通过实验得出选择合适的扭带间距，可以使间隔扭带性能优于连续扭带。Eiamsa-Ard S 等[27]对短管内插入不同长度扭带的传热特性进行了实验，实验表明：当 $4000<Re<20000$ 时，与插入全长扭带（带长比 LR=1）相比，插入 LR=0.29、0.43、0.57 扭带的 Nu 数分别低 14%、9.5%、6.7%，摩擦阻力系数 f 分别低 21%、15.3%、10.5%，强化效率 η 分别为插入全长扭带的 0.95、0.98、1.0，插入全长扭带的强化效果最好，并随着 Re 的提高强化效果降低。Rahimi 等[28]对几种异形扭带进行了研究，如图 2-3 所示，实验结果表明：锯齿形扭带增加了管壁附近的湍流强度，其强化传热性能优于其他异形扭带，与其他异形扭带相比其 Nu 数和传热性能可分别提高 31%、22%。Eiamsa-Ard S 等[29]在管内插入 2 根连续扭带，分别同向流和异向流布置，实验充分证明了插入双扭带的可行性，异向流布置的扭带强化传热性能优于同向流布置，可提高 12.5% ～ 44.5%；与单扭带布置相比，传热性能提高了 17.8% ～ 50%。

（2）螺旋线圈　螺旋线圈是把金属丝以一定的螺距绕在一根轴上加工而成，主要参数有螺旋丝径、螺距、管子直径。螺旋线圈制造简单、金属耗量小、拆装方便，适用于设备的改造。螺旋线圈间接破坏流体的边界层，使边界层减薄，流体边界层扰动产生二次流，促进湍流核心流体与边界层的混合。Wongcharee 等[30]将螺

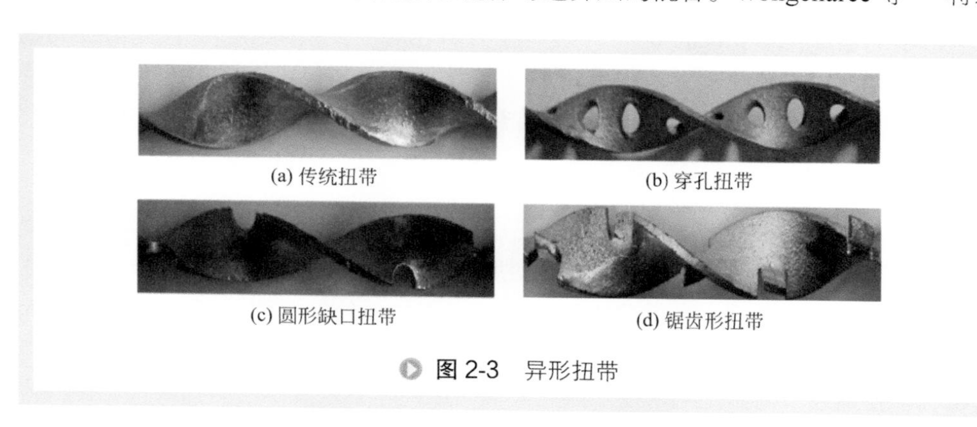

图 2-3　异形扭带

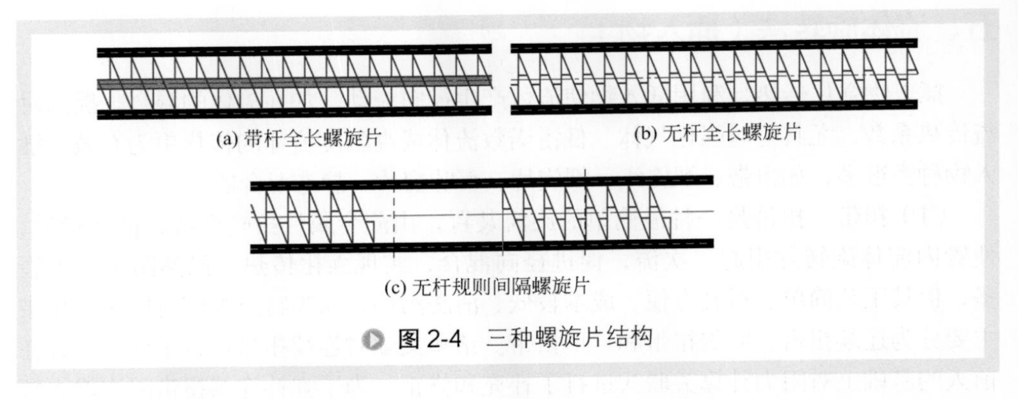

图 2-4　三种螺旋片结构

旋线圈与管壁保持间距为 S，螺旋线圈厚度不变，对其传热和压降进行了研究，实验结果表明：与光管相比，插入螺旋线圈，强化传热效果明显提高；强化传热同时受螺距和管径比 P/D 及间距 S 的影响；在 P/D=1，S=1mm，Re=4220 时，整体传热效果最高，提高了 50%。

（3）螺旋片（带） 插入螺旋片可以明显提高传热速率，带杆的螺旋片的最高传热速率比无杆螺旋片高 10%，但增加了压降。Eiamsa-Ard S 等[31]针对这种状况对三种螺旋片的结构（图 2-4）进行了研究。研究表明：当 Re<4000 时，与光管相比，三种结构的 Nu 数增加基本一致，提高 50% 左右。与图 2-4（a）、（b）所示结构相比，无杆规则间隔螺旋片的 Nu 数增加最多并且压降较低，在空带比（管道长度与螺旋带长度之比）s 为 0.5、1.0、1.5、2.0 时分别提高 145%、140%、133%、129%，压降降低 45%、52%、58%、62%。

六、其他强化传热技术

1. 机械搅拌法

依靠机械设备搅动流体，或使传热面转动或表面刮动。表面刮动广泛应用于化工生产中的黏性流体，García 等[32]设计了一种在管壳式换热器内部自动清洗的创新方案，刮擦元件完全安装在往复连杆上清洗管壁，不仅可以防垢，而且改善换热，当刮板以流体的平均速度运动时，传热效率增加 140%，压降提高 150%。

2. 添加剂法

为了满足强化传热的需要，在流体工质中加入某些固体颗粒、液体、气泡或聚合物固体颗粒等添加物，这种方法称为添加剂法。毫米、微米级的颗粒对液体传热强化效果并不是很明显，流动阻力增加较多，传热系数仅增加 40% ～ 50%，大大限制了其在工业的应用。随着纳米技术的发展，相比于水，纳米流体的传热效率提高 60%，强化效果明显，纳米技术得到人们的重视。纳米流体中的纳米颗粒在流体中的无规则运动，破坏流体层流底层，增加扰动，增加湍流度，从而强化传热。针对纳米流体的制备方法、稳定性、传热特性、强化传热机理、纳米流体体系及其应用等已有广泛的研究[33]。

3. 射流冲击

射流冲击传热是强迫对流传热方式中传热效率最高、最有效的方式之一。气体或液体在压差作用下通过一个圆形或狭缝形喷嘴直接（或成一定倾角）喷射到被冷却或加热的表面上，从而使直接受到冲击的区域产生很强的传热效果。其特点是流体直接冲击需要冷却或加热的表面，流程很短，而且在驻点附近形成很薄的边界层，因而具有极高的传热效率，同时节省大量的空间，适用于局部传热，在一些工业技术和生产领域得到广泛的应用，如纺织品、纸张等的干燥、玻璃的回火、钢材的冷却及加热、航空发动机的冷却、计算机高负荷微电子元件的冷却等，随着高新科学技术的发展，射流冲击技术会得到更广泛的应用。

第三节 沸腾过程的传热强化

沸腾是一种相变现象，指当液体受热超过其饱和温度时，在液体内部和表面同时发生剧烈汽化的现象。

一、沸腾传热分类

按沸腾是否均匀可以将沸腾传热分为均匀沸腾和非均匀沸腾。均匀沸腾是指在沸腾过程中液体内部不存在固定加热面，气泡由能量较集中的液体高能分子团的运动和集聚产生。非均匀沸腾是指沸腾过程中气泡在液固接触面上产生、生长，和前者相比，所需过热度较低。通常在工业和商用应用较多的是非均匀沸腾。

按沸腾过程中液体是否流动可以将非均匀沸腾分为池沸腾和流动沸腾。

1. 池沸腾

池沸腾又称大空间沸腾，是指高于饱和温度的热壁面沉浸在具有自由表面的液体中所进行的沸腾。其沸腾过程见图 2-5[34]。

当加热面温度 T_w 超过液体的饱和温度 T_{sat} 并达到一定数值时，液体即在加热面的某些点上形成气泡，这些点称为汽化核心。气泡形成后不断长大、脱离、上浮。气泡在形成长大过程中吸收大量汽化潜热，气泡的脱离和上升运动又产生剧烈扰动，所以沸腾换热比单相流体的对流换热强烈得多。气泡脱离加热表面后，如果液

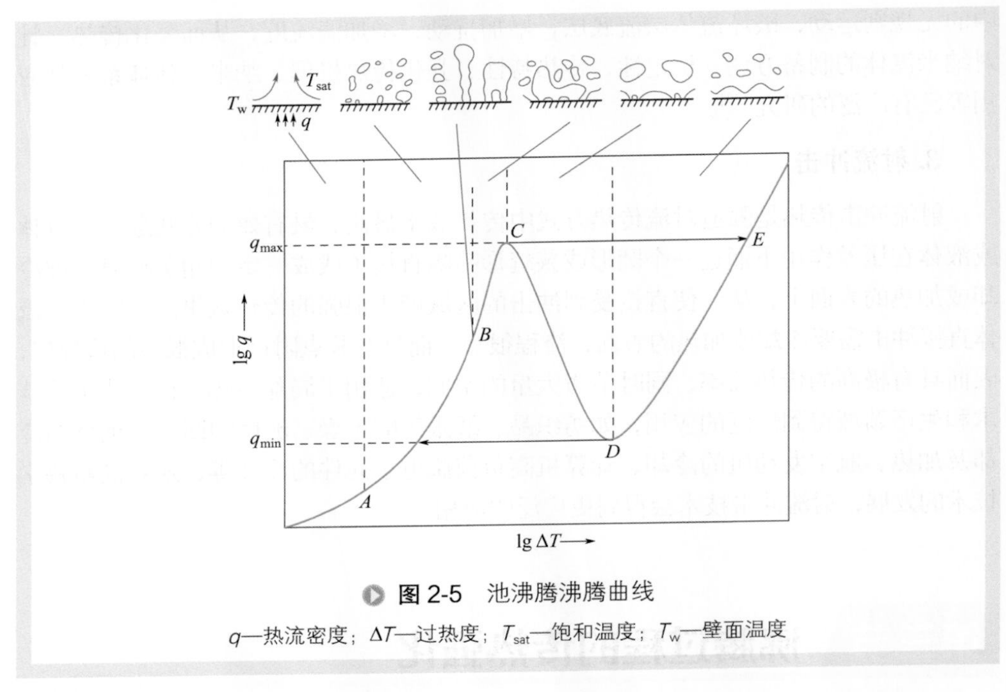

图 2-5 池沸腾沸腾曲线

q—热流密度；ΔT—过热度；T_{sat}—饱和温度；T_w—壁面温度

体尚未达到饱和温度，则气泡对液体放热后会凝结消失，这时称为过冷沸腾；如果液体已达到饱和，则气泡将继续吸热长大，直至逸出液面，这时称为饱和沸腾。对于这两种沸腾，汽化核心都有重要作用，所以又称核状沸腾。

随着热流密度增加，汽化核心增多，气泡生成的频率也不断加快，直至加热面上生成的气泡因为来不及脱离而连成汽膜，即过渡到膜状沸腾。这层汽膜将液体与加热面隔开，热量只能靠辐射和汽膜的传导由加热面传入，因此传热系数大为降低，壁面温度急剧上升，甚至会导致最终烧毁。开始形成膜状沸腾时的热流密度称为临界热流密度。在工程实践中，热流密度应严格控制在临界值以下。气泡的形成和沸腾状态的过渡，与液体的物性、纯度、状态参数以及加热表面的性质和重力加速度等因素有关。

2. 流动沸腾

和池沸腾相比，流动沸腾存在着宏观的液体运动。由于加热面上的气泡生长过程受到液体流动的影响，壁面上的泡化过程特性发生改变。液体流动的驱动力可以是沸腾过程中产生的液体密度差造成的自然对流，也可以是由水泵等外力做功的强迫流动。

自 20 世纪中叶以来，经世界各国学者的努力，对水平直管和垂直向上管内低压两相流系统的流型的认识和理解已比较全面和充分，实验数据完备，理论也比较合理。图 2-6 显示了垂直管中上升流动的几种常见流型 [35]。

单相液对流区（A 区）：流体刚进入通道，是单相对流区，此区内液体被加热温度升高，流体温度低于饱和温度，壁温也低于产生气泡所必需的温度。

欠热沸腾区（B 区）：欠热沸腾的特征是，在加热面上水蒸气泡是在那些利于生成气泡的点上形成的，这些气泡在脱离壁面后，在欠热的液芯内被凝结。

泡核沸腾区（C，D 区）：泡核沸腾区的特征是流体的主流温度达到饱和温度，产生的水蒸气泡不再消失。其中 C 和 D 区的流型不同，但它们的传热分区相同。

液膜强迫对流区（E，F 区）：这一区的特征是壁面形成液膜，通过液膜的强迫对流把从壁面来的能量传到液膜和主流蒸汽的交界面上，在两相交界面上发生蒸发。

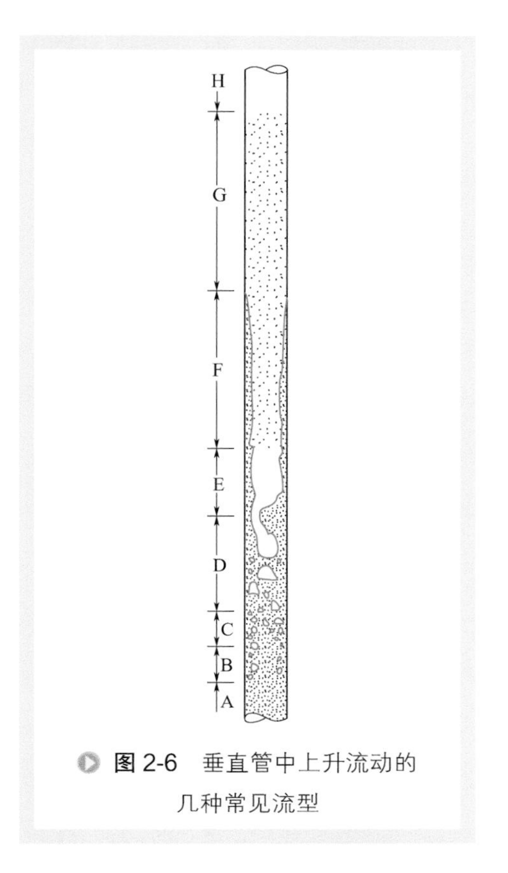

图 2-6　垂直管中上升流动的几种常见流型

缺液区（G 区）：质量汽含率达到一定值以后，液膜完全被蒸发，以至烧干，F 区和 G 区的分界点就是烧干点。一般把环状流动时的液膜中断或烧干称为沸腾临界（临界热通量），有时将这种沸腾临界称为烧干沸腾临界。从烧干点开始到全部变成单相汽的区段称为缺液区。在烧干点，壁面温度跳跃性地升高。

单相汽对流区（H 区）：该区的特征是，流体是单相过热蒸汽，流体温度脱离饱和温度的限制，开始迅速增大，壁面温度也相应增大。

二、沸腾传热强化方法

1. 增强成核位点活性

在实际的沸腾过程中，壁面过热度达到几度或者十几度就能在壁面上产生气泡。这是因为加热壁面上存在着不同大小的空腔。当液体进入和退出空腔时保证空腔内仍留有部分气体作为汽化核心。图 2-7 显示了气泡开始生长所需的壁面过热度 [36]。采取措施强化成核位点活性可以提前使单相对流换热进入泡核沸腾段，可以降低沸腾所需过热度并且获得更好的换热效果。

在过去的几十年里发展出了各种强化表面以增强成核位点活性。主要可以分为三类：固有表面强化，附加表面强化以及混合强化。下面主要介绍一些在工业和商用中得到广泛应用的表面强化方法。

（1）固有表面强化

① 电火花加工　电火花加工（EDM）利用放电或电火花从工件中去除材料，从而获得所需的立体结构和几何形状。Yu 和 Lu[37] 使用 EDM 方法制备了不同直径和排列方式的毫米量级的矩形翅片阵列，实验结果发现传热系数最大达到了 10000W/（m²・K），临界热通量最大可达 9.8×10^5W/m²，是光滑表面的 5 倍左右。

② 机械粗糙加工　使用机械方法，如砂纸打磨等方式增加加热表面粗糙度可强化传热。El-Genk 和 Suszko[38] 使用不同粒度的砂纸打磨铜表面得到不同粗糙度的加热表面，使用饱和的 PF-5060 工质进行池沸腾实验，发现相较于光滑表面，传热系数得到超过 150% 的强化，临界热通量得到 37% 的强化。

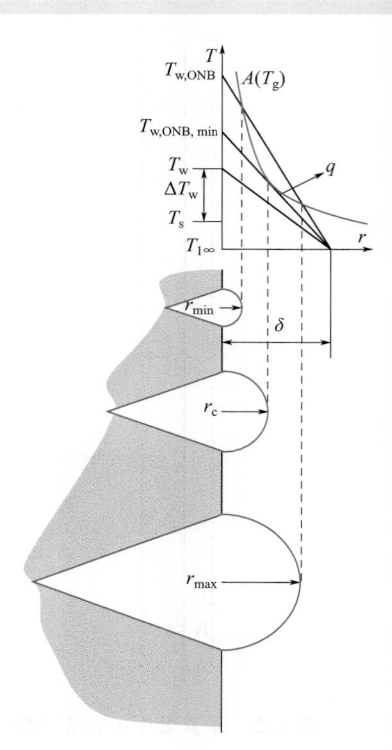

图 2-7　气泡生长所需要的壁面过热度 ΔT_w 的图解

δ—热边界层厚度；$T_{1\infty}$—主流温度；T_s—饱和温度；T_w—壁面温度；$T_{w,ONB}$—沸腾起始的壁面温度；$T_{w,ONB,min}$—沸腾起始的最小壁面温度；$A(T_g)$—气泡生长温度曲线；r—气泡生长半径；r_{min}—最小气泡生长半径；r_c—临界气泡生长半径；r_{max}—最大气泡生长半径

③ 微纳机电系统（MEMS/NEMS）在过去的二十年中，常用于半导体器件加工的 MEMS/NEMS 过程如沉积、光刻和蚀刻，也同样可以应用于生产沸腾增强表面。这些过程可以生产高度有序的微 / 纳米表面特征。Yu 等 [39] 使用 MEMS/NEMS 方法在加热表面制备了 50 ～ 200μm 直径的空腔阵列，使用饱和 FC-72 工质在大气压下进行池沸腾实验，发现传热系数最高可达 11000W/（m²・K），临界热通量最大可增强 2.5 倍。

④ 选择性激光熔化　选择性激光熔化（SLM）是一种利用高功率激光源逐层熔化和熔化基体金属粉末以形成三维几何形状的添加剂制造技术。这种技术可以根据计算机辅助设计（CAD）软件的输入来定制零件和高度复杂的设计。由于这些优点，已越来越多地使用 SLM 产生功能的换热强化装置。Wong 和 Leong[40] 最近证实了利用 SLM 制备增强池沸腾的结构化多孔衬底的可能性。通过复制八桁架单元阵列形成的高度从 2.5 ～ 10mm 的多孔结构，如图 2-8 所示。使用 FC-72 工质在大气压下进行池沸腾实验，结果发现传热系数最高增强了 70%，临界热通量最高增强了 100%。

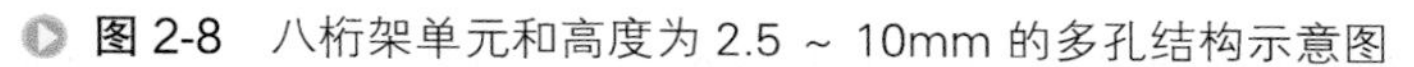

图 2-8　八桁架单元和高度为 2.5 ~ 10mm 的多孔结构示意图

（2）附加表面强化

① 树脂粘接法　在增强表面的制作中，最初采用的方法之一是直接使用胶黏剂环氧树脂将微粒黏结在加热表面。金刚石颗粒由于其优异的导热性能，常被用作涂层材料。涂层形成多孔结构的空腔，可以增加表面的有效成核密度。

② 浸渍滴液法　Wu 等[41]将含有 10nm 量级的纳米颗粒溶液滴在表面上并扩散到整个基板，然后将基板加热到 200℃蒸发掉乙醇，在基板上留下一层厚 1μm 的二氧化硅涂层。二氧化硅涂层因其极大的亲水性能够增加液体在加热表面的黏附性，从而增强加热表面的传热系数和延迟干涸工况的出现。Wu 等工作显示通过二氧化硅涂层分别将传热系数和临界热通量增强了 91.2% 和 38.2%。

③ 喷涂法　喷涂法是直接将涂层颗粒高速喷射在表面上，颗粒发生塑性变形并黏附在表面上（图 2-9）。Sahu 等[42]用这种在铜板上制备了纳米涂层并通过实验验证相比于未经过强化的铜板其临界热通量提高了 33% 左右，传热系数也得到了极大提高。

④ 自由粒子结合法　自由粒子结合法中，微粒在加热表面自由移动。Kim 等[43]使用自由铜微粒强化沸腾过程，铜微粒的沉积能够提供额外的成核位点并在气泡脱

(a) 俯视图

(b) 侧视图

图 2-9　表面制备了颗粒（直径为 850 ~ 1000μm）的换热面

离后快速恢复。实验表明相比于未强化工况传热系数增加了 76.3%，临界热通量达到了 160000W/m^2。

⑤ 电化学沉积法　El-Genk 和 Ali[44] 将铜基底作为阴极在硫酸和铜的硫酸盐的电解池中进行电镀，通过控制电镀过程得到不同厚度的多孔表面。通过实验发现当多孔表面的平均厚度为 171.1 μm 时，得到的临界热通量最大为 278000W/m^2。

2. 纳米流体

纳米流体是指纳米颗粒直径小于 100nm 的稀释悬浮液。自从 1995 年 Choi 提出纳米流体的概念以来，人们已经针对纳米流体的性质展开了长足的研究探索。2002 年以后研究人员开始尝试将纳米流体应用于强化池沸腾传热。然而得到的实验结果存在矛盾和冲突。一般将这些矛盾归结为池沸腾实验的结果非常依赖于特定的测试条件，因为实验涉及的变量太多，包括纳米流体类型、加热材料、表面活性剂的使用、加热器几何结构、饱和压和测量设备等。

在实验过程中，发现在核状沸腾的过程中在换热表面上形成了一层纳米颗粒沉淀，沉淀的形态取决于纳米粒子的材料和浓度。并且实验中观察到临界热通量最大增强了 200%，也存在许多实验结果未观察到增强效果，对比发现临界热通量得到增强的实验大多采用了浓度小于 1% 的纳米流体。一般认为，纳米流体对池沸腾的增强原理是纳米颗粒在加热表面沉积形成多孔沉积物。多孔沉积物可以提供额外的成核位点和成核活性，降低沸腾开始所需的过热度。另一方面，多孔沉积物可以增加加热表面的亲水性，延迟临界热通量工况的发生。已经有足够的证据可以证明纳米流体在沸腾过程中的确形成了表面多孔沉积物，如图 2-10 所示[45]。

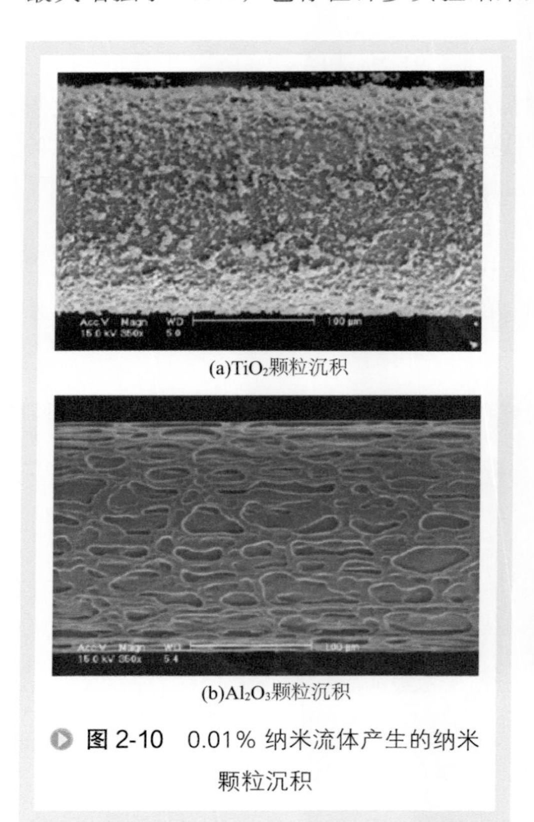

(a)TiO_2颗粒沉积

(b)Al_2O_3颗粒沉积

图 2-10　0.01% 纳米流体产生的纳米颗粒沉积

因纳米颗粒沉积具有偶然性和集聚效应，过厚的沉积物反而会增加换热表面的热阻恶化传热。所以纳米流体浓度选择尤为重要，一般使用低浓度纳米流体强化沸腾传热。

各国研究人员自 2007 年开始研究纳米流体在流动沸腾强化中所发挥作用，目前用纳米流体强化流动沸腾的案例和文章已经十分丰富。但其强化流动沸腾的机理尚无定论。普遍的观点认为纳米流体对沸腾传热的强化主要有两方面：首先，纳米流体本身具有强化作用，纳米颗粒增加了微小扰动，能够减小边界层厚度强化传热；而且纳米流体的黏度较大，可以增强流动沸腾过程中两相流的稳定性。其次，纳米流体的工质沉积在传热表面上形成多孔沉积物，为沸腾提供额外的成核位点和成核活性，从而降低流动沸腾的不稳定性；同时多孔沉积物增强结构表面亲水性，从而能够增强液体在加热表面的亲附力，抑制热点的传播，延迟干涸工况的发生。

常用的纳米颗粒包括化学稳定的金属（例如，金、银、铜），金属氧化物（例如，氧化铝、氧化锆、二氧化硅、钛），各种形式的碳（例如，金刚石、石墨、碳纳米管、富勒烯）。Kim 等[46] 通过实验研究了在大气压下垂直管内 Al_2O_3/ 水，ZnO/ 水和金刚石 / 水三种纳米流体的流动沸腾，实验结果发现三种纳米流体临界热通量和沸腾膜传热系数均提高 50% 左右。纳米流体的这一性质对于核工程背景的应用具有重大意义。

3. 表面活性剂

表面活性剂是一类功能性有机化合物，其分子结构一般包括非极性的碳氢链（也称亲油基）和极性基团（也称亲水基）两部分，所以也称双亲化合物。溶液中加入表面活性剂后，溶液物理特性的改变会影响沸腾溶液中气泡的形成、生长和运动规律，从而影响溶液的沸腾传热特性。受影响的溶液性质主要包括：① 静态表面张力，溶液静态表面张力的降低是表面活性剂强化沸腾传热的重要原因之一；② 动态表面张力，表面活性剂还会影响溶液的动态表面张力，从而影响蒸发表面的液膜更新速度；③ 黏度，溶液中加入表面活性剂后，溶液黏度可能会发生变化而影响溶液流动性能，从而改变溶液的沸腾换热特性；④ 湿润性能；⑤溶解特性及导热系数。

4. 其他方法

除了以上这些目前使用较为广泛的沸腾传热强化方法外，还有一些目前不太常用或者正在探索研究中的方法，如通过静电场、超声波振动、移动式强化装置、涡流强化沸腾传热等。

在自然对流和过冷沸腾过程中，使用超声波形成的空化现象对热传递的增强程度有很大的影响；在饱和沸腾过程中不发生空化现象，因此气泡脱离的尺寸和声流是提高传热效果的主要因素。Kwon 等[47] 通过实验研究了自然对流条件下超声振动对临界热通量的影响，研究发现：在超声波作用下，大气泡或汽膜的形成受到抑制，故延迟了干涸工况的产生，起到了强化传热的作用，临界热通量得到了 10% ～ 15% 的强化。

第四节 冷凝过程的传热强化

冷凝是物质由亚稳态气相转变为稳态液相的过程，通常伴随物理属性如密度、比热容等跃变。其可以分为成核及冷凝液（液滴、液膜）生长两个过程，压力、温度变化使系统处于蒸汽过饱和的亚稳状态，处于亚稳状态的气体分子互相碰撞，聚集成热力学稳定的微观分子聚团（凝结核），即凝结成核；成核之后，气体分子在化学势作用下与凝结核表面发生碰撞黏附，使凝结核不断生长为尺寸较大的液滴或液膜。若在成核过程中，没有可供凝结的壁面、尘埃等物质，气体分子依靠自身分子的团聚自发形成凝结核，为均质成核。均质成核过程的理论描述非常复杂，经典成核理论建立后，许多学者进行不断改进与创新，形成了自洽经典成核理论、密度泛函理论、动力学成核理论、半唯象理论等多种理论。均质冷凝通常发生在气体状态参数剧烈变化的设备中，譬如透平、喷嘴、扩压器和喷射器。若气体分子在已有的凝结核心表面成核，则为异质成核。异质成核时系统状态参数变化比较缓慢，通常在平衡状态附近即可成核，成核过程可视为近平衡过程。根据传热过程的几何结构，异质冷凝传热可分为以下 3 种模式：直接接触式冷凝、表面冷凝和通道内冷凝[48]。流程工业中的换热器中的冷凝多是表面冷凝和通道内冷凝。

一、表面冷凝传热及强化

表面冷凝方式可分为滴状冷凝和膜状冷凝两种方式，虽然滴状冷凝的膜传热系数可高达膜状冷凝的几十倍，但由于设备制造技术的限制，工业过程中的冷凝传热通常为膜状冷凝。正确认识膜状冷凝过程、强化膜状冷凝传热具有重要意义。国内外学者对于滴膜共存冷凝现象进行了研究，自 20 世纪 90 年代起，大连理工大学马学虎教授对滴膜共存表面强化冷凝传热进行了系统研究[49]。

1. 滴状冷凝及强化

蒸汽接触过冷壁面后冷凝形成分散的液滴，蒸汽在液滴表面冷凝、相近的液滴进行聚并，导致液滴生长，之后液滴在重力或剪切力作用下从表面脱落，暴露出过冷表面，蒸汽继续在表面上凝结成液滴。这种液滴在过冷表面形成、生长、聚并和脱落的过程叫滴状冷凝，在整个过程液滴保持分散状态，冷凝表面与蒸汽直接接触。滴状冷凝热阻小，是一种理想的冷凝传热过程。

蒸汽在液滴表面凝结，需要克服冷凝液的导热热阻与气液、固液界面热阻，大液滴导热热阻远大于小液滴，热量主要通过壁面与小液滴传输。因此，强化滴状冷凝传热的主要方式包括提高成核速率、减小液滴尺寸、加快液滴脱落、减小界面热阻。滴状冷凝传热的影响因素主要包括蒸汽压力、液滴及表面物理化学特性、表面倾角（即重力）及不凝气等。接触角反映了液体对固体壁面的润湿性，接触角越大，同体积液滴占据壁面面积越小，也越有利于液滴脱落。以水为例，接触角小于90°时能润湿固体，固体表面称为亲水表面，接触角大于90°时不能润湿固体，固体表面称为疏水表面。当固体壁面为粗糙表面时，不同液滴形态下接触角有不同计算方法。Wenzel 认为当液滴润湿所有粗糙表面时为 Wenzel 态（W 态），接触角 θ_w 定义为：

$$\cos\theta_w = r\cos\theta \tag{2-10}$$

式中，r 为表面粗糙度，无量纲；θ 为光滑表面液体接触角，（°）。Cassie 和 Baxter 提出当液滴悬挂在粗糙表面顶部时，液滴为 Cassie 态（S 态），接触角 θ_s 定义为：

$$\cos\theta_s = \varphi(\cos\theta + 1) - 1 \tag{2-11}$$

式中，φ 是接触液滴的固壁表面面积与投影面积之比，无量纲。当液滴部分润湿粗糙表面，会形成介于两种形态之间的 PW（partial Wenzel）态。S 态液滴更容易移动与脱落，但也具有更高的固液界面热阻。

为了减小液滴尺寸，加快液滴脱落，需要减小固体壁面的表面能，增大表面粗糙度，达到降低壁面润湿性。当接触角大于 150°时，固体表面称为超疏水表面，如图 2-11 所示，这类表面凝结传热大，具有广阔应用前景，在学术界得到广泛关注。超疏水表面主要通过对表面进行物化处理得到，主要方式包括表面涂层与微纳尺度的表面微结构，通常结合使用。常用的超疏水涂层材料主要有烷烃类化合物、有机硅化合物、含氟化合物和高分子聚合物。表面微结构主要包括微米尺度的柱状

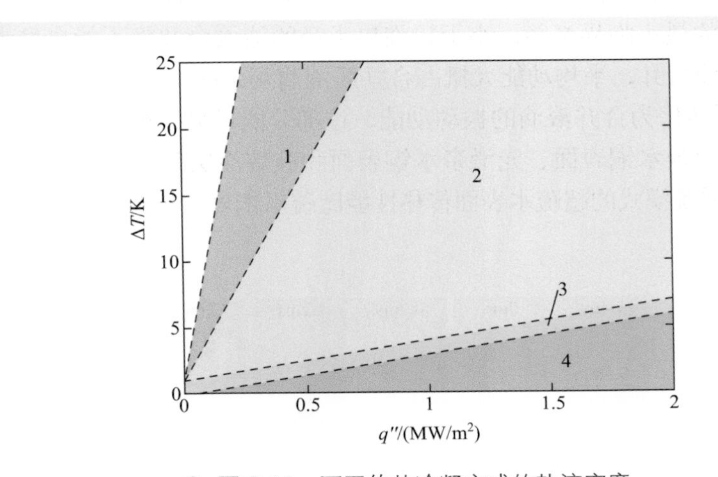

图 2-11　不同传热冷凝方式的热流密度

1—膜状冷凝；2—滴状冷凝；3—滴状冷凝（纯蒸气）；4—超疏水

和锥状凸起与纳米尺度的丝状和网状结构。液滴凝结核的直径与表面微结构无关，均在临界成核直径左右，位置各不相同，表面各处均有凝结核生成。Enright 等 [50] 将表面微结构上冷凝液滴成长形态归纳为 3 类：成核在柱顶，生长后悬浮在微结构表面的 S 液滴；成核在圆柱周围表面，由于接触线钉扎，生长后不能润湿圆柱底部的液滴；成核在基板表面，生长为 PW 态或 W 态液滴。第 3 类液滴生长后形态与液滴及结构相互作用有关，可以用式（2-12）进行预测：

$$E^* = \frac{\cos\theta_{A,S}}{\cos\theta_{A,W}} = \frac{-1}{r\cos\theta_A} \quad (2\text{-}12)$$

式中，$r=1+\pi dh/l^2$ 是表面粗糙度；d 是微结构厚度或宽度；h 是微结构高度；l 是相邻圆柱中心距；θ_A 是光滑表面上液滴的前进接触角；$\theta_{A,S}$ 是 S 态下光滑表面上液滴的前进接触角；$\theta_{A,W}$ 是 W 态下光滑表面上液滴的前进接触角。当 E^* 大于 1 时，液滴更可能发展成为 W 态，而 E^* 小于 1 时液滴倾向于生长成 PW 态。此外凝结核密度也影响液滴形态。当凝结核平均间距 L 大于圆柱中心距 l 的 2 ～ 5 倍时，液滴自由生长，形态可分为上述几类；当凝结核密度过大，L/l 小于 2 ～ 5 时，液滴发生聚并，生长成稳定附着在壁面上、难脱落的 W 态。

Boreyko 和 Chen 在 2009 年发现超疏水表面上的冷凝液滴在合并过程中可发生自发的弹跳现象（图 2-12）[51]。不同于传统的重力脱落，液滴在超疏水表面聚并时会释放多余的表面能，并转化为动能驱动液滴弹跳而起。自发弹跳现象可以促进液滴脱落。液滴弹跳现象在自清洁、强化冷凝传热、防结霜等工程领域具有广阔的应用前景，引起了许多学者关注。研究发现液滴合并释放的表面能是驱动能量，黏性耗散、重力势能是阻碍能量。如果合并后液滴的表面能克服耗散能与重力能后仍然有剩余的能量，则液滴有可能自发弹跳。此外由于黏性耗散的原因，存在一个约为 10 μm 的最小临界半径，小于该临界半径的液滴合并将不能自发弹跳。对于两个等大液滴合并，平均动能大概占合并后液滴剩余能量的 20% ～ 25%，其余 75% ～ 80% 则转化为合并液滴的振动动能，这部分能量最终被耗散。有实验对比了纳米氧化铜超疏水铜表面、光滑亲水铜表面和硅烷涂层疏水铜表面冷凝传热性能，发现液滴弹跳模式的超疏水表面传热性能比疏水铜表面与亲水铜表面最高分别

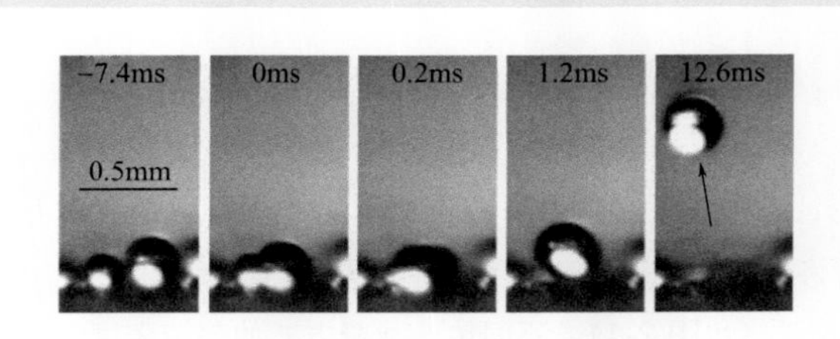

图 2-12　超疏水表面液滴弹跳现象

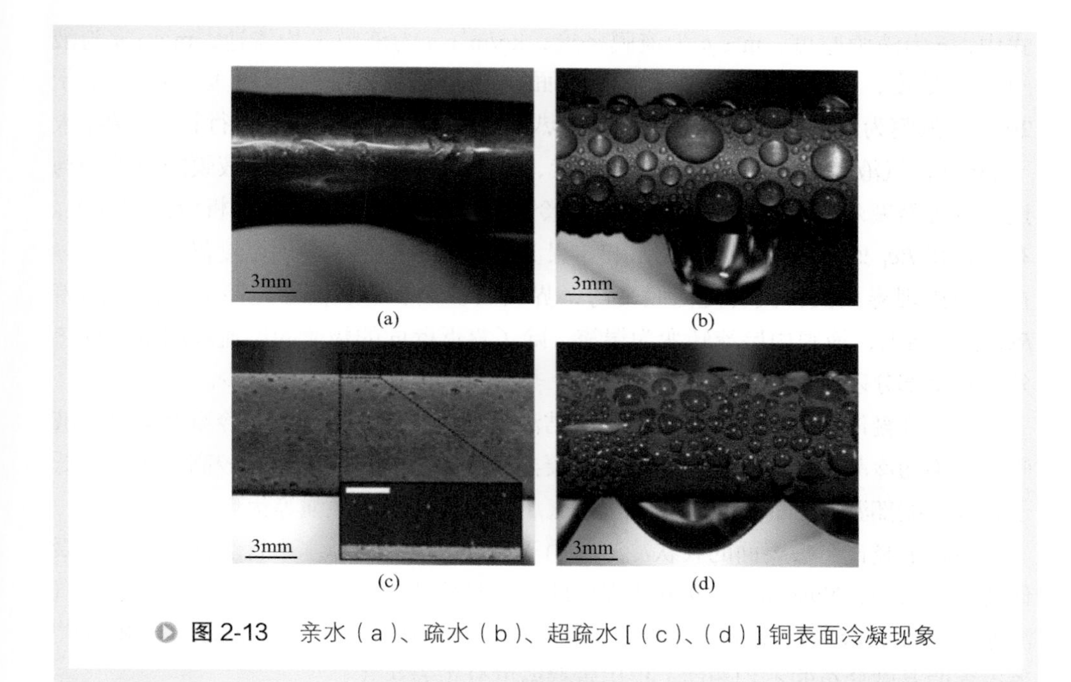

(a) (b) (c) (d)

图 2-13　亲水（a）、疏水（b）、超疏水[（c）、（d）]铜表面冷凝现象

强化了 25% 和 150%，图 2-13 分别为亲水、疏水、超疏水铜表面的管外膜状冷凝、滴状冷凝和液体自发弹跳现象[52]。但随着过冷度增加，纳米铜表面成核过密，超疏水表面持续被液滴润湿，导致冷凝传热性能降低，比疏水铜表面低 40%。

超疏水表面只能在低过冷度内促进液滴弹跳，冷凝传热效果优于疏水表面，而且超疏水表面微结构易被破坏。Torresin 等学者在实验中发现，超疏水表面的氧化铜纳米纤维随着实验进行逐渐剥离，冷凝传热效果差于膜状凝结模式的光滑氧化铜亲水表面[53]。如何解决表面微结构和涂层的持久性问题，发展长期可靠的超疏水表面制造方法与技术，是制约超疏水表面强化冷凝传热的工业应用的瓶颈。

2. 膜状冷凝及强化

膜状冷凝是蒸汽接触过冷壁形成液膜的过程。当壁面润湿性高或冷凝速率较大时，冷凝液滴聚并形成薄膜。对于竖直或倾斜表面，液膜在重力或蒸汽剪切作用下流动，随着冷凝不断进行，液膜逐渐变厚。与滴状冷凝不同之处在于，过冷壁面覆盖了一层液膜，凝结放出的相变热需要穿过液膜才能到达冷却壁面，加大了传热热阻，导致膜状冷凝膜传热系数通常低于滴状冷凝一个数量级。

基于液膜形态与流动状态，竖直平板上膜状冷凝可分为层流、波状流与湍流[48]。判别依据为液膜雷诺数 Re_F：

$$Re_F = \frac{4\delta\rho u}{\eta} = \frac{4q_m}{\eta} \tag{2-13}$$

式中，δ 为液膜厚度，m；ρ 为液膜密度，kg/m^3；u 为液膜平均流速，m/s；η 为液膜动力黏度，Pa・s；q_m 为单位宽度壁面上液膜流量，kg/（m・s）。当 Re_F 小于 20 时，液膜为层流，气液界面光滑，传热系数可用努塞尔分析解进行计算。Re_F 大于 30 时，气液界面出现波动，界面形状、气相对液膜的剪切力、液膜的惯性力与过冷度等努塞尔分析解中忽略的因素对冷凝传热影响逐渐变大，分析解出现偏差。有学者将 Re_F 处于 30 ～ 1600 的液膜定义为波状流，此时液膜内温度仍保持线性分布，但出现界面波，波谷处液膜变薄，界面面积增加，从而强化冷凝传热。随着 Re_F 继续增大，液膜由层流转变为湍流。除了靠近壁面的极薄的层流底层依靠导热外，其余部分以湍流传递为主传递热量，热阻比层流状态时大为减少。

膜状冷凝传热的主要热阻集中在凝结液膜，工质在水平管外壁冷凝并滴落，液膜厚度不随冷凝液增加而加厚。卧式冷凝器壳程冷凝具有传热系数较高、压力降低于管程、端部温差小、可用外翅片管强化、适应性及灵活性强等优点。

不同于竖直平板表面的膜状冷凝，由于流动长度小，单水平管表面的膜状冷凝保持层流状态，Nusselt 在 1916 年提出的冷凝膜传热系数计算关系式，忽略了蒸汽流速及温度、液膜厚度不均匀性，但仍能较好预测传热系数。Memory 与 Rose[54] 考虑管壁温度分布的不均匀性，提出管壁温度分布表达式：

$$T_{\mathrm{local}}(\beta)=a\cos\beta+\bar{T}_{\mathrm{w}} \tag{2-14}$$

式中，T_{local} 为管局部外壁面温度，K；$\bar{T}_{\mathrm{w}}$ 为管壁平均温度，K；常数 a 取决于管内外传热强度关系，管内传热系数大，则管壁温度分布越均匀，温度越接近冷流体温度，管外传热系数大时，由于液膜厚度沿周向不断变化，管壁温度取决于周向位置；β 为管局部与管顶形成的圆心角，(°)。那么管壁局部温差为：

$$\Delta T_{\mathrm{local}}(\beta)=\Delta T\left(1-\frac{a}{\Delta T}\cos\beta\right) \tag{2-15}$$

$$\Delta T'=\frac{1}{\pi}\int_0^{\pi}\Delta T_{\mathrm{local}}\mathrm{d}\beta \tag{2-16}$$

用 $\Delta T'$ 替代 Nusselt 公式中的平均温差 ΔT 可提高公式预测精度。

由于膜状冷凝的主要热阻在冷凝液膜内，强化膜状冷凝传热应着重于打断、减薄冷凝液膜。常用的管外冷凝传热强化结构为低翅片管，包括周向平滑的梯形或矩形二维翅片管、锯齿翅、间断翅、针翅、花瓣翅等三维翅片管及螺旋槽纹管，如图 2-14 所示。强化冷凝传热的机理在于，冷凝液在表面张力作用下从翅片顶部流向翅片根部，汇聚于翅片根槽处，在重力作用下排出。管壁液膜厚度减薄，冷凝热阻减小，冷凝膜传热系数可强化 1.5 ～ 4 倍。但表面张力也导致管底翅片对冷凝液有持液作用，因此需要合理设计翅片结构。理想的翅片结构应该为：翅顶具有较小的

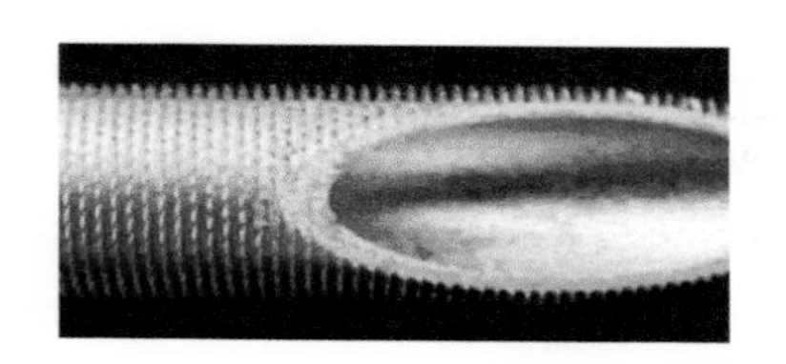

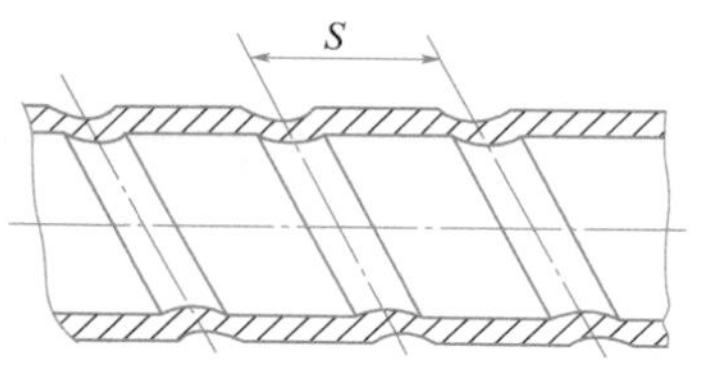

图 2-14 花瓣翅片管与螺旋槽纹管

曲率半径，有利于减薄液膜厚度；从翅顶到翅根的曲率半径逐渐加大，利用表面张力使液膜保持压力梯度，有利于冷凝液由翅顶向翅根移动；翅根空间较大，有利于冷凝液沿管壁向管底汇聚[55]。图 2-15 所示翅片管结构可有效地强化管外冷凝过程。由于管束中位置较低的管受上部管束冷凝液的影响，单管冷凝传热强化结果不一定适用于管束，在设计冷凝传热结构时，需针对具体应用对象与条件进行分析。

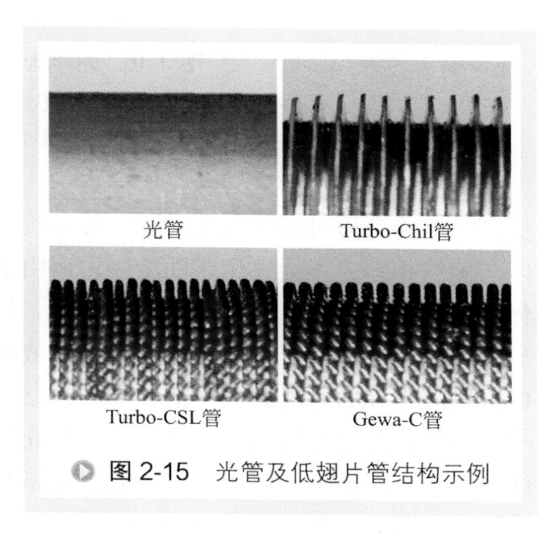

图 2-15 光管及低翅片管结构示例

二、通道内冷凝传热及强化

通道内冷凝传热是电力、空调、化工等工业中关键的过程。不同于表面滴状冷凝与膜状冷凝气液分布相对稳定，通道内冷凝过程的气液含量不断变化，流动结构复杂，导致通道内冷凝具有许多独特性质。蒸汽进入通道后，会在通道壁面凝结形成液膜。随着流动的进行，蒸汽不断凝结，流型也不断变化，包括环状流、分层流、波状流、环雾流等，相界面面积和凝结液膜厚度也在随之改变，这极大地影响着通道内冷凝传热与流动阻力。因此正确认识通道内流型特征与发生条件，发展各流型的流动传热模型是通道内冷凝传热研究的重要内容。此外，不同于表面冷凝，摩擦阻力是通道内冷凝过程的重要参数。过大的摩擦压降会增加泵功损失，同时也会降低局部饱和温度，降低冷凝传热量。

1. 管式通道内冷凝及强化

水平管内冷凝传热过程中主要有如下典型流型。如图 2-16 所示分别对应低液量［图 2-16（a）］、高液量［图 2-16（b）］时管内的流型变化情况。环状流发生时，气相流速较高，剪切液膜促进排液，管壁液膜较薄，冷凝传热效果好。当气相速度

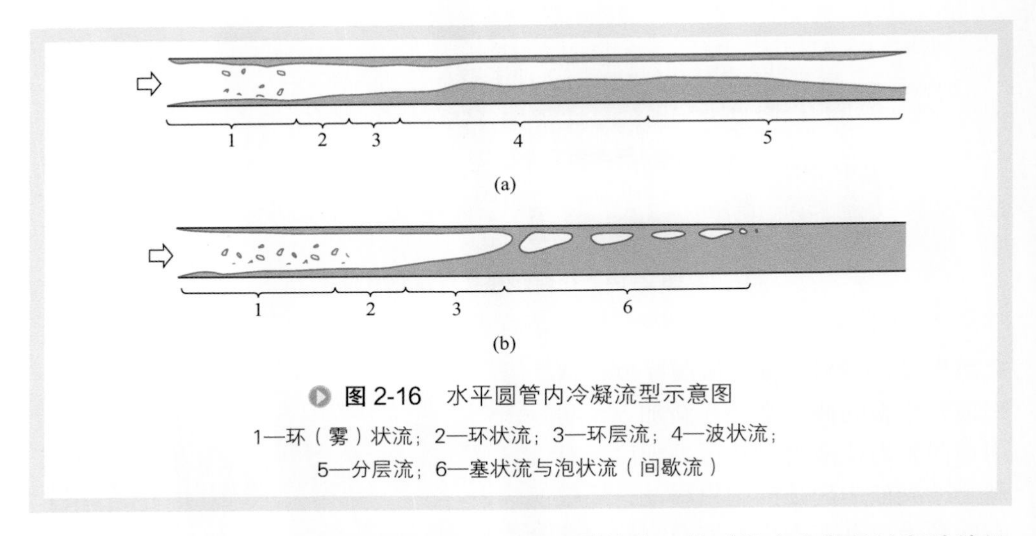

图 2-16　水平圆管内冷凝流型示意图

1—环（雾）状流；2—环状流；3—环层流；4—波状流；
5—分层流；6—塞状流与泡状流（间歇流）

更高时，冷凝液可能从管壁液膜中被卷吸形成雾状流。此时管中分散的冷凝液滴温度与蒸汽相同，不会发生表面冷凝，但由于管壁液膜减薄，冷凝传热得到进一步强化。环层流具有气、液相均连续的特点，与环状流的差异在于，环层流发生时气相与液相流速均较低，在重力作用下冷凝液向下汇集，管底液膜较厚。若气相流速极低，气液相界面可能非常光滑，形成分层流。随着气相流速增加形成界面波，增强冷凝传热，此时为波状流。由于管周各处均发生冷凝，因此管顶壁面始终覆盖有液体，这是冷凝过程分层流及波状流与绝热及沸腾过程分层流及波状流的差异。当液量逐渐增加，液膜波峰触及圆管顶部时，气相被分散成不连续的气塞、气弹或气泡，此时形成塞状流或泡状流。

影响管内冷凝流型的因素主要有管径、气相质量分率、质量流速、气液密度、气液相黏度与表面张力。当饱和温度随着压力上升时，分层流变化较小，波状流的范围增加。原因是压力上升时，气液密度差减小，气相与液相的速度差也减小，因此易出现间歇流与环（雾）状流[56]。

圆管冷凝中存在两种换热机理，分别是重力导致冷凝液从管顶向管底运动引起的膜状冷凝传热与压差导致工质轴向运动时发生的对流冷凝传热，其中膜状冷凝传热发生在分层流与波状流的薄液膜处，如图 2-17 中 1 所示，流态为层流；对流冷凝传热发生在环状流、间歇流及雾状流，以及分层流与波状流的管底厚液膜处，如图 2-17 中 2 所示。

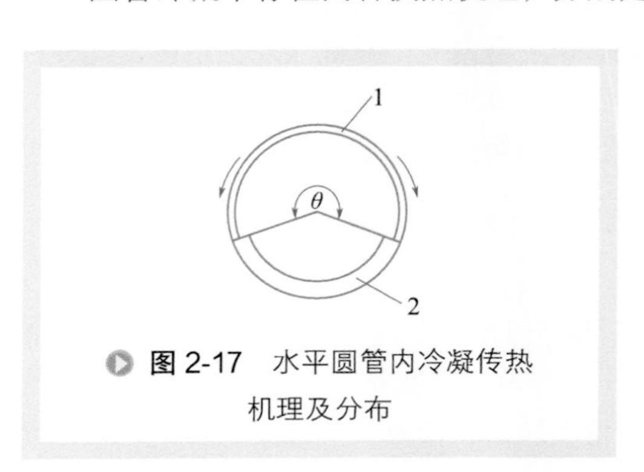

图 2-17　水平圆管内冷凝传热机理及分布

常用微肋管对管内冷凝传热进行强化。微肋管为光管内壁面加工有三角形或梯形微肋而成(图 2-18),微肋的螺旋角通常为 6°～30°,肋高为 0.1～2mm。微肋管强化冷凝传热的主要机理是:增加了壁面附近冷凝液的扰动,破坏边界层;减薄了底部液膜厚度,使液膜分布更加均匀,促进冷凝液向顶部运动,增加了冷凝液混合,扰动气-液相界面;表面张力促进冷凝液由微肋顶部向微肋间移动,减薄了微肋顶部冷凝液厚度;增大了管壁面积。肋片有多种形式,最传统的为二维肋片。相对于光管,工况相同时冷凝传热可强化 80%～180%,压力损失则增加 20%～210%。微肋结构及布置方式影响液膜分布与冷凝流动传热性能。冷凝膜传热系数随微肋高度及角度增加而增加,流动压降也具有相同规律。如图 2-19 所示,微肋螺旋排布时促进液膜均匀分布,而微肋人字形排布时促进管侧壁面冷凝液向管顶与管底移动。在高质量流速时,人字形微肋管的冷凝膜传热系数可达螺旋微肋管的 2 倍,而低质量流速时两种管的冷凝膜传热系数相近。降低人字形微肋管微肋高度和角度会导致冷凝强化传热效果变差,但此时传热系数仍高于传统的螺旋微肋管,并且压降与螺旋微肋管相近。改进肋片结构可以形成十字槽肋等新型微肋,新型微肋管具有更好的冷凝传热效果与更高的流动阻力。相对于传统微肋管,相同工况下十字槽肋管的冷凝传热提高了 25%～30%,流动压降增加了 6%～10%。

异形管与内插物管也用于强化冷凝传热。异形管包括波纹管、横纹槽管、螺旋槽纹管与缩放管等。强化冷凝传热的主要机理是弯曲壁面促进边界层扰动、流动分离与混合;增大了管壁面积。缩放管还能利用静压周期性变化使管内流体的轴向速度不断改变,产生强烈的漩涡扰动液膜流动,实现传热强化。相对于光管,异形

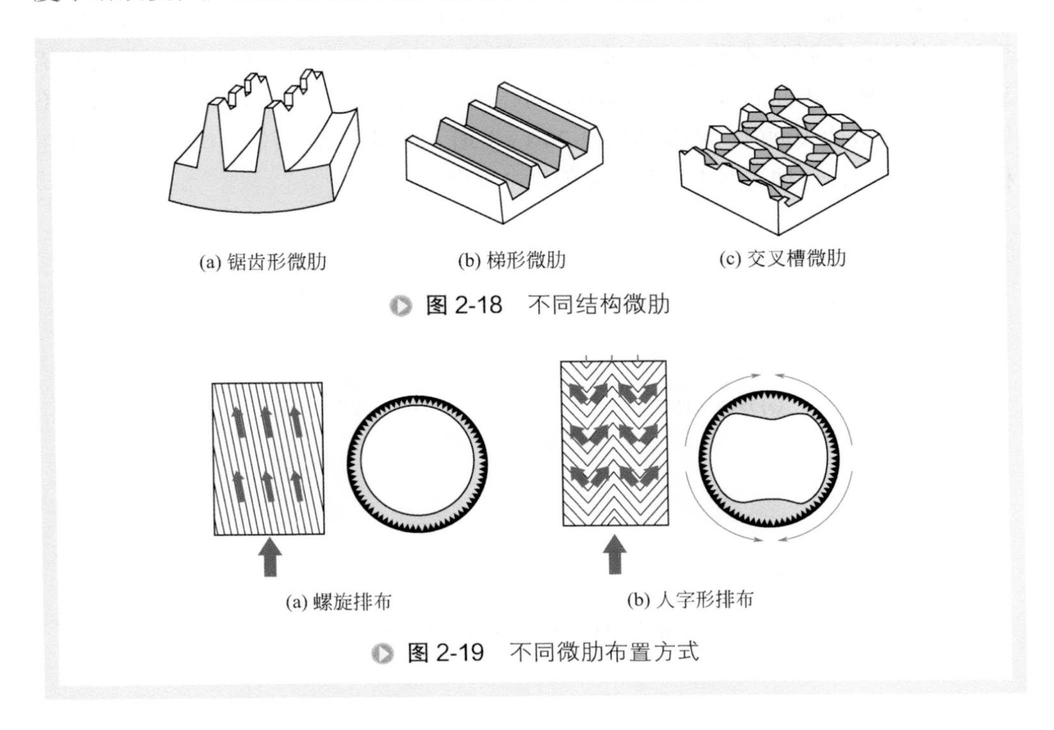

(a) 锯齿形微肋　(b) 梯形微肋　(c) 交叉槽微肋

图 2-18　不同结构微肋

(a) 螺旋排布　(b) 人字形排布

图 2-19　不同微肋布置方式

管冷凝传热可提高 20% ～ 95%。常用内插物管包括内插线圈管与多孔体内插物管。内插线圈可以周期性破坏液膜的层流底层，加强液膜湍流流动，使液膜热阻大大降低。内插大空隙率多孔体也可有效增强管内冷凝传热，强化机理为管道中多孔体骨架迫使主流分子微团在传热和流动方向上不断产生复杂的三维宏观混合流动，即机械弥散效应，使流体湍流度增加。多孔体内插物管强化层流膜状冷凝效果较好。

2. 板式通道内冷凝传热

板式换热器具有传热效果好、不易结垢、易清洗维护、热损失小、换热端温差小等特点，工业应用逐渐广泛。竖直通道可促进冷凝液排出，增强冷凝传热，人字形板式通道内竖直向下冷凝传热过程得到关注。目前板式换热器结构是针对强化单相传热提出，缺乏针对强化冷凝传热的结构改进。

由于冷凝传热可视化实验难度大，且板式通道内冷凝传热的研究相对较少，目前缺少板片通道冷凝流型研究。这里介绍绝热条件下人字形板片通道内气液竖直向下流动的可视化研究结果。通道内气液流动可分为气泡流、搅拌流与膜状流 [57]。图 2-20（a）所示为规则气泡流，此时通道内均匀分布着直径为 3 ～ 5mm 的分散小气泡，大气泡在板片接触点处被撕裂，随着前后板片流道分别向不同方向流动。与人字形板片通道内单相流动相似，当波纹夹角增大时，沿波纹方向顺沟槽流动至侧壁面后转向的 L 形流动减少，沿主流方向在板片接触点附近转向的螺旋形流动增加。当气相流速增加，流型转变为图 2-20（b）所示的不规则气泡流，此时出现体积较大的气泡或气弹，也可称为弹状流。图 2-20（c）所示为气液流速均较高时出现的搅拌流，气弹与液弹交替流过通道，频率比较稳定。图 2-20（d）所示的膜状流由覆盖在板片表面的液膜与通道中心的高速气流组成，当气相流速更高，液滴不能覆盖所有板片表面时，流型为图 2-20（e）所示的部分膜状流。由于冷凝发生在板片所有表面，这种流型不会在冷凝传热过程出现。

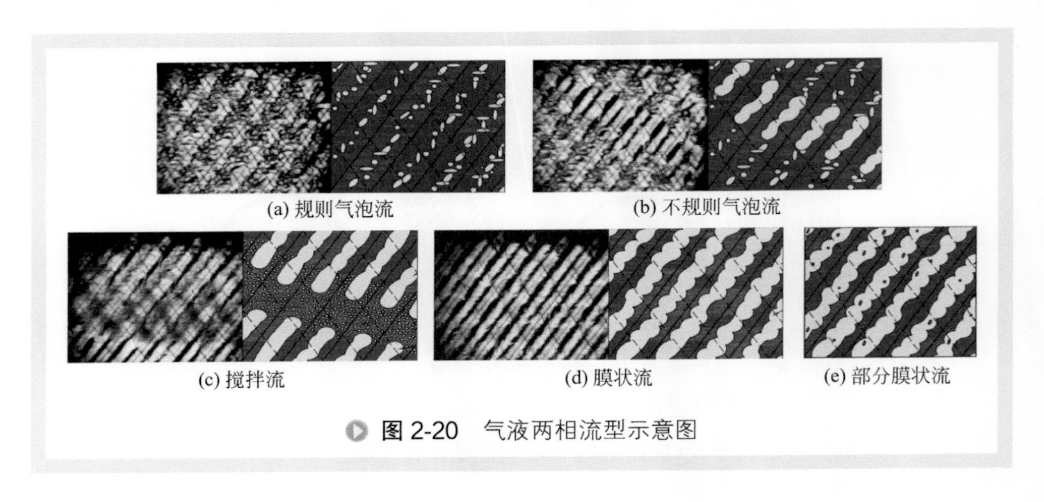
(a) 规则气泡流　(b) 不规则气泡流　(c) 搅拌流　(d) 膜状流　(e) 部分膜状流

图 2-20　气液两相流型示意图

由于研究采用的板片结构不同，不同学者总结的流型分布及转变界限有较大差异，对流型的人为主观判断也是重要因素[58]。研究结果反映了低气速时流动为泡状流，低液速时流动为膜状流，气速与液速较高时流动为块状流等共性认识。

人字形板式通道内竖直向下冷凝传热过程可大致分为重力控制与强制对流冷凝2个部分。当质量流速较低时，液膜在重力作用下运动发展，冷凝膜传热系数与质量流速无关，冷凝膜传热系数可用Nusselt公式进行预测。质量流速较高时，气相剪切作用导致液膜变薄，并促进液膜向湍流发展，提高冷凝膜传热系数。重力控制区域与强制对流冷凝区域的转变界限 Re 为1600。

参考文献

[1] Bergles A E.ExHFT for fourth generation heat transfer technology[J].Experimental Thermal and Fluid Science，2002，26（2-4）：335-344.

[2] 崔海亭，彭培英.强化传热新技术及其应用[M].北京：化学工业出版社，2006.

[3] Webb R L，Kim N H.Principles of enhanced heat transfer[M].Taylor and Francis，1994.

[4] Schlichting H，Gersten K.Boundary-Layer Theory[M].McGraw-Hill，1979.

[5] 刘伟，杨昆.管内核心流强化传热的机理与数值分析[J].中国科学（E辑：技术科学），2009，4：661-666.

[6] 过增元，梁新刚，朱宏晔.煅——描述物体传递热量能力的物理量[J].自然科学进展，2006，16（10）：1288-1296.

[7] Guo Z Y，Tao W Q，Shah R K.The field synergy（coordination）principle and its applications in enhancing single phase convective heat transfer[J].International Journal of Heat and Mass Transfer，2005，48（9）：1797-1807.

[8] Bergles A E.Recent developments in enhanced heat transfer[J].Heat and Mass Transfer，2011，47（8）：1001.

[9] Kaka S，Liu H.Heat exchangers：selection，rating，and thermal design[M].Tribology and Lubrication Technology，1998.

[10] Hesselgreaves J E.Compact heat exchangers：selection，design and operation[M].Pergamon Pr，2001.

[11] Webb R L.Performance evaluation criteria for use of enhanced heat transfer surfaces in heat exchanger design[J].International Journal of Heat and Mass Transfer，1981，24（4）：715-726.

[12] Ji W T，Jacobi A M，He Y L，et al.Summary and evaluation on single-phase heat transfer enhancement techniques of liquid laminar and turbulent pipe flow[J].International Journal of Heat and Mass Transfer，2015，88：735-754.

[13] Manjunath K，Kaushik S C.Second law thermodynamic study of heat exchangers：A review[J].Renewable and Sustainable Energy Reviews，2014，40：348-374.

[14] Zhang Y，Jiang C，Shou B N，et al.A Quantitative energy efficiency evaluation and grading of plate heat exchangers[J].Energy，2018，142：228-233.

[15] Zimparov V D，Petkov V M，Bergles A E.Performance characteristics of deep corrugated tubes with twisted-tape inserts[J].Journal of Enhanced Heat Transfer，2012，19（1）：1-11.

[16] Rainieri S，Bozzoli F，Cattani L，et al.Compound convective heat transfer enhancement in helically coiled wall corrugated tubes[J].International Journal of Heat and Mass Transfer，2013 59（1）：353-362.

[17] Bergles A E，Lee R A，Mikic B B.Heat transfer in rough tubes with tape-generated swirl flow[J].Journal of Heat Transfer，1969，91（3）：443.

[18] 何雅玲，陶文铨．强化单相对流换热的基本机制 [J]. 机械工程学报，2009，45（3）：27-38.

[19] García A，Solano J P，Vicente P G，et al.The influence of artificial roughness shape on heat transfer enhancement：Corrugated tubes，dimpled tubes and wire coils[J].Applied Thermal Engineering，2012，35（1）：196-201.

[20] Frass F，Hofmann R，Ponweiser K.Principles of finned-tube heat exchanger design for enhanced heat transfer[M].2nd.WSEAS Press，2015.

[21] Kareem Z S，Jaafar M N M，Lazim T M，et al.Passive heat transfer enhancement review in corrugation[J].Experimental Thermal and Fluid Science，2015，68：22-38.

[22] 徐志明，张仲彬，詹海波等．缩放管混合污垢特性的实验研究 [J]. 工程热物理学报，2008，29（2）：320-322.

[23] Moffat R J.Describing the uncertainties in experimental results[J].Experimental Thermal and Fluid Science，1988，1（1）：3-17.

[24] Zimparov V D，Vulchanov N L，Delov L B.Heat transfer and friction characteristics of spirally corrugated tubes for power plant condensers—1.Experimental investigation and performance evaluation[J].International Journal of Heat and Mass Transfer，1991，34（9）：2187-2197.

[25] Li M，Khan T S，Al-Hajri E，et al.Single phase heat transfer and pressure drop analysis of a dimpled enhanced tube[J].Applied Thermal Engineering，2016，101：38-46.

[26] Park H S，Kim S J.Thermal performance improvement of a heat sink with piezoelectric vibrating fins[C].International Heat Transfer Conference，2010：495-501.

[27] Eiamsa-Ard S，Thianpong C，Eiamsa-Ard P，et al.Convective heat transfer in a circular tube with short-length twisted tape insert[J].International Communications in Heat and Mass Transfer，2009，36（4）：365-371.

[28] Rahimi M，Shabanian S R，Alsairafi A A.Experimental and CFD studies on heat transfer and friction factor characteristics of a tube equipped with modified twisted tape inserts[J]. Chemical Engineering & Processing Process Intensification，2009，48（3）：762-770.

[29] Eiamsa-Ard S，Thianpong C，Eiamsa-Ard P.Turbulent heat transfer enhancement by counter/co-swirling flow in a tube fitted with twin twisted tapes[J].Experimental Thermal & Fluid Science，2010，34（1）：53-62.

[30] Wongcharee K，Eiamsa-Ard S.Friction and heat transfer characteristics of laminar swirl flow through the round tubes inserted with alternate clockwise and counter-clockwise twisted-tapes [J].International Communications in Heat and Mass Transfer，2011，38（3）：348-352.

[31] Eiamsa-Ard S，Promvonge P.Enhancement of heat transfer in a tube with regularly-spaced helical tape swirl generators[J].Solar Energy，2005，78（4）：483-494.

[32] García A.Performance evaluation of a zero-fouling reciprocating scraped-surface heat exchanger[J].Heat Transfer Engineering，2011，32（3-4）：331-338.

[33] Sadik K，Anchasa P.Review of convective heat transfer enhancement with nanofluids[J]. International Journal of Heat and Mass Transfer，2009，52（13-14）：3187-3196.

[34] Dhir V K.Boiling heat transfer[J].Annual Review of Fluid Mechanics，1998，30：365-401.

[35] John G C，John R T.Convective Boiling and Condensation[M].3rd.USA：Oxford University Press，1994.

[36] 郝老迷，胡古，郭春秋．沸腾传热和气液两相流 [M]. 哈尔滨：哈尔滨工业大学出版社，2016.

[37] Yu C K，Lu D C.Pool boiling heat transfer on horizontal rectangular fin array in saturated FC72[J].International Journal of Heat and Mass Transfer，2007，50：3624-3637.

[38] El-Genk M S，Suszko A.Saturated nucleate boiling and correlations for PF-5060 dielectric liquid on inclined rough copper surfaces[J].Journal of Heat Transfer，2014，136：081503-1-081503-10.

[39] Yu C K，Lu D C，Cheng T C.Pool boiling heat transfer on artificial micro-cavity surfaces in dielectric fluid FC-72[J].Journal of Micromechanics and Micro-engineering，2006，16：2092-2099.

[40] Wong K K，Leong K C.Pool boiling enhancement of porous structures fabricated by selective laser melting[C].Proceedings of the International Symposium of Heat Transfer and Heat Powered Cycles.Nottingham，United Kingdom，2016.

[41] Wu W，Bostanci H，Chow L C，et al.Nucleate boiling heat transfer enhancement for water and FC-72 on titanium oxide and silicon oxide surfaces[J].International Journal of Heat and Mass Transfer，2010，53：1773-1777.

[42] Sahu R P，Sinha-Ray S，Sinha-Ray S，et al.Pool boiling of Novec 7300 and self-rewetting fluids on electrically-assisted supersonically solution-blown，copper-plated nanofibers[J]. Intenrational Journal of Heat and Mass Transfer，2016，95：83-93.

[43] Kim T Y，Weibel J A，Garimella S V.A free-particles-based technique for boiling heat

transfer enhancement in a wetting liquid[J].International Journal of Heat and Mass Transfer, 2014, 71: 808-817.

[44] El-Genk M S, Ali A F.Enhanced nucleate boiling on copper micro-porous surfaces[J]. International Journal of Multiphase Flow, 2010, 26: 780-792.

[45] Kim H, Kim J, Kim M H.Effect of nanoparticles on CHF enhancement in pool boiling of nano-fluids[J].Int J Heat Mass Transfer, 2006, 49: 5070-5074.

[46] Kim S J, Mckrell T, Buongiorno J, et al.Subcooled flow boiling heat transfer of dilute alumina, zinc oxide, and diamond nanofluids at atmospheric pressure[J].Nuclear Engineering and Design, 2010, 240 (5): 1186-1194.

[47] Jeong J H, Kwon Y C.Effects of ultrasonic vibration on subcooled pool boiling critical heat flux[J].Heat and mass transfer, 2006, 42 (12): 1155-1161.

[48] Garimella S, Fronk B M.Condensation Heat Transfer[M]//Thome J R.Encyclopedia of Two-Phase Heat Transfer and Flow Ⅰ: Fundamentals and Methods.World Scientific, 2015.

[49] 马学虎，徐敦颀，林纪方等 . 滴膜共存表面强化冷凝传热 [J]. 化工学报，1999，50（4）: 535-540.

[50] Enright R, Miljkovic N, Al-Obeidi A, et al. Condensation on superhydrophobic surfaces: the role of local energy barriers and structure length scale[J]. Langmuir, 2012, 28(40): 14424-14432.

[51] Boreyko J B, Chen C H.Self-propelled dropwise condensate on superhydrophobic surfaces[J].Physical Review Letters, 2009, 103 (18): 184501.

[52] Miljkovic N, Enright R, Nam Y, et al. Jumping-droplet-enhanced condensation on scalable superhydrophobic nanostructured surfaces[J]. Nano Letters, 2012, 13(1): 179-187.

[53] Torresin D, Tiwari M K, Del C D, et al.Flow condensation on copper-based nanotextured superhydrophobic surfaces[J].Langmuir, 2013, 29 (2): 840-848.

[54] Memory S B, Rose J W.Free convection laminar film condensation on a horizontal tube with variable wall temperature[J].International Journal of Heat and Mass Transfer, 1991, 34 (11): 2775-2778.

[55] 兰州石油机械研究所 . 换热器 [M]. 第 2 版 . 北京：中国石化出版社，2012.

[56] Hajal E J, Thome J R, Cavallini A.Condensation in horizontal tubes, part 1: two-phase flow pattern map[J].International Journal of Heat and Mass Transfer, 2003, 46 (18): 3349-3363.

[57] Amalfi R L, Vakili-Farahani F, Thome J R.Flow boiling and frictional pressure gradients in plate heat exchangers.Part 1: Review and experimental database[J].International Journal of Refrigeration, 2016, 61: 166-184.

[58] Grabenstein V, Polzin A E, Kabelac S.Experimental investigation of the flow pattern, pressure drop and void fraction of two-phase flow in the corrugated gap of a plate heat exchanger[J].International Journal of Multiphase Flow, 2017, 91: 155-169.

第三章

污垢热阻及其抑制方法

第一节 污垢

污垢指换热表面与含有杂质的流体接触后沉积的固态物质，通常为混合物，是换热器表面非预想材料的累积。污垢是热的不良导体，它的导热系数只有换热面主要用材——碳钢的 1/10。污垢会对换热器的换热性能和机械性能产生显著影响，使换热器整体热阻增加、腐蚀加剧、压降增加，严重影响换热设备的安全运行。根据 M.Reza Malayeri 等[1]调查发现，换热器结垢造成的经济损失为工业化国家国内生产总值的 0.25% 左右。

一、污垢分类

污垢的分类方法很多，可以按工质状态、工艺过程、化学组成、设备类型等进行划分。以下重点讨论根据污垢形成的物理化学过程和污垢存在形态的分类方法。

1. 根据污垢形成的物理化学过程分类

Epstein 在第六届国际传热大会上提出的根据污垢形成的物理化学过程进行分类的方法被国际认可。可以分为：析晶污垢、颗粒污垢、化学反应污垢、腐蚀污垢、生物污垢、凝固污垢六类[2-4]。

（1）析晶污垢　在流动条件下，过饱和溶液中溶解的无机盐在换热面上随温度变化析出。析晶污垢一般硬度比较大、黏性比较小。析晶污垢的形成过程是：首先溶液中的离子形成低溶解度的盐类分子，然后盐类分子结合形成微小晶粒，最后大量晶粒在换热面上附着堆积长大。超过 25% 的换热器的污垢问题与析晶污垢有关，如水冷器冷却水侧出现的碳酸钙沉淀物。

（2）颗粒污垢　指悬浮在流体中的固体微粒在换热面上积聚形成的污垢，通常发生在低速通道中。这种污垢包括由重力形成的水平换热面上的较大的固体颗粒沉淀和以其他机制形成的倾斜换热面上的胶体颗粒沉积物。在溶液的结晶过程中，固体粒子直接淀析在换热面上时归为析晶污垢；而固体粒子的淀析先发生在主流中，后沉积到换热面上时归为颗粒污垢。

（3）化学反应污垢　指液体中各组分之间发生化学反应，形成沉积在换热面上的物质。此时换热面不参加反应，但可作为化学反应的一种催化剂。如石油加工过程中，碳氢化合物的聚合和裂解反应，若含有少量杂质，则可能发生链反应，从而导致表面沉积物形成。

（4）腐蚀污垢　具有腐蚀性的流体或流体中含有腐蚀性的杂质对换热表面材料产生腐蚀物，最终积聚形成污垢，换热面本身参与化学反应。通常腐蚀程度取决于流体中的成分、温度和流体的 pH 值。这种污垢不仅污染换热表面，而且还可能使其他潜在的物质附着于表面形成污垢，如传热管表面的铁锈。

（5）生物污垢　由微生物及其排泄物形成的阻碍传热和流动的膜状沉积层，如图 3-1 所示。生物污垢按生物的大小分为微生物污垢和宏观生物污垢。除海水冷却装置外，一般生物污垢均指微生物污垢。它可能产生污泥，而污泥反过来又为生物污垢的繁殖提供了条件，这种污垢对温度非常敏感，在适宜的温度条件下，生物污垢可形成可观测厚度的污垢层。

（6）凝固污垢　纯净液体或多组分溶液的高溶解组分在相对过冷换热面上发生相变、凝固形成的物质。流体的组分不同，凝固温度点不同，因此换热器中的温度分布是影响凝固污垢形成的重要因素。例如，当水温低于冰点时水在换热面上凝固，如图 3-2 所示。

图 3-1　生物污垢

图 3-2　凝固污垢

若在换热过程中，上述六种污垢形成机制中两种及以上的机制同时发生而形成的污垢，则称作混合污垢。如析晶污垢和颗粒污垢就常常混合而共存于同一换热面。在混合污垢的形成过程中，常常出现同时发生的几种机制之间相互作用而互惠的现象，即混合污垢的协同效应。如工业冷却水系统中的污垢多为混合污垢。Epstein 的分类方法并没有考虑这类污垢，后来有学者 Bott 将混合污垢归为第七类。几种污垢混合存在的特性与单一污垢的特性有所不同，由于污垢成分和结构的复杂性，目前学者均是在研究单一污垢特性的基础上研究混合污垢特性。

2. 根据污垢存在的形态分类

① 颗粒状污垢：如固体、液体的颗粒、微生物颗粒等。

② 覆盖膜状污垢：如油脂和高分子化合物在物体表面形成的表面膜状物质。

③ 无定形污垢：如块状和各种不规则形状的混合污垢。

④ 溶解状态污垢：以分子的形式分散存在于水中的污垢。

不同形态的污垢，把它们从表面去除解离过程的微观机理不同，根据不同的污垢形态选择不同的具有针对性的清洗方法和清洗技术。

二、污垢生命周期

为解决换热设备的污垢问题并强化传热，首先应该从机理层面深入认识污垢的形成和生长机理，进而研究各类影响因素对污垢的作用，从而达到消除污垢和强化传热的目的。污垢的形成过程是质量交换、热量交换和动量交换的动态综合，是多种复杂过程的共同作用，因而影响这一过程的因素也很多，如流体的性质、壁温、露点温度、流体与壁面的温度梯度、粒子的浓度、粒径等。Epstein 研究发现各类污垢的形成一般都要经历以下五个阶段：起始、输运、附着、剥蚀和老化[4]。

（1）起始阶段　指污垢在洁净换热面上形成过程的第一阶段，从换热面与流体接触开始到换热面完全被污垢覆盖为止，也称为诱导期或延迟时间。诱导期随换热面表面粗糙度的增大而减小，这是因为粗糙表面的凹下部分为沉积物质提供了免受主流冲刷的场所，粗糙度越大，其凹下部分越多，从而缩短了诱导期。污垢热阻值在诱导期接近为零。

（2）输运阶段　污垢物质从流体到换热面的输运是布朗运动、分子扩散、湍流扩散、外力场引起的输运、粒子惯性碰撞、热泳、电泳、扩散泳、重力等多种机制作用的结果。对于无化学反应，粒子直径超过 0.01 μm 的污垢粒子，当料液处于层流时，迁移过程为分子扩散；处于湍流时，迁移过程主要为湍流扩散；在流动方向发生变化时，如在流道弯曲处，污垢微粒可由惯性效应而被抛向壁面；当流体温度高于壁温时，粒子可在温度梯度的推动下迁移到壁面。对于化学反应污垢，输运过程受表面化学反应速率支配；流体中粒径在 0.1 μm 以下的带静电的污垢微粒，可在电场效应作用下被吸向壁面；0.1 μm 左右的粒子，外力场的输运起主要作用；热泳在 5 μm 以下粒子输运中起重要作用。

（3）附着阶段　污垢粒子穿过流动边界层输运到固体表面的过程中，通常不会全部附着于换热面形成污垢，其中一部分粒子往往从表面反弹出来。壁湍流中的“下扫”结构可使附着在壁面的污垢粒子脱离，而使运动中的粒子沉降并附着在壁面[5]。附着模型多以粒子附着表面的概率来描述。

（4）剥蚀阶段　剥蚀是指沉积在换热面上的污垢脱离换热面或污垢层被流体带走的过程。污垢的剥蚀过程分为三类：溶解、磨蚀和剥落。溶解是指污垢以离子形态脱离固体表面。磨蚀是指污垢以微粒形式脱离固体表面。影响磨蚀的因素为：流体速度、污垢微粒大小、壁面粗糙度和污垢与壁面的结合力。剥落是污垢以大块或成片的形式脱离固体表面。剥落与传热过程中的热应力、结垢过程中掺杂物引起的应力、热效应中污垢结构的变化以及污垢与壁面的结合状况等因素有关。其中污垢与壁面的结合状况取决于换热面处的温度变化。

（5）老化阶段　污垢老化开始于污垢的形成过程，随结垢过程的进行越来越严重。污垢老化表现为：晶体结构的变化、沉积物质的聚合、热应力的发展、污垢与换热面界面处的溶解过程、换热面腐蚀产物造成的微生物中毒、微生物的饥饿死亡等。老化的进行使沉积物特性发生变化，因而剥蚀过程也会随之发生改变。

第二节　污垢热阻

污垢热阻表示传热面上沉积物导致换热设备传热效率下降程度的数值，即换热面上沉积物产生的传热阻力。目前国内外研究者一般用热阻来监测污垢的生成量，虽然各种污垢的生成机制不同，但都是在洁净的表面与不洁净的流体接触后产生的。污垢对于热阻的影响主要有两个阶段：①污垢沉积到洁净表面，热阻增大；②污垢受到管内流体流动时的冲击、剪切作用，被剥离出污垢表面，热阻减小。如图 3-3 所示，污垢形成过程受沉积和剥蚀两种作用。实验观测到的污垢热阻随时间的变化就是这两种效应相互作用的结果[6]。

介质低流速运行时，在初始诱导期，污垢对近壁面流动的扰动作用大于污垢本身对传热的阻碍作用，如图 3-4 所示。污垢热阻 R_f 在初始诱导期可能小于 0，这是积垢过程中的常见现象，定义为“负污垢热阻”。介质流速较高，并且换热管外径较大时，“负污垢热阻”现象不会发生。

当污垢层的导热系数较大，且换热表面粗糙度也较大时，污垢层这种粗糙结构破坏了流动的黏性底层，使该侧对流换热热阻减小。减小的对流换热热阻可能大于污垢热阻，从而出现了“负污垢热阻”[7]。

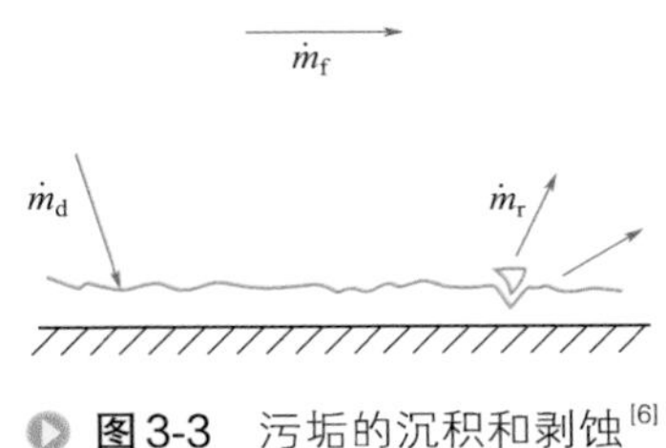

图3-3 污垢的沉积和剥蚀[6]

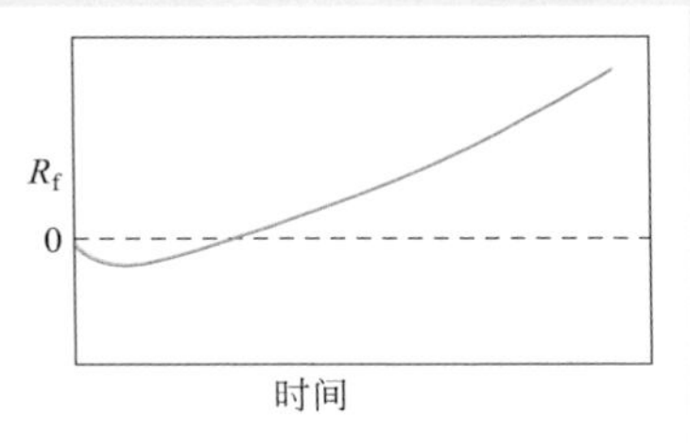

图3-4 污垢热阻-时间曲线[7]

$\dot{m}_d$—单位面积壁面上污垢沉积的质量速率，kg/(m^2 • s)；
$\dot{m}_r$—单位面积壁面上污垢剥蚀的质量速率，kg/(m^2 • s)；
$\dot{m}_f$—单位面积壁面上沉积污垢的质量随时间的变化，kg/(m^2 • s)

一、污垢热阻模型

1. 污垢热阻随时间的变化

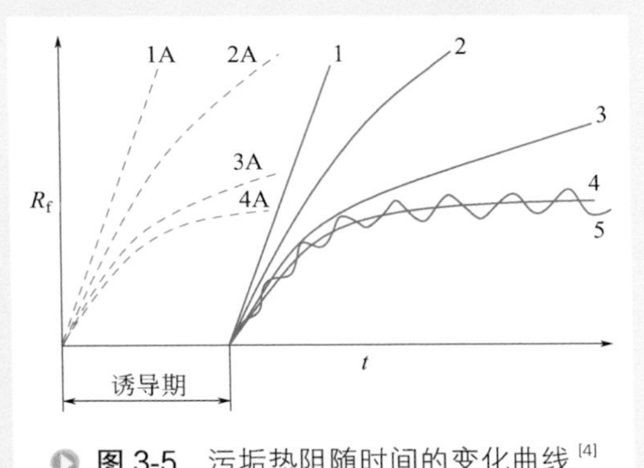

图3-5 污垢热阻随时间的变化曲线[4]

清洁换热面和不洁净流体接触后，污垢热阻随时间的变化曲线为如图3-5所示的几种形式。其中，1（1A）为线性增长型；2（2A）为降率型；3（3A）为幂律型；4（4A）为渐近型。观察发现，有的清洁换热面和不洁净流体接触后，几乎立即可观测到污垢热阻的出现，而更多的情况则是在接触后的一段时间内，没有观测到明显的污垢热阻，这段时间通常称作诱导期。实际测量的污垢随时间的变化，一般并不是像1～4那样的光滑曲线，而是像曲线5那样的锯齿形曲线。

Zubair等[8]进一步导出四种类型的通用表达式。

线性污垢模型：
$$R_f(t)=A+Bt \quad t\geqslant 0 \tag{3-1}$$

幂律污垢模型：
$$R_f(t)=A+Bt^n \quad t\geqslant 0 \tag{3-2}$$

降率污垢模型：
$$R_f(t)=A+B\ln t \quad t\geqslant 1 \tag{3-3}$$

渐近污垢模型：
$$R_f(t)=R_f^*\left(1-e^{-\frac{t}{\tau}}\right) \quad t\geqslant 0 \tag{3-4}$$

式中，$R_f(t)$为污垢热阻m^2 • K/W；A为初始污垢热阻，m^2 • K/W；B为污垢热阻随时间变化率的平均值；t为污垢生长时间，h；R_f^*为渐近污垢热阻，m^2 • K/W；τ为时间常数，h。

线性污垢模型中，随着沉积厚度的增加，污垢热阻随时间呈现线性变化，是最常见的污垢类型，这类污垢常常发生在沉积物温度不变的情况下。不考虑剥蚀机制时，污垢热阻随时间呈线性变化。幂律污垢模型中的污垢增长速率随时间的增加而减小，一般不考虑坚硬沉积物的黏附和剥除。降率污垢模型中的污垢热阻随时间的增加而增大，但是随着污垢剥离速率逐渐增大，污垢增长速率随时间的增加而减小。渐近污垢模型中的污垢热阻增大至某一值后维持不变，随时间的推移污垢沉积速度等于污垢剥离速度，污垢层厚度保持不变。渐近污垢热阻随颗粒浓度的增加而增大，随流体温度、流速、颗粒粒径的减小而增大。考虑剥蚀机制，污垢形成过程中污垢热阻随时间一般呈现渐近型变化。管式换热器制造商协会（The Tubular Heat Exchanger Manufacturers Association）提供的污垢热阻值也是基于渐近污垢热阻，不能表现所有结垢现象，如原油预热器的热端污垢就呈现非渐近型[9]。

上述模型在换热器的设计中得到广泛应用，由于该模型没有充分考虑换热器工况参数的动态变化，与设备实际运行情况仍具有较大的误差。

2. 污垢热阻模型

（1）颗粒污垢模型　这里采用 Kern-Seaton 模型[10]。Kern 和 Seaton 假定主流中沉积率 Φ_d 与主流浓度 C_b、流体速度 v 成正比，而剥蚀率 Φ_r 与壁面剪切应力 τ_s、污垢层厚度 δ_f 成正比。

$$\Phi_d=K_1C_bv \tag{3-5}$$

$$\Phi_r=K_2\tau_s\delta_f=K_3v^2R_f \tag{3-6}$$

式中　Φ_d——沉积率，m · K/N；

K_1——包括了传输变量以外的所有变量和常数的系数，m^3 · K · s/（N · kg）；

C_b——污垢物质在主流中的浓度，kg/m^3；

v——流体速度，m/s；

Φ_r——剥蚀率，m · K/N；

K_2——剥蚀率模型中的常参数，m^2 · K/N^2；

τ_s——壁面剪切应力，N/m^2；

δ_f——污垢层厚度，m；

K_3——各种非传输变量与 K_2 综合在一起后的常数，s/m^2；

R_f——污垢热阻，m^2 · K/W。

根据污垢形成的作用机理：

$$\dot{m}_f=\frac{dm_f}{dt}=\dot{m}_d-\dot{m}_r \tag{3-7}$$

式中　m_f——单位面积壁面上沉积污垢的质量，kg/m^2；

$\dot{m}_f$——单位面积壁面上污垢质量随时间的变化，kg/（m^2 · s）；

$\dot{m}_d$——单位面积壁面上污垢沉积的质量速率，kg/（m^2 · s）；

$\dot{m}_r$——单位面积壁面上污垢剥蚀的质量速率，kg/（m^2·s）。

再根据物质热阻的定义：

$$R_f = \frac{m_f}{\rho_f \lambda_f} \tag{3-8}$$

式中　ρ_f——污垢平均密度，kg/m^3；

λ_f——污垢导热系数，W/（m·K）。

$$\frac{dR_f}{dt} = \frac{\dot{m}_d - \dot{m}_r}{\rho_f \lambda_f} = \Phi_d - \Phi_r \tag{3-9}$$

代入沉积率和剥蚀率表达式［式（3-5）和式（3-6）］并积分可得：

$$R_f = \frac{K_1 C_b}{K_3 v}(1 - e^{-K_3 v^2 t}) \tag{3-10}$$

（2）化学反应污垢模型[4]　基于 Kern-Seaton 模型，简化化学反应污垢的生成，只讨论第一级反应生成的污垢。

$$\Phi_d = K_8(N_P - N_D) = K_8\left(\frac{C_{pb}}{1/k_{mp} + 1/k_r} - k_{mD} C_{Di}\right) \tag{3-11}$$

式中　K_8——沉积率系数，m^3·K·s/（N·kg）；

N_P——污垢母体至反应区的质量流速，kg/（m^2·s）；

N_D——污垢扩散至主流的质量流速，kg/（m^2·s）；

C_{pb}——污垢在主流中的浓度，kg/m^3；

k_{mp}——输运系数，m/s；

k_r——附着率常数，m/s；

k_{mD}——低溶解度或污垢成分扩散系数，m/s；

C_{Di}——污垢在污垢沉积层与流体界面处的浓度，kg/m^3。

$$\Phi_r = K_{10} v^{2-\alpha} R_f \tag{3-12}$$

式中　K_{10}——剥蚀率的系数，s$^{1-\alpha}$/m$^{2-\alpha}$。

代入沉积率和剥蚀率表达式［式（3-5）和式（3-6）］，积分得

$$R_f = \frac{K_8}{K_{10}} \frac{1}{v^{1-\alpha}} \frac{C_{pb}}{\dfrac{1}{K_4} + \dfrac{v}{K_0 \exp\left(\dfrac{-E}{RT_s}\right)}} \times \left[1 - \exp(-K_{10} v^{2-\alpha} t)\right] \tag{3-13}$$

式中　K_4——系数，无量纲；

K_0——系数，m/s；

E——活化能，J/mol；

R——摩尔气体常数，J/（mol·K）；

T_s——壁面温度，K；

α——常数，无量纲。

（3）析晶污垢模型　目前为止，研究者提出的关于析晶污垢的主要预测模型有十几种，其中以基于污垢形成机理提出的 Kern-Seaton 模型应用最为广泛。该模型认为剥蚀量与污垢层和流体之间的剪切力有关，沉积量与流速和固体颗粒浓度成正比。

（4）通用模型　由于污垢性质复杂以及污垢热阻难以进行精确预测，目前无法提出一个普适性理论，对模型的改进仍在进行。建立模型时对污垢模型简化[11]如下：

认为各类污垢独立存在，因此通常只针对一种污垢进行分析；忽略流体的物理性质在结垢过程中的变化、忽略污垢表面粗糙度及其随污垢沉积的变化、忽略过流断面流速随污垢沉积的变化；忽略沉积物的形状，假定污垢层内部参数各向为同性，呈均匀分布。

很少有对诱导期污垢进行预测的模型，多数模型都用于预测诱导期之后的污垢。多数模型只考虑流速、浓度、温度和时间四个因素，忽略了不同污垢形成机制、设备设计、表面参数、由于污垢而增加的表面积、运行过程的变化等多方面的影响。

实际运行过程中，换热面的污垢往往是几种机制下形成的混合污垢，能够描述各种结垢机制综合作用的通用模型就变得十分重要。结垢过程满足质量守恒，各类污垢的增长率都可以用沉积率和剥蚀率之差来表示，同时用污垢热阻的变化衡量结垢程度。

$$\frac{\mathrm{d}R_f}{\mathrm{d}t}=\Phi_d-\Phi_r \tag{3-14}$$

污垢的沉积一般包括两个过程：污垢物质向界面处的输运和污垢物质与污垢沉积层的结合。沉积率 Φ_d 的最一般方程中，将传输变量看作一级表面反应，认为结垢是由表面反应控制而不是溶液对壁面的质量传递过程。

$$\Phi_d=K_8\left(\frac{C_{pb}}{1/k_{mp}+1/k_r}-k_{mD}C_{Di}\right) \tag{3-15}$$

剥蚀是流体对污垢层的剪切作用，剥蚀率 Φ_r：

$$\Phi_r=K_{10}v^{2-\alpha}R_f \tag{3-16}$$

式中，可用速度 v 的 α 次幂来表示污垢沉积层强度系数 ψ。

污垢热阻的一般方程：

$$R_f=\frac{K_8\left(\dfrac{C_{pb}}{1/k_{mp}+1/k_r}-k_{mD}C_{Di}\right)}{K_{10}v^{2-\alpha}}[1-\exp(-K_{10}v^{2-\alpha}\theta)] \tag{3-17}$$

二、污垢生长影响因素及抑制措施

1. 设备因素

（1）换热面材料　换热管材的影响体现在表面能的影响、界面缺陷的影响及表面形态对诱导期的影响三个方面。其中表面能是指为评价起始阶段内表面材料对污垢特性的影响而必须考虑污垢组分和界面相互作用的一个重要参数，大部分研究表明低表面能的管材对延缓结垢起到一定作用[12]。Powell[13]研究发现表面微生物更容易附着在铝或钛等固体材料表面，不易于附着在铜合金材料表面。所以对于微生物污垢，换热器材料可以选择铜合金，铜合金表面能够释放铜离子杀灭微生物，从而抑制污垢的生长。换热器表面的催化作用、电荷的分布同样会影响污垢的生长。

（2）换热面结构及布置方式　徐志明教授[14]等认为交叉缩放椭圆管的抗垢（析晶污垢）性能优于光管，椭圆形截面在压力作用下易发生弹性形变，使得污垢脱落。交错布置、二次流和纵向涡流作用使循环水在管道内不易结垢。通过研究椭圆形管和不对称管束的污垢率，并将其与规则圆管相比发现，不对称管束和椭圆管束的整体污垢率分别下降了 12% 和 73%。

（3）换热器表面粗糙度　换热器表面粗糙度可以增强表面附近的湍流强度，增强传热效果，湍流强度增强又可减少污垢沉积。因此产生了表面改性技术（包括改变表面的粗糙度、接触角、元素组成和晶粒结构）、表面包埋技术和表面涂层技术。对析晶污垢而言，刘义达[15]等实验发现污垢的附着量和表面粗糙度并不呈线性关系，粗糙度对污垢生长的影响只作用在污垢生长的诱导期内，且这种差别对改善材料的抗垢能力没有本质影响。

2. 运行参数

（1）流速　由图 3-6 所示，随着流体速度的增加，各类污垢热阻总体上呈现减小的趋势[16]。流体速度从沉积和剥蚀两方面影响污垢形成。流速增大增加污垢沉积率，同时提高污垢剥蚀率的作用更为显著，整体的结果是污垢热阻减小。

① 微生物污垢：污垢热阻随流速的增加先增大后减小，在流速接近于 0.5m/s 时，污垢热阻达到最大值。流速对污垢沉积的影响体现在流速增大加强了传质，更多的细胞结构被输送到壁面。细菌代谢产生更多黏液，黏液层能使许多细菌结合在

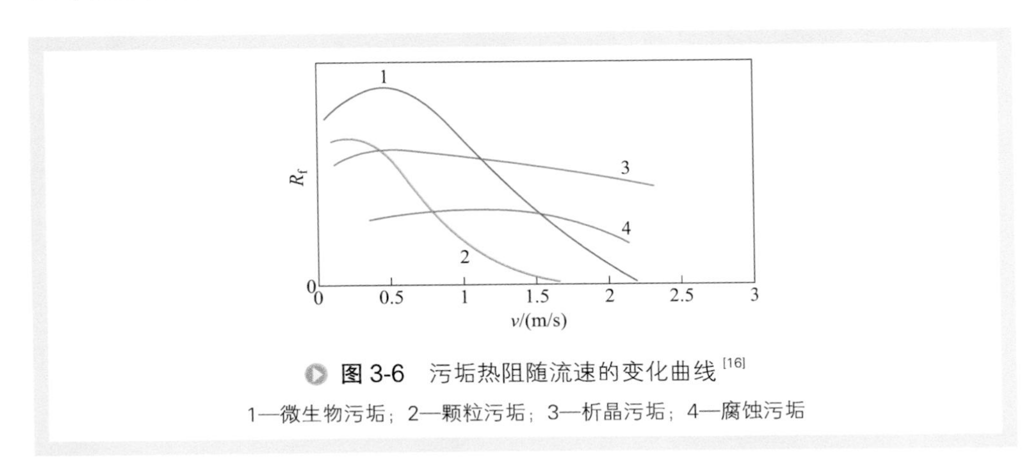

图 3-6　污垢热阻随流速的变化曲线[16]

1—微生物污垢；2—颗粒污垢；3—析晶污垢；4—腐蚀污垢

一起形成菌胶团，有利于微生物污垢向加热表面传递。因此，开始时污垢热阻随流速的增加而增加。Tardieu 等 [17] 学者研究发现流速对膜反应器 MBR 中微生物污垢的影响在于剪切力对微生物污垢的影响。徐志明教授等 [18] 通过对板式换热器铁细菌污垢热阻的研究发现，流速对剥蚀过程的影响主要表现在壁面剪切力和污垢层强度上。流速越大，壁面剪切力越大，污垢层强度越小，污垢越易剥落。流速对微生物污垢的影响不仅表现在大剪切力作用下剥蚀力的增加，还表现在营养物质的运输上。高流速可以带来较高的传质速度，并带走细菌产生的废物，给微生物的生长提供充足的氧气和营养物质，同时高流速产生剪切力使污垢脱落，不利于微生物的附着。随着流速的继续增加，剪切力增加，营养物质不足，使得污垢热阻呈现下降的趋势。

② 颗粒污垢：随流速的增加，颗粒污垢热阻减小。全贞花教授等 [19] 研究发现流速提高，使粒子的无量纲弛豫时间变长，若粒子输运由扩散 - 惯性机制所控制，则晶粒的输运速度加快，颗粒污垢沉积速度也增大。但是，由于流速提高，污垢的剥蚀速度也随之增大，当流速对剥蚀的影响大于对沉积的影响时，污垢结垢速率随流速的增大而减小。

③ 析晶污垢：流速对结垢过程的影响一般表现为两个方面：流速的增大能加快溶液中成垢离子向换热表面的扩散，使结垢加剧；随着垢层的生长，污垢表面的粗糙度增加，垢层受到的流体剪切力增大，导致污垢增长受抑制。由于流体剪切力的作用，污垢从换热面剥蚀，随时间的增长，污垢热阻呈现出渐近型趋势。最终，流速对结垢的影响表现为剥蚀大于沉积。虽然污垢热阻值与流体速度成反比，且提高流速有利于抑制污垢的生长。但在实际工程中，考虑到流体输送设备的能耗及换热器的换热效果，并不能一味地增大流速。

④ 腐蚀污垢：流速较低时，随流速的增加，污垢热阻几乎不变。当流速超过 1.25m/s 后，污垢热阻随流速的增加而略微减小。

（2）换热器壁面温度　由图 3-7 可知 [16]，析晶污垢、颗粒污垢的污垢热阻

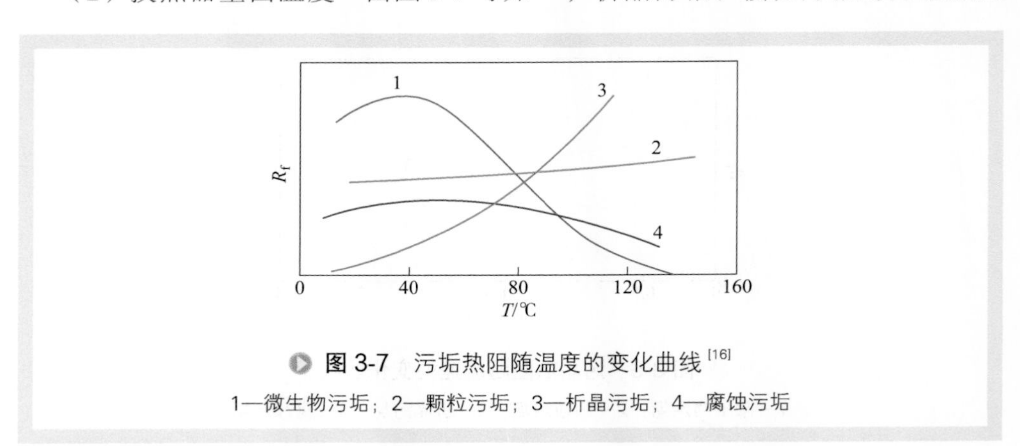

图 3-7　污垢热阻随温度的变化曲线 [16]

1—微生物污垢；2—颗粒污垢；3—析晶污垢；4—腐蚀污垢

随壁面温度的增加而增加。析晶污垢和化学反应污垢的污垢热阻的趋势近似满足 Arrhenius（阿伦尼乌斯）公式。

$$\frac{\mathrm{d}R_{\mathrm{f}}}{\mathrm{d}t}=K\mathrm{e}^{-E/(RT_{\mathrm{s}})} \tag{3-18}$$

式中，K 为指前因子，$m^2 \cdot K/(W \cdot s)$；E 为活化能，J/mol；R 为摩尔气体常数，$J/(mol \cdot K)$；T_s 为壁面温度，K。

① 微生物污垢：微生物污垢热阻随温度的增加先增大后减小，当温度接近 40℃时，污垢热阻最大。换热器表面温度的升高会间接使得流体的温度升高。徐志明教授[18]等通过对板式换热器铁细菌污垢热阻的研究发现，污垢热阻随着流体温度的升高而增加。主要原因有，蛋白质等生物大分子的布朗运动加强，污垢粒子能够更快地附着于换热表面；生物膜随温度的升高提前进入生长阶段，导致污垢热阻的诱导期缩短，污垢热阻增加。此外，温度变化影响营养物质的吸收、代谢产物的分泌以及物质输运，当温度超过一定范围后，持续的高温条件会改变蛋白质的性质，使蛋白质失去活性，促使铁细菌死亡，无法氧化生成更多的 $Fe(OH)_3$，可使污垢热阻值降低。"

② 颗粒污垢：全贞花教授[19]等通过实验分析得出，换热表面温度增加，使得析晶过程的化学反应常数增大，污垢的结垢速率增加；同时，换热表面温度的增加间接增加了溶液的平均温度，使得更多的碳酸钙晶粒析出，沉积在换热表面。

③ 析晶污垢：温度主要影响结垢物质在水中的溶解度，进一步影响污垢的沉积量。换热表面温度升高促进污垢沉积物内部晶化过程，增大沉积物强度。许多研究均表明表面温度的提高加剧结垢。当温度升高时，$CaCO_3$、$CaSO_4$、$BaSO_4$ 等结垢物质在水中的溶解度降低，污垢析出增加。流体流速较高时，表面温度对结垢速率的影响较大，低流速时为扩散控制结垢。

④ 腐蚀污垢：随温度的增加，污垢呈现增加的趋势，但结垢速率远远小于颗粒污垢；当温度超过 50℃后，污垢随温度的增加而减小。

⑤ 凝固污垢：温度的均匀性至关重要。

（3）浓度

① 微生物污垢：徐志明教授[18]等发现随着溶液浓度的增加，在生长前期，结垢速率随着浓度的增加而增大；在生长后期，结垢速率随浓度的增加而变缓，污垢热阻的渐近值随浓度的增加呈上升趋势。在生物膜的形成过程中，蛋白质大分子及胞外聚合物等会在细胞体和基质之间起关键的衔接作用。浓度增大，胞外聚合物增多，从而为生物膜的形成提供了有力的衔接作用，生物膜的形成速率也明显增大；随着浓度增大，营养物质需求增加，而环境中营养物质是一定的，污垢热阻增长变缓。同时，随着浓度增加，氧化生成的 $Fe(OH)_3$ 也大量增加，污垢热阻渐近值显著增大。

② 颗粒污垢：随溶液浓度增大，颗粒扩散能力增强，主流区与壁面处的浓度梯度增大，产生的驱动力随之增大，使更多的污垢颗粒能够被输运到壁面处。因此污垢热阻的渐近值随着颗粒浓度的增加而增加。

③ 析晶污垢：结垢速率随溶液浓度的增大而增大，待增大至一定浓度时，结垢速率下降。以 $CaCO_3$ 析晶污垢为例，随着溶液浓度的增大，沉积推动力增大，使结垢速率增大；当溶液浓度中的浓度增至一定程度后，$CaCO_3$ 会因过饱和而析出，产生的晶粒可作为籽晶，使大量的 $CaCO_3$ 在溶液中二次析出，因此到达壁面的成垢离子减少，壁面上的 $CaCO_3$ 结垢速率相应降低，污垢热阻减小。

（4）流体性质　包括流体本身的性质以及不溶于流体或被流体夹带的颗粒的性质。

① 颗粒粒径：随着粒径增大，颗粒到达并附着于壁面所需要的能量也增大，壁面上的附着力减小；剥蚀力随粒径增大而增大，使已附着在壁面上的污垢层更易脱落。由此可见，增大颗粒粒径，污垢热阻渐近值减小。粒径越小，诱导期越短，污垢热阻的稳定值越大。Tang[20] 等研究发现，粒径越大，颗粒惯性以及克服阻力的动量越大，被壁面反弹的颗粒数越多，可降低污垢增长率。

② 无机离子：Kim[21] 等学者研究钙离子对微生物污垢的影响，发现钙离子能够形成骨架，但镁离子对微生物污垢的影响还存在争议。

③ 营养水平：Chen[22] 等学者通过研究过滤膜表面的混合菌种微生物污垢在不同营养水平下的压差变化过程，发现降低营养物质水平可以有效减少微生物污垢生成。因为减少营养物质会显著破坏微生物污垢的胞外分泌物（EPS）的结构。营养物质较低时，EPS 发育不足，空洞较多，细胞与 EPS 结合松散，活细胞易暴露在有害物质之下，活性下降，生长缓慢。细胞代谢物不易排出，堆积在细胞外部，阻碍了细胞获得营养物质，影响污垢生长。

④ pH 值：Bohnet 和 Augustin[23] 通过研究 pH 值对换热表面上碳酸钙结垢的影响，发现渐近污垢热阻随溶液的 pH 值的升高而增大。

⑤ 水质参数：研究表明，pH 值和溶解氧影响细菌总数，导致水的浊度和电导率发生变化从而影响微生物污垢的结垢特性。

3. 抑制措施

采取措施抑制污垢生长，可提高换热设备的换热性能，并延长清洗周期。

（1）改变材料表面性能　换热面的表面性能对污垢的形成有重要影响，因此可通过表面改性技术、涂层技术等多种表面处理技术改善原有材料的表面性能[24]。

（2）改变换热元件形状　选用异形管改变换热元件的形状来提高换热管的换热系数，主要的异形管有波纹管、放缩管、螺旋槽纹管、扭曲椭圆管、内肋管等，其具有加工简单、传热效率高、成本低廉等优点。

张仲彬[25]等通过对波纹管和光管的流动、换热、污垢特性的研究，发现在相同流量下波纹管具有结垢速度慢、诱导期长、污垢热阻渐近值小的优点，而且波纹管在结垢前后都有良好的强化传热性能。徐志明教授[26]等对横纹管的传热性能和抗污垢性能进行了研究，结果表明，横纹管的传热性能和抗垢性能优于光管和螺纹管，横纹管的渐近污垢热阻值约为光管的 0.83 倍，结垢状态下横纹管的管内对流换热系数是光管的 1.4 倍。

（3）添加内置部件　内置螺旋线、内置组合转子、涡流发生器既能满足强化换热的需求，同时在一定程度上起到抑垢作用。涡流发生器诱导产生涡流，使速度边界层变薄。进而产生的旋转流、二次流加强了主流区和边界层附近的能量与动量交换，使污垢不易沉积，从而达到抑垢的目的。

三、污垢对换热器设计与运行的影响

1. 污垢对换热器设计的影响

为减小换热表面污垢的影响，在设计换热器时，主要采用的方法有指定污垢热阻法、洁净系数法以及面积增加百分比法[27]。

（1）指定污垢热阻法（污垢热阻为恒定值）　污垢的积聚是一个持续变化的过程，指定污垢热阻法是在易产生污垢的管壁处，设置一个污垢热阻，根据热阻的恒定值设计换热器。可根据美国管式换热器制造商协会标准（TEMA）提供的热阻值进行管壳式换热器设计。但是 TEMA 提供的数据并不包含各种可能的流动状态。在选取热阻值的过程中，还应充分考虑物理和经济两方面的因素。物理因素包括流速、管壁材料、管壁温度等，经济因素包括换热器的生产成本、清洗费用和维修费用。污垢热阻的选取并不是越大越好，传热量一定时，污垢热阻值越大，换热器所需的传热面积越大，成本增加。因此需选用合适的污垢热阻，在污垢热阻没有达到选定值时，换热器可以保持稳定运行，达到选定阻值后则需要进行清洗。

（2）洁净系数法　洁净系数法可以得到换热器运行时的允许污垢热阻，通过指定洁净系数 CF 进行设计。洁净系数 CF 定义为污垢条件下的传热系数和洁净条件下传热系数之比。即：

$$\mathrm{CF}=\frac{U_\mathrm{f}}{U_\mathrm{c}} \qquad (3\text{-}19)$$

式中　U_f——污垢表面传热系数，W/（m^2·K）；

U_c——洁净表面传热系数，W/（m^2·K）。

这种方法得到的允许污垢热阻值随洁净条件下的传热系数而变，污垢热阻和洁净表面传热系数有如下关系式：

$$R_{ft} = \frac{1-\mathrm{CF}}{U_c \mathrm{CF}} \tag{3-20}$$

式中　R_{ft}——总污垢热阻，$m^2 \cdot K/W$。

由式（3-20）可得到洁净系数和总污垢热阻的关系是

$$\mathrm{CF} = \frac{1}{1+R_{ft}U_c} \tag{3-21}$$

式（3-21）即洁净系数法的基本原理。给定洁净系数时，如果洁净表面传热系数很小，污垢热阻值很高。工程设计中常用的洁净系数 CF 取 0.85。根据实际运行经验，当洁净系数大于 0.75 时可认为换热器传热面是清洁的，当洁净系数小于 0.75 时认为存在不同程度的污垢，需进行清洗。

（3）面积增加百分比法　通过简单增加洁净条件下的面积百分比来满足污垢条件下的设计要求。增加的表面取决于洁净表面传热系数的污垢热阻。增加的面积百分比 OS 可以由等式（3-23）得到

$$\frac{A_f}{A_c} = 1 + U_c R_{ft} \tag{3-22}$$

$$\mathrm{OS}=100\left(\frac{A_f}{A_c}-1\right) = 100U_c R_{ft} \tag{3-23}$$

式中　OS——增加的面积百分比，%；

A_f——有污垢时的表面积，m^2；

A_c——洁净时的表面积，m^2。

在相同条件下，根据指定污垢热阻法计算所增加的换热面积最大，成本最高；洁净系数法所得到的换热面积要小得多；换热面积增加百分比法所得到的换热面积最小。通过设计实例对污垢工况下的三种换热器设计法进行分析对比，发现采用新近发展的洁净系数法和面积增加百分比法进行换热器设计较好。相比于传统的指定污垢热阻法，洁净系数法和面积增加百分比法具有更高的精确性、合理性、经济性。

2. 换热器的设计原则

实际应用中，90% 的换热器都存在结垢问题，因此在设计换热器时应留有足够的余量。为保证设计的换热器可靠运行，应注意以下几点 [16]。

① 选择合适的换热器类型和大小：污垢条件下，适合选用管壳式换热器，选用特殊的挡板设计以减少污垢；板式换热器温度梯度低、湍流强度大，适合洁净介质；螺旋板式换热器介质呈螺旋流动，流动局部阻力小，可提高流速提高传热系数，污垢不易沉积且易清洗；折流板及板间距能够影响结垢程度，应避免选用大折

流板，同时板间距不宜过大，以免形成死区。

② 选择合适的换热器材料：管道材料会对污垢产生影响，轻微的管道腐蚀可能大大增加污垢形成的可能。此外，管道表面粗糙度影响接触面积的大小，使真实接触面积大于表面积，粗糙表面产生更强的附着力。

③ 在允许压降下，设计合适的流速，避免死区、旁路流动。

④ 选择合适的换热面积，满足污垢条件下流体的换热需求。

3. 污垢对换热器运行的影响

在换热器运行过程中，污垢的沉积使热阻增加，并使得换热器表面粗糙度增加，进而导致摩擦系数和平均流速增加，最终流体压降增加。因此，污垢沉积严重影响换热器的运行效果[27]。

计算污垢热阻时，污垢状态下的管径可根据沉积层的导热系数进行计算。多层污垢的沉积导致了导热系数的非均匀性。当认为污垢层仅有一种材料组成时，该材料的导热系数可用于估计整体污垢的导热系数。但是污垢多为混合污垢，包括多种污垢组分。表 3-1 给出每种成分的污垢对应压降增加百分比。由表 3-1 可知，某些污垢引起的压降增加值高达 70%。

表3-1　典型污垢物质种类对压降增加的影响

污垢物质种类	导热系数 /[W/(m·K)]	垢层厚度 /mm	结垢后面积占洁净面积的比值 /%	压降增加百分比 /%
赤铁矿	0.6055	0.24	95.7	11.6
生物膜	0.7093	0.28	95.0	13.7
方解石	0.9342	0.37	93.5	18.4
蛇纹石（硅酸盐矿物质）	1.0380	0.41	92.8	18.4
石膏	1.3148	0.51	90.9	26.9
$Mg_3(PO_4)_2$	2.1625	0.83	85.5	47.9
$CaSO_4$	2.3355	0.90	84.4	52.6
$Ca_3(PO_4)_2$	2.5950	0.99	82.9	59.9
Fe_3O_4	2.8718	1.09	81.2	68.2
$CaCO_3$	2.9410	1.12	80.8	70.3

第三节 清洗技术

虽然设计换热器时充分考虑积垢问题，但实际运行过程中，经过长时间运行后，污垢难以避免。当换热面污垢积聚到一定程度时，需要进行清洗。清洗技术主要分为在线清洗和离线清洗。通过清洗改善换热器的传热性能，减小传热阻力。

一、在线清洗[11,28]

换热器在线清洗无需停工、拆装，操作方便、清洗方便、清洗时间短、清洗效果明显。在线清洗运行可靠，故障率低，且不会对换热设备产生腐蚀等不良效果。在提高换热器换热效率的同时，延长换热器的使用寿命和检修周期，减小因检修停产导致的损失，降低检修成本。

在线清洗不必拆开设备，对塔类和管壳类设备特别重要。在线清洗装置包括清洗元件、动力泵、配套管路、阀门及控制柜。管内清洗元件通过滑动与管内壁进行摩擦、碰撞达到去除管内沉积物的目的。

1. 在线机械清洗技术

依靠流体的流动或机械等作用克服污垢的黏附力使污垢脱落。机械清洗主要针对硬质污垢、碳化污垢等强硬度污垢。

依靠插入物方法：依靠插入物在管内运动与管壁接触从而达到清洗污垢的目的，插入物包括弹簧、扭带、螺旋线、胶球等。这里重点介绍海绵胶球连续清洗技术。海绵胶球清洗广泛应用于冷凝器、凝汽器中去除管侧颗粒污垢、微生物污垢、腐蚀污垢。海绵胶球在线清洗系统包括胶球泵、装球室、收球室及相应阀门。海绵胶球，多孔柔软，弹性大，易被水流携带。胶球直径略大于管子内径，从而通过胶球对管壁的挤压作用擦除沉积物，并依靠自身弹力去除表面污垢，恢复原形后进入收球网，再被胶球泵打入换热器的进水管中，如此循环往复实现连续清洗。同时，海绵胶球可扰动管壁附近流体，使其传热能力提高。Hongting Ma[29] 等通过有无胶球在线清洗装置对制冷机的污垢热阻和性能系数进行了实验研究，结果表明，加入胶球在线清洗装置后，污垢热阻降低 74.5%。

2. 在线物理清洗技术

通过声波、热力和光照等作用去除沉积物。具体包括利用磁装置、利用辐射（紫外线和伽马射线）、超声波清洗等。常见的物理清洗方法有：超声波清洗技术、磁场除垢技术、电场除垢技术、PIG（清管器）清管技术。磁场除垢技术是通过磁场的作用改变换热器工质的物理化学性质来消除污垢物质的产生。超声波技术主要利用超声波引起的空化效应、活化效应、剪切效应和抑制效应，因而应选择合适的超声波的功率和频率进行针对性清洗。以下详细介绍超声波清洗技术。

超声波清洗是一种非常有效且应用广泛的清洁技术，既可以清洗半导体晶片上的微小污垢，也可以清洗油脂、氧化皮、石蜡、垢等杂质。利用超声波对流体进行处理，使流体发生活化效应、空化效应、抑制效应和剪切效应，从而使流体的化学性能和物理状态发生变化。超声波工作频率可分为三个阶段：低频超声波（20 ～ 50kHz）、高频超声波（50 ～ 200kHz）和兆赫超声波（700kHz ～ 1MHz 及以上）。高低频超声波利用空腔泡的空化作用，由于超声的物理作用液体中形成暂时的负压区，从而产生了不稳定的含有蒸汽和空气的空穴气泡，垢层在产生的气泡和空穴的作用下受到强烈冲击。气泡闭合产生激波，释放出巨大声场能量，形成高温（可高达 5000K）高压（可高达 100MPa）。污垢在剪切力的作用下得以松散、脱落，管壁的结垢速率大大降低。兆赫超声波清洗适用于微米级、亚微米级污垢（如薄膜等）的清洗，与高低频超声波不同的是，其主要作用机理不再是空化，而是声压梯度、粒子速度和声流作用。兆赫超声波清洗方向性强，被清洗件应放置于与声束平行的方向。

Mikko O.Lamminen[30] 等研究发现超声波清洗机制包括声流、微流、微声流、微射流。声流机制不需要空化泡的破裂，声波作用范围在厘米数量级，速度小于 10cm/s，适合去除表面松散的颗粒和易溶解的颗粒。在相同的功率下，应选用高频率声波。高频率声波的流速高于低频率声波的流速，溶液中的声学区域与非声学区域的速度梯度更大，因此产生更多的能量去除污垢粒子。微流是由振荡变化的声压在气泡附近形成的一种流体循环。气泡大小的变化导致流体速度方向和振幅的迅速变化，产生较大的剪切力。该机制的作用范围与气泡的直径（1 ～ 100 μm）息息相关。微声流是指液体中成核点形成的空化气泡串在压力场作用下脉动，对壁面产生冲刷效果。气泡速度比流速大一个数量级。该机制的作用范围为毫米级。表面的不对称作用使空穴破裂时会产生强烈的高速（100 ～ 200m/s）微射流。微射流的作用效果与气泡直径有关，这方面研究还不充分。

超声波清洗设备 [31] 包括清洗缸、换能器、超声波发生器。换能器将超声波电能转化成机械能，通过清洗缸向缸内清洗液辐射超声波，促使超声空化的发生。

经过不断的应用研究，超声波清洗技术有了许多新的进展，包括有高频超声清洗、聚焦式清洗、多频清洗、扫频和跳频清洗、超声振动清洗等多种方式。超声波清洗具有环保、高效、低腐蚀、低成本等特点，具有广阔的发展空间。

3. 在线化学清洗技术

在线化学清洗方法利用在流体中添加除垢剂、酸或碱减缓污垢，是有效的清洗方法。

二、离线清洗

离线清洗需对换热器进行停工拆装清洗，清洗周期较长，但清洗效果比较好。

1. 离线机械清洗技术

通过刮擦、振动等机械作用进行清洗。对黏度和硬度较大的污垢清洗效果明显，无腐蚀、无污染、但易破坏管壁，清洗也不够彻底。

（1）高压水射流　通过增压设备和喷嘴，将高压低流速的水流转换成低压高流速的射流从而获得较大动能，高速射流喷射到污垢表面，连续不断地对沉积物进行打击、冲蚀、破碎、剥离。高压水射流清洗剂是水，无腐蚀性，不会损伤换热器，清洗速度快、工期短，但只能在停机时运行。该技术能够去除化学方法难以去除的污垢，主要用于水垢、油垢、尘垢、锈层、各种涂层、微生物污垢等。高压水射流清洗装置主要由高压柱塞泵、动力部分、喷嘴、高压软管及工作附件等组成。根据剥离层材料的不同选择相应的工作压力。据统计，在德国、日本、英国、法国等国家，其市场份额已达 80% 以上，在美国，高压水射流清洗甚至已占到了清洗业的 90%。但在我国，该技术份额只占 20%。与蒸汽冲洗技术相比，该技术不仅清洗效果好，而且清洗效率提高了 10% ～ 40%。

（2）热冲击　由于急剧加热或冷却，物体在短时间内产生大量热交换，温度发生剧烈变化时，产生冲击热应力，这种现象称为热冲击。相对于其他清洗技术，如果沉积物刚性强，选用热冲击的方式，清洗效果更好。M.Evangelidou[32] 等通过对不锈钢平板、翅片管中的 $CaSO_4$ 析晶污垢进行热冲击清洗发现，光管的清洗效果更好。经过热冲击后，光管的沉积物被完全从管壁剥除，污垢热阻接近为零。分析发现污垢层的裂纹是由于表面的热膨胀或热收缩引起的。在表面收缩过程中，气泡扰动增强，污垢层与传热表面分离。使用热冲击的方法清洗翅片管效果较差，热冲击前后气泡运动没有明显变化，没有发现明显的污垢层的脱落。

（3）冰清管技术　E.A.Ainslie 等 [33] 发现冰清管（ice pigging）技术是应用于复杂形状管道污垢清洗的一种创新技术。该技术最大的特点在于冰清管可以根据需要弯曲、改变直径、打破阀门和蝶阀，同时达到清洗的效果，有益于拓扑结构复杂的管道。清洗过程包括抽吸冰浆、将冰颗粒与含有防冻剂的液体混合、进入管道清洗污垢物。将清管器插入管道中，通过管道内的压力穿过管道，同时刮削管道内壁并把碎片带出管道。由于冰浆的存在，剪切力可增加 4 ～ 5 倍，因此能够去除相同流速下水所不能去除的污垢。该技术产品清洗停机时间短，减少了清洗水和废水的处理成本，但是不适用于较为坚固的污垢。

2. 离线化学清洗技术

通过化学反应以降低污垢与管壁之间的黏附力，从而达到清除的目的。相对于机械清洗，化学清洗清洗强度低，清洗比较彻底，能够避免对换热器产生损伤，但应注意清洗过程中可能出现的烧伤中毒等危险问题以及清洗后的防腐处理（如防锈、钝化）。清洗过程[11]中，必须进行酸碱中和，氟化物应与不活泼的固体反应，对一些有机酸（如柠檬酸、葡萄糖酸等）进行生物降解。当管程、壳程被污垢堵塞后，无法使用化学清洗的方法。

S.S.Madaeni 等[34]通过研究各种清洗剂，探究被废水污染的反渗透膜的化学清洗的效果，发现酸洗可以有效地去除膜表面和孔隙中的沉淀物。酸与污垢物之间可能发生水解 / 皂化和螯合 / 增溶作用。碱性溶液可以通过水解和增溶作用去除有机污染膜。NaOH 溶液清洗比酸清洗更有效，这是由于碱溶液中氢氧根离子的存在，可以通过增加离子强度、增加有机污染物溶解性、增加 pH 值促进污垢层的破坏。络合剂（乙二胺四乙酸 EDTA）分子中有六个分子的位置，有助于氢键与垢层分子的结合，从而去除污垢。表面活性剂是既具有亲水性又具有疏水性的化合物，可降低相邻分子的表面张力。研究发现表面活性剂的清洗效率至少为 50%。

参考文献

[1] Malayeri M R，Müller-Steinhagen H，Watkinson A P.11th International Conference on Heat Exchanger Fouling and Cleaning—2015 Enfield，Republic of Ireland[J].Heat Transfer Engineering，2016，38（7-8）：667-668.

[2] Melo L F，Bott T R，Bernardo C A.Fouling Science and Technology[M]. Ⅻ .Springer Netherlands，1988：143-293.

[3] Jovan M.Heat Exchangers-Basics Design Applications[M].InTech，2012：523-545.

[4] 杨善让，徐志明，孙灵芳等 . 换热设备污垢与对策 [M]. 第 2 版 . 北京：科学出版社，2004：17-118.

[5] 李星 . 近壁流动中颗粒的运动及尾迹效应 [D]. 西安：西安交通大学，2018.

[6] Hans M-S.Heat Transfer Fouling : 50 Years after the Kern and Seaton Model[J].Heat Transfer Engineering，2011，32（1）：1-13.

[7] 沈朝 . 污垢堆积特性及除污型污水蒸发器的实验研究 [D]. 哈尔滨：哈尔滨工业大学，2013.

[8] S M Zubair，A K Sheikh，M O Budair，et al.A maintenance strategy for heat transfer equipment subject to fouling:a probabilistic approach.ASME J Heat Transfer，1997，119（3）:575-580.

[9] Vasilios N K.MATLAB-A Fundamental Tool for Scientific Computing and Engineering Applications[M].In Tech，2012：58-72.

[10] Kern D. A theoretical analysis of thermal surface fouling[J].Br Chem Eng，1959，4：258-262.

[11] Müller-Steinhagen H，Malayeri M R，Watkinson P A. Heat exchanger fouling : mitigation

and cleaning strategies[J].Heat Transfer Engineering，2011，32（3-4）：189-196.

[12] Zhao Q，Liu Y，Wang S.Surface modification of water treatment equipment for reducing $CaSO_4$ scale formation[J].Desalination，2005，180（1）：133-138.

[13] Powell C.Preventing biofouling with copper-nickel alloys[J].Materials World，1994，2(4)：181-183.

[14] 徐志明，郝占龙，张一龙等.交叉缩放管中微生物污垢特性[J].微生物学通报，2013，40（4）：1978-1986.

[15] 刘义达，邹勇，赵亮等.表面粗糙度对析晶污垢附着的影响[J].工程热物理学报，2010，V31（8）：1355-1358.

[16] Peter S.VDI Heat Atlas（Ⅱ）[M]. New York：Springer Heidelberg Dordrecht，2010：79-103.

[17] Tardieu E，Grasmick A，Geaugey V，et al.Influence of hydrodynamics on fouling velocity in a recirculated MBR for wastewater treatment[J].Journal of Membrane Science，1999，156（1）：131-140.

[18] 徐志明，贾玉婷，王丙林等.板式换热器铁细菌生物污垢特性的实验分析[J].化工学报，2013，40（4）：1978-1986.

[19] 全贞花，陈永昌，马重芳等.碳酸钙于换热表面结垢影响因素的模拟分析[J].工程热物理学报，2008，29（11）：1944-1946.

[20] Tang S-Z，Wang F-L，Ren Q Ⅰ.Fouling characteristics analysis and morphology prediction of heat exchangers with a particulate fouling model considering deposition and removal mechanisms[J].Fuel，2017，203：725-738.

[21] Kim I S，Jang N.The effect of calcium on the membrane biofouling in the membrane bioreactor（MBR）[J].Water Research，2006，40（14）：2756-2764.

[22] Chen X，Suwarno S R，Chong T H，et al.Biofouling in reverse osmosis processes：the roles of flux，cross flow velocity and concentration polarization in biofilm development[J]. Journal of Membrane Science，2014，467：116-125.

[23] Chen X，Suwarno S，Chong T，et al.Dynamics of biofilm formation under different nutrient levels and the effect on biofouling of a reverse osmosis membrane system[J]. Biofouling，2013，29：319-330.

[24] 张仲彬.换热表面污垢特性的研究[D].保定：华北电力大学，2009.

[25] 张仲彬，徐志明，邵天成.波纹管传热与污垢特性的实验研究[J].华北电力大学学报（自然科学版），2007，34（5）：68-71.

[26] 徐志明，杨善让，甘云华.横纹管污垢性能的实验研究[J].中国电机工程学报，2005，25（5）：159-162.

[27] Kakac S，Liu H.Heat Exchangers：Selection，Rating and Thermal Design（Ⅲ）[M].New York：CRC Press，2012：237-270.

[28] Sohel M S M, Manuel M L.Heat Exchangers-Advanced Features and Applications[M]. InTech, 2017: 193-204.
[29] Hongting Ma, Shaojie Yu, Cong Li.Influence of rubber ball on-line cleaning device on chiller performance[J].Applied Thermal Engineering, 2018, 128: 1488-1493.
[30] Mikko O L, Harold W W, Linda K W.Mechanisms and factors influencing the ultrasonic cleaning of particle-fouled ceramic membranes[J].Journal of Membrane Science, 2004: 213-223.
[31] Fabijański P, Łagoda R.Intelligent control unit for ultrasonic cleaning system[J].Przegląd Elektrotechniczny, 2012, 88 (2): 115-119.
[32] Evangelidou M, Esawy M, Malayeri M R.Impact of thermal shock on fouling of various structured tubes during pool boiling of $CaSO_4$ solutions[J].Heat Transfer Engineering, 2013, 34 (8-9): 776-785.
[33] Ainslie E A, Quarini G L, Ash D G, et al.Heat Exchanger Cleaning Using Ice Pigging[C]//Müller-Steinhagen H, Malayeri M R, Watkinson A P.Proceedings of 6th International Conference on Heat Exchanger Fouling and Cleaning-Challenges and Opportunities.Schladming, Australia, 2009: 433-438.
[34] Madaeni S S, Samieirad S.Chemical cleaning of reverse osmosis membrane fouled by wastewater[J].Desalination, 2010: 80-86.

第四章

换热网络合成技术

夹点技术是以热力学为基础，从宏观的角度分析过程系统中能量流沿温度的分布情况，从中发现过程系统用能的“瓶颈”所在，并给以“解瓶颈”的一种方法。1978 年 Linnhoff[1-3] 和 Umeda[4,5]，分别提出了换热网络中的温度夹点问题，指出夹点的存在限制了换热网络所能达到的最大热回收。1982 年和 1983 年 Linnhoff[6,7] 比较系统地论述了用于换热网络综合的夹点技术，并推广应用于整个过程系统的能量分析与调优，1993 年 [8] 对夹点技术（更确切地，称为夹点分析）做了全面的总结。

世界上著名的公司，如 Bayer（拜尔）、Du Pont（杜邦）、Mitsubishi（三菱）等较早地采用了夹点技术进行新厂设计和老厂改造，在降低能耗、减少投资、保护环境等方面取得了显著成效；在当前的工程设计中，Technip（德西尼布）、Flour（福陆）、KBR（凯洛格・布朗・路特）、Foster Wheeler（福斯特・惠勒）、中国石化工程建设有限公司（SEI）等工程公司也都在采用夹点技术指导换热网络的设计和过程系统的能量集成设计，取得了良好的经济和社会效益。我国的高校、设计单位于 20 世纪 80 年代初开始应用夹点分析方法进行原油换热网络系统的节能改造，取得了满意的效果。近年来，基于夹点技术的炼油多装置热集成策略等方法被提出并用于指导工程设计和技术改进 [9]，有力地推动了夹点技术的应用。

国内的研究人员 [10,11] 在各自的专著中都系统地介绍过夹点分析方法，极大地方便了该技术在炼油及石油化工行业的推广应用。本章将从夹点技术的基础知识入手，由浅入深，较系统地阐述换热网络合成技术。

第一节 夹点的概念及其确定

一、夹点的概念

1. 温焓图

温焓图（T-H 图）能够描述过程系统中工艺物流及公用工程物流的热特性。该图的纵轴为温度 T，单位为℃；横轴为焓 H，单位为 kW。焓具有热流率的单位（kW），这是因为工艺过程中的物流都具有质量流量，单位是 kg/s，T-H 图中的焓等于物理化学中的焓（单位，kJ/kg）乘以工艺或公用工程物流的质量流量，即该焓的单位是：

$$\mathrm{kJ/kg \times kg/s = kJ/s = kW} \tag{4-1}$$

物流在 T-H 图上用线段（直线或曲线）表示，给出物流的质量流量 W，初始温度 T_s，目标温度 T_t，就可以标绘在 T-H 图上。例如，一冷物流，由 T_s 升至 T_t 且没有发生相变，如该温度区间的平均比热容为 c_p，kJ/（kg・℃），则该物流由 T_s 升至 T_t 吸收的热量为：

$$Q = Wc_p(T_t - T_s) = \Delta H \tag{4-2}$$

该热量即为 T-H 图中的焓差 ΔH，该物流在 T-H 图上的标绘结果如图 4-1 中的线段 AB 所示，线段的箭头表示物流温度及焓变化的方向。线段 AB 具有两个特征：

① AB 的斜率为物流热容流率（物流的质量流量乘以热容）的倒数，由式（4-2）得：

$$\frac{\Delta T}{\Delta H} = \frac{T_t - T_s}{\Delta H} = \frac{1}{Wc_p} \tag{4-3}$$

② 在 T-H 图中，线段 AB 可以水平移动而不改变其对物流热特性的描述：线段 AB 在 T-H 图中水平移动时，并不改变物流的初始和目标温度及 AB 在横轴上的投影，即热量 $Q=\Delta H$ 不变。事实上，对于横轴 H，在使用时关注的是焓差，即热流量。

物流的类型多种多样，如热物流（初温 T_s 大于终温 T_t）、冷物流（初温 T_s 小于终温 T_t）、无相变物流、有相变物流、纯组分物流、多组分混合物流等。图 4-2 给出了不同类型的物流在 T-H 图上的标绘情况，各线段具体说明如下：

a——表示无相变冷物流，为一箭头朝向右上方的线段，这里物流的热容选用该温度区间的平均热容，线段的斜率为定值。当物流热容随温度变化较大时，该线段就应用一曲线代替，或近似用折线表达，即在分成几个小温度区间内取几个热容平均值，由几个不同斜率的线段构成一条折线。这里箭头朝右上方，表示冷物流吸收热量后朝着温度及焓同时增加的方向变化。

b——表示无相变热物流，为一箭头朝向左下方的线段，其他情况的分析同 a。

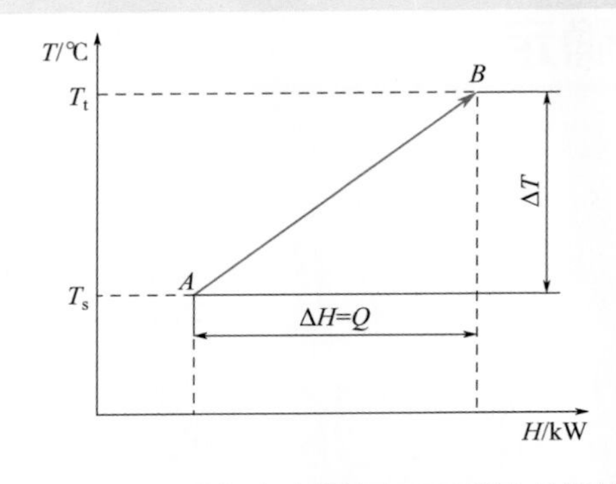

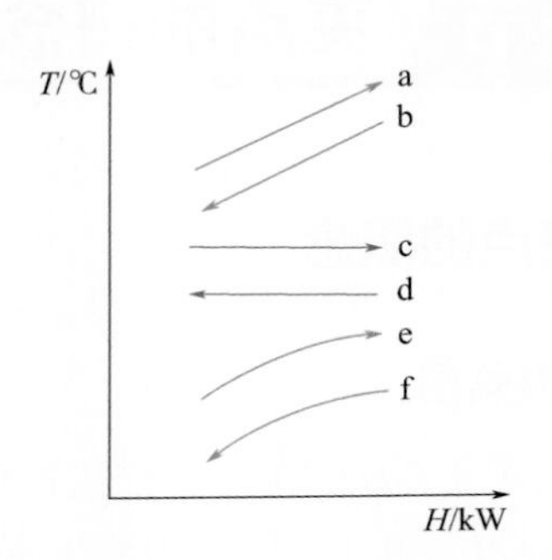

图 4-1　无相变冷物流在 T-H 图上的标绘

图 4-2　不同类型物流在 T-H 图上的标绘

c——表示纯组分饱和液体的汽化。纯组分饱和液体在汽化过程中温度保持恒定，所以线段保持水平，箭头向右表示物流汽化过程中吸收热量，朝焓值增大的方向变化。

d——表示纯组分饱和蒸汽的冷凝，其他情况的分析同 c。

e——表示多组分饱和液体的汽化。该多组分饱和液体达到全部汽化，其温度的变化是由泡点变化到露点，中间温度下的物流处于气、液两相状态。该汽化曲线可通过选用恰当的热力学状态方程进行严格计算得出。该曲线箭头指向右上方，表示物流在汽化过程中吸收热量，朝焓和温度增大的方向变化。

f——表示多组分饱和蒸汽的冷凝，其他情况的分析同 e。

2. 组合曲线

工业过程中常包含多股热物流和冷物流，实际使用时，需要把它们组合在一起，同时考虑热、冷物流间的匹配问题。多个热物流在 *T-H* 图上用热组合曲线进行表示，多个冷物流用冷组合曲线进行表示。如下以两个冷物流组合曲线的绘制为例来解释曲线的构造过程。

在 *T-H* 图上，冷的过程物流 c_1 和 c_2 分别以线段 *AB* 和 *CD* 表示，见图 4-3（a）。图 4-3（b）显示了 c_1 和 c_2 两个冷物流的组合曲线的构造过程：

① 将线段 *CD* 水平移动至点 *B* 与点 *C* 在同一垂线上，即物流 c_1 和 c_2 形成“首尾相接”；

② 沿点 *B*、点 *C* 分别作水平线，交 *CD* 于点 F，交 *AB* 于点 *E*，物流 c_1 的 *EB* 部分与物流 c_2 的 *CF* 部分位于同一温度区间。

这里出现一个以线段 *EF*（对角线）表示的虚拟物流，其热负荷等于（*EB*+*CF*），且与 *EB*、*CF* 在同一温度区间。

图 4-3（c）表示最终得到的冷物流 c_1 和 c_2 的组合曲线 *AEFD*。

多个热物流或多个冷物流的组合曲线作法同上。曲线构造的核心是：把相同温

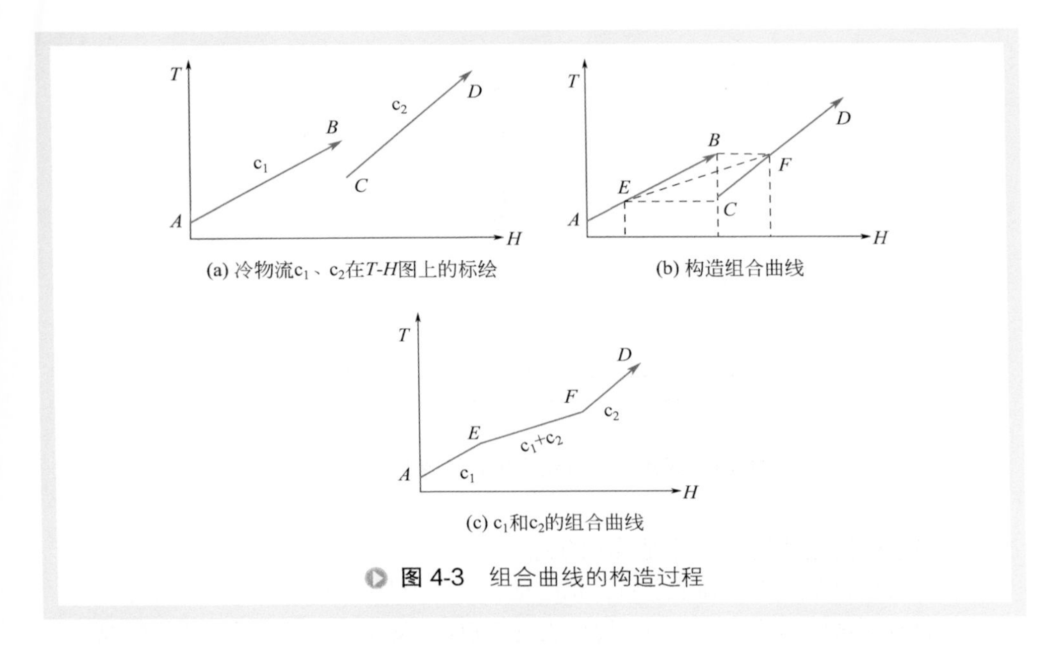

图 4-3 组合曲线的构造过程

度区间内全部物流的热负荷累加起来，然后再在该温度区间中用一个具有累加热负荷值的虚拟物流来表示。

二、组合曲线法

确定过程系统的夹点有两种方法：组合曲线法和问题表格法。组合曲线法是借助 *T-H* 图确定过程系统夹点位置的方法。

过程系统的夹点确定需要以下基础数据：物流的质量流量、组成、压力、初始温度、目标温度，以及用于热、冷物流间匹配换热的最小允许传热温差 ΔT_{min}。ΔT_{min} 的大小可以根据经验确定，也可以选择过程系统的总费用（设备费用与操作费用的总和）最小作为目标进行优选。

采用组合曲线法在 *T-H* 图上确定夹点位置的步骤如下，参见图 4-4。

① 根据给出的热、冷物流数据，在 *T-H* 图上分别作出热物流组合曲线 *AB* 及冷物流组合曲线 *CD*。

② 将热物流组合曲线置于冷物流组合曲线上方，在 *T-H* 图上使两者在水平方向上相互靠拢，当两组合曲线最接近处的垂直距离正好等于 ΔT_{min} 时，如图中所示的 *PQ*，该处即为夹点。

需要注意的是，凡是等于 *P* 点温度的热流体部位以及凡是等于 *Q* 点温度的冷流体部位都是夹点，即从温位来讲，热物流夹点的温度与冷物流夹点的温度刚好相差 ΔT_{min}。

同时，由于过程系统的差异，两组合曲线的最接近处可能不止一处，在这种情

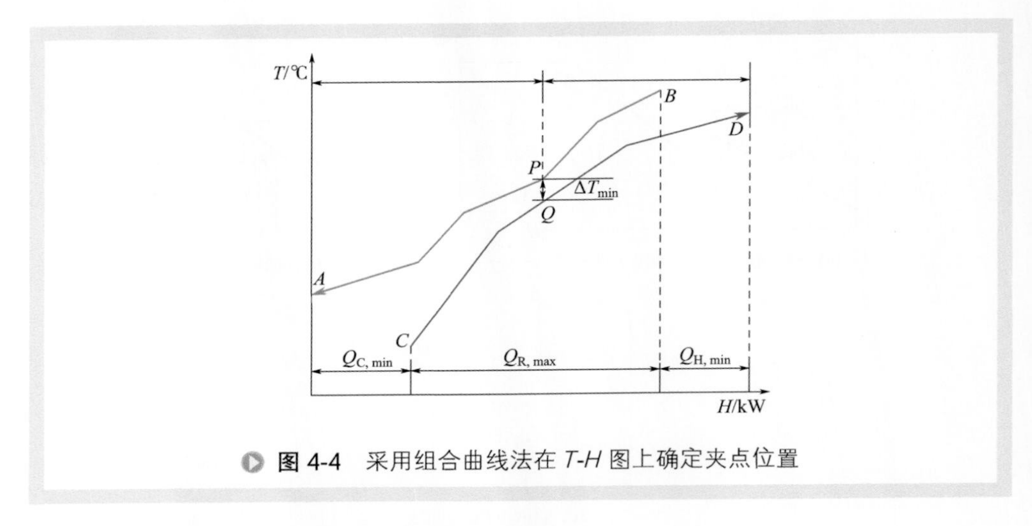

图 4-4 采用组合曲线法在 *T-H* 图上确定夹点位置

况下，多个最接近处均是该过程系统的夹点。

过程系统的夹点位置确定之后，相应地，从 *T-H* 图上可以得到如下信息：

① 过程系统所需的最小公用工程加热负荷 $Q_{H,min}$ 及最小公用工程冷却负荷 $Q_{C,min}$；

② 过程系统所能达到的最大热回收 $Q_{R,max}$；

③ 夹点 *PQ* 把过程系统分隔为两个部分，一是夹点上方，包含夹点温度以上的热、冷工艺物流，即热端，该部分只需要公用工程加热，称为热阱；另一部分是夹点下方，包含夹点温度以下的热、冷工艺物流，即冷端，该部分只需要公用工程冷却，称为热源。

由上，选用的最小允许传热温度差 ΔT_{min} 的大小，直接影响了夹点的位置。图 4-5 更加直观地显示，对于同一过程系统的热、冷物流来讲，选用不同的 ΔT_{min} 值时，夹点位置、$Q_{H,min}$、$Q_{C,min}$ 以及 $Q_{R,max}$ 都发生了变化，该变化见表 4-1。

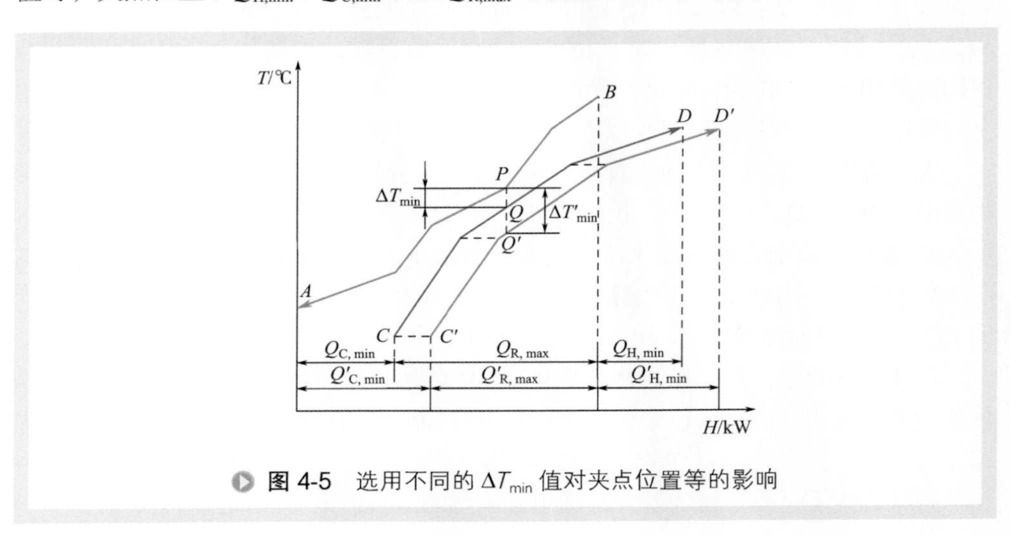

图 4-5 选用不同的 ΔT_{min} 值对夹点位置等的影响

表4-1　选用不同的ΔT_{min}值对夹点位置等的影响

最小允许传热温差	夹点位置	最小的公用工程加热负荷	最小的公用工程冷却负荷	最大的热回收
ΔT_{min}	PQ	$Q_{H,min}$	$Q_{C,min}$	$Q_{R,max}$
$\Delta T'_{min}$	PQ'	$Q'_{H,min}$	$Q'_{C,min}$	$Q'_{R,max}$

由图 4-5 可见，如果 $\Delta T'_{min}>\Delta T_{min}$

则　　　$Q'_{C,min}>Q_{C,min}$　$Q'_{H,min}>Q_{H,min}$　$Q'_{R,max}<Q_{R,max}$

即，当最小允许传热温差增大时，过程系统所需要的冷、热公用工程量增加，过程系统回收的热量降低。

三、问题表格法

问题表格法是借助问题表格确定过程系统夹点位置的方法。和组合曲线法相比，问题表格法更为常用，也可以从中更深刻地理解夹点的实质及特征。

已知某过程系统含有 2 个热物流及 2 个冷物流，基础数据列于表 4-2 中，选定热、冷物流间的最小传热温差 ΔT_{min}=20℃，采用“问题表格法”确定过程系统夹点位置的步骤如下：

表4-2　过程系统物流基础数据

物流标号	热容流率 CP /（kW/℃）	初始温度 T_s/℃	终了温度 T_t/℃	热负荷 Q/kW
h_1	2.0	150	60	180.0
h_2	8.0	90	60	240.0
c_1	2.5	20	125	262.5
c_2	3.0	25	100	225.0

注：物流标号中，h 指热物流，c 指冷物流。

① 将所有热物流起始及目标温度按从大到小排序，并除去重复；将所有冷物流起始及目标温度按从大到小排序，并除去重复，结果如下：

热物流温度 T_h（℃）：150、90、60。

冷物流温度 T_c（℃）：125、100、25、20。

② 将 T_h、$T_c+\Delta T_{min}$（此处为 20℃）按从大到小顺序排列，并除去重复，记为 T_1；将 T_c、$T_h-\Delta T_{min}$（此处为 20℃）按从大到小顺序排列，并除去重复，记为 T_2，结果如下：

温度 T_1（℃）：150、145、120、90、60。

温度 T_2（℃）：125、100、70、40、25、20。

将温度 T_1、T_2 放入表 4-3 的问题表格中。

其中，以垂直方向作为流体的温度坐标，把各物流按其初温和终温标绘成有方向的垂直线。标绘时，同一水平方向的冷、热物流间刚好相差 ΔT_{min}，即热物流的温度数值比冷物流高 ΔT_{min}，这就保证了热、冷物流间有 ΔT_{min} 的传热温差。按照这个方法，标绘结果如表 4-3 所示。

表4-3　问题表格（1）（ΔT_{min}=20℃）

子网络序号 k	冷物流及其温度			热物流及其温度		
	c_1	c_2	T_2/℃	T_1/℃	h_1	h_2
				150		
SN_1						
			125	145		
SN_2						
			100	120		
SN_3						
			70	90		
SN_4						
			40	60		
SN_5						
			25			
SN_6						
			20			

由表 4-3 可知，从各个冷、热物流的温度点作水平线，将该过程系统分为 6 个温度区间，每个温度区间称作子网络，该 6 个子网络以 SN_1，SN_2，…，SN_6 表示。例如，子网络 SN_3 是由冷物流 c_2 的终温 100℃和热物流 h_2 的初温 90℃所规定的温度区间，对冷物流该温度区间为 100−70=30（℃），对热物流该温度区间为 120−90=30（℃）。

相邻两个子网络之间可以人为定义一个虚拟的界面温度，其值等于该界面处冷、热流体温度的算术平均值。例如，子网络 SN_3 与 SN_4 之间的虚拟界面温度等于（70+90）/2=80℃。

③ 依次对每一子网络用下式作热量衡算

$$O_k= I_k-D_k \tag{4-4}$$

$$D_k=(\Sigma CP_C-\Sigma CP_H)(T_k-T_{k+1})\qquad (k=1,2,\cdots,k) \tag{4-5}$$

式中　D_k——第 k 个子网络本身的赤字，表示该网络为满足热平衡所需外加的净热量，D_k 值为正，表示需要由外部供热，D_k 值为负，表示该子网络有剩余热量可输出；

I_k——由外界或其他子网络供给第 k 个子网络的热量；

O_k——第 k 个子网络向外界或向其他子网络输出的热量；

ΣCP_C——子网络 k 中包含的所有冷物流的热容流率之和；

ΣCP_H——子网络 k 中包含的所有热物流的热容流率之和；

k——子网络数；

T_k-T_{k+1}——子网络k的温度区间，用该区间的热物流温度之差或冷物流温度之差皆可。

基于表 4-3，对所述 6 个子网络进行计算，结果列于表 4-4 中。

表4-4　问题表格（2）（ΔT_{min}=20℃）

子网络序号	赤字 D_k/kW	热量/kW 无外界输入数量		热量/kW 外界输入最小热量	
		I_k	O_k	I_k	O_k
SN_1	−10.0	0	10.0	107.5	117.5
SN_2	12.5	10.0	−2.5	117.5	105.0
SN_3	105.0	−2.5	−107.5	105.0	0
SN_4	−135.0	−107.5	27.5	0	135.0
SN_5	82.5	27.5	−55.0	135.0	52.5
SN_6	12.5	−55.0	−67.5	52.5	40.0

由表 4-4 中数字的第 5 列、第 6 列，子网络 SN_3 输出的热量，即子网络 SN_4 输出的热量为零时，其他子网络的输入、输出热量皆无负值，此时 SN_3 与 SN_4 之间的热流量为零，该处即为夹点，该处传热温差刚好为 ΔT_{min}。由表 4-3 知，夹点处热物流的温度为 90℃，冷物流的温度为 70℃，夹点温度可以用该界面的虚拟温度（90+70）/2=80℃来代表。

表 4-4 中数字的第 5 列第 1 个元素为 107.5，即表明系统所需的最小公用工程加热负荷 $Q_{H,min}$。

表 4-4 中数字的第 6 列最后一个元素为 40.0，即子网络 SN_6 向外界输出的热量，也就是系统所需的最小公用工程冷却负荷 $Q_{C,min}$。

下面考察不同的 ΔT_{min} 值对计算结果的影响。选用 ΔT_{min}=15℃，物流数据不变，计算如下：

① 按 ΔT_{min}=15℃，得到问题表格（3），见表 4-5。

表4-5　问题表格（3）（ΔT_{min}=15℃）

子网络序号 k	冷物流及其温度			热物流及其温度		
	c_1	c_2	T_2/℃	T_1/℃	h_1	h_2
				150		
SN_1					↓	
			125	140		
SN_2	↑				↓	
			100	115		
SN_3	↑	↑			↓	
			75	90		
SN_4	↑	↑				↓
			45	60		
SN_5	↑	↑				
			25			
SN_6	↑					
			20			

② 按式（4-4）、式（4-5）依次对每一子网络作热量衡算，得出结果列于表 4-6。

表4-6 问题表格（4）（ΔT_{min}=15℃）

子网络序号	赤字 D_k/kW	热量/kW 无外界输入数量		热量/kW 外界输入最小热量	
		I_k	O_k	I_k	O_k
SN_1	−20	0	20	80	100
SN_2	12.5	20	7.5	100	87.5
SN_3	87.5	7.5	−80	87.5	0
SN_4	−135	−80	55	0	135
SN_5	110	55	−55	135	25
SN_6	12.5	−55	−67.5	25	12.5

由表 4-6 可得到如下信息：

① 夹点位置在第 3 与第 4 子网络的界面处，夹点温度是：热物流为 90℃，冷物流为 75℃；

② 最小公用工程加热负荷 $Q_{H,min}$=80kW；

③ 最小公用工程冷却负荷 $Q_{C,min}$=12.5kW。

上述过程选用 ΔT_{min}=20℃及 15℃在 T-H 图上确定夹点位置的标绘如图 4-6 所示。上述计算结果的对比列于表 4-7 中。从中可见，ΔT_{min} 值对 $Q_{H,min}$、$Q_{C,min}$ 以及夹点位置均有影响；同时，当 ΔT_{min} 变化时，$Q_{H,min}$ 及 $Q_{C,min}$ 在数值的变化上是相等的，

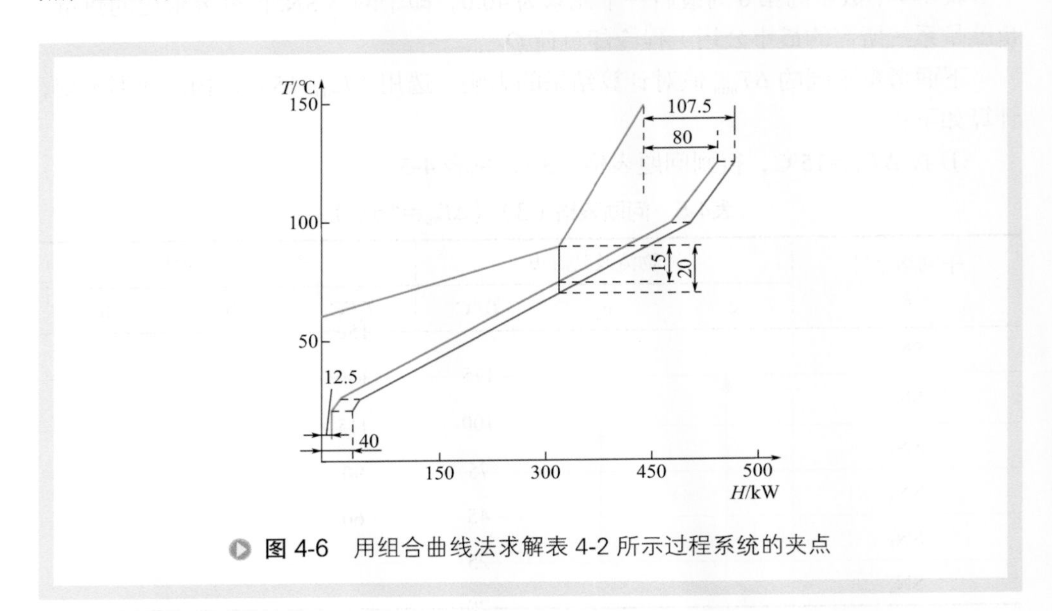

图 4-6 用组合曲线法求解表 4-2 所示过程系统的夹点

即 107.5-80=40-12.5=27.5kW，据此也可以检验当 ΔT_{min} 改变时的计算结果是否有误。

表4-7 选用不同ΔT_{min}值时计算结果的比较

ΔT_{min}/℃	$Q_{H,min}$/kW	$Q_{C,min}$/kW	夹点位置 /℃	
			热物流	冷物流
20	107.5	40	90	70
15	80	12.5	90	75

四、夹点的含义

前述可知，夹点具有两个特征：一是该处热、冷物流间的传热温差最小，刚好等于 ΔT_{min}；二是该处（温位）过程系统的热流量为零。基于这些特性，可理解夹点的含义：

① 夹点处热、冷物流间传热温差最小，等于 ΔT_{min}，它限制了进一步回收过程系统的能量，构成了系统用能的“瓶颈”所在，若想增大过程系统的能量回收，减小公用工程负荷，就需要改善夹点，以“解瓶颈”。

② 夹点处过程系统的热流量为零，从热流量的角度上（或从温位的角度上），夹点把过程系统分为两个独立的子系统，上方为热端（温位高），只需加热公用工程，称为热阱；下方为冷端（温位低），只需冷却公用工程，称为热源。

为保证过程系统具有最大的能量回收，应遵循三条基本原则：①夹点不能有热流量穿过；②夹点上方不能引入冷却公用工程；③夹点下方不能引入加热公用工程。

进一步分析以下三种情况：

① 夹点处有热流量通过；

② 在热端（热阱）引入冷却公用工程；

③ 在冷端（热源）引入加热公用工程。

具体分析如下：

① 结合前述问题表格法计算过程（ΔT_{min}=20℃），见图 4-7（a）、（b），如果加入子网络 SN_1 的公用工程加热负荷比最小所需值 107.5kW 还多了 xkW，则按子网络逐级作热衡算可得如图 4-8（a）所示的结果，即有 xkW 的热流量通过夹点，且所需的公用工程冷却负荷也比最小的所需值 40kW 增加了 xkW，即，一旦有热流量通过夹点，就意味着该系统增大了公用工程加热及冷却负荷，即增加了操作费用，减少了系统的热回收量，这就说明应尽量避免热流量通过夹点，这是设计的基本原则之一。

② 如果在夹点上方（热端，即热阱）引入公用工程冷却负荷 ykW，见图 4-8（b），则由热端中各子网络的热衡算可知，加入热端第一个子网络的公用工程加热负荷

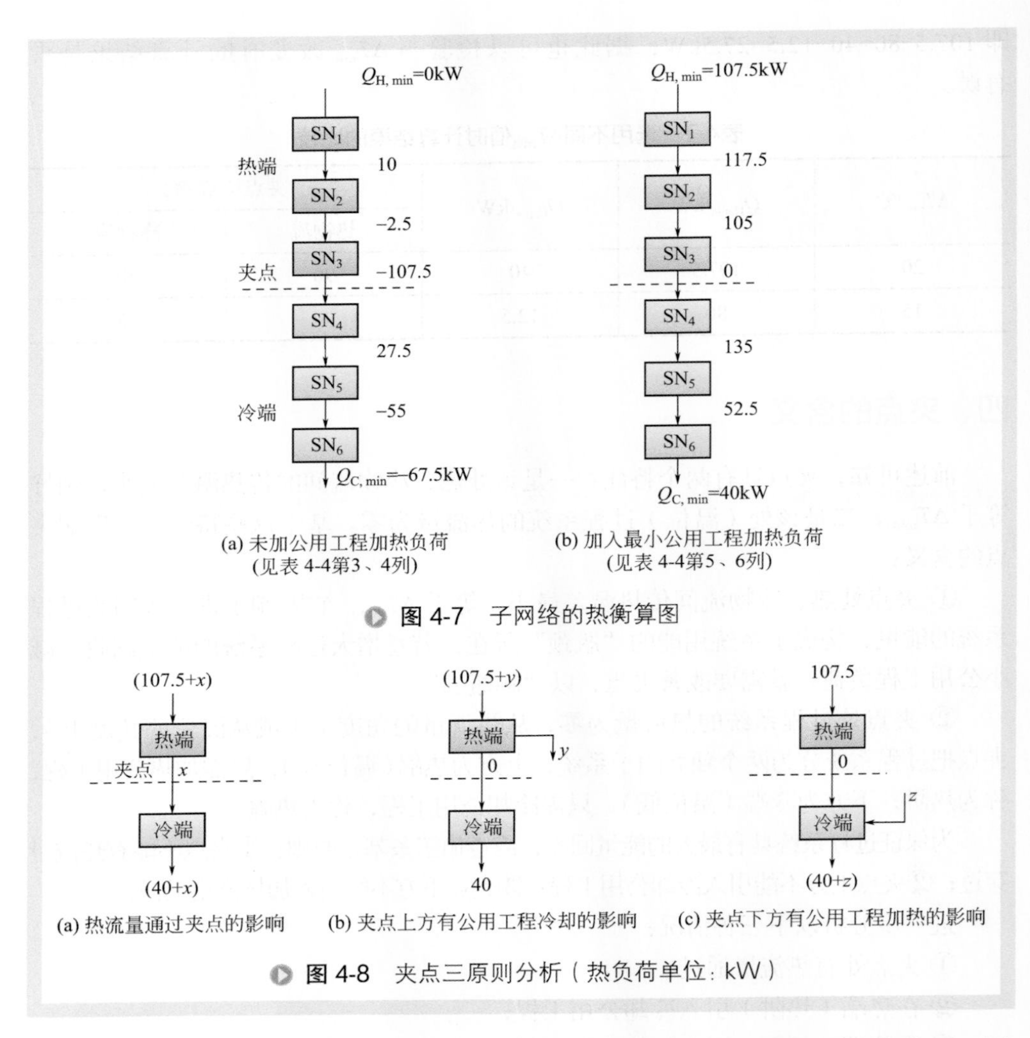

(a) 未加公用工程加热负荷
(见表 4-4第3、4列)

(b) 加入最小公用工程加热负荷
(见表 4-4第5、6列)

图 4-7 子网络的热衡算图

(a) 热流量通过夹点的影响

(b) 夹点上方有公用工程冷却的影响

(c) 夹点下方有公用工程加热的影响

图 4-8 夹点三原则分析（热负荷单位：kW）

也需增加 ykW，即，此时增加了公用工程加热与冷却负荷，增大了操作费用。因此，在夹点上方应当尽量避免引入公用工程冷却物流，这是设计中的第二个基本原则。

③ 如果在夹点下方（冷端，即热源）引入公用工程加热负荷 zkW，见图 4-8（c），则由冷端中各子网络的热衡算可知，所需的公用工程冷却负荷也增加 zkW。因此，在夹点下方应当尽量避免引入公用工程加热物流，这是设计中的第三个基本原则。

综上，为得到最小公用工程加热及冷却负荷（或达到最大的热回收）的设计结果，应当遵循上述三条基本原则。该三条设计基本原则不只局限用于换热网络系统，也同样适用于热 - 动力系统。

第二节　总组合曲线及平衡的总组合曲线

将过程系统中热流量沿温度的分布在 *T-H* 图上进行标绘，就得到了总组合曲线。其中热流量为零处就是夹点，总组合曲线是用于过程系统能量集成的有效工具。

一、总组合曲线及其含义

1. 总组合曲线的绘制

总组合曲线的绘制方法分为两类：①根据前述问题表格法的计算结果所提供的数据进行标绘得出；②图解法，即在 *T-H* 图上把热、冷组合曲线进一步合并成总组合曲线。

（1）根据问题表格法的计算结果进行标绘　已知 2 个热物流和 2 个冷物流的数据列于表 4-8，其中传热温差贡献值系根据经验选取。对该过程系统采用虚拟温度进行问题表格法计算，构造总组合曲线的步骤如下：

表4-8　物流基础数据

物流标号	热容流率 /（kW/℃）	初始温度 T_s/℃	目标温度 T_t/℃	传热温差贡献值 $\Delta T_{C,min}$/℃
h_1	2.0	150	60	10
h_2	8.0	90	60	5
c_1	2.5	20	125	10
c_2	3.0	25	100	10

① 根据表 4-8 给出的数据，确定出各物流的虚拟温度，列于表 4-9。

表4-9　物流的虚拟温度

物流标号	虚拟初始温度 /℃	虚拟目标温度 /℃
h_1	150−10=140	60−10=50
h_2	90−5=85	60−5=55
c_1	20+10=30	125+10=135
c_2	25+10=35	100+10=110

② 将物流的虚拟温度按照从大到小排列，得到问题表格（1），见表 4-10。

表4-10 问题表格（1）

子网络序号	冷物流及其温度 c_1	c_2	T/℃	热物流 h_1	h_2
			140		
1					
			135		
2					
			110		
3					
			85		
4					
			55		
5					
			50		
6					
			35		
7					
			30		

③ 逐个对子网络 1，2，…，7 按式（4-4）、式（4-5）作热量衡算，得出结果列于问题表格（2），见表 4-11。从中得出夹点位于第 3 与第 4 子网络的界面上，虚拟温度为 85℃；最小公用工程加热负荷为 $Q_{H,min}$=90kW，最小公用工程冷却负荷为 $Q_{C,min}$=22.5kW。

表4-11 问题表格（2）

子网络序号	赤字 D_k/kW	热量 /kW 外界无输入热量 I_k	O_k	热量 /kW 外界输入最小热量 I_k	O_k
1	−10	0	10	90	100
2	12.5	10	−2.5	100	87.5
3	87.5	-2.5	−90	87.5	0
4	−135	−90	45	0	135
5	17.5	45	27.5	135	117.5
6	82.5	27.5	−55	117.5	35
7	12.5	−55	−67.5	35	22.5

④ 根据问题表格（1）及问题表格（2），摘录出子网络 1，2，…，7 各界面的温度及热流量数据，列于问题表格（3），见表 4-12。

⑤ 按问题表格（3）各子网络界面处的温度与热负荷，在 *T-H* 图上标绘出总组合曲线，如图 4-9 所示。

表4-12　问题表格（3）

子网络序号	界面温度/℃（虚拟温度）		界面热负荷/kW	
	上界面	下界面	上界面输入	下界面输出
1	140	135	90	100
2	135	110	100	87.5
3	110	85	87.5	0
4	85	55	0	135
5	55	50	135	117.5
6	50	35	117.5	35
7	35	30	35	22.5

（2）用图解法构造总组合曲线　数据同上，具体步骤如下：

① 按物流的虚拟温度分别作出热物流组合曲线及冷物流组合曲线，并水平移动至两线在点 C 处接触（点 C 即为夹点），如图 4-10 中的 $ABCD$ 与 $EFGH$ 所示。

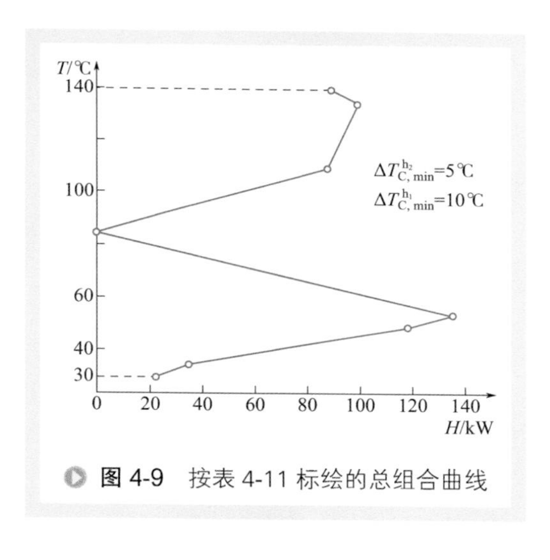

图 4-9　按表 4-11 标绘的总组合曲线

② 过热、冷组合曲线的端点及折点引水平线，划分出 7 个温度区间，即相当于问题表格法中的子网络。

③ 在图上逐一读出各温度区间界面处的热流量，具体读数如下：

区间Ⅰ，上界面为 DD'=90kW，即加入的公用工程加热负荷，下界面为（DD'+ $H'D$）的热负荷，即为 HH'=100kW。

区间Ⅱ，上界面为区间Ⅰ的下界面，HH'=100kW，下界面为（HH'+$G'H'$−GH）的热负荷，即为 GG'=87.5kW，其中

HH'——由区间Ⅰ输入来的热负荷；

$G'H'$——该区间Ⅱ内热物流的热负荷；

GH——该区间Ⅱ内冷物流的热负荷。

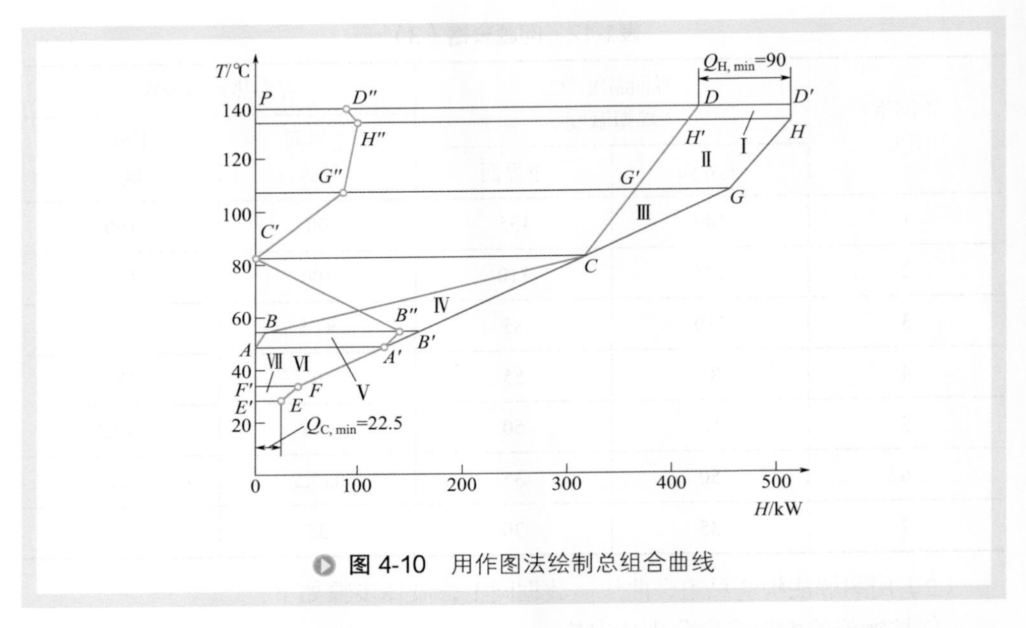

图 4-10 用作图法绘制总组合曲线

区间Ⅲ，上界面为区间Ⅱ的下界面，即由区间Ⅱ输入来的热负荷 GG'=87.5kW，下界面为（$GG'+CG'-CG$）的热负荷，刚好为零，即夹点 C，其中

GG'——由区间Ⅱ输入来的热负荷；

CG'——区间Ⅲ内热物流的热负荷；

CG——区间Ⅲ内冷物流的热负荷。

区间Ⅳ，上界面为夹点 C，热负荷为零。下界面为（$BC-B'C$）的热负荷，即为 BB'=135kW，其中

BC——区间Ⅳ内热物流的热负荷；

$B'C$——区间Ⅳ内冷物流的热负荷。

区间Ⅴ，上界面为区间Ⅳ的下界面，即由区间Ⅳ输入来的热负荷，BB'=135kW。下界面为（$BB'+AB-A'B'$），即为 AA'=117.5kW，其中

BB'——由区间Ⅳ输入来的热负荷；

AB——区间Ⅴ内热物流热负荷；

$A'B'$——区间Ⅴ内冷物流热负荷。

区间Ⅵ，上界面为区间Ⅴ的下界面，AA'=117.5kW，即由区间Ⅴ输入来的热负荷。下界面为（$AA'-FA'$），即为 FF'=35kW，其中

AA'——由区间Ⅴ输入来的热负荷；

FA'——区间Ⅵ内冷物流热负荷。

区间Ⅶ，上界面为区间Ⅵ的下界面，FF'=35kW。下界面为（$FF'-EF$），即为 EE'=22.5kW，其中

FF'——由区间Ⅵ输入来的热负荷；

EF——区间Ⅶ内冷物流的热负荷。

④ 按上一步骤得出的各界面温度下的热负荷值，作出总组合曲线，即把线段 DD'、HH'、GG'、BB'、AA'、FF'、EE'水平移动，使其左端达到垂直轴，此时把各线段的右端点相连就构成了总组合曲线，如图 4-10 所示的折线 $EFA'B''C'G''H''D''$。由于每一区间内热、冷物流的热容流率均保持不变，所以折点之间皆为直线相连，即在各区间内热流量与温度为线性关系。

2. 总组合曲线的含义

总组合曲线的实质是在 T-H 图上描述出过程系统中热流量沿温度的分布，即它从宏观上形象地描述了过程系统中不同温位处的能量流，提供出在什么温位需要补充外加能量，以及在什么温位可以回收能量的定量信息。夹点 C'处热流量为零，所以，从能量流角度来讲，夹点把过程系统分隔成两个独立的子系统，夹点上方，热阱，只需公用工程加热，没有热量向系统外放出，以及夹点下方，热源，只需公用工程冷却，不从系统外吸收热量。

二、平衡的总组合曲线及其应用

对一过程系统，可供选用的公用工程是多种多样的，如热公用工程有加热炉、燃气轮机的排气，加热蒸汽（包括各种压力等级的蒸汽），热泵物流等；冷公用工程有冷却水、冷冻水、冷剂、冷却空气等。工程师面临的任务是为了满足过程工艺的要求，选择公用工程的类型、温位及负荷，与此同时，确定公用工程物流与过程物流间的最优匹配流程。平衡的总组合曲线就是辅助完成这一任务的一种有效的工具，其也可用于现有装置用能状况的诊断与调优处理。

1. 公用工程总组合曲线

图 4-11 表示出构造一公用工程总组合曲线的过程，其构造方法与构造过程总组合曲线是相同的。如图4-11(a)所示公用工程物流有：热公用工程，加热炉烟气、加热蒸汽；冷公用工程，冷却水、预热空气。分别做出的热、冷公用工程组合曲线见图 4-11(b)。热、冷公用工程再进一步组合起来，就构成了公用工程总组合曲线，如图 4-11（c）中的曲线 $ABCDEFG$ 所示，其中 $ABCDE$ 段表示全部净的加热公用工程的温位及负荷；EFG 表示全部净的冷却公用工程的温位及负荷（注意图中曲线的箭头指向）。由此看出，公用工程总组合曲线是公用工程物流热特性的总体描述，其示出了全部过程系统中热、冷公用工程的温位及负荷，具有定性和定量两个方面的含义。

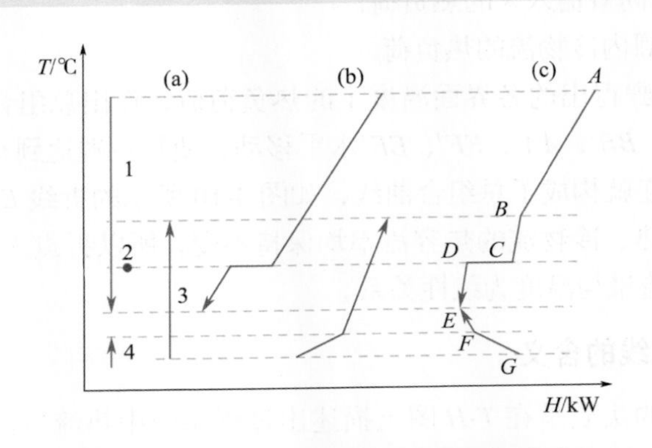

图 4-11 公用工程总组合曲线的构造过程

1—加热炉烟气；2—加热蒸汽；3—空气预热；4—冷却水

2. 平衡的总组合曲线

将公用工程总组合曲线与过程系统的总组合曲线一起标绘在 *T-H* 图上，得到平衡的总组合曲线如图 4-12 所示，图中 *HIJKLMN* 为一过程系统的过程总组合曲线，*ABCDEFG* 为该过程系统的公用工程总组合曲线，两者结合在一起就构成了平衡的总组合曲线，其中“平衡”的含义是指从热负荷的角度上公用工程加热与冷却负荷满足了工艺过程的需要。图中点 *K* 为过程夹点（即热、冷过程物流形成的夹点），*KJIH* 为净的过程冷物流（需要加热的物流），*KLMN* 为净的过程热物流（需要冷却

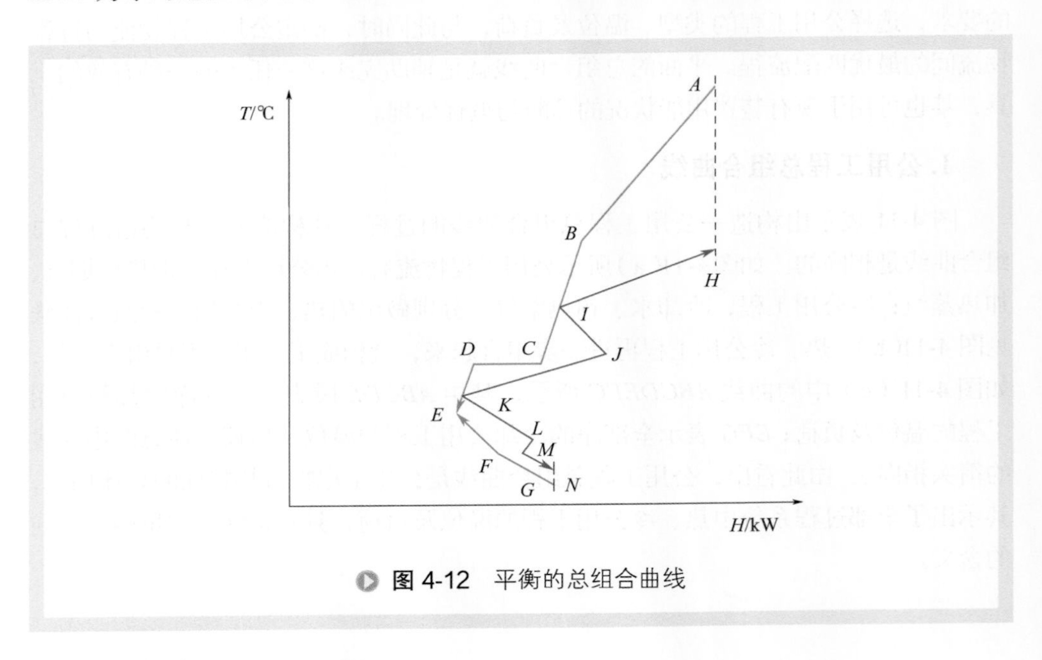

图 4-12 平衡的总组合曲线

的物流）。点 I 为公用工程夹点（公用工程物流与过程物流匹配换热形成的夹点），由于引入了公用工程，点 K 既是过程夹点，同时也是公用工程夹点。平衡的总组合曲线描述了全系统公用工程物流与过程物流间可以匹配的温位和负荷，辅助工程师获得有效利用能量的总体方案。

3. 平衡的总组合曲线的应用

平衡的总组合曲线最基本的应用是辅助工程师做出满足工艺过程要求的最小费用公用工程系统及其与过程物流间的最优匹配方案。下面以上述图示中的过程系统为例说明具体的应用方法。图 4-13 中示出一工艺过程的总组合曲线 *HIJKLMN*，初选的加热公用工程为加热炉烟气和加热蒸汽，初选的冷却公用工程是冷却水和需要预热的空气。

由初选的公用工程物流的温位及其负荷可构造出公用工程总组合曲线 *ABCDEFG*，与该过程总组合曲线 *HIJKLMN* 相匹配（点 A 与点 H 在同一垂线上，点 N 与点 G 在同一垂线上）构成了初始的平衡的总组合曲线。从图 4-13 中可见，两曲线间的间隙较大，说明公用工程负荷有较大的节省潜力，需要给予改进。

改进的第一步考虑减少燃料用量，即线段 AB 的斜率变陡，线段 AB 以 A 为轴旋转至 AB'，此时形成公用工程夹点 I（即减少燃料用量的界限），公用工程总组合曲线变为 $AB'C'D'E'F'G$，则减少了加热炉热负荷 Δ_1kW（冷却水的热负荷也相应减少 Δ_1kW）。进一步分析发现，新形成的平衡的总组合曲线的下部仍有较大间隙，所以改进的第二步是考虑减少加热蒸汽量，即图 4-14 中点 D' 右移到 D''，又产生了公用工程夹点 K（即减少加热蒸汽用量的界限），公用工程总组合曲线变为

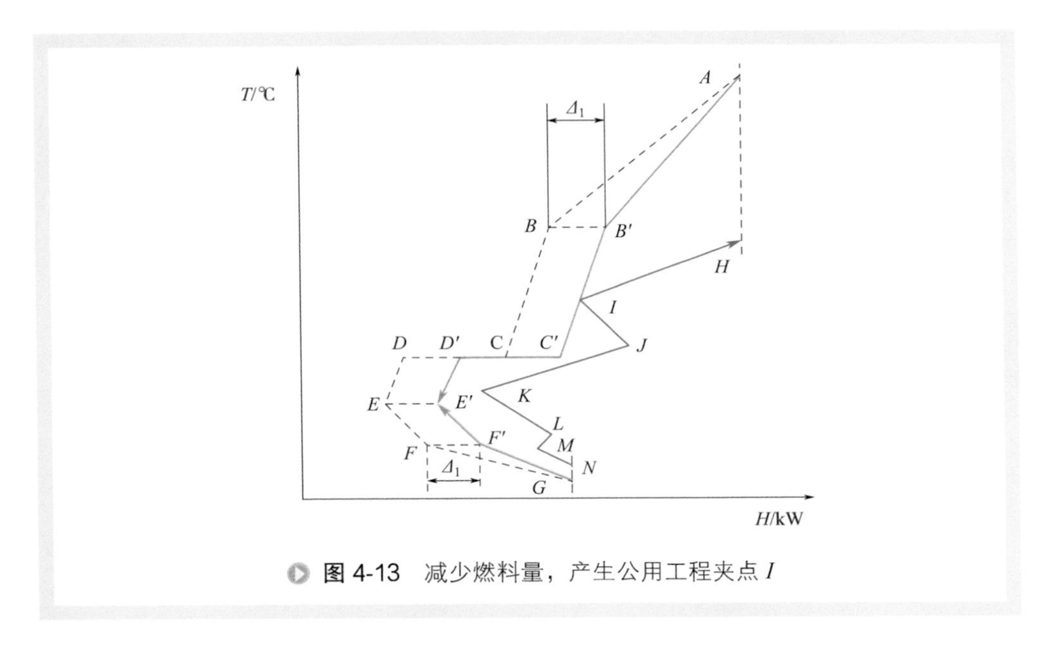

图 4-13 减少燃料量，产生公用工程夹点 I

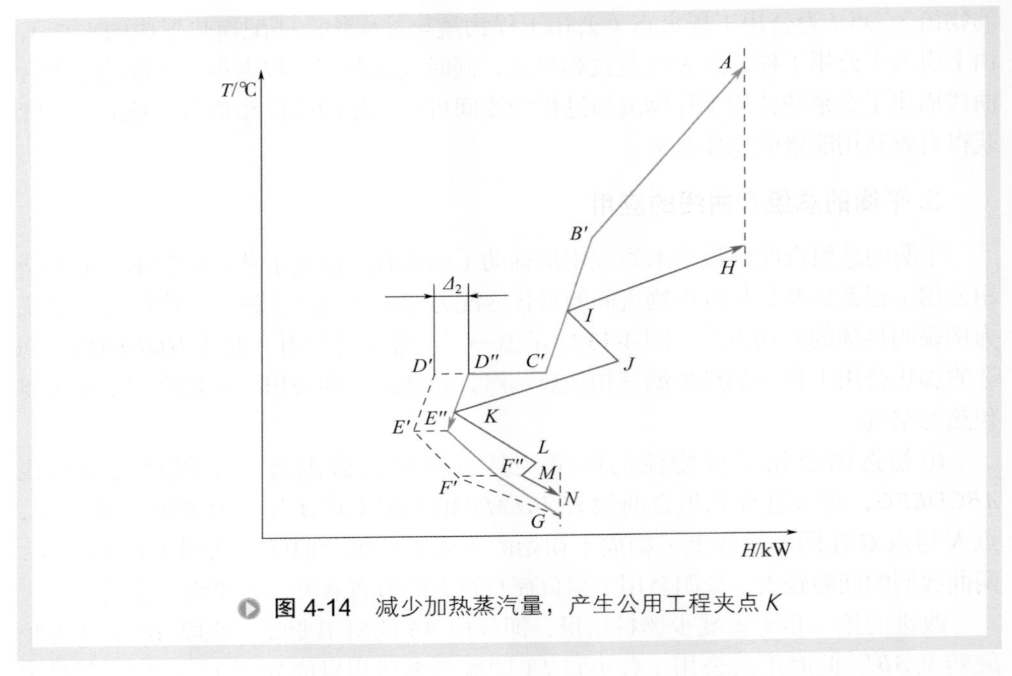

图 4-14　减少加热蒸汽量，产生公用工程夹点 K

$AB'C'D''E''F''G$，加热蒸汽负荷减少了 Δ_2kW（冷却水的热负荷也进一步减少了 Δ_2kW）。至此，加热与冷却公用工程负荷减少了（$\Delta_1+\Delta_2$）kW，比初选方案有了明显改进。

根据图 4-14 中得到的平衡的总组合曲线（$AB'C'D''E''F''G \sim HIJKLMN$）选定了公用工程物流的温位及负荷，就可以进行换热网络的设计。换热网络的设计可以采用夹点设计法，同时需要考虑过程夹点与公用工程夹点同时出现在系统中的特点，即按多夹点情况设计，通常是过程夹点要比公用工程夹点优先考虑。

对一现有装置，构造出其平衡的总组合曲线，从中可以观察分析工艺过程、公用工程使用以及两者相互匹配的状况，对全系统进行用能诊断及调优，可以帮助现有装置更有效地利用能量。

第三节　多夹点及无夹点问题

一、多夹点问题

对于一过程系统，一般情况是只存在一个夹点，但也可能存在有多个夹点或没有夹点，没有夹点的问题称为门槛问题。

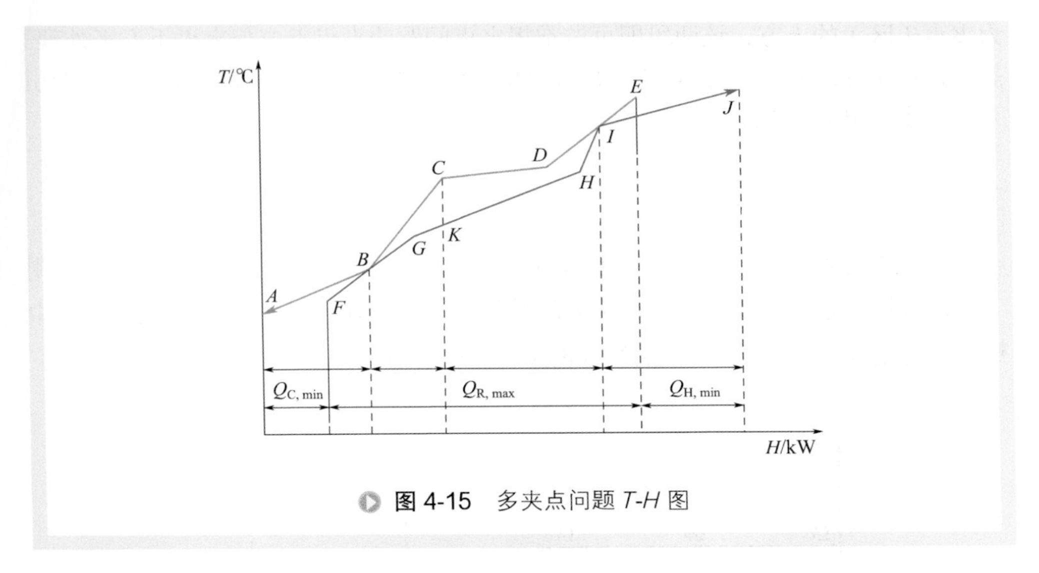

图 4-15　多夹点问题 *T-H* 图

对多夹点问题，每一夹点的特征同前面介绍的单夹点的特征是一样的，即，夹点处的传热温差刚好等于其热、冷物流传热温差贡献值之和，相应地，穿越该温位处的热流量为零。

用 *T-H* 图表示多夹点问题比较直观，下面以图 4-15 所示的多夹点问题为例，讨论在过程系统能量集成时对这类问题的处理方法。

① 把多夹点问题分隔成多个单夹点问题，逐一处理。

这是一种常用的方法。图 4-15 中 *ABCDE* 为热物流组合曲线，*FGHIJ* 为冷物流组合曲线（均已转换成虚拟温度），夹点 1 在点 *B* 处，夹点 2 在点 *I* 处，在夹点 1 与夹点 2 之间寻找热、冷物流组合曲线间温差最大处为分隔点，即 *CK* 处，将其定义为“逆夹点”，这样一来，*CK* 把该系统分隔成两个单夹点问题，每个夹点有其独立性。对夹点 1 问题，图中所示的第一段为其夹点下方，第二段为其夹点上方。对夹点 2 问题，第三段为其夹点下方，第四段为其夹点上方。

这一方法的关键是找出逆夹点，即分隔点。同时，热量传递同样不穿过逆夹点。

② 仍按单夹点问题处理。

如图 4-15 所示，上述分隔法把两夹点问题分隔成两个单夹点问题来处理，但需要引起注意，这两个单夹点问题并不与常规的单夹点问题完全相同。从图中可看出，第一个夹点问题的夹点上方（即第二段）并不需加热公用工程，第二个夹点问题的夹点下方（第三段）并不需冷却公用工程，即分隔后的各单夹点问题并不如同常规的单夹点问题——同时需要加热与冷却公用工程（甚至当存在 3 个夹点时，中间的夹点问题热、冷公用工程都不需要）。据此，可以认为夹点 1 与夹点 2 之间为“夹点区”（两个夹点和相应热、冷公用工程组成的闭合区域），该区间内热、冷物流从能量角度上达到平衡，可单独处理，只是第一段为夹点（区）的下方，第四段为夹点（区）的上方，该两段即可按常规夹点问题的夹点上方与夹点下方来处理。需要特别注意，夹点区内热、冷物流间的匹配换热要遵循一个总的原则——不能引入热、冷公用工程物流。

二、无夹点问题

当一过程系统只需要一种公用工程物流，如只需加热公用工程或只需冷却公用工程，这样的系统不存在夹点，称为门槛问题。图 4-16 示出几种门槛问题（图中热、冷物流组合曲线都是采用各物流的虚拟温度构造的）。

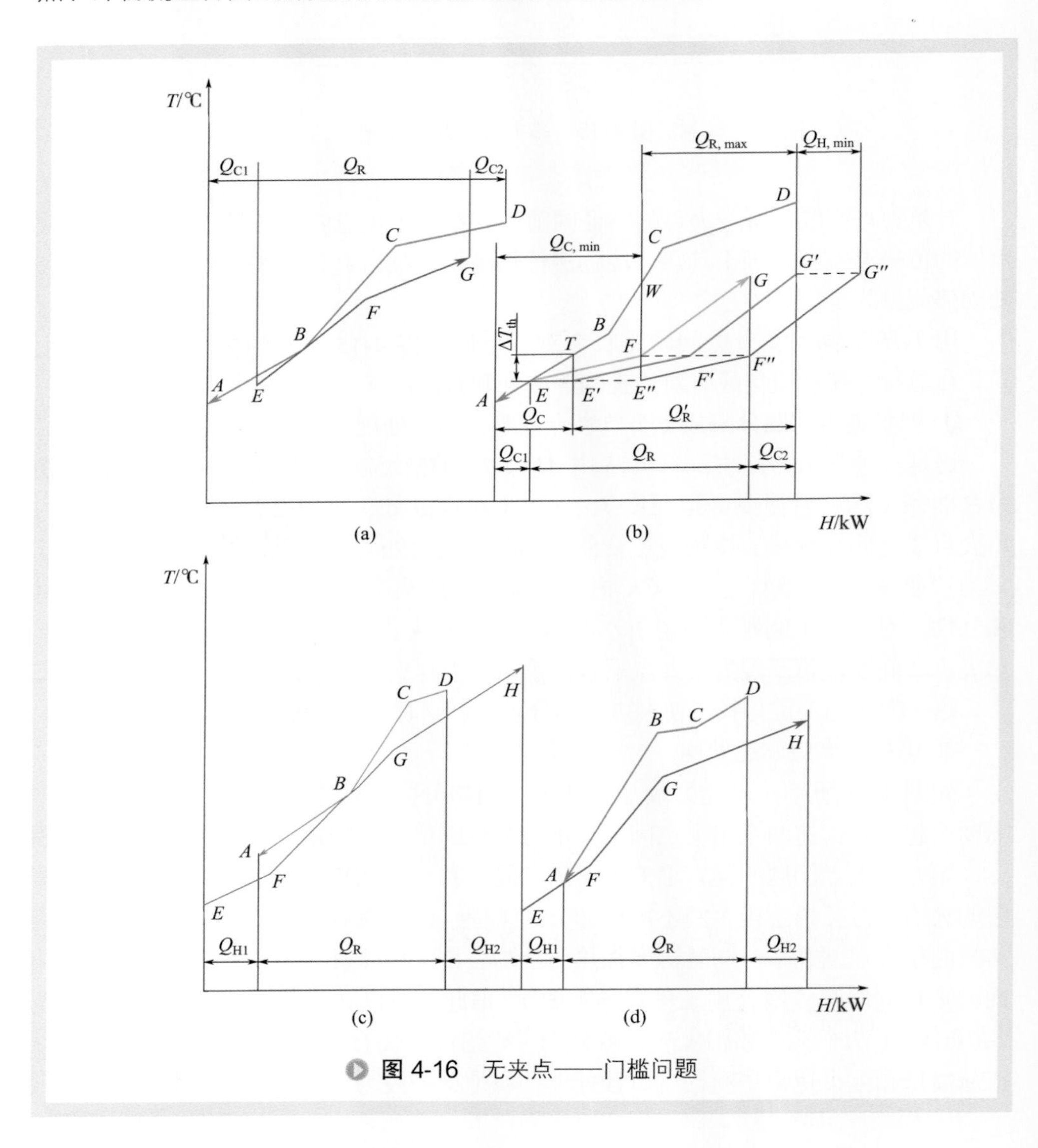

图 4-16 无夹点——门槛问题

如图 4-16 所示，分为（a）（b）（c）（d）四种情况：

情况（a），$ABCD$ 为热物流组合曲线，EFG 为冷物流组合曲线，从水平投影看，热物流组合曲线覆盖了冷物流组合曲线，所以该系统只需要冷却公用工程，其负荷为 Q_{C1} 与 Q_{C2} 之和，Q_R 为热、冷物流间热回收部分，其中点 B 处热、冷物流间传热温差刚好等于两者的传热温差贡献值之和 ΔT_m，点 B 位于两组合曲线的中间部分。

情况（b），热物流组合曲线为 $ABCD$，冷物流组合曲线为 EFG，与情况（a）相同之处是只需要冷却公用工程，其负荷也为 Q_{C1} 与 Q_{C2} 之和；与情况（a）不同之处是热、冷物流间传热温差刚好等于两者传热温差贡献值之和的位置是点 E，位于冷物流组合曲线的一端（左端）。

情况（c），只需加热公用工程的门槛问题，点 B 位于两组合曲线的中间部分。

情况（d），只需加热公用工程的门槛问题，最小传热温差点 A 在热物流组合曲线的左端。

现以情况（b）为例，进一步讨论热、冷物流间传热温差 ΔT_m 的大小对该问题的影响。

① 当增大热、冷物流间传热温差 ΔT_m 时，即相当于把冷物流组合曲线向右水平移动，当移至热、冷组合曲线在右端上下对齐时，即移动到 $E'F'G'$，且点 D、点 G' 在同一垂线上，此时仍只需冷却公用工程，且冷却负荷大小不变，热、冷物流间最小传热温差 ΔT_m 为垂线 TE' 的长度，用 ΔT_{th} 表示。

② 当继续增大 ΔT_m，只要 $\Delta T_m > \Delta T_{th}$，如，冷物流组合曲线移到 $E''F''G''$，最小传热温差 ΔT_m 变为垂线 WE'' 的长度，此时加热与冷却公用工程都已需要，即该问题变成夹点问题，WE'' 就是夹点。由门槛问题转变为夹点问题的温度差 ΔT_{th} 称为门槛温度差。

门槛温度差 ΔT_{th} 的确定对工程设计具有重要意义。通常，对于具有门槛问题的过程系统，为减少换热设备投资费，可选择热、冷物流间匹配换热的最小允许传热温差等于门槛温度差 ΔT_{th}，此时传热温差最大，过程系统所需要的总换热面积最大，而且不增加公用工程负荷。

第四节 换热网络的夹点设计法

在炼油及石油化工等工业生产过程中，一些工艺物流需要加热，另一些工艺物流需要冷却，将这些物流合理地匹配在一起，充分利用热物流加热冷物流，提高过程的热回收效率，尽可能地减少公用工程的加热和冷却负荷，这就是物流间匹配换热的结构及相应的负荷分配问题[12]。

换热网络的设计就是针对上述问题确定出这样的一个换热网络[13]：它具有最小的设备（换热器、加热器和冷却器）投资和操作（冷、热公用工程等）费用之和，并满足把每个过程物流由初始温度加热或冷却到目标温度，同时要求网络操作平稳、易于调节，并有一定的弹性。

Whistler 最早研究了原油蒸馏装置中换热网络的综合问题。Hohmann[14] 提出，当给定了冷、热工艺物流基础数据后，即可确定出最小公用工程用量及所需的最小设备单元数。Umeda 等[4] 基于热力学原理，采用有效能图，提出分组综合的方法。Linnhoff 等[7] 提出了夹点设计法，这在换热网络综合的理论和实践方面具有突破性的意义。

随着工作的深入，研究者以及工程师致力于设计出的换热网络更接近实用，考虑了诸多的工程因素，如：物流间匹配换热具有不同的适宜传热温差，不同物流具有不同的传热膜系数，不同换热器的材料费相差很大，物流间匹配换热有限制，系统存在多个夹点，具有门槛问题等[15]。

石化工业换热网络的设计，大都以总的年费用最小为目标。总的年费用包括操作费和设备投资费，这是一个综合指标，要兼顾多个目标：冷热公用工程负荷最小，换热面积最小，换热设备数量最少，简单的网络拓扑结构，考虑不同换热器具有不同的适宜传热温差，换热器的材质及型式不同，换热器的传热系数相差很大，以及设备的土建基础、泵的布置、管路走向、框架、换热器的重叠等具体工程因素。

影响总的年费用的一个主要参数是换热网络最小允许传热温差 $\Delta T_{\min}$，该值需要优选。在工程实践中，不同的工业装置一般也有经验的 $\Delta T_{\min}$ 数值，这些数值一般综合考虑热回收率、系列化的换热设备尺寸、网络的复杂程度、网络的弹性及可调节性等因素。

换热网络的设计工作，一般包括如下步骤：

① 选择过程物流以及所需采用的公用工程加热、冷却物流的等级；

② 确定适宜的物流间匹配换热的最小允许传热温差，以及公用工程加热与冷却负荷；

③ 综合出一组候选的换热器网络；

④ 对上述网络进行调优，得出适宜的方案；

⑤ 对换热设备进行详细设计，得出工程上适用的网络；

⑥ 对工程网络作模拟计算，进行技术经济评估和系统操作性、灵活性、调节性分析。如对结果不满意，返回第②或③步，重复上述步骤，直至满意。

不同的综合方法，主要体现在第②、③步。

一、根据温-焓图综合换热网络[4]

在温-焓图上可以充分地描述工艺物流及公用工程物流的热特性。一个物流标绘在 T-H 图上为一线段，该线段可以沿横轴移动而不改变其表达的含义。在图中，将热物流线段标绘在冷物流线段的上方，用来表示两者的匹配，该两线段之间的垂直距离即为传热温差。图 4-17 表明了 1 个冷物流 c_1，2 个热物流 h_1、h_2 以及 1 种加热蒸汽之间的匹配换热及其对应的换热网络结构。

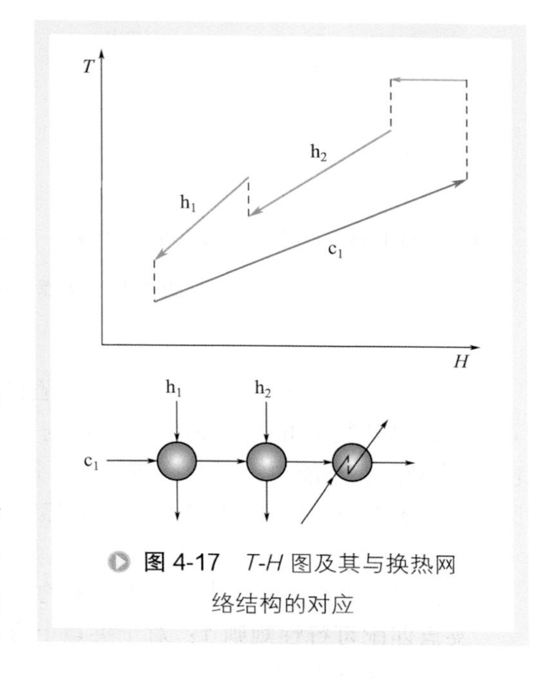

图 4-17　T-H 图及其与换热网络结构的对应

若干个热物流和冷物流可分别用热的组合曲线和冷的组合曲线在 T-H 图上表达。在 T-H 图上根据最小允许传热温差 ΔT_{min} 的限制将热的组合曲线置于冷的组合曲线的上方，再根据一定的规则去构建网络结构，就是换热网络的匹配问题。

进行构造组合曲线的相反过程，就可以由组合曲线分解出各物流的单个线段。组合曲线的合成可以帮助确定夹点位置及预测换热终温，其分解则可以帮助确定物流间匹配换热的结构及换热负荷分配。

二、夹点匹配的可行性规则

基于夹点技术进行设计的方法称为夹点设计法。该方法有三条基本原则，第一，应避免有热流量通过夹点；第二，夹点上方应避免引入公用工程冷却物流；第三，夹点下方应避免引入公用工程加热物流。如违背上述三条基本原则，就会增大公用工程负荷及相应的设备投资[7]。

夹点处热、冷物流之间的传热温差最小，而且为了达到最大的热回收，必须保证没有热量通过夹点，这说明夹点处是进行过程系统设计时约束最多的地方，所以要先从夹点处着手进行物流间匹配换热的设计，离开夹点后，约束条件减少了，允许工程师更灵活地选择换热方案，但应当遵循尽可能地减少换热设备个数的设计原则，以减少设备投资费。由此，过程系统物流间的匹配换热应从夹点开始，分别向夹点上、夹点下进行匹配。

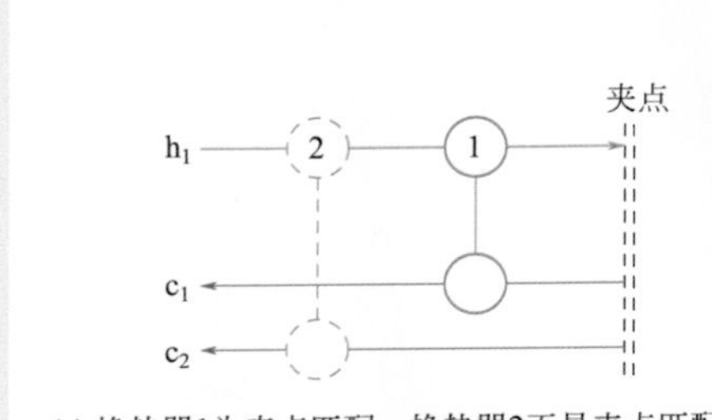

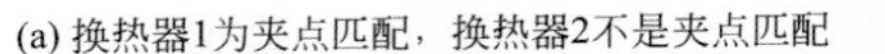
(a) 换热器1为夹点匹配，换热器2不是夹点匹配

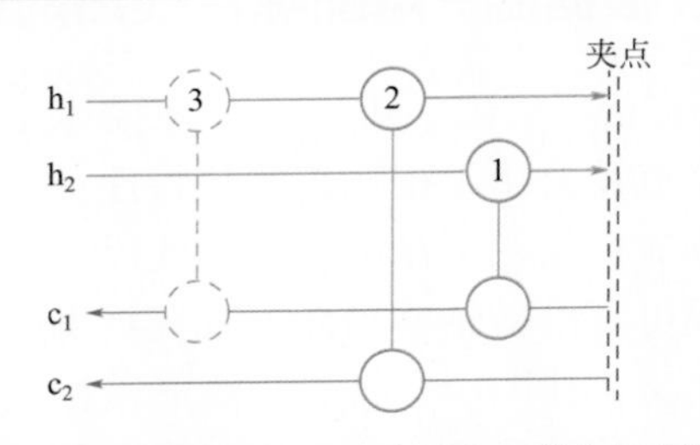

(b) 换热器1,2为夹点匹配，换热器3不是夹点匹配

图 4-18 夹点匹配换热器的识别

首先定义一个名词，夹点匹配，参看图 4-18，图 4-18（a）中的换热器 1 为夹点匹配，其热物流 h_1 与冷物流 c_1 直接与夹点相通，即换热器 1 的右端传热温度差已达到 ΔT_{min}，不能再小了。换热器 2 不是夹点匹配，因为其中的热物流 h_1 与夹点区隔着换热器 1。图 4-18（b）中，换热器 1 及换热器 2 皆为夹点匹配，换热器 3 不是夹点匹配。

下面讨论夹点之上及夹点之下匹配的可行性规则。

夹点匹配可行性规则 1： 对于夹点上方（热端），热物流包括其分支物流数目 N_H 不大于冷物流包括其分支物流数目 N_C，即

$$N_H \leqslant N_C$$

该规则解释如下：参看图 4-19（a），其中热物流编号为 h_1、h_2、h_3，冷物流编号为 c_4、c_5。热物流 h_2 同冷物流 c_4（换热器 1）及热物流 h_3 同冷物流 c_5（换热器 2）为夹点匹配，此时还剩下热物流 h_1，已不能与冷物流构成夹点匹配。若热物流 h_1 同冷物流 c_4 或 c_5 进行匹配则必定违反 ΔT_{min} 的要求（该匹配传热温差将小于 ΔT_{min}），这是因为冷物流 c_4 经换热器 1 后温度上升为（$80+dT_4$），冷物流 c_5 经换热器 2 后温度上升为（$80+dT_5$），而热物流 h_1 在夹点处的温度 90℃，显然 [90-（$80+dT_4$）] 或 [90-（$80+dT_5$）] 都小于规定的 $\Delta T_{min}=10$℃。为了使热物流 h_1 冷却到夹点温度 90℃，只好采用公用工程冷却物流，这就违反了前面叙述过的基本原则之二，在夹点上方引入公用工程冷却物流，必然增加了公用工程加热负荷，造成双倍的消耗，达不到最大热回收。为此，夹点上方一定要保证用夹点处的冷物流把热物流冷却到夹点温度，即保证热物流为夹点匹配。对于图 4-19（a）的情况，考虑用冷物流 c_4（或冷物流 c_5）的分支同热物流 h_1 进行匹配换热，见图 4-19（b）中换热器 3，就满足了 ΔT_{min} 的传热温差要求，而且不必引入公用工程冷却物流。

由上，当冷物流数少于热物流数时，可以通过对冷物流进行分支的办法实现夹点匹配，满足夹点设计基本原则。

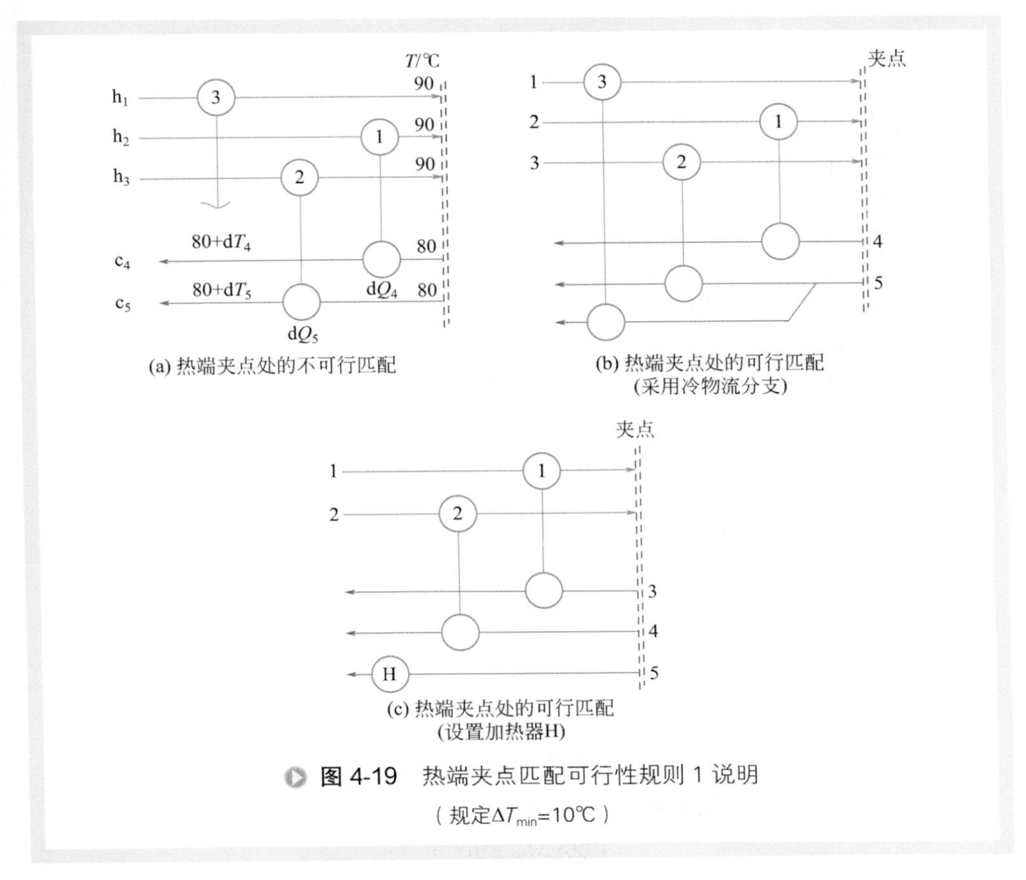

图 4-19 热端夹点匹配可行性规则 1 说明

（规定ΔT_{min}=10℃）

当冷物流数多于热物流数时，如图 4-19（c）所示，若冷物流找不到热物流同其匹配，则可引入公用工程加热物流把其加热到目标温度，即设置加热器 H，这是允许的，并不违背前述的夹点设计基本原则。

对于夹点下方（冷端），可行性规则 1 可描述为：热物流包括其分支物流数目 N_H 不小于冷物流包括其分支物流数目 N_C，即：$N_H \geqslant N_C$。

该不等式刚好与夹点上方（热端）的情况相反。该不等式实际上是前述基本原则之三的具体化，即夹点下方应尽量不引入公用工程加热物流，否则会造成公用工程加热与冷却负荷的双倍消耗。该规则的说明可参见图 4-20。具体解释如下：

参看图 4-20（a），其中热物流编号为 h_1、h_2，冷物流编号为 c_3、c_4、c_5。热物流 h_2 同冷物流 c_5（换热器 1）及热物流 h_1 同冷物流 c_4（换热器 2）为夹点匹配，此时还剩下冷物流 c_3，已不能与热物流构成夹点匹配。若冷物流 c_3 同热物流 h_1 或 h_2 进行匹配则必定违反 ΔT_{min} 的要求（该匹配传热温差将小于 ΔT_{min}），这是因为热物流 h_2 经换热器 1 后温度下降为（$90-dT_2$），热物流 h_1 经换热器 2 后温度下降为（$90-dT_1$），而冷物流 c_3 在夹点处的温度 80℃，显然 [($90-dT_2$)−80] 或 [($90-dT_1$)−80]

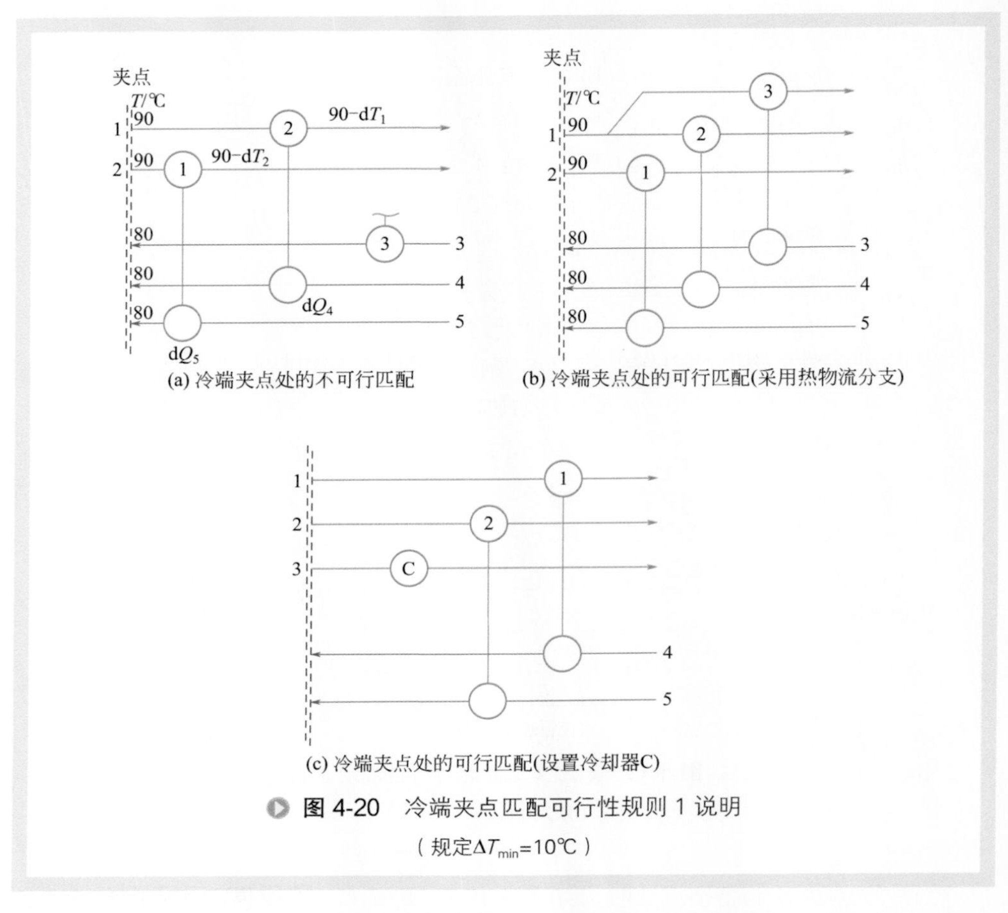

图 4-20　冷端夹点匹配可行性规则 1 说明

（规定ΔT_{min}=10℃）

都小于规定的 ΔT_{min}=10℃。为了使冷物流 c_3 加热到夹点温度 80℃，只好采用公用工程加热物流，这就违反了前面叙述过的基本原则之三，在夹点下方引入公用工程加热物流，必然增加了公用工程冷却负荷，造成双倍的消耗，达不到最大热回收。为此，夹点下方一定要保证用夹点处的热物流把冷物流加热到夹点温度，即保证冷物流为夹点匹配。对于图 4-20（a）的情况，考虑用热物流 h_1（或热物流 h_2）的分支同冷物流 c_3 进行匹配换热，见图 4-20（b）中换热器 3，就满足了 ΔT_{min} 的传热温差要求，而且不必引入公用工程加热物流。

由上，当热物流数少于冷物流数时，可以通过对热物流进行分支的办法实现夹点匹配，满足夹点设计基本原则。

当热物流数多于冷物流数，如图 4-20（c）所示。若热物流找不到冷物流与其匹配时，可引入公用工程冷却物流把其冷却到目标温度，即设置冷却器 C。这是允许的，并不违背前述的夹点设计基本原则。

夹点匹配可行性规则 2：对于夹点上方，每一夹点匹配中热物流或其分支的热容流率 CP_H 要小于或等于冷物流或其分支的热容流率 CP_C，即 $CP_H \leqslant CP_C$；对于夹点下方，则上面不等式变向，即 $CP_H \geqslant CP_C$。

这一规则是为了保证夹点匹配中的传热温差不小于允许的 ΔT_{min}。离开夹点后，由于物流间的传热温差都增大了，所以不必一定遵循该规则。

可行性规则 2 的含义为：夹点之上（热端）可参见图 4-21，图 4-21（a）表示可行的夹点匹配。这是因为 ΔT_2 值已固定为 ΔT_{min}，当 $CP_H \leqslant CP_C$ 时，在同样热负荷条件下，热流体的温降要大于冷流体的温升，即在 *T-H* 图上热物流斜率比冷物流的斜率大，所以必定 $\Delta T_1 > \Delta T_2$，即该匹配中任意位置的传热温差都保证不小于 ΔT_{min}。另一种情况，$CP_H > CP_C$，如图 4-21（b）所示，同样已固定 $\Delta T_2 = \Delta T_{min}$，此时冷物流的热容流率小，在 *T-H* 图上冷物流的斜率比热物流的斜率大，势必 $\Delta T_1 < \Delta T_2$，则 ΔT_1 违背了最小允许传热温差的限制，这是不可行的夹点匹配。

对于夹点之下（冷端）可参见图 4-22，图 4-22（a）表示可行的夹点匹配。这是因为 ΔT_{min} 值已固定，当 $CP_H \geqslant CP_C$ 时，在同样热负荷条件下，热流体的温降要小于冷流体的温升，即在 *T-H* 图上热物流斜率比冷物流的斜率小，所以必定 $\Delta T \geqslant \Delta T_{min}$，即该匹配中任意位置的传热温差都保证不小于 ΔT_{min}。另一种情况，$CP_H < CP_C$，如图 4-22（b）所示，同样已固定 ΔT_{min}，此时热物流的热容流率小，在 *T-H* 图上热物流的斜率比冷物流的斜率大，势必 $\Delta T < \Delta T_{min}$，则违背了最小允许传热温差的限制，这是不可行的夹点匹配。

为了满足可行性规则 2，有时需要把物流分支，分支物流的热容流率将会变小，重新进行匹配后满足可行性规则 2。

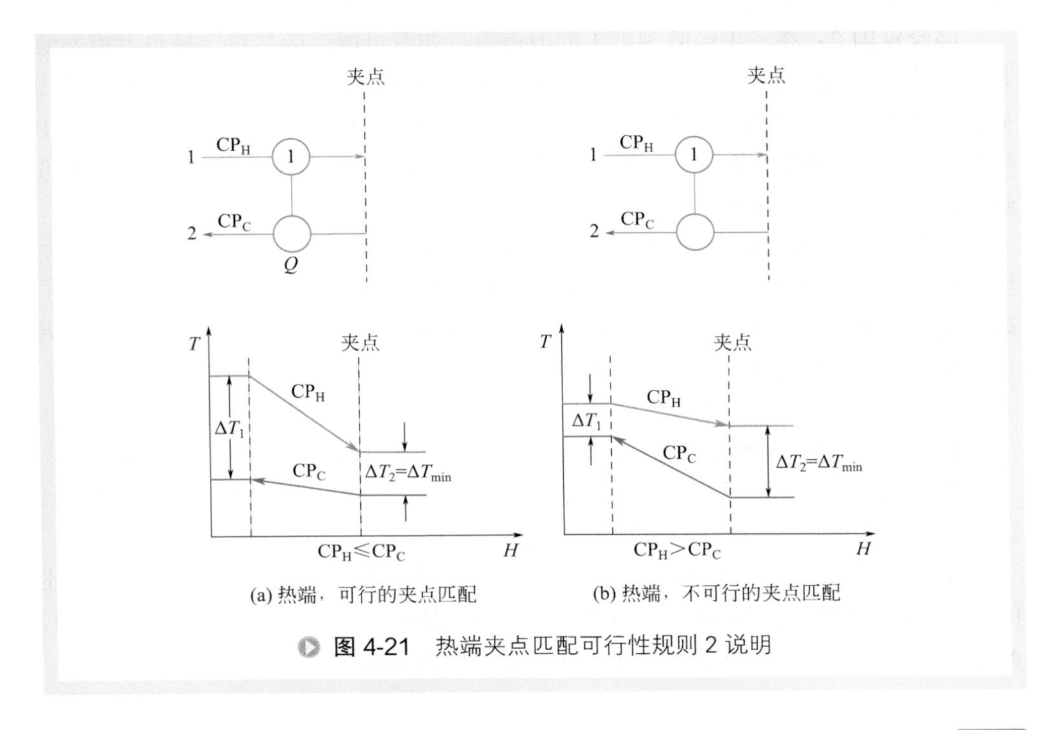

(a) 热端，可行的夹点匹配　　(b) 热端，不可行的夹点匹配

图 4-21　热端夹点匹配可行性规则 2 说明

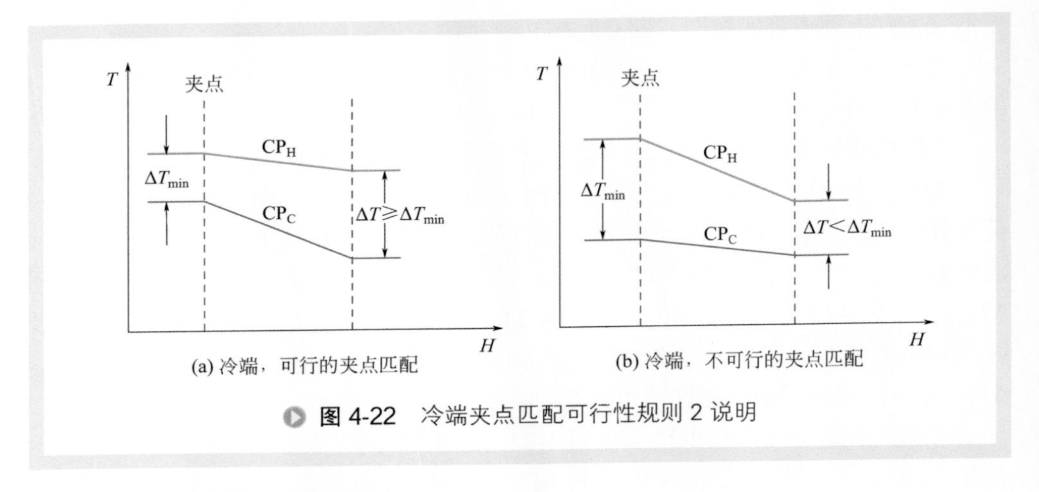

图 4-22 冷端夹点匹配可行性规则 2 说明

三、夹点匹配的经验规则

两个可行性规则，对夹点匹配来说是必须遵循的，但在满足上述两个规则约束的前提下还存在多种匹配的选择。基于热力学和传热学原理，考虑减少设备投资费，夹点匹配还存在着一些经验规则。

经验规则 1： 选择每个换热器的热负荷等于该特定匹配的冷、热物流中热负荷较小者，使一次匹配换热完成一个物流（即热负荷较小者）由初始温度到达终了温度，这样的匹配，系统所需的换热设备数目最小，减少了投资费。

经验规则 2： 在考虑经验规则 1 的前提下，如有可能，应尽量选择热容流率值相近的冷、热物流进行匹配换热，这就使得所选的换热器在结构上相对简单、费用低；同时由于冷、热物流热容流率接近，换热器两端传热温差也接近，在满足最小传热温差 ΔT_{min} 的约束条件下，传热过程的不可逆性最小，对相同热负荷情况下传热过程的有效能损失最小。

需要指出的是，采用经验规则时规则 1 要优先于规则 2，并且还要兼顾换热系统的操作性、安全性、可调节性等因素，根据工程师的经验和对工作对象的深入了解来灵活运用。更具实践意义的是，上述经验规则不仅适用于夹点匹配，对离开夹点的其余物流匹配换热的选择也是适用的。

综上，将夹点设计法的要点归纳如下：

① 以夹点为界，把换热网络分隔开，形成夹点上下两段子问题分别处理。

② 对每个子问题，先从夹点开始设计，采用夹点匹配可行性规则及经验规则，决定物流间匹配换热的选择以及物流是否需要分支。

③ 离开夹点后，确定物流间匹配换热的选择有较多的自由度，可采用前述的经验规则，但在传热温差的约束仍比较紧张的场合（即某处传热温差比允许的 ΔT_{min} 大不了多少的情况）夹点匹配的可行性规则还是需要尽可能遵循的。

④ 考虑换热系统的操作性、安全性、可调节性，以及生产工艺上特殊规定等要求，如具体的物流间不允许相互匹配换热，或规定其间一定要匹配换热，等等。

第五节 换热网络的调优

换热网络的调优是指在采用夹点设计法得到最大能量回收换热网络的基础上，经调优处理，得到换热设备个数最少的系统结构，从而得到最优或接近最优的设计方案。

一、最少换热设备个数与热负荷回路

换热网络所包含的换热设备，包括换热器、加热器和冷却器数量，以 U 表示，可用下式描述：

$$U=N+L-S \tag{4-6}$$

式中 N——物流数，包括公用工程物流，不包括分支物流；

L——独立的热负荷回路数；

S——该系统内分离为独立的子系统数。

当过程系统中某一热物流的负荷同某一冷物流的负荷相等，且两者间传热温差大于或等于规定的最小传热温差 ΔT_{min} 时，该两物流一次匹配换热就完成了所要求的换热负荷。此时，该两物流可以分离出来作为独立的子系统，连同系统中剩下的物流，该系统内共含有两个独立的子系统，即 S=2。

一般情况，当系统中不能分离出独立的子系统时，即 S=1，若使 U 最小，必定使 L=0，即需要把系统中所存在的热负荷回路断开，得到下式

$$U=N-1 \tag{4-7}$$

为了从系统中识别出热负荷回路，现做出如下定义：一热负荷回路中包含 n 个源物流（即热工艺物流和公用工程加热物流）和 n 个阱物流（即冷工艺物流和公用工程冷却物流），则称为第 n 级回路。根据该定义，第 1 级回路包含一个源物流和一个阱物流，第 2 级回路包含两个源物流和两个阱物流。如图 4-23 所示，该网络中可识别出的回路如下：

第 1 级回路：（3，5）；

第 2 级回路：（1，2，3，4），（1，2，5，4），（C_1，3，4，C_2），（C_1，2，1，C_2），（C_1，5，4，C_2）。

该 6 个回路并非都是独立回路，如果两个热负荷回路有共用线（即换热设备），

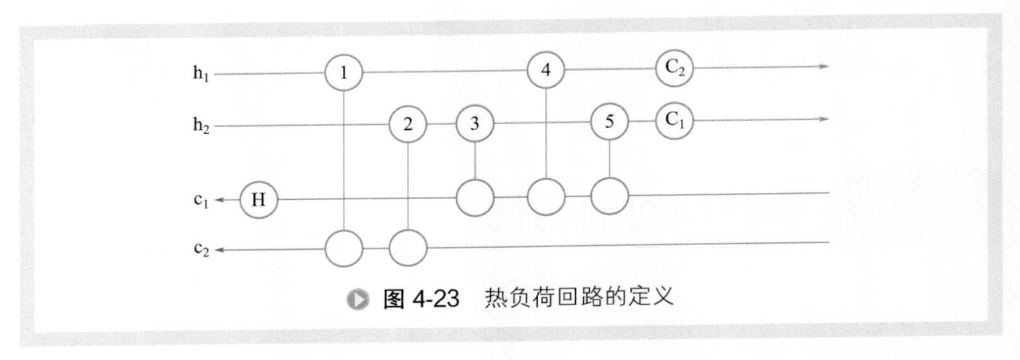

图 4-23　热负荷回路的定义

消去共用线可构成第三个回路，第三个回路被称作是取决于前两个回路，即为不独立的回路。例如，回路（3，5）和（1，2，3，4）有一个共用换热设备 3，消去换热设备 3，而后连接两个回路，就构成了一个新回路（1，2，5，4），是不独立的（独立回路的选择是人为的），如果（1，2，5，4）和（1，2，3，4）取做独立的回路，则（3，5）就成为不独立的回路，见图 4-24（a）。若再指定（C_1，3，4，C_2）为独立的回路，则（C_1，5，4，C_2）和（C_1，2，1，C_2）成为不独立的回路，见图 4-24（b）和图 4-24（c）。所以前面的 6 个回路中存在 3 个独立的热负荷回路，即（3，5）、（1，2，3，4）及（C_1，3，4，C_2）。

则总的换热设备单元数：U=3（源物流）+3（阱物流）+3（独立的回路）-1（子系统）=8。

与图 4-23 中的设备单元数［=1（加热器）+5（换热器）+2（冷却器）=8］相一致。当物流较多时，回路的识别以及独立回路的选择变得很复杂，需要借助计算机来完成。

回路的级别反映了回路的大小或复杂程度。热负荷回路的特点是，在一个热负荷回路中各单元设备的热负荷可以按一定规则改变而不影响全系统的热平衡。调优处理的目的就是通过重新分配回路中各单元设备的热负荷来减少该回路中的单元设备数（如果某一设备重新分配的热负荷为零，则相当于删去了该设备）。同时，该热负荷回路也就被断开了。调优过程是先识别低级回路，并断开回路，然后处理高级回路。在某些场合，当低级回路断开后，某高级回路可能随之消失，所以一旦某

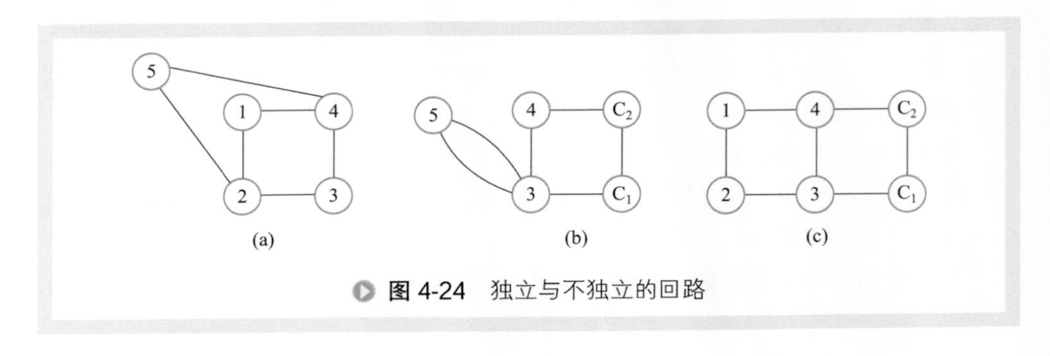

图 4-24　独立与不独立的回路

级回路被断开后，全部调优过程仍从识别和断开低级回路开始。

二、热负荷回路的断开与能量松弛

1. 热负荷回路的断开

热负荷回路的断开方式有两种，一种为基本的回路断开方式，不采取物流分支的措施来断开回路以减少设备单元数，另一种为补充的回路断开方式，要采取物流分支来断开回路。

（1）基本的回路断开方式　如图 4-25 所示，已识别出热负荷回路（1，2，4，3），该回路也可以表示成（2，4，3，1）或（4，3，1，2）或（3，1，2，4）。这里约定，把回路中第一个单元设备的热负荷分配到回路中其他单元设备上，也可以说把第一个单元设备合并到回路其他单元设备上，即以删去第一个单元设备为目标。对上面的同一回路，若表示成（1，2，4，3），则单元设备 1 为合并对象，而对于另外的表示，如（2，4，3，1），则合并对象为单元设备 2。

合并过程如下：从热负荷回路中奇数位置的单元设备减去所要合并的单元设备的热负荷；对热负荷回路中偶数位置的单元设备，则要加上所要合并的单元设备的热负荷。

图 4-25（a）所示为一初始网络，识别出热负荷回路（1，2，4，3），按上述合并过程，得到图 4-25（b）所示结构，设备单元数减少 1 个，原回路已被断开，但全系统的热平衡并不改变。若该热负荷回路（1，2，4，3）被识别为回路串（2，4，

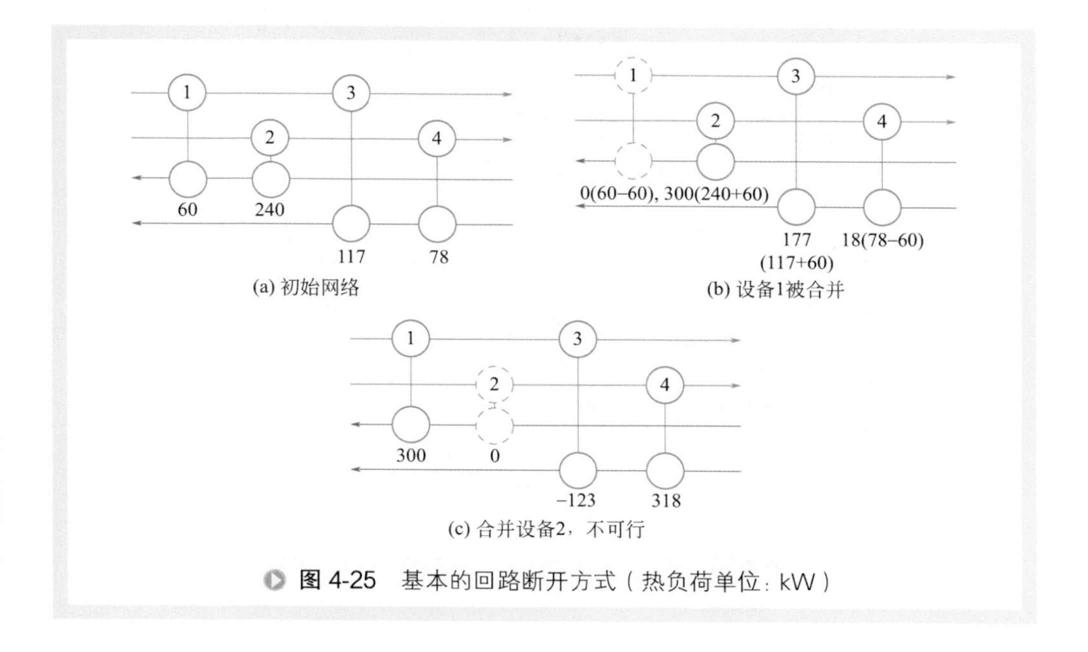

图 4-25　基本的回路断开方式（热负荷单位：kW）

3，1），则合并对象为单元设备 2，按着合并程序，得到图 4-25（c）的情况，此时单元设备 3 出现了热负荷为负值，所以这是不可行的合并方案，必须放弃。

合并后的结构除了保证每个单元设备热负荷为非负外，还要检验每个单元设备的传热温差是否大于或等于最小的允许传热温差 ΔT_{min}。若不符合传热温差的要求，则该合并方案也是行不通的，需要选择原回路中另外的合并目标。

（2）补充的回路断开方式　对某些热负荷回路，如采用上述基本的回路断开方式得不到可行的结果，则可采用补充的回路断开方式。如图 4-26（a）所示，回路的断开总要从低级回路开始，（2，5）为第一级回路，但由于单元设备 2 与 5 之间有单元设备 4 的阻挡（单元 4 不属于该回路），所以不宜采用基本的回路断开方式，需要采用补充的回路断开方式才能把单元设备 2 与 5 合并起来。补充的回路断开方式的具体工作步骤如下：

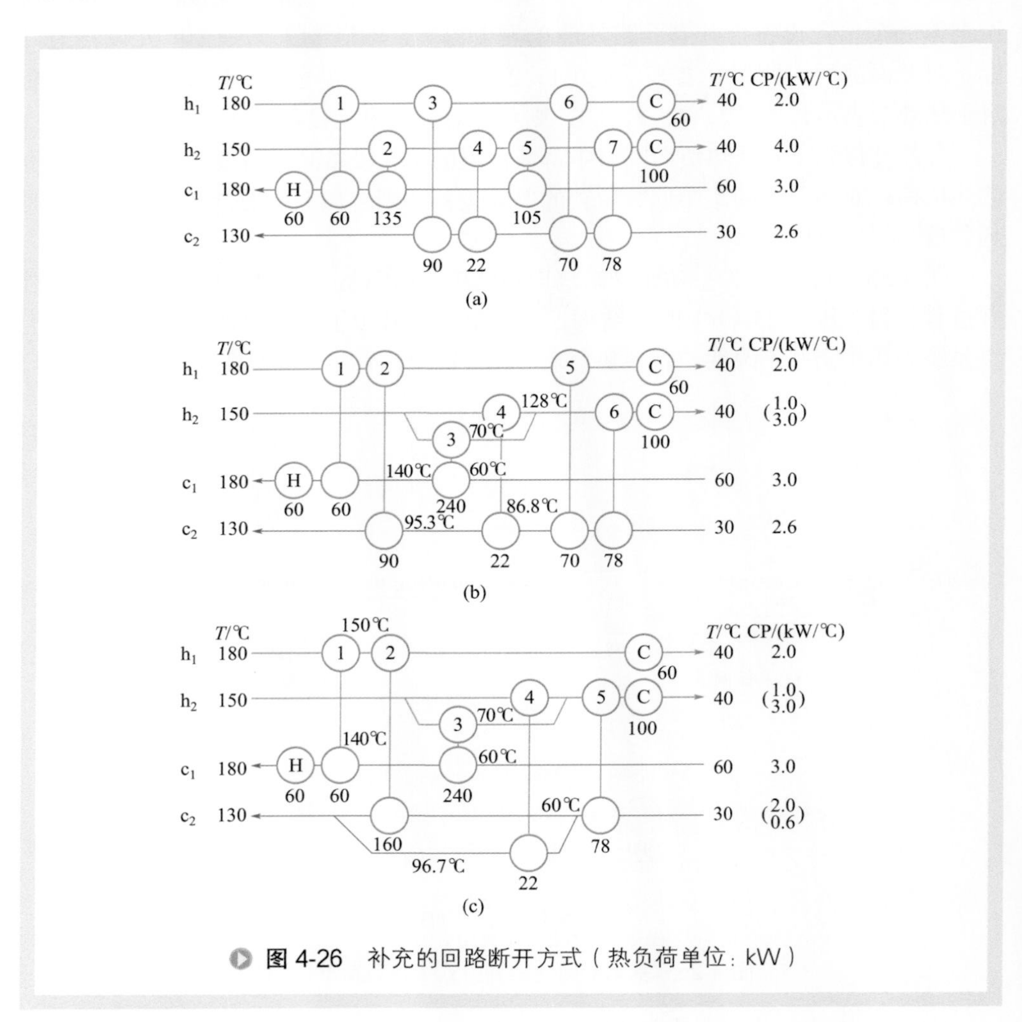

图 4-26　补充的回路断开方式（热负荷单位：kW）

① 识别出热负荷回路，确定合并目标。在合并热负荷过程中如遇到该回路之外单元设备的阻挡，则需要采用物流分支，以便超过阻挡的单元设备。见图 4-26（b），把物流 h_2 分支（因为阻挡的换热器 4 在 h_2 上），使得单元设备 2 和 5 合并为单元设备 3。

② 确定物流分支热容流率的分配。物流分支后，经过换热往往还要再混合为原物流。按热力学原则，将温度接近的物流相混合所造成的有效能损失小，而物流温度相差很大时混合在一起会造成较大的有效能损失。

参见图 4-26（b），按照物流各分支换热后的温度相等来分配热物流 h_2 两个分支的热容流率，计算如下。

设通过换热器 4 的热容流率为 CP，则通过换热器 3 的热容流率为（4−CP），按两分支换热后，温度皆为 X℃，可写出下面方程式：

对换热器 4　　$\mathrm{CP}(150-X)=22$　　(4-8)

对换热器 3　　$(4-\mathrm{CP})(150-X)=240$　　(4-9)

式（4-8）、式（4-9）联立得 $(4-\mathrm{CP})\times\dfrac{22}{\mathrm{CP}}=240$

求出　　CP=0.4kW/℃

则　　$X\approx 95$℃

此时须检验换热器 3 和 4 传热温差的可行性。换热器 4 右端传热温差为 95−86.8=8.2（℃），小于规定的最小允许传热温度差 $\Delta T_{\min}$=10℃，此时应当增大通过换热器 4 的分支物流的热容流率 CP，以提高换热器 4 中热流体的出口温度，即应使 X 值升高到 86.8+10=96.8℃，则由方程式（4-8）可求出 CP=0.414kW/℃。

按前述经验规则 2，为使换热器 4 中匹配的换热器 3 的热容流率最小。换句话说，使该分支物流通过换热器 3 的温度降最大。该温度降的最大值与 $\Delta T_{\min}$ 有关，最大温度降为 150−（60+$\Delta T_{\min}$）=150−（60+10）=80℃。这样一来，分配给换热器 3 的热容流率为 240/80=3.0kW/℃，分配给换热器 4 的热容流率为 CP=4.0−3.0=1.0kW/℃。由此，分配给换热器 4 的热容流率 CP 取值在 0.414 ～ 1.0kW/℃之间都是可行的，根据经验规则及具体过程系统的要求，可从中选择。这样，换热器 3 和 4 的传热温差都符合要求，系统中其他单元设备都没有变化，图 4-26（b）所示为一新的可行流程结构。

上述即为补充的回路断开方式，采用该方式可继续对图 4-26（b）的结构进行调优。如，在该结构中识别出第一级回路（2，5）经过对物流 c_2 分支，把换热单元 5 合并到换热单元 2，得到图 4-26（c）所示的结构。

2. 热负荷路径及能量松弛

如图 4-27（a）所示为用夹点设计法得到的具有最大热回收的网络结构。

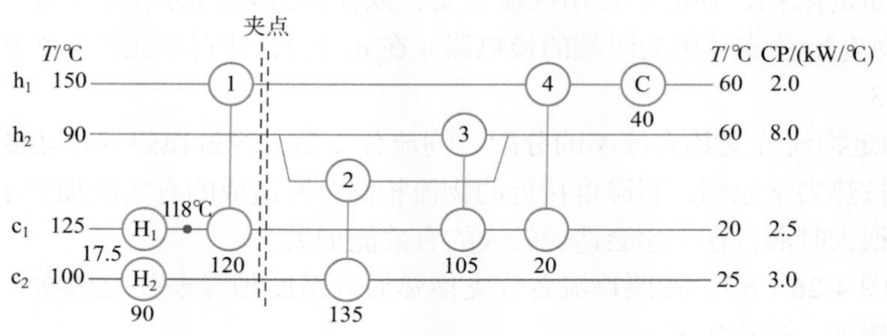

(a) 包含2个热负荷回路

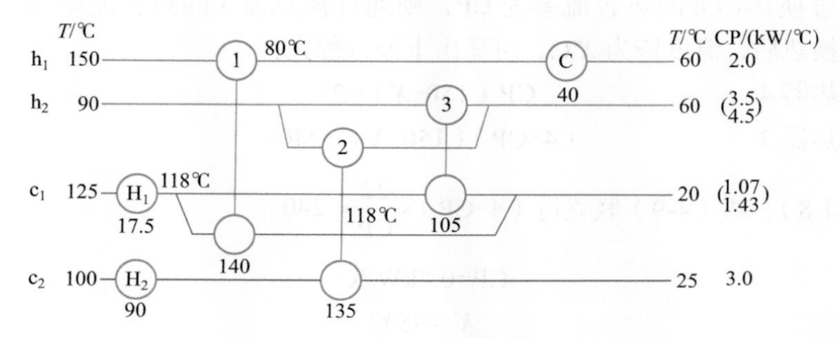

(b) 采用C_1分支合并换热器4，不可行

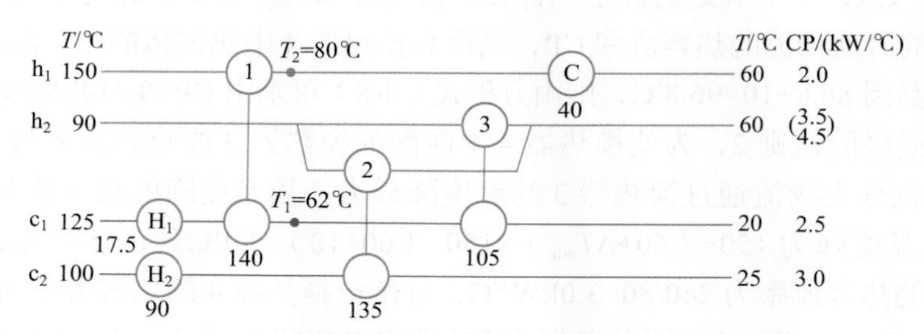

(c) 断开回路(1,4)，合并换热器4

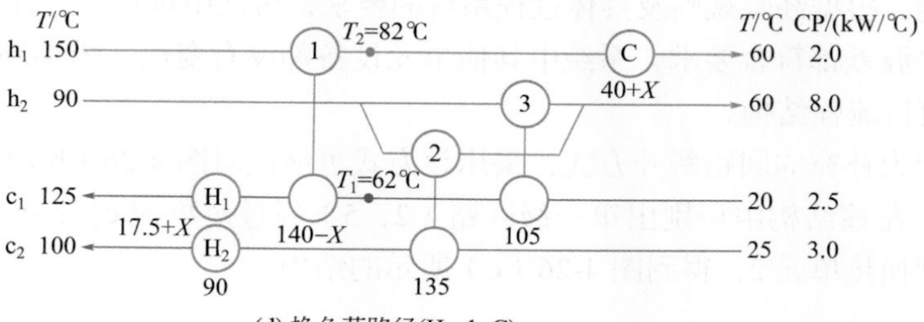

(d) 换负荷路径(H_1, 1, C)

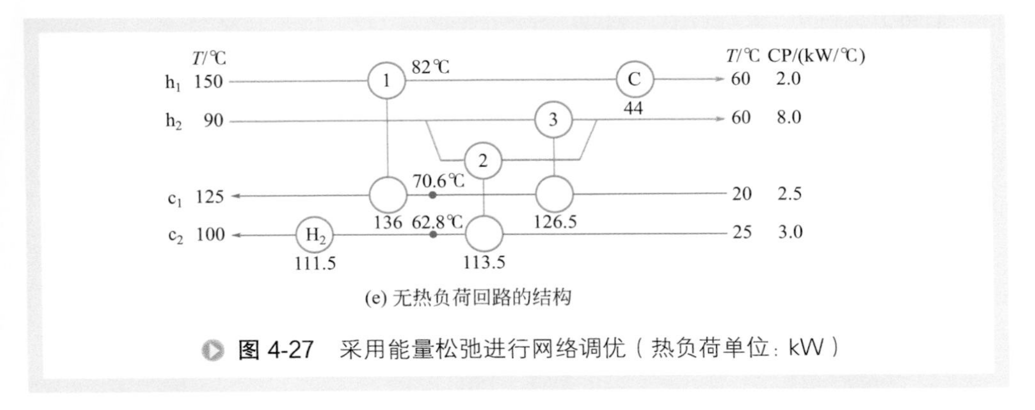

图 4-27 采用能量松弛进行网络调优（热负荷单位：kW）

对夹点左端（即夹点上方，热端），包含的物流数 N=1（热物流数）+2（冷物流数）+1（公用工程加热物流数）=4，热负荷回路数 L=0，独立的子系统数 S=1。所以，得到了夹点左端最少设备单元数为：$U_{min,左}=N-1=4-1=3$

对夹点右端（即夹点下方，冷端），包括的物流数 N=2（冷物流数）+2（热物流数）+1（公用工程冷却物流数）=5，热负荷回路数 L=0，独立子系统数 S=1。夹点右端最少设备单元数为：$U_{min,右}=N-1=5-1=4$

该系统总的设备单元数为：$U=U_{min,左}+U_{min,右}=3+4=7$

若夹点两边合起来作为 1 个系统来考虑，则包含的物流数 N=2（热物热数）+2（冷物流数）+1（公用工程加热物流数）+1（公用工程冷却物流数）=6，独立的子系统数 S=1，则该系统的最少设备单元数应为 $U_{min}=N-1=6-1=5$。图 4-27（a）结构中实际的设备单元数为 U=7，所以其中一定存在 2 个热负荷回路。经识别可知，热负荷回路有（1，4）及（H_1，3，2，H_2），首先断开级数低的回路（1，4），采用补充的回路断开方式。

冷物流 c_1 通过换热器 1 的分支热容流率 =（120+20）/（118−20）=1.43kW/℃，具体数字见图 4-27（b）。如此一来，换热器 3 左端的热、冷物流间传热温差变为 90−118=−28℃，与允许的 ΔT_{min} 相矛盾，所以不能采用补充的回路断开方式；而采用基本的回路断开方式，断开回路（1，4），合并换热器 1 和换热器 4，得到图 4-27（c）的结构。如该图所示，换热器 1 右端的传热温差为 $T_2-T_1=80-62=18$℃，小于规定的 $\Delta T_{min}=20$℃。这是因为热负荷回路（1，4）跨过了夹点，当断开回路后，必然有一定的热负荷通过夹点，此时若不增加公用工程加热及冷却负荷，会产生违背允许传热温差 ΔT_{min} 的匹配。这时应当想办法使换热器 1 的传热温差满足 ΔT_{min}，为此引入“热负荷路径”的概念。

“热负荷路径”是在加热器和冷却器间由物流和换热器连接而成的，如图 4-27（c）中，加热器 H_1、物流 c_1、换热器 1、物流 h_1 和冷却器 C 构成了一个热负荷路径。

热负荷可以在热负荷路径中转移：例如，在加热器 H_1 上增加热负荷 X，在换热器 1 上减少热负荷 X，在冷却器 C 上增加热负荷 X，热负荷沿该路径转移后，与该路径有关的物流的总热负荷不变，但换热设备的热负荷及其传热温差是变化的，可以计算出转移热负荷 X 数值，以使换热器 1 的传热温差达到 ΔT_{min}。参看图 4-27（d），计算过程如下。

换热器 3 的热负荷为 105kW，该值没变，所以 T_1=62℃也不会改变，为此，要确定热负荷 X 值，以使 T_2 值由 80℃升至 $T_2=62+\Delta T_{min}=82$℃。对换热器 1，可列出热衡算式：

$$140-X=2(150-T_2)$$

式中，数值 2 为热物流 h_1 的热容流率 CP 值，kW/℃。

又知 T_2=82℃

则 $$X=140-2\times(150-82)=4\text{kW}$$

即加热器 H_1 及冷却器 C 分别增加 X=4kW 的热负荷，使换热器 1 的热、冷物流间的传热温差恢复到 ΔT_{min}=20℃，这就叫作能量松弛。以冷热公用工程消耗的少量增加为代价，减少了 1 个设备单元（换热器 4），同时不违背最小允许传热温差的规定。

图 4-27（d）中仍存在热负荷回路（H_1，3，2，H_2），若断开该回路，把加热器 H_1 去掉，得到图 4-27（e）所示的结构。这样一来，换热器 1 右端传热温差变成 82−70.6=11.4℃，换热器 3 左端温差变为 90−70.6=19.4℃，皆不满足 ΔT_{min} 的要求，虽然此时达到了该系统的最少设备单元数 U_{min}=5，但违背了传热位差的要求，热负荷回路（H_1，3，2，H_2）不能断开。由上可以看出，ΔT_{min} 值的选择对所得换热网络的影响很大，而且存在一个最优的 ΔT_{min} 值，选择该值，换热网络的投资费与操作费总和会最小。

第六节 阈值问题换热网络优化设计

阈值问题[11,16]换热网络是指只需要一种公用工程的换热网络：只需要冷公用工程的换热网络，称为热端阈值问题换热网络；只需要热公用工程的换热网络，称为冷端阈值问题换热网络。伴随夹点理论的发展与完善[17-19]，其在流程工业换热网络综合与优化过程中的应用日趋成熟，特别是夹点理论与数学规划方法[20-22]的有机结合，大大提升了换热网络综合与优化的实用性和精确性。但截至目前，针对阈值问题换热网络的设计与应用研究相对匮乏，换言之，阈值问题换热网络的优化与综合方法研究滞后于常规换热网络[23]。

热端阈值问题换热网络可视为只存在夹点之下部分，而冷端阈值问题换热网络可视为只存在夹点之上的部分[11,16]。按照夹点规则，夹点之上不设置冷公用工程，夹点之下不设置热公用工程。因此，热端阈值问题换热网络的设计原则为：取消换热网络中的热公用工程，并从换热网络的高温侧开始设计，以保证较高温度下的冷物流能从热物流获取热量，尽可能地以过程物流换热取代冷却过程。对应的，冷端阈值问题换热网络的设计原则可归纳为：取消换热网络中的冷公用工程，并从低温侧开始设计，以保证较低温度的热物流的热量能够传递给冷物流，尽可能地以过程物流换热取代加热过程。

实际工业过程中，炼化企业催化裂化装置换热网络是典型的热端阈值问题换热网络，同时，催化裂化装置存在较大的与其他炼油生产装置热集成的可能性，因此，合理设计催化裂化装置换热网络，实现催化裂化装置与其他装置的有效热集成，有利于降低整个炼化企业的能量消耗，具有重要的现实意义。基于此，本节将以夹点理论为基础，对热端阈值问题，特别是考虑装置间热集成的热端阈值问题进行分析，给出了考虑热集成的热端阈值问题换热网络的设计方法；结合某炼化企业催化裂化装置换热网络改进，验证了考虑热集成的热端阈值问题换热网络设计方法的实用性。

一、热端阈值问题换热网络设计方法

1. 热端阈值问题换热网络分析

图 4-28 所示为热端阈值问题冷热物流组合曲线。热端阈值问题换热网络存在 2 种形式：一是冷、热组合曲线的最小换热温差（$\Delta T_{\min}$）出现在不需要公用工程的一端，如图 4-28（a）所示；二是冷、热组合曲线存在近夹点的形式，如图 4-28（b）所示。当最小换热温差由 $\Delta T_{\min}$ 降低至 $\Delta T'_{\min}$，冷组合曲线左移，冷、热组合曲线进一步重叠，如图 4-28（a′）与图 4-28（b′）所示，这一过程中，冷公用工程消耗的总量不变，但需要的冷公用工程温度发生变化。此时，低温冷公用工程负荷 $Q_{C,1}$ 与高温冷公用工程负荷 $Q_{C,2}$ 的和等于原最小冷公用工程负荷 $Q_{C,\min}$。高温冷公用工程负荷 $Q_{C,2}$ 为阈值问题换热网络与其他换热网络之间的热集成提供了可能。换热网络设计时，以设备投资与操作费用之和最小为目标函数，优化确定最小换热温差，或考虑传热系数等条件的约束，确定最小允许换热温差。因此，当 $\Delta T'_{\min}$ 等于设定的最小允许换热温差时，$Q_{C,2}$ 即为阈值问题换热网络的最大热集成负荷。

一般地，热集成存在 2 种方式[24,25]：一是间接热集成，通过载能工质传递实现，如发生蒸汽等；二是直接热集成，即通过物流间的直接换热实现。热集成方式只是改变了热量的利用方式，与热集成的最大热负荷无关。因此，可将阈值问题换热网

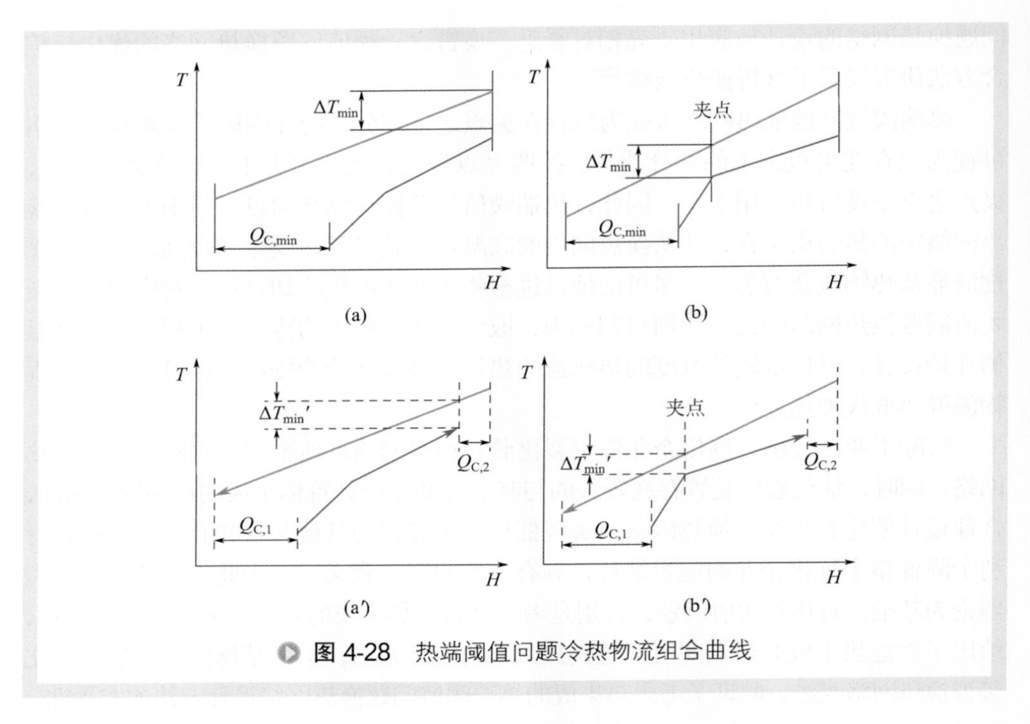

图 4-28　热端阈值问题冷热物流组合曲线

络分为两部分优化改进：一是自匹配部分，用于满足装置自身换热需求；二是热集成部分，用于发生蒸汽或与其他装置直接热集成。不论是在自匹配部分，还是热集成部分，当出现近夹点时，应从近夹点处向外（向上或向下）开始设计[11]。如图4-28（b′）所示，在装置自匹配部分出现近夹点，此时，自匹配部分的换热网络应从近夹点处设计匹配。

2. 热端阈值问题换热网络优化设计框图

基于上述分析，并结合常规换热网络优化思路，给出热端阈值问题换热网络优化设计框图，如图4-29所示。由该图可知，进行热端阈值问题换热网络优化与改进时，应首先采集设计或生产运行数据并进行校核；然后采用流程模拟软件进行流程模拟计算，重现设计或运行工况，获取换热网络冷、热物流的数据；随后，进行温焓图绘制和夹点分析，确定最小传热温差与热量回收率、冷公用工程量之间的关联关系，应用设备投资与操作费用之和最小化或基于工程约束确定最优传热温差，或结合工程知识，确定最小允许换热温差；基于最优传热温差或最小允许换热温差，确定阈值问题换热网络可以与其他换热网络冷物流热集成的最大热负荷，及最大热负荷对应热物流的温度区间；进一步的，将阈值问题换热网络分为自匹配部分与热集成部分分别进行优化改进，包括物流连接方式、换热顺序、换热器增减及与其他换热网络热集成等。最后，对改进的换热网络进行分析和评价，得到能耗最低、经济可行的换热网络优化改进方案。

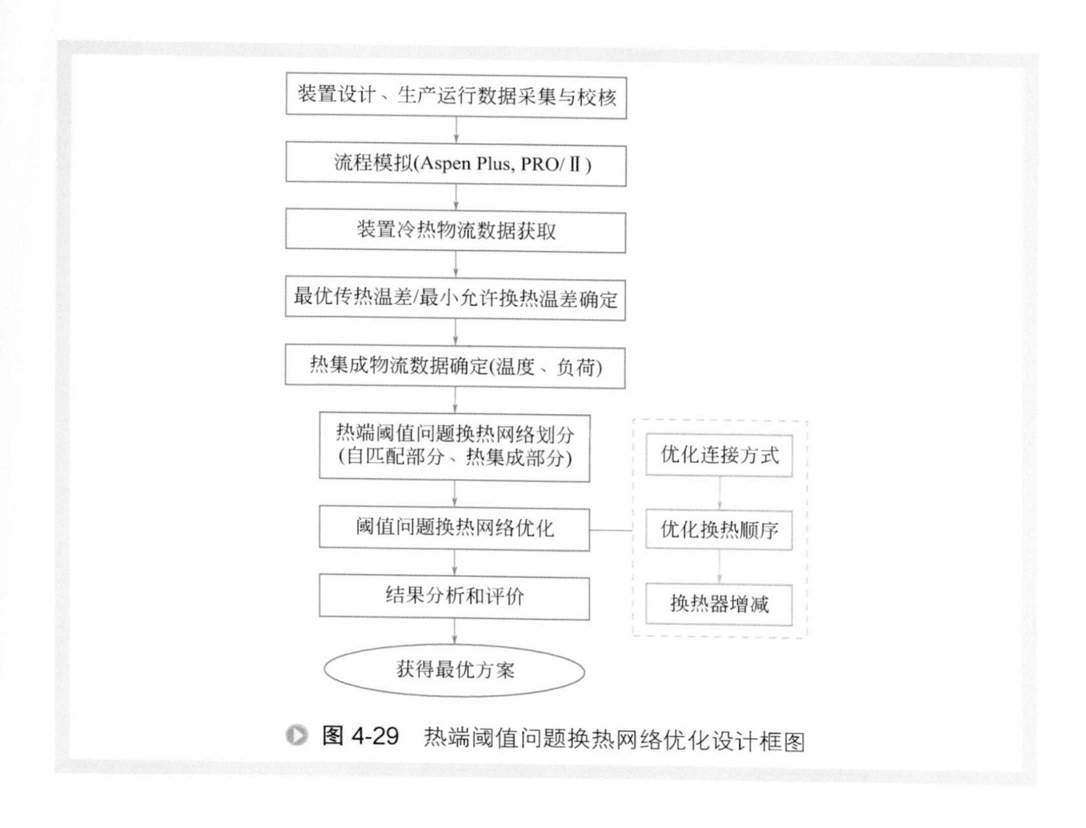

图 4-29　热端阈值问题换热网络优化设计框图

二、催化裂化装置换热网络实例分析

1. 催化裂化装置换热网络概况

（1）装置冷、热物流数据　按照热端阈值问题换热网络优化设计框图，采集某炼化企业基础设计数据并进行校核后，采用流程模拟软件 Aspen Plus 完成了包含主分馏塔、吸收稳定系统的流程模拟，重现了设计工况，提取催化裂化联合装置换热网络冷、热物流的数据，结果见表 4-13。

表4-13　催化裂化装置冷、热物流数据

物流编号	物流名称	T_s/℃	T_t/℃	Q/MJ
h_1	主分馏塔塔顶气	120	40	16155
h_2	轻柴油	200	50	62790
h_3	顶循环油	140	80	96275
h_4	一中循环油	270	160	77440
h_5	二中循环油	320	260	75345
h_6	循环油浆	330	275	179990

续表

物流编号	物流名称	T_s/℃	T_t/℃	Q/MJ
h_7	外甩油浆	275	70	12560
h_8	稳定汽油	170	70	83720
h_9	吸收油	70	40	10465
h_{10}	稳定塔顶气	50	40	75345
c_1	原料油	180	200	23020
c_2	吸收塔冷进料	40	60	20930
c_3	解吸塔中间再沸物流	85	95	23020
c_4	解吸塔再沸物流	130	140	71160
c_5	脱乙烷汽油	136	145	18835
c_6	稳定塔再沸物流	165	175	75345
c_7	除盐水	30	110	138135
c_8	3.8MPa 发生蒸汽给水	240	260	156970
c_9	1.0MPa 发生蒸汽给水	140	145	6280
c_{10}	富吸收油	40	120	17160
c_{11}	热媒水	30	95	83720

（2）装置换热网络　催化裂化装置基态设计换热网络如图 4-30 所示。装置发生 3.8MPa 蒸汽约 70.0t/h，消耗热量约 157000MJ/h，装置冷公用工程负荷为 200500MJ/h。

（3）装置温焓图　基态催化裂化装置温焓图如图 4-31 所示。由该图可知，所选实例的催化裂化装置换热网络是典型的热端阈值问题换热网络。此时，装置冷热物流组合曲线间实际换热温差约为 30℃，大于最小允许换热温差，装置冷公用工程量为 200500MJ/h。

2. 以产生蒸汽量最大化为目标改进换热网络

（1）最大热集成热量确定　炼化企业催化裂化装置富余热量多用来发生 3.5 ～ 4.0MPa 中压蒸汽，为此，首先以产生 3.8MPa 蒸汽量最大化为目标确定催化裂化装置最大热集成热量，即确定装置的最大间接热集成热量。结合工程知识，确定催化裂化装置最小允许换热温差为 15℃。在图 4-31 中左移冷物流组合曲线，使得实际换热温差等于 15℃，如图 4-32 所示。此时，装置冷公用工程量为 174500MJ/h，装置的最大间接热集成热量为 183500MJ/h，可全部用于发生 3.8MPa 中压蒸汽。

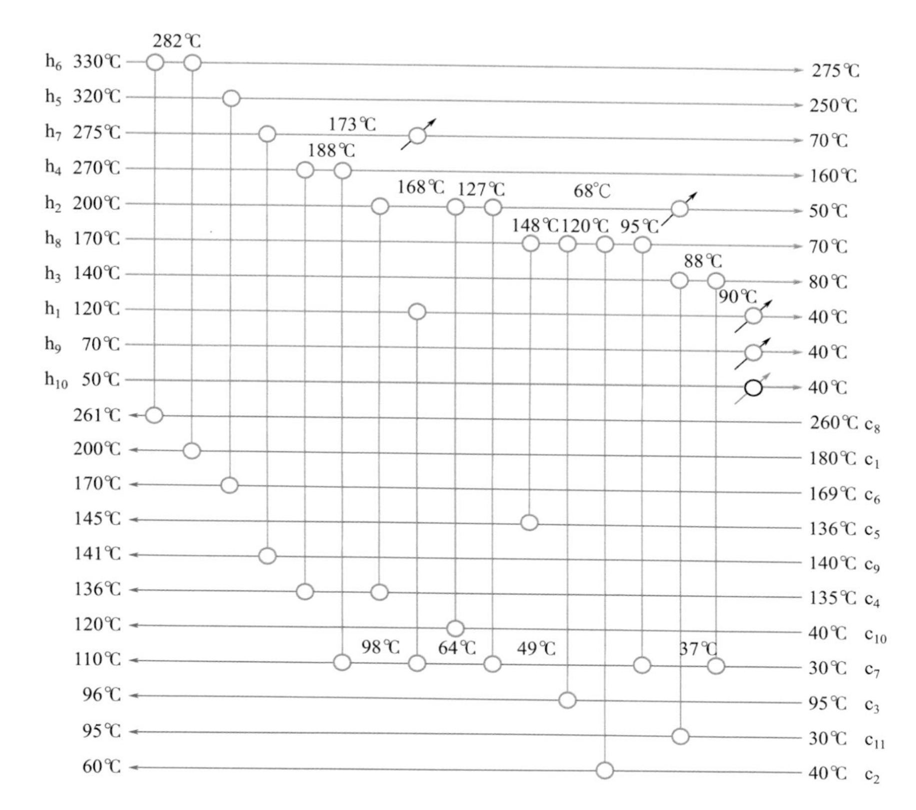

图 4-30　催化裂化装置基态设计换热网络

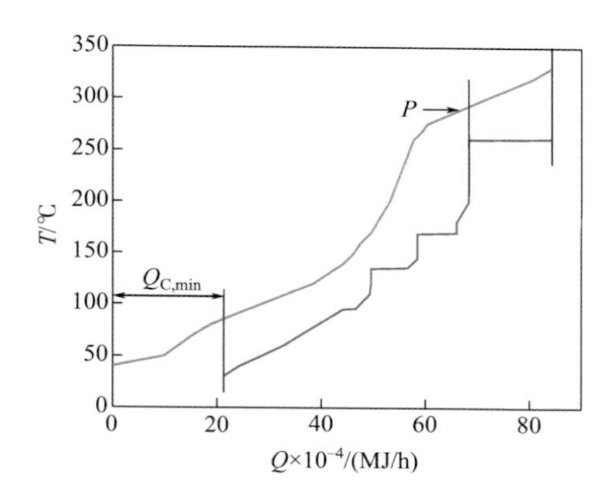

图 4-31　基态催化裂化装置温焓图（P 点为近夹点）

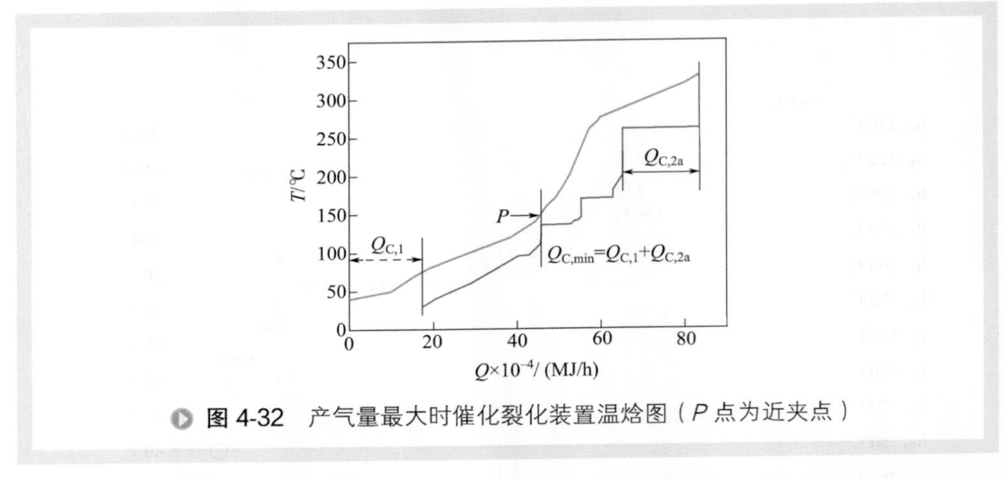

图 4-32 产气量最大时催化裂化装置温焓图（*P* 点为近夹点）

（2）换热网络改进 装置的最大间接热集成热量约为 183500MJ/h，与循环油浆热量 180000MJ/h 相近，因此，实际工程设计中，将循环油浆热量全部用于产生 3.8MPa 中压蒸汽，剩余冷热物流用于装置自身换热网络匹配。即物流 h_6 与 c_8 组成热端阈值问题换热网络的热集成部分；其余物流组成换热网络的自匹配部分。由于热集成部分换热流程简单，因此，换热网络优化的重点在于自匹配换热网络部分。

由图 4-32 可知，在自匹配换热网络部分存在近夹点，因此，自匹配部分应从近夹点处开始匹配、设计。基于此，并按照热端阈值问题换热网络优化设计框图，优化装置自匹配换热网络部分，包括物流连接方式、换热顺序、换热器增减等，改进后换热网络流程见图 4-33。以产生蒸汽量最大化为目标改进换热网络后，装置冷公用工程负荷降至 177480MJ/h，约降低 11.5%；装置可发生 3.8MPa 蒸汽约 80.0t/h，增加 10.0t/h。工程改动部分包括新增产品油浆 - 除盐水换热器、增大 3.8MPa 蒸汽发生器换热面积及相应管线调整等，预计新增投资费用约 300 万元，投资回收期约 0.25 年。

3. 以催化裂化装置 - 原油蒸馏装置最大热集成为目标改进换热网络

（1）最大热集成热量确定 催化裂化装置循环油浆与原油蒸馏装置初底油之间实现直接换热是催化裂化装置富余高温位热量合理利用的重要途径之一。笔者实例选用的某炼化企业中，原油蒸馏装置初底油经换热网络换热后的温度为 290℃，流量为 1600t/h。在图 4-31 中左移冷物流组合曲线，同时添加冷物流初底油和发生蒸汽给水，使得实际最小允许换热温差等于 15℃，结果如图 4-34 所示。此时，装置冷公用工程量为 174500MJ/h，装置间最大热集成热量仍为 183500MJ/h，其中，直接热集成热量为 100500MJ/h，间接热集成热量为 83000MJ/h。

（2）换热网络改进 不论是以产生蒸汽量最大化为目标，或者以催化裂化装置 - 原油蒸馏装置最大热集成为目标，基于夹点分析确定的装置冷公用工程量均为

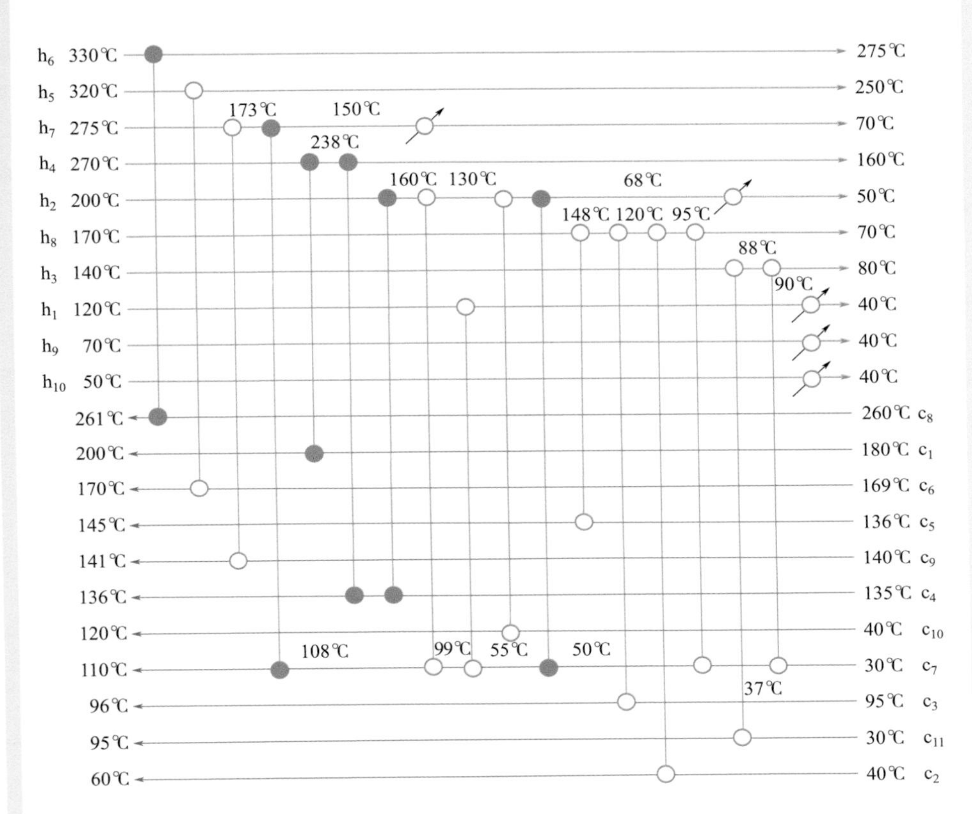

图 4-33　产气量最大时催化裂化装置换热网络

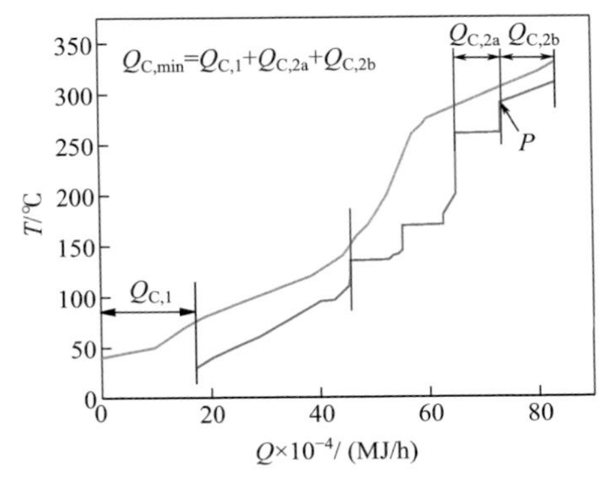

图 4-34　最大直接热集成时催化裂化装置温焓图（P 点为近夹点）

174500MJ/h，即热集成方式只是改变了热量的利用方式，与热集成的最大热负荷无关。因此，与以产生蒸汽量最大化为目标改进换热网络时相同，考虑循环油浆热量与装置富余高温位热量相近，换热网络改进过程中，将循环油浆热量用于与原油蒸馏装置热集成及产生 3.8MPa 中压蒸汽，剩余冷热物流用于装置自身换热网络匹配。此时，物流 h_6、c_8 及原油蒸馏装置初底油（c_{12}）组成热端阈值问题换热网络的热集成部分，其余物流组成换热网络的自匹配部分。由图 4-34 可知，在自匹配换热网络部分及热集成部分均存在近夹点，因此，换热网络应从近夹点处开始匹配、设计。按照热端阈值问题换热网络优化设计框图改进的换热网络流程见图 4-35。实施改进后，催化裂化装置冷公用工程负荷降至 177480MJ/h，约降低 11.5%；发生 3.8MPa 蒸汽约 35.5t/h，蒸汽发生量降低 24.5t/h。同时，原油蒸馏装置初底油温位由 290℃提高至 310℃，节约燃料气约 2.4t/h。工程改动部分包括新增循环油浆 - 原油蒸馏装置初底油换热器，新增产品油浆 - 除盐水换热器及相应管线调整等，预计新增设备投资费用约 800 万元，投资回收期约 0.83 年。

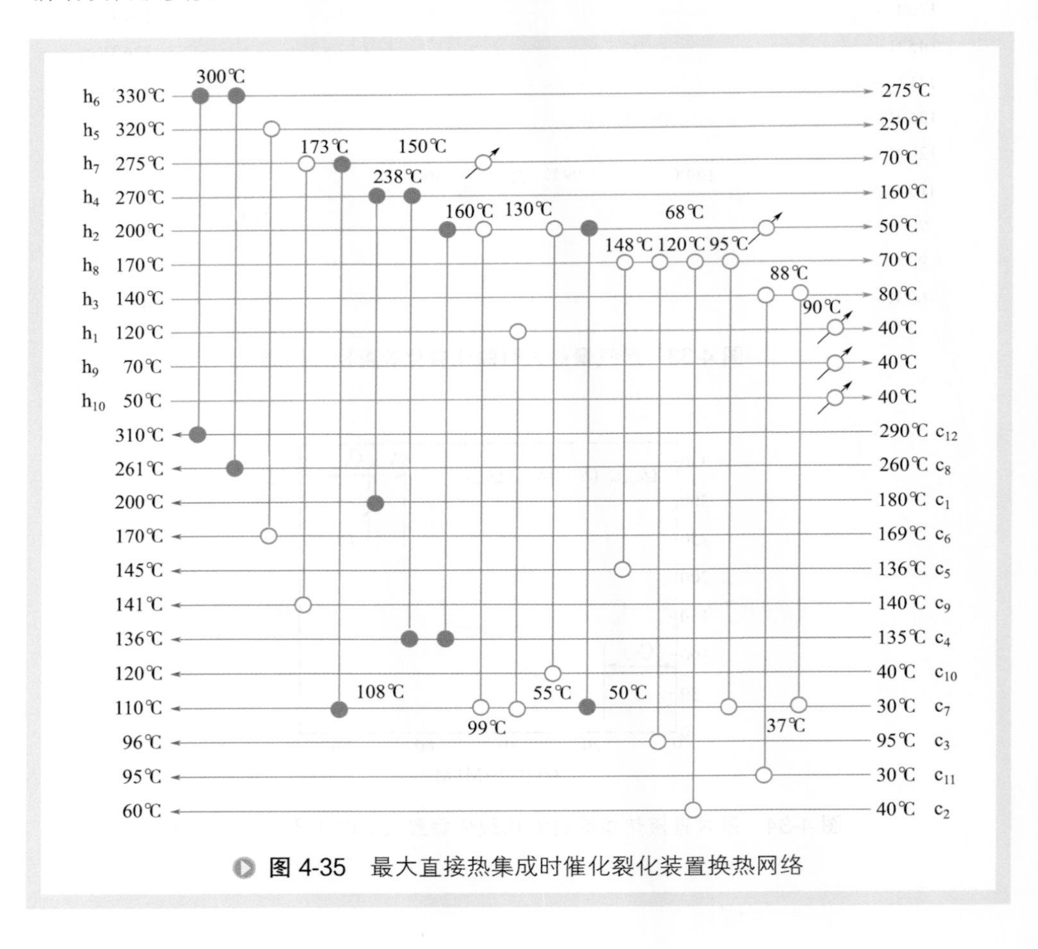

图 4-35 最大直接热集成时催化裂化装置换热网络

对于热端阈值问题换热网络，在确定的最小传热温差和热阱温度满足传热条件下，无论是间接热集成，还是直接热集成，并不会改变热集成输出的热量；但是，从热力学第二定律和炼化企业能量系统全局优化的角度考虑，需要优先节约燃料。分析认为，尽管以产生蒸汽量最大化为目标时仅需要增加投资约 300 万元，而以催化裂化装置 - 原油蒸馏装置最大热集成为目标时需要增加投资约 800 万元，但从节约燃料角度考虑，催化裂化装置 - 原油蒸馏装置热集成改进仍具有一定优势。同时，热端阈值问题换热网络是重要蒸汽发生装置，其热集成方式对于蒸汽系统的平衡也存在一定影响。因此，热端阈值问题换热网络热集成方式的选择，应从节约能源或调节蒸汽平衡双重角度权衡确定。

4. 小结

本节基于夹点技术提出了热端阈值问题换热网络最大热集成热量的确定方法和考虑热集成的热端阈值问题换热网络的设计方法，给出了热端阈值问题换热网络优化改进的计算框图。

当最大热集成热量确定后，建议将热端阈值问题换热网络分为 2 个部分进行设计，一是换热网络自匹配部分，用于满足装置自身换热需求；二是热集成部分，用于发生蒸汽或与其他装置直接热集成。

以某炼化企业催化裂化装置换热网络改进为例，验证了考虑热集成的热端阈值问题换热网络设计方法的实用性。实例研究表明，应用本节提出的设计方法，可有效降低装置冷公用工程负荷约 11.5%，增产 3.8MPa 蒸汽约 10.0t/h ；或可减少发生 3.8MPa 蒸汽约 24.5t/h，提高原油蒸馏装置初底油换后温度约 20℃，节约原油蒸馏装置燃料气约 2.4t/h。

参考文献

[1] Linnhoff B，Flower J R.Synthesis of heat exchanger networks : Part Ⅰ: Systematic generation of energy optimal networks[J].AIChE J，1978，24：633-642.

[2] Linnhoff B，Flower J R.Synthesis of heat exchanger networks : Part Ⅱ: Evolutionary generation of networks with various criteria of optimality[J].AIChE J，1978，24：642-654.

[3] Linnhoff B，Mason D R，Wardle I.Understanding heat exchanger networks[J].Computers and Chem Engng，1979，(3)：295-302.

[4] Umeda T，Itoh J，Shiroko K.Heat-exchange system synthesis[J].Chem Eng Prog，1978，74：70-76.

[5] Umeda T，Niida K，Shiroko K.A thermodynamic approach to heat integration in distillation systems[J].AIChE J，1979，25：423-429.

[6] Linnhoff B，Townsend D W，Boland D.User Guide on Process Integration for the Efficient

Use of Energy[M].London：Institution of Chemical Engineers（Rugby UK），1982.
[7] Linnhoff B，Hindmarsh E.The pinch design method for heat exchanger networks[J].Chem Eng Sci，1983，38：745-763.
[8] Linnhoff B.Pinch analysis—A state-of-the-art overview[J].Chemical Engineering Research and Design，1993，71：503-522.
[9] 魏志强，孙丽丽.基于夹点技术的炼油过程多装置热集成策略研究与应用[J].石油学报（石油加工），2016，32（2）：221-229.
[10] 姚平经.过程系统分析与综合[M].第2版.大连：大连理工大学出版社，2004.
[11] 冯霄.化工节能原理与技术[M].第3版.北京：化学工业出版社，2012.
[12] Douglas J M.A hierarchical decision procedure for process synthesis[J].AIChE J，1985，31：353-362.
[13] Nish N，Stephanopoulos G，West A W.A review of process synthesis[J].AIChE J，1981，27：321-351.
[14] Hohmann E C.Optimum networks for heat exchange[D].Calif：University of Southern California Los Angeles，1971.
[15] Ahmad S，Linnhoff B，Smith R.Cost optimal heat exchanger networks—2 targets and design for detailed capital cost models[J].Computers&Chemical Engineering，1990，14：751-767.
[16] Kemp I C.Pinch Analysis and Process Integration：A User Guide on Process Integration for the Efficient Use of Energy[M].2nd ed.Woburn：Butterworth-Heinemann，2007：54-56.
[17] Smith R，Jobson M，Chen L.Recent development in the retrofit of heat exchanger networks[J].Applied Thermal Engineering，2010，30（16）：2281-2289.
[18] Furman K C，Sahinidis N V.A critical review and annotated bibliography for heat exchanger network synthesis in the 20th century[J].Industrial and Engineering Chemistry Research，2002，41（10）：2335-2370.
[19] 李志红，华贲，尹清华.基于专家系统与遗传算法的有分流换热网络的最优综合[J].石油学报（石油加工），1999，15（2）：85-89.
[20] Escobar M，Trierweiler J O，Grossmann I E.Simultaneous synthesis of heat exchanger networks with operability considerations：Flexibility and controllability[J].Computers and Chemical Engineering，2013，55（8）：158-180.
[21] Ravagnani M A，Caballero J A.Optimal heat exchanger network synthesis with the detailed heat transfer equipment design[J].Computers and Chemical Engineering，2007，31（11）：1432-2144.
[22] Serna-González M，Ponce-Ortega J M，Jiménez-Gutiérrez A.Two-level optimization algorithm for heat exchanger networks including pressure drop considerations[J].Industrial and Engineering Chemistry Research，2004，43（21）：6766-6773.

[23] Panjeshahi M H, Langeroudi E G, Tahouni.Retrofit of ammonia plant for improving energy efficiency[J].Energy, 2008, 33 (1): 46-64.

[24] Zhang B J, Luo X L, Chen Q L.Hot discharges/feeds between plants to combine utility streams for heat integration[J].Industrial and Engineering Chemistry Research, 2012, 51 (44): 14461-14472.

[25] Bagajewicz M J, Rodera H.Multiple plant heat integration in a total site[J].AIChE J, 2002, 48 (10): 2255-2270.

第五章 常用强化传热元件及设备

第一节 管壳式换热器

管壳式换热器的强化传热技术分为有源强化和无源强化两种方式，本书以探讨工业应用广泛的无源强化传热技术为主，强化传热效果对比基准是单弓形折流板光管管壳式换热器。

采用任何一项强化传热技术时，首先要考虑设备的运输、安装和长周期运行安全性问题，还要综合考虑过程工艺要求、制造工艺要求，并进行经济性比较。

管壳式换热器可从壳程和管程两方面强化传热效果，通过改变折流板、改进换热管外表面性能强化壳程传热，通过改进换热管管内表面性能、内插件技术强化管程传热。20 世纪 80 年代，谭盈科等学者梳理了效果显著且加工简单的强化传热技术[1,2]，根据流体流动状态和相态确定了适宜的强化传热技术，随后几十年的工业应用证实了其正确性。

一、壳程强化传热技术

适用于壳程介质层流流动的强化传热技术有螺纹管和螺旋槽纹管等，适用于湍流流动的有螺旋槽纹管、螺纹管、横纹管、缩放管和纵槽管等，适用于沸腾的有螺纹管、T 形翅片管和表面多孔管等，适用于壳程介质冷凝的有螺纹管、纵槽管和锯齿形翅片管等[2]。

1. 强化传热型换热管

（1）螺纹管　螺纹管加工简单、性能稳定，具有良好的可更换性，自研制成功

图 5-1　螺纹管结构示意图

后，得到了广泛的应用。螺纹管可用于管壳式换热器壳程介质无相变及冷凝工况，其外形结构见图 5-1。

① 螺纹管管外介质无相变时的膜传热系数[3]　考虑翅化面积比和翅片热阻的影响，在光管的基础上，考虑校正因子即可计算螺纹管换热器的管外膜传热系数。

光管管外膜传热系数 $h_{o光管}$ 计算方法：

$$h_{o光管}=\frac{\lambda}{d_e}J_H Pr^{\frac{1}{3}}\left(\frac{\mu}{\mu_w}\right)^{0.14}\varepsilon_h \tag{5-1}$$

螺纹管管外膜传热系数 h_o 计算方法为：

$$h_o=\left(r^*+\frac{1}{\eta h_{o光管}}\right)^{-1} \tag{5-2}$$

对于 45°和 90°排列的管束，传热因子 J_H 的计算方法为：

当 $Re \leqslant 200$ 时

$$J_H=0.641Re^{0.46}\left(\frac{Z-15}{10}\right)+0.731Re^{0.473}\left(\frac{25-Z}{10}\right) \tag{5-3}$$

当 $200<Re<10^3$ 时

$$J_H=0.491Re^{0.51}\left(\frac{Z-15}{10}\right)+0.673Re^{0.49}\left(\frac{25-Z}{10}\right) \tag{5-4}$$

当 $Re \geqslant 10^3$ 时

$$J_H=0.378Re^{0.554}\left(\frac{Z-15}{10}\right)+0.41Re^{0.5634}\left(\frac{25-Z}{10}\right) \tag{5-5}$$

对于 30°和 60°排列的管束：

当 $Re \leqslant 200$

$$J_H=0.641Re^{0.46}\left(\frac{Z-15}{10}\right)+0.731Re^{0.473}\left(\frac{25-Z}{10}\right) \tag{5-6}$$

当 $200<Re<5000$ 时

$$J_H=0.491Re^{0.51}\left(\frac{Z-15}{10}\right)+0.673Re^{0.49}\left(\frac{25-Z}{10}\right) \tag{5-7}$$

当 $Re_o \geqslant 5000$ 时

$$J_{\mathrm{H}}=0.350Re^{0.55}\left(\frac{Z-15}{10}\right)+0.473Re^{0.539}\left(\frac{25-Z}{10}\right) \tag{5-8}$$

式中 d_{e}——当量直径，m；

λ——介质导热系数，W/（m·K）;

Re——雷诺（Reynold）数，无量纲；

Pr——普朗特（Prandt）数，无量纲；

Z——弓形折流板缺圆高度百分数；

r^{*}——螺纹管的翅片热阻，普通碳钢管 0.000074 ～ 0.00011m^2·K/W；不锈钢管 0.00011 ～ 0.00017m^2·K/W；

μ——流体动力黏度，Pa·s；

μ_{w}——壁温下流体动力黏度，Pa·s；

η——翅化比；

ε_{h}——旁路挡板传热与压力校正系数，建议按表 5-1 的推荐值选取。

表5-1 旁路挡板传热与压力校正系数

壳径/mm	325	400	500	600	700	800	900	1000	1100	1200	1300	1400	1500	1600	1700	1800
ε_{h}	1.30	1.26	1.23	1.20	1.18	1.17	1.15	1.14	1.13	1.12	1.11	1.10	1.09	1.08	1.07	1.06

② 螺纹管管外介质冷凝时的膜传热系数 介质在壳程冷凝的冷凝器一般采用光管作为传热管，螺纹管应用得较少。螺纹翅片对冷凝的贡献与螺纹管翅化比有关。

处于重力控制区的冷凝过程，可以以光管管外冷凝膜传热系数为依据，将翅化比作为修正因子来计算螺纹管管外冷凝膜传热系数 $h_{\mathrm{o螺纹管}}$。即：

$$h_{\mathrm{o螺纹管}}=h_{\mathrm{o光管}}\eta^{\frac{1}{3}}F_{\mathrm{r}} \tag{5-9}$$

在毛细力的作用下，冷凝液会滞留在翅片凹槽内而影响传热效率。这种影响效果主要取决于螺纹管的几何尺寸及冷凝液表面张力大小。对大部分轻烃和有机溶剂介质来说，冷凝液滞留影响可忽略，但水蒸气冷凝及表面张力值相差悬殊的混合物冷凝不建议采用螺纹管。翅片间距小、翅片高的螺纹管，比翅片间距大、翅片低的螺纹管的影响严重得多；冷凝液的表面张力越大，其影响也越严重。式（5-9）中的系数 F_{r} 就是考虑重力控制区冷凝液滞留的影响。

剪力控制区的冷凝过程，螺纹管管外冷凝膜传热系数可以按照式（5-10）计算。

$$h_{\mathrm{o螺纹管}}=0.022Re^{0.8}Pr_{\mathrm{l}}^{0.4}\left(\frac{\lambda_{\mathrm{l}}}{d_{\mathrm{o}}}\right)\eta\left(1+\frac{8}{X_{\mathrm{tt}}}+\frac{1}{X_{\mathrm{tt}}}\right)^{0.4} \tag{5-10}$$

Martinelli 参数

$$X_{\mathrm{tt}}=\left(\frac{1-x}{x}\right)^{0.9}\left(\frac{\rho_{\mathrm{v}}}{\rho_{\mathrm{l}}}\right)^{0.5}\left(\frac{\mu_{\mathrm{l}}}{\mu_{\mathrm{v}}}\right)^{0.1} \tag{5-11}$$

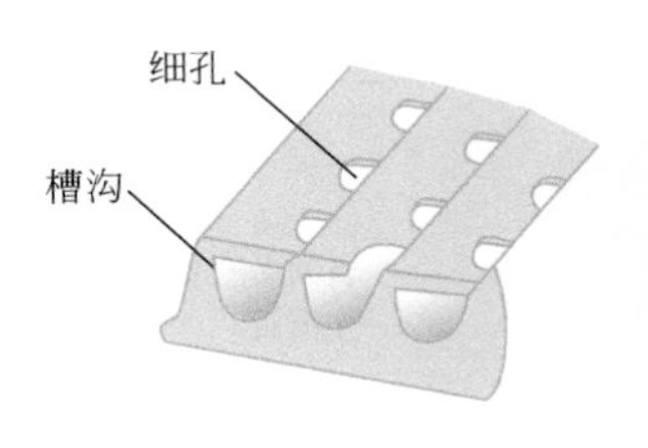

图 5-2　Thermoexcel-E 管与烧结型表面多孔管

式中　x——汽化分率，无量纲；

ρ——介质密度，kg/m³；

μ——流体动力黏度，Pa·s。

下标：l——液相；v——气相；o——管外。

（2）表面多孔管　表面多孔管是用于强化沸腾传热的高效换热管，目前应用于工业上的主要有 3 种，如图 5-2 所示。一种是通过机械加工方式在换热管管外壁面形成多孔层，称机械加工表面多孔管，代表性的产品是 Thermoexcel-E 管 [4,5]；另一种是金属颗粒通过烧结技术在换热管管外或管内壁面上形成多孔层，称烧结型表面多孔管，代表性产品是美国环球油品公司（UOP）于 20 世纪 70 年代推出的高通量（Highflux）管 [6]；还有一种是金属颗粒通过火焰喷涂技术在换热管管外或管内壁面上形成多孔层，称喷涂型表面多孔管。

由于刀具尺寸限制，机械加工多孔表面的开孔直径一般为 0.1 ～ 0.3mm，孔隙率低于烧结型多孔表面；喷涂型多孔表面与烧结型类似。目前工业中用于强化小温差沸腾传热，多采用烧结型或喷涂型多孔表面。已有报道微纳米尺度上的试验研究，随着多孔表面尺度的降低，其强化沸腾传热的效果必将有一飞跃 [7]。常用平均孔穴直径 d（或平均颗粒直径 d_p）、孔隙率和平均厚度等几何参数表征多孔层的结构特性。孔隙率表明了多孔层内可供汽、液两相运动与换热的空间的相对大小，表征了介质与颗粒间参与传热的容积比例大小，对多孔层的换热性能将产生很大的影响，一般为 30% ～ 50%。多孔层厚度对沸腾换热的影响与空穴直径有关，根据北京广厦环能科技股份有限公司实验发现：对应于孔径 50 ～ 150 μm 的最佳厚度为 0.4mm。

多孔层内介质的沸腾换热包括汽、液两相的传热与传质过程。在沸腾传热分析中，既要考虑多孔层内在摩擦阻力、重力、表面张力及惯性力作用下的汽液两相流流动特性，又要考虑到多孔层内、外气液两相传热特性，即强烈蒸发、导热、对流等效应，以及上述流动、传热、传质过程中相互影响。多孔管表面有大量凹凸型空穴，可产生大量的气泡核心。在表面张力的作用下，液相中的小气泡核心会截留在多孔层内，由于气泡顶部和尾部的温差，使表面张力发生微小的改变，促使热流离开表面，产生向上喷射流动。气泡的发射频率越高，带走的热量越多，传热效率就

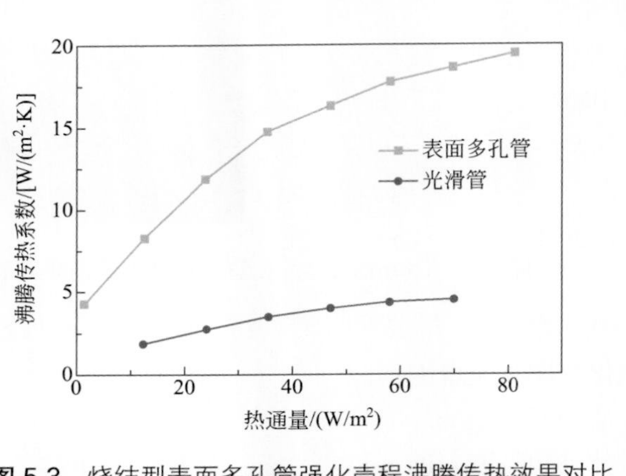

图 5-3　烧结型表面多孔管强化壳程沸腾传热效果对比

越高；气泡脱离表面后，大量气柱在管子表面形成蜂窝状的自然对流，减薄了液体与管子表面的层流层，强化了传热。表面多孔管可在气泡形成的各阶段促进气泡生长，提高了传热效率。

北京广厦环能科技股份有限公司先后与西安交大、美国传热研究所（Heat Transfer Research Inc，HTRI）合作，开发了多种强化换热器，并成功应用于乙烯气分、芳烃、MTO（甲醇制烯烃）、PDH（丙烷脱氢）、PX（对二甲苯）和 EO/EG（环氧乙烷 / 乙二醇）等装置中。该公司根据实验数据得到表面多孔管与光管的对比结果见图 5-3，图中可见，在同样热通量条件下，表面多孔管管外沸腾膜传热系数是光滑碳钢管的 3 ～ 6 倍左右。强化倍率随物系的变化而不同，对于轻烃类可达到 10 倍以上。

实验还发现多孔管对于宽沸程的介质强化效果不明显，对于窄沸程轻烃类的强化效果很好。其推荐管外表面多孔管单管传热模型为式（5-12）。

$$h_{o}=h_{ob}F_{c}F_{s}F_{e}+h_{oc} \tag{5-12}$$

式中的窄组分泡核沸腾膜传热系数可根据文献进行计算[8]：

$$h_{ob}=1.163C_{0}\psi Z\left(\Delta t\right)^{2.33} \tag{5-13}$$

$$Z=0.75\left[0.004169P_{c}^{0.69}\left(1.8P_{r}^{0.17}+4P_{r}^{1.2}+10P_{r}^{10}\right)\right]^{3.33} \tag{5-14}$$

$$\psi=0.714[3.28(P_{t}-d_{o})]^{m}\left(\frac{1}{N_{r}}\right)^{n} \tag{5-15}$$

$$m=0.03096\frac{A_{o}W_{o}y}{A(P_{t}-d_{o})} \tag{5-16}$$

$$n = -0.24\left[1.75 + \ln\left(\frac{1}{N_r}\right)\right] \quad (5\text{-}17)$$

$$A_o = \pi d_o \quad (5\text{-}18)$$

式中 h_o——表面多孔管管外沸腾膜传热系数，W/（$m^2 \cdot K$）;

h_{ob}——单组分或窄组分泡核沸腾膜传热系数，W/（$m^2 \cdot K$）;

h_{oc}——自然对流传热系数，W/（$m^2 \cdot K$）;

F_c——与物性相关的混合物校正系数，无量纲;

F_s——表面沸腾较正系数，无量纲，此系数与表面沸腾状态相关;

F_e——多孔表面较正系数，无量纲，与多孔层结构、介质沸程、有效温差等因素相关;

C_0——设备型式校正系数，釜式再沸器 C_0=0.75；卧式热虹吸再沸器 C_0=1.0;

Z——临界压力和对比压力的函数;

ψ——蒸汽覆盖校正系数，修正下部加热管产生的蒸汽对沸腾传热的影响;

Δt——管壁与沸腾液之间的传热温差，K;

P_c——临界压力，kPa;

P_r——对比压力，无量纲;

P_t——管心距，m;

d_o——换热管外径，m;

A_o——单位管长的外表面积，m^2/m;

A——再沸器加热管外表面积，m^2;

W_o——沸腾流体质量流率，kg/s;

y——汽化率，无量纲;

N_r——再沸器管束垂直中心的最大管排数，无量纲。

随着表面多孔管成功应用案例增多，结合工业应用进行的研究工作也逐渐深入[9-11]。由于表面多孔管的传热特性与其孔隙结构和尺寸密切相关，各个制造商的传热模型也都不尽相同，公开发表的计算方法并不能够用于所有产品。有文献报道了一种利用美国传热研究所（HTRI）开发的商业软件模拟表面多孔管的方法[12]，可以用于简单估算设备传热情况以及再沸器配管方案。

（3）T形翅片管　T形翅片管是由光管经过滚轧加工成型的一种高效换热管。其结构特点是在管外表面形成一系列螺旋环状T形隧道（图5-4）。T形翅片管外观类似于螺旋槽纹管，但

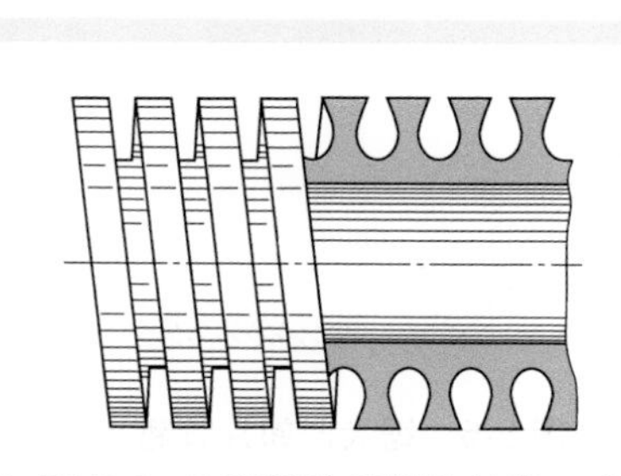

图5-4　T形翅片管翅片结构示意图

翅片根部为圆形凹槽，在管子纵向切面上可见翅片类似于字母“T”，因而得名“T形翅片管”。

当液体在T形翅片管管外沸腾时，管外介质受热在隧道中形成一系列的气泡核，由于在隧道腔内处于四周受热状态，气泡核迅速膨大充满内腔，持续受热使气泡内压力快速增大，促使气泡从管表面细缝中急速喷出。气泡喷出时带有较大的冲刷力量，并产生一定的局部负压，使周围较低温度液体涌入T形隧道，形成持续不断的沸腾。液相连续通过翅片顶端的窄缝向翅片底部渗透，气相不断向上流动，通过翅片间窄缝逸出，从而达到强化沸腾传热的效果。当热介质的温度高于冷介质的沸点或泡点12～15℃时，冷介质才会在光滑管上起泡沸腾。而T形翅片管只需2～4℃的温差，就可沸腾[13]。

从20世纪80年代起，T形翅片管得到了充分的研究[14,15]，中国石化洛阳工程公司与华南理工大学合作，对T形翅片管强化沸腾传热进行了机理研究，并将研究成果成功地应用于工程实际。

T形翅片管管内计算方法与光管管内传热相同，其壳程沸腾膜传热系数计算方法见式（5-19）[14]。

$$h_{\mathrm{o}}=C\lambda_{\mathrm{l}}\left(\frac{\rho_{\mathrm{v}}\mu_{\mathrm{l}}}{\rho_{\mathrm{l}}\mu_{\mathrm{v}}}\right)^{2.096}\left(\frac{qd_{\mathrm{o}}}{\mu_{\mathrm{l}}\Delta H_{\mathrm{lv}}}\right)^{-0.7955}\left(\frac{\sigma}{\rho_{\mathrm{l}}}\right)^{0.8827}\left(\frac{\sigma\rho_{\mathrm{v}}\Delta H_{\mathrm{lv}}^{2}}{q^{2}}\right)^{-0.6439}\left(\frac{c_{p\mathrm{l}}\mu_{\mathrm{l}}}{\lambda_{\mathrm{l}}}\right)^{-0.1125} \tag{5-19}$$

式中 C——与翅片结构有关的常数；

λ——导热系数，W/（m·K）；

ρ——密度，kg/m^3；

μ——动力黏度，Pa·s；

c_p——比热容，J/（kg·K）；

q——以光管外表面积为基准的平均热强度，W/m^2；

ΔH_{lv}——液相蒸发潜热，J/kg；

σ——液相表面张力，N/m。

下标：l——液相；v——气相。

T形翅片管已成功应用于原油蒸馏、催化裂化、延迟焦化等装置的再沸器中，获得了良好的经济效益。

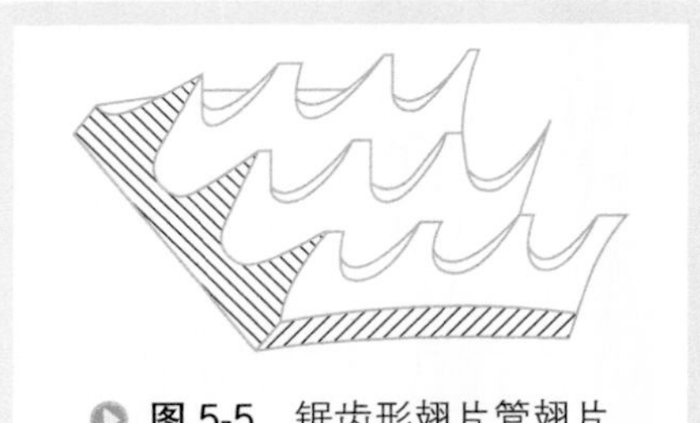

图5-5 锯齿形翅片管翅片结构示意图

（4）锯齿形翅片管（Thermoexcel-C管） 由于肋片形状类似锯齿，Thermoexcel-C管被形象地称为锯齿形翅片管，如图5-5所示。锯齿形翅片强化传热的主要机理在于三维非连续翅片增强了表面张力的作用，从而能够有效地减薄冷凝液膜厚度，有利于冷凝液在剪应力作用下迅速排出。而且锯齿形翅片管凝液淹没区小于相同肋间距的低肋管，淹没区内液膜分布均匀，冷凝换热效果优于低肋管[16]。

各国学者对锯齿形翅片管进行了深入研究，华南理工大学自1980年起进行了系列实验研究，王世平教授于1984年发表论文公布了其具有实用性的研究成果。对于壳程介质在24≤Re/s<300范围内，王世平建议用式（5-20）进行翅片管冷凝膜传热系数计算[17]。

$$h = 0.193\left(\frac{\lambda_1^3 g}{v_1^2}\right)^{1/3} \beta_c^{0.5} Re^{-0.32} Pr^{0.31} \beta_\sigma^{0.15} Ga^{0.1} \left(\frac{1.3}{s}\right)^{2s} \quad (5\text{-}20)$$

$$\beta_c = 1 - \frac{4}{\pi}\sqrt{\frac{\sigma(2H+s)}{4\rho_1 gsH(d_\tau + H)}} \quad (5\text{-}21)$$

$$\beta_\sigma = \frac{\sigma}{\rho_1 gH}\left(1000 + \frac{2}{s}\right) \quad (5\text{-}22)$$

$$Ga = g\frac{F_L^3}{v_1^2} \quad (5\text{-}23)$$

式中　β_c——毛细管力作用系数；

β_σ——表面张力作用系数；

s——翅片间距，mm；

h——冷凝液膜传热系数，W/（m^2·K）；

g——重力加速度，m/s^2；

λ_1——冷凝液导热系数，W/（m·K）；

v_1——冷凝液运动黏度；m^2/s；

Ga——伽利略数，无量纲；

σ——表面张力，mN/m；

H——翅片高度，mm；

d_τ——翅片管根数，无量纲；

F_L——每米长的外表面积，m^2/m。

用氟利昂做工质的试验结果表明锯齿形肋片管最佳肋片间距为0.6～0.7mm，最佳肋片高度为1.0～1.2mm，肋片厚度可取节距的38%[17]。尽管锯齿形翅片管在工业中的应用不如螺旋槽纹管广泛，但也不乏成功案例。

（5）纵槽管　Gregoring于1954年提出一种利用表面张力强化垂直壁面上层流膜状冷凝换热的方法，即纵槽管法。在表面张力的推动下凝液由槽峰迅速流至槽底，在重力作用下顺纵槽排走，从而使槽峰及其附近的液膜很薄，对直管而言，从上到下都是如此，使整根管的热阻从上到下都显著降低。纵槽管尤其适用于表面张力大的流体（图 5-6）。

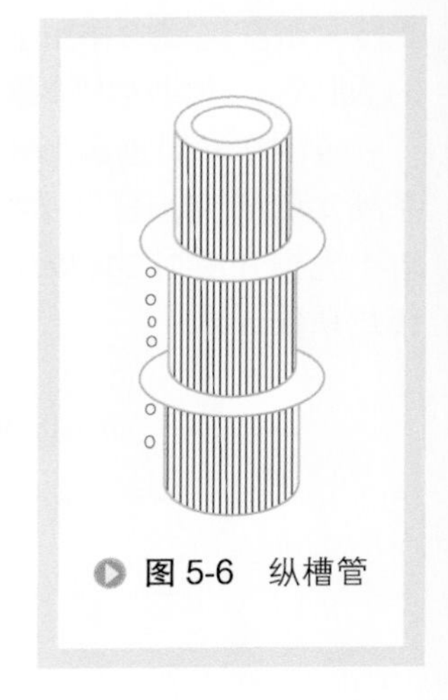

图 5-6 纵槽管

邓颂九、谭盈科最早将纵槽管用于工程实践，并给出了比较方便的计算方法 [18]。

$$h_o = h_{o光管}\left[\frac{\sigma}{r(s-s_e)}\right]^{2/3} \qquad (5\text{-}24)$$

式中 $h_{o光管}$——光管管外冷凝膜传热系数，W/（$m^2 \cdot K$）；

σ——介质表面张力，kgf/m（1kgf=9.80665N）；

r——槽顶峰处液面曲率半径，m；

s——V 形槽边长，m；

s_e——被凝液浸没的 V 形槽边长，m。

纵槽管只能用于立式冷凝器而不能用于卧式冷凝器，也不能用于易于结垢的物料。立式高通量管多在管外开 V 形纵槽以强化壳程冷凝传热。

2. 非弓形折流板

常规管壳式换热器采用单弓形折流板，获得流体横向冲刷所带来的较佳传热效果，同时也造成了流动死滞区大、压降高、易振动等缺点；双弓形、三弓形折流板能够降低压降，但有时还是难以避免振动；折流杆、螺旋折流板、螺旋叶片折流板等结构通过改变流体流动方向解决振动问题。

（1）折流杆　采用折流杆代替弓形折流板，可以降低换热器壳程压降、解决换热器振动问题。自飞利浦公司研发折流杆以来，各国学者进行了深入的研究与应用，其传热与压降计算方法比较成熟。

折流杆光管换热器管外膜传热系数可按下式计算：

当 Re_o<2100 时

$$h_o = \frac{\lambda_o}{d_o}\varepsilon_l\varepsilon_r Re_h^{0.6} Pr^{0.4}\left(\frac{\mu}{\mu_w}\right)^{0.14} \qquad (5\text{-}25)$$

当 Re_o≥2100 时

$$h_o = \frac{\lambda_o}{d_o}\varepsilon_l\varepsilon_r Re_h^{0.8} Pr^{0.4}\left(\frac{\mu}{\mu_w}\right)^{0.14} \qquad (5\text{-}26)$$

式中 Re_h——采用特征直径计算的雷诺数；

ε_l——壳程漏流校正系数，无量纲；

ε_r——长径比较校正系数，无量纲；

折流杆代替折流板解决了振动问题，但是纵向流又降低了换热器壳程膜传热系数。若在采用折流杆的同时采用具有强化壳程传热的换热管，则在解决振动问题的同时保持传热效果。如在折流杆管束中采用螺纹管代替光管，可以用式（5-27）计算壳程膜传热系数。

$$h_{o螺纹管} = \varepsilon_f \eta h_o \tag{5-27}$$

式中　ε_f——螺纹管齿间距和齿高校正系数，无量纲；

η——螺纹管翅化比，无量纲。

折流杆换热器已成功地应用于流程工业，适用于壳程介质易产生振动的气相换热、冷凝，如压缩机级间冷却器；也适用于壳程介质允许压力降较低的工况，如塔顶冷凝器。

（2）螺旋折流板　美国鲁姆斯公司（ABB Lummus Global）研制后应用于工程实际，获得了较好的应用效果。20 世纪 90 年代以来，关于螺旋折流板研究成果的论文越来越多，螺旋折流板结构也发生了变化。如图 5-7 所示，目前螺旋折流板换热器有 2 种结构，一种是中间有柱形芯体，可以形成连续型螺旋面；另一种是由多块折流板搭接成近似螺旋面的非连续型螺旋折流板 [19]。由于制造简单，搭接型螺旋折流板成为研究和应用的热点。针对搭接型螺旋折流板又研发了交错螺旋折流板 [20]、防短路螺旋折流板 [21,22] 和带泄流槽的螺旋折流板 [23] 等结构。

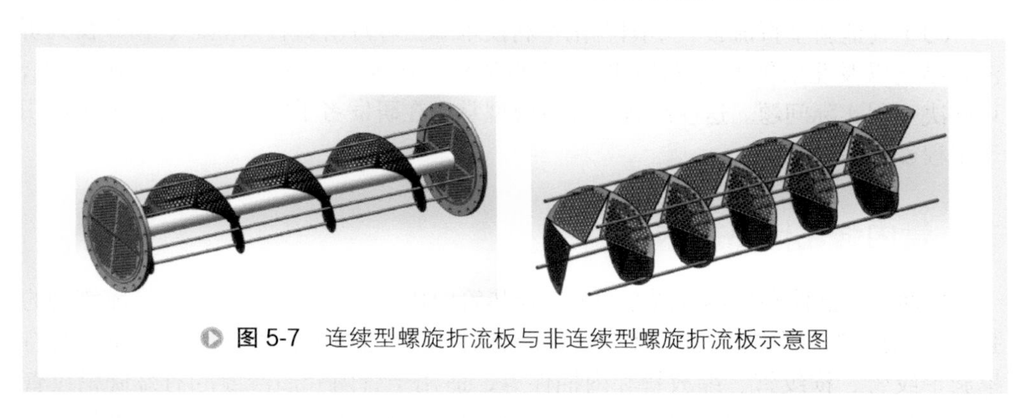

图 5-7　连续型螺旋折流板与非连续型螺旋折流板示意图

不同于弓形折流板换热器中壳程流体“之”字形的折返流动状态，螺旋折流板换热器将折流板布置成近似的或完全的螺旋面，其中壳侧流体呈近似或连续的螺旋状流动，以实现有效降低壳侧流动阻力、消减振动以及强化传热的目的。

西安交大李斌 [24] 详述了螺距计算方法，对于理想的连续螺旋，其螺距按式（5-28）计算；对于目前工程应用的搭接型螺旋折流板，螺距 B 按式（5-29）计算，HTRI 建议设计中螺距取理想螺距的 40% ～ 60%。

$$B_{理想} = \pi D_i \tan\beta \tag{5-28}$$

$$B_{搭接} = \sqrt{2} D_i \tan\beta \tag{5-29}$$

式中，D_i 为壳体内径，m；β 为螺旋角，（°）。刘宽宗研究了螺旋角为 23°、28°、30°和 35°双螺旋结构的综合性能，给出的简单计算公式如式（5-30）所示 [25]。

Re>1000 时

$$h_o = \left(0.08206 + \frac{2.08036\beta}{180}\right)\frac{\lambda}{d_e} Re^{0.4242} Pr^{0.3591} \quad (5\text{-}30)$$

公式（5-30）的适用范围为：$Pr = 0.5 \sim 100$，$\beta=23° \sim 35°$。

潘振研究了螺旋角为 18°的螺旋折流板性能 [26]，其推荐的计算方法为：

43<Re≤107 时
$$h_o = 0.112\frac{\lambda}{d_o} Re^{0.99} Pr^{1/3} \frac{\mu}{\mu_w} \quad (5\text{-}31)$$

2750<Re≤12689 时
$$h_o = 1.172\frac{\lambda}{d_o} Re^{0.42} Pr^{1/3} \frac{\mu}{\mu_w} \quad (5\text{-}32)$$

由于芯体占据了有效换热空间，有芯体的螺旋折流板换热器远不如搭接螺旋折流板换热器应用广泛。在搭接程度、防漏流措施等影响壳程介质流动与传热因素不同的情况下，搭接螺旋折流板换热器的壳程传热会有较大的区别。根据文献法设计的螺旋折流板换热器性能可能会与制造商提供的设备性能有差别，建议由制造商进行热力学设计并做性能保证。

（3）其他新型折流板　中国石化专利技术螺旋叶片折流板换热器、错开窗式折流板结构以及北京化工大学研制的曲面折流板结构等各具特点，用于合适的工况，可解决工程实际问题。这些结构的计算模型掌握在研发者手中，尚未对外公布适用于工程设计的方法。

二、管内强化传热技术

可通过内插件和传热管两方面强化换热管内传热。适用于管内介质层流流动的强化传热技术有螺旋槽纹管、缩放管和内插件等，适用于管内介质湍流流动的有螺旋槽纹管、横纹管、缩放管和内插件等，适用于管内介质冷凝的有螺旋槽纹管等 [2]。其中横纹管、螺旋槽纹管和缩放管等换热管均为一次加工双面成型的强化传热管，可有效地强化管内、管外传热，将在双面强化传热部分详述。

1. 烧结型表面多孔管

流动沸腾的一个显著的特点是存在液体整体运动，原因是沸腾回路中由于液体的密度差而引起的液体的自然循环或者由外力强制作用引起的强迫运动。由于流动沸腾中换热过程伴随着各种类型的气液两相运动，其传热机理比池沸腾更为复杂。

液体在管内流动沸腾时，泡核沸腾和对流沸腾同时存在，传热特性与两相混合物的流型密切相关。表面多孔管对泡核沸腾具有明显的强化作用，对对流沸腾的强化作用相对较小。

2008 年北京广厦环能科技股份有限公司与西安交通大学进行联合测试，以 20%、30% 乙二醇水溶液为测试介质，得出了管内表面多孔管沸腾膜传热系数与

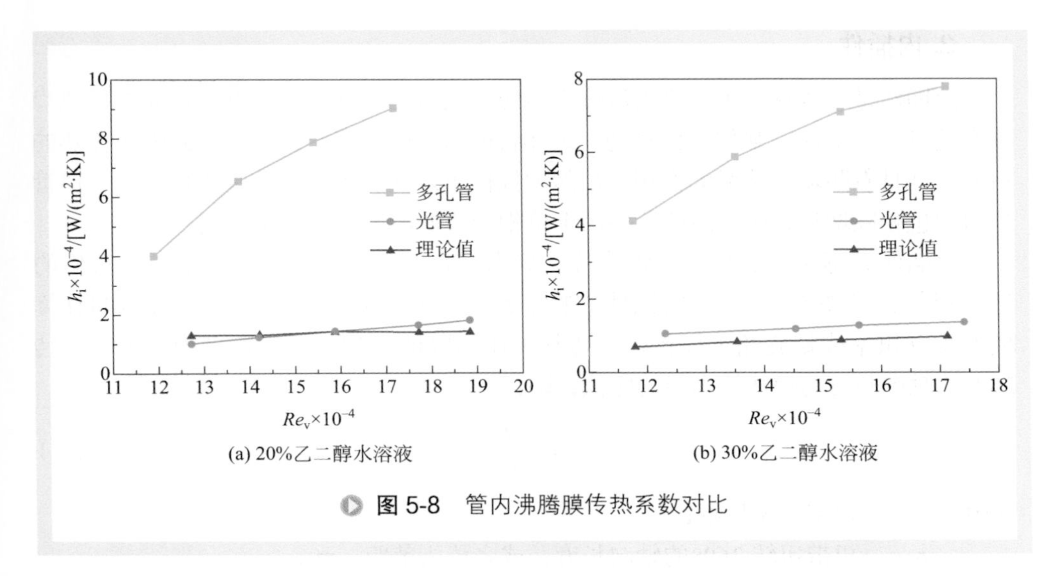

图 5-8 管内沸腾膜传热系数对比

光管的试验结果如图 5-8 所示。从实验结果可以看出多孔管沸腾强化传热系数是光管的 3 ～ 6 倍，这一结果和该公司与美国传热研究所联合测试的结果一致。

按照两相流沸腾膜传热系数关系式的基本形式，整理得到多孔管内不同介质的沸腾膜传热系数关系式如下，适用于多孔管 $Re_v>60000$ 时的传热计算。

$$H_{tp}=n\left(\frac{1}{X_{tt}}\right)^m h_i \tag{5-33}$$

$$h_i=0.023\left(\frac{\lambda_l}{d_i}\right)\left(\frac{d_iG}{\mu_l}\right)^{0.8}Pr_l^{0.4} \tag{5-34}$$

式中 h_i——光管管内膜传热系数，W/（$m^2\cdot K$）；

H_{tp}——表面多孔管管内沸腾膜传热系数，W/（$m^2\cdot K$）；

X_{tt}——Martinelli 参数；

n，m——与烧结层结构及物性有关的参数，n 取值范围为 10 ～ 16，m 取值范围为 0.35 ～ 0.7；

μ——动力黏度，Pa • s；

λ——导热系数，W/（m • K）；

d_i——换热管内径，m；

G——换热管内介质流速，kg/（$m^2\cdot s$）。

下标：l——液相。

科研人员采用数值模拟的方法研究了管内多孔表面的性能，证明了表面多孔管与光管相比具有较好的强化沸腾传热性能 [27]。管内多孔表面结构已经成功应用于重整、异构化等装置中。

2. 内插件

内插件是一种扰流子，管内流体产生螺旋状流动，其切向速度使得靠近换热管壁面处发生二次流，强化流体扰动、破坏管壁壁面的边界层，从而达到强化传热的目的，并具有防垢、除垢的作用。虽然内插件可以显著提高管内膜传热系数，但管程阻力也相应增加，所以内插件多用于单相介质低雷诺数的层流区域。

内插件有螺旋线、扭带、螺旋片、静态混合器等，常用的结构是不同规格的螺旋扭带，见图 5-9。扭带内插件的特征结构参数是扭率和螺旋角，公布的计算模型均以扭率或螺旋角表征扭带对传热和压力降的影响。扭率定义为：扭带扭转 360°的轴向长度与换热管内径的比值，即：

$$y=\frac{p}{d_{\mathrm{i}}} \tag{5-35}$$

式中 y——扭率，无量纲；

p——扭带扭转 360°的轴向长度，或者称为节距，m；

d_{i}——换热管内径，m。

林宗虎推荐用式（5-36）计算带扭带形内插件换热管的管内膜传热系数 [28]。

$$h_{\mathrm{i}}=0.06\left(\frac{\lambda}{d_{\mathrm{i}}}\right)yRe^{0.74}Pr^{0.4} \tag{5-36}$$

中国石化与华南理工大学合作，开发了交叉锯齿形扭带，在工业实验中获得了较好的效果。适用的计算方法见式（5-37）[3]。

当 $100<Re_{\mathrm{i}}\leqslant 4100$ 且 $110<Pr_{\mathrm{i}}<400$ 时：

$$h_{\mathrm{i}}=0.534\frac{\lambda}{d_{\mathrm{o}}}Re^{0.6}Pr^{0.27}\left(\frac{\mu}{\mu_{\mathrm{w}}}\right)^{0.13} \tag{5-37}$$

丝状花环内插件（hiTRAN）是 Cal Gavin Ltd 研制的专利产品，其公司网站上公布的内插件结构见图 5-10。采用 hiTRAN 强化传热的换热管中，由于管内丝状花环的扰动作用，增强了染色区域内流体的湍流度，破坏了流动边界层，改变了流体沿径向的分布，充分地强化了传热传质过程。同时，扰动作用能够抑制在壁面集结

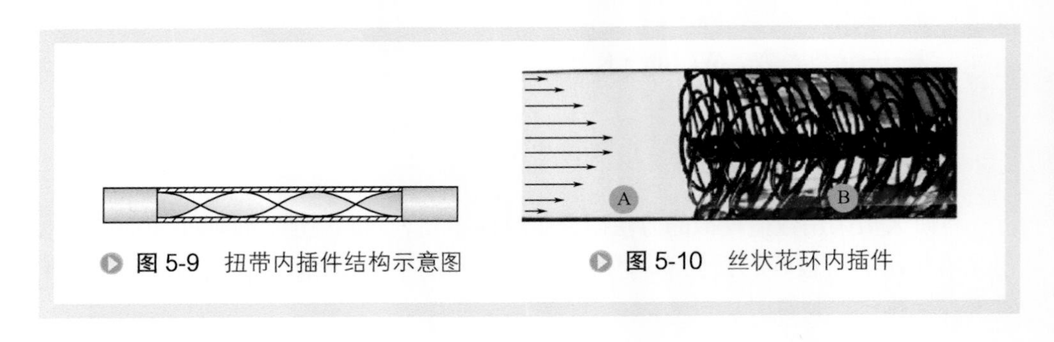

图 5-9 扭带内插件结构示意图

图 5-10 丝状花环内插件

成核，增大壁面剪切速率，从而减缓结垢。该产品已经成功地应用于管内介质无相变、沸腾和冷凝工况。

某炼油厂的原油预热器，管程侧为减压渣油，壳程侧预热原油。处理过程长期受到结垢问题的困扰，使设备经常非计划内停止运行。1996 年采用螺旋折流板代替弓形折流板、管内插入 hiTRAN 丝状花环内插件，安全运行 9 年后才更换丝状花环内插件。由于丝状花环内插件是专利产品，其计算方法也未对外发布，虽然该公司已经委托美国传热研究所（HTRI）将其模型嵌入 HTRI 商业软件 Xchanger Suite 中，但该模块并不对会员公开，采用该技术时只能请专利商设计。

三、复合强化传热技术

复合强化传热是指几种强化传热技术同时发挥作用的技术手段。如采用折流杆代替弓形折流板解决了壳程气体流动时发生的振动问题，随之带来的弊端是换热器壳程膜传热系数急剧下降。这时采用横纹管等能够通过二次扩展传热面的强化传热换热管代替光管，则在消除了振动隐患的同时可以保持换热器换热性能。若换热器整体换热效果不佳，而管、壳程膜传热系数都偏低，根据介质特点选择能够同时提高管、壳程膜传热系数的换热管，从而提高整台设备的换热性能。本节描述的复合强化传热技术主要是具有双面强化传热作用的换热管。

双面强化换热管是指具有同时强化管程、壳程传热能力的单一传热元件。文献中提到的螺旋槽纹管、横纹管以及近年应用广泛的扭曲管等，均具有双面强化传热的特点。管内为烧结型多孔表面、管外为纵槽管的表面多孔管是同时强化沸腾和冷凝的高效换热管。

1. 横纹管

自苏联科学家于 20 世纪 70 年代发表横纹管研究报告后，横纹管强化传热的优势得到了认可，针对横纹管的研究得到了极大的发展[29,30]。

横纹管是采用滚压方式一次加工双面形成的双面强化管，有些文献称为横纹槽管，结构示意图见图 5-11。其强化传热的机理是：管内为单相流体时，横纹槽管靠增加湍流程度来提高膜传热系数。当换热管管内流体流经横向环凸起肋时，附近形成轴向漩涡，流体扰动增加，破坏了边界层。当漩涡将要消失时流体又经过下一个环肋，边界层再次遭到破坏。周而复始，管内金属壁面处难以形成稳定的边界层，从而保

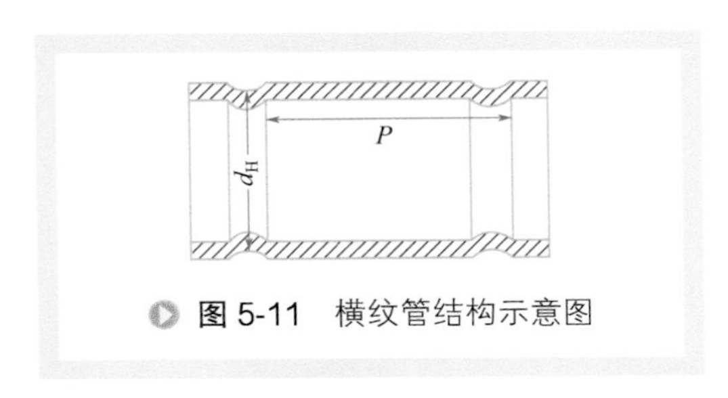

图 5-11　横纹管结构示意图

证管内介质始终处于高传热性能区。实验表明影响横纹管的主要结构参数是肋间距和肋形。管外介质冷凝时，合理选择节距，冷凝液的表面张力起控制作用，冷凝液从沟槽下方滴落，冷凝液表面张力产生的压力梯度减薄冷凝液膜、强化管外冷凝传热。用水冷却管外氨蒸气进行试验，横纹管冷凝器的总传热系数是光滑管的1.65 倍[31]。

由于流体在横纹管中产生的旋涡处于近壁处，仅仅是破坏边界层，对中心流体影响不大，流体阻力比相同节距和槽深的螺旋槽纹管小[32]。

对于无相变介质在 $10^4<Re<4\times10^5$ 范围内的膜传热系数计算方法，林宗虎推荐比较成熟的 Кадинин 研究成果。

（1）横纹管管内膜传热系数[33]　横纹管管内为气体流动时，且管壁温度和流体温度的比值在 0.13 ～ 1.6 范围内，则

管内膜传热系数：

$$h_{\mathrm{i}} = C_{\mathrm{i}} \times h_{\mathrm{i光管}} \tag{5-38}$$

管内介质被加热时：

$$h_{\mathrm{i光管}} = 0.0207\frac{\lambda}{d_{\mathrm{i}}}Re^{0.8}Pr^{0.43} \tag{5-39}$$

管内介质被冷却时：

$$h_{\mathrm{i光管}} = 0.019\frac{\lambda}{d_{\mathrm{i}}}Re^{0.8}Pr^{0.43} \tag{5-40}$$

当 $10^4<Re<4\times10^5$，$\dfrac{d}{d_{\mathrm{i}}}=0.88\sim0.98$，$\dfrac{p}{d_{\mathrm{i}}}=0.25\sim0.8$ 时

$$C_{\mathrm{i}} = \left(1+\frac{\lg Re-4.6}{35}\right)\times\left(3-2\mathrm{e}^{\frac{-18.2(1-d/d_{\mathrm{i}})^{1.13}}{(p/d_{\mathrm{i}})^{0.326}}}\right) \tag{5-41}$$

当 $10^4<Re<4\times10^5$，$\dfrac{d}{d_{\mathrm{i}}}=0.88\sim0.98$，$\dfrac{p}{d_{\mathrm{i}}}=0.8\sim2.5$ 时

$$C_{\mathrm{i}} = \left(1+\frac{\lg Re-4.6}{30}\right)\times\left[\left(3.33\times\frac{p}{d_{\mathrm{i}}}-16.33\right)\times\frac{d}{d_{\mathrm{i}}}+\left(17.33-\frac{3.33p}{d_{\mathrm{i}}}\right)\right] \tag{5-42}$$

当 $10^4<Re<4\times10^5$，$\dfrac{d}{d_{\mathrm{i}}}=0.9\sim0.97$，$\dfrac{p}{d_{\mathrm{i}}}=0.8\sim10$ 时

$$C_{\mathrm{i}} = \left(1+\frac{\lg Re_{\mathrm{w}}-4.6}{7.45}\right)\times\left[\frac{1.14-0.28\left(1-\dfrac{d}{d_{\mathrm{i}}}\right)^{0.5}}{1.14}\right]\times\mathrm{e}^{\frac{9(1-d/d_{\mathrm{i}})}{(p/d_{\mathrm{i}})^{0.68}}} \tag{5-43}$$

横纹管内为液体流动，当 $\frac{d}{d_i} \geqslant 0.94$， $\frac{p}{d_i} = 0.5$， $Re \geqslant Re_c$ 时

$$h_i = 0.0216\left[100\left(1-\frac{d}{d_i}\right)\right]^{0.445} \times Re^{0.8} Pr^{0.446} \tag{5-44}$$

其中，极限雷诺数 $$Re_c = 3150\left(1-\frac{d}{d_i}\right)^{-1.14} Pr^{-0.57} \tag{5-45}$$

（2）横纹管管外膜传热系数[34] 横纹管用于管外流体纵向冲刷管束时强化传热，其管外膜传热系数可按式（5-46）计算。

$$h_o = C_o h_{o光管} \tag{5-46}$$

当 $\frac{p}{d_o} = 0.454$， $0.9 \leqslant \frac{d_H}{d_o} < 0.97$ 时，临界雷诺数按照式（5-47）和式（5-48）计算。

$$Re_1 = \left(30\frac{d_H}{d_o} - 26.4\right) \times 10^4 \tag{5-47}$$

$$Re_2 = \left(16.8\frac{d_H}{d_o} - 12.1\right) \times 10^4 \tag{5-48}$$

当 $Re \leqslant Re_1$ 时 $$C_o = 1 \tag{5-49}$$

当 $Re_1 < Re \leqslant Re_2$ 时

$$C_o = 1 + 0.465\frac{\lg Re - \lg Re_1}{\lg Re_2 - \lg Re_1} \times \left(1 - e^{-33.7(1-d_H/d_o)}\right) \tag{5-50}$$

当 $Re > Re_2$ 时

$$C_o = 1.465 - 0.465e^{-33.7(1-d_H/d_o)} \tag{5-51}$$

$$d_H = d_o - 2\varepsilon$$

式中 h_i——横纹管管内膜传热系数，W/（m²·K）;

$h_{i光管}$——光管管内膜传热系数，W/（m²·K）;

h_o——横纹管管外膜传热系数，W/（m²·K）;

$h_{o光管}$——光管管外膜传热系数，W/（m²·K）;

d——横纹管内径，m；

d_H——槽深处管径，m；

d_i——横纹管未加工部分的内径，m；

d_o——横纹管未加工部分的外径，m；

ε——横纹管内肋片高度（又称波谷高度），m；

p——横纹管波距，m；

Re_w——管壁温度下的雷诺数，无量纲。

试验表明[35]横纹管的渐近污垢热阻值约为光管的0.83倍，表明横纹管有较好的阻垢性能。

2. 扭曲管

扭曲管是将圆管压扁后扭曲加工制成，故有国内文献称为螺旋扭曲管、螺旋扁管、螺旋扭曲扁管等，国外文献一般称为Twisted Tube。在扭曲管管束中，取消了折流板，换热管与换热管之间在不同方向互相依靠、自支撑形式如图5-12所示。

1980年苏联研究人员最早提出了扭曲管换热器的构想，并对其传热和阻力性能进行了研究，B.V.Dzyubenko、L.V.Ashmantas和M.D.Segal等继续进行了理论分析和实验研究之后，提出可用于工程设计中采用的半经验公式[36]。Koch Heat Transfer Company拥有Twisted Tube（扭曲管）的专利技术，并成功应用于流程工业中，其公司网站上发布有多篇关于扭曲管设计及应用的报告[37-39]。

不同于常规弓形折流板换热器，由于取消了折流板，扭曲管换热器壳程介质没有横向冲刷的过程，而是旋转着向前流动，类似螺旋流动。又不同于螺旋折流板换热器壳程介质带有离心力的螺旋流动，扭曲管换热器壳程介质是围绕每一根换热管进行螺旋流动，R.Donald Morgan在其文章中生动地绘制了扭曲管壳程、管程流体流动形式[38]（见图5-13）。这种螺旋状流动有效减薄换热管管外的边界层，强化传热性能；同时避免了流体与换热管的猛烈碰撞，消除了采用折流板结构时壳程流体横向冲刷和流向不断变换所带来的压力损失。

自20世纪90年代，国内学者也开始研究扭曲管的性能，发表了近百篇文献[40-48]，获得了针对不同扭曲管结构的传热和压降试验关联式。天津大学思勤等对不同结构的螺旋扁管管内传热及流体阻力性能进行实验研究，梁龙虎介绍了不同节

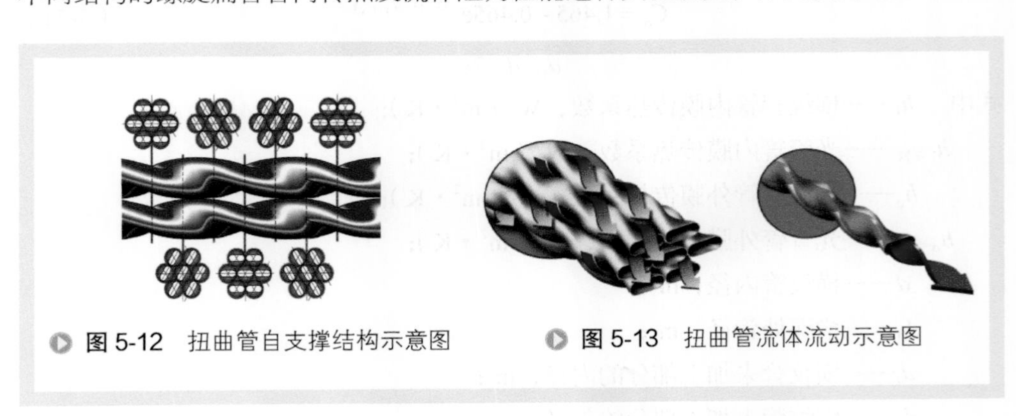

图5-12 扭曲管自支撑结构示意图

图5-13 扭曲管流体流动示意图

距螺旋扁管换热器的传热和阻力性能，并与光管换热器做了比较[40,41]。钱颂文教授在2000年即撰文介绍扭曲管和混合管束换热器研究及其应用情况，称其强化传热可节省传热面积26.5%～51%[42]。2003年，黄德斌等在设计的油-水换热实验台上，对4种不同结构的螺旋椭圆扁管和2种尺寸的直椭圆管套管式换热器进行了实验研究，归纳出了管内换热及阻力公式。试验证明螺旋椭圆扁管用于低 Re 运行时层流或过渡流效果更佳[43]。2009年中国石化工程建设有限公司与华东理工大学合作，对抚顺化工机械设备制造有限公司加工制造的扭曲管进行了研究。在华东理工大学实验室研究的基础上，中国石化工程建设有限公司进行了理论分析和计算流体动力学（CFD）模拟，并通过工业试验台位进行模型修正，课题组陆续发表了有关的实验和数值模拟结果的论文[44-47]。

B.V.Dzyubenko等系统介绍了扭曲管换热器的热力学设计方法[49]，壳程膜传热系数的简化计算方法见式（5-52），管程膜传热系数可用式（5-53）计算。

$$h_o = 0.023\frac{\lambda}{d_{eo}}Re^{0.8}Pr^{0.4}\left(1+3.6\frac{p^2}{d_o d_{eo}}\right)^{-0.357}\left(\frac{T_w}{T_f}\right)^{-0.55} \tag{5-52}$$

$$h_i = 0.072\frac{\lambda}{d_{ei}}Re^{0.076}Pr^{0.4}\left(\frac{T_w}{T_f}\right)^{n}\left(0.5+0.4057\frac{p}{d_{ei}}\right)^{-0.16} \tag{5-53}$$

式中 T_w——换热管金属壁温，℃；

T_f——介质温度，℃；

p——扭曲管节距，m；

d_o——换热管外径，m；

d_{ei}——换热管当量内径，m；

d_{eo}——换热管当量外径，m。

美国Brown Fintube公司改进了扭曲管换热器制造技术，并将其应用于炼油、化工等各行业的无相变换热器、冷凝器及再沸器中。其公司的研究人员R.Donald Morgan和D.Butterworth等也对扭曲管换热器的传热与流阻特性进行了研究，其发表的文章中对扭曲管换热器和常规折流板管壳式换热器进行了设计对比，所对比的台位均能够节约换热面积50%[38]。国内也已经成功应用于蒸馏装置、加氢装置、催化裂化装置、催化裂解装置、重整装置、芳烃抽提装置、加氢脱硫装置等，获得了可观的经济效益。

3. 波纹管

波纹管于20世纪70年代开始用于管壳式换热器，其结构见图5-14。随着研究的深入和工业应用的推广，研制出不同波形的波纹管，多年来在工程应用中取得了良好的经济效益。

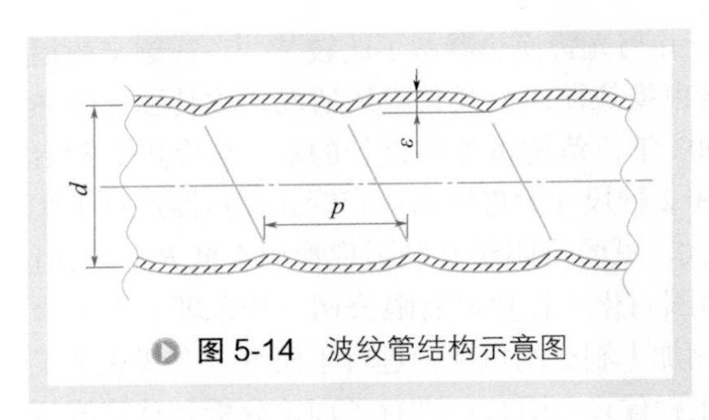

图 5-14 波纹管结构示意图

波纹管的波峰与波谷之间有一定的高度差，流体在波纹管内、管外流动时，在波纹管的波峰处流速降低，静压增加，在波谷处流速增加，静压降低。流体的流动在反复改变轴向压力梯度下进行，在波型壁面附近形成轴向小涡流，扰动边界层内的流体，使边界层分离，从而减薄边界层。即使在较低流速下，也很容易产生湍流流动。管内、管外同时强化传热，使换热器的总传热系数提高一倍。在低雷诺数下，波纹管的换热与阻力性能比明显好于光管；在高雷诺数下，由于压降增加迅速，波纹管与光管的换热与阻力性能比非常接近。由于波纹管管束界面不断变化，管、壳程流体始终处于高度湍流状态，对换热管管壁形成良好的冲刷，从而破坏了边界层和污垢层的厚度，管壁上不易形成垢层；同时湍流使得流体中的污垢颗粒难以沉积。由于波纹管内、管外表面曲率变化大，具有伸缩性，即使结垢，硬质污垢比较容易脱落，其抗垢性能优于光管 [50]。某供热所使用五个供暖期后检测未发现结垢 [51]。

关于波纹管技术，发表了大量关于热力学研究及实验室工作的文献 [52-54] 和工业应用及强度设计方面的文献 [55,56]。刘巍在其主编的《冷换设备工艺计算手册》中也介绍了波纹管的计算方法。利用大量的实验数据关联，得到适用于表 5-2 推荐的波纹管几何参数范围的管内外传热和压力降模型 [3]，公式的实验误差为 ±10% 以内。

表5-2 波纹管几何参数

基管（外径 × 壁厚）/mm	19×2	25×2.5
波距 p/mm	11 ～ 13	17 ～ 19
波谷高度 ε/mm	1.0 ～ 1.2	1.4 ～ 1.6

（1）管程膜传热系数 波纹管管内膜传热系数是以光管管外表面积为基准，考虑管子几何结构的影响。

管内膜传热系数：$$h_{io}=\frac{\lambda_i}{d_o}J_{Hi}Pr_i^{\frac{1}{3}}\left(\frac{\varepsilon}{d_i}\right)^{0.478}\left(\frac{p}{d_i}\right)^{-0.383}\left(\frac{\mu}{\mu_w}\right)^{0.14} \tag{5-54}$$

传热因子 J_{Hi} 按下式计算：

当 $Re_i \leqslant 2500$ 时 $$J_{Hi}=0.1098Re_i^{0.8653} \tag{5-55}$$

当 $2500<Re_i<12000$ 时 $$J_{Hi}=0.2475Re_i^{0.7747} \tag{5-56}$$

当 $Re_i \geqslant 12000$ 时 $$J_{Hi}=0.7872Re_i^{0.6446} \quad (5-57)$$

（2）壳程膜传热系数　波纹管换热器由于管外轧制的凹槽较浅，对扩展管外表面积的作用不大，因此不能依据翅化比来修正管外膜传热系数。通过大量的科研试验和工业应用验证，现推荐以光管管外表面积为基准，计算波纹管外膜传热系数，然后作修正。公式实验误差：±5%。

$$h_o=C_b h_{o光管} \quad (5-58)$$

当 $Re_o \leqslant 7000$ 时 $$C_b=7.335\times10^{-5}Re_o+1.3746 \quad (5-59)$$

当 $Re_o>7000$ 时 $$C_b=1.78 \quad (5-60)$$

式中　C_b——波纹管修正系数，无量纲。

由于在高雷诺数时，波纹管的综合性能（传热系数 / 压力降）不佳，在介质处于高雷诺数区域时采用波纹管，要综合考虑动力损耗。

4. 高通量换热管

将用于立式再沸器的换热管管内加工为烧结型多孔表面，管外为纵槽表面。管内强化沸腾传热、管外强化冷凝传热，可承受更高的热通量，UOP 首先命名为 “High Flux” 换热管，国内通称高通量管，见图 5-15。

这种管内烧结多孔表面、管外开纵槽的换热管一般用于立式再沸器中，适合用在塔顶物料在壳程冷凝的立式再沸器内。此时塔顶热物料在换热管外侧冷凝，凝液沿着纵槽向下流动；塔底的再沸循环物料在管内金属烧结的表面汽化，两侧同时强化传热。

图 5-15　管内多孔表面管外纵槽的高通量管

该立式再沸器管程、壳程膜传热系数计算方法前面已有描述。采用式（5-33）计算高通量管的管内多孔表面沸腾膜传热系数，用式（5-24）计算管外纵槽管冷凝膜传热系数。

四、其他强化传热技术

德国林德公司于 19 世纪末成功研制出缠绕管式换热器，这是一种可实现多股物流换热的管壳式换热器，由缠绕在换热器中心筒上的换热管束与外壳构成。缠绕管式换热器芯体如图 5-16 所示，由中心筒、换热管、垫条及管卡等组成。换热管

图 5-16　缠绕管式换热器芯体

紧密地绕在中心筒上，每层换热管之间有定距元件，用平垫条及异形垫条分隔，保证管子之间的横向和纵向间距，垫条与管子之间用管卡固定连接，换热管与管板采用强度焊加贴胀的连接结构，中心筒在制造中起支承作用。

管程流体由管程入口进入管箱，沿缠绕的换热管内以螺旋方式通过并进入出口管箱，最后从出口排出；壳程流体由壳程进口进入，逆流横向交叉通过装满缠绕管管束的壳体空间，最后从出口排出，避免了折流板结构换热器在折流板背面存在换热死区和垢物积聚沉淀等弊病。同时，流体在相邻管之间、层与层之间不断地分离和汇合，加强了管外侧流体的湍流，大大提高了传热系数。换热器结构紧凑，单位容积的传热面积可达普通列管式换热器的 2 倍以上，适用于大型化装置。换热管长度不受限制，耐压性能好，比板式换热器操作更加可靠、易维护。

大连理工大学张述伟教授指导学生完成了缠绕管式换热器计算方法的研究[57]，膜传热系数与绕管方式及结构密切相关。曲平在其论文中推荐了进行缠绕管式换热器热力学计算的简捷方法[58]，可比较快捷地进行简单设计。

壳程膜传热系数计算见式（5-61）：

$$h_o = 0.338\frac{\lambda}{d_e}F_t F_i F_n Re^{0.61} Pr^{0.333} \tag{5-61}$$

$$F_t = \frac{F_{顺排} + F_{错排}}{2} \tag{5-62}$$

$$F_i = (\cos\beta)^{-0.61}\left[\left(1-\frac{\phi}{90}\right)\cos\phi + \frac{\phi}{100}\sin\phi\right]^{\phi/235} \tag{5-63}$$

$$\phi = \alpha + \beta \tag{5-64}$$

$$\beta = \alpha\left(1-\frac{\alpha}{90}\right)(1-k^{0.25}) \tag{5-65}$$

$$F_n = 1-\frac{0.558}{n}+\frac{0.316}{n^2}-\frac{0.112}{n^3} \tag{5-66}$$

式中　F_t——流道结构修正系数，无量纲；

F_i——换热管倾斜修正系数，无量纲；

F_n——管排数修正系数，无量纲；

n——流动方向上一条直线上的管排数，$n>10$ 时，$F_n=0$；

β——实际流动方向偏离盘管中心线方向的角度（°）；

α——缠绕角，（°）；

k——盘管的特性数，盘管层左右缠绕时，$k=1$；单方向缠绕时，$k=0$。

管程膜传热系数计算方法如下：

$$Re_c = 2300\left[1 + 8.6\left(\frac{d_i}{D_m}\right)^{0.45}\right] \quad (5\text{-}67)$$

当 $100<Re<Re_c$ 时

$$h_i = \frac{\lambda}{d_i}\left\{3.65 + 0.08\left[1 + 0.8\left(\frac{d_i}{D_m}\right)^{0.9}\right]Re^m Pr^{0.333}\right\} \quad (5\text{-}68)$$

$$m = 0.5 + 0.2903\left(\frac{d_i}{D_m}\right)^{0.194} \quad (5\text{-}69)$$

当 $Re_c<Re<22000$ 时

$$h_i = \frac{\lambda}{d_i}\left\{0.023\left[1 + 14.8\left(1 + \frac{d_i}{D_m}\right)\left(\frac{d_i}{D_m}\right)^{0.333}\right]Re^m Pr^{0.333}\right\} \quad (5\text{-}70)$$

$$m = 0.8 - 0.22\left(\frac{d_i}{D_m}\right)^{0.1} \quad (5\text{-}71)$$

当 $2.2\times10^4<Re<15\times10^4$ 时

$$h_i = \frac{\lambda}{d_i}\left\{0.023\left[1 + 3.6\left(1 - \frac{d_i}{D_m}\right)\left(\frac{d_i}{D_m}\right)^{0.8}\right]Re^{0.8} Pr^{0.333}\right\} \quad (5\text{-}72)$$

式中　D_m——缠绕管束中心圆的平均直径，m；

d_i——换热管内径，m。

文献 [59] 介绍了一种更加简捷的计算方法，文献 [60] 则通过计算流体力学方法对缠绕管式换热器的热力学性能进行了研究。

与列管式换热器相比，缠绕管式换热器热端温差小，用于反应进料与出料换热，可以有效地回收反应产物的热量，降低加热炉的负荷，同时减少空冷、水冷负荷，降低反应系统能耗。目前在加氢裂化装置、芳烃装置、低温甲醇洗装置得到了成功的应用。

第二节　板式换热器

板式换热器是一种以板面为传热面、高效紧凑的换热器。与管壳式换热器相比，板式换热器的板间距小，易产生湍流，可强化传热效果；薄板片降低了壁面热阻；板间流动死区少，有效换热面积大；壁面光滑且剪切力大，不易结垢，污垢热阻小。

板式换热器主要通过改变板间距、板面波纹、板面螺旋以及板间增加翅片等方式强化传热。板式换热器高效紧凑的特性可实现小温差下的传热，使得工艺过程更加节能。

板式换热器结构形式很多，以适应石油化工装置不同的传热要求。可拆垫片板框式换热器由于垫片的限制，适用于低压、低温工况。全焊接板式换热器板片间采用焊接方式密封，耐高温高压性能好，应用范围越来越广。全焊接管板式换热器板片组合后形成两种流道，一侧为板片宽度方向的“管式”流道，另一侧为板片长度方向的波纹流道。管式流道可以实现 100% 机械清洗，类似管壳式换热器的管内流道。全焊接宽通道板式换热器一侧板之间无支撑，流动状态与矩形通道内流动类似。另一侧通道之间靠丁胞结构或者销钉支撑。该类产品矩形通道侧专门配套清洗工具，所以适用在颗粒度大、易黏结、易结焦的场合。全焊接板壳式换热器采用方形波纹板片作为传热元件装在筒形壳体内，真正实现了设备大型化。圆形板片板壳式换热器采用圆形波纹板片，片与片之间通过焊接形成板束，板束置于承压壳体中，可以用于高温，高压场合。

一、波纹板强化传热技术

波纹板结构迫使流体不断改变流动方向，有效地促进流体的湍动，在很低的雷诺数（*Re*）就可达到湍流状态，从而强化了传热。一般 $Re<10$ 时为层流，$Re>500$ 时进入湍流状态[61]。

波纹结构增加了流体与换热面之间的壁面剪切力，使得污垢不易在换热面附着、增长，具有一定的自清洁作用。减小了污垢厚度，也就进一步强化了传热。Cooper 等[62]用冷却水作为介质对在换热管和换热板的污垢性能进行研究，发现板式换热器不易结垢。工程设计中，板式换热器的污垢系数一般取常规管壳式的 1/5 ～ 1/10。

传热板片的型式很多，典型的几种如图 5-17 所示[63]。人字形板是典型的网状流板片，传热性能较好，但流阻较大且不适宜于含颗粒或纤维的介质。邱小亮[64]研究了人字形板片结构参数对传热的影响，认为随着波纹倾角的增大，换热效果逐渐增强，在波纹倾角 60°时达到最大；随着波纹高度的增大、波纹节距的减小，换

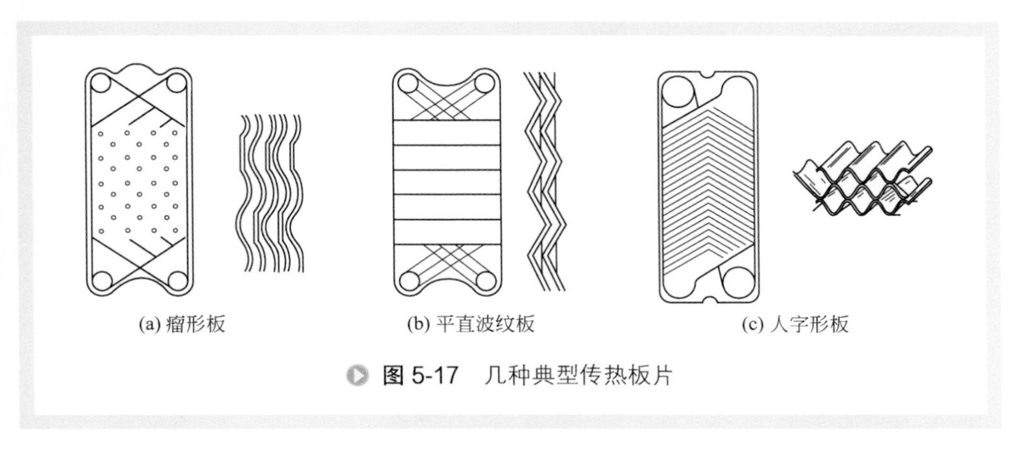

图 5-17　几种典型传热板片

热效果随之增强。流体流动形式也会逐渐由曲折流向十字交叉流过渡。通过研究努塞尔数随三个参数的变化曲线发现，换热最好时的流动形式是十字交叉流和曲折流同时存在的混合流，同时湍动能也在混合流时达到最大。水平平直波纹板的断面为等腰三角形或阶梯形。瘤形板上交替排列着许多半球突起或平头突起。瘤形板片也属于网状流动，流阻较小。

不同结构板片的传热模型相差很大，应根据实验测定所得的传热关联式作为板式换热器传热设计的依据。准确的计算模型均掌握在专利商手中，在此仅介绍通用的基本计算方法[65]。

1. 无相变过程传热基本公式

不同形状板片在湍流状态下的膜传热系数通用公式见式（5-73）、层流状态下的膜传热系数通用公式见式（5-76）。

$$h = C\frac{\lambda}{d_e}Re^n Pr^m \left(\frac{\mu}{\mu_w}\right)^x \tag{5-73}$$

$$d_e \approx \frac{2b_p}{\phi_a} \tag{5-74}$$

$$\phi_a = \frac{A_1}{A_p} \quad (1.0 < \phi_a < 1.25) \tag{5-75}$$

$$h = C_1\frac{\lambda}{d_e}\left(\frac{RePrd_e}{L}\right)^{n_1}\left(\frac{\mu}{\mu_w}\right)^{0.14} \tag{5-76}$$

式中　b_p——板片间距，m；

A_1——板片有效面积，m^2；

A_p——板片投影面积，m^2；

L——垫片内板片宽度，m。

常数取值范围为：C=0.15～0.40，n=0.65～0.85，m=0.30～0.45，x=0.05～0.20；C_1=1.86～4.50，n_1=0.25～0.33。

2. 冷凝膜传热系数

影响板式冷凝器冷凝换热的因素有流速、气相质量分率、物性、蒸气与凝液的流动方向等。当介质在板式换热器内冷凝时，Kumar H. 推荐的计算模型见式（5-77）。

$$h = C\frac{\lambda}{d_e}Re_l^n Pr_l^{0.33}\left(\frac{\mu_l}{\mu_w}\right)^{0.14} \tag{5-77}$$

$$Re_l = \left[G_l + G_v\left(\frac{\rho_l}{\rho_v}\right)^{\frac{1}{2}}\left(\frac{f_v}{f_l}\right)^{\frac{1}{2}}\right]\frac{d_e}{\mu_l} \tag{5-78}$$

式中　G——质量流量，kg/（s·m^2）；

ρ——密度，kg/m^3；

f——摩擦系数，无量纲；

下标：v——气相；l——液相；w——壁面。

常数取值范围为：C=0.1～0.3；n=0.65～0.8，一般为0.7。

3. 沸腾膜传热系数

当介质在板式换热器内沸腾时，Chen J.C. 推荐按式（5-79）计算沸腾膜传热系数。

$$h_b = Sh_{池沸腾} + h_{对流传热} \tag{5-79}$$

式中，核状沸腾影响系数 S 与沸腾过程有关，在泡状流区（包括过冷沸腾），取值为1；块状及气塞状流区，$0<S<1$；环状流区，S=0。

二、螺旋板强化传热技术

螺旋板式换热器由外壳、螺旋体、密封及进出口管嘴等组成。螺旋体用两张平行的钢板卷制而成，板间距用焊在板上、规则分布的定距柱来保证，两张钢板边沿密闭，螺旋体两侧靠盖板密闭，盖板有可拆和不可拆两种。通常情况下，无相变流体沿螺旋通道流动，有相变流体在螺旋通道内轴向流动。

流体沿紧凑狭长的单一通道在两板之间流动，流动湍流程度大；冷、热流体可以实现逆流流动，传热温差损失小；单一通道内局部沉积会自动增加流速，加强冲刷，具有自清洁作用。还具有温差应力小、制造简单，密封可靠等优点。但是单台设备处理能力受限、设备承压能力有限，维修和机械清洗比较困难。

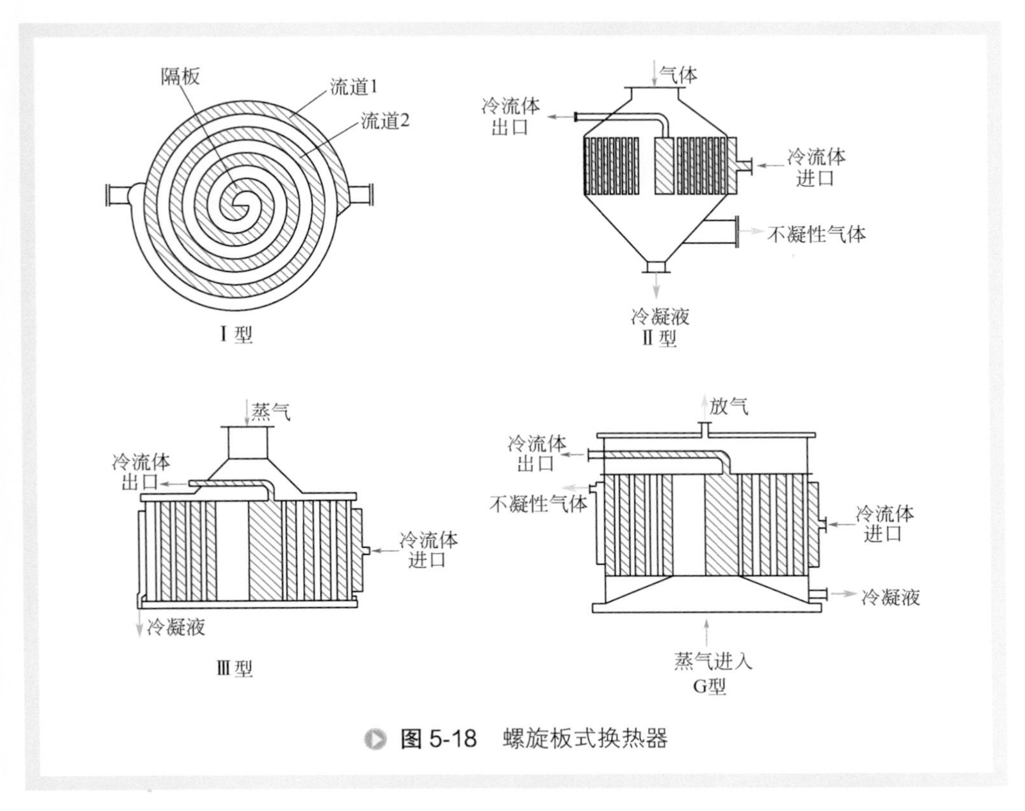

图 5-18　螺旋板式换热器

螺旋板式换热器按其流道型式一般分为Ⅰ型、Ⅱ型、Ⅲ型和“G”型几种[66]，如图 5-18 所示。

螺旋板式换热器的流道为矩形截面的螺旋弯曲通道，传热系数及流体压力降计算困难，目前计算公式来自一些经验和实验数据归纳。对螺旋板式换热器膜传热系数可用国内计算法或者美国 Union Carbide 公司的“简便计算法”。本书仅介绍国内计算法[67]，文献 [68] 详细介绍了“简便计算法”。

计算膜传热系数之前，首先分别按式（5-80）～式（5-82）计算螺旋通道流通面积、当量直径及流速。

$$s = bB_e \tag{5-80}$$

$$d_e = \frac{2B_e b}{B_e + b} \tag{5-81}$$

$$u = \frac{W}{3600\rho s} \tag{5-82}$$

式中　s——螺旋通道的流通面积，m^2；

b——螺旋通道间距，m；

d_e——螺旋通道当量直径，m；

B_e——螺旋板有效宽度，m；

u——流速，m/s；

W——质量流量，kg/h；

ρ——流体密度，kg/m^3。

1. 无相变时螺旋板换热器膜传热系数

定距柱间距为100mm，正三角形排列，定距柱密度n_s=116个/m^2。在定距柱尺寸为ϕ10mm×10mm的螺旋通道中，湍流状态下膜传热系数计算式为：

$$Nu=0.04Re^{0.78}Pr^n \tag{5-83}$$

定距柱间距为70mm，n_s=232个/m^2，螺旋通道中给热系数为：

$$Nu=0.029Re^{0.829}Pr^n \tag{5-84}$$

无定距柱的螺旋通道中给热系数为：

$$Nu=0.02Re^{0.824}Pr^n \tag{5-85}$$

式中 Nu——努塞尔（Nusselt）数，无量纲；

n——指数：液体被加热或气体被冷却时，n=0.4；液体被冷却气体被加热时，n=0.3。

2. 冷凝时螺旋板换热器膜传热系数

气体在螺旋板换热器内冷凝时，其冷凝膜传热系数按式（5-86）计算。

$$h=0.943\sqrt[4]{(\Delta H_v \rho_f^2 \lambda_f^3)/[\mu_f B_e (T_o - T_w)]} \tag{5-86}$$

式中 h——冷凝膜传热系数，W/（m^2·K）；

ΔH_v——汽化潜热，W/kg；

ρ_f——冷凝液膜平均温度下的密度，kg/m^3；

λ_f——冷凝液膜平均温度下的导热系数，W/（m·K）；

μ_f——冷凝液膜平均温度T_f下的黏度，Pa·s；

B_e——螺旋板有效宽度，m；

T_o——饱和蒸汽温度，℃；

T_w——壁温，℃。

三、翅片强化传热技术

板翅式换热器是一种在平行隔板之间设置翅片的板式换热器，结构紧凑，如图5-19所示。这种换热器重量轻、可以实现多股流同时换热、传热效率高、强化

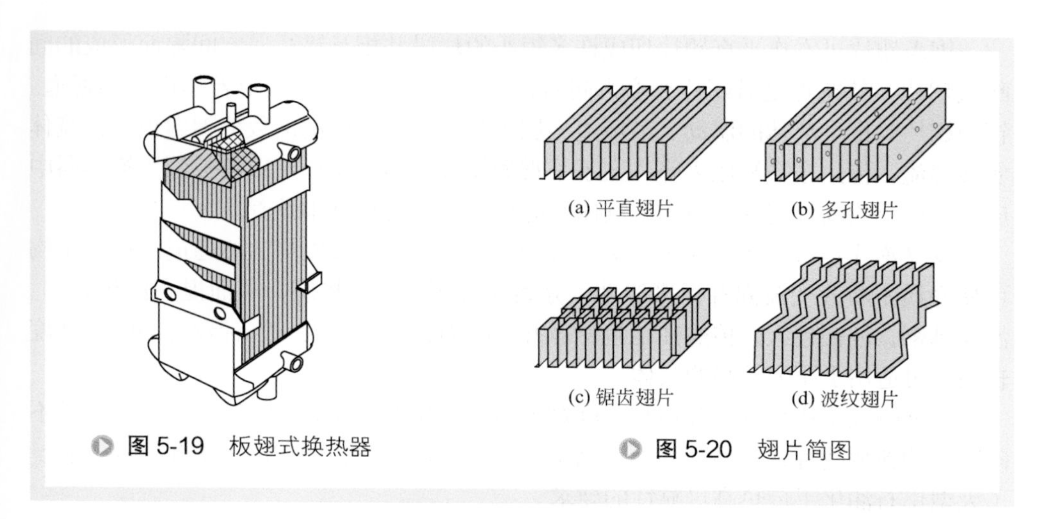

图 5-19　板翅式换热器

图 5-20　翅片简图

传热效果好，传热速率是普通管壳式换热器的 10 ～ 30 倍，适用于低温、小传热温差、压降小或冷热流体传热都需要强化的场合，能够实现 0.5 ～ 1℃传热温差下的传热，因而更加节能。但由于结构限制，易堵塞、强度差，承受最高温差有限，工作压力、温度均有一定的要求，不适用高温高压场合，而且要求介质比较干净、不易腐蚀。

翅片是板翅式换热器的基本元件，起到多重重要作用。翅片促进流体湍流并破坏传热边界层的发展，强化传热。翅片还对板片起到支撑作用，提高了板翅式换热器的强度。

板翅式换热器中应用的翅片型式有很多种，常见的有平直翅片、多孔翅片、锯齿翅片和波纹翅片，见图 5-20。根据强化传热的需求选择不同的翅片结构和参数，传热系数小的一侧宜采用高而薄的翅片，着眼于强化传热和增大传热面积；传热系数较大的一侧宜采用低而厚的翅片，这样可获得较大的翅片效率。在两侧传热系数相差悬殊的场合可以采用复叠布置。

平直翅片由薄金属片冲压和滚轧而成，具有较高的承压强度，其传热与流体力学特性与管内流动相似。因为对介质的扰动效果不大，传热系数和压降都比较小，多用于流动阻力要求严格的场合。还可用于流体中含有微小颗粒，又要避免其沉淀的场合。与其他翅片相比较，平直翅片具有较高的强度。可用于板翅式换热器管束最外层增加空的通道，以增加板翅式换热器强度。

多孔翅片是先在薄金属片上冲孔，然后再冲压或滚轧成形。翅片上密布许多小孔，多孔翅片的开孔率一般在 5% ～ 20%。孔隙的存在可使热阻边界层不断破裂，以提高传热效率并使介质在翅片中分布更均匀，也有利于杂质颗粒的冲刷和排除。冲孔使得传热面积减小、翅片强度削弱。这种翅片多用于有相变的介质传热，如再沸器和冷凝器。

锯齿翅片可看作平直翅片切成许多短小的片段并相互错开一定间隔而形成的间断式翅片。其特点是沿翅片长度方向有许多微小的凹槽，构成形若锯齿状的通道。锯齿翅片对促进流体的湍动、破坏边界层十分有效，在低雷诺数范围内也能使流体实现湍流，传热系数和压力降均大于平直型翅片。锯齿翅片是目前板翅式换热器中应用最广泛的高效翅片，适用于气体通道和黏度较大的液体通道。

波纹翅片是将金属片冲压或滚轧成一定的波纹形，形成弯曲的通道。这种结构可使介质不断改变流向并促进湍动、分离和破坏热阻边界层，从而提高传热效率。波纹越密，波幅越大，传热性能也就越好，阻力也随之增大。这种翅片的耐压强度较高，可适用于压力较高的气体。

通过研究翅片高度、节距和厚度对传热效果和阻力降的影响，开发出了多种不同特性的新型翅片，包括高强度、高密度、高传热因子和低摩擦因子翅片等，满足了大型化石油化工传热高可靠性的要求。

板翅式换热器传热效果与翅片结构及流体 *Re* 有密切关系，没有通用关联式可用于指导设计，一般采用尾花英朗推荐的方法[69]。对于无相变传热，计算换热器内流体 *Re* 后，查出该种翅片结构下对应 *Re* 的传热因子 $j_{\rm H}$，再由式（5-87）计算其膜传热系数。对于相变换热器，使用管壳式换热器管内计算方法来近似计算。

$$h=j_{\rm H}Gc_pPr^{-2/3} \tag{5-87}$$

式中　G——以翅片板最小流通面积计算的质量通量，kg/（m^2·s）；

　　c_p——流体比热容，kJ/（kg·℃）；

板翅式换热器大量应用在空分行业和石油化工行业，在这些低温过程中，多发生蒸发、冷凝及多股流换热等复杂的传热过程，要求换热器具有极高的传热效率和非常小的热力不可逆损失，关键部位的传热温差甚至只有 0.5 ～ 1.0℃。

乙烯装置大冷箱内约有 20 股流体，总热负荷几十兆瓦，其中冷剂冷量占冷箱内总冷量的 60% ～ 70%。冷箱中乙烯、丙烯和甲烷的温度、压力与组成密切相关。冷剂在冷箱内冷凝和蒸发过程复杂，在很大的温度范围内存在两相流。气液两相流体进入板翅式换热器导流片时，两相流体在拐弯处因离心力的作用会出现气液分离，导致两相流体分配到每个通道分配不均匀。有研究表明，在低温双相变板翅式换热器中，只要有某个蒸发通道的液体分配较少，就会立即出现“蒸干”现象，传热温差急剧减小，板翅式换热器内传热将会立即恶化，相邻通道内流体就不能有效换热，造成换热组元件失效。因此如何把两相流体均匀分配到板式换热器每个通道中成为冷箱设计的关键因素。在气液两相流体的入口处与换热器内的各层通道之间，设置有效的气液两相流体的分配结构和均匀混合结构显得尤为重要。设计合理的汽液均布结构，可以有效提高换热效率，目前可获得的最低传热温差可达到 0.57℃。

第三节 管式加热炉

石油化工行业炼油装置常用的管式加热炉分为两大类：管内无化学反应的一般炼油加热炉和管内有化学反应的制氢转化炉。

炼油工业使用管式加热炉炉型经历了堆形炉、纯对流炉到箱式炉、圆筒炉的发展过程，如今的管式加热炉一般由辐射室、对流室、余热回收系统、燃烧器以及通风系统五部分组成，典型结构见图 5-21[70]。

在管式加热炉中，燃料在辐射炉膛内燃烧产生的高温火焰和烟气作为热源通过管壁加热炉管中流动的介质，使其达到工艺所需的换热温度。炉膛内存在着燃烧过程、火焰和高温烟气辐射传热过程、烟气对流传热过程、管壁固体的热传导过程、管内介质的吸热过程等复杂的多项换热，因此辐射传热、对流传热和热传导三种传热方式在传热过程中并存。强化炉管内外传热对提高传热效率，进而提高加热炉热效率、节约能源有重要意义。

一、管外强化传热

由于管式加热炉的高温火焰及烟气以辐射传热和对流传热的方式传给炉管，因此对于炉管外部的强化传热手段也是从这两种传热方式着手研究。

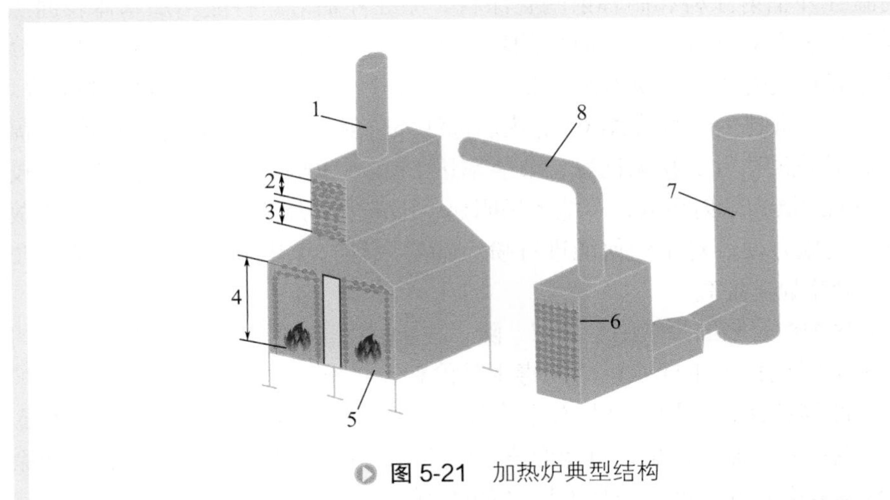

图 5-21　加热炉典型结构

1—烟囱通风系统；2，6—余热回收段；3—对流室；4—辐射室；5—燃烧器；7—独立烟囱；8—连接烟道

1. 辐射强化传热

对于加热炉辐射强化传热的研究比较多，集中在加热炉内烟气流场、温度场以及污染物的生成规律和对于其优化设计等方面。随着燃烧理论模型的日益完善，CFD（计算流体动力学）数值模拟方法得到了广泛应用，是优化设计和研究开发经济高效的手段。目前辐射强化传热主要通过以下几个方面来实现。

（1）加热炉内安装强化辐射元件　传统技术传热效率低的本质原因在于炉膛内热射线呈漫反射状态，最终部分热射线通过炉壁散热损耗掉。基于此，李治岷等[71]提出一种既可以实现增大黑度又可以增加面积的方法，即启用黑体元件，在不增加加热炉的热功率、不减少发射率的条件下，该黑体元件集增大炉膛面积、提高炉体黑度、增加辐射度三项功能于一体。据兰贝特定律，热源空间各方向发射的辐射能，法线方向能量最多，因此将黑体元件安装在炉内顶部强化传热效果最好。

（2）辐射室出口安装新型反射板　加热炉辐射室出口烟气温度较高，直接流出带走相当部分的热量，降低辐射室热效率。窦从从等[72]提出在辐射室内出口处安装反射板，使烟气回流以增加烟气在室内的停留时间，并采用CFD数值模拟的方法对比了不同结构的反射板与不加反射板对于辐射传热的影响，结果表明增加反射板对于辐射传热有一定的促进作用，尤其是两边带有倾斜度的反射板改善了辐射炉膛上部的受热情况，降低烟气出口温度，提高辐射热效率。

（3）加热炉衬里涂装高辐射涂料　大多数加热炉中，辐射室炉墙衬里采用的都是耐火材料，涂装高辐射涂料能够增加辐射传热的效率。目前使用的涂料大致分为两类：高温红外辐射涂料和高辐射陶瓷涂料。涂红外辐射涂料能增加基体表面黑度，增强基体表面对热源热量吸收后的辐射传热，改变了传热区内辐射的波谱分布，将热源间断式的波谱转变为连续形式的波谱，进而促进被加热物热量的吸收。如国内某研究所研制生产的以Al_2O_3等优质远红外辐射复合粉料为基料的远红外辐射涂料[73]，其抗冲击性、抗振性好，节能率达15%～30%。高辐射陶瓷涂料能较大幅度地增加炉墙的辐射系数，节能效果明显，不需要对加热炉原来的结构形式做任何改变，实施方便；对于任何能进行喷涂辐射涂料的加热炉都能运用，范围较广，加热炉效率显著提高。

（4）加热炉炉管表面涂装纳米涂层　除了在炉膛内部衬里增加涂层外，某公司研发的以稀土氧化物为主要原料的无毒水基涂料，具有高发射率、耐高温、保护性、非浸润性等特性，适用于金属和非金属材料基体，能够随基体一起收缩及膨胀，抗热交变性强，施工简单，可像面漆一样喷涂施工，可用于加热炉炉管表面涂层，以达到提高受热面黑度，提高传热效率的目的。

2. 对流强化传热

管式加热炉的辐射室与对流室的吸热量比，关系到加热炉的热效率和金属耗量的高低。强化对流传热是提高热效率的一个重要手段[74]。在对流室中，由于炉管外的烟气膜传热系数比管内介质的膜传热系数小得多，因此起控制作用的热阻在烟气侧。目前强化对流传热的方式主要有以下几个方面。

（1）采用翅片管或钉头管　翅片安装在炉管外壁烟气侧。由于翅片侧的表面积比光滑管大得多，因此能够有效地增加对流传热量，翅片管在增加对流传热面积的同时还具有增强烟气扰流的效果。常用的翅片形式有条形翅片、环形翅片和钉头。外加钉头的强化传热炉管与相应光滑圆管比较，前者的流体升温曲线在炉管初始段明显高于后者，但是到出口段时，两者流体温度曲线差别不大[75]。应用该炉管，在没有显著影响产品收率[76]的前提下，可以提高生产能力并延长加热炉的操作周期。

（2）设置对流室折流体　在对流段的烟气流动路径壁面上设置烟气折流体，防止发生烟气偏流，同时对烟气产生扰动作用。

（3）设置吹灰器　在烧油或油气混烧的加热炉对流段，设置吹灰器，定期对沉积在对流炉管及扩面上的积灰进行清理，减少炉管外壁结垢热阻，降低烟气压降，提高管外传热系数。

（4）采用高流速传热技术　对流传热系数的大小，主要与烟气流速、对流管直径大小及其布置形式等有关。通过采用烟气高流速传热技术，可以减小对流受热面的管径并缩小对流室宽度，增加烟气流速；在强化对流传热的同时减少了对流受热面的金属耗量，节省投资。

（5）采用强化传热管　采用带有凹形螺旋槽纹的异形钢管作炉管，其传热系数为光管的 1.4 ～ 1.5 倍，使换热量有较大提升，达到强化传热的目的，但烟气阻力将增加 1.9 ～ 2.5 倍，应注意炉管的排布设计。

（6）采用烟气扰流器　在光滑的烟道内设置烟气扰流器，破坏靠近壁面处的边界层，增强烟气湍流，用以强化对流传热。目前已经应用的烟气扰流器典型结构如图 5-22 所示：扁钢扭成的麻花辫形（a）、圆钢扭成的螺旋线形（b）、波纹形[（c）、（d）]等。

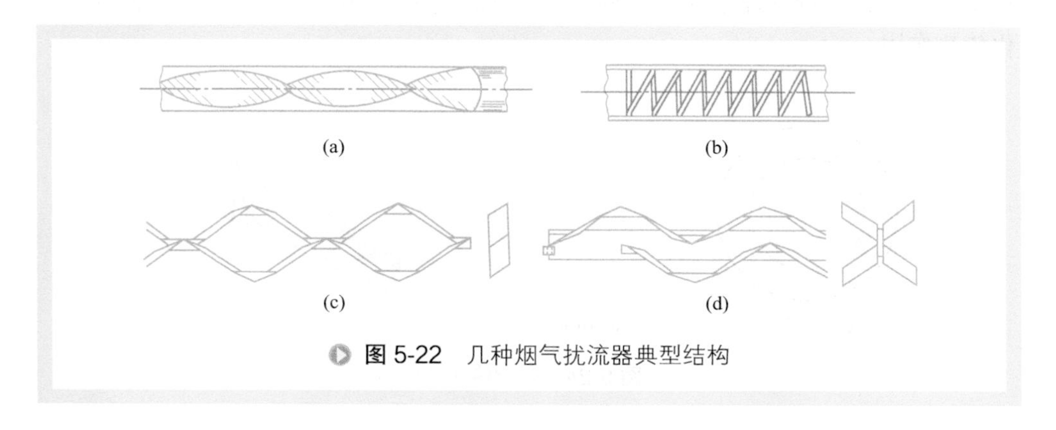

图 5-22　几种烟气扰流器典型结构

二、管内强化传热

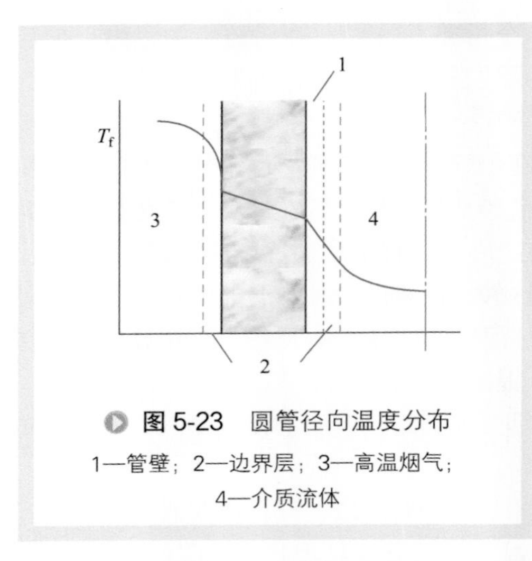

图 5-23 圆管径向温度分布

1—管壁；2—边界层；3—高温烟气；4—介质流体

管内的传热主要是对流传热，炉管内部热阻主要集中在结焦层和边界层（图 5-23）。常用的方法为提高管内的流速，以提高管内膜传热系数，减薄边界层。随着流速增加，压力降变大，管内平均压力需相应提高。此领域的研究重点放在不大幅度提高压降的前提下，强化管内传热过程，减弱边界层的热阻影响，如新型结构的炉管和内构件。

内肋和内插件也可以用于强化管内传热。现在研究较多的强化传热炉管有梅花管、MERT 炉管、扭曲片强化传热炉管等。

梅花管［见图 5-24（a）］能够有效增大传热面积，改善炉管内物料的流动状况，此类管一般有螺旋型和直翅型两种。螺旋型炉管是最早在工业上应用的管内强化传热管。

某公司推出的 MERT 管［见图 5-24（b）］在 20 世纪 90 年代市场占有率较大。该炉管与光滑圆管相比，传热系数提高 20% ～ 50%，内表面积增加 2%，在相同工艺反应深度下，装置的运行周期为光滑圆管的 2 倍，但压降相应增大 2 ～ 3.5 倍。

曾清泉等[77]发明了内置扭曲片传热管，扭曲片在传热管内的布置如图 5-24（c）所示。这种炉管除了能使传热系数增大、炉管壁温度下降外，管内物料旋转前进，产生的横向流动对管壁形成强烈的冲刷，不仅使边界层厚度减薄，提高对流传热系数，更使表面不易形成结焦，延长了设备的运转周期。小试、中试和工业试验[78,79]结果表明，扭曲片强化传热炉管可以使结焦量最大减少 40.15% ～ 42.30%，运行周期明显变长，炉管处理量提高 10%，炉管壁温度下降 20℃左右，起到了很好的强化传热作用。

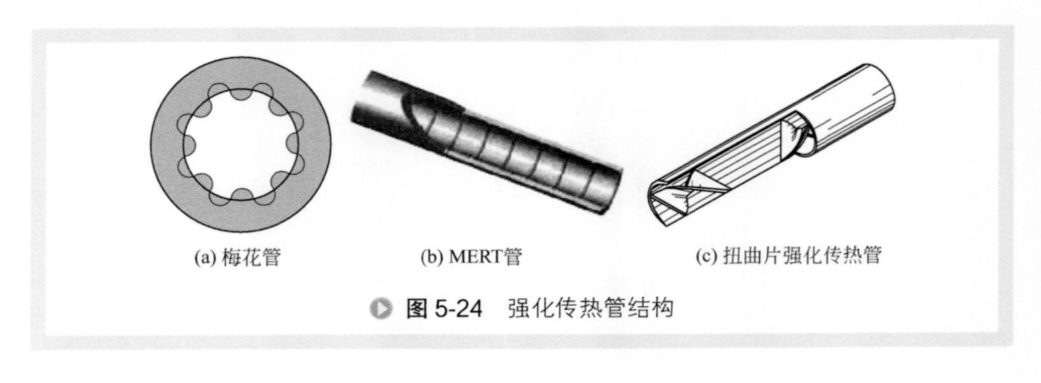

图 5-24 强化传热管结构

三、余热回收部分强化传热措施

出加热炉对流室的烟气温度通常为 400 ～ 180℃，用烟气 - 空气预热器回收烟气余热是较为常见和非常有效的方式。常用的空气预热器有管束式预热器、重力式热管预热器、板式预热器、铸铁双向翅片板式预热器、水热媒预热器或者是上述几种形式的组合。

管束式预热器是间壁式换热的空气预热器，为了强化管内传热，管内设置扰流件。扰流件的作用是使管内气体改变稳定的流态，从而降低边壁层膜厚度，减少内膜热阻，从而提高传热性能，但压力降会有所增加。为了强化管外传热，管外根据介质情况设置为光管、翅片管或者钉头管的扩面形式，扩面管可以增加管外的有效传热面积，从而起到强化传热的效果。

重力式热管预热器是借助传热媒介的液 - 汽两相变换来实现传递热量。单根热管为两端封闭，内部抽一定程度的真空并充有媒介工质（炼厂使用的通常为水）的管子。热端被加热时，媒介工质吸热蒸发流向冷端，将热量传递给管外的冷介质后，自身冷凝流回热端再吸热蒸发，如此循环完成热量传递。由于工质的汽化潜热大，所以在极小的温差下就能把大量的热量从管子的一端传至另一端，其传热性能非常优越。为了强化热管的传热性能，通常热管的冷端、热端外部采用扩面形式，如翅片或者钉头，根据工况不同可以调整扩面管的具体参数。另一方面，提高管内的真空度有助于强化管内媒介工质的汽 - 液两相的转换，有利于有效换热。对于预热器，根据烟气温度的温降，调整热管每一排的排间距及每排热管根数，从而使管外烟气流速始终处于较高的区间，有利于提高管外传热系数。

板式空气预热器作为改进型换热设备，开始用于回收烟气余热。这是一种间壁式换热的空气预热器。由于总传热系数大，故回收相同热量所需换热面积小，具有体积较小、压力降小的优点。此类型的空气预热器由冲压成型的波纹薄板组成间距为几毫米到十几毫米的冷、热流体通道。冷、热流体相互以纯逆流或交叉流的方式通过流道。换热板为具有各种形式的凸凹组成，一方面增加流体扰动起到强化传热的效果，另一方面板间凸起部位对应在一起具有支撑加强作用。

铸铁双向翅片空气预热器在本质上也是间壁式换热的板式空气预热器，与板式预热器的原理和结构完全相同，最大区别在于换热板比较厚，通常为 5 ～ 6mm，换热板两侧均有很多一定排列的翅片用来强化换热板两侧的传热性能。它由多个换热单元和外壳组成。换热元件是一块一次浇注成型的基板以及基板两侧相互垂直排列的不连续翅片的铸铁异形板。空气侧和烟气侧均有不连续的翅片，因此有很大的比表面积，有利于增强传热效率。翅片的方向分别与流体流动方向一致，光滑翅片可以促使流体呈湍流状态的同时减少流体流动的压力损失，减轻沉淀物和污垢的形成，起到一定的自清灰作用。

水热媒预热器主要由烟气 - 水换热器、空气 - 水换热器、热水循环泵以及相应的管道组成，是以在密闭管系内循环的软化水作为传热媒介的一种空气预热系统。为强化传热，烟气侧和空气侧的换热管均采用外部连续翅片的扩面形式，内部水热媒始终保持液态，采用较高流速的形式以强化管内的传热效果。在烟气侧，高温烟气将热量传递给管系内的软化水，在空气侧热水将热量传递给燃烧用空气。利用管系上的热水循环泵以维持软化水的流动，实现连续换热。

四、加热炉结构强化传热案例

辐射室为管式加热炉的主要传热部位，在辐射室内约 80% 以上的热量是由热辐射来完成，良好的辐射室结构型式、燃烧器排布方式、辐射炉管布置，对提高炉内烟气分布均匀性和炉管表面平均热流强度，均匀地吸收辐射热量非常重要。

延迟焦化加热炉和加氢反应进料炉通常为双面辐射水平管方箱炉，其中辐射侧墙设计为一定角度的倾斜，并采用多台小功率附墙燃烧器。燃烧火焰紧贴壁面稳定燃烧，较好地保持火焰的刚性和稳定性，高温烟气射流能沿炉壁稳定地向上流动，受射流外侧的烟气流动影响较小，在燃烧器与炉管之间形成烟气回流区域，回流区使得火焰稳定附墙燃烧，高温烟气沿炉膛高度方向形成较为均匀的平推流，使得炉膛上下部烟气温度分布梯度较小，有利于炉管均匀吸热。斜墙结构的辐射炉膛自下向上体积逐渐减小，烟气流速逐渐增大，提高了上下部炉膛的体积热强度的均匀性，增强了上部辐射炉管与烟气的对流传热。附墙燃烧和辐射室斜墙结构具有克服炉内燃烧火焰偏斜、优化炉内烟气分布、提高炉管的平均热强度、降低炉膛内上下部烟气分布梯度、防止炉管局部过热的优点，有利于炉管表面热强度沿炉管长度方向和高度方向均匀分布，提高炉管表面平均热强度，达到强化传热的目的。

根据减压炉管内介质流速、流型、油膜温度，合理选择炉管管径逐级多次扩径，在条件允许时适当提高介质流速，可以提高管内膜传热系数，强化传热，降低炉管外壁温度。

参考文献

[1] 谭盈科，罗运禄，杨晓西 . 强化传热技术 [J]. 化学工程，1985，5：1-5.
[2] 谭盈科 . 强化传热技术 [J]. 现代节能，1986，4：24-32.
[3] 刘巍 . 冷换设备工艺计算手册 [M]. 北京：中国石化出版社，2003：21-27.
[4] 庄礼贤，陆应生，李伟立等 . 机械加工表面多孔管（E 管）蒸发器与低肋管蒸发器的整机试验研究 [J]. 制冷学报，1987，2：1-9.
[5] 陈洋 . 高效“E”管的研究与应用 [J]. 节能，2006，1：38-41，2.
[6] 谭志明，邓颂九 . 多孔表面强化沸腾传热的研究进展 [J]. 化工进展，1994，1：9-14，41.

[7] 赵红霞，韩吉田，徐永田等 . 强化沸腾传热表面的研究进展 [C]// 第二十一届全国水动力学研讨会暨第八届全国水动力学学术会议暨两岸船舶与海洋工程水动力学研讨会 . 济南，2008：1009-1016.
[8] 石油化学工业部石油化工规划设计院 . 冷换设备工艺计算 [M]. 北京：石油化学工业出版社，1976：188-189.
[9] 徐宏，戴玉林，夏翔鸣等 . 高通量换热器研制及在大型石化装置中的节能应用 [J]. 太原理工大学学报，2010，41（5）：577-580.
[10] 林学君 . 高效换热器在百万吨乙烯装置上的应用 [J]. 乙烯工业，2009，21（1）：25-27.
[11] 许日 . 高热通量换热器在炼厂的工业应用 [J]. 石化技术与应用，2001，19（4）：248-249.
[12] 俞佳，赵朋，杨伟亮等 . 如何用 HTRI 进行高通量换热器传热计算 [J]. 工业计量，2017，27（4）：96-99，121.
[13] 安文海，崔勃，朱健 .T 型翅片管的特性研究与应用 [J]. 品牌与标准化，2012，4：48-50.
[14] 刘巍 . 冷换设备工艺计算手册 [M]. 北京：中国石化出版社，2003：211-212.
[15] 罗国钦，陆应生，庄礼贤等 .T 形翅片管沸腾传热特性的研究 [J]. 高校化学工程学报，1989，3（2）：56-63.
[16] 林宗虎，汪军，李瑞阳等 . 强化传热技术 [M]. 北京：化学工业出版社，2007：222-225.
[17] 王世平，廖西江，邓颂九等 . 锯齿形翅片管强化冷凝给热的实验研究及其准则方程 [J]. 工程热物理学报，1984，5（4）：374-377.
[18] 邓颂九，谭盈科 . 新型纵槽管冷凝器 [J]. 华南工学院学报，1978，6（4）：70-83.
[19] 张宇 . 国内外螺旋折流板换热器技术创新综述 [J]. 石油和化工设备，2015，18（10）：94-96.
[20] 王秋旺，罗来勤，曾敏等 . 交错螺旋折流板管壳式换热器壳侧传热与阻力性能 [J]. 化工学报，2005，56（4）：598-601.
[21] 宋小平，裴志中 . 防短路螺旋折流板管壳式换热器 [J]. 石油化工设备技术，2007，28（3）：13-14，17.
[22] 王斯民，文键 . 无短路区新型螺旋折流板换热器换热性能的实验研究 [J]. 西安交通大学学报，2012，46（9）：12-15，42.
[23] 王威，张国福，宋天民等 . 泄流槽式螺旋折流板换热器传热系数与压降实验研究 [J]. 节能技术，2008，26（6）：528-529，574.
[24] 李斌，陶文铨，何雅玲 . 螺旋折流板换热器螺距计算的通用公式 [J]. 化工学报，2007，58（3）：587-590.
[25] 刘宗宽 . 螺旋折流板换热器传热与阻力性能研究 [D]. 西安：西安交通大学，2000.
[26] 潘振，陈保东 . 螺旋折流板换热器传热系数与压降实验研究 [J]. 石油化工设备，2006，35（5）：5-7.
[27] 韩坤，刘阿龙，彭东辉等 . 烧结型多孔管管内流动沸腾传热数值模拟 [J]. 化工机械，

2011，38（1）：104-109.
[28] 林宗虎，汪军，李瑞阳等 . 强化传热技术 [M]. 北京：化学工业出版社，2007：45-46.
[29] 陆应生，庄礼贤，阮志强等 . 高效换热元件—横纹管 [J]. 化工进展，1988，3：10-13.
[30] 林纬，喻九阳，吴艳阳等 . 横纹管脉冲流流动与换热数值分析 [J]. 武汉工程大学学报，2011，33（5）：89-93.
[31] 陆应生，庄礼贤，陈广怀等 . 横纹管氨卧式冷凝器传热强化的试验研究 [J]. 制冷，1992，2：8-13.
[32] 贾檀，陆应生，庄礼贤等 . 横纹管的传热与流体力学特性研究 [J]. 化工学报，1990，5：612-617.
[33] 林宗虎，汪军，李瑞阳等 . 强化传热技术 [M]. 北京：化学工业出版社，2007：29-30.
[34] 林宗虎，汪军，李瑞阳等 . 强化传热技术 [M]. 北京：化学工业出版社，2007：89-90.
[35] 柳坤 . 横纹管强化溴化锂吸收水蒸汽的传热传质实验研究 [D]. 郑州：郑州大学，2010.
[36] Dzyubenko B V，Stetsyuk V N.Principles of heat transfer and hydraulic resistance in twisted tube bundles[J].Power engineering，1989，27（4）：128-136.
[37] Butterworth D，Guy A R，Welkey J J.Design and application of twisted-tube exchangers[C]//Advances in Industrial Heat Transfer.Birmingham：IChemE，1996：87-95.
[38] Donald M R.Twisted tube heat exchanger technology[EB/OL].2010.http：//www.kochheattransfer.com/applications.
[39] Shilling R.Heat transfer technology[J].The international journal of hydrocarbon engineering，1997，10：1-7.
[40] 思勤，夏清，梁龙虎等 . 螺旋扁管换热器传热与阻力性能 [J]. 化工学报，1995，46（5）：601-608.
[41] 梁龙虎 . 螺旋扁管换热器的性能及工业应用研究 [J]. 炼油设计，2001，31（8）：28-33.
[42] 钱颂文，方江敏，江楠 . 扭曲管与混合管束换热器 [J]. 化工设备与管道，2000，37（2）：20-21.
[43] 黄德斌，邓先和，王扬君等 . 螺旋椭圆扁管强化传热研究 [J]. 石油化工设备，2003，32（3）：1-4.
[44] 刘庆亮，杨蕾，朱冬生 . 扭曲管管内强化传热模拟分析 [J]. 石油化工设备技术，2010，31（6）：19-22，28.
[45] 杨蕾 . 扭曲管双壳程换热器传热性能的数值模拟与实验研究 [D]. 广州：华南理工大学，2010.
[46] 朱冬生，郭新超，刘庆亮 . 扭曲管管内传热及流动特性数值模拟 [J]. 流体机械，2012，40（2）：63-67.
[47] 宋丹，蹇江海，张迎恺 . 扭曲管双壳程换热器的研究及性能分析 [J]. 石油化工设备技术，2012，33（5）：1-3.
[48] 高学农，邹华春，王端阳等 . 高扭曲比螺旋扁管的管内传热及流阻性能 [J]. 华南理工大

学学报（自然科学版），2008，36（11）：17-21.
[49] Dzyubenko B V，Ashmantas L-V，Segal M D.Modeling and design of twisted tube heat exchangers[M].New York：Begell House，2000：75-82.
[50] 王寒，宋金明，王仁祥.论波纹管换热器的高效防垢等特性[J].化工设备与防腐蚀，2000，2：21-23.
[51] 邱广涛，丰艳春.波纹管式换热器（一）——起源、现状与发展[J].管道技术与设备，1998，1：43-45.
[52] 邓方义，刘巍，郭宏新等.波纹管换热器的研究及工业应用[J].炼油技术与工程，2005，35（8）：28-32.
[53] 曾敏，王秋旺，屈治国等.波纹管内强制对流换热与阻力特性的实验研究[J].西安交通大学学报，2002，36（3）：237-240.
[54] 顾广瑞.波纹管换热器的若干理论问题[J].化工进展，2006，25（s1）：378-381.
[55] 张治中.槽型波纹管换热器的应用[J].氮肥技术，2006，27（1）：28-29.
[56] 唐文科.波纹管在大温差换热器上的应用[J].石油化工设备，1998，27（2）：32-35.
[57] 于清野.缠绕管式换热器计算方法研究[D].大连：大连理工大学，2011.
[58] 曲平，王长英，俞裕国.缠绕管式换热器的简捷计算[J].大氮肥，1998，21（3）：178-181.
[59] 阳大清，周红桃.绕管式换热器壳侧流场流动与传热的数值模拟研究[J].压力容器，2015，32（11）：40-46.
[60] 徐成良，丁国忠.绕管式换热器换热面积的一种简捷计算方法[J].低温与特气，2015，33（1）：1-4.
[61] Huang J.Performance analysis of plate heat exchanger used as refrigerant evaporators[D].Johannesburg：University of the Witwatersrand，2010.
[62] Cooper A，Suitor J W，Usher J D.Cooling water fouling in plate heat exchangers[J].Heat Transfer Engineering，1980，3（1）：50-56.
[63] 朱聘冠.换热原理及计算[M].北京：清华大学出版社，1987：191.
[64] 邱小亮.人字形板片结构参数对板式换热器传热与流阻特性影响研究[D].广州：华南理工大学，2013.
[65] 程宝华.板式换热器及换热装置技术应用手册[M].北京：中国建筑工业出版社，2005：64-66.
[66] 王子宗.石油化工设计手册第三卷（上）[M].北京：化学工业出版社，2015：988.
[67] 合肥通用机械研究所，苏州化工机械厂，大连工学院.螺旋板换热器的流体阻力及传热研究[J].化工与通用机械，1976，5：1-10.
[68] Minton P E.Designing spiral-plate heat exchangers[J].Chem Eng，1970，77（10）：103-112.
[69] 尾花英朗.热交换器设计手册（下）[M].北京：石油工业出版社，1984：756.

[70] 钱家麟 . 管式加热炉 [M]. 第 2 版 . 北京：中国石化出版社，2010：1-10.
[71] 李治岷，魏玉文 . 黑体强化辐射传热节能新机理—加热炉再节能的新途径 [C]// 全国冶金节能减排与低碳技术发展研讨会 . 中国河北，2011：495-501.
[72] 窦从从，毛羽，王娟等 . 新型结构反射板对圆筒炉辐射室流动及传热的影响 [J]. 工业炉，2009，31（6）：9-12.
[73] 高学峰，郭莹 . 优质中高温远红外涂料的研制与应用 [J]. 现代技术陶瓷，2000，1：22-25.
[74] 尹钟万 . 油田加热炉（二）[J]. 油田地面工程，1984，11：74-76.
[75] Nicolantonio A R D，Spicer D B，Wei V K.Pyrolysis furnace with an internally finned U shaped radiant coil[P].WO，US，6419885 B1.
[76] 王松汉 . 乙烯工艺与技术 [M]. 北京：中国石化出版社，2012：273-282.
[77] 曾清泉，张松龙，徐宏兵等 . 强化传热管 [P].CN 2144807Y. 1992-11-21.
[78] 王国清，曾清泉 . 乙烯裂解炉管强化传热 [J]. 石油化工，2001，30（7）：528-530.
[79] 宋永坤，赵丽坤 . 无源扰流扭曲片管强化传热技术在裂解炉上的试验 [J]. 乙烯工业，2000，2：8-13.

第二篇

强化传热工程应用

第六章
典型炼油装置中的强化传热

第一节 原油蒸馏装置

一、工艺过程简述

原油蒸馏是石油加工企业加工原油的第一道生产工艺过程，其主要生产目的是为下游二次加工装置提供合格的原料。原油蒸馏技术通常采用常压蒸馏和减压蒸馏的方法，将原油切割成满足炼油厂下游装置进料要求的馏分或直接作为产品的调和组分。原油蒸馏过程主要涉及物理变化，即原油经换热、加热后通过分馏切割出不同沸点范围的产品，再经换热冷却，完成整个生产过程。原油种类多样，按硫含量可分为超低硫原油、低硫原油、含硫原油和高硫原油；按密度可分为轻质原油、中质原油和重质原油等。此外其轻组分含量、馏分组成也存在很大的不同。由于石油加工企业的生产装置构成不同，导致原油蒸馏装置的工艺流程和换热网络也不同。

原油蒸馏装置能耗目前一般占炼油厂总能耗的 15% 左右。2013 年、2015 年中国石化原油蒸馏装置的平均能耗分别为 9.15kgoe/t 原油、8.97kgoe/t 原油。但由于油品质量升级、环保要求提高，原油蒸馏装置面临着节能降耗的严峻挑战。

原油蒸馏工艺流程按炼油厂主要目的产品的不同，主要分为燃料型、燃料 - 润滑油型及燃料 - 化工型。典型的原油蒸馏流程见图 6-1[1]，典型流程是初馏、常压、减压三级流程。其特点是，流程简单、对原油适应性较强、设备通量大、操作简单灵活。中国石化高桥分公司 8.0Mt/a 原油蒸馏装置、中国石油大连石化分公司

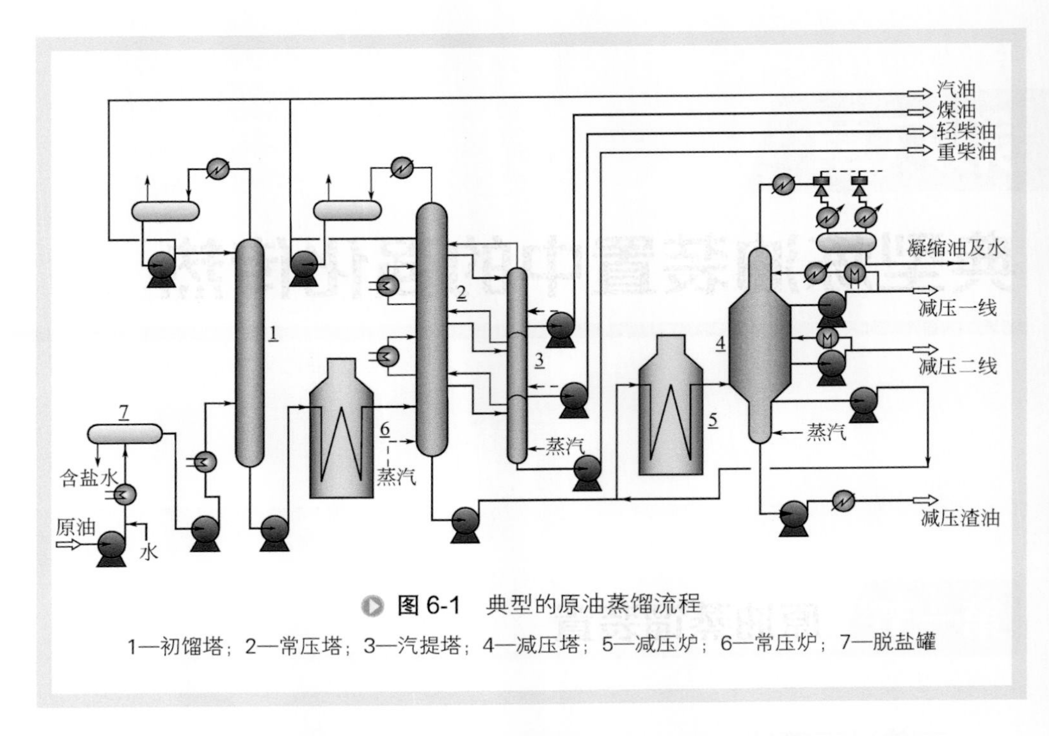

图 6-1 典型的原油蒸馏流程

1—初馏塔；2—常压塔；3—汽提塔；4—减压塔；5—减压炉；6—常压炉；7—脱盐罐

10Mt/a 原油蒸馏装置等国内原油蒸馏装置绝大部分均采用此流程。

二、热能特点分析

原油蒸馏装置涉及蒸馏、物料流动、传热、汽提、抽真空等单元操作过程，其中燃料消耗占装置能耗的 70% ～ 85%，因此，原油蒸馏装置的节能降耗重点在于降低燃料的消耗。在原油蒸馏生产过程中，用能存在三大特点：

① 过程用能的主要形式是热、流动功和蒸汽，而热、功和蒸汽则是通过加热炉、机泵等能量转换设备由燃料或电转换得到。

② 转换设备提供的热、功和蒸汽等形式的能量进入分馏塔，连同回收的循环能量完成从原油到常压塔、减压塔侧线产品的分馏过程，这些能量除小部分转入到产品及损失外，大部分则进入能量回收系统。

③ 在核心的分馏部分能量完成其使命后，质量下降，但仍具有一定温度和压力，可以通过换热设备等回收利用。由于受到技术经济条件制约，热量难以彻底回收，最终将通过冷却、散热等方式排弃，这些排弃的能量连同转换环节的损失能一起构成了装置的能耗。

根据过程系统三环节能量流结构模型（见图 6-2[2]），将原油蒸馏装置过程系统中能量的演变过程划分为三个不同功能的环节，即能量转换环节、能量利用环节和

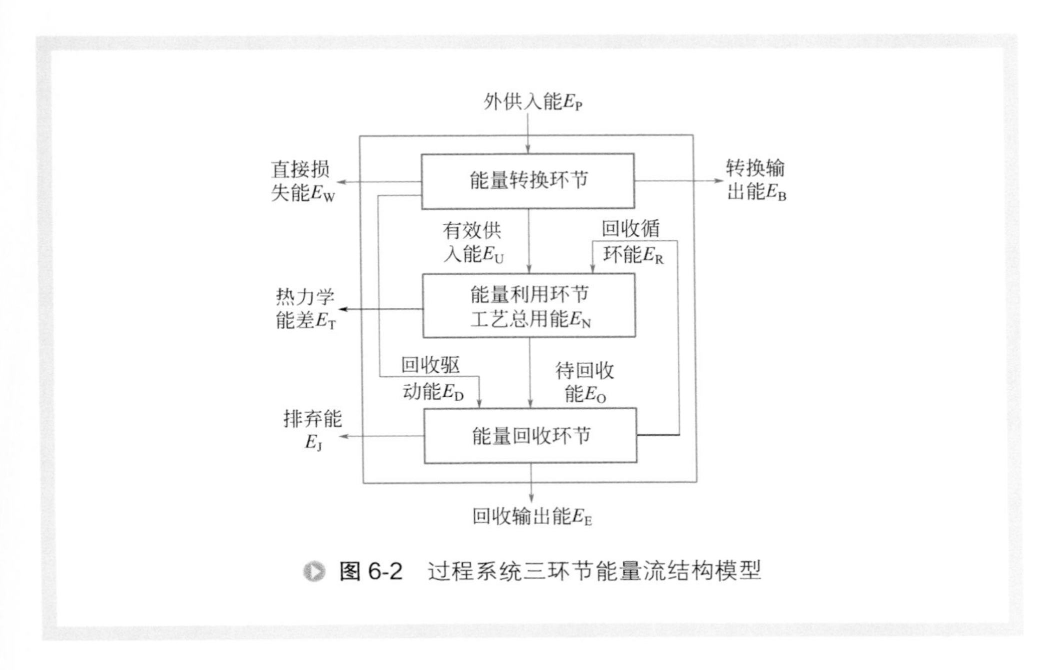

图 6-2　过程系统三环节能量流结构模型

能量回收环节。能量回收环节的主要设备包括换热器、冷却器等。能量回收环节改进的关键在于优化换热网络和应用强化换热设备来提高原油换热终温；同时，合理设计低温热回收利用系统，有效回收工艺低温余热，降低装置热量排弃。

三、工艺用能优化和换热网络优化

1. 工艺用能优化

根据三环节能量流结构模型，原油蒸馏装置的能量利用环节通常包括初馏塔、常压塔和减压塔等；能量回收环节包括原油预热换热网络；能量转换环节包括加热炉、机泵等。为提高原油蒸馏装置能量利用效率，首先要进行核心工艺过程的优化，采用高效节能工艺及流程，从源头降低蒸馏过程工艺总用能。其次，基于所确定的工艺，进行装置换热流程的优化及强化，包括考虑装置耗汽要求的自产蒸汽等级及产汽量优化，以及相应的换热网络夹点分析优化。在换热强化过程中热联合、换热流程及自产蒸汽之间相互制约、相互协同，需总体平衡以达到总体优化，最终达到提高能量转换效率，降低外供入能量消耗的目的。

目前常用的有效工艺用能优化方法如下：

① 采用闪蒸塔流程，将原油中的轻组分在进入加热炉之前闪蒸出来，直接送入常压塔的适当部位，一方面减少了加热炉的燃料消耗，另一方面也降低了原油的温度，有利于装置内热量的回收。

② 采用多段汽化流程，如“初馏 - 闪蒸流程”“多级减压流程”等，这种节能方法主要是通过提供较少的热能来完成生产任务，但过多的汽化流程会导致加工流程复杂，给装置的余热回收增加难度。

③ 优化常压塔、减压塔中段回流取热比例，尽可能降低低温位热量的比例，来提高装置热物料的能量品级，有利于装置的余热回收。但过多的塔中、下部取热会影响到产品的分离精度。

④ 优化塔底汽提蒸汽量，减少蒸汽消耗。汽提蒸汽的作用是降低塔底重油中轻组分的含量，同时降低分馏塔进料段的油气分压，从而在完成生产任务的同时降低加热炉的出口温度。适当降低这部分蒸汽的消耗，尽管加热炉的燃料消耗会有所增加，但节省蒸汽消耗的同时也节省了塔顶系统的能量消耗。

⑤ 分馏塔回流比、塔板数、分馏精度优化，适当增加塔板数及采用新型高效塔板和高效填料等塔内件，可以取得节能效果。

⑥ 在条件许可时，采用“干式”减压蒸馏取得节能效果。

2. 换热网络优化

对换热网络优化，可提高换热终温，有效降低常压加热炉负荷，减少燃料消耗。根据夹点理论，换热终温提高的同时还能降低产品换后温度，减少冷却负荷，节省冷却水或电能。根据计算和经验，换热终温每提高约 13℃，降低燃料消耗 1kgoe/t 原油。

原油蒸馏装置参与换热的物流数量众多（一般在 20 股物流左右）、物流流量差别大、物流温位跨度大，采用夹点技术根据换热网络总费用最优的目标确定出 $\Delta T_{\min}$，然后根据夹点设计原则及工程经验优化设计出原油蒸馏装置优化的换热网络，实现冷热物流之间的最优匹配，实现温位的有效利用，达到换热终温高、换热器台数少、换热面积省的目标。换热网络设计中通过在合适的部位采用高效换热器，使换热网络更加合理、换热器投资更低。同时，在工艺优化和装置热联合的基础上，在合适的低温位发生低压蒸汽、加热热媒水，以充分回收装置的低温热，提高装置的热利用率。

（1）新建装置换热网络优化　某新建原油蒸馏装置，处理能力为 10Mt/a，加工沙轻：沙重（1 ：1）混合原油。作为国内第一套新建的单系列千万吨级原油蒸馏装置，其换热网络的优劣对装置能耗及装置的经济效益以至于全厂效益有重要意义。通过工艺条件的优化及采用夹点技术对换热网络优化设计，并根据工程经验对下述对换热网络影响重大的因素进行了综合评估选择：

① 原油分路优化。

多路设计可以在一定程度上实现冷热物流的合理匹配，换热网络的灵活性增加。但原油分的路数多换热器台数也多，加大了占地面积，使网络中相应管线、阀门等数量增多，工程投资相应增加。二路换热网络指无论电脱盐前后、闪蒸塔前后均采用原油二路换热，换热效率高、流程简洁、投资和操作费用相对较小。权衡各种因素后，本装置设计中原油分为二路换热，采用等流量设计，两路的换热量及压力降基本相等。其突出优点是选用大壳径换热器后，减少了换热器的台位数，仅为 64 台，而其他同类型千万吨级装置原油换热器均为 90 台以上。这样不增加换热设备费用，节省占地、降低公用工程费用，相应减少了管线、阀门、仪表等的投资。

② 换热网络热物流合理的换热顺序。

换热网络设计中为了简化换热网络结构，减少换热器台位及台数，对于热流与冷流的换热顺序进行了优化研究：

a. 热容量小、温位低的热源，安排在换热一段预热原油，例如常一线油（147℃→94℃）、减顶循（125℃→93℃）等。

b. 热容量较小、温位高的热源，由于换热过程中温度下降快、出口端温差小，尽管温位高，也参与到换热一段原油预热。例如：常二线油（206℃→143℃）、减二线油（181℃→144℃）。

c. 热容量大、温位高的热源，安排在后段进行首次换热，再回到前面与冷流换热。例如：减压渣油分为两路参与换热，温位高的部分（360℃→264℃）在换热三段与拔头油换热，换热后温位下降（264℃以下），再先后参与换热二段与脱盐油换热。

最终设计的某 10Mt/a 原油蒸馏装置的换热网络流程如图 6-3[3] 所示，其计算结果见表 6-1[3]。

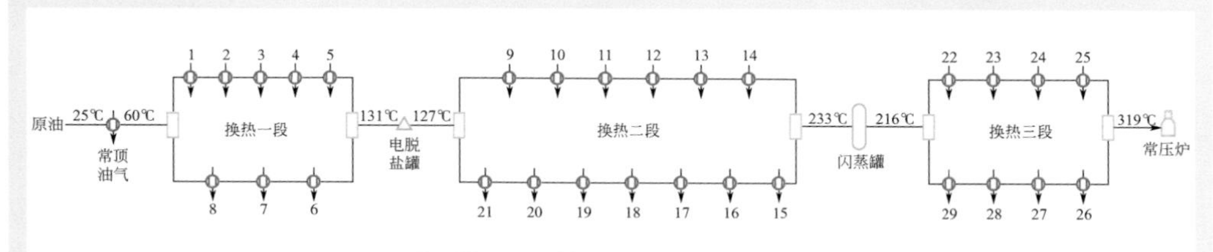

图 6-3 换热网络流程示意图

换热一段：1—常顶循（2）；2—减顶循；3—常一线；4—常一中（2）；5—减二线；6—常二线；7—常顶循（1）；8—常三线（3）

换热二段：9—常一中（1）；10—减压渣油（5）；11—常二中（2）；12—减压渣油（4）；13—常二中（1）；14—减压渣油Ⅱ（3）；15—减压渣油Ⅰ（3）；16—常三线（1）；17—减三线（1）；18—减一中（1）；19—减一中（2）；20—减三线（2）；21—常三线（2）

换热三段：22—减二中Ⅰ（2）；23—减压渣油Ⅰ（2）；24—减二中Ⅰ（1）；25—减压渣油Ⅰ（1）；26—减压渣油Ⅱ（1）；27—减二中Ⅱ（1）；28—减压渣油Ⅱ（2）；29—减二中Ⅱ（2）

表6-1　换热网络计算结果汇总

项目	数值	项目	数值
总数量 / 台	64	产品换后温度 /℃①	
总换热负荷 /MW	220.5	常顶油气	78
实际换热面积 /m^2	35132	常一线	94
热强度 /（W/m^2）	6276.3	常二线	123
换热终温 /℃	319	常三线	88
		减一线	93
进电脱盐温度 /℃	131	减二线	144
出电脱盐温度 /℃	127	减三线	146
原油进闪蒸塔前换后温度（纯液相）/℃	233	减压渣油	164
		发生 0.35MPa（G）蒸汽 /（t/h）	11.23
闪蒸塔底温度 /℃	216	总压降 /MPa	1.31

① 产品以热料形式送出装置。

从表 6-1 可知，本装置换热网络换热终温可达 319℃，在国内外的原油蒸馏装置换热网络中均名列前茅。装置开工后，本装置的换热网络结果得到了验证，并且原油品种变化后，换热终温也一直保持在较高水平，说明了本装置换热网络具有较好的适应性。

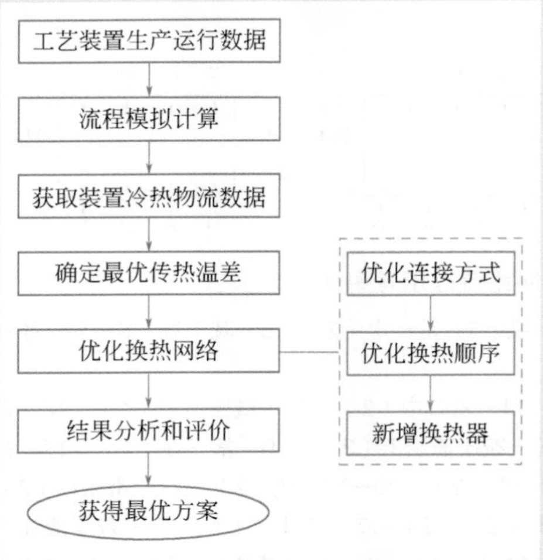

图 6-4　换热网络优化方法框图

（2）改造装置换热网络优化　对已有换热网络的节能优化改造，可以按照“模拟、分析、改进和经济评价”的思路进行，如图 6-4 所示。对已有换热网络优化改造时，首先获取和校核原油蒸馏装置和换热网络的生产运行数据；然后采用流程模拟软件进行流程模拟计算，得到换热网络冷热物流的数据。在此基础上，进行温焓图绘制和夹点分析，确定最小传热温差与换热面积、热量回收率、冷热公用工程量之间的关系，应用总操作费用最小化确定最优改造传热温差；之后基于夹点分析技术原理优化换热网络，依次对物流连接方式、换热顺序和新增换热器进行改进；最后，对改进的换热网络进行分析和评价，得到能耗优化、经济可行的换热网络改进方案。

例如，某 8Mt/a 原油蒸馏装置，采用初馏、常压蒸馏、一级减压、二级减压四塔流程。换热网络改造前换热终温为 284℃，原换热流程见图 6-5[4]。

经优化确定最小夹点温度为 15℃，改造后换热流程见图 6-6，原油的换热终温达到了 295℃左右，节省燃料 400kg/h，降低装置能耗约 0.36kgoe/t，年效益近千万元。

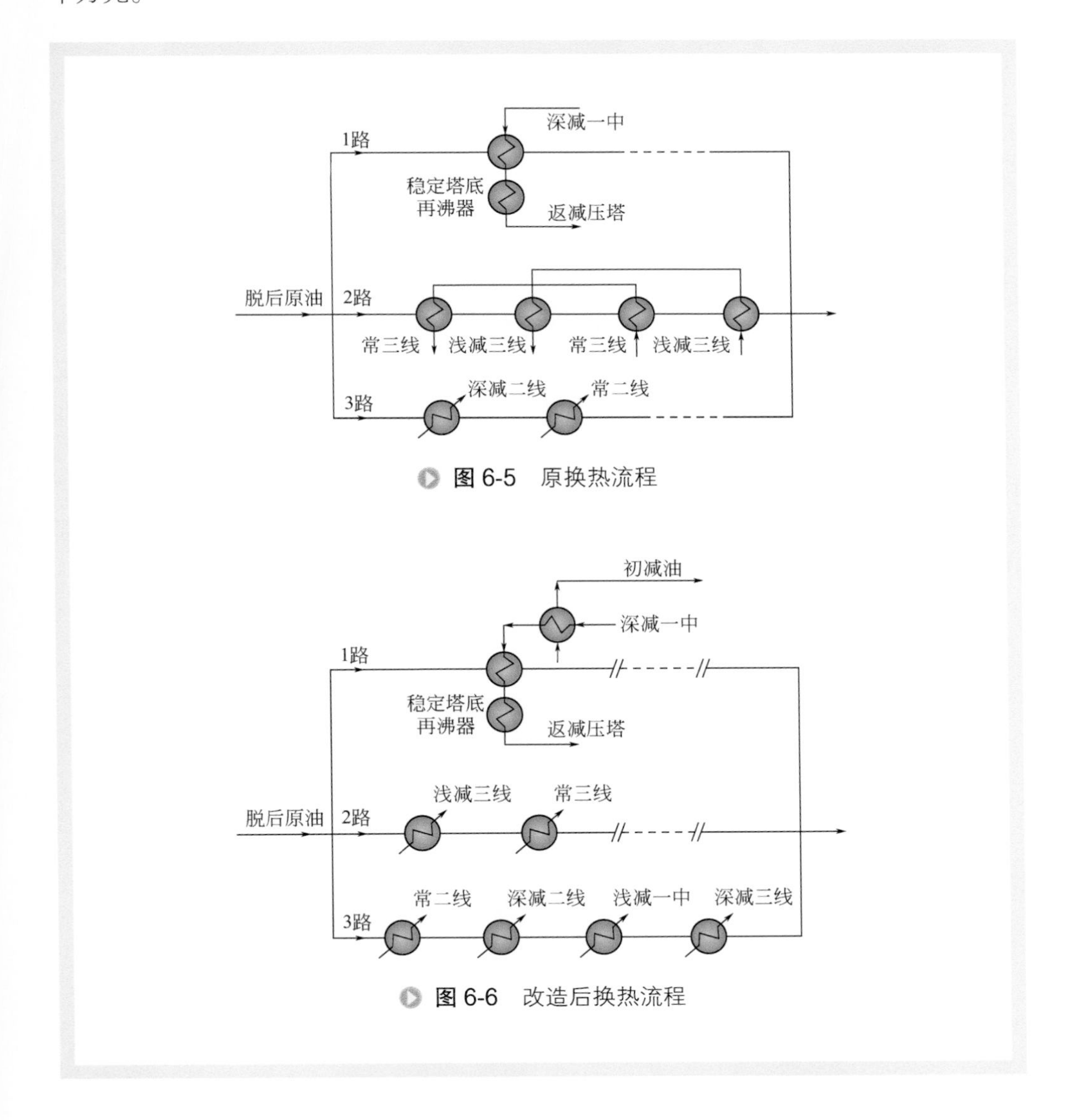

图 6-5　原换热流程

图 6-6　改造后换热流程

四、换热元件强化传热技术

原油蒸馏装置换热网络复杂，换热设备多，工艺物流物性差距较大，根据工艺物流特点采用不同强化传热技术可以有效地降低设备规格、减少设备数量。波纹管换热器、T 形翅片管再沸器、扭曲管、双弓形折流板管壳式换热器、板壳式换热器、全焊接板式换热器、缠绕管式换热器和板式空冷器、表面蒸发空冷器等强化传热技术均在原油蒸馏装置中获得成功应用[5-12]。复合型高效空冷器用于塔顶油气冷却，强化传热的同时取消了水冷器[13]。主要以某厂 10Mt/a 原油蒸馏装置为例，分析如下。

1. 闪蒸塔换热系统

（1）脱前原油换热系统　自进装置至电脱盐罐前，原油约吸收 76MW 的热量，换热网络比较复杂，如图 6-7 所示。

在这个换热系统中，原油与装置中的各热物流进行换热，温度由 25℃升高到 132℃左右，黏度仍然较大。为提高湍动性，通常将其布置在换热器的壳程，管程热流体的物性和流率差别均较大，每个台位有各自特点。

原油 - 常顶油气换热器的热负荷较大，约为 23MW，管程、壳程膜传热系数接近，设备总传热系数约为 250W/（m^2 • K）。常压塔顶油气允许压降较小，一般仅为 10kPa，决定了该换热器不可能采用提高流速等方法来强化管内膜传热系数。近年来，四面可拆式全焊接板式换热器用于常顶油气冷凝，获得了较好的效果[10,11]。据文献报道[12]在同一套原油蒸馏装置的原油 - 常顶油气换热器位置上同时采用了普通管壳式、全焊接板式及缠绕管式三种形式的换热器，工业运行结果对比发现强化换热结构均取得良好的效果。

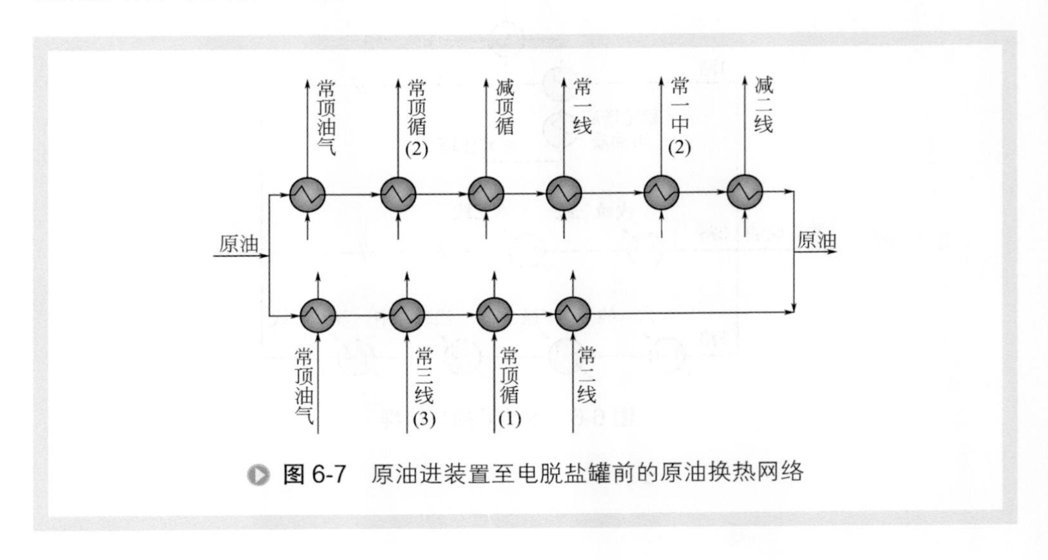

图 6-7　原油进装置至电脱盐罐前的原油换热网络

常顶循环油与原油总换热量为20MW。采用普通换热器，壳程膜传热系数约为900W/（m^2·K），仅为管程膜传热系数的一半，占整台换热器热阻的46%。强化壳程传热可以有效地提高换热器总传热系数。螺旋折流板代替普通弓形折流板，可消除壳程流动死区，成功地应用于多套原油蒸馏装置的原油-常顶循换热器、原油-常一中换热器中。

原油-减顶循换热器、原油-常一线换热器、原油-常一中二次换热器、原油-常二线换热器，在充分利用允许压降的条件下，采用普通换热器，总传热系数大约400W/（m^2·K），且管程、壳程膜传热系数接近。可采用管程、壳程同时强化的方法进一步缩小设备规格。

原油-常三线三次换热器和原油-减二线换热器采用普通换热器，总传热系数一般小于400W/（m^2·K），由于管程、壳程膜传热系数接近，可采用波纹管、扭曲管这类管程、壳程同时强化的技术。标定数据显示波纹管换热器应用于原油-常三线换热器，相同压降下的传热系数是光管的1.94倍[14]。

（2）脱后原油换热系统　经电脱盐罐脱盐脱水后的脱后原油分为两路进入换热系统，如图6-8所示。换热后的两路脱后原油合并，大约233℃进入闪蒸塔进行闪蒸。

脱后原油经脱盐油-常一中一次换热器与常一中循环油换热，热负荷近12MW；经脱盐油-常二中二次换热器、脱盐油-常二中一次换热器，脱后原油共交换热量15MW。在充分利用允许压降的条件下，采用普通换热器，总传热系数可以达到500W/（m^2·K）。这些换热器中的管程、壳程膜传热系数较接近，污垢热阻大，约占总热阻的45%。可通过减轻结垢的手段强化换热器的换热性能。

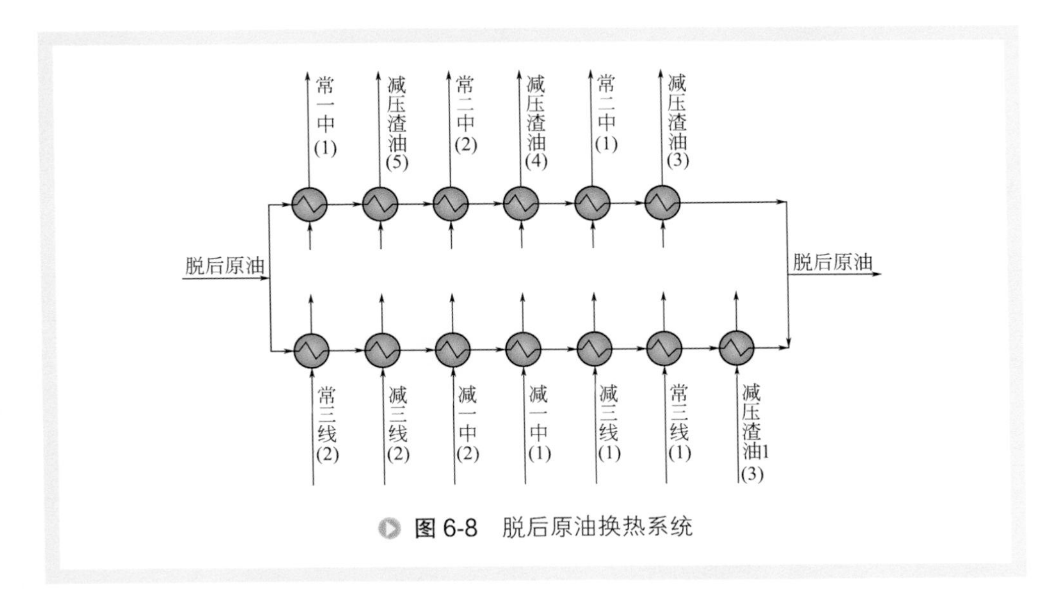

图6-8　脱后原油换热系统

脱后原油与减压渣油的换热系统中，减压渣油黏度高，导热性能较差。由于介质在壳程更容易达到湍流状态，因此常将渣油布置在换热器壳程，膜传热系数在 300 ～ 500W/（m^2·K）之间，即使提高流速也无法以合理的压降换得较高的膜传热系数，而且污垢热阻较大，占总热阻的 30%，因此减压渣油侧成为控制热阻。强化脱盐油 - 减压渣油换热器传热性能，应从减轻污垢热阻、提高壳程流体湍动程度出发。螺旋折流板可以减少壳程流动死区，并降低污垢沉积概率。原油蒸馏装置中重油部分使用螺旋折流板换热器效果更佳 [15]。此外，采用波纹管双面强化换热器也是比较合适的强化手段。以某蒸馏装置的脱盐油 - 减压渣油五次换热器为例，其工艺条件见表 6-2。从表 6-2 可以看出，冷、热流体的比热容、导热系数接近，但作为热流体的减压渣油黏度很高。通过计算可知，即使将减压渣油放在易于发生湍流状态的壳程，其膜传热系数也难以达到 300W/（m^2·K）。

表6-2 脱盐油-减压渣油五次换热器工艺条件

项目	壳程	管程
介质	减压渣油	脱盐油
流量 /（kg/h）	283330	596300
温度 /℃	219 → 164	157 → 180
液相密度 /（kg/m^3）	941 → 966	770 → 750
液相黏度 /mPa·s	14.1 → 96.5	0.84 → 0.68
液相导热系数 /［W/（m·K）］	0.076 → 0.079	0.084 → 0.080
液相比热容 /［kJ/（kg·K）］	2.415 → 2.20	2.40 → 2.48

注：“→”表示进口到出口，箭头左侧为进口数据，右侧为出口数据（以下同）。热负荷 9.7MW。

波纹管加双弓形折流板高效换热器与普通换热器计算对比结果见表 6-3。从对比表 6-3 可以看出，采用波纹管代替光管，减少了 3 台换热器，设备总质量可节约 30t，仅换热管就节省了 304L 不锈钢 18t，节约设备一次投资费用，同时可以节约管道安装费用和操作费用。

表6-3 脱盐油-减压渣油五次换热器方案对比

项目	原传热方案	强化传热方案
设备规格（壳径 × 换热管直管长）/mm	1400 × 6500	1800 × 6000
换热管类型	光管	波纹管
设备数量 / 台	6	3
管程压降 /kPa	87	38
壳程压降 /kPa	185	192
总传热系数 /［W/（m^2·K）］	202	273

续表

项目	原传热方案	强化传热方案
换热面积 /m^2	3694	2733
设备总质量 /t	134	104.1

（3）闪蒸塔底换热系统　闪底油先后经过闪底油 - 减二中二次换热器、闪底油 - 减渣二次换热器、闪底油 - 减二中一次换热器、闪底油 - 减渣一次换热器换热，加热到约 319℃，进入常压炉加热至 370℃后进入常压塔。

闪底油与减二中进行两次换热，热负荷约 25MW，采用普通换热器，管程、壳程膜传热系数均大于 1000W/（m^2 • K），但是由于冷、热流体的污垢热阻比较大，导致换热器总传热系数难以超过 300W/（m^2 • K）。冷、热流体的污垢热阻占总热阻的 40% 左右，成为制约换热效果的主要因素。强化传热技术应以减轻污垢热阻为主导思路，采用波纹管、扭曲管等能够强化管内、管外湍流流动的换热管，可以缓解结垢趋势，强化传热效果，延长清洗周期。

闪底油与减压渣油进行两次换热，总热负荷为 15MW。减压渣油由 360℃冷却到 300℃，再由 300℃冷却到 265℃。以闪底油 - 减压渣油一次换热器为例，研究强化传热效果，其工艺条件见表 6-4，强化方案对比结果见表 6-5。从工艺条件表 6-4 可以看出，冷、热流体的比热容、导热系数接近，处于高温段的减压渣油黏度不高，液体导热性能较好。从对比表 6-5 可以看出，具有双面强化传热效用的波纹管能够有效强化流体扰动，以其代替光管，可节省 3 台换热器，换热器的总质量可节约 79t，节约 52t 不锈钢材料，节约设备一次投资费用 45.6%，而且减少占地，节约土建、配管的费用，同时也减少了操作费用。并且 4 台波纹管换热器管程压降为 110kPa，比 7 台普通换热器压降降低 260kPa，降低了脱盐油泵的扬程，实现节能降耗。

表6-4　闪底油-减压渣油一次换热器工艺条件

项目	壳程	管程
介质	减压渣油	闪底油
流量 /（kg/h）	188775	486156
温度 /℃	360 → 297	296 → 319
液相密度 /（kg/m^3）	876 → 905	735 → 716
液相黏度 /mPa • s	1.90 → 3.61	0.49 → 0.42
液相导热系数 /［W/（m • K）］	0.066 → 0.071	0.067 → 0.064
液相比热容 /［kJ/（kg • K）］	2.86 → 2.68	2.79 → 2.86

注：热负荷 9.0MW。

表6-5 闪底油-减压渣油一次换热器方案对比

项目	原传热方案	强化传热方案
设备规格（壳径 × 换热管直管长）/mm	1400×6500	1400×6000
换热管类型	光管	波纹管
设备数量 / 台	7	4
管程压降 /kPa	370	110
壳程压降 /kPa	84	130
总传热系数 /［W/（m^2·K）］	198	420
换热面积 /m^2	4631	2180
设备总质量 /t	173.2	94.2

2. 常压塔换热系统

（1）常压塔顶换热系统　约 122℃的常压塔顶油气经原油 - 常顶油气换热器换热到 78℃，进入常压塔顶空冷器、水冷器冷却至 40℃进入常顶回流及产品罐。

常压塔顶空冷器冷却的热负荷比较大，入口气相质量分率约为 35%，在空冷器中完全冷凝。为保证完全冷凝后的介质流速，空冷器适合采用多管程，且尽可能减少最后一管程的换热管数量，使介质流速尽可能均匀。如对于 6 管排的空冷器管束，设计为 2 管程结构时，可设计为第一管程 4 排换热管、第二管程仅用 2 排换热管。相对于换热管平均分配的方式，这种结构空冷器的管内介质完全冷凝后的凝液流速可提高 30%，可有效提高换热效果。也可采用表面蒸发空冷器代替常规空冷器和水冷器，直接将常顶油气冷凝、冷却到 40℃。现场运行数据显示可将常顶油气冷却至 35℃ [6]。

钛板壳式换热器用于常顶油气 - 热媒水换热器运行效果良好 [16]。而全焊接板式换热器现场标定数据显示油气出口温度比管壳式换热器低 5 ～ 9℃ [17]，直接达到工艺要求的空冷器出口温度。即：可以停用后续空冷器。

（2）常压塔的中段回流和侧线产品换热系统　常压塔通常设有三个循环回流和三个侧线产品抽出，其换热流程见图 6-9。

利用常三线 7MW 的热负荷发生蒸汽，采用常规单弓形光管管束，常三线蒸汽发生器的总传热系数超过 500W/（m^2·K）。虽然控制热阻是管程膜传热系数，但充分利用允许压降，管程常三线的膜传热系数超过 1500W/（m^2·K）。可以通过增加换热管管内粗糙度来强化管程传热效果。

3. 减压塔换热系统

减压塔顶抽真空系统包括喷射器、冷凝器、分液罐等设备，是原油蒸馏装置消耗蒸汽和冷却水（或电）较多的设备系统。就减压塔顶抽真空系统的冷凝器而

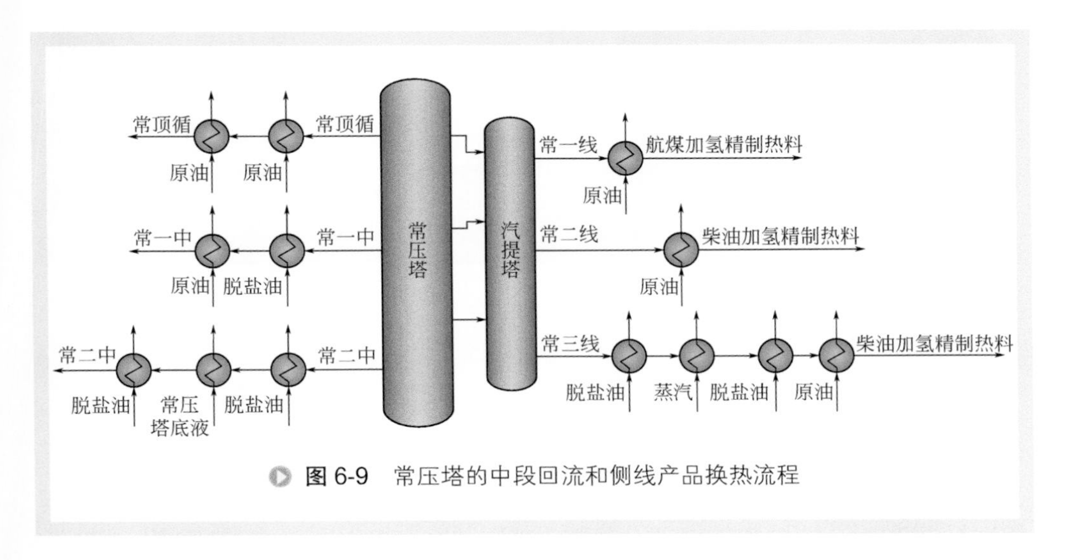

图 6-9　常压塔的中段回流和侧线产品换热流程

言，两级或三级抽真空系统，均须设置三“级”冷凝器。某 10Mt/a 原油蒸馏装置的减压塔顶的一级抽空冷凝器需将含有不凝气和水蒸气的减压塔顶油气由 188℃冷却至 36℃，允许压降 0.667kPa（5mmHg），冷却负荷为 15MW；二级抽空冷凝器将油气由 163℃冷却至 36℃，允许压降 2kPa（15mmHg），冷却负荷为 10MW；三级抽空冷凝器需将油气由 178℃冷却至 40℃，允许压降 2.667kPa（20mmHg），冷却负荷为 8MW。从以上工艺要求中可见，各级冷凝器的允许压降都很小，而且冷后温度比较低，只有适当地选择具有强化传热特性的结构，才能满足工艺要求。

如果采用空气作为冷却介质，可选择普通湿空冷器、板式湿空冷器或表面蒸发湿空冷器。普通湿空冷器很容易在翅片间结垢，迅速降低空冷器的换热性能。板式湿空冷器的换热性能优于普通翅片式空冷器，板片抗垢能力也优于翅片。某公司在 2003 年建成投产的 5Mt/a 原油蒸馏装置的减压塔塔顶冷却系统中[18]以一台板式空冷器代替 3 台普通湿式空冷器进行了对比，结果显示，年节约用电 64.8 万度、节约用水 32000t、节约操作费用 29.8 万元。另有报道，某厂原油蒸馏装置减压塔顶一、二、三级空冷器均采用板式结构，以 20 片板束代替传统湿式空冷器 48 片，节省占地面积 421m^2，节约金属 261.76t，每年节约用电 208 万度、节约软化水用量 230400t，获得可观的经济效益[19]。

如果采用循环水作为冷却介质，多采用表面冷凝器。为了尽可能降低压降，冷凝器的结构不同于常规管壳式换热器的结构。尽管抽真空系统采用的冷凝器结构多样，但其共同点是要保证足够的气体空间。冷凝器的入口和不凝气出口设置较大的不布管空间，内部安装蒸汽分布盘，凝液从设备底部离开冷凝器、不凝气从冷凝器顶部抽出。表面冷凝器结构示意图见图 6-10。

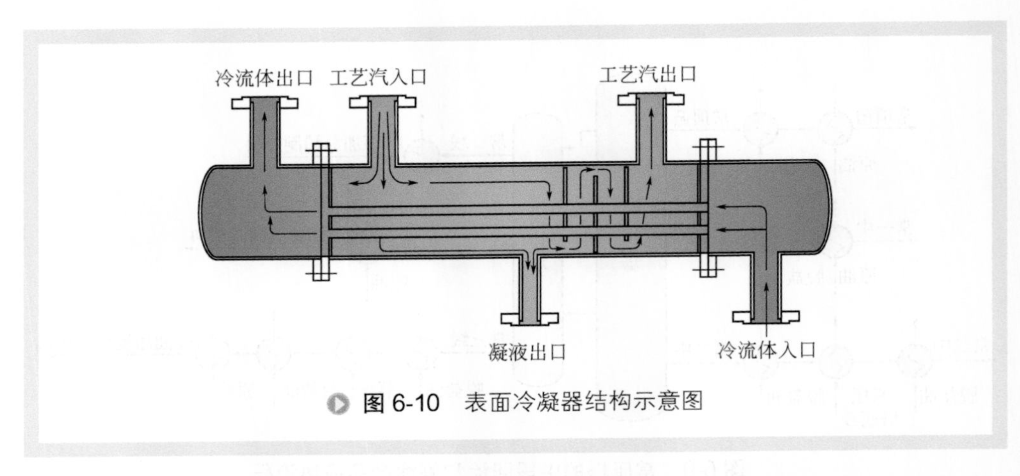

图 6-10 表面冷凝器结构示意图

随着工艺要求的逐步提高，减压塔顶冷凝器的研究也愈加深入，出现了不同结构的专利产品[20-22]。应用这些设备可强化减压塔顶抽真空系统的换热性能，有助于进一步节能降耗。

4. 稳定塔换热系统

（1）稳定塔进料换热系统　40℃的常顶油作为稳定塔进料在石脑油 - 稳定塔进料换热器中被稳定塔底的石脑油加热至 148℃，进入稳定塔。该换热器的工艺条件见表 6-6，该换热器冷、热流体温度深度交叉，如用普通换热器，需要多台串联。

表6-6　石脑油-稳定塔进料换热器工艺条件

项目	壳程	管程
介质	稳定塔进料	石脑油
流量 /（kg/h）	105324	184646
温度 /℃	40 → 148	189 → 70
气相密度 /（kg/m³）	19.4 → 18.7	—
液相密度 /（kg/m³）	561 → —	527 → 665
气相黏度 /mPa • s	0.011 → 0.012	—
液相黏度 /mPa • s	0.153 → —	0.097 → 0.261
气相导热系数 /［W/（m • K）］	0.028 → 0.033	—
液相导热系数 /［W/（m • K）］	0.12 → —	0.078 → 0.115
气相比热容 /［kJ/（kg • K）］	1.77 → 2.26	—
液相比热容 /［kJ/（kg • K）］	2.53 → —	2.86 → 2.33

注：热负荷 15.7MW。

表6-7 石脑油-稳定塔进料换热器方案对比

项目	原传热方案	强化传热方案
设备规格（壳径 × 换热管直管长）/mm	1200 × 6000	1400 × 7000
壳程类型	单壳程	双壳程
设备数量 / 台	4	2
壳程压降 /kPa	91.3	92.1
总传热系数 /［W/（m^2 • K）］	368	374
换热面积 /m^2	1585	1574
设备总质量 /t	65.9	47.8

表 6-7 为普通单壳程换热器与双壳程换热器方案计算对比结果。当采用普通单壳程换热器时，计算结果显示：在相变过程中，管、壳程膜传热系数接近；在气体过热段，壳程膜传热系数显著下降，低于管程膜传热系数，换热器总传热系数不高。在同样的压降条件下，2 台双壳程换热器与 4 台单壳程换热器的换热性能基本一样。但是设备重量减少 27%，设备基础建设费用、管道配置费用减少 50%，占地面积减少 50%。

全焊接板式换热器在该位置获得了很好的应用效果。在某厂 10Mt/a 原油蒸馏装置中以一台 287.5m^2 的全焊接板式换热器代替 4 台 1200mm × 5000mm 的常规管壳式换热器，设备总传热系数从 315W/（m^2 • K）提高到 1356W/（m^2 • K），节约换热面积 1075m^2，减少设备重量 67.8%，降低了基建费用及操作费用。

（2）稳定塔顶冷却系统 64℃的稳定塔顶油气经空冷器、水冷器冷却至 40℃后，进入稳定塔顶回流及产品罐。稳定塔顶空冷器、水冷器共需冷却 22MW 的热量，热负荷比较大，工艺条件见表 6-8。常规采用干式空冷器和普通水冷器，与复合型蒸发式空冷器的计算对比结果见表 6-9。方案一采用常规的空冷器和水冷器联合冷却的方式，方案二仅采用水冷器冷却，方案三采用有强化传热效果的复合型蒸发式空冷器，取消后冷器的方式。

表6-8 稳定塔顶空冷器、水冷器工艺条件

项目	热流体	冷流体	
		空冷器	水冷器
介质	石脑油	空气	循环水
流量 /（kg/h）	215376		
允许压降 /kPa	20		<100
温度 /℃	64 → 40	32（进口）	33 → 40
气相密度 /（kg/m^3）	25.4 → —		

续表

项目	热流体	冷流体	
		空冷器	水冷器
液相密度 / (kg/m^3)	—→515		
气相黏度 /mPa·s	0.0096→—		
液相黏度 /mPa·s	—→0.109		
气相导热系数 / [W/ (m·K)]	0.023→—		
液相导热系数 / [W/ (m·K)]	—→0.115		
气相比热容 / [kJ/ (kg·K)]	2.21→—		
液相比热容 / [kJ/ (kg·K)]	—→1.19		

注：热负荷 22.0MW。

表6-9　稳定塔顶空冷器、水冷器方案对比

项目	常规方案一		常规方案二	强化传热方案（方案三）
	干空冷	水冷器	水冷器	复合型蒸发式空冷器
设备规格 /mm	12000×3000①	1300×6000②	1500×6500	9000×3000
设备数量 / 台	6	4	4	4
消耗量	电：180kW	循环水：1298t/h	循环水：2671t/h	电：236kW 软化水：16t/h
能耗 / (kgoe/t)	0.0261	0.0623	0.128	0.0172
换热面积 / m^2	1560	1920	2820	2800
设备总质量 /t	137	70	100	145

① 空冷器尺寸：管束长度 × 宽度。
② 水冷器尺寸：壳径 × 直管长。

从表 6-9 可知，方案一需要占用 3 个空冷器框架和 4 个水冷器位置，方案二需要占用 4 个水冷器位置，而方案三仅需要 2 个空冷器框架位置。采用方案三可以节约土建、管道配置、后期操作等费用，并可以节省可贵的占地面积。

方案一设备质量为 207t，需要循环水量约为 1298t/h。方案二设备质量 100t，为方案一的 52.7%，但循环水耗量增加了一倍。方案三比方案一降低设备质量 60t，能耗最低，为方案二的 13.4%。而且方案三节约循环水，以年操作 8000h 计算，每年可节约循环水量 9.04Mt/a，可节约循环水厂运行系统的投资。

综上分析显示，复合型蒸发式空冷器在设备一次投资、长期操作费用以及节能降耗三方面，具有显著的优势。可见，强化传热技术可以节约可观的设备投资[13]。

（3）稳定塔底换热系统　稳定塔底再沸器的热源为 245℃的常二中，一般采用卧式安装。以某厂稳定塔底强化传热为例，其工艺条件见表6-10，从工艺条件表可以看出，冷、热流体传热特性接近，黏度不高。采用普通热虹吸再沸器和T形管强化换热器计算对比结果见表6-11。从表6-11中可以看出再沸器的换热性能已经比较理想。采用T形管强化再沸器壳程沸腾过程后，再沸器壳程膜传热系数得到大幅提高，而且由于T形管增加了汽化核心，降低了污垢热阻。从方案对比表可以看出，再沸器直径自1600mm缩小到1400mm，能够节省换热面积25%、降低设备重量25%。

表6-10　稳定塔底再沸器工艺条件

项目	壳程	管程
介质	石脑油	常二中
流量/(kg/h)	462937	570152
允许压降/kPa	热虹吸	50
温度/℃	178→197	245→218
气相密度/(kg/m^3)	—→34	—
液相密度/(kg/m^3)	543→524	672→694
气相黏度/mPa·s	—→0.011	—
液相黏度/mPa·s	0.0107→0.094	0.244→0.293
气相导热系数/[W/(m·K)]	—→0.033	—
液相导热系数/[W/(m·K)]	0.0812→0.076	0.078→0.083
气相比热容/[kJ/(kg·K)]	—→2.57	—
液相比热容/[kJ/(kg·K)]	2.79→2.89	2.73→2.65

注：热负荷11.5MW。

表6-11　稳定塔底再沸器方案对比

项目	原传热方案	强化传热方案
设备规格(壳径×换热管直管长)/mm	1600×6000	1400×6000
换热管类型	光管	T形管
设备数量/台	1	1
壳程膜传热系数/[W/(m^2·K)]	1850	4190
总传热系数/[W/(m^2·K)]	510	690
换热面积/m^2	727	540
设备总质量/t	25.5	19.3

在石脑油水冷器中，用扭曲管代替光管，工业应用显示[7]，壳程压降减小了21.7%，传热系数提高20%，解决了轻石脑油冷后温度达不到设计要求35℃的问

题，确保了该轻烃系统的安稳运行。

五、小结

原油蒸馏装置的能耗在炼油厂的能耗中占较大的比例，做好能量回收环节的优化是节能的重点，采用夹点技术，优化换热网络，优化匹配冷热物流传热，提高原油换热终温，达到降低原油蒸馏能耗的目的。原油蒸馏装置中换热网络复杂，换热器设备台位多，约占原油蒸馏装置静设备投资 30% ～ 40%，采用合适的强化传热技术，能够有效地降低设备金属消耗，为业主节约设备投资，达到节能降耗、集约空间的目的。

第二节 催化裂化装置

一、工艺过程简述

催化裂化是炼油厂重油转化为轻质油的核心装置之一，与其他重油轻质化的二次加工装置相比，催化裂化的优势之一体现在原料来源广泛，不仅减压蜡油、焦化蜡油与溶剂脱沥青油等可直接作为原料，而且还可以掺炼常压重油、减压渣油和加氢处理后的重油。产品主要包括高辛烷值汽油和富含丙烯的液化气，副产柴油调和组分、燃料气和油浆。由于催化裂化液体产品收率高，轻油收率达到 60% ～ 70%（质量分数），液体收率达到 70% ～ 90%（质量分数），提高了全厂轻质油品产率，为炼油厂的增效做出极大贡献[23]。

典型的催化裂化装置通常包括反应再生系统、分馏系统、吸收稳定系统、能量回收系统等部分。

反应再生系统是催化裂化装置的核心系统，由提升管、反应沉降器、再生器以及催化剂输送斜管等设备组成。以提升管反应器和重叠式两段不完全再生技术为例，反应系统原则流程见图 6-11。原料油经换热升温后，进入到提升管下部原料喷嘴。原料油与雾化蒸汽在原料喷嘴混合后，经过原料喷嘴喷出与再生器来的高温再生催化剂接触，立即在提升管反应区汽化，在较高的反应温度和较大剂油比的条件下，裂解成轻质产品（干气、液化气、汽油、轻柴油）。反应产生油气携带催化剂通过提升管向上流动，经过提升管出口旋流式快速分离器和顶部旋风分离器分离出催化剂后进入分馏塔对各产品组分进行初步分离。反应后的带有焦炭的待生剂进入再生器床层中将焦炭烧掉，使催化剂恢复活性，热的再生催化剂返回提升管底部，

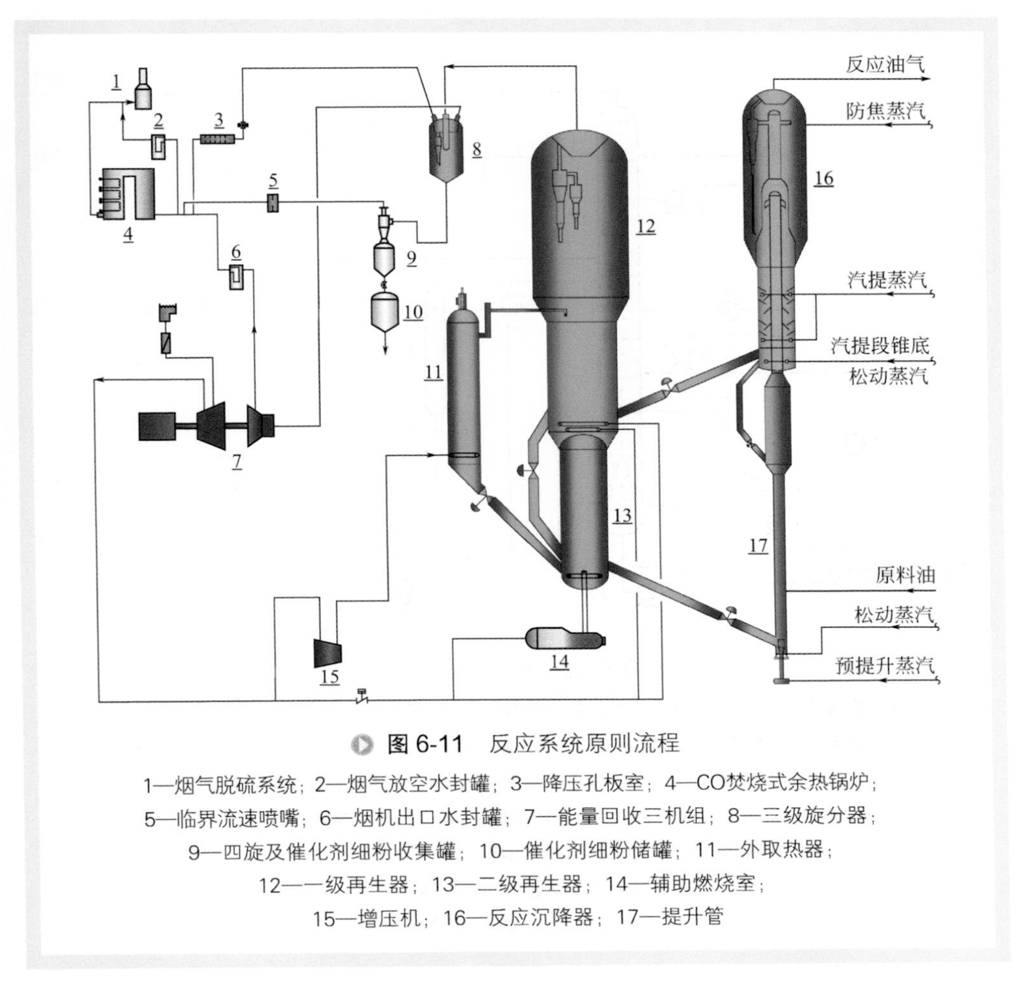

图 6-11 反应系统原则流程

1—烟气脱硫系统；2—烟气放空水封罐；3—降压孔板室；4—CO焚烧式余热锅炉；5—临界流速喷嘴；6—烟机出口水封罐；7—能量回收三机组；8—三级旋分器；9—四旋及催化剂细粉收集罐；10—催化剂细粉储罐；11—外取热器；12—一级再生器；13—二级再生器；14—辅助燃烧室；15—增压机；16—反应沉降器；17—提升管

实现催化剂的连续循环。高温烟气自再生器顶部排出，先进入烟气轮机膨胀做功，回收烟气中的压力能，然后再进入热工锅炉回收烟气中的化学能和热能，经脱硫脱硝系统处理后排放至大气。

分馏系统的作用是将反应产物切割分离，得到富气、粗汽油、轻循环油、回炼油和油浆等馏分。典型的催化裂化装置分馏系统工艺流程如图 6-12 所示。从反应系统来的高温油气进入分馏塔底部脱过热段，从塔底抽出循环油浆，经过换热冷却后返回塔内，将夹带有催化剂细粉的过热油气迅速冷却至饱和状态，同时也将夹带的催化剂粉尘洗涤下来。分馏塔顶分离出粗汽油和富气，增压后送往吸收稳定系统。分馏塔中部抽出轻循环油作为产品送出装置。塔底抽出带有催化剂粉末油浆，既可作为产品送出装置，也可根据装置的烧焦负荷和热平衡情况返回反应系统进行回炼。

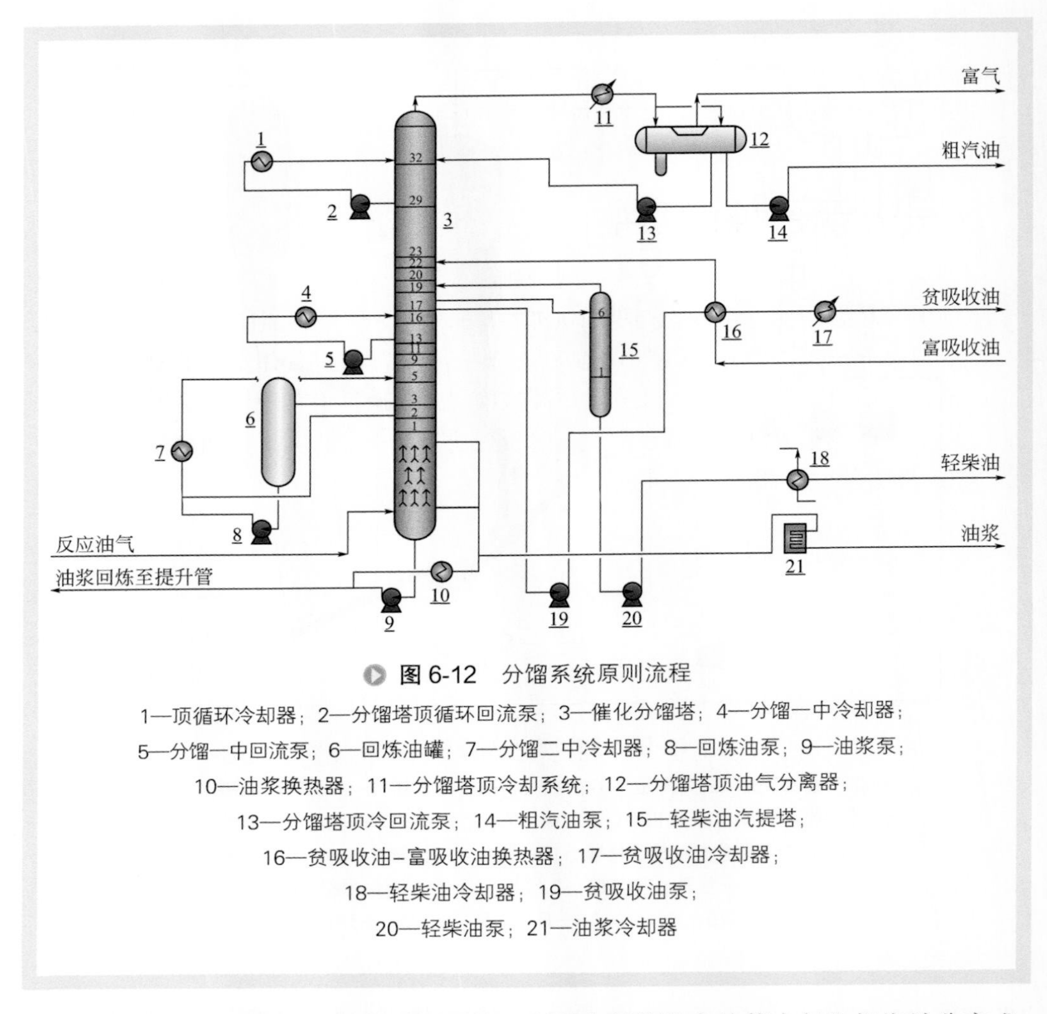

图 6-12　分馏系统原则流程

1—顶循环冷却器；2—分馏塔顶循环回流泵；3—催化分馏塔；4—分馏一中冷却器；5—分馏一中回流泵；6—回炼油罐；7—分馏二中冷却器；8—回炼油泵；9—油浆泵；10—油浆换热器；11—分馏塔顶冷却系统；12—分馏塔顶油气分离器；13—分馏塔顶冷回流泵；14—粗汽油泵；15—轻柴油汽提塔；16—贫吸收油-富吸收油换热器；17—贫吸收油冷却器；18—轻柴油冷却器；19—贫吸收油泵；20—轻柴油泵；21—油浆冷却器

吸收稳定系统的作用就是利用吸收、脱吸和精馏的方法将富气和粗汽油分离成干气（$\leqslant C_2$）、液化气（C_3、C_4）和蒸气压合格的稳定汽油。吸收稳定系统主要由吸收塔、脱吸塔、稳定塔、再吸收塔及相应的辅助设备组成，典型的工艺流程如图 6-13 所示。

二、热能特点分析

催化裂化装置在加工过程中消耗的能量，主要是由反应生成的焦炭在再生器内燃烧产生的热量提供的。这些热量，从整个加工过程看，分成几个主要的部分：

① 供给反应器内原料升温、汽化并反应所需的热量；

② 反应油气所携带的高温位热能在分馏和吸收稳定系统供给产品分离所需能量；

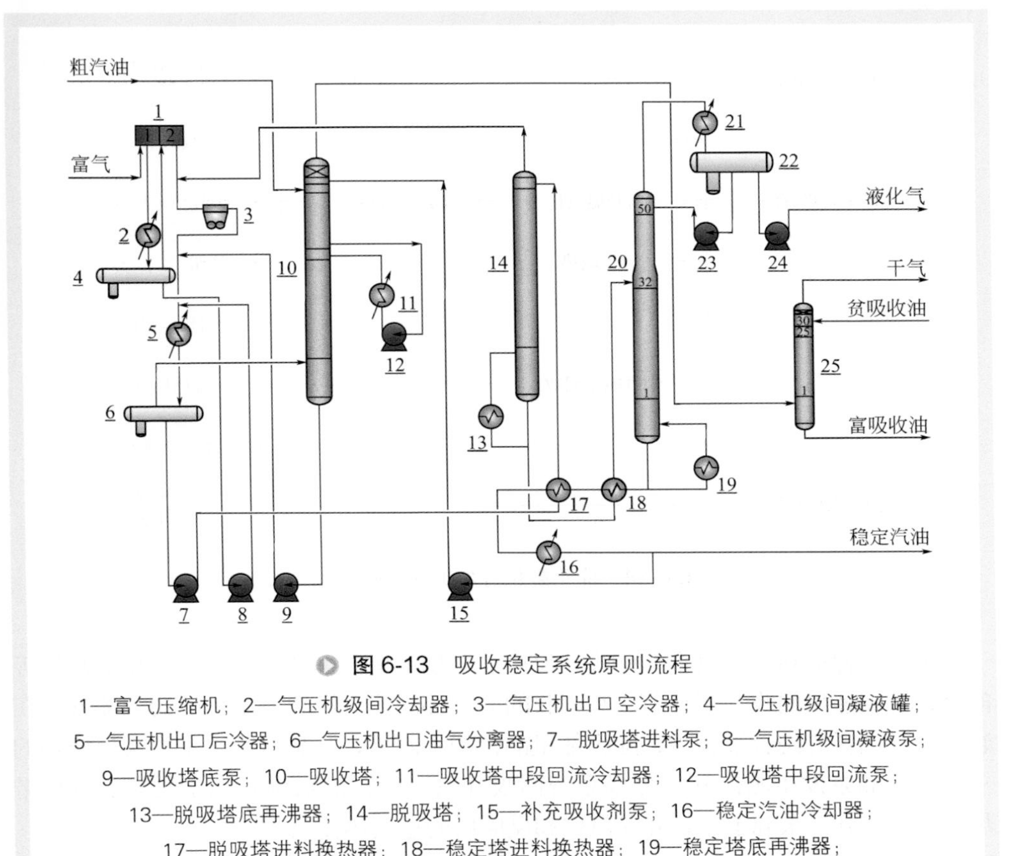

图 6-13 吸收稳定系统原则流程

1—富气压缩机；2—气压机级间冷却器；3—气压机出口空冷器；4—气压机级间凝液罐；5—气压机出口后冷器；6—气压机出口油气分离器；7—脱吸塔进料泵；8—气压机级间凝液泵；9—吸收塔底泵；10—吸收塔；11—吸收塔中段回流冷却器；12—吸收塔中段回流泵；13—脱吸塔底再沸器；14—脱吸塔；15—补充吸收剂泵；16—稳定汽油冷却器；17—脱吸塔进料换热器；18—稳定塔进料换热器；19—稳定塔底再沸器；20—稳定塔；21—稳定塔顶冷凝冷却器；22—稳定塔顶回流罐；23—稳定塔顶回流泵；24—液化气产品泵；25—再吸收塔

③ 为维持反应再生系统的热平衡，再生器内多余的热量由取热设施通过发生饱和蒸汽予以回收；

④ 再生器排出的高温烟气在余热回收系统（包括烟气轮机的压力能回收单元）加以回收，烟气轮机的设置仅仅是提高了烟气能量的回收品位，减少了装置的㶲损失，从本质上并没有改变烟气能量的回收热能总量；

⑤ 余热回收后排出装置的烟气和产品带出的热量；

⑥ 装置设备、管道的热损失。

此外，加工过程中由装置外公用工程系统提供的物料升压、升温以及产品换热终端冷却所需的能量（包括电能、热能等）构成了装置耗能的另一部分。

将催化裂化各加工环节的用能分析列出如图 6-14 所示。

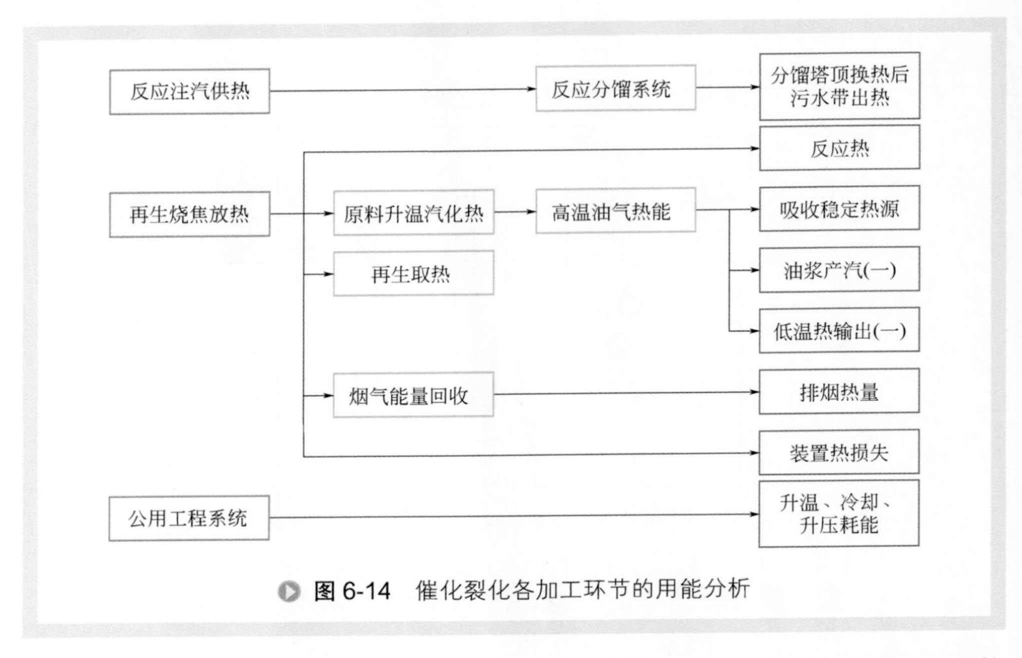

图 6-14　催化裂化各加工环节的用能分析

再生过程取热、烟气余热回收、反应油气携带供分馏和吸收稳定利用的热量等部分，都属能量回收利用环节，其回收的能量都是焦炭燃烧产生热能的一部分，在装置能量消耗的统计过程中，除去能量品位的不同外，其总量都属于焦炭燃烧热的一部分。油浆发生蒸汽和自分馏系统回收并输出装置的低温热属于反应油气携带热量的一部分，来源于原料升温汽化和反应后的过剩热输出[24]。

三、换热过程强化与集成

通过采用技术措施，强化工艺过程的各个品位的能量回收[24]，是催化裂化节能降耗的重要保障。从最大限度提高㶲利用率出发，尽可能地使高等级的能量得以高品质地回收（如发电、发生中压或次高压蒸汽甚至高压蒸汽），中、低温位热能加强在装置内或装置外进行热交换、热联合，降低加热工艺介质所需的燃料、蒸汽消耗，同时由于中、低温位热能的回收利用，冷却工艺介质所需的循环水、空冷用电等公用工程的消耗也有所降低，实现双重节能效应，从而使装置的能耗进一步降低。此外，需要合理地设置装置与设备的操作弹性，使设备的效率达到最优的条件，避免实际操作状况与设计偏差较大导致的能耗增加。

1. 高温位热能

重油催化裂化装置的高温位热源主要来源于两个方面，其一是焦炭在再生器内燃烧释放的化学能超过反应所需的热量，其二是分馏系统油浆循环回流的热量。再生器在正常操作条件下温度高达 700℃，从最大限度提高㶲利用出发，尽可能发生

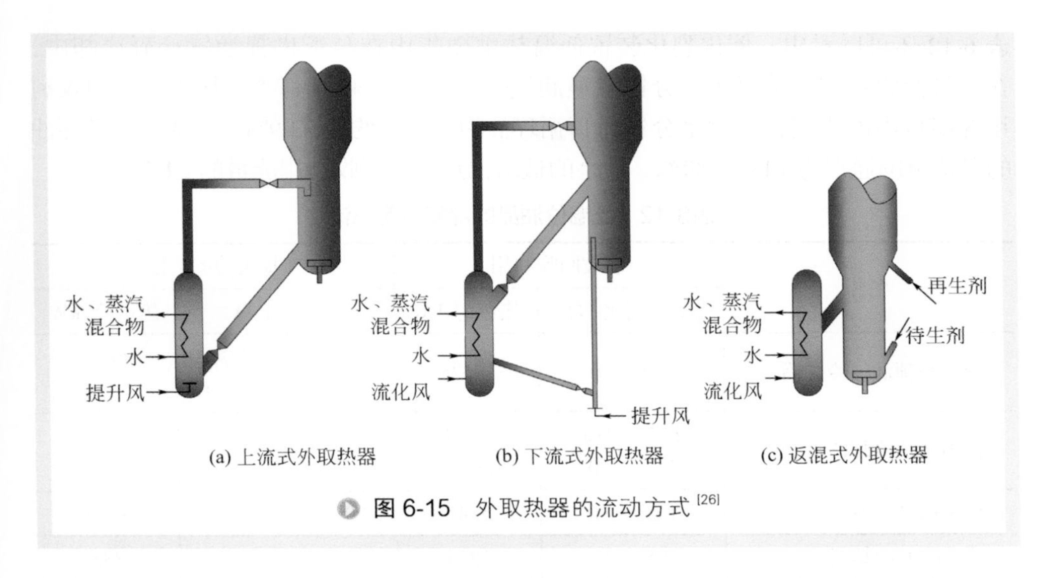

图 6-15 外取热器的流动方式[26]

中压、次高压甚至高压蒸汽等高品位能量。通常再生器的取热方式分为内取热和外取热两种，内取热技术虽然投资少、结构简单，但由于存在取热负荷无法调节、取热效率低、取热管易损坏等缺点，逐渐被外取热技术所代替，仅成为外取热器的补充。外取热器是催化裂化装置主要的冷却和余热回收设备[25-27]（图 6-15）。分馏循环油浆的温度利用范围为 330 ～ 275℃，通常直接用来发生中压或次高压蒸汽。

2. 中温位热能回收利用

来自反应部分的高温反应油气是以过热状态进入分馏塔下部，在满足全塔气液分离的情况下，尚有较多的过剩热量，通常需要设置 4 ～ 5 个中段循环回流取热。由于分馏塔的塔盘温度随塔盘层数变化较大，通常设置顶循环回流、吸收油循环回流、一中段循环回流、二中段循环回流和油浆循环回流。

一中段循环回流的温度利用范围通常为 268 ～ 160℃、二中段循环回流的温度利用范围通常为 310 ～ 250℃，这两股热量属于中温位热源。通常用作吸收稳定系统的塔底再沸器热源，将分馏部分的热量转移至吸收稳定系统，用以满足气液相分离的要求。

3. 低温位热能回收利用

除高、中温位热源外，分馏及吸收稳定系统的其余油品一般划归为低温位油品。以某 3.5Mt/a 重油催化裂化装置为例，各低温位油品的冷却负荷见表 6-12。装置的低温热总量为 147195kW，由于装置有低温热回收措施，表 6-12 中左侧部分的热量已被回收利用，约为 78645kW，占整个装置冷却负荷的 53.4%。由于这部分能量被回收利用，按照《石油化工设计能量消耗计算方法》计算，在装置输出热量的同时，还节约了循环水（或电能），对降低装置能耗实际上达到了“双赢”的效果。从

表 6-12 还可以看出，催化裂化装置低温热主要集中在分馏塔顶油气冷凝冷却中，在已被回收利用的能量中，分馏塔顶油气的贡献占到 42.6% [28]。其次在被回收利用的能量中占比例较大的是分馏塔顶循环油的热量，约占 32.9%。分馏塔顶循环油的温位范围通常为 143 ～ 80℃。其余的低温位热量占回收利用能量的 24.5%。

表6-12　低温位油品的冷却负荷统计

名称	已被回收利用		损失掉的热量	
	温度变化 /℃	热负荷 /kW	温度变化 /℃	热负荷 /kW
分馏塔顶油气冷却器	120 ～ 91	33525	91 ～ 55（空冷） 55 ～ 40（水冷）	29181 7930
顶循环油冷却器	143 ～ 113 113 ～ 80	12336 13570		
轻柴油冷却器	195 ～ 90	5941	90 ～ 50（空冷）	1967
贫吸收油冷却器	85 ～ 5	1864	55 ～ 40（水冷）	885
一中回流冷却器	191 ～ 160	5860		
气压机出口前冷器			90 ～ 55（空冷）	2932
气压机出口后冷器			55 ～ 40（水冷）	8518
吸收塔中段回流冷却器			47 ～ 40（水冷）	2678
稳定塔顶冷凝冷却器			70 ～ 50（空冷） 50 ～ 40（水冷）	3060 5152
稳定汽油冷却器	96 ～ 70	5549	70 ～ 55（空冷） 55 ～ 40（水冷）	3060 3187
合计		78645		68550

四、换热元件强化传热技术

1. 反应部分的强化传热

再生器外取热器管外介质为催化剂颗粒，管内介质为汽水混合物。管内传热系数包括水的对流传热系数和水的沸腾膜传热系数两部分，它根据循环倍率的不同有所差异，但一般都在 6000W/（m^2 • K）以上；对于密相取热，根据传热实验和工业装置的标定结果，管外的传热系数一般在 600 ～ 940W/（m^2 • K），所以管内传热系数比管外大 6 ～ 10 倍，外取热器的控制热阻在催化剂一侧，提高壳程（催化剂侧）的传热系数能有效地提高总传热系数。

外取热器的设计型式有很多，有类似管壳式换热器型式的外取热器，其传热管较细，水和蒸汽各自通过一个管箱，再用一个进水口将水引入和一个蒸汽出口将蒸汽导出。催化剂走壳程，沿着管壁纵向下流，下部设有流化风将催化剂流化。这种外取热器的结构紧凑，传热面积大，给水从下向上流动，汽水混合物向下流动，致使气泡升举趋势与水流方向相反，容易造成局部气阻，进而使管子局部过热和传热恶化。而且由于传热管管壁较薄，很容易被催化剂磨穿，一旦一根传热管磨穿，整台外取热器失效，更换十分困难[29-32]。

单元管组联箱式外取热器由壳体和若干传热单元管组组成，传热管（取热管）的直径略大，每个单元管组包括多根传热管，由上联箱和下联箱汇集在一起，然后从上部引出壳体［图 6-16（a）］。这种外取热器特点是催化剂流化状态良好，每个单元管组各有阀门控制，可自行开启和关闭，一个单元管组的传热管出了问题，不影响整台取热器的使用。由于上、下联箱之间的传热管处于高温环境下，且开口大，焊缝较多，因此对加工制造水平的要求较高[31,33]。

翅片管型外取热器的传热管直径较大，表面密布着纵向翅片，每根翅片管也是一个独立的传热元件［图 6-16（b）］。由于取热管外传热系数远小于管内传热系数，增加管外传热面积可以显著提高传热效率。这种外取热器在催化剂处于稀相流时，使用效果较好，但在催化剂处于密相的流化床时，翅片之间的密相催化剂不易流化，容易形成“死夹层”，削弱了传热效果[31,34-36]。

钉头传热管型外取热器的管束由钉头传热管组成，每一根钉头传热管为封闭式结构，构成一个具有独立的水 - 汽回路的传热单元，直形或 L 形钉头交错均布在基

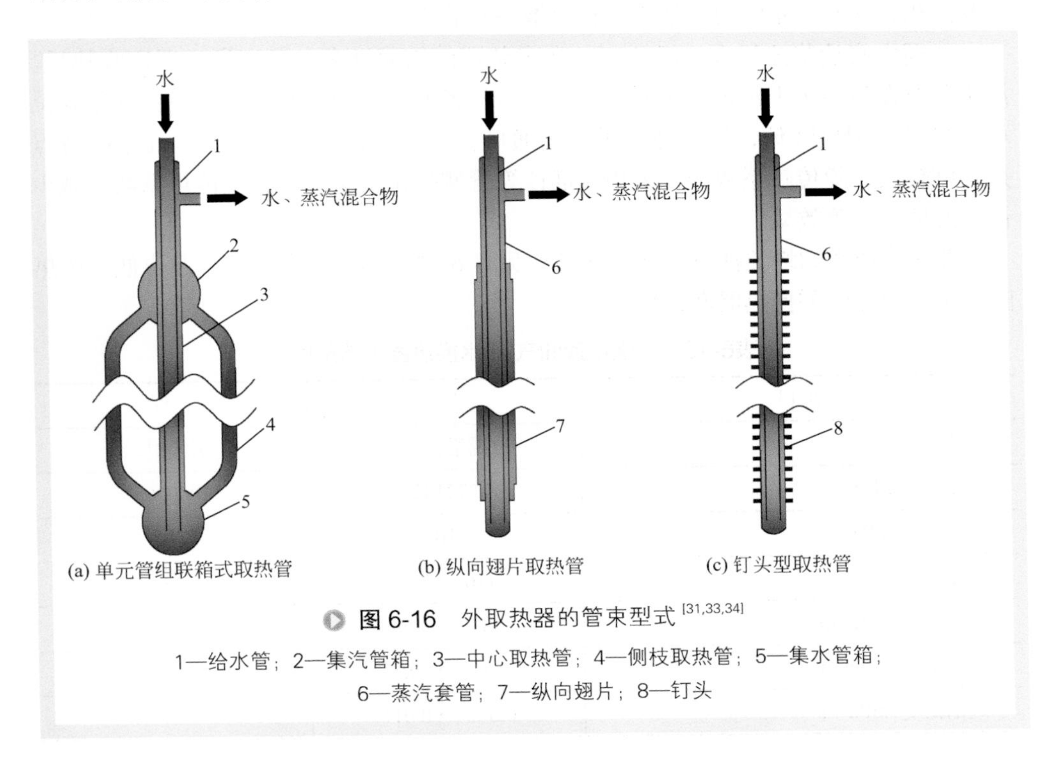

图 6-16　外取热器的管束型式[31,33,34]

1—给水管；2—集汽管箱；3—中心取热管；4—侧枝取热管；5—集水管箱；6—蒸汽套管；7—纵向翅片；8—钉头

管表面，并与基管表面垂直，钉头截面覆盖的基管表面面积不到 25%，基本保留了光管的特点，又不会影响催化剂的流动［图 6-16（c）］。钉头既能增大管外侧的传热面积，而且由于钉头与催化剂流动方向垂直，能产生局部湍流，强化了传热效果，因而具有较高的取热效率。工业上的运行实践结果显示，催化剂对钉头传热管的传热系数相比光管可提高 60% 以上。此外由于钉头传热管在高温下热应力较小，受力分布较好，不易发生破裂和扭曲变形，因此使用寿命较长，能满足催化装置长周期安全运行的要求，是一种较为理想的强化传热元件 [31,37]，与翅片管类似，钉头管传热元件在稀相取热场合更能发挥其管外传热强化的优势。

重油催化裂化装置中，油浆原料经过原料油 - 分馏塔底油浆换热器预热后进入提升管反应器，壳侧的原料油的物性特点是黏度大、污垢系数高，如果使用单弓折流板换热器，流速和雷诺数低、压降大、膜传热系数低，采用螺旋折流板可以显著提高流速和雷诺数，减少污垢沉积，对传热的优化效果明显。

2. 分馏部分的强化传热

分馏塔底油浆属于含催化剂固体颗粒的工艺介质，在管壳式换热器中通常作为管侧流体，为减少换热管堵塞情况的发生，通常使用较大直径的换热管，设计时既应注意保证一定的油浆流速以保证催化剂颗粒处于悬浮状态，又不能流速过高对换热管造成磨蚀损伤而导致泄露。螺旋板式换热器因其介质呈螺旋形流动，悬浮颗粒不易沉积，又有一定的自洁能力，在分馏塔底油浆的换热器中有成功的应用 [38]。

分馏塔底油浆流量大、温位高，在出装置前需通过多台蒸汽发生器回收热量。油浆蒸汽发生器由于常采用串联操作，首台设备油浆温位最高，后续设备油浆温位和传热温差明显降低，管外适合采用高通量管强化沸腾传热 [39]。管内油浆的特点是黏度较大，膜传热系数低，采用内插件等管侧强化措施对提高膜传热系数、减少设备占地有显著效果。

催化分馏塔的塔顶油气冷却工艺条件见表 6-13，热负荷大、油气温位低、传热温差小，因此所需换热器面积较大。

表6-13　分馏塔顶油气-热水换热器工艺条件

项目	壳程	管程
介质	分馏塔顶油气	换热水
流量 /（kg/h）	272142	1000000
允许压降 /kPa	10	50
温度 /℃	116 → 92	65 → 91
气相密度 /（kg/m^3）	4.00 → 4.68	
液相密度 /（kg/m^3）	— → 795.7	981.2 → 958.3
气相黏度 /mPa・s	0.012 → 0.011	

续表

项目	壳程	管程
液相黏度 /mPa·s	—→0.310	0.434→0.345
气相导热系数 /［W/（m·K）］	0.027→0.026	
液相导热系数 /［W/（m·K）］	—→0.357	0.656→0.657
气相比热容 /［kJ/（kg·K）］	2.02→1.95	
液相比热容 /［kJ/（kg·K）］	—→3.12	4.18→4.24

注：热负荷 31.9MW。

换热器的对比结果如表 6-14 所示，采用常规的光管换热管需要 6 台串联的换热器，壳侧膜传热系数约为 1000W/（m^2·K），远小于管内循环水的膜传热系数，因此强化壳侧冷凝能显著提高传热效率。螺纹管具有管外冷凝中形成的凝结液膜薄、冷凝膜传热系数高等优点，对轻质油的冷凝强化效果较好，如果采用螺纹管代替光管，换热器的直径可以由 1500mm 减小至 1300mm，显著减小设备重量和投资。

表6-14　分馏塔顶油气-热水换热器方案对比

项目	原传热方案	强化传热方案
设备规格（壳径 × 换热管直管长）/mm	BJS 1500×6000	BJS 1300×6000
换热管类型	光管	螺纹管
设备数量 / 台	6	6
压降（壳侧）/kPa	5.7	6.6
总传热系数（光管）/［W/（m^2·K）］	491.1	713.2
换热面积 /m^2	3855.2	2680.4
设备总质量 /t	139.8	105.1

3. 吸收稳定部分的强化传热

吸收稳定部分的吸收塔操作温度低，设置多个中段回流冷却器，工艺介质温位低，与循环冷却水的传热温差小，因此需要的传热面积大，在设计压力满足要求的前提下，使用结构紧凑的板式换热器可有效增加传热系数、减少换热面积和设备占地面积。

脱吸塔设置塔底再沸器和多台中间再沸器，其中热源温位低、传热温差较小的再沸器，所需的换热面积相应偏大。T 形翅片管相比光管，沸腾温差明显降低，沸腾膜传热系数和热通量显著增加，对壳侧沸腾有很好的强化效果，适合应用在脱吸塔以及稳定塔的再沸器中[40]。

稳定塔底的稳定汽油经过脱吸塔进料换热器、脱吸塔中间再沸器、稳定塔进料换热器的管程后，继续通过除盐水换热器、空冷器和水冷器冷却至 40℃，在流程中的允许压降较低。在稳定汽油 - 除盐水换热器和水冷器中，传热热阻集中在壳侧的稳定汽油端，在采用双弓折流板时，单位压降提供的膜传热系数明显高于单弓折流板。同理，稳定塔进料也属于压降受限的壳侧物流，物性与稳定汽油类似，在被加热的过程中有少量汽化，此换热器的折流板形式采用双弓明显优于单弓。以某炼油厂的稳定塔进料换热器为例，其工艺条件见表 6-15。

表6-15　稳定塔进料换热器工艺条件

项目	壳程	管程
介质	脱乙烷汽油	稳定汽油
流量 /（kg/h）	291611	240833
允许压降 /kPa	20	50
温度 /℃	133 → 145	174 → 149
气相密度 /（kg/m^3）	34.19 → 35.12	
液相密度 /（kg/m^3）	480.4 → 480.3	497.8 → 567.0
气相黏度 /mPa・s	0.011 → 0.012	
液相黏度 /mPa・s	0.135 → 0.131	0.121 → 0.156
气相导热系数 /［W/（m・K）］	0.027 → 0.028	
液相导热系数 /［W/（m・K）］	0.088 → 0.086	0.079 → 0.090
气相比热容 /［kJ/（kg・K）］	2.35 → 2.41	
液相比热容 /［kJ/（kg・K）］	2.68 → 2.72	2.86 → 2.70

注：热负荷 4.8MW。

采用双弓折流板强化传热的对比结果见表 6-16，为满足压降要求，常规单弓折流板换热器需要 2 台 BES 1300mm × 6000mm 换热器。采用双弓折流板，只需要 1 台 BES 1500mm × 6000mm 换热器即可满足压降和换热要求，换热面积和设备总重减少 30% 以上，具有明显的优势。

表6-16　稳定塔进料换热器方案对比

项目	原传热方案	强化传热方案
设备规格（壳径 × 换热管直管长）/mm	BES 1300 × 6000	BES 1500 × 6000
折流板类型	单弓	双弓
设备数量 / 台	2	1
压降（壳侧）/kPa	13.7	13.9
总传热系数 /［W/（m^2・K）］	298.7	427.3
换热面积 /m^2	952.9	639.0
设备总质量 /t	36.2	24.6

贫吸收油从催化分馏塔中段抽出，作为脱吸塔底再沸器热源、与富吸收油换热后，进入除盐水换热器和水冷器，送至再吸收塔，虽然通过贫吸收油泵输送，但整个输送过程经过的换热器数量多，也属于压降受限的物流，作为壳侧流体时，采用双弓折流板代替单弓折流板，单位压降的传热系数可以提升 50% 以上，对降低压降有明显的效果，更容易满足设计要求。

分馏部分的轻柴油塔底再沸器与吸收稳定部分的其他再沸器类似，同样适合使用 T 形管强化沸腾 [41]。轻柴油出装置之前，经过除盐水换热器回收低温热，轻柴油作为壳侧流体，黏度偏高，导热系数较低，在此换热器中有波纹管强化传热的应用案例，在改造中将光管替换为波纹管后，传热的强化效果明显 [42]。

五、小结

通过对催化裂化装置高、中、低温位热量的不同回收利用方式，尤其是装置间的热量联合，不但实现催化工艺总体用能优化，而且对降低全厂能耗起到积极的作用。

催化裂化装置内的催化剂再生器外取热器是重要的能量回收设备，优化催化剂气固混合物的流动状态和传热系数是对此设备进行强化传热的关键，在工业上有多种取热管的应用。分馏部分的油浆介质特殊，强化传热需考虑保证设备的长周期运行，轻油和吸收稳定部分适合采用一般轻质油的强化传热技术。

第三节　加氢裂化装置

一、工艺过程简述

加氢裂化是重质馏分油深度加工的主要工艺之一，随着世界原油储量中浅层易开采的轻质低硫原油日趋减少，深层难开采的重质原油逐步提高，并且世界各国更加注重环保，对汽、煤、柴油等轻质燃料油的品质要求越来越高，加氢裂化工艺日益受到重视，生产能力逐年上升 [43]。加氢裂化是指通过加氢反应使原料油中有 10% 以上的分子变小的加氢技术 [44]，主要目的是将重质油转化为轻质油品，同时脱除硫、氮、氧等杂质，从而生产出优质的汽油、煤油和柴油等产品。

加氢裂化工艺流程较多，有单段流程、两段流程、一次通过流程、全循环流程以及它们之间的组合流程等；根据压力等级划分有高压加氢裂化、中压加氢裂化、缓和加氢裂化等；根据原料划分有柴油加氢裂化、蜡油加氢裂化、渣油加氢裂化等；根据反应器形式划分有固定床加氢裂化、沸腾床加氢裂化和浆态床加氢裂化

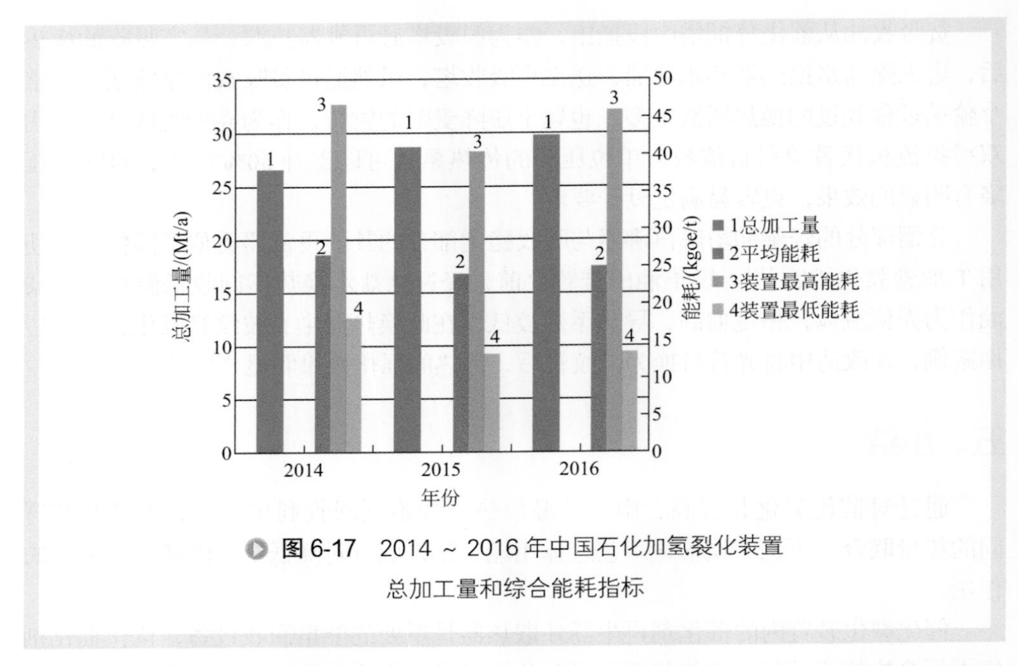

图 6-17　2014 ～ 2016 年中国石化加氢裂化装置总加工量和综合能耗指标

等，因此不同加氢裂化装置的能耗差别较大。2014 ～ 2016 年中国石化加氢裂化装置总加工量和综合能耗指标见图 6-17，可见总加工量逐年上升、能耗逐年下降的趋势。

虽然加氢裂化流程种类繁多，但根据基本工艺原理均可以统分成反应部分（高压）和产品分馏部分（低压）两部分。以国内典型的单段一次通过加氢裂化工艺为例，流程如图 6-18 所示。反应部分一般包括原料的升温升压系统、反应加热炉系统、加氢反应器系统、反应产物冷却及高压闪蒸系统、低压闪蒸系统、循环氢和新氢增压系统等，主要完成原料油的加氢反应和初步的气液分离；分馏部分一般包括脱硫化氢汽提塔、产品分馏塔、石脑油分馏塔、吸收脱吸塔和稳定塔，主要将反应产物分离成轻烃、液化气、轻石脑油、重石脑油、煤油、柴油和尾油等产品。

二、热能特点分析

加氢裂化工艺热能特点一是反应放热量大，根据经验，反应总温升一般超过 70℃，因此通过工艺流程优化合理利用反应热是工艺用能强化方向之一。另外由于加氢裂化要求的反应温度高（约 370℃），并且分馏部分需要分离出酸性气、液化气、轻石脑油、重石脑油、航煤、柴油、加氢尾油等多种产品，因此加氢裂化工艺加热炉和分馏塔多，热能特点二是需要供热量大。再者由于加氢裂化装置内冷源少，需要冷却的产品数量多，因此热能特点三是换热后的低温位热源多。因此合理优化换热流程和低温热利用是工艺用能强化方向之二。根据 2014 ～ 2016 年中国石

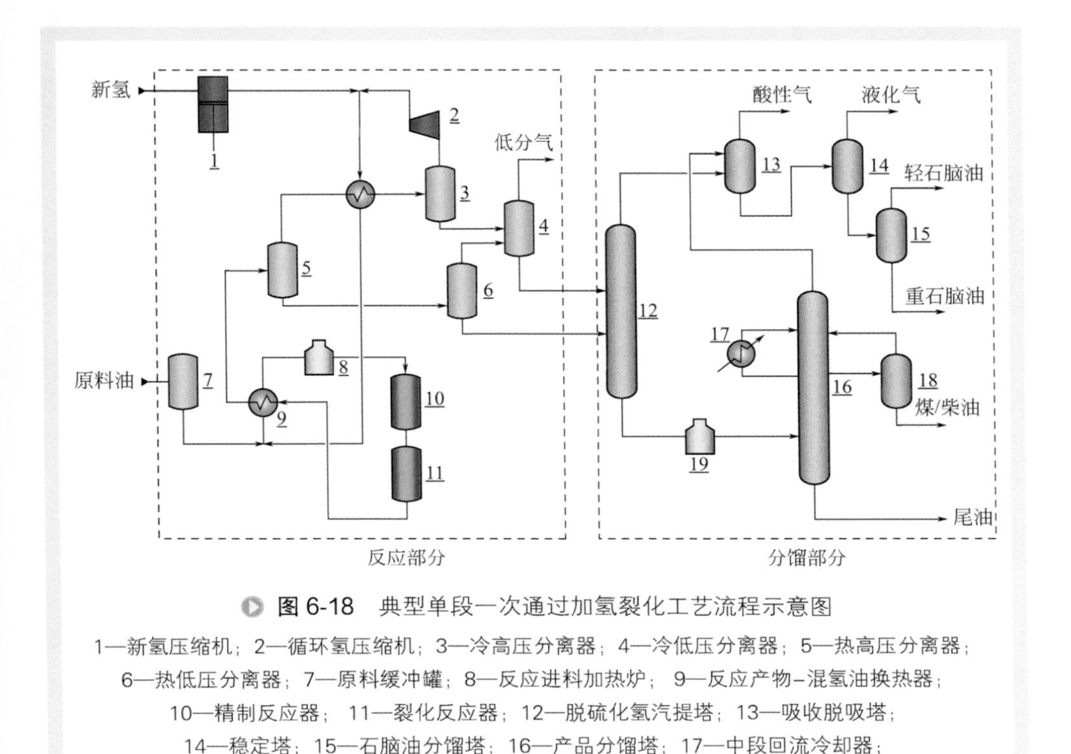

图 6-18 典型单段一次通过加氢裂化工艺流程示意图

1—新氢压缩机；2—循环氢压缩机；3—冷高压分离器；4—冷低压分离器；5—热高压分离器；6—热低压分离器；7—原料缓冲罐；8—反应进料加热炉；9—反应产物-混氢油换热器；10—精制反应器；11—裂化反应器；12—脱硫化氢汽提塔；13—吸收脱吸塔；14—稳定塔；15—石脑油分馏塔；16—产品分馏塔；17—中段回流冷却器；18—煤/柴油侧线塔；19—分馏进料加热炉

化 21 套加氢裂化装置平均能耗指标（表 6-17）分布可以看出，能耗主要集中在电、中压蒸汽和燃料。由于加氢裂化反应压力高（约 17MPaG），需要将物料升压，因此耗电多；由于反应需要大量的循环氢和冷氢，因此需要消耗大量的中压蒸汽驱动循环氢压缩机；由于装置需要供热量大，因此燃料气消耗量大。降低电耗和蒸汽消耗需增设能量转换设备（如液力透平等）或通过工艺技术的提升来实现（如改进催化剂性能、改进催化剂级配方案、液相加氢新技术等）。若降低燃料气消耗，就需要通过强化工艺过程传热手段，减少热能损失，最终达到绿色低碳、节能降耗和节约投资等目的。

表6-17 2014～2016年中国石化21套加氢裂化装置平均能耗指标

单位：kgoe/t

年份	循环水	电	3.5MPa 蒸汽	1.0MPa 蒸汽	燃料气
2014 年	1.03	12.95	12.76	−7.83	7.56
2015 年	1.29	12.27	12.76	−4.48	2.69
2016 年	1.12	13.14	14.78	−9.35	5.39

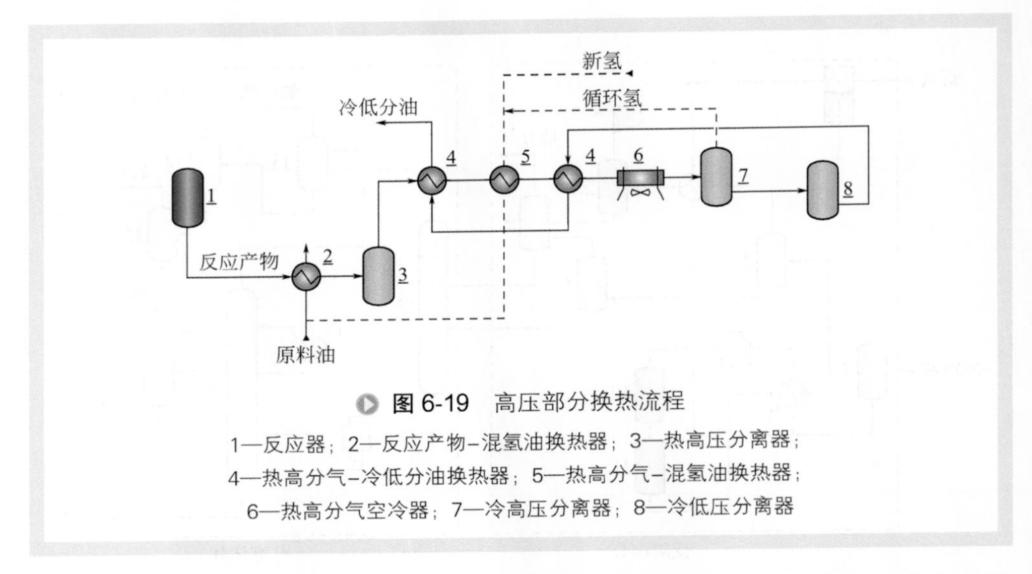

图 6-19　高压部分换热流程

1—反应器；2—反应产物–混氢油换热器；3—热高压分离器；
4—热高分气–冷低分油换热器；5—热高分气–混氢油换热器；
6—热高分气空冷器；7—冷高压分离器；8—冷低压分离器

加氢裂化流程由于反应部分与分馏部分操作压力相差悬殊，前者大约17MPaG，后者低于1MPaG，因此一般将换热网络相应分为高压换热网络和低压换热网络，在高压热源过剩的情况下，可以考虑给低压的冷源换热。高压部分换热流程见图6-19，从反应产物开始到冷高分，多余的热量考虑给冷低分油换热。

加氢裂化装置高压换热部分，由于安全等因素的考虑，有以下几个约束条件：

① 反应进料加热炉入口和出口必须保持不低于28℃的温差，因此限制了原料换热的最高温度。以某厂1.8Mt/a加氢裂化为例，这部分能量大约8.4MW，消耗燃料气相当3.38kgoe/t的能耗，约占全装置能耗的11%；

② 为防止铵盐结晶堵塞管路，热高分气在大约160℃时需要连续注水，注水后温位降低30～40℃，并且介质具有强腐蚀性，因此只能用空冷器冷却到50℃，该部分热量无法回收，以某厂1.8Mt/a加氢裂化为例，这部分热量大约21.6MW，消耗电能大约相当0.21kgoe/t的能耗，约占全装置能耗的0.7%；

③ 如果热低压分离器顶不设安全阀，由于热低分气管线须考虑上游热高压分离器串压事故，泄放的气体经过空冷器或水冷器冷却后由冷低分安全阀泄放，因此热低分气的热量也不能利用，这部分热量较少，以某厂1.8Mt/a加氢裂化为例，这部分能量大约0.83MW；

④ 加氢裂化原料一般为馏程范围在350～540℃之间的减压蜡油馏分，该范围馏分介质较脏，易结垢，易堵，需要定期清洗，因此不能选用板式换热器、管子开槽、高通量管等不易清洗的高效换热器；

⑤ 由于催化剂反应分初期和末期工况，初期和末期的反应温度和反应放热量不同，如果满足了初期换热优化，就难以满足末期工况，反之亦然，因此需要找出初期和末期中较苛刻的换热工况综合优化，但由此导致为保证初末期工况的平衡优

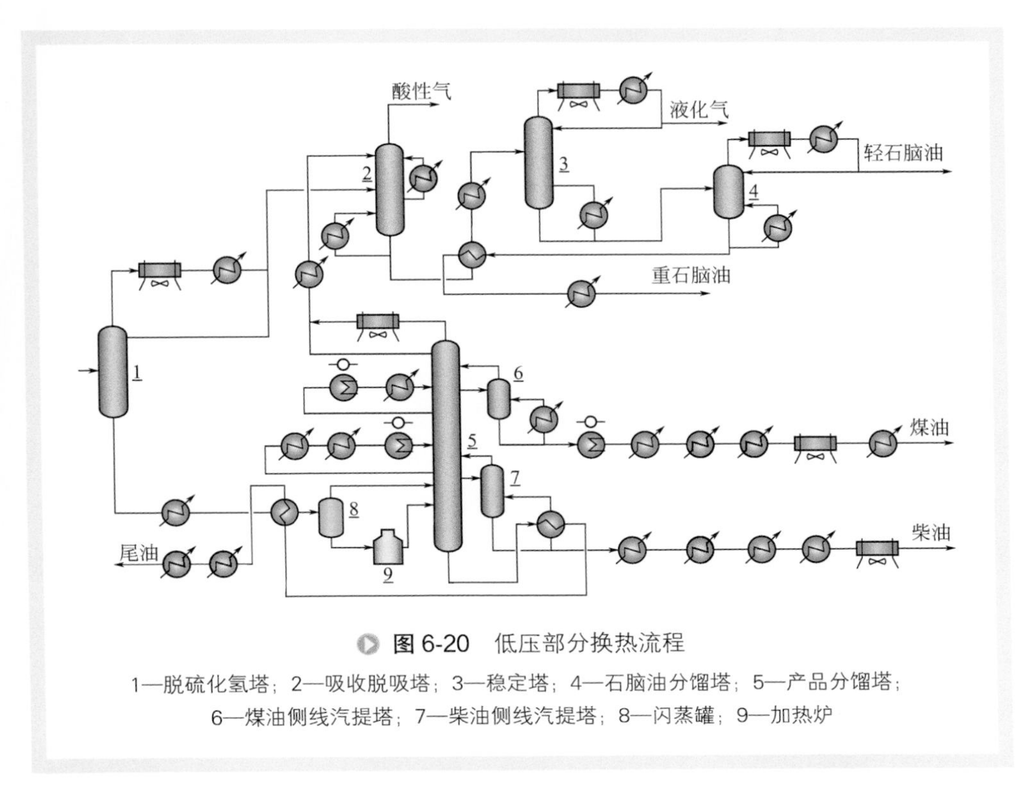

图 6-20　低压部分换热流程

1—脱硫化氢塔；2—吸收脱吸塔；3—稳定塔；4—石脑油分馏塔；5—产品分馏塔；
6—煤油侧线汽提塔；7—柴油侧线汽提塔；8—闪蒸罐；9—加热炉

化方案并不一定在所有工况下达到最优。

加氢裂化装置低压部分换热流程包括原料油预热和整个分馏部分的换热，见图 6-20。分馏部分由于要分离出酸性气、液化气、轻石脑油、重石脑油、航煤、柴油、加氢尾油等多种产品，塔系多，虽然工艺流程复杂，但不同冷流和热流之间关联度较小，因此在优化换热网络时，合理的温位匹配，采用较大的对数温差推动力，以减少换热面积，降低设备投资的考虑更为重要。此外增加低温热利用以及热出料等措施，减少排弃能，对工艺过程传热强化及装置节能降耗优化设计至关重要。

三、换热过程强化与集成

1. 通过夹点分析技术优化换热流程

夹点分析是迄今为止在工程上应用最成功的能量系统综合优化的方法之一。根据冷热物流的热负荷分别合成冷热负荷曲线，然后确定换热网络的最小传热温差，通过移动冷热负荷曲线使两曲线垂直距离最接近处达到最小传热温差，此最接近处即为该换热网络的夹点，之后根据夹点设计的三原则来调整优化换热网络。

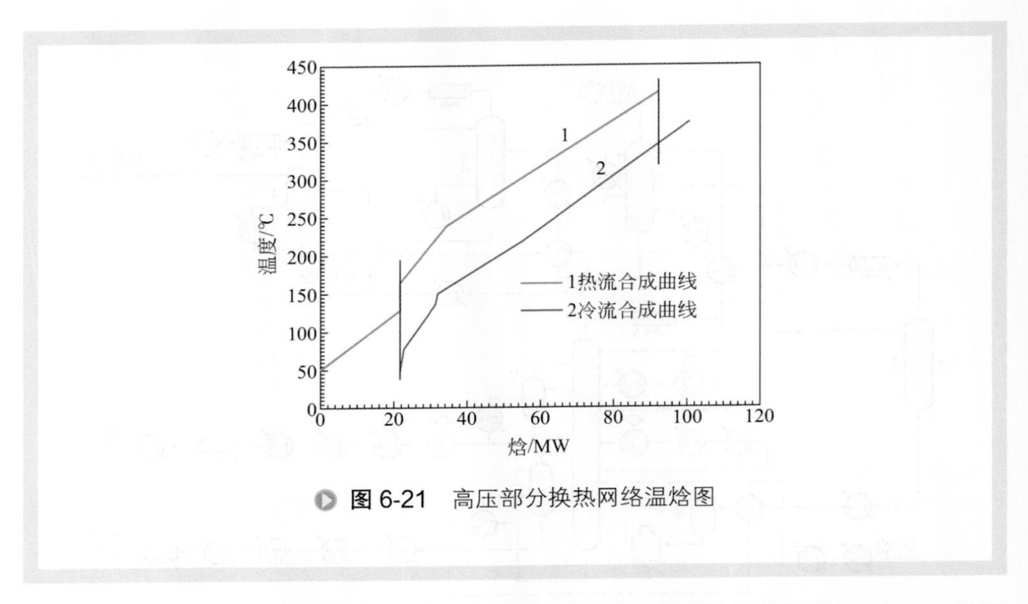

图 6-21 高压部分换热网络温焓图

某厂 1.8Mt/a 加氢裂化装置优化后的高压部分换热网络温焓图见图 6-21，该换热网络的特点是单热流多冷流，与通常多热流多冷流换热网络不同，它不存在跨夹点传热的现象。反应产物通过与原料油、循环氢、低分油等循环匹配换热，使反应产物热量完全利用。原料加热到 348℃，加热炉温差（375℃-348℃=27℃）达到极限要求，反应产物冷却到 166℃开始注水，两端均达到工艺目标要求。

低压部分换热网络温焓图见图 6-22。低压部分虽然产品多，流程复杂，但不同热流和冷流相互关联度较小。需要加热的物流不但起点温度高，而且需要的热容流率大，因此合理的温度匹配和热容流率匹配更为重要。产品分馏塔的进料温度要高

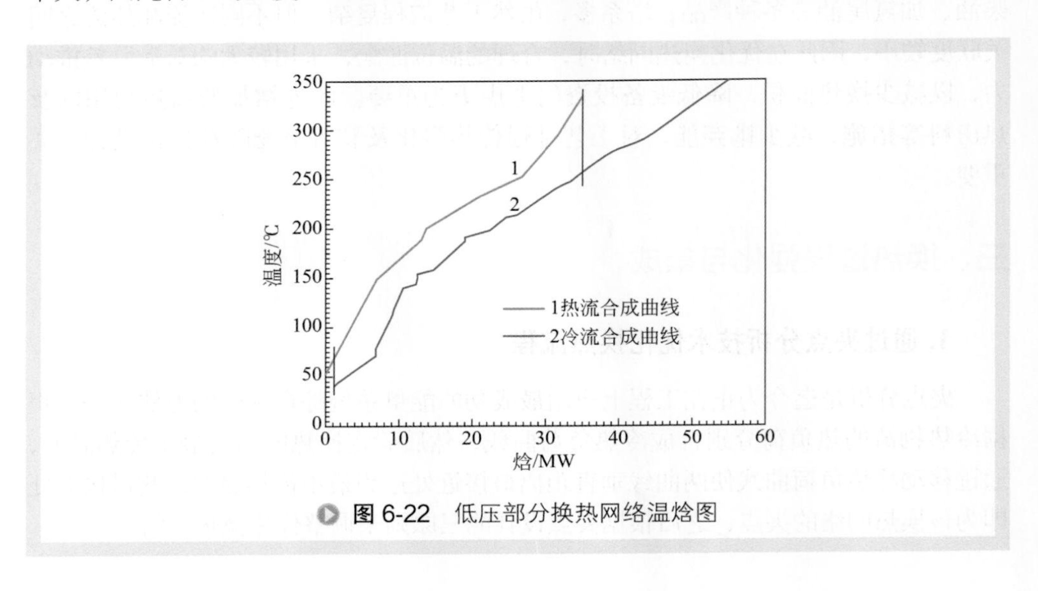

图 6-22 低压部分换热网络温焓图

于分馏部分的热源温度，因此分馏进料加热炉必不可少。产品余热的充分利用是分馏部分节能降耗的关键。从图 6-22 看，该加氢裂化装置分馏部分充分利用了产品的余热，用来发生蒸汽和加热除盐水，因此装置正常操作时各产品出装置前基本不用空冷器和水冷器。

2. 工艺过程强化传热优化

除了通过夹点分析手段优化全装置换热流程外，还通过流程模拟（Aspen 或 ProⅡ）和传热计算软件（HTRI）对比分析不同工艺方案在强化传热方面的影响，优选出既节能又经济效益显著的流程方案。

（1）冷流侧强化传热　加氢裂化装置原料油与氢气加热有两种工艺，一种是“炉前混氢”，一种是“炉后混油”。“炉前混氢”是原料油与氢气混合成两相流后与反应产物换热，再进入反应进料加热炉。“炉后混油”是原料油和氢气分别单相与反应产物换热，原料油在氢气炉出口混合进反应器。这两种方式的换热流程简图见图 6-23。以某厂 1.8Mt/a 加氢裂化装置为例，两种换热方式在污垢系数为 0 和总压降相近的条件下，以常规管壳式换热器为计算基准，计算结果对比见表 6-18。由对比可知，炉前混氢方案强化了冷侧物流的传热系数，使换热面积减少了 1.5 倍，并且换热流程简单，经济效益提高显著，因此优先推荐采用炉前混氢的流程方案。

表6-18　炉前混氢和炉后混油换热对比

分类	冷流侧	冷流侧平均传热系数	传热面积
炉前混氢	混氢油（两相）	基准	基准
炉后混油	原料油（单相）	0.2× 基准	2.5× 基准
	氢气（单相）	0.8× 基准	

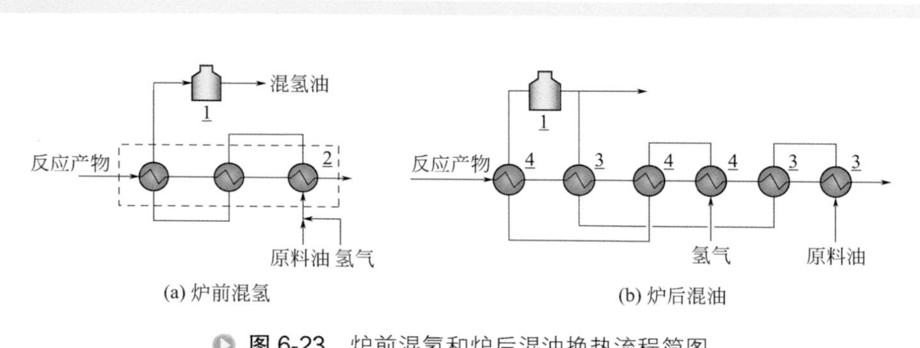

图 6-23　炉前混氢和炉后混油换热流程简图

1—反应进料加热炉；2—反应产物-混氢油换热器；3—反应产物-原料油换热器；4—反应产物-氢气换热器

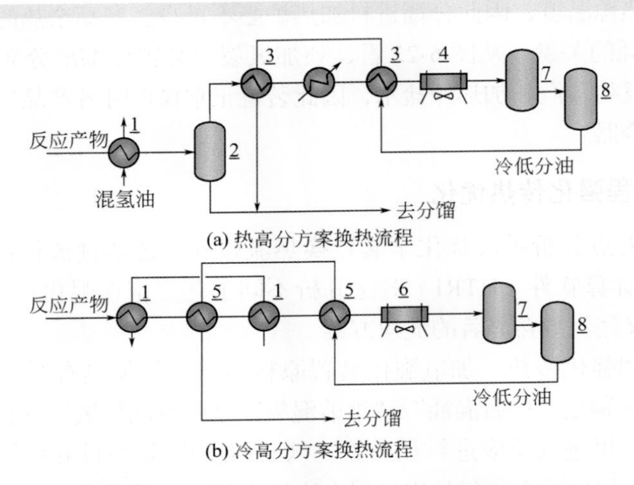

图 6-24　热高分和冷高分方案换热流程简图

1—反应产物-混氢油换热器；2—热高压分离器；3—热高分气-冷低分油换热器；4—热高分气空冷器；5—反应产物-冷低分油换热器；6—反应产物空冷器；7—冷高压分离器；8—冷低压分离器

（2）热流侧强化传热　加氢裂化装置反应产物冷却及分离有两种工艺流程，一种是“热高分流程”，另一种是“冷高分流程”。“热高分流程”是指反应产物冷却到 240℃或更高温度，先进入热高压分离器进行气液分离，分离出的液相不冷却，降压后直接去分馏部分，而分离出的气相继续冷却到 50℃再进入冷高压分离器。“冷高分流程”是指反应产物冷却到 50℃后进入冷高压分离器进行气液分离，分离出来的冷油降压后再与反应产物换热到 230℃以上进入分馏部分。这两种方式的换热流程简图见图 6-24，热高分流程的优点是部分反应产物不用冷却后再通过自己升温，减少了反复换热造成的㶲损。以某厂 1.8Mt/a 加氢裂化为例，这两种换热方式在污垢系数为 0 和总压降相近的条件下，以常规管壳式换热器为计算基准，计算结果对比见表 6-19。由此可见，热高分流程强化了热物流（反应产物）的传热，需要的总换热面积比冷高分流程减少 40%，同时节省燃料能耗约 1.38kgoe/t。

表6-19　热高分与冷高分流程换热对比

分类	加热炉负荷	换热器面积	空冷器面积
热高分流程	基准	基准	基准
冷高分流程	1.4× 基准	1.9× 基准	1.4× 基准

（3）其他工艺强化传热

① 分馏进料加热炉前增设气液闪蒸罐　分馏进料加热炉前增设气液闪蒸罐流

程见图6-25。

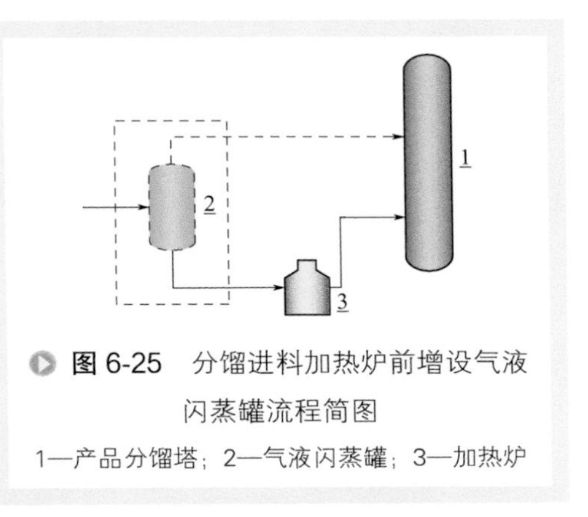

图6-25 分馏进料加热炉前增设气液闪蒸罐流程简图

1—产品分馏塔；2—气液闪蒸罐；3—加热炉

分馏进料预热后，通常是以气液两相直接进入分馏进料加热炉加热，然后再进入分馏塔，这是分馏炉前不设闪蒸罐的流程。分馏炉前设置闪蒸罐的流程是预热后的分馏进料先在闪蒸罐进行气液分离，罐底液相通过调节阀多路均匀分配进入分馏进料加热炉加热，罐顶气相直接进分馏塔。以某厂1.8Mt/a加氢裂化装置为例，在产品切割精度相近的条件下，如柴油馏分95%点的温度与尾油馏分5%点的温度脱空范围一致的前提下，通过模拟计算，分馏炉前有闪蒸罐比无闪蒸罐，加热炉负荷减少8%，可以节约燃料消耗。塔板气、液相负荷比较分别见图6-26和图6-27，对比可知，有分馏进料闪蒸罐时，由于闪蒸出的气相进入分馏塔靠上面的塔盘，避免了部分轻组分与重组分在精馏段的返混分离，因此塔板的操作负荷下降，气相负荷下降10%左右，液相负荷下降20%左右，塔的操作弹性变大。由此可见，分馏进料加热炉前增设闪蒸罐，不仅解决了在

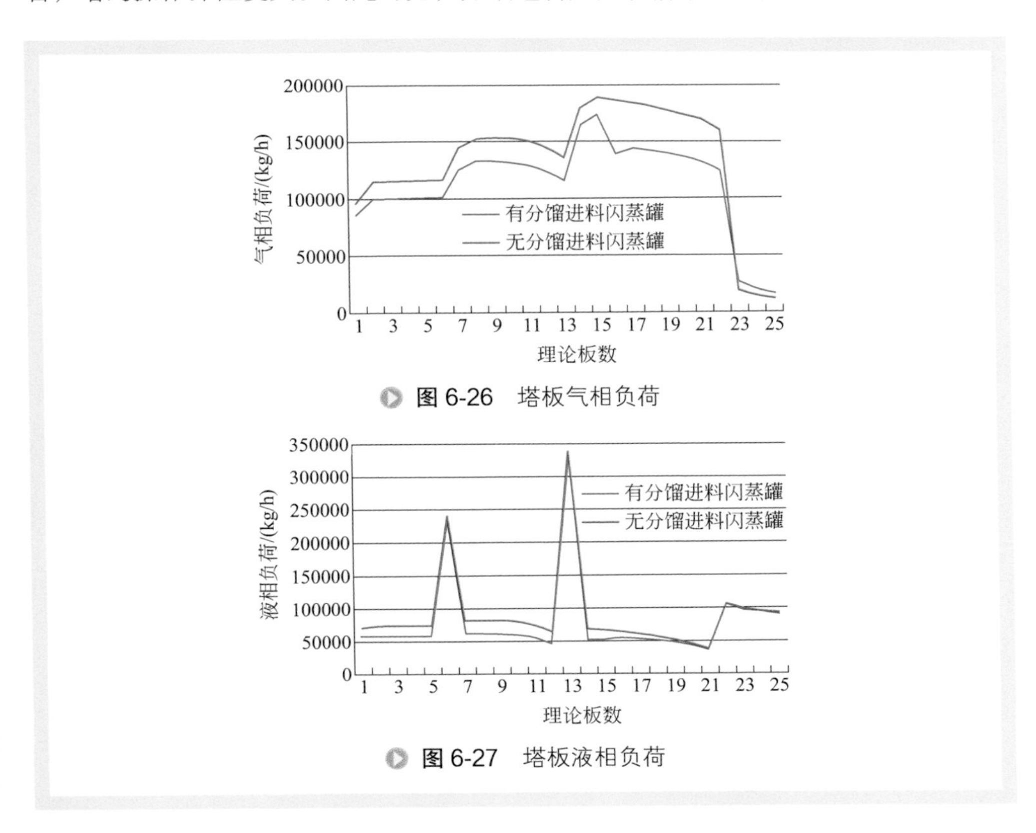

图6-26 塔板气相负荷

图6-27 塔板液相负荷

较低压力下以单相（纯液相）经过调节阀多路分配进入分馏进料加热炉的问题，而且还强化了传热（降低能耗）及传质（降低塔板操作负荷）。

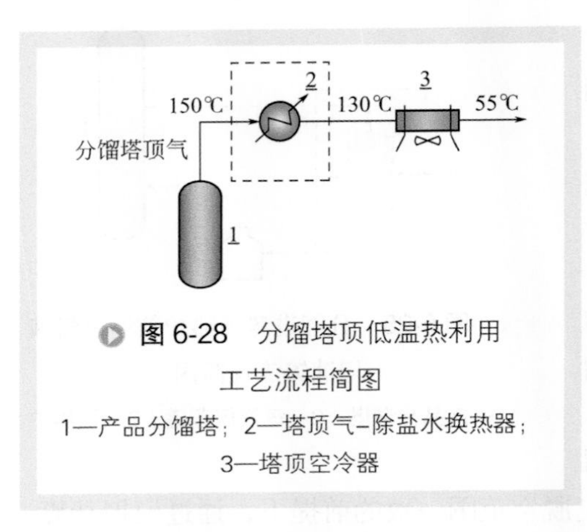

图 6-28　分馏塔顶低温热利用工艺流程简图

1—产品分馏塔；2—塔顶气-除盐水换热器；3—塔顶空冷器

② 分馏塔顶气低温热利用　以某厂1.8Mt/a加氢裂化装置为例，产品分馏塔顶气体需从150℃冷却到55℃，工艺流程简图见图6-28。如果没有合适的冷源，分馏塔顶气大约有22MW的热量只能全部用空冷器冷掉，恰好该厂有热电厂75t/h的冷除盐水需加热回用。增加该换热器后，使总换热面积减少5%，并且使装置能耗降低约1.2kgoe/t。由此可见，低温热的利用甚至不同装置间的低温热联合利用以及热出料，均能强化低温位热量的利用和回收，达到降低装置能耗的目的。

③ 分馏进料的强化传热优化应用　进料温度和进料板位置的优化，对塔顶冷凝和塔底再沸的设计影响较大，直接影响到装置能耗、设备投资和操作费用等。进料的优化主要采用灵敏度分析方法，在产品收率和纯度不变的条件下，通过改变进料温度或进料板位置，考察塔顶冷凝负荷和塔底再沸负荷的变化，找到最大经济效益的进料状态，实现进料的优化。例如某厂1.8Mt/a加氢裂化装置的轻重石脑油分馏塔，该塔塔顶设冷凝器，塔底设再沸器，主要目的是将轻、重石脑油馏分分离。通过灵敏度分析方法，在产品收率和纯度不变的条件下，改变进料板位置，塔顶冷凝负荷和塔底再沸负荷变化见图6-29，结果显示当进料位

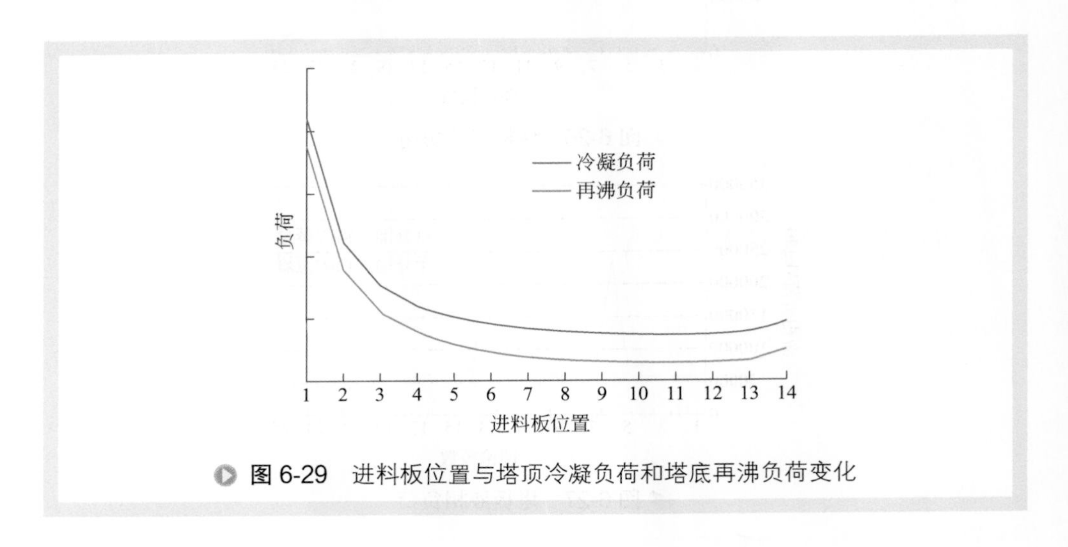

图 6-29　进料板位置与塔顶冷凝负荷和塔底再沸负荷变化

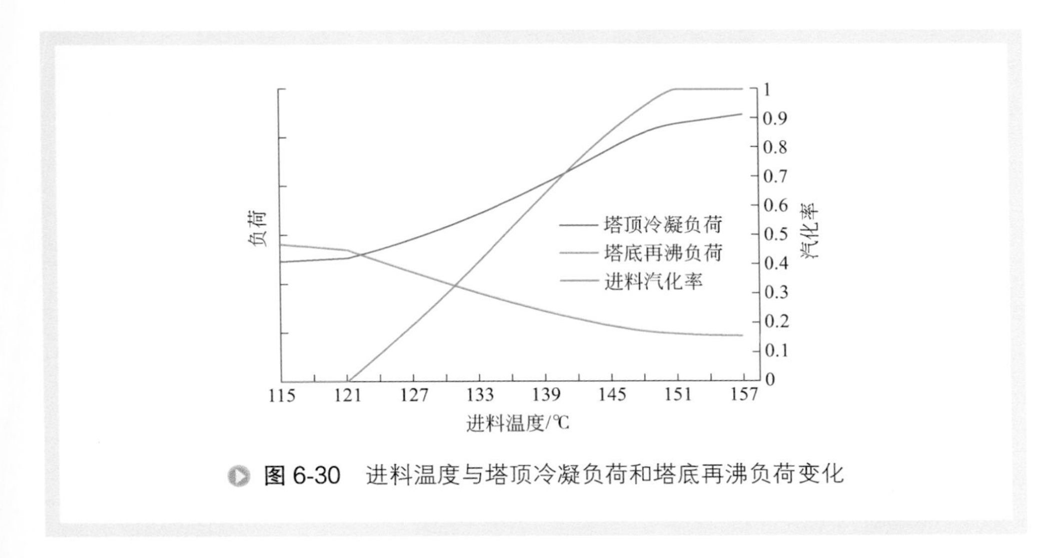

图 6-30 进料温度与塔顶冷凝负荷和塔底再沸负荷变化

置从塔顶向塔底变化时，塔顶冷凝负荷和塔底再沸负荷大幅度降低，当进料位置在第 9 ～ 12 块理论板时，塔顶冷凝负荷和塔底再沸负荷变化很小，基本处于谷底，当进料位置继续下降到第 13 块理论板后，塔顶冷凝负荷和塔底再沸负荷又开始增大，因此该塔进料位置可以选择在 9 ～ 12 块理论板之间。同样以该轻重石脑油分馏塔为例，在产品收率和纯度不变的条件下，改变进料温度，从液相过冷→泡点温度→气液两相→露点温度→全气相过热进料，从图 6-30 进料温度与塔顶冷凝负荷和塔底再沸负荷变化图可见，塔顶冷凝负荷随进料温度升高而增加，塔底再沸负荷随进料温度升高而降低。若选择合适的进料温度需分析塔顶冷凝采用的冷源和塔底再沸采用的热源分别是什么介质，假如塔底再沸的热源为低温热利用，塔顶冷凝的冷源为循环冷水，为了减少循环冷水的用量降低装置能耗，推荐选用较低冷凝负荷、较高再沸负荷的进料温度；假如塔底再沸的热源为蒸汽，塔顶冷凝的冷源仍为循环冷水，由于蒸汽的单位能耗远高于循环水的单位能耗，因此推荐选用较高冷凝负荷、较低再沸负荷的进料温度。因此最佳进料温度的选取不能仅根据冷凝或再沸负荷的数值高低来简单判断，应从经济效益最大化的角度来判断。

四、换热元件强化传热技术

1. 反应部分换热元件强化

反应产物 - 混氢油换热器是反应部分的重要换热设备，工艺条件如表 6-20 所示。

表6-20　反应产物-混氢油换热器工艺条件

项目	壳程	管程
介质	混氢油	反应产物
流量 /（kg/h）	260824	274855
允许压降 /kPa	200	200
温度 /℃	150 → 348	415 → 240
气相密度 /（kg/m^3）	15.4 → 12.4	32.5 → 24.6
液相密度 /（kg/m^3）	802.8 → 666.5	658.4 → 663.9
气相黏度 /mPa・s	0.013 → 0.017	0.028 → 0.024
液相黏度 /mPa・s	1.694 → 0.112	0.039 → 0.167
气相导热系数 /［W/（m・K）］	0.210 → 0.281	0.255 → 0.219
液相导热系数 /［W/（m・K）］	0.075 → 0.056	0.044 → 0.062
气相比热容 /［kJ/（kg・K）］	9.04 → 8.40	4.52 → 5.39
液相比热容 /［kJ/（kg・K）］	2.42 → 2.99	3.19 → 2.76

注：热负荷 57.7MW。

此换热器特点是负荷大、冷热物流温度深度交叉、介质高温高压，通常采用螺纹锁紧环或隔膜密封的高压换热器。双壳程壳体能够实现管、壳程纯逆流，避免温度交叉，提高有效平均温差，对比方案见表 6-21。

表6-21　反应产物-混氢油换热器方案对比

项目	常规传热方案	强化传热方案
设备规格（壳径 × 换热管直管长）/mm	DEU 1450 × 7500	DFU 1400 × 6500
折流板类型	单弓	双弓
设备数量 / 台	3	3
压降（壳侧）/kPa	182.3	165.2
总传热系数 /［W/（m^2・K）］	498.6	520.4
换热面积 /m^2	1901.6	1629.5
设备总质量 /t	259.6	234.9

与常规换热器相比，采用双壳程壳体设计，有效平均温差从 67.0℃提高到 75.7℃，壳程流速提高，膜传热系数从 2467W/（m^2・K）提高到 2767W/（m^2・K），减少换热面积 14.3%，减少设备重量近 10%。

缠绕管式换热器结构紧凑，能节省占地和投资，在加氢裂化装置的反应产物与混合进料换热器、反应产物与低分油换热器中有应用的案例。以某 1.5Mt/a 加氢裂化装置为例，与普通换热器相比可节约钢材重量约 50%，设计总重减少约 130t，投资显著减少[45,46]。

2. 分馏部分换热元件强化

产品分馏塔的塔顶空冷器负荷较大，采用常规空冷器占地面积较大，在气候和公用工程条件允许的情况下，可考虑采用表面蒸发空冷[13]。煤油和柴油侧线塔以及石脑油分馏塔的再沸器的壳侧沸腾膜传热系数较低，适合采用 T 形换热管提高壳侧沸腾膜传热系数，减少换热面积。

产品分馏塔的塔底尾油是分馏部分重要的高温位热源，出装置前作为侧线塔再沸器、分馏塔进料、原料油和除盐水换热器的热源，由于尾油的组分较重，随温度降低引起的黏度升高十分明显，以某加氢裂化装置为例，在塔底出料温度 350℃下的黏度小于 0.4mPa・s，在除盐水换热器出口温度 90℃下的黏度大于 7.5mPa・s，虽然通过提高离心泵扬程使允许压降增加，但在低温位高黏度下的传热系数降低明显，因此在低温位的换热器适合采用内插件或扭曲管对管内传热强化。原料油在进入原料过滤器前通过换热器与产品分馏塔尾油换热，原料油此时处于低温位，黏度性质与尾油类似，此位置换热器的两侧都是低温位高黏度流体，膜传热系数都偏低，适合采用扭曲管对两侧传热强化，在工业上有成功应用的案例[47]。

中国石化工程建设有限公司曾研究了螺旋扭曲管（专利号：ZL200820012364.1）的热力学特性，成果应用于某炼厂 0.25Mt/a 加氢裂化尾油减压分馏装置中的减底油 - 进料换热器上，其工艺条件见表 6-22。

表6-22　减底油-进料换热器工艺条件

项目	壳程	管程
介质	进料	减底油
流量 /（kg/h）	26400	20000
允许压降 /kPa	50	50
温度 /℃	177 → 240	286 → 204
液相密度 /（kg/m^3）	765.4 → 730.0	716.0 → 761.4
液相黏度 /mPa・s	3.425 → 1.326	0.920 → 2.804
液相导热系数 /［W/（m・K）］	0.053 → 0.049	0.045 → 0.051
液相比热容 /［kJ/（kg・K）］	2.700 → 2.977	3.165 → 2.801

注：热负荷 1.34MW。

此换热器的特点是管程和壳程流体随温度降低黏度升高，两侧膜传热系数偏低，适合采用扭曲管进行强化传热，以普通换热器和扭曲管进行设计的方案对比见表 6-23。

表6-23　减底油-进料换热器方案对比

项目	原传热方案	强化传热方案
设备规格（壳径 × 换热管直管长）/mm	BEU 500 × 6000	BFU 500 × 6000
换热管类型	光管	扭曲管
设备数量 / 台	4	3
压降（管侧）/kPa	63.3	21.3
总传热系数 /［W/（m^2 · K）］	175.1	238.6
换热面积 /m^2	223.5	168.9
设备总质量 /t	11.0	8.3

采用扭曲管与普通换热器相比减小 1 台，总传热系数提高 30% 以上，换热面积和设备总重下降 20% 以上，管程压降相比光管降低 66%。工业应用的标定数据表明，采用扭曲管换热器能够很好完成工艺物流的换热要求，强化传热效果明显。

五、小结

从以上各种工艺过程传热强化优化方案的实例，可以看到工艺过程强化传热技术在降低装置能耗方面的重要作用。通过夹点分析优化，能够对全局的热源和冷源进行更合理地匹配，减少换热㶲损。以某厂 1.8Mt/a 高压一次通过加氢裂化装置为例，通过采用炉前混氢流程强化了冷流侧的传热系数，总换热面积仅是炉后混油流程的 40%，节省几千万的设备投资；采用热高分流程相对冷高分流程强化了热流侧的传热，总换热面积减少 40%，同时节省加热炉燃料消耗 1.38kgoe/t；分馏加热炉前增设闪蒸罐不仅强化了传热（节省 8% 燃料），而且强化了传质；低温热的利用减少了空冷器负荷和循环水消耗，对降低装置能耗意义重大；分馏进料温度和进料板位置的优化，对降低塔顶冷凝负荷和塔底再沸负荷，实现分馏塔经济效益最大化起到重要作用。随着生产的发展和科技的进步，工艺过程强化传热技术也不断推陈出新，更多更先进的强化传热技术在未来会不断涌现。

加氢裂化反应装置中大部分物流具有高温高压和含氢的特点，对换热设备的选型、材质及制造的要求较高，设备成本高，应用换热元件强化传热技术的优势十分明显。紧凑耐高压的缠绕管式换热器在工业上有应用案例。分馏部分强化传热需特别考虑分馏塔底油及原料油在低温位时黏度增高的特性。

第四节 加氢精制装置

一、工艺过程简述

加氢精制是在氢气环境下进行的催化加氢反应，其裂化转化率小于10%，主要作用是脱除原料中大部分的硫、氮等杂质，来改善油品的质量，特别对于二次加工产品如焦化汽、柴油来说，可进一步对油品中的烯烃、二烯烃、芳烃等不稳定的杂质进行加氢饱和，改善二次加工产品的颜色、贮存安全性、燃烧性，从而获取安定性好、质量高的优质产品。

加氢精制根据原料划分包括液化气加氢、石脑油加氢、煤油加氢、柴油加氢、石蜡加氢、润滑基础油加氢补充精制、特种油品深度加氢脱芳、重整生成油选择性加氢脱烯烃等。以柴油为原料的固定床加氢精制装置广泛应用于国内、外炼厂中，成为柴油产品清洁化的重要手段。典型的柴油加氢精制工艺流程见图6-31。

柴油加氢精制流程一般可以划分为反应部分和产品分馏部分。反应部分包括原料升压、原料加热、反应进料加热炉、反应器、反应产物冷却器、反应产物分离器、循环氢压缩机系统和新氢压缩机系统等。分馏部分如果是双塔流程包括脱硫化氢汽提塔和产品分馏塔，为了保证产品精制柴油的含水率，现在产品分馏塔一般采用再沸炉汽提而不用进料加热炉＋蒸汽汽提的方式。

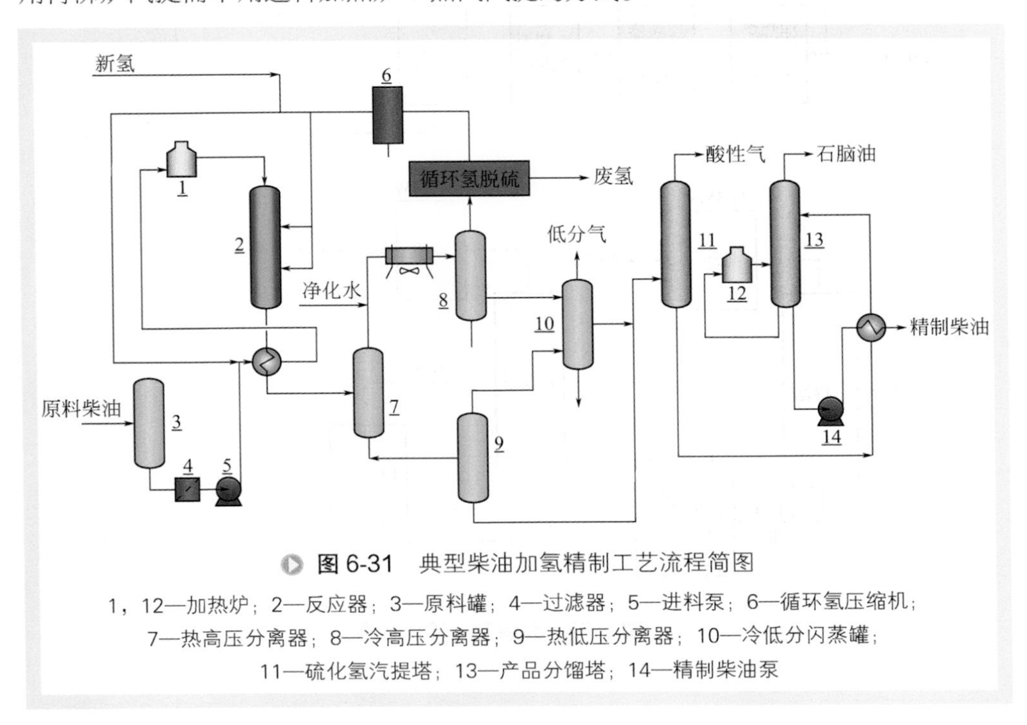

图6-31　典型柴油加氢精制工艺流程简图

1，12—加热炉；2—反应器；3—原料罐；4—过滤器；5—进料泵；6—循环氢压缩机；7—热高压分离器；8—冷高压分离器；9—热低压分离器；10—冷低分闪蒸罐；11—硫化氢汽提塔；13—产品分馏塔；14—精制柴油泵

二、热能特点分析

加氢精制的一系列反应表现为放热现象，随着原料中含硫等杂质、二次加工油比例的增加，特别是裂化程度的增高，加氢反应的放热量逐步增多。虽然柴油加氢精制装置的反应放热相对加氢裂化和渣油加氢装置少，但是也需要有效利用。加氢精制装置内原料介质的热输入过程主要来自装置内的加热设备转化或装置外的热量输入交换完成，如反应进料加热炉、分馏进料加热炉、再沸炉、蒸汽等。加氢精制装置内过剩的热能先通过发生蒸汽、低温热发电等方式回收，难以彻底回收的热量最终通过空冷、水冷等方式摒弃。以某厂 2.4Mt/a 柴油加氢精制装置为例，简要分析其热能的应用情况如下。

假设装置内介质的热输入过程仅通过装置内的加热设备来完成，热移除过程仅通过冷却设备来实现，装置内部不存在任何的热量交换过程，也就是说反应进料仅通过加热炉来达到反应所需温度，精制产品的分离精度仅通过分馏进料加热炉或再沸炉来实现，那么全流程的热能流动见图 6-32。

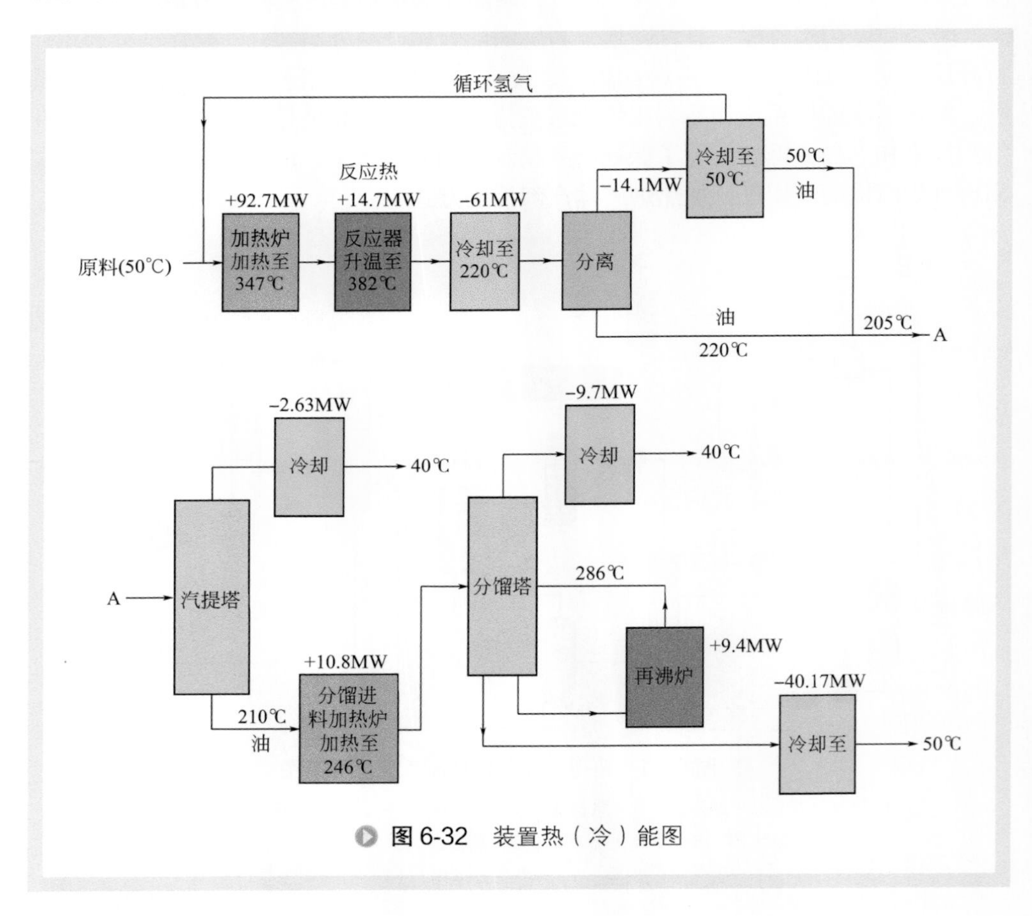

图 6-32 装置热（冷）能图

从图 6-32 中可知，装置依靠反应进料加热炉、分馏进料加热炉与再沸炉所提供的热量可以维持加氢精制反应并保持产品品质的精度，所需要的热量大约为 112.9MW，此外加氢精制反应可以提供 14.7MW 的反应热，因此装置总热量输入为 127.6MW。为了满足装置内介质流动温度的工艺要求，在流程的关键位置需要考虑相应的热量移除手段；同时，加氢精制产品的温度需要低于闪点才允许送去储罐储存，也需要设置相应的手段来转移热量。装置内需要转化移除的总热量为 127.6MW。

从图 6-32 和表 6-24 可以知道，柴油加氢精制装置的需供热能和需冷却转化的热能都很大，因此需要对装置热能合理利用，通过换热过程的集成与强化来达到节能降耗的目的。考虑加氢精制工艺的特点，工艺过程强化与集成方法需遵循以下原则：

① 从工艺、工程的角度总体把握，装置内上下游冷换设备之间相互关联并形成一个有机的整体，每一台冷换设备都不能成为孤独的个体，每一台冷换设备的作用都是为整体装置服务的。如蒸汽发生器的换热面积极易受到冷热介质间对数平均温差的制约，热物流出口即使 1℃的差别也会对蒸汽发生器的换热面积产生显著影响，但是这种差别对于装置整体工艺设计及用能指标的影响较小，因此要从设备的制造、投资、占地等因素来综合考虑，蒸汽发生器的设计可以做出必要的平衡。

② 需要充分考虑装置内介质温位的梯级利用。

③ 需要充分考虑装置内的介质操作压力匹配。受设备制造成本与工程设计本质安全理念的约束，尽量避免高、低压介质之间的热量交换，以免出现由于换热管的破裂而引起的高压串低压的风险。

表6-24　热能流动统计表

来源	相应设备	数量 /MW
外供热能	反应加热炉、分馏进料加热炉、再沸炉、汽提蒸汽	112.9
反应热能	反应器	14.7
需冷却热能	换热设备	−127.6

三、换热过程强化与集成

1. 工艺过程强化传热优化

利用 E-1/E-2/E-3/E-4 等冷换设备对装置的热能过程进行强化与集成，见图 6-33，图中“+”表示装置需外供的热能，“−”表示装置回收和摒弃的热能，没有符号表示的负荷则代表冷热物料之间的热量交换。

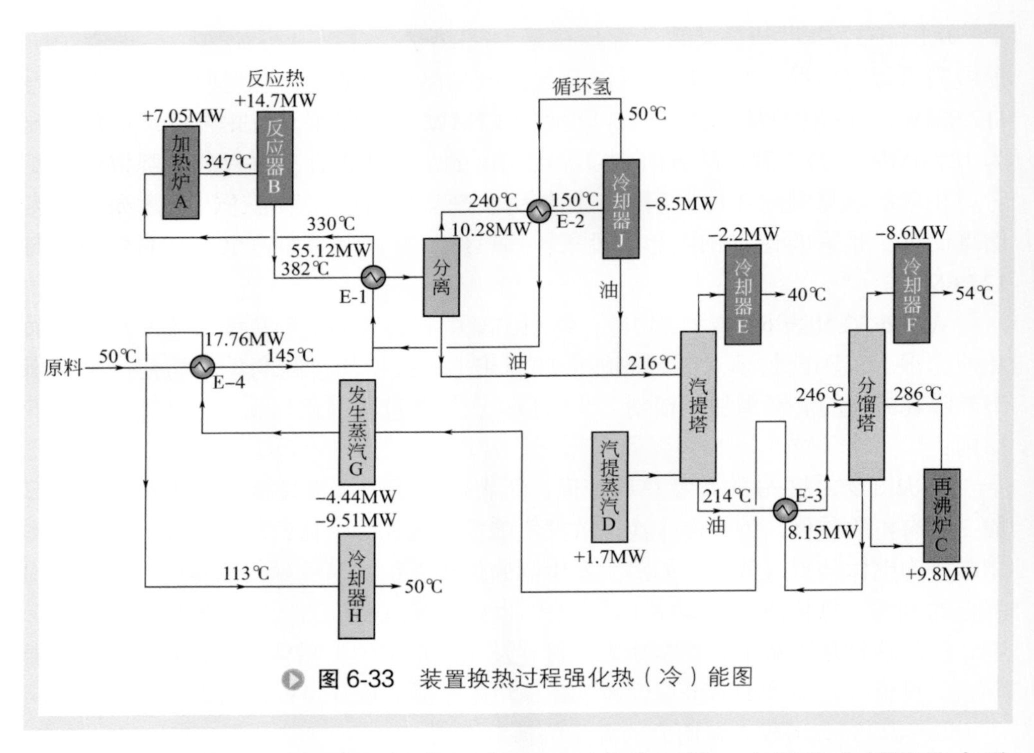

图 6-33 装置换热过程强化热（冷）能图

E-1 和 E-2 按照冷热流的操作压力匹配而优化，管、壳侧的介质压差小于 2.0MPa。分馏塔底产品符合介质间温位的梯级利用原则，先利用高温位与分馏塔进料换热如 E-3，再发生蒸汽如 E-4，最后与罐区来的 50℃冷原料油换热。

经过换热过程的强化，装置外供热大约 18.55MW，装置取热大约 28.81MW，反应热放热 14.7MW，回收热量大约 4.44MW，统计数据见表 6-25。

图 6-32 与图 6-33 对比结果见图 6-34。经过工艺过程强化后 E-3 可以取代分馏进料加热炉；反应进料加热炉的负荷大幅降低；反应热得到了有效的利用；冷却器 J 与冷却器 H 的负荷大幅降低。同时也可以看出，塔顶冷凝（E、F）负荷较大（10.8MW），并且产品冷却（H）的负荷也很大，这些热量属于低温热，需要通过装置热联合或全厂低温热利用（如加热除盐水）等措施来进一步回收低温热能。

表6-25 装置换热过程强化热（冷）能流动统计表

来源	相应设备	数量 /MW
吸热	反应加热炉、再沸炉、汽提塔	18.55
反应热	反应器	14.70
取热	水冷器、空冷器	−28.81
回收	蒸汽发生器	−4.44

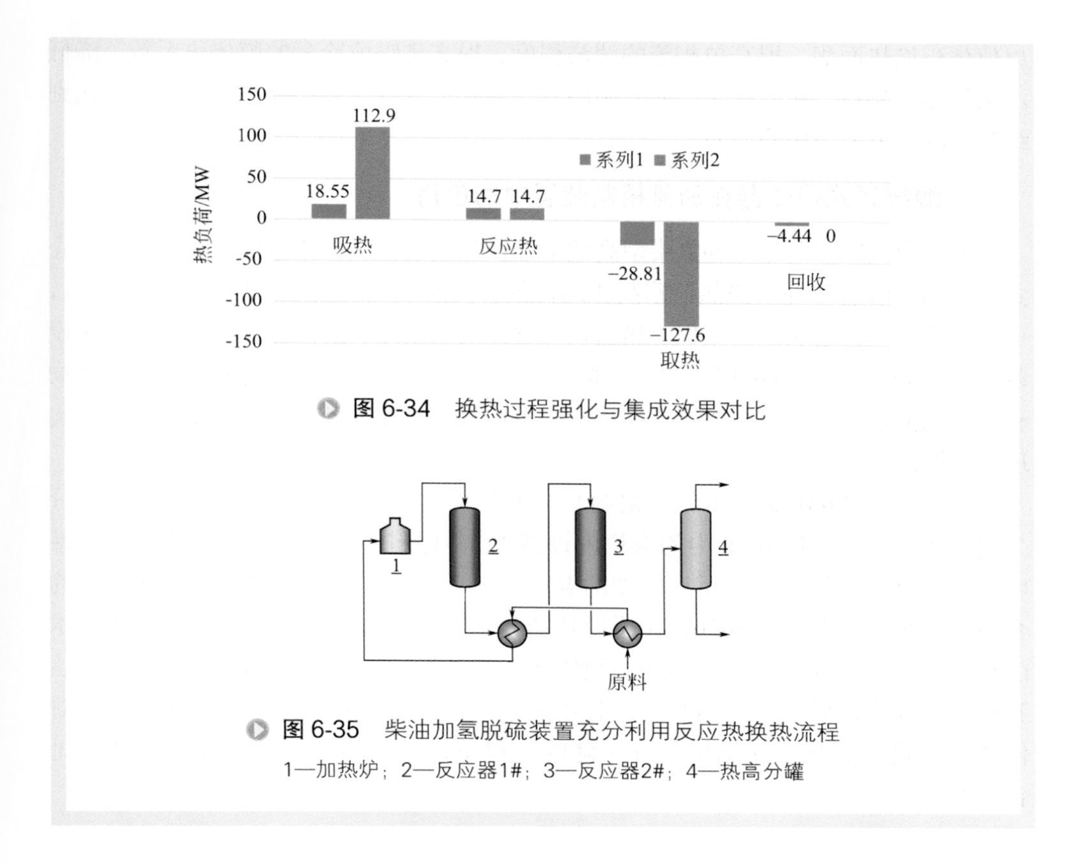

图 6-34 换热过程强化与集成效果对比

图 6-35 柴油加氢脱硫装置充分利用反应热换热流程

1—加热炉；2—反应器1#；3—反应器2#；4—热高分罐

2. 反应热充分利用工艺强化

加氢反应过程复杂，总的效果表现为放热反应，因此充分利用反应热，对加氢装置节能降耗起到至关重要的作用。例如某厂 2.6Mt/a 柴油加氢脱硫装置 [48]，根据装置放热反应及分馏部分设再沸炉的特点，对换热流程进行优化见图 6-35，尽量与原料油进行换热，同时在反应部分采用高效换热器，深度换热使换热温差小于 5℃。通过以上这些调整措施，装置正常生产时反应进料加热炉停开，装置燃料气消耗减少 930kg/h，装置能耗下降 1.54kgoe/t。

四、换热元件强化传热技术

加氢精制处理的油品有汽油、煤油、柴油、蜡油和渣油等，介质由轻到重，其性质逐渐变差，传热系数也逐渐下降，并且结垢趋势增加，需要机械清洗的周期变短。虽然普通管壳式换热器的适应能力强，应用广泛，但是研究强化传热技术将有助于提高能源利用效率，对于降低能耗意义重大。换热元件的强化一般根据介质的特性，从管内强化、管外强化和管内管外双面强化等三个方面入手，从理论上增加单位体积换热面积、提高单相流的湍流程度、提高沸腾或冷凝的膜传热系数、降低污垢热阻等参数，从而在实际应用中能够显著降低设备尺寸，缩小换热温差，达到绿色低碳、节能环保的目的。

1. 缠绕管式换热器在加氢精制装置中的应用

缠绕管式换热器是一种紧凑型高效节能换热设备，从传热原理上属于间壁管壳式换热器，既有管壳式换热器耐高压的性能，又有结构紧凑、传热效率高的优点，可以认为是一种增加单位体积换热面积 + 管外增加湍流 + 逆向流的综合传热强化设备。近年来缠绕管式换热器的应用越来越广泛 [49]，国内多套加氢装置的反应产物和混氢油换热器均采用缠绕管式换热器代替传统的螺纹锁紧环管壳式换热器，并实现长周期运行。

国内某厂 2.0Mt/a 柴油加氢精制装置的反应产物 - 混氢油换热器是反应部分关键设备，位置见图 6-36 中的虚框内设备 1。冷原料经过与反应产物换热器升温后，再经过加热炉加热到反应需要的温度，进入反应器。该换热器热流和冷流的介质情况见工艺条件表 6-26，由于冷热流体均为两相流，虽然通过工艺强化技术已经使通用的管壳式换热器两侧的膜传热系数［平均 2000W/（m^2 • K）左右］达到较高的程度，但是为了继续提高其用能效率，又进一步应用缠绕管式换热器对传热元件进行强化。在满足允许压降的前提下，强化传热前后计算对比结果见表 6-27。

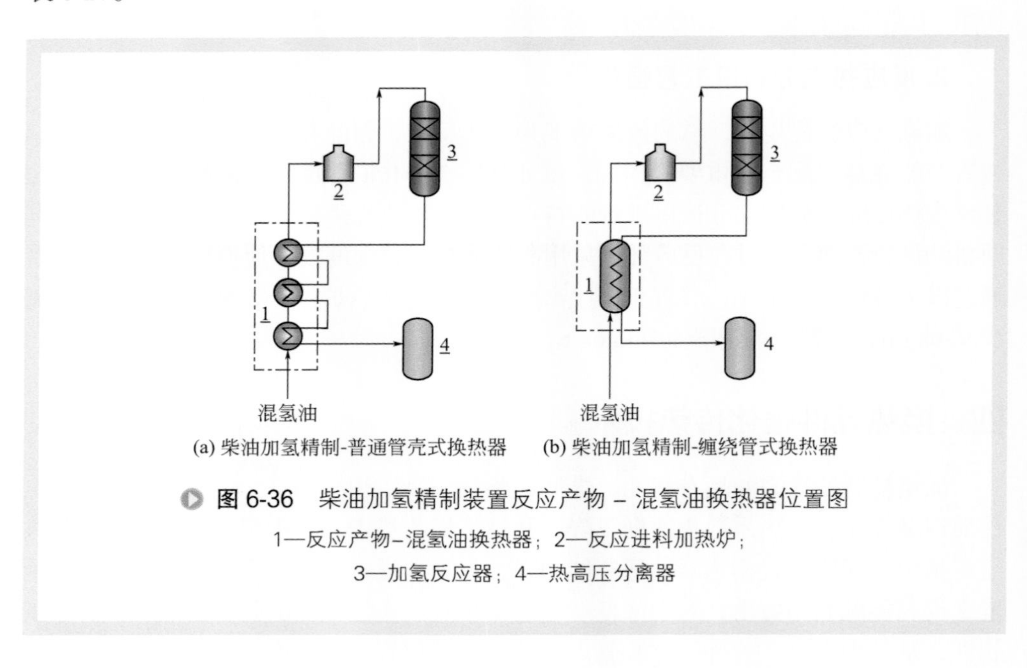

(a) 柴油加氢精制-普通管壳式换热器　(b) 柴油加氢精制-缠绕管式换热器

图 6-36　柴油加氢精制装置反应产物 – 混氢油换热器位置图

1—反应产物–混氢油换热器；2—反应进料加热炉；
3—加氢反应器；4—热高压分离器

表6-26　反应产物–混氢油换热器工艺条件

项目	冷流	热流
介质	混氢油	反应产物
流量 /（kg/h）	264058	269087
允许压降 /kPa	150	110
温度 /℃	136 → 339	396 → 220
气相密度 /（kg/m^3）	12.9 → 38	50 → 18
液相密度 /（kg/m^3）	707 → 587	— → 625.8
气相黏度 /mPa・s	0.013 → 0.017	0.018 → 0.016
液相黏度 /mPa・s	0.17 → 0.03	— → 0.08
气相导热系数 /［W/（m・K）］	0.19 → 0.16	0.13 → 0.18
液相导热系数 /［W/（m・K）］	0.10 → 0.05	— → 0.08
气相比热容 /［kJ/（kg・K）］	6.4 → 3.6	3.3 → 4.3
液相比热容 /［kJ/（kg・K）］	2.4 → 3.0	— → 2.7

注：热负荷 52MW。

表6-27　反应产物–混氢油换热器方案对比

项目	常规传热方案	强化传热方案
设备规格（壳径 × 换热管直管长）/mm	1500 × 6000	1700 × 11880
设备类型	管壳式换热器	缠绕管式换热器
设备数量 / 台	3	1
总传热系数 /［W/（m^2・K）］	530	—
换热面积 /m^2	1871	—
设备总质量 /t	238	114.4
设备投资 / 万元	基准	0.78 × 基准

从表 6-27 可以看出，反应产物 - 混氢油换热器采用缠绕管式高效换热器强化了该台位的传热设计，设备数量由 3 台串联减少到只需 1 台，设备重量降低 50% 以上，投资节省 20% 以上。此外由于高压换热器串联不宜重叠布置，3 台管壳式换热器只能并列排放，由此采用缠绕管式换热器可以节省占地 40% 以上。

2. 板壳式换热器在加氢精制装置中的应用

板壳式换热器是介于板式换热器和管壳式换热器之间的产品，是一种结合了板式换热器传热效率高、结构紧凑和壳体能承受高温高压的优点的换热设备。板壳式换热器在国内、外炼油化工等行业广泛应用[50]，特别是解决了装置大型化后常规换热设备占地面积大、重量大及能耗高的缺点。

（1）在柴油加氢精制装置上的研究应用　国外从20世纪90年代中期就开始研究，在加氢精制装置中使用板壳式换热器。研究结果表明[51]，对于规模大约4.5Mt/a的柴油加氢精制装置，采用板壳式换热器代替传统管壳式换热器，每年可节省操作费用500万～800万美元。1996年，某炼油厂计划新建两套规模约为3.0Mt/a的柴油加氢精制装置，专利商分别对比了在冷高分工艺流程下反应产物-混氢油换热器、产品-冷低分油换热器，在热高分流程下反应产物-混氢油换热器、产品-进料换热器，都用板壳式换热器代替传统管壳式换热器所带来的经济效益。两个台位的换热器位置分别见图6-37冷高分流程中的设备1和设备5与图6-38热高分流程中的设备1和设备5。冷高分流程的计算对比结果见表6-28。

表6-28　管壳式换热器与板壳式换热器方案对比

项目	常规传热方案	强化传热方案
设备类型	管壳式换热器	板壳式换热器
设备数量/台	8	2
设备1热流换热温差/℃	58	23
设备5热流换热温差/℃	53	15
反应系统压降/MPa	1.9	1.1
加热炉负荷/MW	23	5
产品冷却负荷/MW	8	4
装置占地/m^2	920	820
节约设备费/万美元	—	800
节约操作费/（万美元/年）	—	480

从对比表6-28可以看出，板壳式高效换热器在冷高分流程中的应用具有很大的优势：设备台数减少，装置占地减少，使装置建设投资降低；能达到更低的换热温差，使燃料消耗降低80%以上，使产品冷却能耗降低50%以上；反应系统压降减少40%，降低压缩机能耗；每年可节约480万美元的操作费用。同样，专利商通过在热高分流程中应用板壳式高效换热器代替常规管壳式换热器，经过对比发现：可使反应系统压降减少30%，换热温差降低，加热炉停开，产品冷却负荷降低60%，年操作费用节省300万美元。并且经过多年运行实践证明，由于板壳式换热器的特殊结构特点，结垢需要的时间较长，铵盐堵塞率低，腐蚀速率低，适合长周期运行。由此可见，板壳式高效换热器在加氢精制装置中的应用带来很大的经济效益。

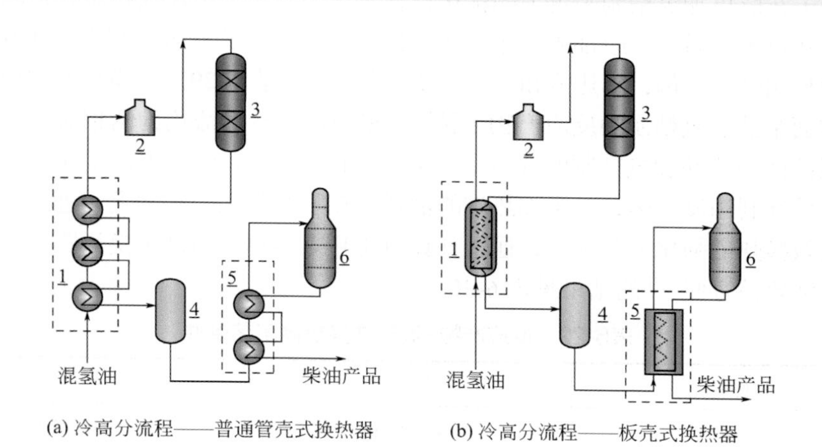

(a) 冷高分流程——普通管壳式换热器　(b) 冷高分流程——板壳式换热器

图 6-37　冷高分流程设备位置图

1—反应产物-混氢油换热器；2—反应进料加热炉；3—加氢反应器；4—冷高压分离器；5—柴油产品-冷低分油换热器；6—产品分馏塔

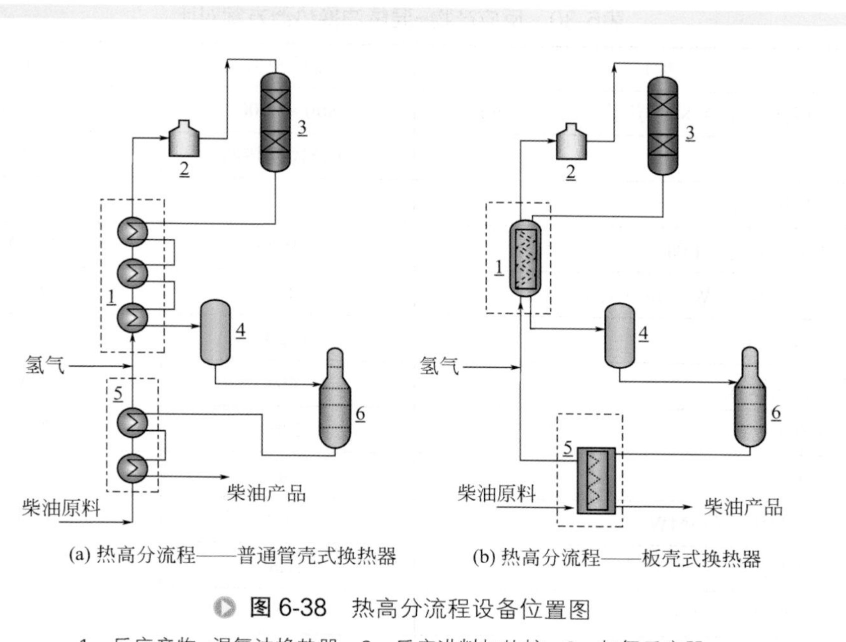

(a) 热高分流程——普通管壳式换热器　(b) 热高分流程——板壳式换热器

图 6-38　热高分流程设备位置图

1—反应产物-混氢油换热器；2—反应进料加热炉；3—加氢反应器；4—热高压分离器；5—柴油产品-进料换热器；6—产品分馏塔

（2）在航煤加氢精制装置上的优化设计　国内传统航煤加氢精制装置的反应产物 - 混氢油换热器，一般都采用水平安装的普通管壳式换热器。以某厂 0.6Mt/a 航煤加氢精制装置为例，其热流和冷流介质工艺条件见表 6-29。该换热器的地位和作用同前面柴油加氢精制的反应产物 - 混氢油换热器，冷热流均为两相流，介质的特性也同前面的柴油加氢精制的反应产物 - 混氢油换热器，此处不再重述。为了更进一步有效地利用反应热，减少加热炉的消耗，在工艺强化的基础上，进一步采用板壳式高效换热器强化工艺过程，通过计算对比高效换热器与常规换热器，在技术参数和经济效益方面 [52] 的结果见表 6-30。

表6-29　反应产物-混氢油换热器工艺条件

项目	冷流	热流
介质	混氢油	反应产物
流量 /（kg/h）	72641	72641
允许压降 /kPa	100	220
温度 /℃	80 → 270	282 → 115

注：热负荷 10.9MW。

表6-30　反应产物-混氢油换热器方案对比

项目	常规传热方案	强化传热方案
设备规格（壳径 × 换热管直管长）/mm	800 × 6000	1100 × 10000
设备类型	管壳式换热器	板壳式换热器
设备数量 / 台	4	1
压降（管 / 壳）/kPa	219/99	49/40
总传热系数 /［W/（m^2 • K）］	384	982
换热面积 /m^2	1020	600
设备总质量 /t	40	24.9
设备投资 / 万元	220	210
占地 /m^2	54	25
能达到的热负荷 /MW	10.9	11.4
能达到的换热温差 /℃	27.8	19.3
节约燃料费 /（万元 / 年）	—	97.75
节约电费 /（万元 / 年）	—	8.4

从表 6-30 板壳式与管壳式换热器方案的经济效益比较可知，板壳式换热器在该位置优势显著：换热面积减少 41%，传热系数提高 156%，热端温差减小 6℃，冷端

温差减小 7℃，多回收热量 4.6%，系统压降减少 2.29MPa，设备重量减少 38%，占地节省 54%，设备投资节省 4.5%。按年操作时间 8400h、燃料气的低热值 41680kJ/kg、炉子效率 92% 计算，每年节省燃料气 391t，燃料气价格按 2500 元 / 吨计算，年节约燃料费 97.75 万元，20 年节省总投资 1955 万元，经济效益非常可观。另外由于板壳式换热器比管壳式换热器压降小，压缩机轴功率相应减少 20kW，电价格按 0.5 元 / 度，用电费减少 8.4 万元 / 年。

3. 其他可应用的强化元件

除上述换热器外，加氢精制装置其他主要的换热设备还有塔底再沸器、产品蒸汽发生器、产品冷却器和塔顶空冷器等。塔底再沸设备在处理量较小的煤油加氢和柴油加氢装置里一般采用再沸器，在当前处理量较大的煤油加氢和柴油加氢装置中，一般采用再沸炉代替再沸器。

对于塔底再沸器，一般采用卧式热虹吸式再沸器，热流走管程，冷流走壳程，为管外沸腾。壳程介质为汽油、煤油或柴油，膜传热系数在 1500W/（m^2·K）左右，由于沸程差较大，需要的过热温度较高，因此严格控制在核状沸腾区附近较难，为增加壳侧膜传热系数，需减少在管外形成的气膜热阻，可以选用 T 形翅片管等强化元件。

当产品热量过剩时，通常设置产品蒸汽发生器回收热量。一般蒸汽侧管外膜传热系数较高［>3500W/（m^2·K）］，因此可在热流侧管内采用强化元件，增加单相流的湍流程度，减少边界层的副作用，如采用内插件等强化传热技术。

对于产品冷却设备，除了可以使用前面介绍的板式换热器外，可以采用螺旋折流板式换热器强化壳侧流体传热性能，还可以采用扭曲管双壳程换热器进行双面传热强化，这些强化传热设备在石油化工行业均有应用业绩。

塔顶气相冷凝通常采用空冷器，一般管内膜传热系数较低［<2000W/（m^2·K）］，但是由于受塔顶压降的限制，一般不建议采用增大管内阻力降的强化传热手段，可以采用新型的强化传热翅片管如椭圆翅片式翅片管，据研究[53]椭圆翅片式翅片管比常规圆形翅片式翅片管的传热性能提高 11%。该强化技术同样可以应用到产品出装置前的产品空冷器上。

五、小结

加氢精制的一系列反应表现为放热现象，随着原料中含硫等杂质、二次加工油比例的增加，特别是裂化程度的增高，加氢反应的放热量逐步增多，产生的大量反应热须加以有效利用，这是降低装置能耗的重要途径，也是换热过程强化与集成的重要手段。在执行工艺过程传热强化与集成时，还需要考虑工艺技术特点及本质安全的限制条件，总体把握梯级利用的原则、压力匹配的原则等。低温热利用是加氢精制装置强化换热过程的挖潜方向。

从换热元件强化传热技术的优化对比和应用可以看出，元件强化配合工艺过程强化，能够达到更优化的强强联合，能够进一步降低工艺装置的能耗、占地、投资和操作运行费用等，带来的经济效益和社会效益显著。随着装置大型化以及社会环保要求的提高，高效传热元件的大型化及高可靠性的需求越来越多，需要在研发的道路上继续前进。

第五节 重油加氢处理装置

一、工艺过程简述

随着世界石油资源的重质化和劣质化，重油越来越多，为满足市场对轻质油品及中间馏分油需求量的不断增加，炼油厂需要把重油尽可能地转化成市场所需要的轻质油品。重油加氢技术的液体收率较高，不产生低价值副产物，且更为环境友好，因此，重油加氢装置在炼厂中发挥着越来越重要的作用。

重油加氢工艺中的重油一般是指常压渣油（AR）和减压渣油（VR），为降低反应难度或调整整个炼油厂的物料平衡，有时还会掺入部分直馏蜡油、焦化蜡油、催化裂化循环油、催化柴油等作为稀释油。重油加氢目前最常用的主流技术为固定床工艺，装置组成包括反应和分馏两部分。其中反应部分包括原料油预热和过滤系统、原料油升压系统、反应进料换热和加热系统、反应器系统、反应产物分离系统、注水系统、循环氢脱硫系统、循环氢压缩机系统和补充氢压缩机系统；分馏部分主要分为汽提塔系统和分馏塔系统。其流程示意图见图 6-39。

二、热能特点分析

重油加氢装置内的热能来自以下途径：①反应热；②装置内加热炉提供的热量；③原料油进装置时带入的热量与产品出装置带出热量的差值；④当有蒸汽加热器时蒸汽提供的冷凝热及温差带来的显热。其中前两项是装置主要热量来源。

1. 反应热

重油加氢过程中，发生的主要反应有加氢脱硫、加氢脱氮、加氢脱金属，以及加氢脱残和加氢裂化等。加氢脱硫反应是放热反应，总反应热大约为 2365kJ/m^3（标准状态，下同）氢耗。由于重油中硫含量高，加氢脱硫反应是重油加氢过程中的主要反应，对总反应热贡献率较大。加氢脱氮也是放热反应，反应热大约为 2638 ～ 2952kJ/m^3 氢耗。尽管重油中氮含量较高，但脱氮率仅 50% ～ 60%，因

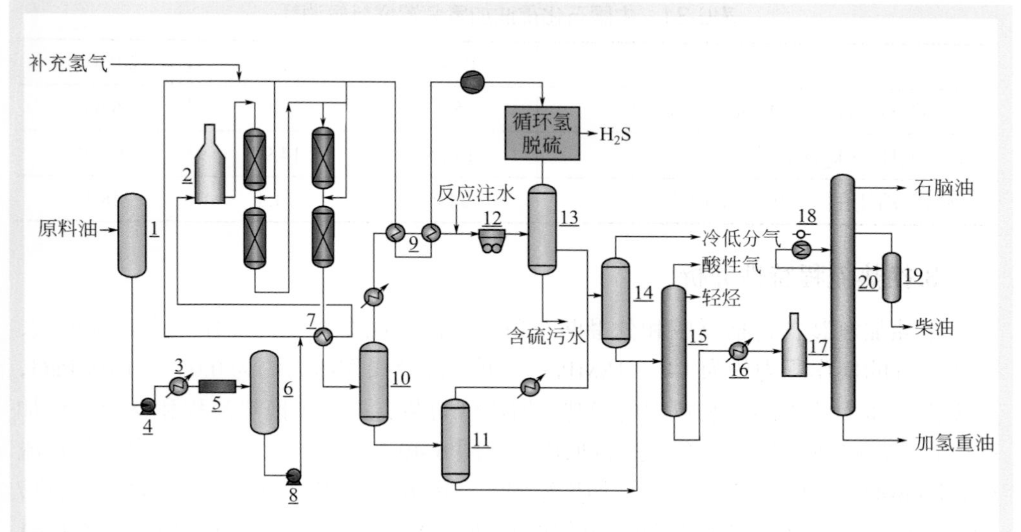

图 6-39 国内典型固定床重油加氢处理装置流程示意图

1—原料油缓冲罐；2—反应进料加热炉；3—原料油-加氢重油换热器；4—原料油升压泵；5—自动反冲洗过滤器；6—滤后原料油缓冲罐；7—反应产物-混氢油换热器；8—反应进料泵；9—热高分气-循环氢换热器；10—热高压分离器；11—热低压分离器；12—热高分气空冷器；13—冷高压分离器；14—冷低压分离器；15—硫化氢汽提塔；16—分馏塔进料-加氢重油换热器；17—分馏进料加热炉；18—中段回流蒸汽发生器；19—柴油汽提塔；20—分馏塔

此脱氮反应对总反应热的贡献率较脱硫反应小。加氢脱残炭反应与稠环芳烃和杂环芳烃的加氢反应密切相关，芳烃加氢饱和的反应也是放热反应，反应热大约为 1570 ～ 3140kJ/m^3 氢耗 [54]。重油加氢过程中发生的裂化反应为吸热反应，但在重油加氢过程中，裂化反应的吸热量显著低于加氢反应的放热量，最终表现出来的净效应是放热过程。

2. 加热炉提供的热量

重油加氢需要将原料油和氢气加热到一定温度后，才能在催化剂的作用下发生反应；同时，在分馏部分需要将反应产物分离出酸性气、石脑油、柴油，有时还需要将蜡油从重油中分离出来，装置必须有足够的热量才能完成上述反应和分离过程。因此，除了利用反应热之外，还需要通过设置加热炉为装置提供足够的热量。加热炉提供的热量可以通过装置的燃料气消耗来反映。表 6-31 中国石化重油加氢装置燃料气消耗列出了中国石化 10 套固定床重油加氢装置在 2014 ～ 2016 年的平均燃料气消耗量及其在装置能耗中所占的比例。从表 6-31 可以看出，燃料气消耗占能耗的 30% ～ 50%，要降低装置的能耗，需要通过强化传热手段，合理分配热源、减少换热损失，以达到降低燃料气消耗的目的。

表6-31　中国石化重油加氢装置燃料气消耗

项目	2014 年	2015 年	2016 年
平均燃料气能耗 /（kgoe/t 原料油）	5.3	4.99	6.63
装置能耗 /（kgoe/t 原料油）	15.26	14.97	13.69
燃料气消耗在能耗中所占比例 /%	34.7	33.3	48.4

3. 换热流程特性分析

重油加氢装置包括反应和分馏两个单元，由于两个单元的操作压力差别很大，高压部分的操作压力约为 14 ～ 18MPaG，低压部分操作压力约为 0.05 ～ 1.0MPaG，根据操作压力的不同，装置内的换热 / 加热分为两类：高压换热流程和反应进料加热炉；低压换热流程和分馏塔进料加热炉。图 6-40 所示为典型的高压换热 / 加热流程，图 6-41 为典型的低压换热 / 加热流程。从图 6-40 可以看出，典型的高压换热 / 加热流程包含：①高压原料油和氢气的加热；②反应器流出物的冷却。从图 6-41 可以看到，典型的低压换热 / 加热流程包含：①原料油的低压预热；②各反应产物的冷却；③热量的供给和利用。

在两个换热网络中，反应部分的热量和分馏部分的热量可以相互转移，两部分热量转移点分别在热高压分离器和滤后原料油缓冲罐，改变和控制这两个点的温度，就可以调整反应和分馏部分的热量分配，例如，当热高压分离器的操作温度升高时，热低分油温度升高，进而将反应部分（高压热网络）的热量向分馏部分（低

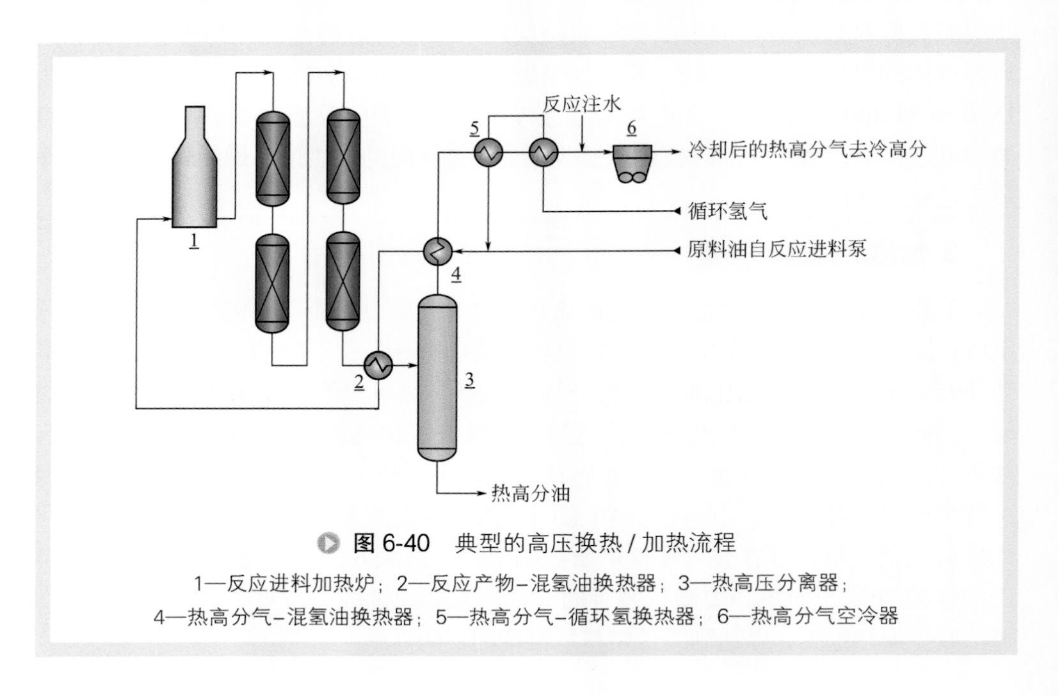

图 6-40　典型的高压换热 / 加热流程

1—反应进料加热炉；2—反应产物-混氢油换热器；3—热高压分离器；4—热高分气-混氢油换热器；5—热高分气-循环氢换热器；6—热高分气空冷器

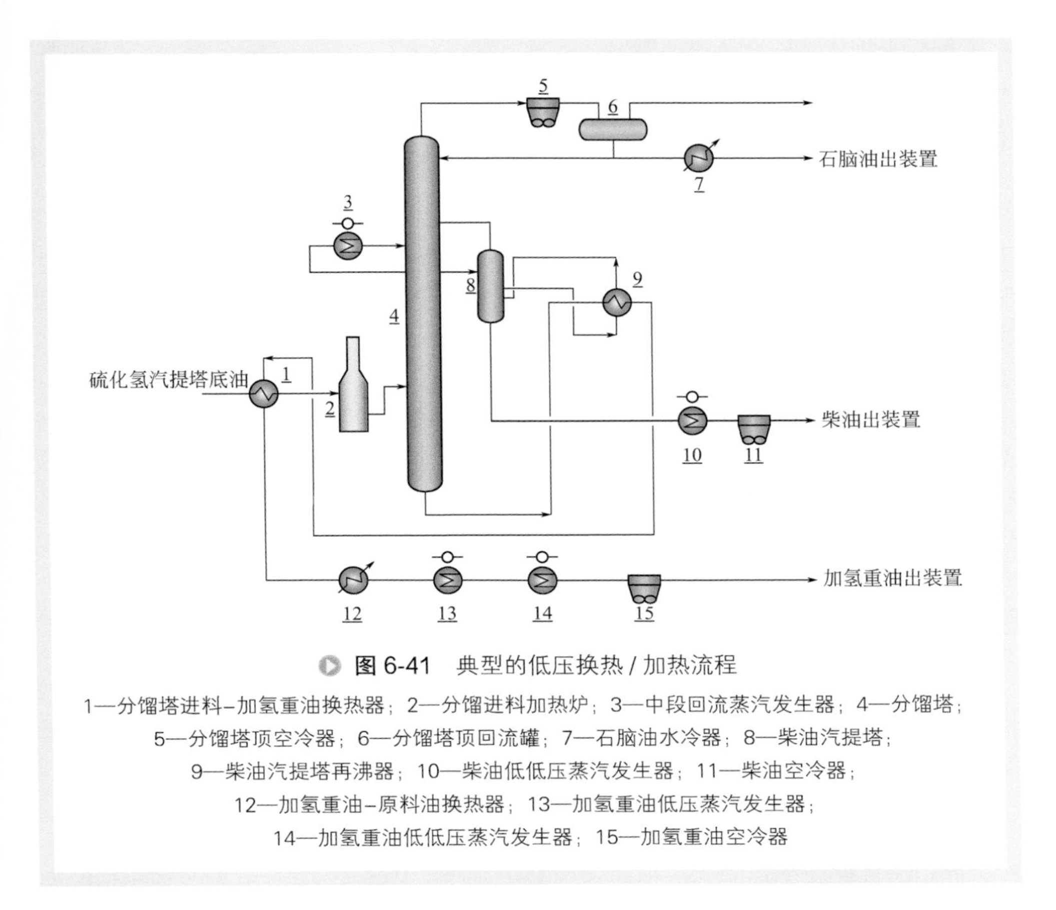

图 6-41　典型的低压换热 / 加热流程

1—分馏塔进料–加氢重油换热器；2—分馏进料加热炉；3—中段回流蒸汽发生器；4—分馏塔；5—分馏塔顶空冷器；6—分馏塔顶回流罐；7—石脑油水冷器；8—柴油汽提塔；9—柴油汽提塔再沸器；10—柴油低低压蒸汽发生器；11—柴油空冷器；12—加氢重油–原料油换热器；13—加氢重油低压蒸汽发生器；14—加氢重油低低压蒸汽发生器；15—加氢重油空冷器

压热网络）转移；当热高压分离器操作温度降低时，则更多的热量留在反应部分（高压热网络），用于加热反应进料。当更多的原料加热过程在低压换热网络中完成时，分馏部分的热量更多地转移到反应部分，从而降低高压换热量。反之亦然，也就是将整个装置所需要的加热量在反应进料加热炉和分馏进料加热炉之间平衡。

由于其原料独特的性质，如原料油密度大，黏度高，硫、氮等杂质含量高、胶质和沥青质含量高等，在重油加氢装置换热流程的设计中有特殊要求和限制条件：

① 重油黏度大，且黏度随温度升高下降非常快，为确保原料油过滤器的过滤效果，其操作温度一般选择在 240 ～ 290℃之间，即原料油在低压预热部分换热的目标温度，这部分原料预热的热量来自分馏部分。

② 热高压分离器温度的选择：降低热高压分离器的温度，可以在一定程度上降低反应进料加热炉负荷，增加反应热的利用，从而降低燃料气的消耗；但是对于重油加氢装置，当热高分温度过低，渣油流动性变差，容易堵塞仪表管线。因此，根据原料性质不同，一般热高分温度选择在 340 ～ 380℃之间，这在一定程度上限

制了反应产物侧高压换热的终温。

③ 考虑到安全因素，为有效控制反应器温度，防止飞温等危险发生，一般反应进料加热炉的进出口温差不低于 20℃，此要求限制了反应原料侧的换热终温。

④ 由于重油加氢操作压力高，且原料中硫、氮含量高，反应生成物中硫化氢和氨浓度高，为防止铵盐结晶堵塞换热器和空冷器，一般热高分气在高压换热器中的换热终温选择在 190 ～ 220℃之间开始连续注水，注水之后热高分气温降多在 50 ～ 60℃左右，之后经高压空冷器冷却至 50 ～ 55℃，此部分低温热由于介质腐蚀性强，只能采用空冷冷却，不适于进行低温热回收利用。这意味着热高分气可有效利用的热量受到很大的限制。

⑤ 重油黏度大、凝点高，因此重油加氢装置的原料进装置及产品出装置一般都采取热进 / 出料的方式，温度可在 90 ～ 180℃之间选择。热进 / 出料还可降低原料重油和加氢重油的黏度，从而降低泵送所消耗的电能，另一方面可形成装置间的热联合，避免油品的重复冷却和加热，降低加热炉燃料气的消耗。

三、换热过程强化与集成

重油加氢装置换热过程的强化包括两方面：一方面是反应器内反应热的有效转移，另一方面是充分利用反应热，优化换热流程，降低装置燃料气的消耗从而降低能耗。

1. 高压换热网络的选择和优化

重油加氢处理装置的高压换热流程较为固定，图 6-42 中所示为两种典型的换热模式，这两种换热流程都采用炉前混氢的方式，不同之处在于氢气与原料油混合位置的不同。

图 6-42（a）所示为原料油与混氢分别换热，在反应进料加热炉前混合进加热炉；图 6-42（b）所示为原料油和混氢先混合再换热、进加热炉。两相分别换热流程便于用调节阀调节加热炉多路炉管进料量，但对于原料渣油，由于其黏度、表面张力较大，原料油单独换热时传热系数小、换热面积大；且换热器的渣油侧容易结焦，在操作末期，随着结焦程度的增加，其压降增加，传热系数下降显著。两相混合换热流程具有传热系数高、换热器渣油侧不易结焦、节省换热面积等优点。因此从强化传热的角度，推荐优先采用图 6-42（b）所示的两相流混合换热流程。

2. 低压换热网络的优化

在低压换热部分，原料重油的加热以及加氢重油的冷却都是单相换热，传热系数小。因此，低压换热网络主要优化换热顺序、换热器结构，实现热量的梯级利用，从而提高换热效率。图 6-43 是优化的实例。

加氢重油从分馏塔底抽出后，365 ～ 358℃最高温位用作柴油汽提塔再沸器的

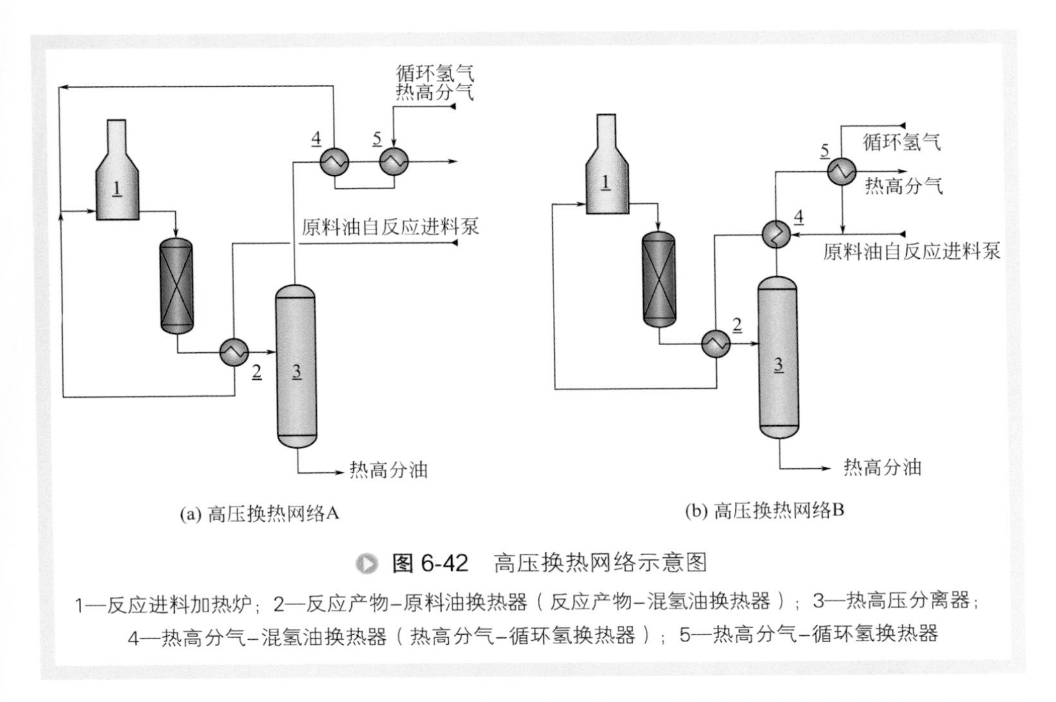

图 6-42 高压换热网络示意图

1—反应进料加热炉；2—反应产物-原料油换热器（反应产物-混氢油换热器）；3—热高压分离器；4—热高分气-混氢油换热器（热高分气-循环氢换热器）；5—热高分气-循环氢换热器

热源，之后用于预热原料油；剩余的热量发生蒸汽，最后直接作为热出料送至下游催化裂化装置；当催化裂化装置不接受进料时，经空冷器冷却后送入罐区。在预热原料油的流程中，根据温位的逐步降低，分为 a、b、c 三段进行换热，在 a-b 段，加氢重油的分界温度为 286℃，恰好与原料油预热终温相匹配，用作原料油过滤器的反冲洗油；在 c 段预热原料油的温度在 188℃，在 b-c 段中间，这个温位可与中段回流的温位相匹配，以充分利用分馏塔余热。

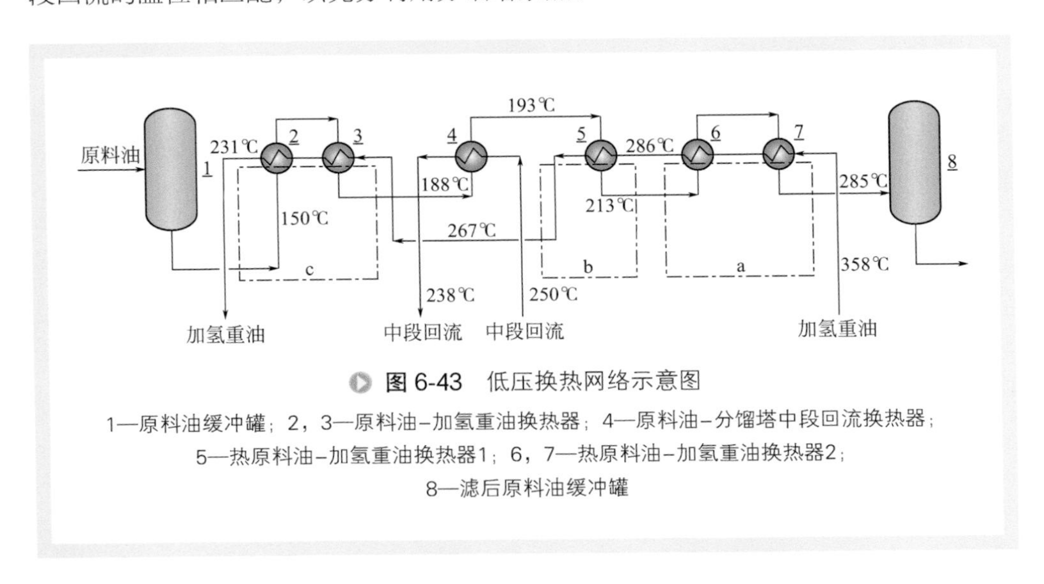

图 6-43 低压换热网络示意图

1—原料油缓冲罐；2，3—原料油-加氢重油换热器；4—原料油-分馏塔中段回流换热器；5—热原料油-加氢重油换热器1；6，7—热原料油-加氢重油换热器2；8—滤后原料油缓冲罐

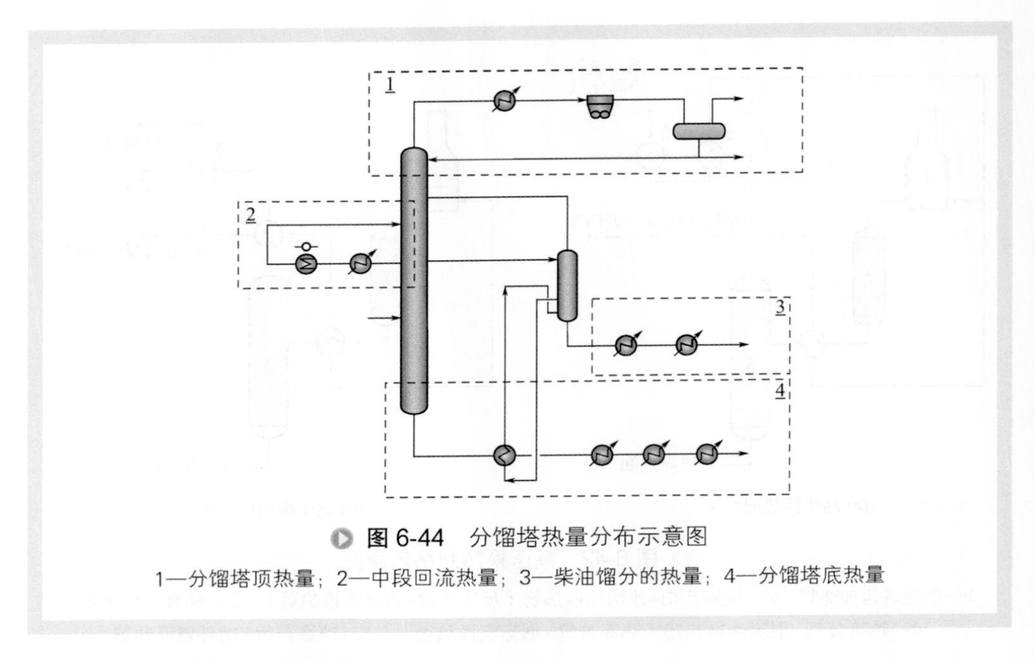

图 6-44 分馏塔热量分布示意图

1—分馏塔顶热量；2—中段回流热量；3—柴油馏分的热量；4—分馏塔底热量

3. 分馏塔热量的分析及利用

重油加氢装置分馏塔的热量来源于热低分油转移过来的反应部分热量及分馏进料加热炉提供的热量。典型的分馏塔热量分布示意图见图 6-44。

① 分馏塔顶热量：分馏塔顶典型操作温度在 120 ～ 130℃，以某 4Mt/a 重油加氢装置为例，如果经空冷冷却到 55℃，此部分热量约 14MW 左右。在装置内部很难利用这部分低温热，但如果从装置外引入冷源，则此部分低温热可以用来预热除盐水、采暖水、温水、冷凝水等。因此，全厂统筹考虑低温热的回收利用是进行换热强化和集成的重要途径。

② 中段回流热量：中段回流可以有效降低塔顶冷却热负荷，且具有较高的温位。以某 4Mt/a 重油加氢装置为例，利用中段回流可将原料油加热升温 5 ～ 12℃，剩余热量用于发生低低压蒸汽。

③ 柴油馏分的热量：在近年新建的重油加氢装置中，为避免柴油馏分带水，柴油侧线汽提塔一般采用再沸器来提供汽提所需热量。因此，汽提塔底的柴油馏分的温位较高，但由于柴油收率较低，一般为 7% ～ 15%（质量分数），故此股物流热量较小，仅适用于加热流量较小的冷物料，或用于发生蒸汽，或作为全厂统筹安排的低温热输出至装置外。

④ 分馏塔底热量：分馏塔底物流流量大且稳定、温位高，是非常优质的热源。通常用作柴油汽提塔再沸器热源、预热分馏塔进料、加热原料油等重要用途；剩余的热量可以用来发生蒸汽；之后即作为热出料送至下游催化裂化装置作为原料，当

催化裂化装置停止进料时，经由空冷器冷却至适宜温度后送至罐区储存。

4. 装置间的热量联合及集成优化

单装置内换热网络的优化因可调配物流有限而存在较大局限，在装置间进行热量联合、集成和分配则可更充分地梯级利用热量，提高热量利用效率。例如装置间直接热进料、出料，可减少物流反复冷却和加热，形成总体优化的热量利用网络。

5. 其他强化传热的工艺优化

重油中重质芳烃、胶质、沥青质含量高，在原料换热过程中，由于高温作用易在换热器内结焦生垢，造成换热效率下降，严重时甚至会影响装置的操作周期。例如，某重油加氢装置反应产物 - 原料换热器严重结垢，换热效率持续降低，原料换热终温每个月降低 2 ～ 3℃，致使加热炉出口温度无法达到所需的反应温度，迫使装置降量生产，并提前停工检修。为强化换热器的换热效果，采取的主要措施包括：原料油储罐实施惰性气气封保护，避免接触空气，减小原料油结垢倾向；在高压换热器壳层设计时减小流动死区；在原料油中注入阻垢剂，减少原料油在换热器中的结垢倾向。

四、换热元件强化传热技术

重油加氢装置的原料重油黏度高、易结垢，换热性能较差。不同的重油加氢工艺有其独有的换热流程和特点，下面以一套典型装置为例分析重油加氢装置中冷换设备的特点，探索强化传热技术的应用前景。

1. 原料油换热系统

重油加氢装置原料来自罐区或上游装置，重油黏度较高，若来自上游装置热供料，温度往往超过 200℃，来自罐区的重油温度一般在 150℃左右。以某套 3.9Mt/a 渣油加氢装置为例，150℃渣油的黏度为 46.3mPa • s，须经原料油 - 加氢重油换热器加热到 260℃左右，才送入原料油缓冲罐。

由于原料油黏度高、密度大，一般将原料油布置在壳程，以期在较低的雷诺数时进入湍流流动区域，获得较高的膜传热系数。该换热器中冷、热流体的物性数据见表 6-32。如果采用普通换热器进行传热设计，发现壳程传热热阻、污垢热阻共占总热阻的 75%。加氢重油污垢热阻系数为 0.00069m² • K/W，壳程原料重油的污垢热阻系数为 0.00118m² • K/W ；壳程膜传热系数仅为管程的 50%。所以，需要采取措施提高壳程膜传热系数并降低结垢可能性。波纹管、扭曲管具有双面强化传热的作用，普通换热器和强化换热器方案计算对比结果见表 6-33。

表6-32 原料油-加氢重油换热器工艺条件

项目	壳程	管程
介质	原料油	加氢重油
流量 /（kg/h）	464286	388004
允许压降 /kPa	200	200
温度 /℃	150 → 255	350 → 241
液相密度 /（kg/m^3）	919 → 855	741 → 813
液相黏度 /mPa・s	46.3 → 7.6	0.95 → 2.57
液相导热系数 /［W/（m・K）］	0.094 → 0.084	0.066 → 0.076
液相比热容 /［kJ/（kg・K）］	2.267 → 2.659	2.998 → 2.658

注：热负荷 33.5MW。

表6-33 原料油-加氢重油换热器方案对比

项目	常规传热方案	强化传热方案
设备规格（壳径 × 换热管直管长）/mm	1400 × 7500	1400 × 7500
换热管类型	光管	波纹管
设备数量 / 台	3	2
管程压降 /kPa	146	166
壳程压降 /kPa	164	126
总传热系数 /［W/（m^2・K）］	190	288
换热面积 /m^2	2162	1442
设备总质量 /t	80	51

从表 6-33 计算结果可以看出，采用波纹管束代替光管，能够减少需要的换热面积 33%，降低设备重量 36%。同时，由于减少一台换热器，降低了基建费用、配管费用及后期操作费用。并因其介质流场的特殊性，能够减缓污垢沉积的可能性，保持设备长期在优良性能区域工作，延长清洗周期。还可以采用波纹管和螺旋折流板的复合强化传热技术减少流动死区。

在该台位换热器中用横纹槽管代替光管，在压力降接近的情况下与并列运行的规格相同的光管换热器相比，总传热系数提高了 85%[55]。运行两年后拆开检查发现油污很少，横纹槽的槽峰及槽谷仍然清晰可见，在横纹槽管的表面基本没有发现腐蚀现象，表明横纹槽管具有很好的抗污垢性能。

2. 高压换热系统

加氢装置高压换热器的D形特殊高压管箱由锻件加工，密封结构复杂，在设备费用中占比很大，设备数量多意味着耗费在非传热面积上的费用多。所以，应从减少设备数量和缩小设备直径入手选取强化传热技术。采用双壳程换热器结构或者缠绕管式换热器结构，可以降低热端接近温差[56]。用于反应产物-混氢油换热器，还可以降低加热炉负荷。

某热高分气-混合氢换热器，其工艺条件见表6-34，热力学计算结果见表6-35。

表6-34　热高分气-混合氢换热器工艺条件

项目	壳程	管程
介质	氢气	热高分气
流量 /（kg/h）	47916	97930
允许压降 /kPa	50	50
温度 /℃	89 → 211	270 → 190
气相密度 /（kg/m^3）	25.8 → 19.6	23.6 → 25.9
液相密度 /（kg/m^3）	—	650 → 677
气相黏度 /mPa • s	0.0124 → 0.0148	0.0172 → 0.0154
液相黏度 /mPa • s	—	0.0158 → 0.0402
气相导热系数 / [W/（m • K）]	0.1696 → 0.2167	0.2104 → 0.1851
液相导热系数 / [W/（m • K）]	—	0.0749 → 0.0875
气相比热容 / [kJ/（kg • K）]	7.167 → 7.456	5.466 → 5.5
液相比热容 / [kJ/（kg • K）]	—	2.773 → 2.518

注：热负荷 11.8MW。

从表6-35可以看出，即使采用普通管壳式换热器，无相变换热总传热系数超过500W/（m^2 • K）。但由于热高分气和混合氢的温度深度交叉，需要多台串联以避免设备内发生温度交叉换热。双壳程结构可以实现逆流换热，减少换热器数量，又可以提高有效温差，减少需要的换热面积。将原设计方案改为双壳程结构后，可以降低设备重量46%，减少一个设备位置，降低了后期操作维护费用，强化传热效果显著，是适合本台位工艺条件有效的强化传热结构。

表6-35 热高分气-混合氢换热器方案对比

方案	原设计方案	强化传热方案
设备规格（壳径 × 换热管直管长）/mm	1100×2800	1000×4800
设备数量 / 台	2	1
管程压降 /kPa	32	25
壳程压降 /kPa	23	32
总传热系数 /［W/（m²·K）］	612	668
换热面积 /m²	289	257
设备总质量 /t	89.6	48.5

3. 分馏部分换热系统

（1）脱硫化氢汽提塔顶冷却系统　塔顶热量主要在空冷器中冷却，由于工艺介质温位较高，空冷器有效温差超过 50℃，需要的换热面积不大。如果要进一步降低设备规格，可采用椭圆管高翅片代替常用的圆管高翅片来强化管内、管外传热。

（2）分馏塔底油换热系统　分馏塔底油依次经过脱硫化氢汽提塔底油 - 加氢渣油换热器、原料油 - 加氢渣油换热器、渣油蒸汽发生器，温度降至 182℃后，送去重油催化裂化装置。

脱硫化氢汽提塔底油 - 加氢渣油换热器的管程和壳程膜传热系数接近，采用普通光管管壳式换热器，膜传热系数超过 1500W/（m²·K），控制热阻是污垢热阻，约占总热阻的 45%。扭曲管、波纹管是比较适宜的强化传热元件。

在渣油蒸汽发生器中，管内渣油的流速达到 1.5m/s 时，其膜传热系数不足 500W/（m²·K），仅为壳程沸腾传热的 10%，是设备的控制热阻。若采用扭曲管代替光管，可有效强化管程传热，提高蒸汽发生器的总传热性能。

（3）分馏塔顶及产品冷却系统　分馏塔顶约 127℃气相经过分馏塔顶空冷器冷凝、冷却到 70℃后进入分馏塔顶回流罐。虽然分馏塔顶空冷器承担的换热负荷较大，由于有效温差大，所需换热面积不多。柴油空冷器中为纯液相冷却，负荷不大，有效温差大，所需换热面积很小。如果要进一步缩小设备规格，这 2 个台位的空冷器可以采用以椭圆管为基管的高翅片换热管代替常用的圆管高翅片管。

分馏塔抽出柴油产品经柴油汽提塔汽提后，在柴油蒸汽发生器中发生蒸汽，温度降至 170℃。柴油蒸汽发生器中管内柴油的膜传热系数约为壳程沸腾传热的 20%，占设备热阻的 40%。将扭曲管应用于加氢裂化尾油（HVGO）产品冷却器，减少换热面积 50%[57]。该强化传热技术同样适用于柴油蒸汽发生器，可有效地强化管程传热，并提高壳程沸腾膜传热系数。

五、小结

综上所述，在重油加氢处理装置的设计中，需要充分理解重油的独特性质和化学反应过程，在此基础上通过工艺流程设置和设备改进来达成反应热的高效移除和利用、换热网络的优化、装置间的热量集成，从而保证装置的安全平稳操作和节能降耗。

重油加氢处理装置由于原料油低于200℃时的黏度较高，原料油进装置的加热器是需要强化传热的重点。热高分气的换热设备压力高、结构复杂，需要尽可能提高换热性能、降低设备规格，从而降低设备投资。

第六节 制氢装置

一、工艺过程简述

工业氢气的生产方法较多，有渣油、石油焦、煤的部分氧化法，轻烃水蒸气转化法，富氢气体净化分离法，甲醇为原料的蒸汽重整法，氨裂解法，电解水法等。在工业大规模制氢装置中，轻烃水蒸气转化法以其工艺成熟可靠、投资低廉、操作方便而占有主导地位，是炼化企业生产氢气所采用的主要工艺。

轻烃水蒸气转化制氢装置由原料精制、水蒸气转化、变换、产品精制几个部分组成，其中存在多个化学反应过程，主要包括原料加氢反应、脱硫反应、蒸汽转化反应、预转化反应和变换反应。国内典型的轻烃蒸汽转化制氢工艺流程示意图见图 6-45。

自装置外来的原料气经原料压缩机升压到 3.2MPa 后，与中变气换热升温到 220℃左右进入加氢反应器，在其中有机硫加氢转化为硫化氢、烯烃加氢饱和后，出口温度达到 360℃，再经脱硫反应器吸附其中的氯化物和硫化氢后总硫含量小于 0.2μL/L，氯化氢小于 0.3μL/L。净化后原料气与装置自产蒸汽混合（按 H_2O/C 摩尔比 3.2 的比例）后，在转化炉原料预热段和高温烟气换热升温到 500 ～ 520℃进入转化炉管，原料气和蒸汽在管内的催化剂作用下反应生成 H_2、CO、CO_2 和部分甲烷，转化炉出口温度为 840 ～ 860℃，压力 2.7MPa，残余甲烷约为 5.0%（干基体积分数）。

850℃左右的转化气在转化气废热锅炉中发生 3.5MPa 中压蒸汽后自身冷却到 340℃左右进入中变反应器，在反应器中，转化气中的 CO 与水蒸气继续进行变换反应生成 H_2 和 CO_2，出口的 CO 小于 3%（干基体积分数）。中变反应器出口的中变气经中变气 / 原料换热器预热原料气后，依次经过中变气 / 脱氧水换热器换热后

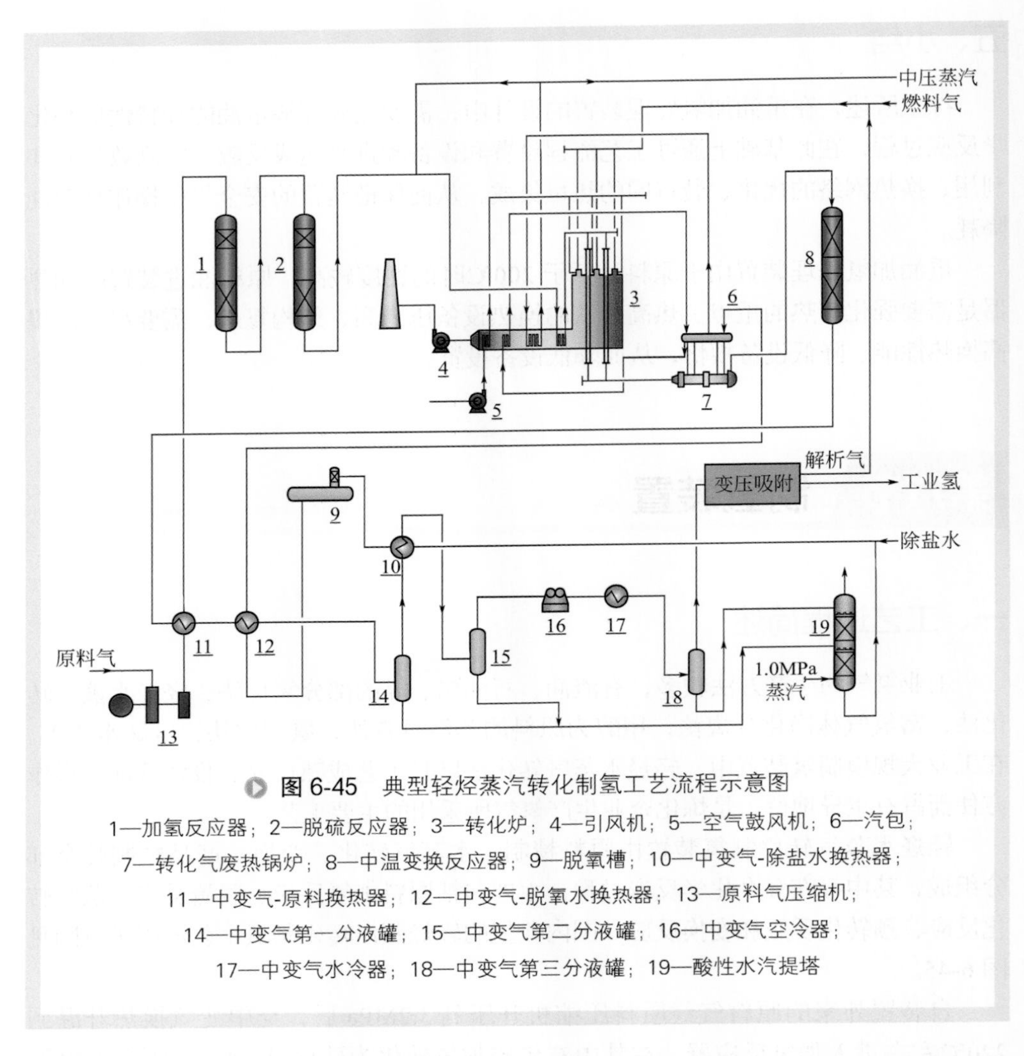

图 6-45　典型轻烃蒸汽转化制氢工艺流程示意图

1—加氢反应器；2—脱硫反应器；3—转化炉；4—引风机；5—空气鼓风机；6—汽包；7—转化气废热锅炉；8—中温变换反应器；9—脱氧槽；10—中变气-除盐水换热器；11—中变气-原料换热器；12—中变气-脱氧水换热器；13—原料气压缩机；14—中变气第一分液罐；15—中变气第二分液罐；16—中变气空冷器；17—中变气水冷器；18—中变气第三分液罐；19—酸性水汽提塔

进入中变气第一分液罐，分液后的中变气再与除盐水在中变气 - 除盐水换热器换热并在中变气第二分液罐分液，最后经中变气空冷器、中变气水冷却器冷却至 40℃后进入中变气第三分液罐分液，分液后的中变气进入变压吸附（PSA）单元。

中变气在变压吸附单元中经物理吸附，在吸附罐顶引出产品氢气送出装置。吸附剂再生阶段释放出来的低压解吸气体经过缓冲罐稳定压力和组成后连续供作转化炉燃料。

由中变气分液罐分出的酸性冷凝水在装置内的酸性水汽提塔汽提后与进装置的除盐水混合（不合格时送往全厂动力站水处理装置进行处理）再与中变气在中变气 / 除盐水换热器换热至 90℃进入除氧器。104℃的脱氧水经锅炉给水泵升压后再与中变气在中变气 / 脱氧水换热器换热到 220℃后进入汽包发生中压蒸汽，大部分蒸汽与净化原料气混合后作为转化炉进料，剩余部分送至 3.5MPa 蒸汽管网。

二、热能特点分析

制氢装置多化学反应的工艺特点，决定了装置内存在高、中、低不同温位的热能。转化炉是高温位热能的主要来源。包括转化炉烟气和转化炉管出口转化气的高温位热能。转化反应为强吸热反应，温度 850 ～ 870℃，依靠燃烧变压吸附尾气和补充燃料气，并通过转化炉管传热给工艺气体，提供转化反应所需的高温热量。因此燃烧后的高温烟道气（1000℃左右）和高温转化气（800 ～ 900℃）中均含有大量的高温位余热。变换反应器出口的变换气，温度一般在 400 ～ 420℃，是装置内的中温位热能的来源。CO 变换反应为放热反应，反应温度为 250 ～ 420℃，无论是中（高）温变换还是低温变换，反应后的变换气中均含有大量的中低温位余热。变换气经过换热和发生蒸汽（需要时）后，200℃以下的变换气携带大量的热能，特别是冷却到 180℃，中变气中的水蒸气开始冷凝，将会放出大量的热能。

2014 ～ 2016 年中国石化 32 套制氢装置平均能耗指标见表 6-36，从表 6-36 可以看出，制氢装置的耗能主要集中在燃料气、中压蒸汽和电。制氢转化反应的强吸热特性决定了燃料气消耗较大；装置用电主要消耗在原料的升压、鼓（引）风机及锅炉给水泵等关键转动设备上；装置用中压蒸汽主要是需要配入的工艺蒸汽，同时装置副产并外送（扣除所需配入的部分工艺蒸汽）部分中压蒸汽。因此降低本装置的能耗应主要从减少燃料气、蒸汽和电的消耗入手。

降低燃料气消耗，主要是通过强化传热手段，合理分配热源，尽量多利用不同温位热量来预热原料、燃料气和空气，减少换热损失等来实现；降低蒸汽耗能主要是通过工艺技术的提升（如提高转化催化剂性能，采用较高的转化温度及较低的水碳比等）减少工艺配入蒸汽的量，以及合理利用不同温位余热来尽量多副产蒸汽。对一个 80000m^3/h（标准状态）的典型制氢装置，全过程的各种余热高达 212MW，其中 360℃以上的中高温位余热约 90MW，约占总余热量的 42%。能否合理利用制氢装置的高、中、低温位热量来预热原料及发生蒸汽，尽量降低装置燃料气及蒸汽的消耗，对制氢装置的节能降耗至为关键。

表6-36　2014～2016年中国石化32套制氢装置平均能耗指标

单位：kgoe/t（H_2）

年份	循环水	除盐水	电	3.5MPa 蒸汽	燃料气	合计能耗
2014 年	11.47	19.71	158.22	−169.84	995.00	1014.56
2015 年	12.33	23.37	144.53	−227.92	1020.22	972.53
2016 年	12.59	21.31	144.50	−211.20	981.32	948.52

三、各温位热量的优化利用

1. 高温位热量利用

① 利用装置高温位余热发生超高压蒸汽，蒸汽逐级利用，提高㶲利用率。

制氢装置转化炉烟气和转化管出口转化气的高温热量，通常直接发生用作反应原料等级的高压蒸汽，并经过热后，一部分作为转化炉管的原料使用，其余部分作为副产蒸汽送出装置，因此，发生蒸汽的等级在 3.5MPa。

然而，这部分高温热量也可以发生 10MPa 高压蒸汽，过热至 520℃左右后做功发电或是作为动力驱动转动机械后，背压蒸汽（3.5MPa）的乏汽再作为工艺蒸汽使用，过剩部分蒸汽送至中压蒸汽管网，这样通过提高发生蒸汽的等级，逐级利用，可大大提高系统的㶲利用效率。对一套 40000m^3/h 的制氢装置，发生 10MPa 高压蒸汽背压至 3.5MPa，可发电或做功 4MW，而在相同的热效率情况下，直接发生 3.5MPa 蒸汽，这部分功无法有效回收。

发生超高压蒸汽、逐级利用，会增加装置的建设投资，因此只有在较大规模的制氢装置中采用发生超高压蒸汽、蒸汽逐级利用的方案，才能获得较好的经济性。国内已有大型制氢装置发生超高压蒸汽、通过蒸汽逐级利用而获得很好经济性和降低装置能耗的实例。因此，对于越来越大型化的制氢装置来说，统筹规划，作到蒸汽逐级利用，无疑会具有更明显的节能效果和经济效益。

② 利用高温位转化气余热提供转化反应的部分热能。

利用离开转化炉管的高温转化气（850 ～ 870℃），在换热式转化器（换热管中装有催化剂）中为不经过转化炉的混合原料提供转化反应所需要的热量。这种方式，较好地利用了转化炉管出口转化气的高温位热，减少了转化炉的补充燃料气用量和转化炉的规模，有效地提高了装置的能量利用效率。制氢装置有两种换热式转化器已实现工业应用：一是两个进口一个出口的后转化器；二是两个进口两个出口的气体加热式转化器。

表 6-37 列出了常规的转化炉和后转化器设计的性能比较。后转化器可使用于新装置和改造装置。用于改造可提高转化能力 30% 以上。

表6-37　有无后转化器在25000m^3/h（标准状态）制氢装置上的比较

项目	常规转化炉 +PSA	常规转化炉 + 后转化器 +PSA
原料加燃料气（标准状态）/（m^3/h）	10960	9384
转化炉尺寸 /%	100	71
一段炉辐射热效率 /%	40 ～ 50	55 ～ 60
投资 /%	100	95

气体加热式转化器是在合成氨工艺上发展起来的，并且具有和制氢装置结合的

可能性。气体加热式转化器和转化炉共同使用既能串联也能并联，其主要优点是：减小转化炉尺寸及燃料气消耗，降低了烟气中 NO_x 和 CO_2 的排放，提高了原料气利用率，减少了外输蒸汽，降低投资。

技术评价表明，使用气体加热式转化器后，操作费用可降低 10%，投资可节省大约 5% ～ 8%。

③ 利用高温位烟气热量提供转化反应部分反应热。

与常规管式转化炉工艺相比，对流转化炉工艺由于一部分热能通过原料气与转化气和烟道气换热后提供，所以转化反应所需的燃料气较少，此外还具有以下几个特点：一是对流转化炉是把相应于常规管式转化炉的带炉管和烧嘴的辐射室以及对流段高温部分合并在一个较小的设备中，因此其结构紧凑，占地小；二是对流转化的传热效率比常规管式转化炉的辐射传热效率高；三是外输多余蒸汽较少。

2. 中温位余热利用

制氢装置的中温位余热主要来自中变气，针对利用原料加热炉预热原料的流程而言，主要是利用 410℃左右的中变气先发生中压蒸汽，然后再分别与脱氧水和脱盐水换热，再经空冷和水冷至 PSA，见方案Ⅲ。方案Ⅰ为利用中变气产生 1.0MPa 蒸汽。方案Ⅱ是为充分利用低温热产生 0.3MPa 蒸汽。

方案Ⅰ：

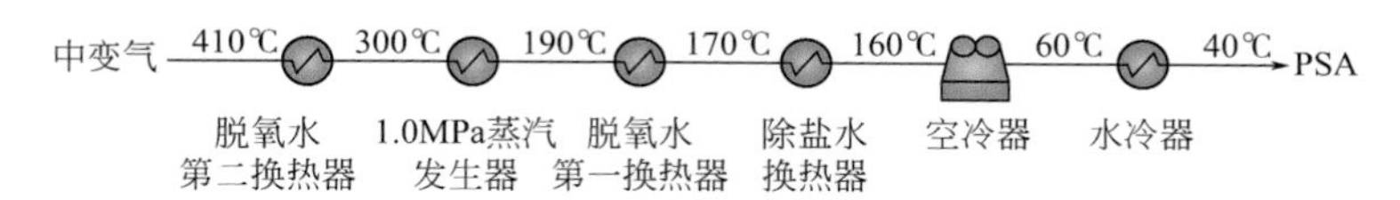

方案Ⅱ：

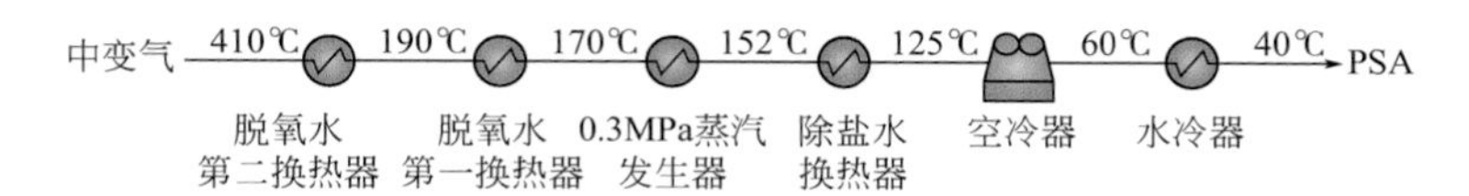

方案Ⅲ：

对于方案Ⅰ，尽管用于发生 1.0MPa 蒸汽与预热锅炉给水相比热效率相差不大，但从整个系统而言，预热脱氧水，可以增加中压蒸汽的产量，提高整个能量回收的㶲效率，故而方案Ⅰ不可取。方案Ⅱ充分利用了低温位热源发生 0.3MPa 蒸汽，热量利用率提高，对于东北地区适用，但对于多数低压蒸汽过剩的炼厂并不可取，是方案Ⅱ的一个不足。方案Ⅲ与前两个方案不同之处在于虽充分利用了中温余热产生

3.5MPa 蒸汽，在㶲利用上较为合理，但在低温热的利用上则并不充分。

对于上述三种方案而言，均设置了原料加热炉，尽管设置原料加热炉有操作灵活等优点，但从㶲利用角度是不合理的。对于 30000m³/h（标准状态）制氢装置而言，预热原料约需 2.33MW，这就是说一方面设置热效率很低（50% 左右）的小加热炉加热原料，而中变气又有较多的余热要回收，这样的浪费（包括热效率及㶲利用）是显而易见的，故而最近许多已建制氢装置纷纷增设中变气 - 原料预热器，正常运转时取消原料加热炉，见方案Ⅳ，回收热量和经济效益是显著的。但随之而来的问题是由于中变气与原料换热后，温度降至 340℃左右，再发生品质较高的 3.5MPa 蒸汽已是勉为其难。通过夹点分析法后进一步改变了流程，见方案Ⅴ。方案Ⅴ中将中变气分流，较好地利用了中变气的低温位热能，以 30000m³/h（标准状态）制氢为例，这种换热流程利用了 300℃以下的热量约 1.16MW，同方案Ⅳ相比，可多产 3t/h 蒸汽，同时后冷负荷降低约 1.16MW，使换热效率与㶲效率均提高。

方案Ⅳ：

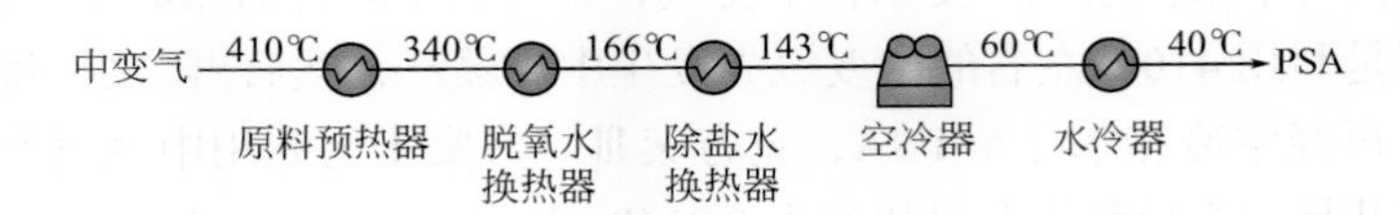

方案Ⅴ：

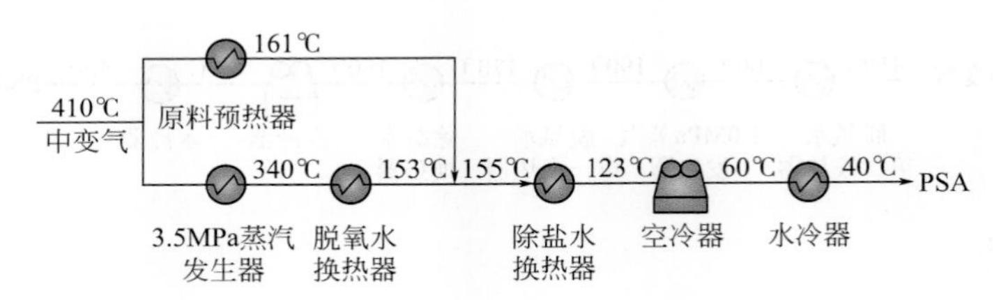

3. 低温位余热利用

中变气通常的露点在 160 ～ 170℃左右，也就是在此温度下，中变气中的蒸汽会随着温度的降低而冷凝。冷凝过程会有大量的低温位的热量放出，而这部分热量除了预热除盐水外，都是通过空冷器释放到环境中了。在部分工厂，可以用这部分热量获得一部分伴热水，或者预热装置外的除盐水，也可以发生部分低压蒸汽（如果全厂需要），以降低进入空冷器的中变气温度，提高能量利用效率。

四、换热元件强化传热技术

制氢装置换热网络相对简单，包括中变气换热和发生蒸汽两部分。

1. 中变气换热系统

离开中变反应器的中变气温度一般为 410℃左右，经一系列换热设备冷却到

40℃后进入变压吸附单元进行氢气的提纯。中变气换热系统具有两个特点：

① 中变气的分子量低，干基平均分子量在 10.8 左右，混合水蒸气的中变气分子量也只有 12.6 左右。在换热器中，中变气侧的流速高、压力损失大。因此优先保证压降是选择换热器规格的首要条件。

② 中变气中含有大量一氧化碳和水蒸气，露点通常在 160 ～ 170℃之间。露点温度前后的传热系数差别大，露点前的中变气温位高、热量少，露点后的中变气温位虽然较低，但热量大。

以某公司 80000m^3/h（标准状态）制氢装置为例，中变气依次经过原料预热器Ⅱ、工艺凝水蒸汽发生器、工艺凝水换热器、锅炉给水换热器、中变气低压蒸汽发生器、原料预热器Ⅰ、除盐水换热器、空冷器及水冷器。整个换热网络没有外加动力，需严格控制中变气在沿途换热设备中的压降。其换热网络见图 6-46。

为减少压力损失，中变气布置在换热器管程流动，采用 U 形管式换热器结构，换热管选择 00Cr19Ni 等不锈钢材质。

由于没有水蒸气的冷凝，中变气高温段换热器比低温段换热器的传热效果差，管程膜传热系数较低。如工艺凝水蒸汽发生器、工艺凝水换热器的壳程膜传热系数都接近 5000W/（m^2 • K），其管程膜传热系数均不超过 2000W/（m^2 • K）。由于受压降限制，管程纯气相冷却过程不易强化。而原料预热器Ⅱ的壳程为纯气相加热，壳程膜传热系数不足 500W/(m^2•K)，虽然管程膜传热系数不超过 2000W/(m^2•K)，控制热阻仍在壳程，可以采取措施强化壳程传热效果。

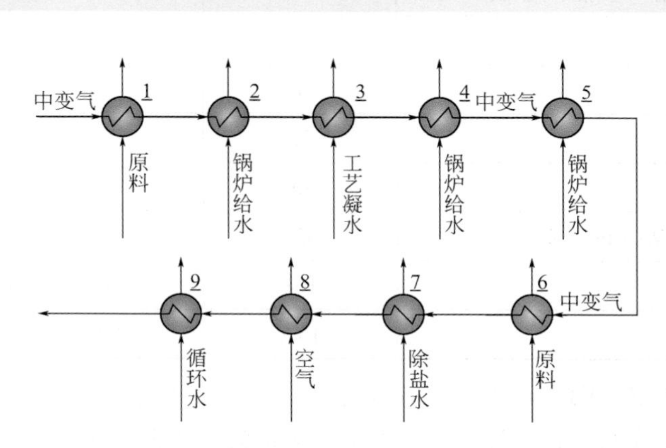

图 6-46　中变气换热网络

1—原料预热器Ⅱ；2—中变气-工艺凝水蒸汽发生器；3—中变气-工艺凝水换热器；
4—中变气-锅炉给水换热器；5—中变气低压蒸汽发生器；
6—中变气-原料预热器Ⅰ；7—中变气-除盐水换热器；
8—中变气空冷器；9—中变气水冷器

以某制氢装置为例，其原料预热器的工艺条件见表 6-38。

表6-38　原料预热器工艺条件

项目	热流体	冷流体
介质	中变气	进料
流量 /（kg/h）	95076	22667
允许压降 /kPa	25	50
温度 /℃	404 → 350	135 → 348
气相密度 /（kg/m^3）	6.18 → 6.73	17.24 → 11.55
气相黏度 /mPa • s	0.0187 → 0.0176	0.0151 → 0.02
气相导热系数 / [W/（m • K）]	0.129 → 0.121	0.058 → 0.094
气相比热容 / [kJ/（kg • K）]	2.806 → 2.776	2.683 → 3.303

注：热负荷 4.4MW。

壳程进料流量小、导热系数低。为提高壳程膜传热系数，比较简单的方法是减小壳径，提高壳程介质流速。也可以通过增加壳程二次传热面积来强化换热效果，如螺纹管、横纹管。对比结果见表 6-39。

表6-39　原料预热器方案对比

项目	常规传热方案	强化传热方案 Ⅰ	强化传热方案 Ⅱ
设备规格（壳径 × 换热管直管长）/mm	1100×2200	1100×1400	1150×1200
换热管类型	光管	波纹管	螺纹管
设备数量 / 台	1	1	1
管程压降 /kPa	25	22	25
壳程压降 /kPa	5.9	16.3	4.5
总传热系数 / [W/（m^2 • K）]	331	411	536
换热面积 /m^2	168	111	109
设备总质量 /t	10.2	8.5	8.7

由于管程压降受限，可采用单管程设计保证管流速的同时缩小壳径。双壳程能够在保证管程压降的同时有效提高壳程膜传热系数。从表 6-39 中可以看到，为保证管程压降，在壳径不变的情况下，采用双壳程管壳式换热器的强化传热方案 Ⅰ，可以缩短换热管长度 35%，降低设备重量 17%。强化传热方案 Ⅱ 在常规单弓形折流板管壳式换热器中，采用螺纹管代替光管，可降低设备重量 15%。与双壳程方案相比，该方案虽然设备重量略重，但总体造价低，而且操作费用低。

低温段中变气开始冷凝，换热器的冷、热流体换热能力比较高，其中锅炉给水换热器、中变气低压蒸汽发生器、除盐水换热器，管程膜传热系数都超过 8000W/（$m^2 \cdot K$）。壳程介质均为水，膜传热系数约为 4000 ～ 6500W/（$m^2 \cdot K$）。这些换热器整体传热性能比较好，如果要进一步提高其热力学性能，可以考虑能够有效降低污垢热阻的强化传热技术。

处于低温段的原料预热器 I 的管程膜传热系数虽然也超过 8000W/（$m^2 \cdot K$），但其壳程介质 40% 的负荷用于纯气相加热，壳程膜传热系数仅在 600W/（$m^2 \cdot K$）左右，需要采取能够强化壳程传热的技术。

不同于常规水冷器，基于中变气侧压力损失和考虑二氧化碳的腐蚀性，循环水一般布置在中变气水冷器的壳程。中变气水冷器中冷、热流体膜传热系数比较高，总传热系数接近 700W/（$m^2 \cdot K$）。污垢热阻占总热阻的 55%，应采取能够有效降低污垢热阻的强化传热技术来提高设备的性能。考虑到壳程循环水结垢后极易发生垢下腐蚀导致设备失效，利用螺纹管的“手风琴”效应可以有效地降低结垢速率，提高设备的换热性能，延长清洗周期。

受限于允许压降，中变气空冷器只能采用比较短的换热管。中变气在空冷器换热管内冷凝，膜传热系数为 2000W/（$m^2 \cdot K$）左右，换热效果良好。如果要进一步强化传热，可用椭圆管代替高翅片管的圆形基管。

2. 蒸汽换热系统

制氢装置蒸汽换热系统由转化气余热锅炉产汽系统和转化炉余热锅炉产汽系统两部分组成。自装置外来的除盐水经除盐水换热器换热后进入转化气余热锅炉发生中压蒸汽。由各变换气分液罐排出的工艺冷凝水除氧后，在中变气 - 工艺凝水换热器中被变换气预热后，分别送入中变气 - 工艺凝水蒸汽发生器和转化炉余热锅炉内发生中压饱和蒸汽。

（1）转化气余热锅炉产汽系统　转化气余热锅炉为卧式自然循环火管余热锅炉，设置在转化炉下游，其作用是通过利用除氧水与装置转化气进行传热产生中压饱和蒸汽，将约 870℃的转化气冷却至 330 ～ 370℃后送入中变反应器。

转化气余热锅炉的换热炉管一般采用 ϕ38mm 的 15CrMoG 的无缝钢管，转化气在管程流动温度梯度很大。为了减少转化气余热锅炉在高温、高压下的温差应力，提高设备运行的可靠性，转化气余热锅炉采用挠性薄管板结构设计。转化气余热锅炉的控制热阻在管程，但由于转化气温度高、设备结构设计复杂，一般不采用特殊的强化传热结构。

（2）转化炉余热锅炉产汽系统　转化炉余热锅炉是自然循环水管式烟道余热锅炉。以某炼化企业 80000m^3/h（标准状态）制氢装置为例，其转化炉余热锅炉由高温换热段和低温换热段两部分组成，高温换热部分由原料预热段Ⅱ、原料预热段 I 、蒸汽过热段组成；低温换热部分由工艺凝水蒸汽过热段及工艺凝水蒸发段组成。

进入转化炉余热锅炉的烟气温度 1000℃左右，为强化传热、充分利用高温烟气的余热，进入转化炉余热锅炉的高温烟气依次与原料预热段Ⅱ、原料预热段Ⅰ和蒸汽过热段进行换热。在原料预热段Ⅱ中，高温烟气将原料预热到约630℃送至转化炉发生蒸汽转化反应；在原料预热段Ⅰ中，高温烟气将原料预热到约500℃送入预转化反应器；在蒸汽过热段将装置自产饱和蒸汽过热至425℃。由于管外烟气温度及管内被加热介质温度均很高，组成高温换热部分的这三段立式换热受热面多由ϕ42mm、ϕ51mm或ϕ60mm的光管构成。由于材料性能限制，为了控制金属壁温，很少采用强化传热结构。

在蒸汽过热段换热后的烟气温度约630℃进入高温空气预热器，在高温空气预热器内与空气换热后的烟气温度约510℃进入低温段余热锅炉，在低温段余热锅炉中的工艺凝水蒸汽过热段及工艺凝水蒸发段换热后，出口烟气温度约290℃进入低温空气预热段。需要根据介质条件确认过热段能否采用强化传热结构，而工艺凝水蒸发段可通过用高翅片管代替光管扩大二次传热面积达到强化传热的目的。

五、小结

从以上各种工艺过程强化传热优化方案的实例，可以看出工艺过程强化传热技术在降低制氢装置能耗方面的重要作用。通过提高发生蒸汽的等级，做功或发电后的背压蒸汽再作为工艺蒸汽使用，这样蒸汽逐级利用，提高了系统的㶲利用效率；利用高温位转化气或烟气余热提供转化反应的部分热能，较好地利用了装置的高温位热，减小了转化炉的规模及占地，同时节省了燃料气用量；通过夹点分析法对装置中温部分的热源和冷源进行合理匹配，对换热流程进行优化，可副产更多蒸汽并降低后续空冷器负荷，提高了换热效率与㶲效率，降低了装置能耗。随着科学技术的不断进步，会有更多先进的强化传热技术被应用到制氢装置上，从而推动制氢技术的发展。

第七节 延迟焦化装置

一、工艺过程简述

随着我国原油进口数量的增加及质量的下降，延迟焦化装置已经成为加工劣质渣油的主要工艺装置之一。延迟焦化装置几乎可以加工炼油厂排出的全部劣质重质油渣，包括常减压渣油、减黏渣油、催化油浆、重质原油、重质燃料油、煤焦油及炼厂含油污泥，经一系列热裂解、缩合反应，生成气体、汽油、柴油、蜡油和焦炭，是炼油厂提高轻质油收率和生产石油焦的主要加工装置之一。该过程采用加热炉

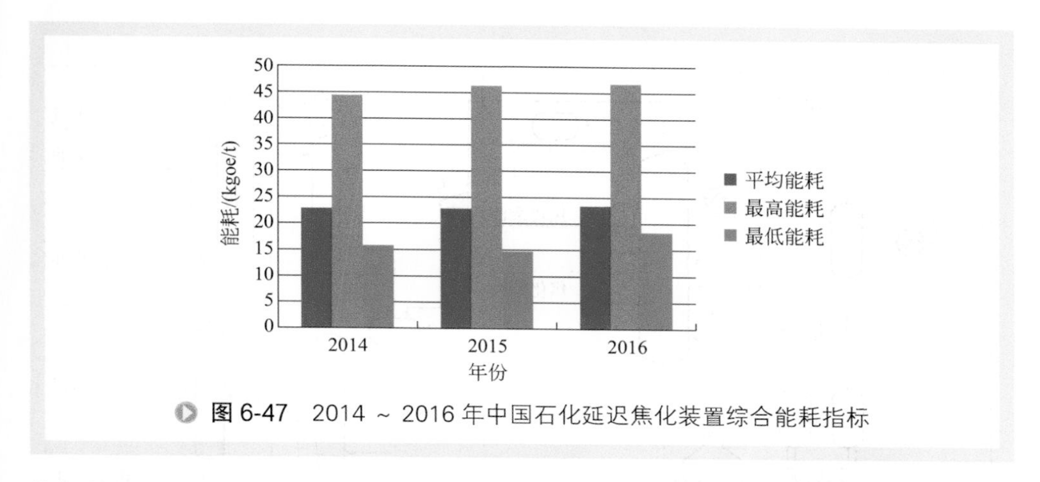

图 6-47　2014 ~ 2016 年中国石化延迟焦化装置综合能耗指标

将原料加热到反应温度，并在高流速、短停留时间的条件下，使原料基本不发生或者只发生少量裂化反应就迅速离开加热炉而进入其后绝热的焦炭塔内，借助于自身的热量，原料在“延迟”状态下进行裂化和缩合反应，顾名思义称为“延迟焦化”过程[58]。

延迟焦化工艺是一种间歇 - 连续的加工工艺，通常采用一个加热炉对应两个焦炭塔，加热炉连续进料，两个焦炭塔并联间歇切换操作。延迟焦化流程较多，每个装置都各有特点，装置能耗也各有差别，主要受原料性质、产品要求、操作条件和设备性能的影响。2014 ～ 2016 年中国石化延迟焦化装置综合能耗指标见图 6-47。

延迟焦化工艺流程按加热炉对应焦炭塔的系列分主要有“一炉两塔”流程和“两炉四塔”流程；按流程组成分主要有焦化分馏部分、吹汽放空部分、吸收稳定部分，吸收稳定部分又包括焦化富气的压缩机部分、汽油吸收及柴油吸收部分、汽油脱吸及稳定部分，称为四塔流程。有些炼油厂吸收稳定部分比较简单，有的只经汽油一级吸收，只有吸收塔；有的经汽油、柴油两级吸收，包括吸收塔和再吸收塔。在此以一炉两塔反应流程以及四塔流程的吸收稳定分馏流程为例进行说明，典型延迟焦化装置流程示意图见图 6-48。

减压渣油一般先与柴油换热后进入原料油缓冲罐，再经柴油、中段油、蜡油、循环油换热到 300℃左右进入分馏塔底部，与焦炭塔顶来的 420℃左右的高温油气中的脱过热循环油混合后至分馏塔底，分馏塔底的焦化油经加热炉进料泵升压后送至加热炉，炉出口温度一般 500℃左右。加热炉四路进料，每一路管线上设置 1 ～ 3 个注蒸汽点，以提高焦化油的流速，使之在不结焦的情况下快速进入焦炭塔，在焦炭塔内完成裂化和缩合反应。生成的高温油气经馏分油冷却后进入分馏塔，分离出气体、汽油、柴油、蜡油、重蜡油和循环油等馏分。气体和汽油进入吸收稳定部分进一步加工分离出干气、液化气和稳定汽油；柴油、蜡油、循环油经换热后一部分返回分馏塔做冷回流，以保证塔内温度梯度和汽液平衡，一部分作为产品送至下游装置进一步精制处理；生成的高温焦炭停留在焦炭塔内，用蒸汽和水把焦炭冷却到 100℃左右，用高压水清除焦炭至焦池。

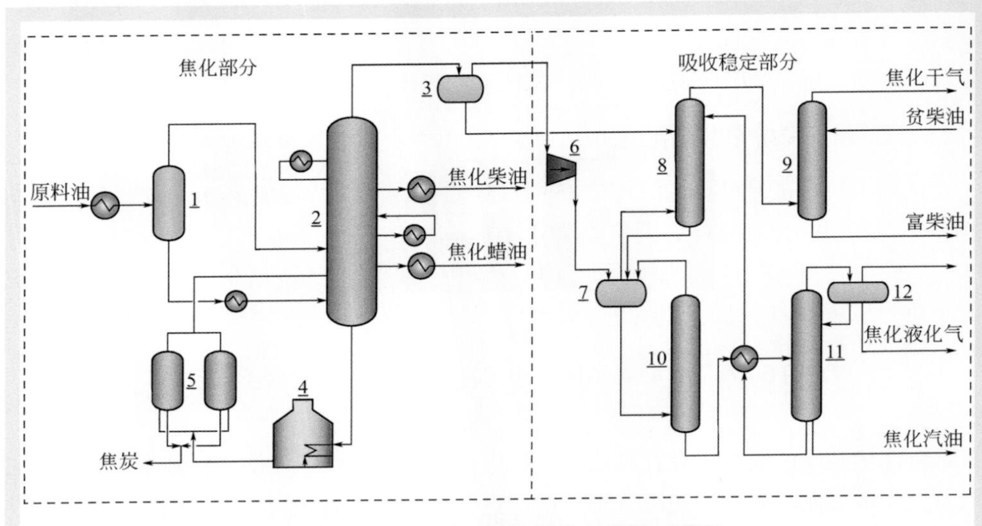

图 6-48　典型延迟焦化装置流程示意图

1—原料油缓冲罐；2—分馏塔；3—分馏塔顶分液罐；4—加热炉；5—焦炭塔；6—富气压缩机；7—富气分液罐；8—吸收塔；9—再吸收塔；10—脱吸塔；11—稳定塔；12—回流罐

二、热能特点分析

2014 ～ 2016 年中国石化 38 套延迟焦化装置平均能耗指标见表 6-40，从表中可以看出，平均能耗和公用工程消耗有逐年降低的趋势。延迟焦化装置的耗能主要是燃料气、蒸汽和电力的消耗，其占总能耗的比例分别为 65% ～ 70%、25% ～ 30% 和 15% ～ 20%。燃料气主要为加热炉提供能量，把渣油从 300℃加热到 500℃，发生热裂化反应需要吸收热量，燃料气的消耗占装置总能耗的比例最高。在消耗的蒸汽中加热炉注汽占装置总能耗约 3% ～ 5%。压缩机采用电机驱动，装置用电占装置总能耗的 20% ～ 25%，如果压缩机采用蒸汽驱动，则消耗的蒸汽占装置总能耗约 10% ～ 15%，因此降低焦化装置的能耗主要从减少燃料气、蒸汽和电的消耗入手。

表6-40　2014～2016年中国石化38套延迟焦化装置平均能耗指标　单位：kgoe/t

年份	电	1.0MPa 蒸汽（耗）	1.0MPa 蒸汽（产）	3.5MPa 蒸汽（耗）	燃料气	其他	平均能耗
2014 年	4.28	4.33	−12.46	14.70	15.59	−3.53	22.9
2015 年	4.29	4.10	−11.86	13.73	15.03	−2.51	22.78
2016 年	4.16	4.18	−11.4	13.82	15.07	−3.17	22.65

延迟焦化装置最突出的热能特点就是裂化反应需要外界提供大量反应热，虽然延迟焦化装置原料渣油在加热炉内发生的是裂化和缩合反应，但缩合反应占比很

小，放热量也小，占主要的热裂化反应则需要外界提供大量的热量，所以燃料气的消耗占比例最大，因此对换热流程进行优化，提高渣油进加热炉的温度，可以节省燃料气消耗，降低装置总能耗。

延迟焦化装置的另一个特点就是装置低温热比较多。低温热又分为两种，一种是稳定可以充分利用的低温热，另一种是热量不稳定、不方便回收利用的低温热。前一种主要指分馏塔各侧线馏分与渣油换热之后的低温热，这一部分低温热可以按温位高低，考虑采用蒸汽发生器自产蒸汽，可以在装置内自用，节省系统的蒸汽消耗，而发生蒸汽后更低温位的热量，可以与燃料气、除氧水等冷介质继续换热。另一种不稳定的热量是指焦炭塔周期性操作、塔顶放空油气带到分馏塔和放空塔的热量及焦炭塔甩油带入放空塔的热量。冷焦时小吹汽是把焦炭塔内的油气吹到分馏塔，大吹汽和小给水时产生的油气和蒸汽排到放空塔，这部分热量只能经过空冷器或循环水冷却，无法进行合理利用，以某炼厂1.6Mt/a延迟焦化装置为例，具体分析如下：

① 分馏塔顶油气出口温度一般为115～120℃，考虑到防止铵盐结晶腐蚀设备及管线，需要在空冷器前注入缓蚀剂和分馏塔顶分液罐分出的含硫污水，注水后温度一般降5～10℃，经空冷器冷却到60℃，后冷器进一步冷却到40℃进入分馏塔顶分液罐。这一部分热量无法回收，大约为11.5MW，消耗电能大约相当于0.23kgoe/t的能耗，约占全装置能耗的0.99%。

② 放空塔顶油气出口温度一般为150℃，经空冷器冷却到50℃，此部分热量为43MW，消耗电能大约相当于0.21kgoe/t的能耗，约占全装置能耗的0.9%。

③ 放空塔底甩油冷却器将甩油温度从260℃降到90℃，一部分返回放空塔顶回流，一部分至分馏塔进行回炼。由于间断操作，故热量不宜回收，该热量约5MW。

三、换热过程强化与集成

1. 原料换热过程强化技术

焦化装置原料加热的目的一是减小渣油进原料泵的黏度以降低原料泵的功率；二是高温渣油在原料缓冲罐内闪蒸，部分轻组分可直接进入分馏塔。焦化原料由原料泵自缓冲罐抽出分别与分馏塔侧线柴油、中段回流油、蜡油、重蜡油或循环油换热，换热后温度为290～320℃，然后进入焦化分馏塔底部的缓冲段，在塔底与上部脱过热段被冷凝的循环油混合，用加热炉进料泵送至焦化加热炉，典型的渣油进料换热流程示意图如图6-49所示。

以热进料为例，经过和分馏塔侧线各馏分换热，渣油进料由160℃换热到300℃，此部分为单一冷流与多热流换热，只要根据各侧线温位合理匹配，达到最大限度提高渣油进分馏塔终温，不存在冷热流跨夹点传热的现象。根据渣油污垢系数大的特点，为了强化传热效果，在各侧线产品与渣油换热过程中，渣油选择走

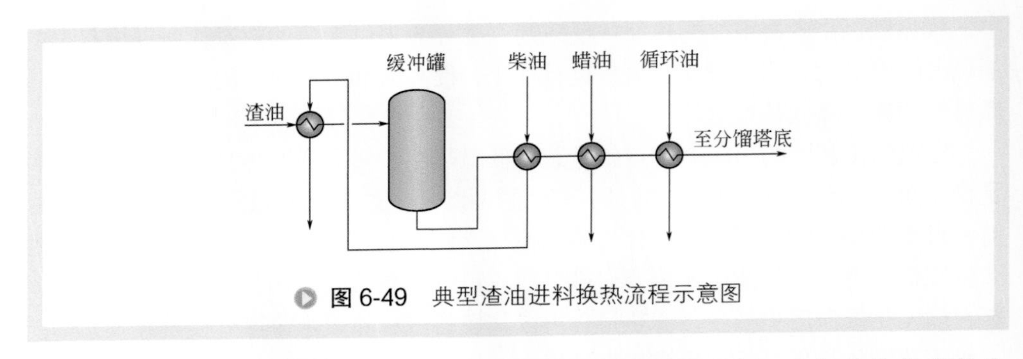

图 6-49　典型渣油进料换热流程示意图

壳程，以提高渣油的传热系数。以某厂 1.6Mt/a 焦化装置为例，此部分热负荷约为 16.5MW，相当于 6.6kgoe/t 的能耗，约占全装置能耗的 28%，可以节省加热炉燃料气约 1300kg/h。

2. 分馏部分强化传热技术

（1）中段取热流程强化　焦炭塔顶出口的高温油气进入分馏塔底，在分馏塔内与焦化蜡油、循环油或原料换热后，利用各产品的相对挥发度的不同，在焦化分馏塔内件塔盘上，通过外取热建立内回流，使焦化分馏塔自下而上建立温度梯度，实现不同产品的分离。分馏系统的取热回流通常设置塔顶冷回流、塔顶循环回流、柴油回流、中段油回流、蜡油回流和重蜡油回流中的全部或部分，回流的取热比例和产品收率及换热流程有关，通常柴油抽出以上的回流取热占总取热的 35% ～ 45%，柴油抽出以下的回流取热占总取热的 55% ～ 65%[59]。典型的分馏塔取热流程示意图见图 6-50。

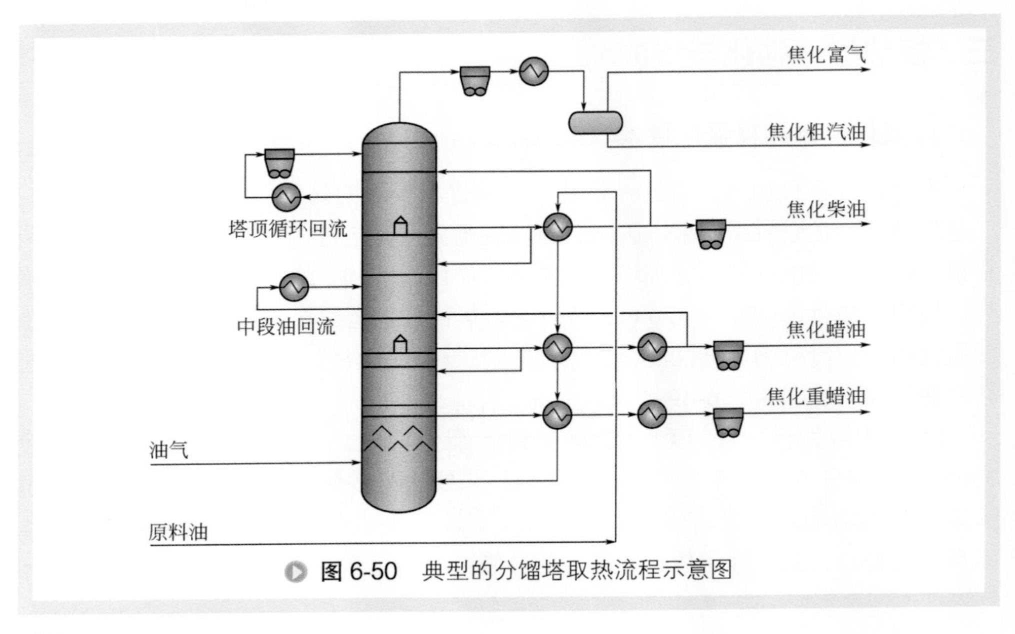

图 6-50　典型的分馏塔取热流程示意图

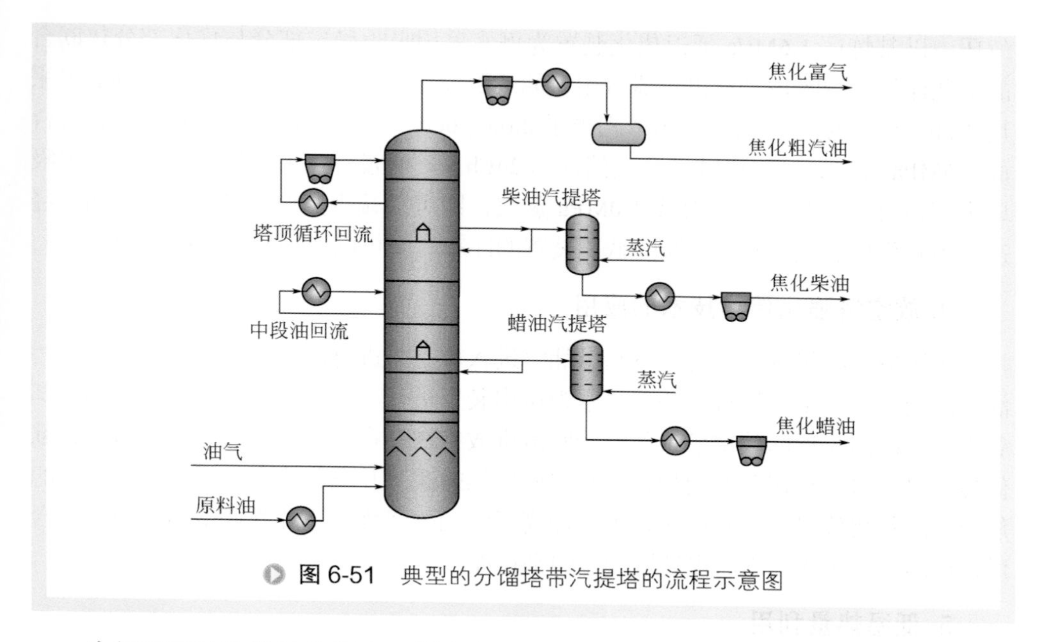

图 6-51 典型的分馏塔带汽提塔的流程示意图

为保证柴油和蜡油的闪点、提高产品分离度、降低分馏塔的高度，分馏塔可以设置柴油汽提塔和蜡油汽提塔，典型的分馏塔带汽提塔的流程示意图见图 6-51。

两种分馏塔的取热流程，所需能耗差别主要在汽提蒸汽的消耗量及机泵的电耗，是否采用带汽提塔的流程，主要决定于产品质量的要求。增加汽提塔主要是为降低汽油和柴油的重叠度、柴油和蜡油的重叠度、提高柴油的闪点满足安全平稳灵活操作的要求、保证汽液负荷相对均匀使分馏塔直径合理、最大限度回收热量及减少电耗以降低能耗和提高效益。

（2）分馏塔蜡油下回流强化传热应用　对分馏塔蜡油下回流的进塔分布器进行强化，可以减少分馏塔各侧线携带焦粉、重组分携带入轻组分，并能提高装置运行周期。以某延迟焦化装置为例，蜡油下回流未经强化前，焦粉携带入柴油、蜡油等侧线产品，同时在塔盘上、塔底聚集、结焦，塔底管线出口过滤器经常切换处理焦粉，在线处理高温易自燃介质，增大了操作人员潜在的危险，同时影响了装置的安全平稳长周期运行。经过改进蜡油进塔分布器型式，改进分馏塔底结构形式，增大了蜡油下回流进料与高温油气的接触面积，强化了冷热物流的传热、传质效果；同时冷却下来的携带焦粉的重质循环油，采用全抽出型式结构，避免了焦粉进入分馏塔底，进而防止了对焦化加热炉进料泵的危害，大大提高了装置的安全、平稳、长周期运行性能。

3. 吸收稳定部分与焦化部分热联合，节省蒸汽消耗

脱吸塔的主要作用是回收 C_3、C_4 液化气组分，同时也控制液化气中的 C_2 含量；稳定塔是脱出饱和汽油中的液化气组分，同时控制液化气中的 C_5 含量和汽油的蒸

气压。以某炼厂 1.6Mt/a 延迟焦化装置为例，采用吸收稳定部分与焦化部分热联合的工艺流程，脱吸塔设有再沸器可用柴油或中段油作为热源，稳定塔底再沸器可采用蜡油回流作热源，此部分热量相当于 2.65kgoe/t，约占全装置能耗的 11%，折合成 3.5MPa 蒸汽，则可以减少蒸汽消耗约 24t/h。同时设计还考虑用稳定汽油作脱吸塔中间再沸器的热源，折合成 1.0MPa 蒸汽，则可以减少蒸汽消耗约 5 ～ 6t/h。经过上述强化传热流程联合，既降低了装置的能耗，又可以节约装置的操作费用。

4. 放空塔强化传热技术的应用

焦炭塔顶冷焦时产生的大量高温油气进入放空塔进行冷却回收污油和污水，污油可以送回焦化部分进行回炼，污水则送出装置进行净化处理。放空塔底污油冷却后设置了冷回流返回放空塔顶部，冷回流进放空塔分布器采用雾化喷头的型式，强化与高温油气逆流接触的面积，提高传质传热的速率并充分洗涤高温油气中携带的焦粉。此强化传热的技术应用，大大提高了污油的回炼率，并降低了污水中油的含量，提高了下游酸性水汽提装置操作的平稳性。

5. 低温热量利用

（1）蜡油发生蒸汽　回流蜡油从稳定塔底再沸器返回的温位依然很高，此处优化了换热流程，采用设置低压蒸汽发生器的型式，将回流蜡油的高温位热量加以利用。例如某厂 1.6Mt/a 的延迟焦化装置，正常工况回流蜡油可以发生 4 ～ 5t/h 的低压蒸气，约相当于 1.5 ～ 2.0kgoe/t，对降低全装置能耗极为有利。

（2）加热低温采暖水　为了降低塔顶的冷凝冷却负荷，分馏塔顶可以设置顶循环回流取热，但因顶循回流采出温位不高，只能选择与燃料气换热、全厂低温热水换热的型式来加以利用，此部分热量很少，以某炼厂 1.6Mt/a 延迟焦化装置为例，约相当于 0.05kgoe/t。

稳定塔底汽油，从脱吸塔中间再沸器出来的温度约 120℃，同样产品蜡油换热后温度约为 200℃，可以利用这些过剩的热量将全厂采暖水加热到 90℃，这样既节省了全厂冬季采暖的热量，又可以降低介质后面空冷器的热负荷，以某炼厂 1.6Mt/a 延迟焦化装置为例，两部分低温热利用节省的电耗约相当于 1.0 ～ 1.5kgoe/t。

四、换热元件强化传热技术

装置运行过程中，由于焦炭塔要频繁切换，切换时需要另一个塔的高温油气预热，导致分馏塔物流及热量产生波动，对分馏塔系统的冷换设备提出了较高的要求。另外延迟焦化装置内的物料含有焦粉，污垢热阻相对较大。工艺介质特点及装置大型化均推动高效冷换设备强化传热的研制与应用。近年来，螺纹管、螺旋折流板等强化传热元件已应用于延迟焦化装置，表面蒸发式湿空冷和复合型蒸发式空冷器也得到成功应用。

针对延迟焦化换热物流的特点，按照流程分析其适宜的强化传热技术。

1. 原料换热系统

焦化装置原料油进装置有热进料和冷进料两种方式，热进料一般是160℃左右，冷进料一般不高于100℃，进料黏度均较高。

原料油160℃时的黏度约为77mPa・s，通常与柴油换热后，进入缓冲罐以降低原料油的黏度，190℃的原料油黏度降低到44mPa・s。与原料油换热的柴油黏度仅为0.4mPa・s。原料油再经过与中段油、蜡油、循环油换热后进入分馏塔，进分馏塔前，原料油一般被加热至300℃左右，此时原料油的黏度约为9mPa・s。与其换热的中段油黏度约为0.3mPa・s，蜡油黏度约为0.5mPa・s，循环油黏度约为0.25mPa・s。为使黏度较大的原料油能够在低雷诺数下获得较高的膜传热系数，一般将原料油布置在换热器的壳程。

以某炼油厂的焦化装置为例，采用常规单弓形折流板管壳式换热器，即使经过结构优化设计，在原料油-柴油换热器、原料油-中段油换热器、原料油-蜡油换热器及原料油-循环油换热器中，管程热流体的膜传热系数超过1500W/（m^2・K）时，壳程原料油膜传热系数不足500W/（m^2・K）。显而易见，壳程的传热效果远低于管程，为提高整个换热单元的传热系数，所有原料油换热器都需要在壳程采取强化传热措施。

由于原料油黏度较大，沿程流动压力损失较大。如果采用降低流速的方式来降低压降，膜传热系数必然会随流速的降低而下降；同时会导致流动死区加大，换热器的有效换热面积随之降低，会从两个方面降低换热器的传热性能。采用螺旋折流板代替弓形折流板，可通过改变流体流动方向来降低压降，同时螺旋运动减少了流动死区。两种强化传热共同作用，在降低壳程压降的同时提高了换热器的总传热系数，减少需要的换热面积，降低设备重量及设备投资。

某炼油厂的焦化装置柴油-原料油换热器工艺条件见表6-41，传热计算结果见表6-42，表中的螺纹管换热器的换热面积指基管换热面积，未考虑二次传热面积。

表6-41　柴油-原料油换热器工艺条件

项目	热流体	冷流体
介质	原料油	柴油
流量/（kg/h）	297620	465640
允许压降/kPa	50	50
温度/℃	187→203	213→204
液相密度/（kg/m^3）	942→933	708→716
液相黏度/mPa・s	44.48→33.51	0.346→0.371
液相导热系数/[W/（m・K）]	0.088→0.086	0.086→0.088
液相比热容/[kJ/（kg・K）]	2.304→2.364	2.554→2.535

注：热负荷3.1MW。

表6-42　柴油-原料油换热器方案对比

项目	原传热方案	强化传热方案
设备规格（壳径 × 换热管直管长）/mm	1100×6000	1100×6000
设备数量 / 台	4	3
管程压降 /kPa	82	92
壳程压降 /kPa	134	100
总传热系数 /［W/（m^2·K）］	216	375
换热面积 /m^2	335×4	251×3
设备总质量 /t	51	41

从表 6-42 可见，采用常规单弓形折流板浮头式换热器，需要 4 台换热器串联，有效传热面积 1340m^2。保持设备内部结构不变，仅采用螺纹管代替光管，就可用 3 台替代原有的 4 台同规格换热器。采用螺纹管代替光管后，金属耗量降低 20%，降低设备一次投资；减少了换热器台数，降低了基建投资和操作费用。

在压降允许的情况下，利用外波纹管减薄边界层的作用，也可以有效地提高壳程的膜传热系数。工业上成功应用的强化传热案例有：外波纹管、螺旋折流板及其组合的强化技术。

2. 分馏塔换热系统

（1）分馏塔顶油气冷却系统　分馏塔顶流出的含 H_2S、NH_3、Cl^- 的汽油和富气约 110℃，易发生铵盐结晶，需要注水和缓蚀剂。注水和缓蚀剂后的介质温度约 75℃，为利用低温热，通常进入分馏塔顶 - 软化水换热器，利用 40℃软化水将塔顶介质冷却至 55℃左右。随后经分馏塔顶空冷器、分馏塔顶后冷器冷却至 40℃。

虽然分馏塔顶 - 软化水换热器和分馏塔顶后冷器的壳程为气体冷凝，但是这两个换热单元的壳程膜传热系数远低于管程膜传热系数。当换热管内软化水、循环水流速为 0.8m/s 时，其膜传热系数可达到 4100W/（m^2·K），对应的塔顶气体的膜传热系数仅为 500W/（m^2·K）。由此可见，这两台换热器的控制热阻均在壳程。导致壳程膜传热系数低的根本原因是由于塔顶气体中含有不凝气，不凝气在换热管外壁面形成阻碍冷凝进程的气膜。所以，分馏塔顶 - 软化水换热器和分馏塔顶后冷器的首选强化传热措施是破碎贴近换热管外表面的不凝气体膜层，将可凝气体引入冷却壁面。采用扭曲管管束代替折流板光管管束，通过介质在换热管外的螺旋运动，将轻质的不凝气归集到流道中央，而相对重质的可凝介质甩到换热管壁面，从而收到强化传热的效果。螺旋折流板也有螺旋流动的作用，由于分馏塔顶物流的不凝气含量较高，与扭曲管换热器比较，螺旋折流板换热器的强化传热效果略差。

串接在分馏塔顶空冷器后的水冷器热负荷较小，但是由于分馏塔顶气体中约有 70%（摩尔分数）的不凝气，壳程膜传热系数较低，而且有效传热温差只有 10℃左右。导致总传热系数仅为 200 ～ 250W/（m^2·K），需要的换热面积较大。

综合考虑空冷器和后冷器的工艺条件，采用表面蒸发空冷器是较好的选择，可以取消后冷器，直接将工艺介质冷却到40℃。既可以减少设备投资，又可以节约占地面积。

某炼油厂的焦化装置分馏塔顶油气工艺条件见表6-43。常规设计中采用普通干式空冷器加后冷器（水冷器）的方案。为了经济性考虑，以55℃为空冷器和后冷器的分界点。

表6-43 分馏塔顶油气工艺条件

项目	热流体	冷流体	
		空冷器	水冷器
介质	分馏塔顶油气	空气	循环水
流量 /（kg/h）	84460		
允许压降 /kPa	20		100
温度 /℃	101 → 40	36（进口）	33 → 40
气相密度 /（kg/m^3）	2.354 → 1.942		
液相密度 /（kg/m^3）	— → 754		
气相黏度 /mPa・s	0.0112 → 0.0101		
液相黏度 /mPa・s	— → 0.573		
气相导热系数 /［W/（m・K）］	0.0279 → 0.025		
液相导热系数 /［W/（m・K）］	— → 0.356		
气相比热容 /［kJ/（kg・K）］	1.97 → 1.786		
液相比热容 /［kJ/（kg・K）］	— → 2.37		

注：热负荷9.0MW。

如果采用蒸发式空冷器代替分馏塔顶空冷器和后冷器，以80℃作为热介质进入蒸发段的分界点，可以实现在一台设备中完成冷凝、冷却任务。

表6-44 分馏塔顶空冷器、水冷器方案对比

项目	原传热方案		复合型蒸发式空冷器
	干空冷	水冷器	
设备规格 /mm	9000 × 3000①	1100 × 6000②	9000 × 3000
设备数量 / 台	10	2	3
消耗量	电：300kW	循环水：220t/h	电：177kW 软化水：4t/h
换热面积 /m^2	1915	599	1900
设备总质量 /t	143	22	110

① 空冷器尺寸：管束长度 × 宽度。
② 水冷器尺寸：壳径 × 换热管直管段长度。

将分馏塔顶气体由55℃冷却到40℃，热负荷为2.55MW，循环水温升按10℃计算，需要32℃的循环水量约为220t/h。从表6-44可以看出，如果采用复合型蒸发式空冷器直接将工艺介质冷却到40℃，取消后冷器，虽然增加了软化水消耗，但可节约大量循环水耗量，可达到节水的目的。可降低设备质量55t，节约金属消耗30%，同时节约基础建设费用和后期操作费用，并可节约循环水运行的凉水塔、循环水泵、循环水管网及空冷器钢构架平台等相应投资。

（2）分馏塔顶循环油系统　分馏塔上部抽出的循环油经顶循油-瓦斯气换热器、顶循油-软化水换热器和空冷器冷却后返回分馏塔。

顶循油-瓦斯气换热器中的控制热阻是壳侧的瓦斯气。由于存在声振的可能性，虽然壳侧膜传热系数较低，却不能通过提高流速来提高壳侧膜传热系数。适宜的强化传热措施是增加二次传热面积，比较有效的强化传热技术是采用螺纹管代替光管作为传热管。以某2.9Mt/a延迟焦化装置为例，在换热器直径不变的情况下，可将换热管缩短40%，节约钢材30%。

在焦化装置中，顶循油-软化水换热器的传热性能相对较好，控制热阻是壳侧的顶循环油。可以采用螺旋折流板减少流动死区、采用螺纹管扩大二次传热面积来强化传热，或者采用扭曲管双面强化技术同时强化换热器的管程和壳程传热。

分馏塔顶循油空冷器将循环油冷却至80℃后进塔，如果采用板式空冷器，可以大大减少占地空间。

（3）柴油换热系统　从分馏塔上部抽出的柴油与原料油换热后，进入柴油-富吸收柴油换热器、柴油-软化水换热器，然后通过空冷器冷却后分两路：柴油产品出装置，吸收柴油再通过贫吸收柴油冷却器冷却后去柴油吸收塔。

柴油-软化水换热器、贫吸收柴油冷却器中的控制热阻是壳程的柴油。提高壳程膜传热数的有效方法是提高壳程介质的流动速度。以某延迟焦化装置的柴油-软化水换热器为例，在满足允许压降要求、保持同样面积富裕度的基础上，可以简单地缩小壳径来增加壳程介质流速，可用3台直径900mm、管长为6000mm的单弓形折流板浮头式换热器代替原设计的2台直径1200mm、管长为6000mm的换热器，可节约钢材25%。不过换热器数量的增加，又会增加基建费用和操作费用。更适合的强化传热技术是采用螺纹管或横纹管替代光管管束。

若柴油热出料，柴油空冷器出口温度约100℃，普通干式空冷器可以很好地完成换热；若柴油冷出料，柴油空冷器出口温度约55℃，采用普通干式空冷器需要的传热面积较大，可以采用如板式空冷等合适的强化传热技术。

柴油-富吸收柴油换热器的管、壳程介质的物性接近，膜传热系数接近。适合采用扭曲管、波纹管等双面强化传热技术。以某炼油厂的焦化装置的柴油-富吸收柴油换热器为例，其工艺条件见表6-45。

表6-45　柴油-富吸收柴油换热器工艺条件

项目	热流体	冷流体
介质	柴油	富吸收柴油
流量 /（kg/h）	169931	44025
允许压降 /kPa	50	50
温度 /℃	188.5 → 160	58 → 175
气相密度 /（kg/m^3）	—	10.6 → 14.2
液相密度 /（kg/m^3）	730 → 753	779 → 691
气相黏度 /mPa·s	—	0.012 → 0.014
液相黏度 /mPa·s	0.416 → 0.526	0.784 → 0.303
气相导热系数 /［W/（m·K）］	—	0.041 → 0.039
液相导热系数 /［W/（m·K）］	0.091 → 0.096	0.111 → 0.09
气相比热容 /［kJ/（kg·K）］	—	2.12 → 2.231
液相比热容 /［kJ/（kg·K）］	2.476 → 2.381	2.032 → 2.463

注：热负荷 3.3MW。

由于富吸收柴油的流量仅为柴油的 1/4，安排在换热器的管程流动，通过多管程的方法提高流速，从而获得相对较高的膜传热系数。采用普通弓形折流板光管管壳式换热器，通过热力学模拟发现：即使采用 6 管程时，管程膜传热系数仍然低于壳程，占总热阻的 40%，污垢热阻约占总热阻的 35%。强化该换热器换热性能应从降低结垢热阻和提高管程膜传热系数两方面着手。采用具有双面强化传热能力的扭曲管代替光管可获得良好的强化传热效果。介质在扭曲管的管程、壳程介质均呈螺旋状流动，既可以减薄边界层、提高膜传热系数，又可有效地降低污垢热阻。对比方案见表 6-46。

表6-46　柴油-富吸收柴油换热器方案对比

项目	原传热方案	强化传热方案
设备规格（壳径 × 换热管直管长）/mm	900×6000	700×6000
设备数量 / 台	2	2
管程压降 /kPa	43	46
壳程压降 /kPa	38	9
总传热系数 /［W/（m^2·K）］	298	349
换热面积 /m^2	388	332
设备总质量 /t	18	10

从表 6-46 中可以看出，为了不增加设备数量，采用扭曲管双面强化技术，有效地降低了壳程压降，提高了壳程介质单位压降下的膜传热系数，但是未能提高壳程膜传热系数绝对值；而为了保证管程压降，需要减少管程数，从而管程膜传热系数也没有得到提高。虽然总传热系数提高不够显著，换热面积减少不多，但是扭曲管管束中不需要折流板，管束自支撑结构，提高了单位体积内的换热面积。使得设备重量降低了 44%，降低了设备投资。

（4）中段油换热系统　从分馏塔中部抽出的中段油与原料油换热，再去为脱吸塔底再沸器提供热量，然后部分去蒸汽发生器，从蒸汽发生器中出来的中段油与未换热的中段油混合后温度约为 225℃，作为回流返回分馏塔。

在中段油作为热源的蒸汽发生器中，其控制热阻是管程的中段油，由于中段油的导热系数只有 0.08W/（m・K），即使在换热管内流速达到 1.5m/s，其膜传热系数也只有 1500W/（m^2•K），而壳侧蒸汽 / 水侧的膜传热系数不低于 5000W/（m^2•K）。针对这种情况，为了提高换热器性能，应在满足允许压降的前提下，尽可能提高管程的流速。适宜的强化手段是采用扭曲管、波纹管或内螺旋管等强化传热换热管代替普通光管。

（5）蜡油换热系统　蜡油先去做稳定塔底再沸器的热源，然后与原料油换热，再去蜡油蒸汽发生器发生蒸汽。自蜡油蒸汽发生器出来的 220℃蜡油分为 2 路，一路回流蜡油返回分馏塔作回流；另一路产品蜡油进入蜡油 - 除氧水换热器，再进入蜡油 - 软化水换热器，最后进入空冷器，温度由 143℃降到 90℃，作为产品蜡油出装置。

蜡油与中段油物性接近，蜡油蒸汽发生器与中段油蒸汽发生器的热力学分析近似，所采用的强化传热技术一致。蜡油 - 除氧水换热器、蜡油 - 软化水换热器中的蜡油均在壳程，在管程膜传热系数达到 5000W/（m^2・K）的情况下，壳程膜传热系数只有 500W/（m^2・K）。合适的强化传热技术是采用扭曲管、波纹管同时强化壳程和管程传热系数，同时减少管程数降低管程压降。

蜡油空冷器有效传热温差可达 90℃，需要的换热面积不多，普通干式空冷器可以很好地实现换热。

3. 脱吸塔系换热设备

脱吸塔中段再沸器一般采用卧式放置，中段再沸液布置在再沸器的壳程。沸腾介质的沸程较长，从泡点到汽化 8%，需要 20℃的温升。沸腾侧的膜传热系数较低，不足 1000W/（m^2・K）。再沸器的热源来自稳定塔底的稳定汽油，传热性能较好，在 15kPa 压降时，就可以获得 8000W/（m^2・K）的膜传热系数。脱吸塔中段再沸器的控制热阻在壳侧，工程上采用机械加工表面多孔管来强化沸腾传热获得成功。

与中段再沸器类似，脱吸塔底再沸器多采用卧式放置。沸腾侧的膜传热系数不高，与一般无相变的膜传热系数接近。但是由于热介质温度较高，有效传热温差较大，热通量较高，传热效率在可接受范围内。由于塔底液的污垢热阻比较高，一般为 $0.0006m^2 \cdot K/W$，导致污垢热阻成为该再沸器的控制热阻。强化传热措施应从减轻管内介质结垢来考虑。

4. 汽油吸收塔回流油换热

汽油吸收塔一中段油和二中段油的主要组分为汽油，经水冷器冷却，直接返回汽油吸收塔。两台冷却器的热负荷、介质流量都不大，只是有效温差比较小，适合采用多台串联设计。汽油的传热性能比较好，而水的传热性能优异，水冷器的控制热阻为污垢热阻和壳程传热。如果要进一步提高水冷器的换热性能，可以采用螺纹管等扩大二次传热面积的强化传热技术。

5. 稳定塔换热系统

（1）稳定塔顶油气换热　塔顶气在稳定塔顶空冷器中完全冷凝，经过稳定塔顶水冷器降温至 48℃，自流进入回流罐。

稳定塔顶空冷器的热负荷较大，在空冷器中没有过热和过冷段，传热系数较高。但稳定塔顶气的温度仅为 68℃，空冷器有效传热温差较小。采用复合型高效换热器可以节省占地 40% 以上，综合初投资可节省 20% 左右，节能 30% ～ 60%，节水 40% ～ 70%[13]。

稳定塔顶水冷器负荷不大，但由于要将塔顶气冷却至 48℃，如果采用普通干式空冷器，该水冷器也不可或缺。可以采用表面蒸发湿空冷器代替稳定塔顶干空冷器和水冷器。

（2）稳定塔顶产品冷却设备　自回流罐底抽出 50℃左右的液化气后送入液化气冷却器，用循环水冷却至 40℃，送去脱硫装置。由于温度低，有效传热温差只有 6℃左右。液化气流量较小，为了提高流速以期获得较高的膜传热系数，应该采用细长型设备。综合各种因素，液化气冷却器适合采用 2 台换热器串联。如果采用一台设备，建议采用螺纹管扩大二次传热面积。

（3）稳定塔底物流　稳定塔中间再沸器采用 3.5MPa 蒸汽做热源，蒸汽冷凝膜传热系数很高，需要强化传热的是沸腾侧。稳定塔中间再沸器一般采用卧式放置，蒸汽布置在管程。结合沸腾介质物性和再沸器结构特点，可以采用机械加工表面多孔管强化沸腾侧传热。

稳定塔底再沸器一般在壳程沸腾，设计汽化率 20% 左右，热源来自分馏塔蜡油的高温段。与脱吸塔底再沸器的状态一致，沸腾侧的膜传热系数低于管程无相变介质的膜传热系数，再沸器总传热系数不超过 $400W/(m^2 \cdot K)$。考虑稳定塔底液的物性，可以采用机械加工表面多孔管来增加汽化核心，强化壳程沸腾膜传热系数，从而提高整体传热性能。

作为补充吸收剂的稳定塔底汽油经稳定塔进料 - 稳定汽油换热器、脱吸塔中间再沸器、脱吸塔进料 - 稳定汽油换热器、稳定汽油 - 软化水换热器壳程冷却后，进入稳定汽油空冷器、水冷器冷却，然后由泵送补充吸收剂部分进入汽油吸收塔、送产品部分出装置。

稳定塔进料 - 稳定汽油换热器的管程、壳程介质主要组分均为汽油，传热性能一致，可以采用扭曲管、波纹管等具有双面强化传热效果的换热管代替光管，也可以采用螺纹管扩展二次传热面积、采用螺旋折流板减少流动死区的措施来强化换热器换热性能。

脱吸塔中间再沸器的具体分析见脱吸塔部分。脱吸塔进料 - 稳定汽油换热器的管、壳程传热性能接近，为了保证不过度换热，这个台位换热器不适合采用强化传热技术。

类似于汽油吸收塔中段冷却器，稳定汽油 - 软化水换热器和稳定汽油水冷器的控制热阻为污垢热阻和壳程传热热阻。汽油的传热性能比较好，换热器总体换热性能良好。如果要进一步提高换热器热力学性能，可以采用螺纹管等扩大二次传热面积的强化传热技术。

6. 放空塔周边换热系统

来自焦炭塔的 300 ～ 400℃的吹汽放空气进入放空塔吸收，塔顶气经放空塔顶 - 软化水换热器、放空塔顶空冷器、放空塔顶后冷器冷却至 40℃，自流进入放空塔顶气液分离罐。全程允许压降约 50kPa。

放空塔顶 - 软化水换热器中的主要控制热阻是壳程冷凝，提高壳程流速并不能够有效地提高壳程膜传热系数。采用横纹管等能够迅速移除冷凝液膜的技术才能有效强化传热性能。

由于放空塔顶气中的可凝部分在放空塔顶 - 软化水换热器中基本冷凝，进入空冷器和后冷器中的工艺介质体积流量不大。虽然空冷器和后冷器承担的换热负荷不大，但由于工艺流程要求进入分离罐的温度为 40℃，必需设置后冷器。

由于间歇使用，用循环水作为冷介质的后冷器容易出现结垢，进而引发垢下腐蚀，缩短设备使用寿命。

综合考虑，采用表面蒸发湿式空冷器代替放空塔顶空冷器和水冷器会获得较好的效果。

五、小结

从以上各种工艺强化传热技术的应用效果来看，工艺过程强化传热技术在降低装置能耗，提高装置长周期平稳运行方面有很重要的作用。优化渣油进分馏塔的换热流程，可以降低燃料气的消耗；分馏塔和放空塔的强化传热技术的应用，可以提高装置运行周期，减少了设备维修的次数；焦化部分和吸收稳定部分的热联合、各侧线低温位热量的合理利用，既发生低压蒸汽，又可以节省高压蒸汽的消耗，极大地降低了全装置能耗。

第八节 催化裂化汽油吸附脱硫装置

一、工艺过程简述

车用汽油含有少量硫化物，其燃烧形成的 SO_2 是雾霾诱导成因之一。自 2010 年开始我国加速汽油质量升级进程，已分区域、分阶段在 5 ～ 8 年内将汽油硫含量从不大于 150mg/kg 降低至 10mg/kg，达到世界一流水平。我国最主要的汽油生产来源是催化裂化汽油，约占汽油池的 70%，其硫含量占比超过 95%。因此如何节能高效地实现催化裂化汽油超深度脱硫，成为汽油质量升级的关键。

常规选择性脱硫技术在超深度脱硫时，存在辛烷值损失大、能量消耗高、加工成本高等问题。为解决这一难题，中国石化于 2007 年收购了 ConocoPhillips（康菲）公司的催化汽油吸附脱硫（S Zorb）技术的知识产权。但原技术工业应用存在诸多严重问题，如装置连续运行周期不足 6 个月，远不能满足工业生产要求；剂耗大、能耗高、辛烷值损失偏大；技术不完整，康菲公司没有吸附剂制备技术等。为此，中国石化组织了专项重大科技攻关，经过不懈努力，成功开发了节能高效的新一代催化裂化汽油吸附脱硫技术。该技术基于吸附作用原理对汽油进行脱硫，通过吸附剂选择性地吸附含硫化合物中的硫原子而达到脱硫目的。与选择性加氢脱硫技术相比，该技术具有脱硫率高、辛烷值损失小、氢耗低、产品液体收率高、烯烃饱和少、操作压力较低、操作费用低等优点。可将催化汽油中的硫降低到 10mg/kg 以下，完全满足国Ⅵ汽油对硫含量的要求。

截至 2018 年 10 月，利用该技术在国内已建成 35 套装置，加工了全国近 60%、每年 4600 万吨以上的催化裂化汽油。工业应用结果表明，整体技术达到国际领先水平。与原技术相比，剂耗降低约 50%，能耗降低约 40%，研究法辛烷值（RON）损失更低，产品汽油硫含量长期稳定控制在 10mg/kg 以下；装置实现了长周期运行，并创造了 45 个月的连续运行记录。

催化汽油吸附脱硫（S Zorb）装置主要包括进料与脱硫反应、吸附剂再生、吸附剂循环和产品稳定 4 个部分。以国内典型的 S Zorb 催化汽油吸附脱硫工艺为例，流程示意图见图 6-52。S Zorb 技术采用全馏分催化裂化汽油一次通过脱硫工艺，不产生硫化氢，原料汽油中的硫从再生烟气以二氧化硫方式排出，再送至硫黄回收装

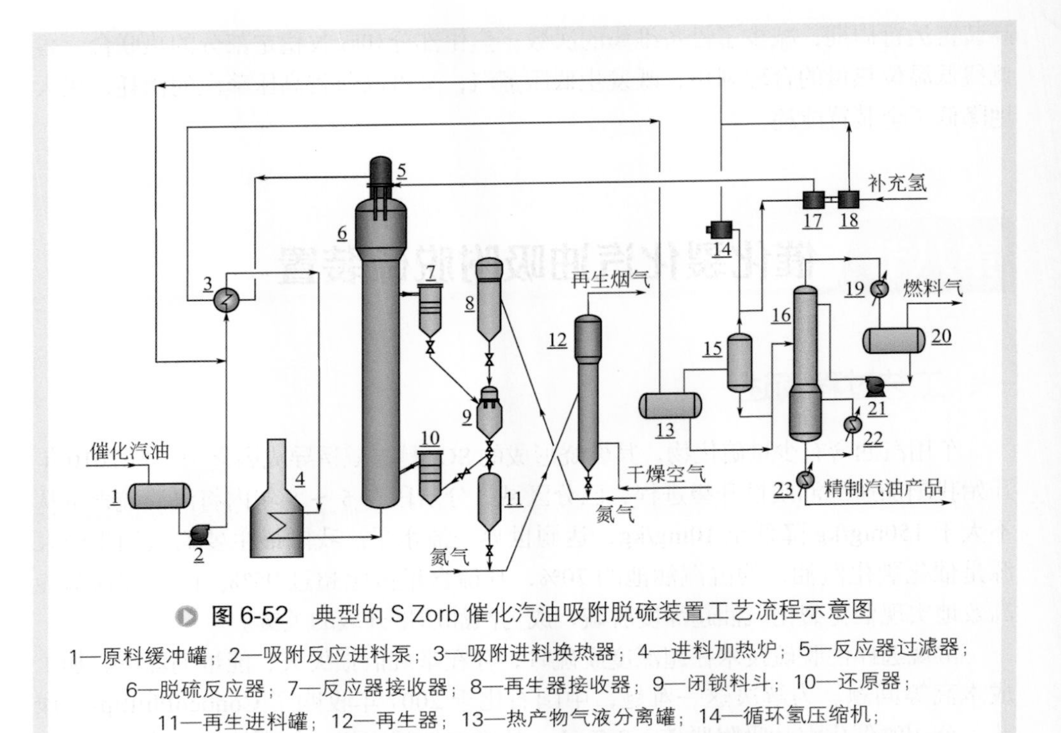

图 6-52　典型的 S Zorb 催化汽油吸附脱硫装置工艺流程示意图

1—原料缓冲罐；2—吸附反应进料泵；3—吸附进料换热器；4—进料加热炉；5—反应器过滤器；6—脱硫反应器；7—反应器接收器；8—再生器接收器；9—闭锁料斗；10—还原器；11—再生进料罐；12—再生器；13—热产物气液分离罐；14—循环氢压缩机；15—冷产物气液分离罐；16—稳定塔；17—反吹氢压缩机；18—补充氢压缩机；19—稳定塔顶后冷器；20—稳定塔顶回流罐；21—稳定塔回流泵；22—稳定塔再沸器；23—产品冷却器

置或催化烟气尾气处理设施进一步处理。反应器内发生吸附脱硫反应，再生器内发生氧化反应；反应部分为中压临氢环境，再生部分为低压含氧环境，并由闭锁料斗步序控制系统实现氢氧环境的隔离和吸附剂的输送，反应器和再生器采用流化床型式。

二、热能特点分析

S Zorb 装置具有脱硫反应放热和再生反应放热两个方面的热能利用。

表 6-47 是 2016 年中国石化 23 套 S Zorb 装置平均能耗各项指标，综合能耗平均为 6.17kgoe/t，最低的仅为 3.27kgoe/t。

表6-47　2016年中国石化23套S Zorb装置平均能耗指标　　单位：kgoe/t

年份	循环水	电	除氧水	燃料气	1.0MPa 蒸汽	总能耗
2016 年	0.142	1.64	0.072	3.15	1.14	6.17

三、换热过程强化与集成

1. 塔底油低温热利用，强化传热优化

与进料换热后，稳定塔底油的温度为 140 ～ 150℃，为了充分利用此物料的热量，在塔底设置精制汽油 / 热水换热器。降低了精制汽油的产品温度，从而减轻下游空冷、水冷的冷却负荷，达到节能的目的。以某厂 1.5Mt/a 标准化 S Zorb 装置为例，此换热器可回收热热量约 7.4MW。

在低温热水无法利用的场合也可利用此物料进行低温发电，采用有机朗肯循环（ORC）低温热发电技术，其热电转换效率可达 10%。以某 1.5Mt/a 标准化 S Zorb 装置为例，此股物料可净发电约 0.7MW，占装置用电负荷的 50% 以上。

2. 全装置的传热强化与用能优化

（1）反应产物的热量回收利用　为保持脱硫效率和减少辛烷值损失，S Zorb 反应温度普遍在 420 ～ 440℃范围内。为达到这个较高的反应温度，除了采用进料加热炉提升反应原料温度以外，主要依靠反应产物与反应原料的换热。该部分换热量占全装置的用能比例最大，以某厂 1.5Mt/a S Zorb 装置为例，此换热系统总热负荷达 51.3MW。

根据装置规模和产品性质的不同，该换热系统通常按两列并联使用设计，每列有 3 ～ 5 台管壳式换热器串联。经过换热的原料温度升高后进入加热炉，从而可降低加热炉的负荷，而反应产物降温后去热产物气液分离罐也有利于后续的产物分离。

（2）再生空气的取热　S Zorb 优化的再生温度普遍在 520 ～ 530℃范围内。待生剂进入反应器的温度一般在 400℃，再生空气进料温度为 260℃。再生空气从常温加热到 260℃的热量来源于再生反应的放热。由于再生空气用量较小，通常不大于 1500m^3/h（标准状态），此换热量不高。以某厂 1.5Mt/a S Zorb 装置为例，再生空气预热器的热负荷为 0.096MW。

（3）再生热的利用　再生器内设置取热盘管，发生 0.45MPa 的低压蒸汽。低压蒸汽经再生烟气冷却器过热，进一步回收利用再生反应放热。以某厂 1.5Mt/a S Zorb 装置为例，再生烟气冷却器总热负荷为 0.15MW。

（4）稳定塔系统热量的优化利用　稳定塔部分的用热取自再生器的热量。如图 6-53 所示，在装置内建立了蒸汽与凝结水的闭路循环设计，即稳定塔底再沸器用 1.0MPa 蒸汽作为热源，产生的凝结水继续给稳定塔进料加热，换热后的低温凝结水进再生器发生蒸汽作为稳定塔底再沸器热源，实现了热量和水的高效利用与循环，减少了热量消耗和水耗。

（5）辅助系统的热量利用　辅助系统用热包括反应过滤器反吹用高温氢气用热、吸附剂循环系统高温氢气用热、吸附剂循环系统高温氮气用热等。反应过滤器反吹用的高温氢气的热源来自反应产物，加热到要求的 260℃后，对装置的核心设

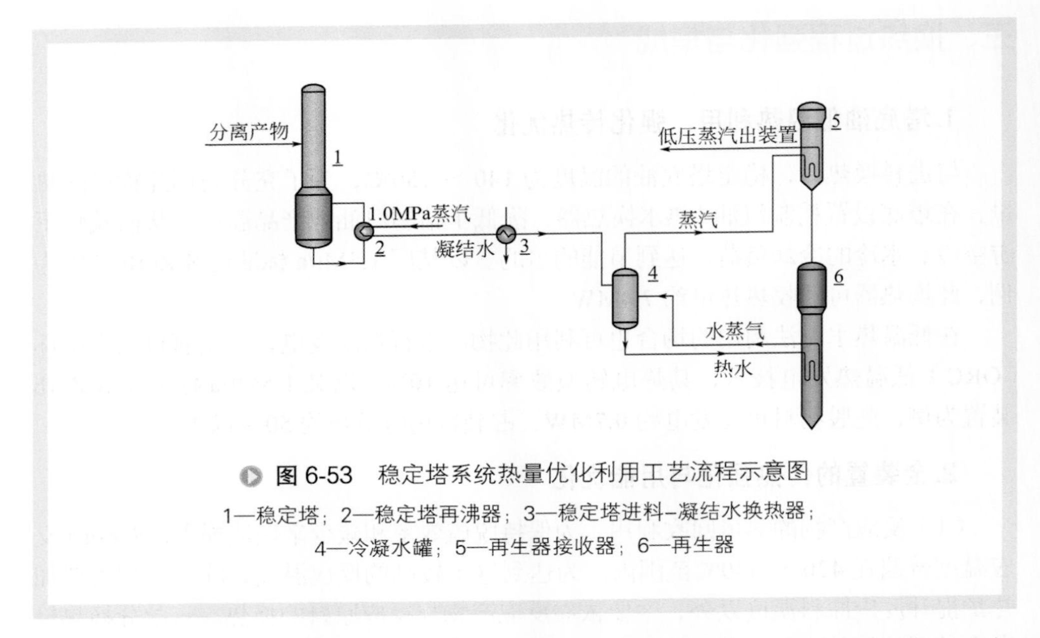

图 6-53 稳定塔系统热量优化利用工艺流程示意图

1—稳定塔；2—稳定塔再沸器；3—稳定塔进料–凝结水换热器；
4—冷凝水罐；5—再生器接收器；6—再生器

备反应器过滤器进行反吹。吸附剂循环系统高温氢气的热量由反应进料加热炉和氢气电加热器提供，将氢气温度提高到 420℃。吸附剂循环系统用的高温氮气的热量由氮气电加热器提供。

经过以上五个方面热量的优化利用，S Zorb 用能处于世界领先水平。

四、换热元件强化传热技术

1. 反应部分的强化传热

S Zorb 装置中的进料换热系统用于反应进料和反应产物换热，以回收反应产物的热量。该换热系统回收的热量很大，其热负荷是反应进料加热炉的 6 ～ 7 倍，对整个装置用能以及稳定运行有重要影响。此换热系统的特点是换热负荷高、允许压降小，并且冷介质易结垢，因此，对系统设计和优化要求十分严格。

由于该换热系统的温度交叉范围大，如果使用常规的单程壳体，需要串联的换热器数量较多，而采用带纵向隔板的双程壳体，可以实现壳侧流体纯逆流流动，显著减少串联的换热器数量。此外，该换热系统在反应循环回路中，系统压降要控制在合理范围内，应采用在满足传热要求的同时压降相对较小的换热器类型。由于双弓折流板单位压降下所提供的传热系数显著高于单弓折流板，适合应用于此换热系统中的换热器。

以某炼油厂 2.4Mt/a S Zorb 装置的进料换热器为例，其工艺条件见表 6-48。

表6-48　S Zorb进料换热器工艺条件

项目	壳程	管程
介质	吸附产物	混氢原料
流量 /（kg/h）	295058	292722
允许压降 /kPa	100	75
温度 /℃	436 → 142	80 → 381
气相密度 /（kg/m^3）	33.39 → 22.46	9.565 → 47.22
液相密度 /（kg/m^3）	— → 597.6	660.0 → —
气相黏度 /mPa・s	0.022 → 0.017	0.012 → 0.058
液相黏度 /mPa・s	— → 0.173	0.269 → —
气相导热系数 /［W/（m・K）］	0.067 → 0.067	0.105 → 0.058
液相导热系数 /［W/（m・K）］	— → 0.092	0.108 → —
气相比热容 /［kJ/（kg・K）］	3.085 → 2.778	4.671 → 2.966
液相比热容 /［kJ/（kg・K）］	— → 2.618	2.286 → —

注：热负荷 82.0MW。

对于该装置的进料换热系统，设计采用强化传热换热器效果显著，方案对比见表 6-49。采用双壳程壳体换热器降低设备总质量 474.5t，节省设备投资和占地，降低动力消耗和后续操作费用。

表6-49　S Zorb进料换热器方案对比

项目	原传热方案	强化传热方案 1	强化传热方案 2
设备规格（壳径 × 换热管直管长）/mm	BEU 1400×5000	BFU 1400×6500	BFU 1300×6500
强化方案	单壳程	双壳程	扭曲管
设备数量 / 台	16	10	8
压降（管侧 + 壳侧）/kPa	133.2	138.5	144.5
总传热系数（光管）/［W/（m^2・K）］	281.0	325.4	371.2
换热面积 /m^2	8155.8	6167.2	5960.0
设备总质量 /t	830.0	355.5	222.4

由于该换热系统的换热器两侧都含有氢气等不凝气，易富集在换热管壁面上，如果采用常规光管换热器，其气膜热阻对传热效率影响较大，导致膜传热系数较小，因此应采用破碎气膜的强化传热技术。扭曲管可以使管侧和壳侧流体呈螺旋状流动，对含不凝气介质的传热有很好的强化作用。如果采用扭曲型换热管，该装置的进料换热系统仅需要 8 台 BFU 1300mm×6500mm 的换热器，设备总质量仅为

222.4t，相比采用光管型换热器的投资和占地有明显优势。

S Zorb 的反应产物分离采用“热高分”+“冷高分”流程。反应产物首先全部进入热分离器，离开热分离器顶部的气体经过空冷器和水冷器冷却后再进入冷分离器。在冷却过程中，气相含有包括氢气在内的大量不凝气。工艺介质在空冷器中走管侧，由于流速较高的原因，其传热系数相对合理。

在水冷器中，工艺介质作为壳侧介质，由于流速较低并含有大量不凝气，传热系数偏低，控制热阻集中在壳程，需要对水冷器的壳程进行传热强化。对此冷却器，适合采用螺纹管型换热器进行传热强化。

以某炼油厂的 2.4Mt/a S Zorb 装置的产品冷却器为例，其工艺条件见表 6-50。

表6-50　S Zorb装置的产品冷却器工艺条件

项目	壳程	管程
介质	汽油+氢气	循环水
流量 /（kg/h）	45733	55597
允许压降 /kPa	20	50
温度 /℃	55 → 43	33 → 43
气相密度 /（kg/m^3）	8.606 → 7.324	
液相密度 /（kg/m^3）	617.9 → 629.7	994.9 → 991.2
气相黏度 /mPa • s	0.011 → 0.010	
液相黏度 /mPa • s	0.221 → 0.223	0.749 → 0.618
气相导热系数 /［W/（m • K）］	0.092 → 0.098	
液相导热系数 /［W/（m • K）］	0.107 → 0.108	0.620 → 0.632
气相比热容 /［kJ/（kg • K）］	4.159 → 4.702	
液相比热容 /［kJ/（kg • K）］	2.340 → 2.278	4.178 → 4.178

注：热负荷 0.65MW。

对于该装置的进料换热系统，采用螺纹管设计换热器的强化传热效果明显，方案对比见表 6-51。

表6-51　S Zorb产品冷却器方案对比

项目	原传热方案	强化传热方案
设备规格（壳径 × 换热管直管长）/mm	1000×6000	700×6000
换热管类型	光管	螺纹管
设备数量 / 台	1	1
压降（壳侧）/kPa	18.1	18.4
总传热系数（光管）/［W/（m^2 • K）］	352.7	655.3
换热面积 /m^2	263.3	126.7
设备总质量 /t	9.4	4.8

对此换热器，如果采用光管换热管设计，需要1台BEU 1000mm×6000mm换热器。如果使用螺纹管，1台BEU 700mm×6000mm即可满足要求。采用螺纹管型换热器壳径也减小，能够降低设备重量和节省占地。

2. 稳定塔部分的强化传热

由于S Zorb装置的稳定塔的处理量和压力可能在一定范围内波动，有时也会根据需要对塔的回流量进行调整操作，塔顶后冷器的冷却负荷也会在一定范围内波动，因此，应用强化传热技术来应对潜在的流量和热负荷的波动是十分必要的。螺纹管和横纹槽型换热管具有管外冷凝中形成的凝结液膜薄、冷凝膜传热系数高等优点，对轻质油的冷凝强化效果较好，适合应用于稳定塔顶油气冷凝的强化传热。

S Zorb装置稳定塔设置采用蒸汽作热源的再沸器，通常使用1.0MPaG蒸汽作为热源，传热温差偏小，因此所需的换热面积相应偏大，应进行传热强化。T形翅片管与光管相比，沸腾温差明显降低，能显著提高沸腾膜传热系数和热通量，对壳侧沸腾有很好的强化效果，适合应用于稳定塔再沸器的传热强化。

五、小结

S Zorb装置充分考虑反应用热、再生放热、稳定塔用热等条件，实行了工艺整体用能优化，装置能耗仅约为同类汽油脱硫装置的1/4。

第九节 烷基化装置

一、工艺过程简述

烷基化油抗爆震性能好，研究法辛烷值（RON）可达96以上，马达法辛烷值（MON）可达94以上。同时烷基化油敏感度好，蒸气压低，沸点范围宽且不含芳烃、烯烃。一方面，随着发动机的改进，发动机的压缩比不断增大，对汽油抗爆震性能的要求不断提高；另一方面，从防止空气污染、保护环境的角度出发，国标要求逐步降低汽油中芳烃和烯烃的含量。因此，烷基化装置在炼厂中的地位愈发重要[60,61]。

常见的烷基化工艺主要有氢氟酸法和硫酸法烷基化。但是由于氢氟酸的易挥发性、腐蚀性和毒性，近年来新建的烷基化装置基本采用硫酸法烷基化。当前烷基化技术的最新研究进展主要围绕新型催化剂的开发进行，以离子液体和固体酸工艺为代表。这两种技术的安全性较高，但工业化应用尚少，因此本节针对当前较为成熟的硫酸法烷基化工艺（以流出物制冷工艺为例）进行讨论。

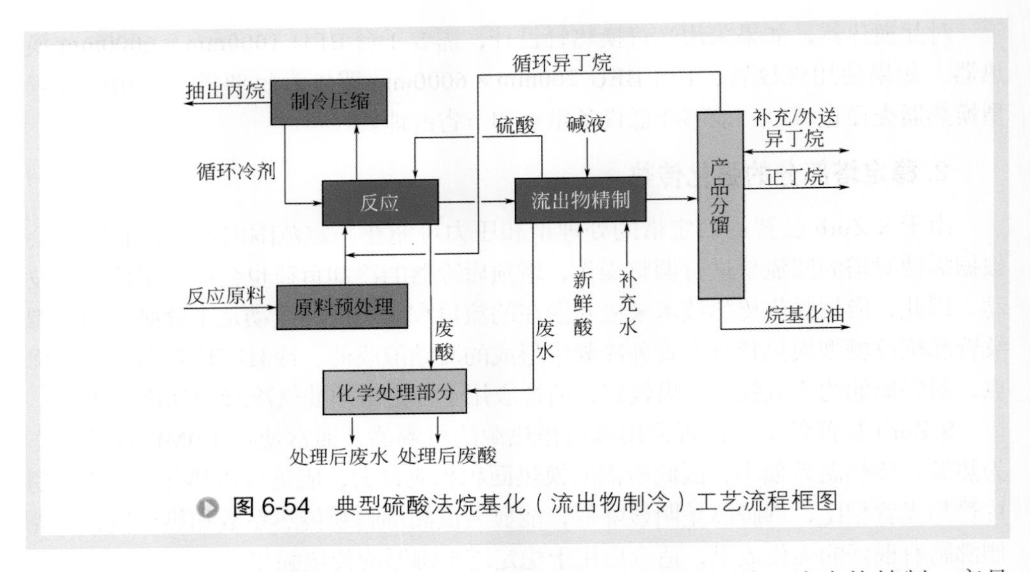

图 6-54　典型硫酸法烷基化（流出物制冷）工艺流程框图

流出物制冷工艺流程主要由原料预处理、反应、制冷压缩、流出物精制、产品分馏及化学处理等几部分组成，见图 6-54。在原料预处理部分，碳四馏分经过选择性加氢脱除丁二烯，随后送入脱轻烃塔脱除多余轻组分及大部分含氧化合物。反应部分由反应器和酸沉降罐组成，预处理后的碳四馏分和循环异丁烷、循环冷剂充分混合，在硫酸的催化作用下进行烷基化反应，随后在酸沉降罐中实现酸烃分离。由于低温对烷基化反应有利，因此流程中设置了制冷压缩系统，制得约 -10℃的循环冷剂与原料碳四直接混合，一方面保证反应器中的烷烯比，另一方面控制反应器进料温度在合适的范围内。来自反应部分的烃类物流含有微量的硫酸和烷基硫酸酯，本工艺通过流出物精制部分的脱酸、碱洗、水洗等处理手段予以脱除，以避免下游设备的腐蚀和结垢问题。经过精制处理后的烃类物流送入分馏系统，分出异丁烷、正丁烷及烷基化油。其中大量异丁烷循环回反应部分以维持反应器中的烷烯比，尽量抑制副反应的发生。化学处理部分主要是新酸、废酸、碱液的储存以及含酸或含碱废水的处理，并不涉及换热问题。

二、热能特点分析

烷基化装置是一个能耗较高的装置，主要热能特点归纳为三点：一是反应温度低；二是分馏系统消耗蒸汽量大；三是低温位热量多，热量不易回收利用。简要分析如下：

（1）反应温度低　虽然烷基化是放热反应，但由于其反应温度低（4 ～ 11℃），反应热不但很难利用而且需要冷剂将反应热取走来控制反应温度，所以还需要配置制冷系统，最终通过空冷器或循环水将反应热量取出。

（2）蒸汽消耗量大　装置蒸汽能耗占总能耗 60% 以上，如表 6-52 所示，某炼厂的蒸汽能耗约为 110kgoe/t 产品，其中脱异丁烷塔耗量最大，常采用 1.0MPa 蒸汽作为热源。

（3）低温位热量多　烷基化装置的分馏部分塔顶温度较低，一般只有55℃左右，热量很难回收利用，通常采用空冷进行冷凝冷却。塔底产品温度也不高（100～150℃），除给塔进料加热外，最终通过空冷或水冷冷却。

表6-52为2017年某炼厂0.3Mt/a烷基化装置的能耗设计数据（含原料预处理部分，制冷压缩机采用电驱），可以看出，装置主要的能耗是1.0MPa蒸汽，占总能耗的76.3%。其中，1.0MPa蒸汽主要用于分馏塔的再沸器，包括脱轻烃塔（9.1t/h）、脱异丁烷塔（36.9t/h）和脱正丁烷塔（4.8t/h）。因此降低蒸汽消耗是烷基化装置工艺优化节能的关键。

表6-52　2017年某炼厂0.3Mt/a烷基化装置能耗指标　单位：kgoe/t产品

年份	循环水	除盐水	电	1.0MPa蒸汽	凝结水	净化风	合计能耗
2017年	3.2	0.8	26.6	110.2	−11.1	0.3	130

三、换热过程强化与集成

1. 物料换热过程优化

常温的烷基化装置原料需升温后送入脱轻烃塔，随后降温进入低温反应区。低温的反应产物再经过升温，送入脱异丁烷塔以满足其分离要求，工艺流程见图6-55[60]。物流先后经历了升温-降温-升温的过程。过程中热量如果未充分回收，

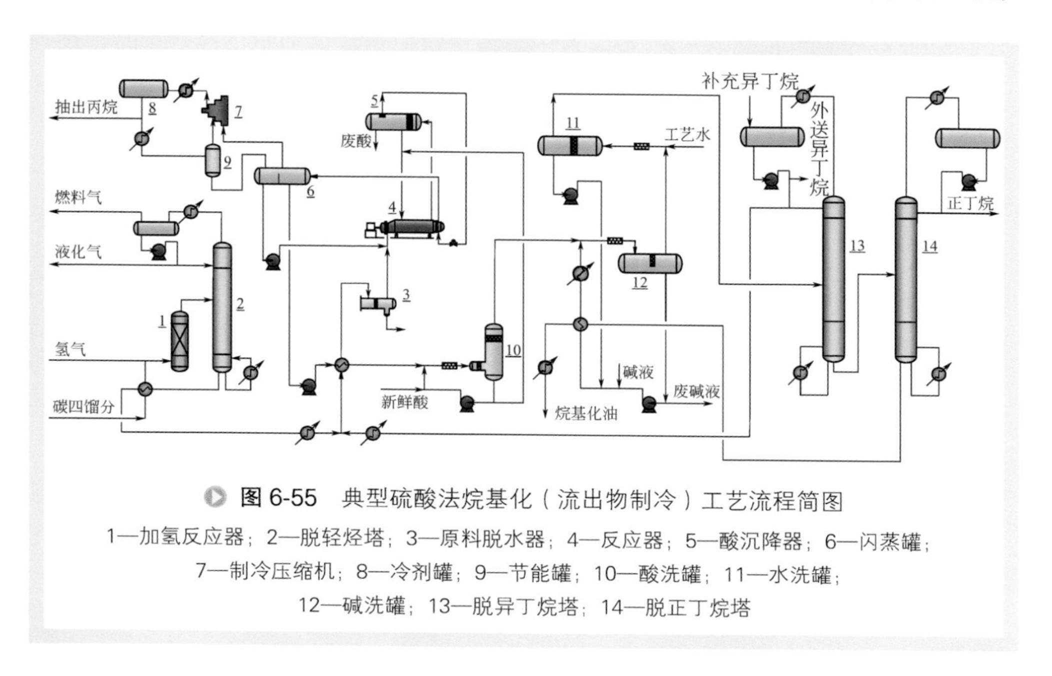

图6-55　典型硫酸法烷基化（流出物制冷）工艺流程简图

1—加氢反应器；2—脱轻烃塔；3—原料脱水器；4—反应器；5—酸沉降器；6—闪蒸罐；7—制冷压缩机；8—冷剂罐；9—节能罐；10—酸洗罐；11—水洗罐；12—碱洗罐；13—脱异丁烷塔；14—脱正丁烷塔

会造成能量的明显损失。

在第一步升温过程中，原料可以与脱轻烃塔底物流换热加热至 70℃后送入脱轻烃塔，这样能充分利用脱轻烃塔底物流的热量。

降温过程则采用与各冷流梯级换热的手段以充分利用冷量。首先，脱轻烃塔底物流与加氢反应器进料进行换热，降温至约 80℃。随后与循环水换热至约 40℃，再与闪蒸后的液相反应流出物进行换热。降至约 10℃后，反应进料与冷剂直接混合，从而降温至合适的反应温度。冷剂通过制冷压缩循环制得，主要成分是异丁烷和丙烷。通过以上的梯级降温过程，脱轻烃塔底碳四组分与装置内各对应的冷量进行换热，从而大大降低了制冷压缩机的负荷。

反应流出物经过调节阀节流闪蒸为气液两相，温度降低后在反应器内进行换热。取热后的流出物温度约为 -3℃，与反应器进料换热进一步升温至约 30℃。

升温后的反应产物经碱洗、水洗后送入分馏塔，分馏塔底的高温位物流通过与碱液换热来充分利用热量。通过以上换热过程，流出物制冷工艺尽可能地节约了蒸汽和循环水的消耗。

2. 分馏进料的强化传热优化

分馏部分的蒸汽消耗在装置总能耗中占很大比重，因此分馏塔的设计优化将对装置节能降耗有很大影响。特别是脱异丁烷塔，通过优化进料板位置可以显著降低塔顶冷凝和塔底再沸的能耗。主要采用灵敏度分析方法，在保证循环异丁烷纯度和循环量不变的条件下，通过改变进料板位置来观察再沸器和冷凝器的负荷变化，从而找到最优的进料板。以某炼厂 0.3Mt/a 烷基化装置为例，进料板位置和塔顶、塔底负荷的关系如图 6-56 所示。可以看出，当进料位置从塔顶向塔底变化时，塔顶

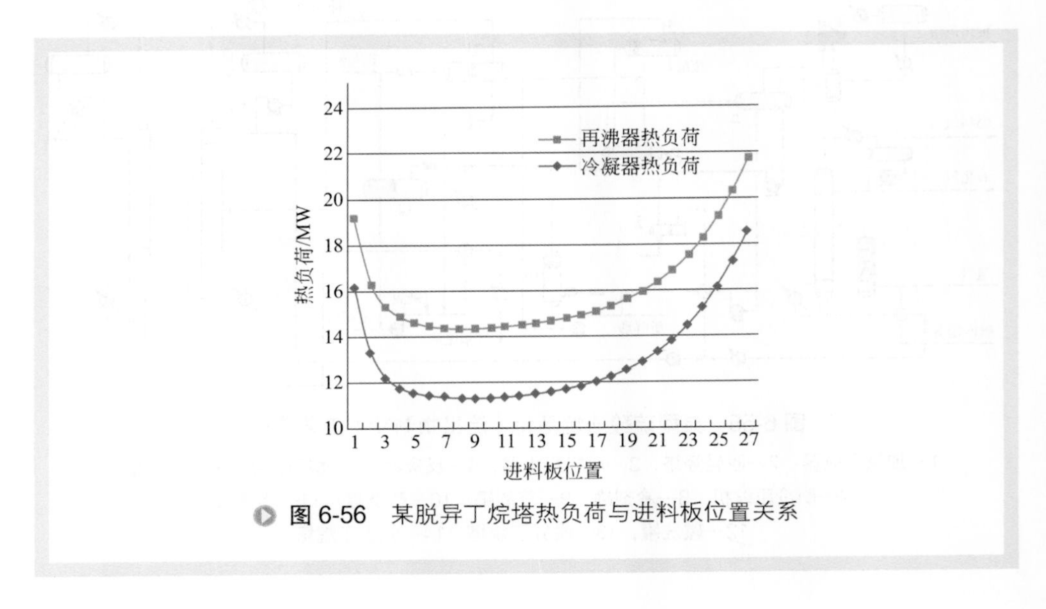

图 6-56　某脱异丁烷塔热负荷与进料板位置关系

冷凝和塔底再沸负荷大幅度降低，在第 6 ～ 11 块理论板时达到最小。随着进料板继续降低，热负荷又开始增大。因此，该塔的进料位置可以选择第 6 ～ 11 块理论板。如选择其他理论板，特别是第 20 块往下的塔板作为进料板，装置能耗将明显增加。

此外，也可以在保证塔顶循环量和纯度的前提下，通过考察改变进料温度对塔负荷的影响，最终找出满足工艺要求的适宜的进料温度。

3. 低温热利用的优化

烷基化装置主要能耗集中在再沸器上，这几个再沸器的温位都不是很高，可以考虑利用炼厂的合适的低温热作为再沸器热源以节约蒸汽消耗。例如，常见的炼厂低温热源如催化顶循油、约 150℃的热水或者低压蒸汽的凝结水等可以作为脱轻烃塔底的热源。按照 150℃的热水供给热量，装置能耗可按照低温热进行标准油折算。从表 6-53 的能耗对比可见，采用 150℃热水代替 1.0MPa 蒸汽作为再沸器热源，可以节约蒸汽 9.1t/h，装置综合能耗降低约 10kgoe/t 产品，节能效果显著。如果脱异丁烷塔设置中间再沸器，由于再沸器冷侧温度一般仅为 60 ～ 70℃，可以选择的低温热水源更加广泛，节能潜力更大。

表6-53　某炼厂0.3Mt/a烷基化装置优化前后能耗对比　单位：kgoe/t产品

项目	1.0MPa 蒸汽	凝结水	低温热	其他	合计能耗
常规能耗	110.2	−11.1	0	30.9	130
低温热利用能耗	90.8	−9.2	7.2	30.9	119.7

四、换热元件强化传热技术

烷基化装置原料为碳四馏分，装置内工艺介质具有黏度低、传热性能好的特点。虽然不同专利技术的工艺流程不同，原料和产品要求不同也会导致工艺流程的变化，仍可通过一套典型流程探讨烷基化装置中换热设备的强化措施。

1. 脱轻烃塔系换热系统

原料在碳四 - 反应器进料换热器中与来自脱轻烃塔底的碳四馏分换热、再经加热器升温到 80℃后，经加氢反应器进入脱轻烃塔。

塔顶温度一般在 50 ～ 60℃左右，温位低，很难作为热源利用，直接经塔顶冷凝器冷凝、冷却到 40℃经回流罐返塔。塔顶气在冷凝器中全部冷凝后还需要继续冷却 13℃，过冷段负荷约占总热负荷的 20%。为了保证冷却效果，最好采用 2 台串联方式。冷凝器中管内循环水的膜传热系数较高，可以达到 6000W/（m^2 • K）；

冷凝侧的膜传热系数相对较低，大约 1400W/（$m^2 \cdot K$）左右。塔顶气主要组分为碳三、碳四馏分，可以采用螺纹管增加二次传热面积并强化壳程冷凝。

塔底的碳四馏分经碳四 - 反应器进料换热器、碳四冷却器冷却到 40℃进入烷基化部分。由于介质清洁，传热性能好，污垢热阻低，即使采用普通弓形折流板光管管壳式换热器，换热器的总传热系数也可达到 600W/（$m^2 \cdot K$）。冷却器中管内循环水流速为 1.5m/s 时，其膜传热系数超过 7000W/（$m^2 \cdot K$）；与管程相比，壳侧碳四馏分的膜传热系数相对较低，约 1400W/（$m^2 \cdot K$）左右。如果要进一步减小换热器、冷却器规格，可以采取措施提高壳程流速、增加壳程介质雷诺数来强化壳程传热，或者采用波纹管等具有双面强化传热作用的换热管同时强化管程、壳程传热。

塔底设置再沸器，一般为卧式热虹吸结构，管内热流体一般采用低压蒸汽，膜传热系数超过 10000W/（$m^2 \cdot K$）。进入再沸器的塔底介质是纯碳四组分，换热管管外壁面核态沸腾过热度比较小，约为 1.4℃，光滑壁面上产生气泡相对困难，壳程沸腾状态为流动沸腾。针对这种情况，适合采用表面多孔管代替普通光管来促进汽化核心的形成与成长，以保证换热器的性能。

2. 烷基化反应器系统换热设备

进入烷基化的碳四馏分在原料 - 流出物换热器中被反应器净流出物冷却到适宜温度后方可进入反应器。反应器净流出物中含有酸性物，需要控制其流速以避免腐蚀结垢。

由于冷、热流体温度交叉，需采用多台串联设计，采用普通弓形折流板光管换热器，总传热系数达到 600W/（$m^2 \cdot K$），换热器的换热性能比较好。如果采用双壳程结构强化壳程传热并提高有效传热温差，可以减少 30% 的换热面积。

烷基化反应器内装有取热管束，强化传热是该反应器的核心技术，但目前多采用专利产品，技术细节尚未公开。

3. 脱异丁烷塔系换热设备

烷基化装置热负荷最大的换热设备在脱异丁烷塔系统。脱异丁烷塔顶温度一般在 51 ～ 52℃，虽然热负荷大，但温位低不易利用，只能用空冷器或水冷器将热量取走。

塔底温度一般为 120 ～ 150℃，炼厂中的低温热也很难用于塔底再沸器，一般用蒸汽作为加热介质。

以某 0.3Mt/a 烷基化装置为例，其脱异丁烷塔顶热负荷 20.2MW，采用空冷器将介质冷凝、冷却到 48℃。其工艺条件见表 6-54。

表6-54　脱异丁烷塔顶换热设备工艺条件

项目	热流体	冷流体
		空冷器
介质	异丁烷	空气
流量 /（kg/h）	230153	
允许压降 /kPa	20	
温度 /℃	52 → 48	31（进口）
气相密度 /（kg/m³）	17.49 → —	
液相密度 /（kg/m³）	— → 522	
气相黏度 /mPa · s	0.0086 → —	
液相黏度 /mPa · s	— → 0.1433	
气相导热系数 /［W/（m · K）］	0.0194 → —	
液相导热系数 /［W/（m · K）］	— → 0.0882	
气相比热容 /［kJ/（kg · K）］	1.911 → —	
液相比热容 /［kJ/（kg · K）］	— → 2.632	

注：热负荷 20.2MW。

根据当地气象条件确定空冷器的空气设计温度为 31℃。传热设计时发现，塔顶异丁烷在空冷器管内接近出口的半米处才完全冷凝，冷却负荷仅占总负荷的 2%。管冷凝膜传热系数不足 2400W/（m^2 · K），强化管内冷凝的有效方法是增加管壁粗糙度，还可以采取螺旋内肋管的方法。虽然管内插入内插件也可以强化冷凝传热，由于压降增加比较迅速，不适应本台位。

水冷器采用普通光管管壳式换热器，当管程冷却水膜传热系数超过 6000W/（m^2 · K）时，壳程油气冷凝膜传热系数不足 1400W/（m^2 · K）。而且异丁烷进入水冷器时温度为 52℃，水冷器有效温差仅 9.6℃。由于塔顶异丁烷允许压降的限制，需要 2 台壳体直径 1800mm、换热管长 8000mm 的换热器并联才能完成 20.2MW 热量的交换。对于异丁烷在管外冷凝，采用螺纹管具有促进作用，管外螺纹可以充分发挥冷凝液表面张力的作用，减薄冷凝液膜，降低液膜热阻。对比方案见表 6-55。

表6-55　脱异丁烷塔顶换热设备方案对比

项目	干空冷	光管水冷器	螺纹管水冷器
设备规格 /mm	12000 × 3000 ①	1800 × 8000 ②	1700 × 6000 ②
设备数量 / 台	16	2	3
消耗量	电：592kW	循环水：1702t/h	循环水：1702t/h

续表

项目	干空冷	光管水冷器	螺纹管水冷器
换热面积 /m^2	4162	2878	1928
设备总质量 /t	288	85	60

① 空冷器尺寸：管束长度 × 宽度。
② 水冷器尺寸：壳体直径 × 换热管管长。

从表 6-55 中可以看出，如果采用普通弓形折流板光管水冷器代替空冷器，可以节约钢材 203t；如果采用螺纹管代替水冷器中的光管，可以进一步缩小设备规格，节约钢材 228t，降低设备一次投资 80%。

采用水冷器代替空冷器，节约用电，但增加了循环水消耗，应根据现场情况确定适宜的冷却方案。

该装置脱异丁烷塔底再沸器热负荷 22.4MW，受限于该塔的苛刻工况，只能采用 175℃的低压蒸汽作为热源。工艺条件见表 6-56。

表6-56 脱异丁烷塔底再沸器工艺条件

项目	热流体	冷流体
介质	蒸汽	脱异丁烷塔塔底烃
流量 /（kg/h）	39665	871524
允许压降 /kPa	50	热虹吸
温度 /℃	175 → 175	112.4 → 128
气相密度 /（kg/m^3）		— → 18.93
液相密度 /（kg/m^3）		569 → 566
气相黏度 /mPa · s		— → 0.01
液相黏度 /mPa · s		0.134 → 0.131
气相导热系数 /［W/（m · K）］		— → 0.027
液相导热系数 /［W/（m · K）］		0.080 → 0.077
气相比热容 /［kJ/（kg · K）］		— → 2.25
液相比热容 /［kJ/（kg · K）］		2.676 → 2.732

注：热负荷 22.4MW。

以常规 BJU 型弓形折流板光管管壳式换热器核算，管程低压蒸汽冷凝膜传热系数超过 10000W/（m^2 · K），壳程沸腾膜传热系数尚不足 2000W/（m^2 · K）。需要采取措施强化壳程传热，外螺纹管和 T 形翅片管均具有强化管外沸腾的效果，适用于强化脱异丁烷塔底介质的沸腾传热。

从光管管壳式换热器核算结果可以看到换热管壁面核态沸腾过热度约为 5℃。适合采用高通量管代替普通光管来获得更多的汽化核心。

分别采用普通光管、螺纹管和表面多孔管（高通量管）作换热管进行再沸器的核算，模拟结果见表 6-57。

表6-57 脱异丁烷塔底再沸器方案对比

项目	光管	螺纹管	表面多孔管
设备规格（壳径 × 换热管直管长）/mm	1500 × 6000	1300 × 6000	1200 × 6000
设备数量 / 台	1	1	1
管程压降 /kPa	5	13	10
壳程压降 /kPa	10	8.7	10
总传热系数 /［W/（m^2 • K）］	812	1253	1315
换热面积 /m^2	670	425	400
设备总质量 /t	20	14	13

从表 6-57 可以看出，采用螺纹管管束代替光管管束，可以降低设备重量 30%；采用表面多孔管代替光管管束，可以降低金属耗量 35%，进一步缩小设备规格。

螺纹管具有扩大传热面积的作用，为了便于对比，表 6-57 中采用基管外表面积作为计算总传热系数的依据。由于蒸汽冷凝的热阻非常小，当采用外螺纹管和表面多孔管时，主要热阻是污垢热阻。表面多孔管能够保持稳定的、连续不断的气泡核心，有助于降低污垢热阻的影响，从而获得较高的传热系数。

4. 脱正丁烷塔系换热设备

脱正丁烷塔的塔顶温度一般为 51 ～ 52℃，用空冷器或循环水冷却。其特点与脱异丁烷塔顶空冷器相同，适宜的强化传热技术也是一样的。

塔底设置再沸器，用低压蒸汽加热。采用光管管壳式换热器模拟，塔底再沸器内换热管壁面核态沸腾过热度仅为 2℃左右。为了确保能够产生足够的汽化核心，宜采用高通量管代替普通光管。

塔底抽出的烷基化油温度为 160℃左右，一般与流出物碱洗的循环碱水换热，将热量回收后再经水冷器冷却至 40℃出装置。

烷基化油 - 循环碱水换热器的热负荷比较小、有效温差比较大，管内的循环碱水比较脏、污垢热阻较大。一般可达 0.0017m^2 • K/W。设计时应在压降许可条件下，尽可能提高管程流速，以期强化管程碱水湍流程度，在强化传热的同时，降低结垢程度。

以某 0.3Mt/a 烷基化装置为例，其烷基化油 - 循环碱水换热器需要交换的负荷为 2MW、有效温差 42℃，采用普通光管单弓形折流板换热器进行模拟，2 台直径 600mm、换热管长度为 7000mm 的浮头式换热器串联即可将烷基化油由 151℃冷却至 71℃。保持管内流速 1.2m/s，换热器管程膜传热系数接近 7000W/（m^2 • K），壳程膜传热系数不足 900W/（$m^2 \cdot K$）。从强化传热角度分析，应该强化壳程传热性能。由于管内循环碱水的高结垢特性、易腐蚀性，不宜在换热管上做进一步的加工。

若要进一步缩小设备规格，可以采用双壳程结构减少一台换热器，从而降低设备投资费用。但是由于碱水特性，这台换热器需要经常切断进行维护、清洗，甚至更换管束，设计中要增加一组备用换热器。考虑抽芯清洗或更换管束的费用，采用双壳程换热器结构的经济性不一定突出。综合分析，烷基化油 - 循环碱水换热器可以通过小直径、多台串联的方式提高壳程膜传热系数，但是需要考虑设备投资费用、基建费用及后续操作费用，综合评价不同设计方案的经济性。

五、小结

从上述分析可以看出，烷基化装置能耗较高，主要集中在蒸汽消耗上。因此，如何降低装置的蒸汽消耗成为工艺过程强化传热技术的主要目标；通过脱异丁烷塔进料板位置的优化，可以降低塔顶冷凝器负荷和塔底再沸器负荷，从而降低循环水和蒸汽的消耗；低温热的利用也可以降低蒸汽耗量，以 0.3Mt/a 烷基化装置为例，通过用 150℃的热水代替 1.0MPa 蒸汽，可以节约 9.1t/h 的蒸汽，装置能耗降低约 10kgoe/t 产品；此外，也可以增设一台脱异丁烷塔中间再沸器，利用热水或其他温度合适的物流作为热源，以降低脱异丁烷塔的蒸汽消耗。

烷基化装置中的工艺介质温位较低，工艺过程中的换热器、水冷器换热性能较好，但仍有采取强化传热技术进一步缩小设备规格、减少设备台位的空间，从而达到节能降耗、集约空间的目的。

参考文献

[1] 李志强 . 原油蒸馏工艺与工程 [M]. 北京：中国石化出版社，2010：378-380.
[2] 刘家明，王玉翠，蒋荣兴 . 炼油装置工艺与工程 [M]. 北京：中国石化出版社，2017：93-97.
[3] 池琳，严錞 . 千万吨级常减压蒸馏装置换热网络的优化设计 [J]. 石油化工设计，2008，25（4）：1-3.
[4] 章建华，陈尧焕 . 炼油装置节能技术与实例分析 [M]. 北京：中国石化出版社，2011：47-48.
[5] 武劲松 . 高效换热器在常减压蒸馏装置扩能改造中应用 [J]. 石油化工设备，2003，32（4）：59-60.
[6] 杨强龙，杨鸣 .100×10 ～ 4t 常减压装置节能降耗技改新技术应用 [J]. 石油与天然气化工，2007，36（4）：306-309.
[7] 田志峰 . 自支撑型扭曲管高效换热器在常减压装置的应用 [J]. 广东化工，2014，41（8）：131-132，134.

[8] 顾锦彤，马贵阳，吴强 . 板式空冷器及应用问题研究 [J]. 化工装备技术，2008，29（6）：15-17.
[9] 栾辉宝，陶文铨，朱国庆等 . 全焊接板式换热器发展综述 [J]. 中国科学：技术科学，2013，43（9）：1020-1033.
[10] 徐成裕，靳贤锐，刘飞 . 全焊接板式换热器在 1000 万 t 级炼油装置的应用 [J]. 石油化工设备技术，2016，37（5）：52-57.
[11] 王旭 . 全焊接板式换热器技术经济性能及应用情况概述 [J]. 科技致富向导，2010，6：158-159.
[12] 黄宗友 . 缠绕管式换热器在常减压蒸馏装置上的应用 [J]. 石油化工腐蚀与防护，2018，35（1）：41-43.
[13] 田国华 . 复合型高效空冷器在石化领域的应用 [J]. 工业技术创新，2014，1（5）：600-603.
[14] 邓方义，刘巍，郭宏新等 . 波纹管换热器的研究及工业应用 [J]. 炼油技术与工程，2005，35（8）：28-32.
[15] 刘朋标，张树青，吴小琪 . 螺旋折流板换热器在常减压蒸馏装置中的应用 [J]. 炼油技术与工程，2014，44（10）：50-53.
[16] 周建新，宋秉棠，陈韶范等 . 钛板壳式换热器及其在常压塔顶的应用 [J]. 石油化工设备，2006，35（4）：46-47.
[17] 王家，于泳波 . 四面可拆全焊接板式换热器在常压塔顶冷凝器的应用 [J]. 石油石化节能，2017，7（5）：6-7.
[18] 柳玉海，陈以虎，刘孝伦等 . 减顶板式空冷器在常减压装置中的应用 [J]. 石油化工设备，2005，34（6）：59-60.
[19] 李志强 . 原油蒸馏工艺与工程 [M]. 北京：中国石化出版社，2010：920.
[20] 孟宪评，范庆祝 . 管壳式表面冷凝器、真空冷凝装置和减压塔顶真空系统 [P]. CN202822845U.2013-03-27.
[21] 韩军，王微，姜红梅等 . 一种表面冷凝器 [P].CN106643199A.2017-05-10.
[22] 韩军，孙文浩，屈英琳等 . 新型冷凝器 [P].CN204085223U.2015-01-07.
[23] 刘家明，王玉翠，蒋荣兴 . 炼油装置工艺与工程 [M]. 北京：中国石化出版社，2017：113-114.
[24] 吴雷 . 催化裂化用能流分析及节能 [J]. 石油化工设计，2018，35（1）：55-59.
[25] 李莉 . 气控式外循环外取热技术的工业应用 [J]. 炼油设计，1999，29（9）：11-17.
[26] 孙富伟，张永民，卢春喜等 . 催化裂化外取热器传热与流动特性的大型冷模实验 [J]. 石油学报（石油加工），2013，29（4）：633-640.
[27] 赖周平 . 取热器 [J]. 石油化工设备，1986，15（1）：16-20.
[28] 余龙红 . 催化裂化装置实际能耗的计算与分析 [J]. 石油炼制与化工，2004，35（3）：53-56.
[29] 陈礼佩 . 渣油催化裂化装置外取热器的开发及应用 [J]. 石油化工设备，1992，21(6）：1-5.

[30] 赖周平 . 重油催化裂化过程中的取热技术 [J]. 炼油设计，1995，25（6）：44-48.
[31] 张荣克，张蓉生，龚宏等 . 一种外取热器 [P].CN2515637.2002-10-09.
[32] Johnson D R，Brandner K J.FCC catalyst cooler[P].US 5209287.1993-05-11.
[33] 赖周平，刘弘彦，扬启业等 . 外取热器 [P].CN1016271B.1992-04-15.
[34] 顾月章，郝希仁，李丽等 . 翅片管及翅片管外取热器 [P].CN201229140Y.2009-04-29.
[35] 唐逢一，郝希仁，李丽等 . 一种翅片管及翅片管外取热器 [P].CN201229141Y. 2009-04-29.
[36] 汪红，张丽，赵合俊等 . 肋片管及肋片管外取热器 [P].CN202853448U.2013-04-03.
[37] 张荣克，张蓉生 .FCC 装置下流式密相催化剂强化传热外取热器的开发和应用 [J]. 石油炼制与化工，2006，37（4）：50-54.
[38] Andersson E.Minimising refinery costs using spiral heat exchangers[J].Petroleum Technology Quarterly，2008，13（2）：75-84.
[39] 许日 . 高热通量换热器在炼厂的工业应用 [J]. 石化技术与应用，2001，19（4）：248-249.
[40] 梁龙虎 .T 型翅片管重沸器传热性能研究与工业应用 [J]. 炼油设计，2001，31（4）：20-23.
[41] 张庆，王学生，陈琴珠等 . 轻柴油汽提塔底 T 形翅片管重沸器工艺设计与应用 [J]. 现代化工，2017，37（11）：162-166.
[42] 姬晓军 . 波纹管换热管束的工业应用 [J]. 石油化工设备技术，2001，22（1）：20-23.
[43] 刘家明，王玉翠，蒋荣兴 . 炼油装置工艺与工程 [M]. 北京：中国石化出版社，2017：6.
[44] 韩崇仁 . 加氢裂化工艺与工程 [M]. 北京：中国石化出版社，2001：1.
[45] 何文丰 . 缠绕管式换热器在加氢裂化装置的首次应用 [J]. 石油化工设备技术，2008，29（3）：14-17.
[46] Chen Y D，Chen X D，Jiang H F，et al.Design technology of large-scale spiral wound heat exchanger in refinery industry[J].Procedia Engineering，2015，130：286-297.
[47] 宋丹，蹇江海，张迎恺 . 扭曲管双壳程换热器的研究及性能分析 [J]. 石油化工设备技术，2012，33（5）：1-3.
[48] 薛楠 . 柴油超深度加氢脱硫（RTS）技术生产欧 V 柴油装置的设计 [C]//2011 年全国炼油加氢技术交流会论文集 . 北京：中国石化集团加氢科技情报站，2011：154.
[49] 楼文元 . 缠绕管式换热器在柴油加氢装置的应用 [J]. 宁波节能，2014，3（3）：30-33.
[50] 史秀丽，张宏峰 . 板壳式换热器发展现状及优越性 [J]. 化学工程师，2006，2：30-31.
[51] Barnes P.HDS benefits from plate heat exchangers[J].Petroleum Technology Quarterly，2004，Q2：85-90.
[52] 沈文丽，李浩 . 板壳式换热器与管壳式换热器在航煤加氢装置中应用设计对比 [C]//2012 年中国石化加氢技术交流会论文集 . 北京：中国石化出版社，2012：658.
[53] 丁文斌，陈保东，庞铭 . 空气冷却器翅片管强化传热新途径 [J]. 当代化工，2004，33（2）：112-115.
[54] 李大东，聂红，孙丽丽 . 加氢处理工艺与工程 [M]. 第 2 版 . 北京：中国石化出版社，2016：792.

[55] 谭志明，罗运禄，张秀云等 . 新型高效换热器在化工生产中的应用 [J]. 化工设备设计，1993，1：30-33.
[56] 李浩，刘凯祥，薛楠 . 减少碳排放的清洁柴油生产技术 [J]. 石油石化节能与减排，2012，2（1）：8-13.
[57] 钱颂文，方江敏，江楠 . 扭曲管与混合管束换热器 [J]. 化工设备与管道，2000，37（2）：20-21.
[58] 瞿国华 . 延迟焦化工艺与工程 [M]. 北京：中国石化出版社，2007：1.
[59] 胡尧良 . 延迟焦化装置技术手册 [M]. 北京：中国石化出版社，2013：213.
[60] 刘家明，王玉翠，蒋荣兴 . 炼油装置工艺与工程 [M]. 北京：中国石化出版社，2017：584-600.
[61] 徐春明，杨朝合 . 石油炼制工程 [M]. 第 4 版 . 北京：石油工业出版社，2009：507-515.

第七章

芳烃联合装置中的强化传热

从石油中制备苯、甲苯及二甲苯等芳烃化工原料是炼油和石油化工厂中重要的加工过程，根据原料与产品的要求采用不同的工艺路线和流程。

以石脑油为原料生产对二甲苯（PX）为主要目的的芳烃联合装置是最完整的典型流程，通常包括预加氢、重整、抽提、歧化、PX 分离、二甲苯异构化及二甲苯分馏等化工工艺过程，如图 7-1 所示。石脑油进入重整装置进行环烷烃脱氢及烷烃环化、脱氢等反应产生芳烃并副产氢气；重整生成油通过芳烃抽提装置将其中的苯、甲苯与非芳烃分开；甲苯与 C_9/C_{10} 芳烃在歧化装置中进行歧化及烷基转移反应生成 C_8 芳烃和苯；C_8 芳烃中的邻二甲苯和间二甲苯在异构化装置中部分异构成对二甲苯，乙基苯转化为二甲苯或苯；重整、歧化和异构化产生的混合二甲苯经过二甲苯分馏装置脱除重组分，再经 PX 分离装置分离出高纯度的对二甲苯产品，其他 C_8 芳烃再返回异构化装置继续异构化反应。

芳烃工艺过程流程长，设备多，热能交换频繁发生，传热设备发挥着重要的作用。

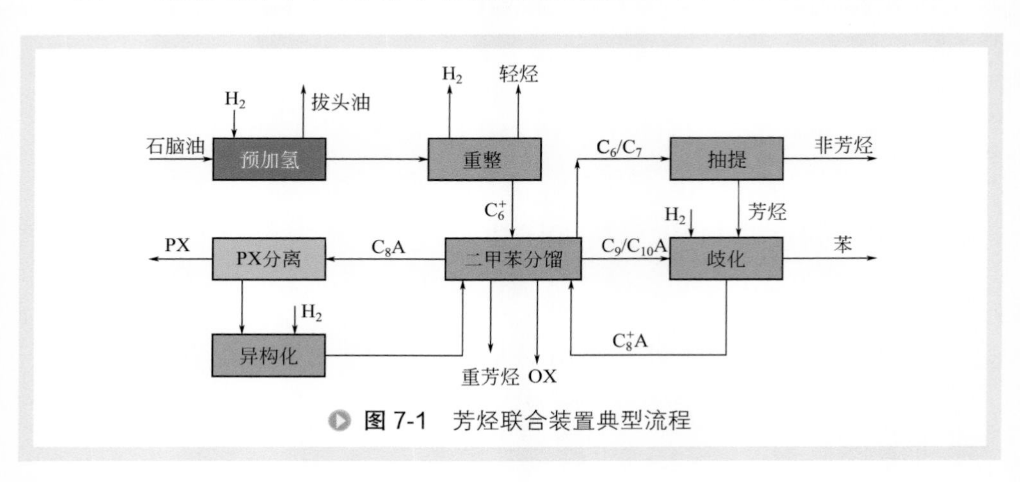

图 7-1 芳烃联合装置典型流程

第一节 预加氢和催化重整装置

催化重整是在催化剂的作用下，在一定的温度、压力、临氢条件下，使石脑油转化为富含芳烃的重整生成油和氢气的过程。重整生成油既可用作车用汽油调和组分，也可以制取苯、甲苯和二甲苯，副产的氢气是炼油厂加氢装置用氢的重要来源之一。该装置是炼油和石油化工厂的一项重要的加工过程。

一、工艺过程简述[1]

催化重整所用的催化剂对硫、氮、砷、铅、铜等杂质非常敏感，烯烃和水也影响其活性，这些杂质是催化剂的毒物，可使催化剂暂时或永久失活，因此对原料中杂质含量的要求非常严格。另外，催化重整原料油的馏程通常需要根据重整反应的要求进行切割，因此，催化重整原料油在进入重整反应系统之前需要进行原料预加氢处理除去有害的杂质，并切取合适的馏分。预加氢装置通常包括预分馏、预加氢、汽提塔三个部分，根据预分馏塔在预处理系统中的先后位置不同，分为先分馏后加氢工艺流程和先加氢后分馏工艺流程，目前采用较多的是先加氢后分馏工艺流程，典型流程见图 7-2。

催化重整工艺按其催化剂再生方式不同通常可分为半再生（固定床）和连续再生（移动床）两种类型。半再生重整具有工艺流程简单，投资少等优点，但为保持催化剂较长的操作周期，产品辛烷值不能太高，且重整反应产物液体收率较低，氢气产率也低。连续重整工艺工艺流程较为复杂，相应投资也高，但产品的辛烷值高，重整产物的 C_5^+ 液体收率、芳烃及氢气产率都较高，装置开工周期长，操作灵

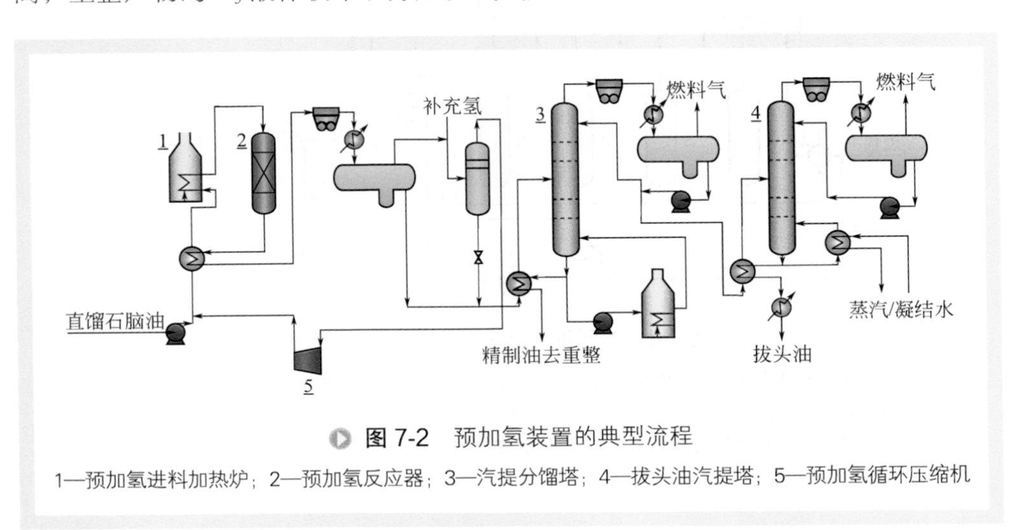

图 7-2 预加氢装置的典型流程

1—预加氢进料加热炉；2—预加氢反应器；3—汽提分馏塔；4—拔头油汽提塔；5—预加氢循环压缩机

活性大。通常装置的规模越大，原料越差，对反应的苛刻度要求越高，连续重整的优越性也就越突出。目前新建的大型重整装置多采用连续重整技术。

连续重整工艺分为传统式的连续重整工艺和逆流连续重整工艺。传统式的连续重整工艺技术有美国环球油品公司（UOP）和法国石油研究院（IFP/Axens）的技术，两种工艺技术反应条件基本相同，水平大致相当，只在反应器布置、再生系统控制方法、催化剂烧焦、还原技术上存在一些差异。针对传统连续重整反应中催化剂的活性状态与反应的难易程度不相匹配的弊病，中国石化又开发了逆流连续重整工艺。该工艺有两大特点：①催化剂的流动方向与反应物料相反，再生催化剂先提升输送至最后一个重整反应器，再依次输送至前面的反应器，待生催化剂从第一重整反应器提升至再生器，完成整个催化剂的循环。反应器中进行的反应难易程度与其中催化剂的活性状态相匹配，优化了反应动力学条件，有利于提高产品收率。②催化剂由低压向高压的输送采取分散料封提升的方法，取消现有技术采用闭锁料斗的升压方法，简化了催化剂的输送系统，实现了无阀连续操作，催化剂流动更加平稳，催化剂磨损量低。逆流连续重整工艺因其技术先进获得中国石化科技进步一等奖。

催化重整装置通常包括重整反应、再接触提纯和产品分离及催化剂再生三个部分，各家技术重整反应部分流程差异不大，再接触提纯和产品分离部分各家技术的流程也基本相同，典型重整反应、产品分离部分流程见图 7-3。对于连续重整工艺，目前大多平均反应压力为 0.35MPaG，气液分离罐压力只有 0.24MPaG。在此压力下，大量轻烃进入含氢气体，氢气的纯度较低，并且烃类损失较多。通常设置一套

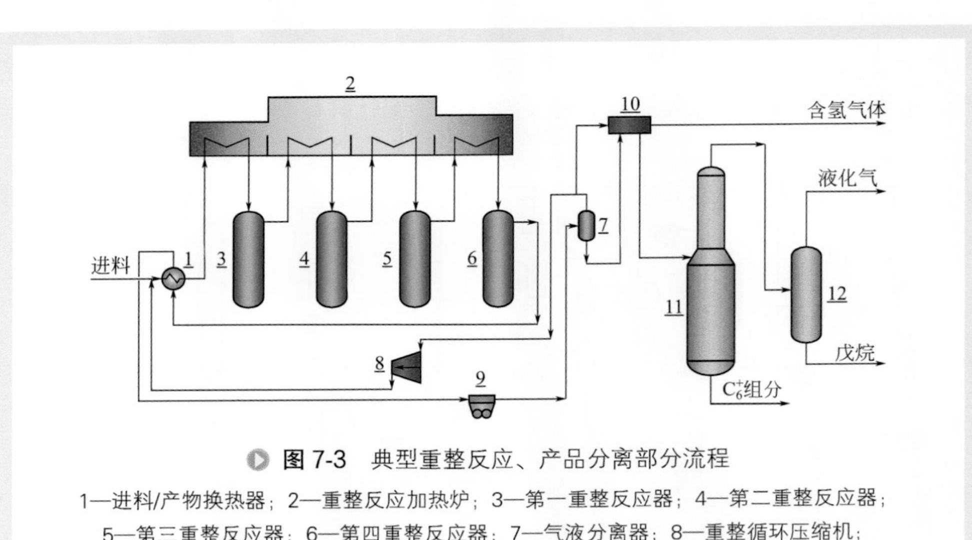

图 7-3　典型重整反应、产品分离部分流程

1—进料/产物换热器；2—重整反应加热炉；3—第一重整反应器；4—第二重整反应器；5—第三重整反应器；6—第四重整反应器；7—气液分离器；8—重整循环压缩机；9—反应产物空冷器；10—再接触系统；11—脱戊烷塔；12—C_4/C_5分离塔

再接触系统来增加氢气的纯度，同时可以提高重整汽油和液化气的收率。再接触多采用低温，温度通常为4℃，需要设置一套低温冷冻系统。重整生成油产品分离部分一般设置脱戊烷塔、脱丁烷塔，对于不是配套生产PX的装置，产品分离部分通常还包括脱C_6塔、脱C_7塔和二甲苯塔。脱戊烷塔顶的戊烷及以下组分送至脱丁烷塔。脱丁烷塔塔顶产品为燃料气和液化气，塔底产品为戊烷。脱戊烷塔底为C_6^+馏分，送入二甲苯分馏装置。脱戊烷塔底通常采用加热炉提供热源。脱丁烷塔通常采用1.0MPaG蒸汽作为再沸器热源。

对于催化剂再生部分，一般包括烧炭、氧氯化、干燥焙烧、冷却和还原。再生回路方面UOP采用热循环流程，其他技术均采用冷循环，再生操作条件、氧含量控制方法、换热流程及烧焦烟气脱氯流程也各有差异。

二、热能特点分析

预加氢装置的主要能耗在于燃料消耗，如何降低燃料消耗、提高加热炉的热利用率是降低预加氢装置能耗的关键。

预加氢进料加热炉热负荷的大小取决于进料换热器换热的程度；汽提分馏塔一般采用再沸炉加热，增加塔的塔板数可以减小回流比，降低再沸炉的热负荷，但要增加塔的投资。预加氢进料加热炉和再沸炉排出的烟气用空气预热器回收热量，热效率可达92%以上。

催化重整装置加热炉多，燃料用量大，是炼油厂中热能消耗比较大的装置，其能耗指标比催化裂化、焦化、加氢等装置都高，大约是原油蒸馏装置的10倍左右。重整反应温度高（500℃左右），主要反应是环烷脱氢（反应吸热大于210kJ/mol），需要消耗大量热量；产品分离也消耗很多热量。催化重整装置的主要能耗在于重整反应及产物分离部分的燃料消耗，催化剂再生部分的能耗占总能耗的比例很小，一般不超过5%。节能对本装置具有重要意义，通过强化传热，最大化地回收热量是降低催化重整装置能耗的关键。

重整反应加热炉消耗燃料最多，约占整个装置能耗的70%，它包括两种不同的情况：

① 第一重整加热炉（进料加热炉）——消耗约20%的燃料，其负荷的大小主要取决于反应进出料换热器换热的程度。

② 第二、三、四重整加热炉（中间加热炉）——消耗超过70%的燃料，目的是补偿重整反应吸收的热量。反应苛刻度越高，反应热越大，需要加热炉提供的有效热负荷越大。因此这几台加热炉节能的主要手段，是加强烟气余热回收，提高加热炉的热效率。

三、换热过程强化与集成

1. 通过夹点分析技术，优化换热流程

重整进料与产物的换热器所在位置特殊，是重整临氢系统的关键设备。该设备对临氢系统的压降和热能的利用有着很大的影响。一般重整进料换热器的热负荷高达数十兆瓦，是进料加热炉热负荷的5倍左右，对热能利用起着举足轻重的作用，而重整进料换热器换热量的多少又与采用换热器的结构和传热面积有关。

重整装置进料与产物换热早期采用的是数台常规卧式U形管式换热器并、串联，效率低、占地大、压降高，后改为纯逆流单管程立式换热器，热端温差进一步降低，回收热量增加，压降也大幅降低。随着装置规模进一步扩大，普遍应用较多的是焊接板式换热器和缠绕管式换热器，且为了尽可能降低进料加热炉热负荷，通过夹点分析技术确定换热器热流出口温度。

2. 工艺过程传热优化

除了通过夹点分析手段优化全装置换热流程外，通过流程模拟软件和传热计算软件对比分析不同工艺方案在强化传热方面的影响，优选出既节能又经济效益显著的流程方案。

脱戊烷塔是重整装置中的重要组成部分。脱戊烷塔塔顶气体大多通过空冷器及水冷器直接冷凝、冷却后送至塔顶回流罐进行气液分离。随着装置规模的变大，充分利用塔顶低温热显得越来越重要。脱戊烷塔进料与塔顶气换热的典型流程详见图7-4。

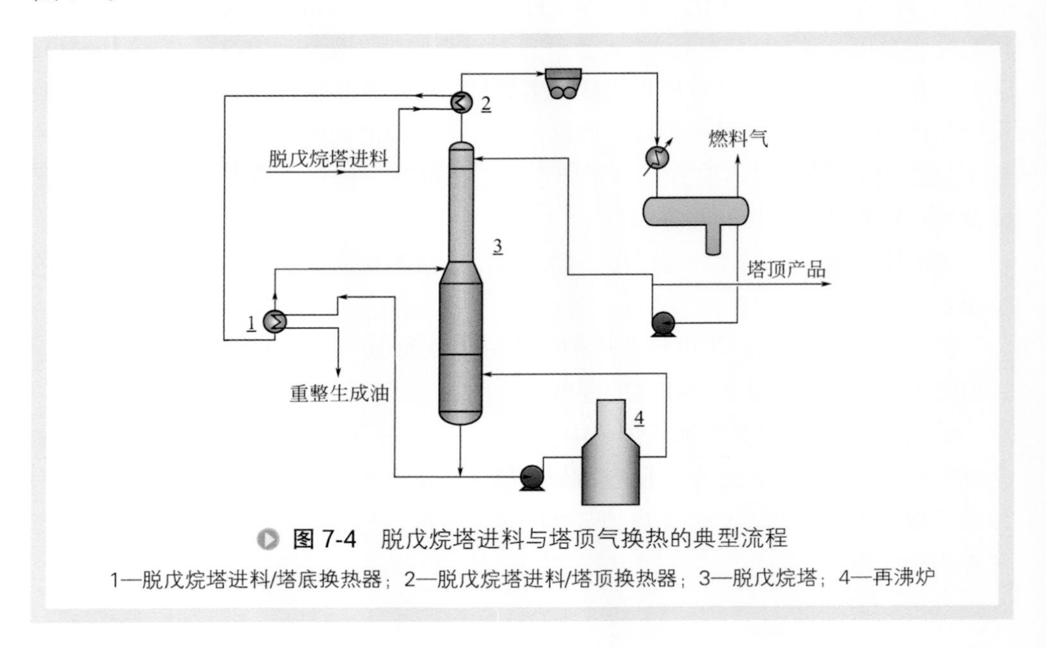

图7-4　脱戊烷塔进料与塔顶气换热的典型流程

1—脱戊烷塔进料/塔底换热器；2—脱戊烷塔进料/塔顶换热器；3—脱戊烷塔；4—再沸炉

以某装置的设计为例，比较脱戊烷塔进料与塔顶气换热与否的差别。将脱戊烷塔进料与塔顶气换热后，虽然增加了1台换热设备，但是脱戊烷塔的进料温度增加5℃，塔底再沸炉负荷减少了1.2MW。按照燃料气2500元/吨计算，每年可以节省燃料费用约217万元，而增加1台换热设备的投资不超过30万元。

重整反应加热炉不但热负荷大，而且入炉加热物料的温度也比较高，物料不进对流室而直接进辐射室加热，辐射室热效率只有60%左右，因此对流室热量必须考虑利用，以提高加热炉的热效率。目前最普遍采用的方法是用于发生蒸汽。为进一步降低排烟温度，提高加热炉效率，可考虑设置两段板式空气预热器，将空气预热系统分为高温段和低温段两个各自独立的设备，可使烟气温度降至100℃以下，加热炉的热效率提高到94%以上。

脱戊烷塔的塔底温度为200～250℃，一般采用再沸炉加热，有时也采用3.5MPa蒸汽加热。再沸热负荷取决于塔的回流量，在满足塔的分馏要求的条件下，尽量减少回流量对节能是有利的。

四、换热元件强化传热技术

强化传热技术在预加氢和催化重整装置得到成功应用，如波纹管在2000年就成功应用于装置“脱瓶颈”改造中，减少设备投资53%[2]。扭曲管结构、大型焊接板壳式换热器及缠绕管式换热器在重整装置中也得到了广泛应用[3-10]，板式蒸发空冷器和表面蒸发空冷器也有成功的案例[11,12]，复合型高效空冷器在各个塔顶介质的冷却中均有应用业绩[13]。

不同专利商的具体工艺过程不完全相同，但仍可通过分析一套典型装置研究适用重整装置的换热元件强化传热技术。本节以某连续重整装置为例，按照流程顺序，分析各个台位冷、热物流的特点，选择适宜的强化传热方案。

1. 预加氢装置换热设备

预加氢装置中最关键的换热设备是反应进料换热器。在反应进料换热器中，低温原料加热到245℃左右，直至完全汽化并过热；反应产物自306℃冷却到110℃左右，纯气相介质冷凝95%（质量分数）。冷、热流体温度区间高度重合，如果采用常规管壳式换热器，需要6～7台换热器串联工作才可以避免温度交叉，但管、壳程总压降高达600kPa。因此适用的强化传热技术是采用双壳程结构避开温度交叉问题、减少设备数量，结合双弓形折流板降低壳程压降。若要进一步强化传热，可用波纹管等能够强化壳程传热的换热管代替光管。

反应产物在空冷器中由110℃左右冷却到46℃左右，交换的热负荷比较大，适合采用表面蒸发湿空冷来保证冷后效果，并可以减少一半的换热面积。若采用复合型高效空冷器代替普通高翅片管式空冷器，则可节省占地面积 40%，节约投资 20%[13]。

2. 重整进料与反应器系统换热设备

（1）反应器进料与产物换热系统　精制石脑油混合氢气后进入重整进料 - 反应产物换热器，与来自第四反应器的反应产物换热，再经加热炉加热进入反应器；换热后的反应产物经重整产物空冷器冷却到 40℃进入重整产物分离罐。

反应产物中含有 H_2、C_1、C_2 等不凝气组分约 81%（摩尔分数），反应器进料中含有不凝气组分 72 %（摩尔分数）。重整进料 - 反应产物换热器热负荷很大，工艺条件见表 7-1。从表 7-1 中可以看出，换热器中冷流体温升 405℃、热流体温降 429℃，流体的温度变化较大，温度交叉区间较大，如果采用常规的多管程结构，需要多台设备串联；冷、热流体的允许压降小，而由于气体密度小，体积流速较大，不适合多管程结构。如果采用管壳式换热器，唯一解决方案就是单管程、纯逆流流动换热。普通管壳式换热器与强化传热的焊接板壳式换热器设计结果见表 7-2。

表7-1　重整进料-反应产物换热器工艺条件

项目	热流体	冷流体
介质	反应产物	进料
流量 /（kg/h）	291807	291807
允许压降 /kPa		冷热流体总压降不超过 100
温度 /℃	519 → 90	79 → 484
气相密度 /（kg/m³）	1.39 → 2.31	3.47 → 3.17
液相密度 /（kg/m³）	— → 796	676 → —
气相黏度 /mPa • s	0.018 → 0.0097	0.0094 → 0.016
液相黏度 /mPa • s	— → 0.31	0.28 → —
气相导热系数 /［W/（m • K）］	0.205 → 0.111	0.115 → 0.165
液相导热系数 /［W/（m • K）］	— → 0.114	0.107 → —
气相比热容 /［kJ/（kg • K）］	2.78 → 2.78	3.1 → 3.63
液相比热容 /［kJ/（kg • K）］	— → 1.94	2.24 → —

注：热负荷 115.5MW。

表7-2 重整进料-反应产物换热器方案对比

项目	管壳式	焊接板壳式
设备规格（壳径 × 换热管直管长）/mm	2200×26000	3523×11500
设备数量 / 台	2	1
管程压降 /kPa	20	
壳程压降 /kPa	83	
换热面积 /m^2	9880×2	
设备总质量 /t	471	199

从表 7-2 可以看出，与传统管壳式换热器相比，采用焊接板壳式换热器，可降低换热器高度 14.5m，设备金属质量仅 199t，节约将近 60% 的金属耗量。减少一台设备，可以节约占地面积、土建及管道安装费用，节省操作费用，并且避免了可能出现的偏流问题。全焊接板壳式换热器的板间隙小于换热管直径及管间间隙，实际操作中应注意控制进料杂质，以免造成堵塞。相关文献描述了由于加氢裂化重石脑油中金属杂质高导致重整进料换热器压降升高的案例 [14]。

采用缠绕管式换热器也能达到较好的强化传热效果。在重整装置中采用缠绕管结构代替原有管壳式立式换热器，可使热端温差降低 23.7℃，重整进料加热炉负荷减少 23%，减少的燃料气可降低能耗 1.61kgoe/t PX；同时重整产物空冷器的耗电量减少 20%，带来可观的经济效益 [5]。应用板壳式结构和缠绕管式结构可以缩小热端温差，从而降低进料加热炉负荷。

重整产物冷却器、增压机入口冷却器和级间冷却器介质出口温度通常为 40℃。如果采用普通干式空冷器需配套循环水冷却器。为了避免水冷器中的循环水泄漏到工艺介质中，采用表面蒸发湿空冷取代普通干空冷和水冷器。本装置重整产物空冷器热负荷 26.8MW，将产物由 91℃冷凝、冷却到 40℃，采用 16 台 6000mm×3000mm 的表面蒸发湿空冷器可以代替 18 片 9000mm×3000mm 管束和 6 台 1200mm×6000mm 的水冷器。年节约用电 28.8 万度，减少循环水用量 256.8 万吨。板式蒸发空冷也是适用的强化设备，设备尺寸进一步缩小，在某重整装置扩能改造时采用板式蒸发空冷器代替原有的干式空冷器和水冷器，与采用水冷器相比节省投资约 60.7% [11]。

（2）再接触进料与产物换热设备　重整产物分离罐底油进入再接触进料空冷器冷却，进入再接触罐进料 - 罐顶氢气换热器，被罐顶 0℃的氢气冷却至 38℃，进入再接触罐进料 - 罐底油换热器与再接触罐罐底油换热。

再接触罐进料 - 罐顶氢气换热器中，由于氢气为小分子气体，容易发生泄漏，一般将氢气布置在换热器的管程，并且采用 U 形管式换热器。再接触罐进料 - 罐底油换热器中冷、热流体物性接近，一般再接触罐底进料布置在壳程。由于壳侧介质含有不凝气，不利于气体冷凝，这 2 台换热器的控制热阻在壳程，壳程膜传热系数只有管程膜传热系数的一半。可以采用波纹管、扭曲管等增加壳程扰动的措施来破坏换热管壁面形成的不凝气气膜层。

某 2.0Mt/a 连续重整装置中的再接触预冷器采用扭曲管，换热系数增加 53%，设备重量减少 27%，标定数据显示壳程压降降低 58%[3]。

3. 脱戊烷塔系换热系统

（1）脱戊烷塔进料换热网络　再接触罐底液与脱戊烷塔塔底液多次换热，加热至 138℃后进入脱戊烷塔。

在这个换热过程中，冷、热流体物性接近、流量接近，传热效果比较好。以脱戊烷塔进料 - 塔底第一换热器为例，其工艺条件见表 7-3。虽然换热负荷较大，但是温度匹配合理，有效温差 50℃，普通换热器及强化传热方案对比结果见表 7-4。

表7-3　脱戊烷塔进料-塔底第一换热器工艺条件

项目	热流体	冷流体
介质	塔底液	进料
流量 /（kg/h）	217295	266797
允许压降 /kPa	70	70
温度 /℃	210 → 146	97 → 138
气相密度 /（kg/m^3）	—	19.45 → 21.96
液相密度 /（kg/m^3）	639 → 722	683 → 671
气相黏度 /mPa • s	—	0.01 → 0.01
液相黏度 /mPa • s	0.12 → 0.18	0.18 → 0.15
气相导热系数 /［W/（m • K）］	—	0.029 → 0.03
液相导热系数 /［W/（m • K）］	0.098 → 0.102	0.101 → 0.097
气相比热容 /［kJ/（kg • K）］	—	2.09 → 2.15
液相比热容 /［kJ/（kg • K）］	2.59 → 2.22	2.15 → 2.30

注：热负荷 8.36MW。

由计算结果可知，采用普通管壳式换热器结构，脱戊烷塔底油在管程冷却，膜传热系数约为 2800W/（m^2 • K）；壳程介质逐渐汽化，其膜传热系数仅为 1900W/（m^2 • K）。冷、热流体物性接近，可以采用双面强化传热技术同时提高管程、壳程的膜传热系数，也可以采用螺纹管等二次扩展的方式缩小设备规格。由于进料在壳程汽化，螺纹管在扩大二次传热面积的同时，还可以提高壳程膜传热系数。

表7-4　脱戊烷塔进料-塔底第一换热器方案对比

项目	光管	螺纹管	螺旋扭曲管
设备规格（壳径 × 换热管直管长）/mm	1000 × 6000	1000 × 4400	900 × 6000
设备数量 / 台	1	1	1
管程压降 /kPa	44	66	21
壳程压降 /kPa	32	58	8
总传热系数 /［W/（m^2 • K）］	556	759	779
基管换热面积 /m^2	421	308	300
设备总质量 /t	9.89	7.89	7.2

由表 7-4 可见，采用螺纹管替代光管，可将换热器长度缩短 1.6m，节约金属耗量 20%，降低一次投资费用。若采用螺旋扭曲管代替光管管束，可提高管、壳程膜传热系数，缩小换热器壳体直径，减少设备重量 27%。由于扭曲管管束采用自支撑结构，消除了壳程介质横向冲刷的过程，降低壳程压降 75%。可见，选用扭曲管管束，在强化传热效果的同时，还可以降低动力消耗。

某 2.0Mt/a 连续重整装置中的脱戊烷塔进料 - 塔底换热器采用扭曲管，现场标定结果显示传热效率增加了 23%，设备质量减少 12t，壳程压降减小了 29% [3]。

（2）脱戊烷塔顶换热设备　脱戊烷塔顶油气经过脱戊烷塔顶空冷器、脱戊烷塔顶水冷器，冷却至 40℃，进入脱戊烷塔回流罐。除脱戊烷塔回流部分，其余脱戊烷塔回流罐底液作为 C_4/C_5 分离塔进料送入进料 - 塔底换热器中加热。

脱戊烷塔顶气体工艺条件见表 7-5。通常采用普通干空冷器结合水冷器的方式，最有效的强化传热方法是采用表面蒸发空冷器或者湿式空冷器代替普通干空冷器和水冷器。既可节约循环水用量，也可以节约电耗。

表7-5　脱戊烷塔顶空冷器、水冷器工艺条件

项目	空冷器工艺介质	水冷器工艺介质
介质	脱戊烷塔顶气	脱戊烷塔顶气
流量 /（kg/h）	102387	102387
允许压降 /kPa	70	70
温度 /℃	70 → 50	50 → 40
气相密度 /（kg/m^3）	21.78 → 19.6	19.6 → 18.1
液相密度 /（kg/m^3）	— → 519	519 → 523
气相黏度 /mPa • s	0.009 → 0.0088	0.0088→ 0.0087
液相黏度 /mPa • s	— → 0.11	0.11 → 0.12
气相导热系数 /［W/（m • K）］	0.022 → 0.021	0.021→ 0.021

续表

项目	空冷器工艺介质	水冷器工艺介质
液相导热系数 / [W/（m·K）]	—→0.09	0.09→0.094
气相比热容 / [kJ/（kg·K）]	2.05→1.96	1.96→1.89
液相比热容 / [kJ/（kg·K）]	—→2.67	2.67→2.62

注：热负荷 9.0MW。

塔顶油气主要为 C_5 馏分，其中 H_2、C_1、C_2、C_3、H_2S 等不凝气组分约占 46 %（摩尔分数）。在水冷器的壳程冷凝时，不凝气的干扰作用非常明显。当管程冷却水膜传热系数达到 5000W/（m^2·K）时，壳程油气冷凝膜传热系数仅为 1000W/（m^2·K）。而且设置空冷器时，水冷器有效温差仅 9.7℃。由于工艺介质进口温度为 70℃，可以取消空冷器，直接用循环水冷却；也可以采用表面蒸发湿空冷代替空冷器、水冷器方案来减少占地面积。对比方案见表 7-6。

表7-6　脱戊烷塔顶空冷器、水冷器方案对比

项目	常规方案一		常规方案二	强化传热方案三
	干空冷	水冷器	水冷器	表面蒸发湿空冷
设备规格 /mm	9000×3000①	1200×6000②	1300×6000	6000×3000①
设备数量 / 台	6	2	3	3
消耗量	电：180kW	循环水：232t/h	循环水：776t/h	电：150kW 软化水：4.5t/h
能耗（基准）	100%		87%	63.3%
换热面积 /m^2	1152	735	1397	
设备总质量 /t	85	27	48	105

① 空冷器尺寸：管束长度 × 宽度。
② 水冷器尺寸：壳径 × 换热管直管长。

从表 7-6 可以看出，与常规的干式空冷器加水冷器方案相比，采用表面蒸发湿空冷节省金属重量效果不显著，但是可以降低耗电量和循环水耗量，降低能耗。同时减少占地面积和基建投资，并降低操作费用。如果取消空冷器，全部热负荷用冷却水承担，循环水用量增加 234%，该方案不适用于缺水地区；如果在循环水不紧张的地区，取消空冷器后，设备重量降低 64t，显著降低金属耗量、减少设备投资，同时能够降低能耗。

（3）脱戊烷塔底换热设备　脱戊烷塔底油自塔内出来后分为两路：一路与脱戊烷塔进料、重整油塔进料换热，工艺介质及换热设备的详细分析见进料部分的内容；另一路进入脱戊烷塔加热炉或塔底再沸器被加热后返回塔底液面上方。

以某连续重整装置为例，脱戊烷塔底再沸器的具体工艺条件见表 7-7，采用蒸汽作为加热热源。

表7-7 脱戊烷塔底再沸器工艺条件

项目	热流体	冷流体
介质	3.3MPa 蒸汽	塔底液
流量 /（kg/h）	33033	66466
允许压降 /kPa		热虹吸
温度 /℃	240 → 240	225 → 234.6
气相密度 /（kg/m^3）		— → 29.2
液相密度 /（kg/m^3）		644.6 → 640
气相黏度 /mPa・s		— → 0.011
液相黏度 /mPa・s		0.11 → 0.11
气相导热系数 /［W/（m・K）］		— → 0.031
液相导热系数 /［W/（m・K）］		0.098 → 0.098
气相比热容 /［kJ/（kg・K）］		— → 2.1
液相比热容 /［kJ/（kg・K）］		2.6 → 2.645

注：热负荷 16.6MW。

从表 7-7 中可以看出，冷、热流体的温差比较小。采用普通管壳式换热器核算，有效温差仅为 8.9℃，管内沸腾传热温差最低处不足 2℃。对于如此低的过热度，换热管壁面上很难产生气泡。可采用表面多孔管代替普通光管来获得更多的汽化核心。

分别采用普通光管和表面多孔管作换热管进行再沸器的核算，对于普通光管，又分别采用 J 型和 X 型两种壳体型式进行模拟，计算结果见表 7-8。

表7-8 脱戊烷塔底再沸器方案对比

项目	光管		表面多孔管
	BJU 型	BXU 型	BXU 型
设备规格（壳径 × 换热管直管长）/mm	1700 × 7500	1800 × 8000	1500 × 6000
设备数量 / 台	2	2	2
总传热系数 /［W/（m^2・K）］	722	591	1625
换热面积 /m^2	1333 × 2	1579 × 2	824.5 × 2
设备总质量 /t	92	103	56.6

由计算可知，X 型壳体的壳程压降更低，对应的塔裙座高度也更低，继而可降

低塔的安装费用，不过沸腾膜传热系数低。若采用光管作为换热管，J 型壳体结构比较合理。

采用表面多孔管代替光管后，汽化核心增加，大大提高了壳侧沸腾膜传热系数。由于换热管管内蒸汽冷凝膜传热系数高于 10000W/（m^2 • K），沸腾膜传热系数的提高直接提高了再沸器的总传热系数。表面多孔管的应用，除了使再沸器传热性能得到更加可靠的保证外，还可以节约钢材 35.4t，进一步减少土建基础投资。

4. C_4/C_5 分离塔系换热设备

来自脱戊烷塔顶液混合来自预加氢装置的轻石脑油，经 C_4/C_5 分离塔进料 - 塔底换热器加热后进入 C_4/C_5 分离塔。

分离塔顶气体经过空冷器、水冷器冷却到 40℃，进入回流罐。理想的强化传热方法是采用表面蒸发湿空冷代替干式空冷器和水冷器。采用这种方案，节约投资 15% ～ 30%，节省操作费用 30% ～ 70%[6]。

分离塔底 C_5 馏分分为两路，一路经过 C_4/C_5 分离塔进料 - 塔底换热器、C_5 馏分后冷器，冷却至 40℃，送入储罐；另一路通过再沸器为分离塔提供热量。分离塔塔底介质比较纯净，沸腾介质的沸腾域较窄。再沸器中壁面过热度 2℃，适合采用表面多孔管代替普通光管来获得更多的汽化核心。

某装置的 C_4/C_5 分离塔进料 - 塔底换热器工艺条件见表 7-9，换热负荷比较小，但冷、热流体存在温度交叉。

表7-9　C_4/C_5分离塔进料-塔底换热器工艺条件

项目	热流体	冷流体
介质	C_5 组分	重石脑油
流量 /（kg/h）	20716	35457
允许压降 /kPa	80	100
温度 /℃	136 → 59	44 → 89
气相密度 /（kg/m^3）	—	— → 25.4
液相密度 /（kg/m^3）	503 → 603	575 → 516
气相黏度 /mPa • s	—	— → 0.009
液相黏度 /mPa • s	0.12 → 0.2	0.16 → 0.111
气相导热系数 /［W/（m • K）］	—	— → 2.15
液相导热系数 /［W/（m • K）］	0.082 → 0.102	2.4 → 2.81
气相比热容 /［kJ/（kg • K）］	—	— → 0.025
液相比热容 /［kJ/（kg • K）］	3.08 → 2.4	0.1 → 0.086

注：热负荷 1.2MW。

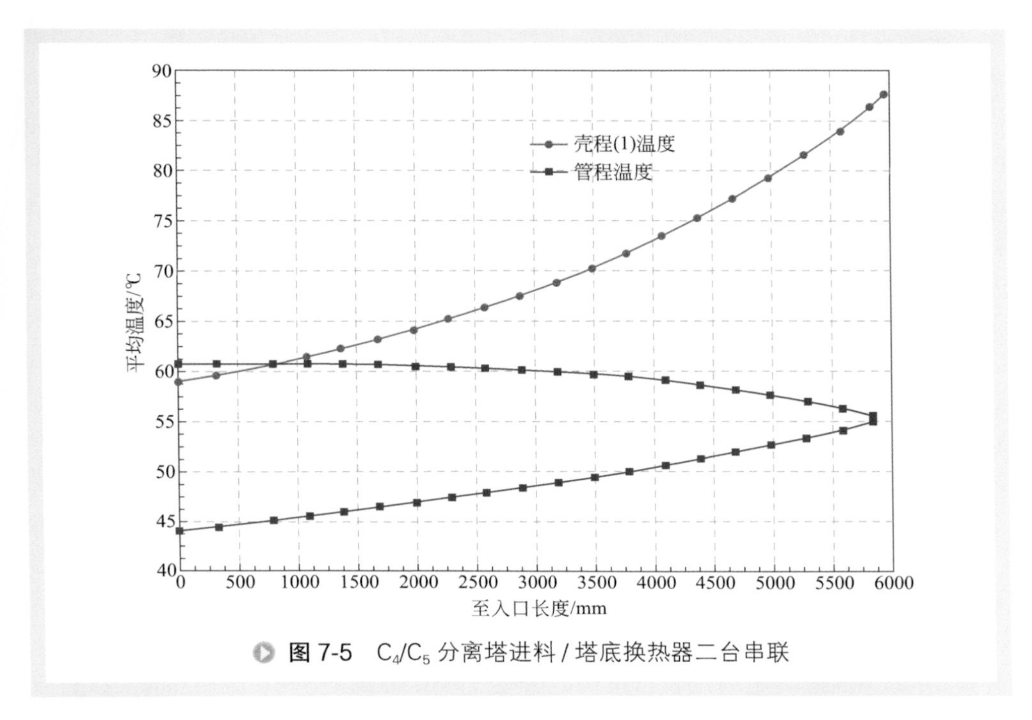

图 7-5 C_4/C_5 分离塔进料 / 塔底换热器二台串联

由于冷、热流体有 30℃的温度重合区域，一般采用多台换热器串联设计方案。经过模拟发现，2 台换热器串联时，在低温段换热器内仍有 2℃的温度交叉，见图 7-5。

从图 7-5 可知，为保证性能，应该采用 3 台换热器串联。在平面布置上，2 台串联设计仅占用一个台位的位置，3 台串联方案则需要 2 个位置。解决这种问题最有效的方法是采用逆流换热。考虑介质的工艺条件，冷、热流体的流量都不大，不宜采用大直径设备，若采用 1 管程的固定管板换热器或浮头式换热器，需要 2 台串联；若采用套管式换热器，需要的传热面积较大，经济性不佳。最适宜的强化传热技术是采用 F型双壳程结构，模拟结果见表 7-10。

表7-10 C_4/C_5分离塔进料-塔底换热器方案对比

项目	光管 E 型壳程	光管 F 型双壳程	波纹管 F 型双壳程
设备规格（壳径 × 换热管直管长）/mm	400×5000	600×7000	500×7000
设备数量 / 台	3	1	1
管程压降 /kPa	28	3	7
壳程压降 /kPa	15	14	31
总传热系数 / [W/（m^2·K）]	419	333	528
换热面积 /m^2	142	180	121
设备总质量 /t	4.3	4.2	3.2

通过核算可知，采用常规E型壳体管壳式换热器，壳程膜传热系数仅为管程膜传热系数的一半，是换热器的控制热阻，应从提高壳程流速和湍流程度的角度强化换热器的换热效果。从表7-10可以看出，一台光管F型双壳程换热器与三台普通E型单壳程换热器的设备重量接近，没有节省设备费用。但是双壳程结构节省了占地面积以及管道安装费用、土建基础建设费用。如果采用波纹管双壳程这种复合强化传热技术，则可以用一台换热器代替三台普通换热器，节约金属耗量25%，还可以节省50%以上的土建基础建设费用和安装费用。

5. 催化剂再生部分换热设备

（1）再生器进料换热设备　再生循环气分三路进入再生器：一路经烧焦进料换热器、电加热器加热至484℃，作为烧焦气体进入再生器顶部；第二路经焙烧进料换热器、电加热器加热至520℃，作为氧氯化进料进入再生器下部；第三路直接进入二段烧焦床层入口。

烧焦进料换热器和焙烧进料换热器中的冷、热流体温度区间重叠程度较高，只能采用纯逆流换热才能实现有效换热。烧焦进料换热器的流量、热负荷较大，是焙烧进料换热器的10倍。1管程的浮头式换热器、带膨胀节的固定管板换热器以及缠绕管式换热器都是适宜的设备结构。焙烧进料换热器采用纯逆流换热时，其有效温差75.7℃，需要的传热面积不大，采用套管换热器或者E型壳体换热器的设备重量基本相当。如果采用E型壳体的固定管板结构，必须设置膨胀节；采用E型壳体浮头式结构，设备制造比较繁琐。采用多管式套管换热器是比较合理的选择。

焙烧进料换热器和烧焦进料换热器的冷、热流结垢可能性较低，可以采用低翅片管等技术扩大二次换热面。

（2）再生器出料换热设备　经烧焦进料换热器和焙烧进料换热器冷却的气体混合并注入碱液后进入再生气循环后冷器。

为防止换热器内发生盐结晶沉积，再生气循环后冷器一般立式安装，再生气布置在换热器管程，采用1管程结构，再生气冷却后，直接从下部接管离开设备。由于介质温度不高，一般采用固定管板换热器，管束无法抽出，壳程不易除垢。壳程介质为循环水，螺纹管的“手风琴”效应适用于水结垢的清除，使换热器壳程具备了自清洁功能。

6. 其他换热设备

来自PSA的新鲜氢气经过还原换热器、电加热器加热后进入还原罐。还原罐顶部气体分别经还原换热器、提升氢气换热器冷却后送至燃料气管网。

提升氢气换热器和还原换热器的特点与焙烧进料换热器一样，其适用的换热器结构相同。

五、小结

预加氢重整装置工艺介质相对洁净，承担大负荷的换热器台位较多，进料与产物换热器又具有其独有的特点。多种强化传热技术都已经得到了成功的应用，为企业节约了一次性设备投资和后期操作费用。

第二节 芳烃抽提装置

在芳烃原料中，除芳烃外还含有链烷烃、环烷烃和微量烯烃等非芳烃组分，这些非芳烃组分不仅与苯、甲苯、二甲苯沸点非常接近，还能形成共沸物，用普通蒸馏的方法不能得到高纯度的芳烃产品。芳烃萃取（习惯性称“芳烃抽提”）技术是芳烃生产中实现芳烃与非芳烃分离的重要方法。

一、工艺过程简述

芳烃抽提技术按工艺原理划分为两大类，一是液 - 液萃取工艺，工业上通常称为芳烃液 - 液抽提工艺，其原理是利用芳烃和非芳烃在溶剂中溶解度的不同，芳烃在溶剂中的溶解能力比非芳烃强，通过加入溶剂溶解芳烃形成富含芳烃的溶剂，然后再将富含芳烃的溶剂进行蒸馏得到混合芳烃和贫溶剂，贫溶剂循环使用，这样就实现了芳烃与非芳烃的分离。另一类是萃取精馏工艺，工业上通常称为芳烃抽提蒸馏工艺，其原理是利用选择性溶剂对烃类各组分相对挥发度影响的不同，通过加入选择性溶剂，提高目的产品芳烃和非芳烃之间的相对挥发度，从而通过精馏分离得到富含芳烃的溶剂。溶剂与芳烃的分离与液 - 液抽提工艺相同。

以环丁砜为溶剂的抽提技术与其他溶剂芳烃抽提技术相比，具有投资省、芳烃产品质量好、芳烃收率高、能耗低的特点，是国内芳烃抽提建设的主流技术。

1. 芳烃液 - 液抽提（SAE）工艺过程简述

以环丁砜为溶剂的芳烃液 - 液抽提（SAE）工艺流程见图 7-6。

抽提原料、贫溶剂和回流芳烃分别自抽提塔中下部、顶部第 1 层塔盘上和底部第 1 层塔盘下进入抽提塔。含少量芳烃和溶剂的非芳烃（抽余油）离开抽提塔顶，经冷却到 40℃后进入抽余油水洗塔回收溶剂。抽提塔和抽余油水洗塔为萃取操作，塔顶无冷却、塔底无热量输入。

抽提塔底溶解了芳烃的富溶剂与贫溶剂换热后进汽提塔顶层塔板，以汽提出溶解的轻质非芳烃该塔只有提馏段。塔顶蒸出物一般采用空冷、水冷组合方式冷凝冷

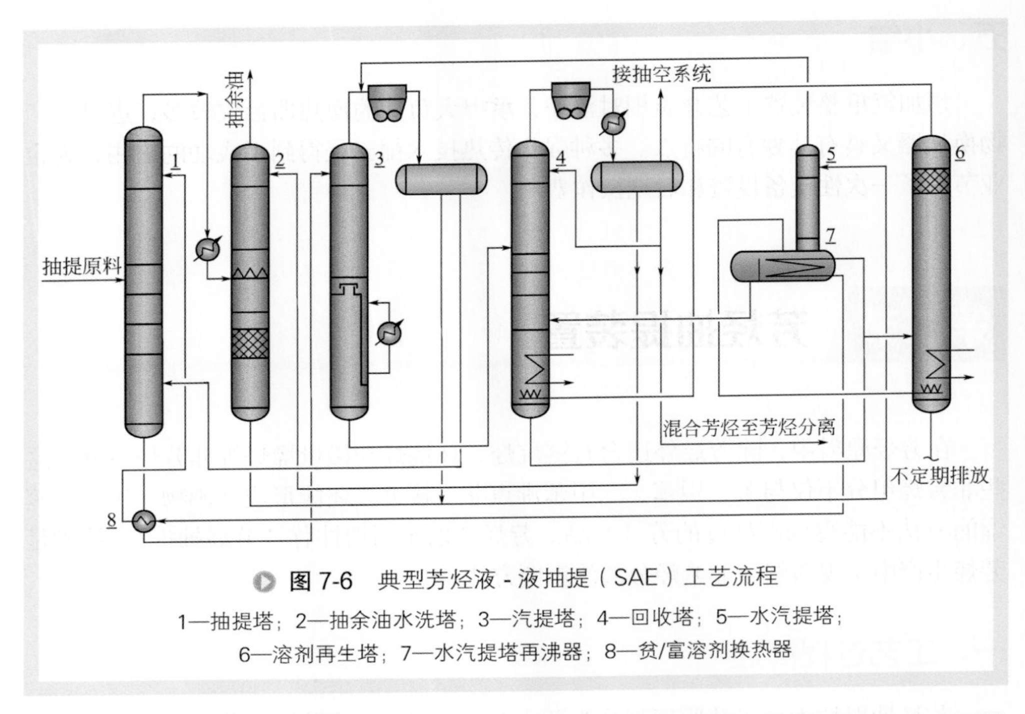

图 7-6　典型芳烃液 - 液抽提（SAE）工艺流程

1—抽提塔；2—抽余油水洗塔；3—汽提塔；4—回收塔；5—水汽提塔；6—溶剂再生塔；7—水汽提塔再沸器；8—贫/富溶剂换热器

却，再经油水分离后的油相送往抽提塔作为回流芳烃。汽提塔采用一次通过式再沸器，并采用减温减压蒸汽作热源。

自汽提塔底的富溶剂进入回收塔中部，在减压和水汽提条件下完成芳烃与溶剂的分离。塔顶物一般采用空冷、水冷组合方式冷凝冷却后送至回流罐进行油水分离，分离出的油相一部分用作该塔回流，其余部分为混合芳烃送往下游进行芳烃分离；分离出的水则送至抽余油水洗塔用作水洗水。回收塔采用内插式再沸器，并采用减温减压后的蒸汽作热源。塔底贫溶剂抽出后作为水汽提塔再沸器热源，再与来自抽提塔底的富溶剂换热至适宜温度后返回抽提塔顶部循环使用。

抽余油水洗塔底和汽提塔顶回流罐的含溶剂和烃的水一起送至水汽提塔，以除去其中夹带和溶解的非芳烃，塔顶含少量烃的蒸汽送往汽提塔顶空冷器冷凝、冷却。水汽提塔采用釜式再沸器，大部分水在水汽提塔再沸器汽化后进入溶剂再生塔用作汽提汽，再进入回收塔底作为汽提介质；少量含溶剂水从水汽提塔塔底再沸器抽出送往回收塔底也用作汽提水。

为了去除溶剂中积累的机械杂质和聚合物，设置一个溶剂再生塔。回收塔底的少量溶剂送至溶剂再生塔内再生，再沸器采用内插式，并采用减温减压后的蒸汽作热源。

2. 芳烃抽提蒸馏（SED）工艺过程简述

以环丁砜为溶剂的芳烃抽提蒸馏（SED）工艺典型流程见图 7-7。塔底通常设置两台再沸器，一台采用自回收塔底的贫溶剂作为热源，最大限度地回收热量；另一台采用减温减压蒸汽作为热源。自回收塔底的循环贫溶剂经多次换热，并经水冷冷却到适宜温度（95 ～ 115℃）后，分成两股入抽提蒸馏塔。加热后的原料进入抽提蒸馏塔中部。非芳烃从抽提蒸馏塔顶蒸出，一般采用空冷、水冷组合方式冷凝、冷却后送至回流罐进行油水分离，分离出的油相一部分用作该塔回流，其余部分作为副产物送出装置。SED 抽提蒸馏塔塔底抽出物送至回收塔进行芳烃与溶剂的分离。

SED 工艺回收塔与 SAE 工艺回收塔完全相同，但 SED 工艺的贫溶剂热回收工序更多，塔底贫溶剂抽出后依次作为抽提蒸馏塔中段再沸器、非芳烃蒸馏塔再沸器热源，再依次与汽提水、抽提蒸馏塔进料换热，并经贫溶剂水冷器调节温度后，返回抽提蒸馏塔循环使用。

SED 工艺的溶剂再生过程与 SAE 工艺的溶剂再生相同。

非芳烃蒸馏塔既可为一个独立的塔（简称“双塔流程”），也可以与抽提蒸馏塔合为一个塔（简称“单塔流程”），针对原料组成、抽余油中芳烃及溶剂含量要求等的不同进行设计。典型“单塔流程”如图 7-7 所示，“双塔流程”如图 7-8 所示。

“单塔流程”与“双塔流程”的主要差异：①在抽提蒸馏塔溶剂上进料口以上增加一塔段以脱除非芳烃中的溶剂；②省去独立非芳烃蒸馏塔底再沸器和塔底泵。

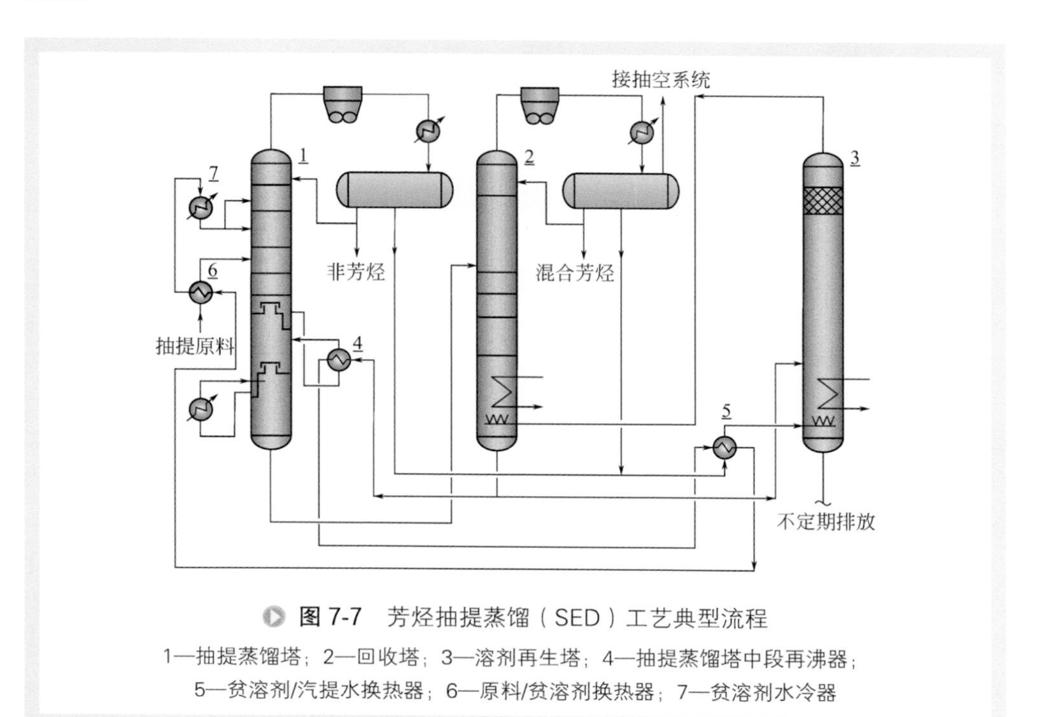

图 7-7　芳烃抽提蒸馏（SED）工艺典型流程

1—抽提蒸馏塔；2—回收塔；3—溶剂再生塔；4—抽提蒸馏塔中段再沸器；5—贫溶剂/汽提水换热器；6—原料/贫溶剂换热器；7—贫溶剂水冷器

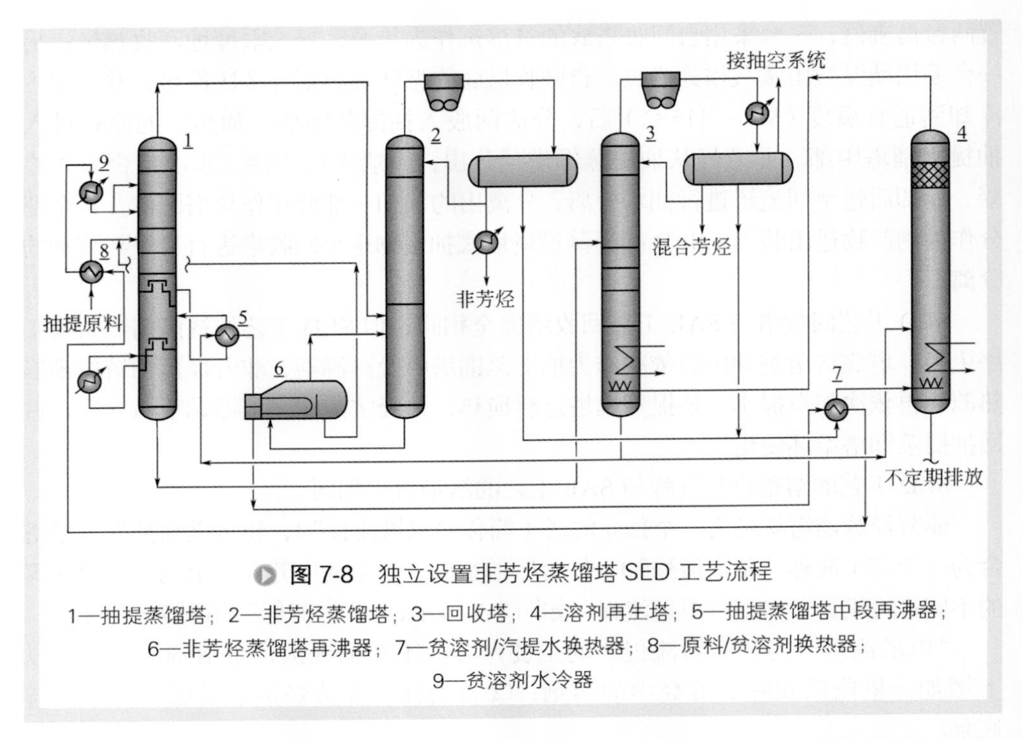

图 7-8　独立设置非芳烃蒸馏塔 SED 工艺流程

1—抽提蒸馏塔；2—非芳烃蒸馏塔；3—回收塔；4—溶剂再生塔；5—抽提蒸馏塔中段再沸器；
6—非芳烃蒸馏塔再沸器；7—贫溶剂/汽提水换热器；8—原料/贫溶剂换热器；
9—贫溶剂水冷器

在贫溶剂的余热回收过程中，“双塔流程”在“单塔流程”的抽提蒸馏塔中段再沸器与贫溶剂 - 汽提水换热器间多出非芳烃蒸馏塔再沸器。

二、热能特点分析

芳烃抽提过程为物理过程，主要能耗为精馏塔再沸器蒸汽消耗，约占抽提装置能耗的 90%。因原料中芳烃含量差异大，芳烃抽提装置的能耗各不同。以某重整汽油为原料的三苯抽提装置为例，能耗分布见表 7-11。

表7-11　芳烃抽提装置能耗指标　　单位：kgoe/t 混合芳烃

循环水	电	3.5MPa 蒸汽	5.4MPa 除氧水	合计能耗
0.49	3.15	58.48	0.87	62.99

汽提塔顶气温度一般在 125℃以下，回收塔顶气温度一般在 75℃以下，大量的低温热不能利用，只能采用空冷或空冷、水冷直接冷凝冷却。

回收塔塔底贫溶剂温度约在 175℃，SAE 工艺贫溶剂进抽提塔操作温度 65 ～ 95℃，SED 工艺贫溶剂进抽提蒸馏塔操作温度 100 ～ 115℃，贫溶剂热量的回收利用是芳烃抽提装置降低蒸汽消耗的主要环节。环丁砜黏度见表 7-12，因黏度大，贫溶剂侧传热强化是回收热量的关键。早期建设的抽提装置，贫 / 富溶剂换热器换热效果差，贫溶剂进塔温度达不到设计控制指标，影响抽提操作效果，2000

年以后建设的装置强化了该换热器的换热效果，克服了早期装置的缺陷。

表7-12　环丁砜黏度

温度 /℃	黏度 /mPa·s	温度 /℃	黏度 /mPa·s
50	6.28	150	1.43
100	2.56	200	0.97

环丁砜在 220 ℃条件下缓慢分解产生 SO_2 和不饱和聚合物，随温度升高，降解速度加剧[15]。环丁砜在 220℃以上分解显著加快，为降低环丁砜溶剂的降解速度，SAE 工艺和 SED 工艺的汽提塔、回收塔、溶剂再生塔塔底再沸器通常采用 3.5MPaG 蒸汽减温减压至 2.2 ～ 2.6MPaG，在实际操作中，只要换热面积足够大，能保持需要的重沸热量，可考虑选用尽可能低的供热蒸汽压力，以降低溶剂降解发生的可能性。溶剂的降解会形成聚合物，聚合物会增大含溶剂换热设备的垢阻，降低传热效果。

回收塔顶空冷器在真空下操作，允许压降小，通常采用单管程，该空冷器需要在传热效果与压差间平衡。

三、换热过程强化与集成

1. SAE 工艺换热过程强化与集成

SAE 工艺贫溶剂热利用相对简单，在满足水汽提塔塔釜热负荷后全部用于汽提塔进料加热。某 0.45Mt/a 芳烃抽提装置贫溶剂热量逐级回收利用流程见图 7-9，贫溶剂热量全部回收利用。负荷分布见表 7-13，贫 / 富溶剂换热器取热量大，热流出口与冷流入口温度差约为 10℃。

表7-13　SAE工艺贫溶剂热量利用分布

台位	A1	A2
换热量 /kW	2888	7766
占比 /%	27.1	72.9

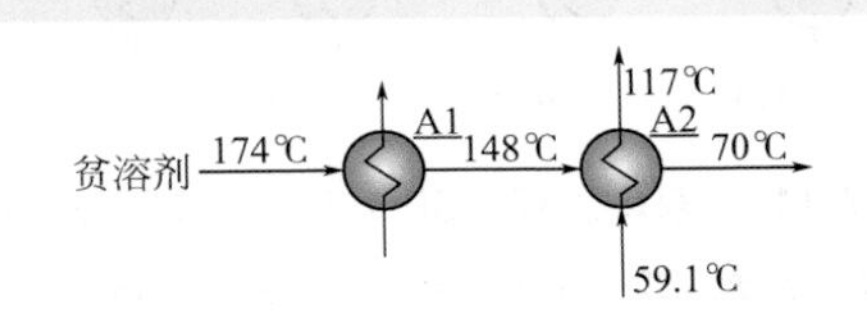

图 7-9　SAE 工艺贫溶剂热利用流程

A1—水汽提塔再沸器；A2—贫/富溶剂换热器

2. SED工艺换热过程强化与集成

SED 工艺贫溶剂热利用集成达 4 ～ 5 个工位，某 0.35Mt/a 芳烃抽提装置贫溶剂热量逐级回收利用见图 7-10，负荷分布见表 7-14。贫溶剂依次用于抽提蒸馏塔中段再沸器热源、加热汽提水、抽提蒸馏塔进料。抽提蒸馏塔中段再沸器和贫溶剂 / 汽提水换热器取热量相对大。抽提蒸馏塔中间再沸器热流出口与冷流入口温度差约为 15℃。

表7-14 "单塔流程"SED工艺贫溶剂热量利用分布

台位	B1	B3	B4	B5
换热量 /kW	2033	2505	1267	184
占比 /%	33.9	41.8	21.2	3.1

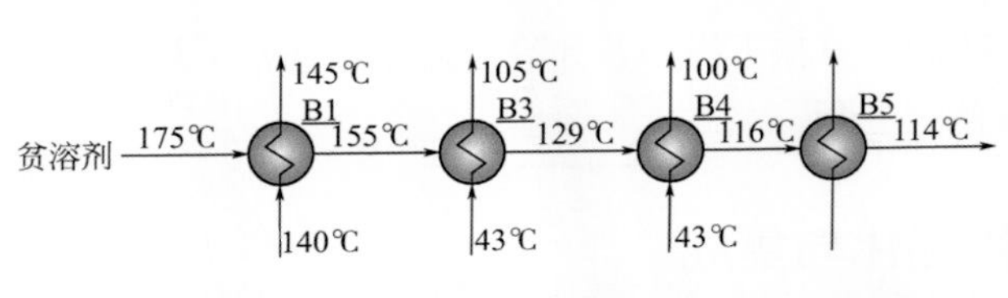

图 7-10 "单塔流程"SED 工艺贫溶剂热利用流程

B1—抽提蒸馏塔中段再沸器；B3—贫溶剂/汽提水换热器；
B4—原料/贫溶剂换热器；B5—贫溶剂水冷器

单独设置非芳烃蒸馏塔的某 0.75Mt/a 芳烃抽提装置贫溶剂热量逐级回收利用应用见图 7-11。贫溶剂在抽提蒸馏塔中段再沸器和汽提水换热器间用于非芳烃蒸馏塔再沸器热源。负荷分布见表 7-15，抽提蒸馏塔中段再沸器和贫溶剂 / 汽提水换热器取热量相对大。抽提蒸馏塔中段再沸器热流出口与冷流入口温度差约为 15℃。

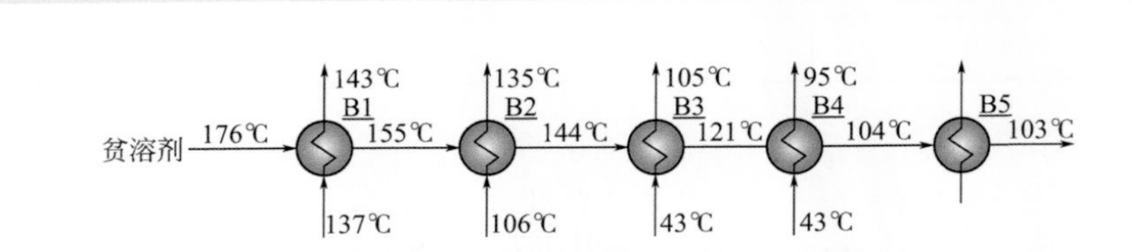

图 7-11 "双塔流程"SED 工艺贫溶剂热利用流程

B1—抽提蒸馏塔中段再沸器；B2—非芳烃蒸馏塔再沸器；B3—贫溶剂/汽提水换热器；
B4—原料/贫溶剂换热器；B5—贫溶剂水冷器

表7-15 “双塔流程”SED工艺贫溶剂热量利用分布

台位	B1	B2	B3	B4	B5
换热量 /kW	3894	1456	4593	2767	239
占比 /%	30.1	11.2	35.5	21.4	1.8

SED 工艺贫溶剂热量利用工位多，在工程设计中通常设置热流温位控制调节阀来调节冷热物流温位匹配，在保证稳定操作的同时尽可能地利用热量。与 SAE 贫溶剂热量的 100% 利用相比，SED 工艺为保证操作的稳定，贫溶剂的热利用率略低，贫溶剂进塔温度采用水冷器调节。

3. 回收塔和溶剂再生塔再沸器传热工艺强化

回收塔和溶剂再生塔在减压和蒸汽汽提条件下操作，以降低塔底再沸器温度。因环丁砜溶剂黏度大，再沸器常采用内插式。汽提蒸汽分配管布置在再沸器管束的下方，蒸汽搅动液体，促进管子外壁表面更新，强化再沸器换热效果。

四、换热元件强化传热技术

抽提装置内的工艺介质都比较洁净，换热性能比较好。近年来，具有强化传热作用的扭曲管、波纹管及表面蒸发空冷在抽提装置得到应用[16]。板式换热器也在抽提装置中的塔顶水冷器上得到成功应用。

虽然不同专利商的工艺流程不同，仍可通过典型工艺流程进行分析研究。本节以中国石化设计的采用抽提蒸馏技术的某 1Mt/a 芳烃抽提装置为例，分析抽提装置换热设备的特点及适用的强化传热技术。

1. 抽提蒸馏塔系换热设备

（1）抽提蒸馏塔进料换热器　原料－贫溶剂换热器的管、壳程介质换热性能都比较好，可以采用具有双面强化传热功能的换热管代替光管进一步降低换热器规格，减少设备金属消耗。

（2）抽提蒸馏塔再沸器　一般在抽提蒸馏塔中部设置一次通过式再沸器，热源为回收塔底的贫溶剂。冷、热流体温位接近，再沸器有效温差约为 24℃。采用卧式安装普通换热器结构时，管程贫溶剂无相变冷却和壳程沸腾传热的膜传热系数接近，均超过 2000W/（m^2·K）。再沸器的主要热阻是污垢热阻，强化传热应着重于降低结垢速率。采用扭曲管可以达到较好的强化传热效果。

抽提蒸馏塔塔底热虹吸再沸器采用蒸汽作为加热热源。一般采用立式安装，壳侧蒸汽冷凝膜传热系数接近 10000W/（m^2·K），管内富溶剂沸腾膜传热系数

1000W/（m^2·K）左右。增加表面气泡核心来提高沸腾膜传热系数，如果选择水平安装的卧式热虹吸再沸器，介质在壳侧沸腾，可以采用T形槽管强化沸腾侧传热。

2. 非芳烃蒸馏塔系换热设备

非芳烃蒸馏塔顶部气体通过空冷器和水冷器冷凝、冷却到40℃，进入回流罐。空冷器热负荷不大，采用普通高翅片管结构可以满足工艺要求。由于塔顶气体在空冷器中完全冷凝后，还需要继续冷却20℃，为保证换热效果，建议至少采用2管程设计，最后一管程只用一排换热管控制液体的流速以确保出料过冷度。

如果非芳烃蒸馏塔底再沸器汽化率较高，一般采用釜式结构换热器；若汽化率较低，可以采用普通J型换热器结构完成热量交换。在非芳烃蒸馏塔底再沸器中，贫溶剂一般布置在管程，在充分利用压降的前提下，管内膜传热系数能够达到2500W/（m^2·K），可采用T形翅片管等强化壳程沸腾传热，也可以采用扭曲管、波纹管同时强化管内、管外膜传热系数。

3. 回收塔系换热系统

（1）回收塔顶部换热设备　塔顶部气体通过空冷器和水冷器冷凝、冷却后进入回流罐。具体工艺条件见表7-16。

表7-16　回收塔顶空冷器、水冷器工艺条件

项目	热流体
介质	回收塔顶气
流量 /（kg/h）	152021
允许压降 /kPa	20
温度 /℃	71 → 40
气相密度 /（kg/m^3）	0.951 → —
液相密度 /（kg/m^3）	— → 862
气相黏度 /mPa·s	0.009 → —
液相黏度 /mPa·s	— → 0.506
气相导热系数 /［W/（m·K）］	0.0157 → —
液相导热系数 /［W/（m·K）］	— → 0.166
气相比热容 /［kJ/（kg·K）］	1.325 → —
液相比热容 /［kJ/（kg·K）］	— → 0.195

注：热负荷24MW。

工艺介质从50℃冷却到40℃，为保证冷却效果，必须单独设置一台水冷器。如果采用表面蒸发湿空冷代替普通干空冷和水冷器，可以减少一台水冷器，并大大减少干空冷的占地面积。对比结果见表7-17。

表7-17　回收塔顶空冷器、水冷器方案对比

项目	原传热方案		表面蒸发空冷器
	干空冷	水冷器	
设备规格 /mm	9000×3000①	900×4500②	6000×3000①
设备数量 / 台	18	1	6
消耗量	电：396kW	循环水：1150t/h	电：300kW 软化水：27t/h
换热面积 /m²	1152	195	
设备总质量 /t	216	7	210

① 空冷器尺寸：管束长度 × 宽度。
② 水冷器尺寸：壳径 × 换热管直管长。

由表7-17可见，表面蒸发空冷器代替常规的干式空冷器、水冷器组合，可以减少基础建设和管道配置费用。循环利用的软化水水质超过标准要求时才需要排放，装置位置不同、外界环境不同，都会影响软化水消耗量。以年工作时间8400h计算，每年可减少耗电量80.6万度，降低循环水耗量966×10^4t，降低能耗20%。

工艺介质入口温度仅71℃，可以直接用循环水冷却。取消空冷器可以降低一次设备投资费用，但由于热负荷较大，循环水用量增加显著，总能耗反而会增加。

（2）回收塔底部换热系统　回收塔底贫溶剂作为热源送入抽提蒸馏塔中段再沸器、非芳烃蒸馏塔底再沸器，再经贫溶剂-汽提水换热器、原料-贫溶剂换热器、贫溶剂水冷器冷却后，进入抽提蒸馏塔顶部。

抽提蒸馏塔中段再沸器、非芳烃蒸馏塔底再沸器已经在前面分析过。贫溶剂-汽提水换热器、原料-贫溶剂换热器、贫溶剂水冷器中均为纯液相换热，管、壳程膜传热系数接近。如果需要进一步强化传热，可采用扭曲管、波纹管等具有双面强化换热能力的换热管。

采用不同工艺流程，回收塔底再沸器热负荷差别较大。如果热负荷较大、要求汽化率较高时，采用釜式结构；热负荷较小时，可以采用塔内插入式管束。作为热源的蒸汽在再沸器管内冷凝，膜传热系数超过8000W/（$m^2\cdot K$）。无论是釜式结构还是塔内插入式结构，均可采用扭曲管、波纹管强化传热，采用螺纹管，增加二次

传热面积。采用釜式结构时，还可以采用 T 形翅片管、表面多孔管等强化管外沸腾过程。

4. 溶剂再生塔系换热设备

非芳烃蒸馏塔回流罐和回收塔回流罐的汽提水混合后进入贫溶剂 - 汽提水换热器，与贫溶剂换热后进入溶剂再生塔底部。换热器热负荷约 6MW，由于冷、热流体流量差很大，采用普通管壳式换热器结构时，一般将贫溶剂布置在管程以利用管程数灵活配置的特点。结构设计合理时，管、壳程膜传热系数均超过 2000W/(m^2 • K)。如果需要进一步强化换热器换热性能，可采用具有双面强化传热效果的换热管。

塔底再沸器负荷较小，用蒸汽作为热源，可采用塔内插入式结构。由于管程蒸汽冷凝，膜传热系数超过 10000W/（m^2 • K），需要强化传热的是壳程沸腾传热，采用具有强化传热效果的换热管可以缩小管束直径。已经成功应用的有扭曲管管束和螺纹管管束。

五、小结

芳烃抽提装置中贫溶剂热量的回收利用是芳烃抽提装置降低蒸汽消耗的主要手段，但环丁砜溶剂黏度大、降解形成的聚合物均影响相关换热设备的传热效果。对换热器采取适宜的传热过程强化，是做到贫溶剂余热热尽其用的关键。

在设计工艺介质中含有环丁砜的换热器时，应避免换热面的金属壁温过高，以防降解产物堵塞换热器，导致压降增大甚至传热失效。

第三节 歧化装置

歧化装置是芳烃联合装置的一个重要装置，以甲苯、C_9/C_{10} 等芳烃为原料，通过分子间的烷基转移反应生产 C_8 芳烃，从而达到最大化生产对二甲苯的目的。

一、工艺过程简述

歧化工艺主要分为甲苯歧化及烷基转移和甲苯择形歧化两种类型。对于甲苯歧化与烷基转移反应，其主反应是增产 C_8 芳烃的反应，包括甲苯歧化、甲苯与 C_9^+ 芳烃的烷基转移反应和 C_9^+ 芳烃侧链脱烷基反应。歧化反应是烷基转移反应的一种特殊形式。

甲苯择形歧化工艺采用甲苯为原料，生产苯和二甲苯。该反应的对二甲苯选择性高，反应产物二甲苯中对二甲苯的含量高达 82% ～ 90%。但 C_8 芳烃产品收率低（一般仅约为 40%），单程转化率较低（一般仅约为 30%），且只能用甲苯而不能用 C_9/C_{10} 芳烃作原料，不能做到最大限度地生产对二甲苯。

国内歧化装置多采用歧化及烷基转移工艺，本节以歧化及烷基转移工艺为例对其热能利用进行分析。该工艺典型的流程见图 7-12。

歧化装置的原料包括甲苯和 C_9/C_{10} 芳烃。甲苯来自甲苯塔塔顶，C_9/C_{10} 芳烃来自二甲苯分离装置的重芳烃塔塔顶，两种原料在进料缓冲罐中混合后进入反应部分。

歧化反应原料经泵升压后送至歧化反应进出料换热器，与自歧化循环氢压缩机来的含氢气体混合后，与歧化反应产物进行换热，然后进入歧化进料加热炉加热至歧化反应温度送入歧化反应器。由于裂化反应的存在，反应器出料较反应器进料会有大约 15℃的温升。反应产物与反应进料换热，并经空冷、水冷冷凝冷却后进入歧化反应产物分离罐进行气液分离，罐顶气体大部分进入歧化循环氢压缩机增压循环使用，部分排至氢气回收装置。为保持反应系统循环氢气纯度，需向循环氢气中补充氢气。补充氢通常经补充氢增压机升压后在歧化循环氢压缩机出口与循环氢混合，一起进入歧化反应部分。歧化反应产物分离罐底液体进入歧化汽提塔汽提出轻

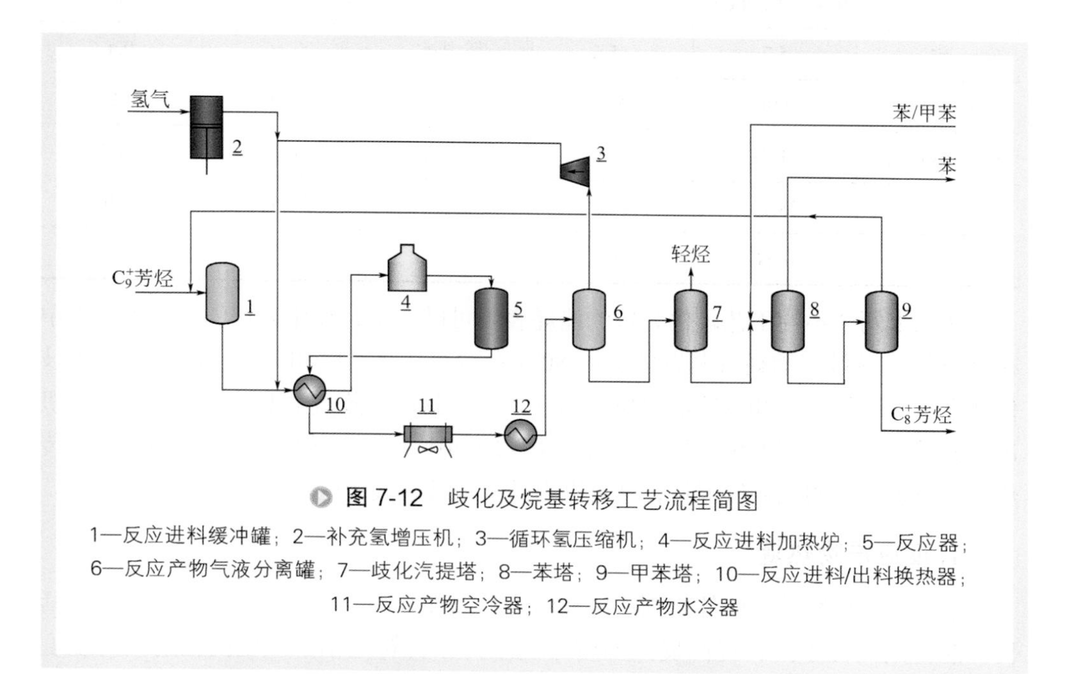

图 7-12　歧化及烷基转移工艺流程简图

1—反应进料缓冲罐；2—补充氢增压机；3—循环氢压缩机；4—反应进料加热炉；5—反应器；6—反应产物气液分离罐；7—歧化汽提塔；8—苯塔；9—甲苯塔；10—反应进料/出料换热器；11—反应产物空冷器；12—反应产物水冷器

烃后，从汽提塔底与其他装置来的含苯、甲苯的混合芳烃送入苯塔。苯产品从塔顶侧线抽出，冷却后用泵送至产品罐区。苯塔底芳烃送往甲苯塔处理，甲苯塔顶物即甲苯作为歧化反应原料返回进料缓冲罐。甲苯塔底物为 C_8^+ 芳烃，送往二甲苯分离装置二甲苯塔处理。

二、热能特点分析

A 厂歧化装置的设计能耗如表 7-18 所示。

表7-18　A厂歧化装置的设计能耗　　单位：kgoe/t

项目	能耗 /（kgoe/t）	占比 /%	项目	能耗 /（kgoe/t）	占比 /%
电	5.44	9.5	循环水	0.08	0.1
3.5MPaG 蒸汽	6.66	11.6	除盐水	0.07	0.1
1.0MPaG 蒸汽	0.06	0.1	凝结水	−0.26	−0.45
燃料气	45.42	79	合计	57.47	100

B 厂歧化装置的设计能耗如表 7-19 所示。

表7-19　B厂歧化装置的设计能耗　　单位：kgoe/t

项目	能耗 /（kgoe/t）	占比 %	项目	能耗 /（kgoe/t）	占比 %
电	5.7	15.6	除盐水	0.16	0.4
1.0MPaG 蒸汽	2.96	8.1	除氧水	0.66	1.9
0.5MPaG 蒸汽	−1.78	−4.9	凝结水	−0.08	−0.2
燃料气	28.73	78.5	合计	36.59	100
循环水	0.24	0.7			

从以上两个不同工艺歧化装置的能耗表中可以看出，歧化装置的能耗主要集中在燃料气，燃料气消耗占装置能耗的 80% 左右，其次是电和蒸汽，电主要用于歧化补充氢压缩机、泵和空冷器风机等转动设备的驱动，蒸汽主要用于循环气压缩机透平驱动。歧化装置的燃料气用户有歧化反应加热炉和精馏塔再沸炉，通过强化传热，减少加热炉的燃料气消耗，就可以有效降低歧化装置的能耗。

1. 反应产物热量

甲苯歧化与烷基转移催化剂活性随温度升高而升高。随着催化剂运转时间的延长，催化剂活性下降，提高反应温度才能维持原料转化率。歧化反应初期的温度在 350℃左右，末期在 460℃左右，将物料加热到所需的反应温度需要消耗较多的燃料气，反应末期将 1t/h 反应进料加热到所需的反应温度需要 0.35MW 左右的热量，对于一个 1Mt/a 的歧化装置，需要 42MW 的热量。因此必须设置反应进出料换热器，用高温的反应产物来加热反应进料，从而降低反应进料加热炉的燃料气消耗。强化反应进出料换热器的传热过程，增加换热量，就能进一步降低反应进料加热炉的燃料气消耗，从而降低装置的能耗。

2. 分馏塔顶热量

歧化装置分馏部分通常包括三台塔系，汽提塔、苯塔和甲苯塔。汽提塔操作压力通常在 0.3 ～ 0.6MPaG 之间，苯塔和甲苯塔通常在常压操作。三个塔中，甲苯塔顶气相馏出物热量最大，但常压下塔顶气体温位不高，通常的做法是将甲苯塔升压，提高甲苯塔顶气温位，作为苯塔的再沸热源，以降低装置的能耗。

三、换热过程强化与集成

1. 反应产物热量回收

从歧化反应器出来的反应产物的温度通常在 360 ～ 480℃之间，初期温度低，末期温度高，与反应器进料换热，能有效回收这部分物料的热量，降低歧化反应进料炉的热负荷。歧化进出料换热器最早采用立式管壳式换热器，换热效率不高，热端温差在 50℃以上，随着装置规模的增大，换热效率低的劣势越加明显，受结构尺寸的限制，通常需要两台并联才能满足换热要求。目前通常采用高效换热器比如板式换热器或者缠绕管式换热器替代传统的管壳式换热器，可以进一步降低换热器热端温差，回收更多的反应产物热量。根据两类换热器典型的热端温差，对管壳式换热器和板式换热器进行比较，采用板式换热器后，反应进料加热炉热负荷，降低 55%，临氢系统压降减小，循环氢压缩机蒸汽消耗降低 17%[17]。

2. 苯/甲苯塔系热量集成回收

对甲苯塔常压和加压两个方案进行了比较，两个方案中苯塔均为常压操作，塔盘数相同，加压方案中，甲苯塔采用提压设计，塔顶馏出气体作为苯塔重沸热源，多余气体用空冷冷却。加压方案与常压方案相比，苯塔和甲苯塔再沸需要外部提供的总热负荷可降低 18%[17]。通常甲苯塔顶气的冷凝负荷大于苯塔再沸所需负荷，为降低能耗，多余的热量可以发生 0.5MPaG 的低压蒸汽。

3. 低温热量回收

歧化装置的低温热主要集中在反应产物和歧化汽提塔顶，这部分热量可以用于加热热媒水进行回收。对于 0.9Mt/a 规模的歧化装置，可将 70℃的热媒水加热到 120℃，回收热量 4.8MW。

苯塔由于操作压力为常压，塔顶气体温位低，无法加热热媒水，可以用于加热如除盐水等常温介质。

四、换热元件强化传热技术

随着装置大型化的发展，采用高性能元件降低设备规格已是不得不面对的现实。近年来，具有强化传热作用的表面多孔管、焊接板壳式和缠绕管式换热器等都在歧化装置得到应用[5,18-21]。歧化装置工艺介质比较洁净，全焊接板式换热器在歧化装置中的许多位置上也得到成功应用。

不同专利商的工艺流程不同，原料和产品要求不同也会导致工艺流程的变化，但不妨通过一套典型流程探讨歧化装置中换热设备的强化措施。以某在役歧化装置为例分析其换热设备特点及适宜的强化传热技术。

1. 歧化反应部分换热设备

（1）歧化进料换热器　来自甲苯塔顶的甲苯经歧化进料 - 产物分离罐底换热器由约 165℃冷却到 110℃左右，与循环氢混合，经歧化进料 - 产物换热器、加热炉加热后进入歧化反应器。歧化进料为气、液两相，其中循环氢中含氢气 80%（摩尔分数），其余为 C_1、C_2 和 C_3 组分。热流体在换热器内的过热段为 282℃，冷却到 215℃时，才进入冷凝区，2/3 的焓差是在纯气相冷却的无相变区域；冷流体升温到 234℃时，就已经完全汽化，在换热器内过热 203℃。在这台换热器中，有 1/2 的焓差发生在纯气相升温的无相变区域。纯气相换热的传热系数比较低，而歧化进料 - 产物换热器中冷、热流体的允许压降仅为 50kPa。综合低压降要求和振动问题，决定了不能采用过高的气体流速，导致冷、热流体膜传热系数的进一步降低。具体工艺条件见表 7-20。从工艺条件表中可以看出，换热器热负荷很大，换热器中冷、热流体的温度变化较大，温度重叠区域很宽。若在一台设备中完成换热，必须考虑避免发生温度交叉换热的问题。由于冷、热流体的允许压降不大，且气体密度小、体积流速较大，不能采用双壳程结构解决温度交叉问题。焊接板式换热器是理想的解决手段，如果采用管壳式换热器，最佳解决方案是单管程、纯逆流流动换热。经过核算，如果采用常规管壳式换热器，需采用一台立式安装的直径 1800mm、长度为 27000mm 的单管程换热器。计算结果见表 7-21。

表7-20　歧化进料-产物换热器工艺条件

项目	热流体	冷流体
介质	产物	进料
流量 /（kg/h）	211844	211844
允许压降 /kPa	60	50
温度 /℃	497 → 140	92 → 437
气相密度 /（kg/m^3）	13.72 → 10.56	6.91 → 16.03
液相密度 /（kg/m^3）	— → 747	797 → —
气相黏度 /mPa・s	0.023 → 0.015	0.013 → 0.022
液相黏度 /mPa・s	— → 0.22	0.299 → —
气相导热系数 /［W/（m・K）］	0.154 → 0.072	0.085 → 0.142
液相导热系数 /［W/（m・K）］	— → 0.103	0.116 → —
气相比热容 /［kJ/（kg・K）］	3.07 → 3.12	4.64 → 2.981
液相比热容 /［kJ/（kg・K）］	— → 2.159	1.97 → —

注：热负荷 68.53MW。

表7-21　歧化进料-产物换热器热力学模拟结果

项目	管壳式换热器方案	焊接板式换热器方案
设备规格（壳径 × 换热管直管长）/mm	1800 × 27000	2162 × 9025
设备数量 / 台	1	1
管程压降 /kPa	8	
壳程压降 /kPa	57	
总传热系数 /［W/（m^2・K）］	288	
换热面积 /m^2	6410	
设备总质量 /t	361	65

在表 7-21 中，由于专有技术保密性，在保证设备性能的基础上，焊接板式换热器制造商没有提供压降和传热系数数据。该设备已平稳运行多年，满足装置要求。与传统管壳式换热器相比，采用焊接板壳式换热器的设备质量仅 65t，降低设备重量 82%，所节约的金属耗量十分可观；可降低换热器高度 18m，从而降低配管及基建费用。

板式换热器的应用可以缩小热端温差，从而降低加热炉负荷。科研人员综合考虑歧化进料 - 产物换热器和加热炉，从设备投资、燃料气消耗方面进行了技术性能对比，还从设备投资、操作费用、折旧费用等方面进行了经济指标对比[18]。对比的结果是焊接板壳式换热器优于普通管壳式换热器。文献 [19] 描述了用一台

ϕ2300mm × 12000mm 的焊接板壳式换热器结构代替 3 台 ϕ2600mm × 15000mm 管壳式换热器结构的成功案例。

有公司在该台位采用缠绕管式换热器，也可强化传热、降低加热炉负荷，从而达到降低能耗的目的。中国石化天津分公司的大芳烃装置扩能改造时，歧化装置提量 30%。采用缠绕管式换热器替换原普通管壳式换热器，热端温差由 53℃降低到 29℃，降低加热炉负荷，月节约燃料气 288t，装置能耗每吨对二甲苯降低 10.3kgoe[5]。文献 [20] 介绍在芳烃装置改造时用一台缠绕管式换热器取代原有四台普通管壳式换热器，进料温度由 379℃提升到 412℃。实际运行效果表明缠绕管式换热器的使用，缩小了换热器热端温差，年节约燃料气 1322t，并减少了后续空冷器、水冷器负荷。

（2）歧化反应产物换热设备　歧化反应产物经歧化进料 - 产物换热器、产物空冷器和水冷器冷凝、冷却至 40℃，进入歧化产物分离罐。

歧化反应产物空冷器换热负荷大，采用普通干式空冷器，需要的换热面积较大。歧化反应产物空冷器、水冷器的工艺条件见表 7-22。适用的强化传热技术是采用蒸发式空冷器代替干式空冷器和水冷器，方案对比见表 7-23。

表7-22　歧化反应产物空冷器、水冷器工艺条件

项目	热流体	项目	热流体
介质	歧化反应产物	气相黏度 /mPa・s	0.015 → 0.012
流量 /（kg/h）	236319	液相黏度 /mPa・s	0.22 → 0.37
允许压降 /kPa	40	气相导热系数 /［W/（m•K）］	0.072 → 0.067
温度 /℃	140 → 40	液相导热系数 /［W/（m•K）］	0.103 → 0.129
气相密度 /（kg/m^3）	10.5 → 7.17	气相比热容 /［kJ/（kg・K）］	3.122 → 4.31
液相密度 /（kg/m^3）	747 → 822	液相比热容 /［kJ/（kg・K）］	2.16 → 1.77

注：热负荷 17MW。

表7-23　歧化反应产物空冷器、水冷器方案对比

项目	原传热方案		复合型蒸发式空冷器
	干空冷	水冷器	
设备规格 /mm	9000 × 3000①	800 × 6000②	9000 × 3000①
设备数量 / 台	6	2	3
消耗量	电：180kW	循环水：136t/h	电：118kW 软化水：8t/h
换热面积 /m^2	1152	635	1400
设备总质量 /t	92	27	75

① 空冷器尺寸：管束长度 × 宽度。

② 水冷器尺寸：壳径 × 换热管直管长。

反应产物中含有不凝气，在水冷器的壳程冷凝，不凝气会在换热管壁面形成气膜，阻碍冷凝进程，降低冷凝传热效果。管程冷却水膜传热系数约 5000W/(m^2•K)，壳程油气冷凝膜传热系数仅为 1000W/(m^2•K)；水冷器有效温差仅 7.9℃。二者叠加作用，导致需要的换热面积较大。

由计算结果可知，将歧化反应产物气体由 50℃冷却到 40℃，热负荷为 1.58MW，循环水温升按 10℃计算，需要 32℃的循环水量约为 136t/h。如果采用复合型蒸发式空冷器直接将工艺介质冷却到 40℃，取消后冷器，节约金属消耗 37%。以年操作时间 8400h 计算，虽然增加软化水消耗 6.7×10^4t/a，但可节约循环水耗量 114×10^4t/a。在缺水地区，节水优势更加明显。可降低设备质量 44t，并可节约水冷后串的凉水塔、循环水泵、循环水管网及空冷器钢构架平台等相应投资。节约电力消耗 52 万度，综合能耗降低 40%。

2. 歧化稳定塔系换热设备

（1）歧化稳定塔进料换热器　歧化稳定塔进料经过歧化进料 - 产物分离罐底换热器、歧化稳定塔进料 - 塔底换热器加热后进入歧化稳定塔。

这 2 个台位的换热器共同特点是冷、热流体的质量流量相近，有效温差均高于 50℃。热流体的导热系数低于冷流体，将热流体置于管程流动，可利用多管程获得较高的膜传热系数，换热器总传热系数基本都可超过 600W/（m^2 • K）。如果要考虑强化传热技术，扩大二次传热表面积比较适宜该台位。

（2）歧化稳定塔顶换热设备　歧化稳定塔顶 130℃左右的油气经空冷器、水冷器冷凝、冷却至 40℃，进入歧化稳定塔回流罐。

空冷器承担大部分热负荷，由于有效温差较大，空冷器需要的换热面积不大。

由于不凝气的存在，水冷器壳程膜传热系数较低，一般不超过 1000W/（m^2 • K），从而总传热系数仅为 300W/（m^2 • K）左右。水冷器承担的热负荷很小，虽然总传热系数不高，设备规格也不大。若要进一步缩小设备尺寸，有效的强化传热方法是在避免振动的前提下，尽可能增加壳程湍流程度，破坏换热表面阻碍冷凝进程的气膜层。

（3）歧化稳定塔底换热设备　歧化稳定塔底再沸器有时采用中压蒸汽作为热源，管、壳程介质换热性能良好，即使采用普通管壳式换热器，再沸器的总传热系数可达 1000W/（m^2 • K）以上。污垢热阻成为该再沸器的控制热阻，如果需要进一步强化传热，可以用螺纹管等强化沸腾传热且抗垢性能较好的换热管代替光管。

3. 苯塔系换热设备

（1）进料换热器　原料进入苯塔前需经歧化白土处理器进料 - 出料换热器加

热。在换热器内，进料与出料的流量相同，物性也极为接近，污垢热阻不高，一般为 0.00026m^2·K/W。如果结构设计合理，可使冷、热流的膜传热系数接近。虽然在换热器内冷、热流体均为纯液相换热，换热器的总传热系数也很容易超过 600W/（m^2·K）。结合较高的有效温差，虽然换热器承载的热负荷为 6.4MW，需要的传热面积仅为 200m^2。

歧化白土处理器进料 - 出料换热器有效的强化传热方式是采用螺纹管增加二次传热面积，可以将 2 台串联换热器改为 1 台换热器，减少设备重量 15%。

（2）苯塔顶部换热设备　苯塔塔顶气体经空冷器冷凝、冷却至 80℃左右，进入回流罐。空冷器热负荷较大，需冷却 25MW 的热量，换热管内膜传热系数可以达到 3000W/（m^2·K）。工艺介质出口温度较高，管外不适合采用喷淋式或蒸发式湿空冷等技术，可以采用板式空冷器或椭圆管高翅片管代替圆管高翅片管等强化手段来强化设备换热性能。

（3）苯塔中部冷却器　苯产品经冷却器冷却至 40℃，送入储罐。冷却器内循环水的流量是苯产品的 2 倍。在设计中发现，管内循环水膜传热系数超过 5000W/（m^2·K），而壳程苯产品的膜传热系数还不到 900W/（m^2·K）。

由于产品要冷却到 40 ℃，与循环水的出口温度相同，最好采用多台串联的方式，可有效提高设备的有效温差。多台串联可缩小冷却器直径，提高壳程流速，从而提高总传热系数，强化设备性能。双壳程结构也是提高壳程流速的合理手段，但由于冷却器中循环水的特点，综合考虑设备一次投资、后期操作费用、可能因循环水腐蚀导致的管束更新费用等，双壳程结构不适合这个台位的工艺条件。

（4）苯塔底部再沸器　苯塔底部设置再沸器，其工艺条件如表 7-24 所示。塔底介质比较纯净，沸腾介质的沸腾域为 12℃。合理的强化传热技术是采用高通量管代替普通光管来获得更多的汽化核心，这种强化传热方案已经获得成功应用[21]。方案对比结果见表 7-25。

表7-24　甲苯塔顶-苯塔底再沸器工艺条件

项目	热流体	冷流体
介质	甲苯	苯塔塔底烃
流量 /（kg/h）	302466	1174824
允许压降 /kPa	50	热虹吸
温度 /℃	198 → 178	149 → 151
气相密度 /（kg/m^3）	20 → —	— → 6.15

续表

项目	热流体	冷流体
液相密度 /（kg/m³）	—→706	748→747
气相黏度 /mPa·s	0.011→—	—→0.01
液相黏度 /mPa·s	—→0.172	0.231→0.218
气相导热系数 /［W/（m·K）］	0.03→—	—→0.024
液相导热系数 /［W/（m·K）］	—→0.093	0.101→0.101
气相比热容 /［kJ/（kg·K）］	1.83→—	—→1.643
液相比热容 /［kJ/（kg·K）］	—→2.31	2.169→2.184

注：热负荷 29.2MW。

表7-25　甲苯塔顶-苯塔底再沸器热力学模拟结果

项目	普通光管方案	高通量管方案
设备规格（壳径 × 换热管直管长）/mm	1800×5600	1750×4000
设备数量 / 台	2	1
管程压降 /kPa	21	20
壳程压降 /kPa	6	14
总传热系数 /［W/（m^2·K）］	294	1189
换热面积 /m^2	2385	555
设备总质量 /t	55	18

计算结果发现：对采用普通光管的卧式热虹吸设计方案，热流体在管程可以获得比较好的冷凝传热效果，膜传热系数接近 3200W/（m^2·K）；冷流体在壳程沸腾，处于核态沸腾和对流沸腾共存的流动沸腾区域，膜传热系数不足 1600W/（m^2·K），壳程沸腾无法进入传热系数较高的核态沸腾区。如果采用立式热虹吸设计方案，热流体在壳程冷凝效果一般，膜传热系数低于 1500W/（m^2·K）；冷流体在管程沸腾，自介质入口到出口，分别处于对流沸腾区、过渡沸腾区和雾状沸腾区。在对流沸腾区，管内膜传热系数约为 1400W/（m^2·K）；处于流动沸腾和膜状沸腾之间的过渡沸腾区，很不稳定，膜传热系数维持在 1200W/（m^2·K）；一旦进入雾状沸腾区，换热管壁面为干壁，汽化仅发生在汽相中心，膜传热系数迅速下降，约为 220 ～ 270W/（m^2·K）。

可见，在这种工况条件下，光管的管程、壳程均无法使介质进入传热系数较高的核态沸腾区。考虑沸腾介质比较清洁、不易结垢，采用多孔表面增加起泡核心、强化核态沸腾可获得较好的效果。

考虑热流体在再沸器中处于冷凝过程，采用管内烧结型多孔表面、管外开V形纵槽的高通量管，可以同时强化管内沸腾和管外冷凝传热。由表7-25可见，采用高通量管代替光管可减少67%的设备重量。采用一台设备可避免可能出现的“偏流”现象，降低了配管设计难度，有利于保持操作稳定性。

4. 甲苯塔系换热设备

甲苯塔顶部分油气进入甲苯塔顶 - 苯塔底再沸器冷却后进入甲苯塔回流罐。剩余油气温度较高，在早期设计的装置一般经空冷器冷却，目前多用于发生蒸汽。

甲苯塔顶空冷器的介质入口温度较高，有效温差大，总传热系数比较高，采用普通高翅片空冷器需要的换热面积也不大。如果要进一步减小设备规格，可采用板式空冷器、椭圆管高翅片空冷器等强化传热技术。

蒸汽发生器中控制热阻在管程，但整体设备换热性能较好。若要进一步缩小蒸汽发生器规格，可以采用横纹管同时强化管程、壳程传热效果，也可以采用螺纹管扩大二次传热面积。

五、小结

歧化反应温度高，有必要对该反应产物的热量进行有效的回收和利用。甲苯塔顶的冷凝负荷非常可观，采用热集成的方法进行回收可有效降低装置能耗。

歧化装置中的工艺介质洁净，传热性能优良，多种具有强化传热的设备已经得到成功应用。恰当地选择强化传热技术可有效地减少金属消耗和燃料气消耗。实现节能降耗、绿色发展的目标。

第四节 二甲苯异构化装置

来自催化重整、歧化与烷基转移以及其他过程的C_8芳烃都是混合物，包括乙苯、对二甲苯、间二甲苯、邻二甲苯四个异构体，其中的对二甲苯含量一般不超过24%，通过对二甲苯分离技术，可以从C_8芳烃混合物中分离出所需的对二甲苯，余下的物料需要通过二甲苯异构化技术，重新达到接近热力学平衡的C_8芳烃混合物，从而提高对二甲苯产量。

一、工艺过程简述

二甲苯异构化催化剂的基本功能是催化对、间、邻二甲苯的相互异构，并将乙苯进行转化处理。按乙苯转化方式的不同，催化剂分为：乙苯转化型和乙苯脱烷基型。乙苯转化工艺的突出特点是将 C_8 芳烃中的乙苯异构化为二甲苯，充分利用 C_8 芳烃资源，最大限度地生产对二甲苯。在原料来源紧张的情况下，该工艺是最佳选择。它的不足是乙苯单程转化率低，只有大约 25%，且反应需要环烷中间“搭桥”，造成乙苯和 C_8 非芳烃在吸附分离、异构化及二甲苯分馏三部分的循环量大。乙苯脱烷基工艺的特点是将原料中的乙苯脱烷基生成苯，单程转化率高达 70% 以上，而且反应不需要环烷中间“搭桥”，可使吸附分离及二甲苯分馏、异构化部分负荷大大降低，该工艺适用于原料充裕、需要增加苯和对二甲苯产量的装置或者已有装置扩大处理能力的改造项目。对于新设计的装置，乙苯脱烷基型与乙苯转化型工艺相比，可减少工程投资和公用工程消耗，但单位原料生产的对二甲苯产率有所下降。

乙苯脱烷基工艺和乙苯转化工艺流程类似，仅使用的催化剂不同，操作条件不同，该工艺典型的流程见图 7-13。

来自吸附分离装置的抽余液从进料缓冲罐用泵升压后，与来自循环氢压缩机的循环氢在异构化进料换热器内混合后与反应产物换热。换热后的物料进入异构化进料加热炉加热至反应温度后进入异构化反应器。原料在催化剂作用下发生 C_8 芳烃异构化反应。反应产物与进料换热后，经冷却后进入异构化产物分离罐进行气液分离。罐顶气体即含氢气体作为异构化循环氢气送往循环氢压缩机升压后循环使用。

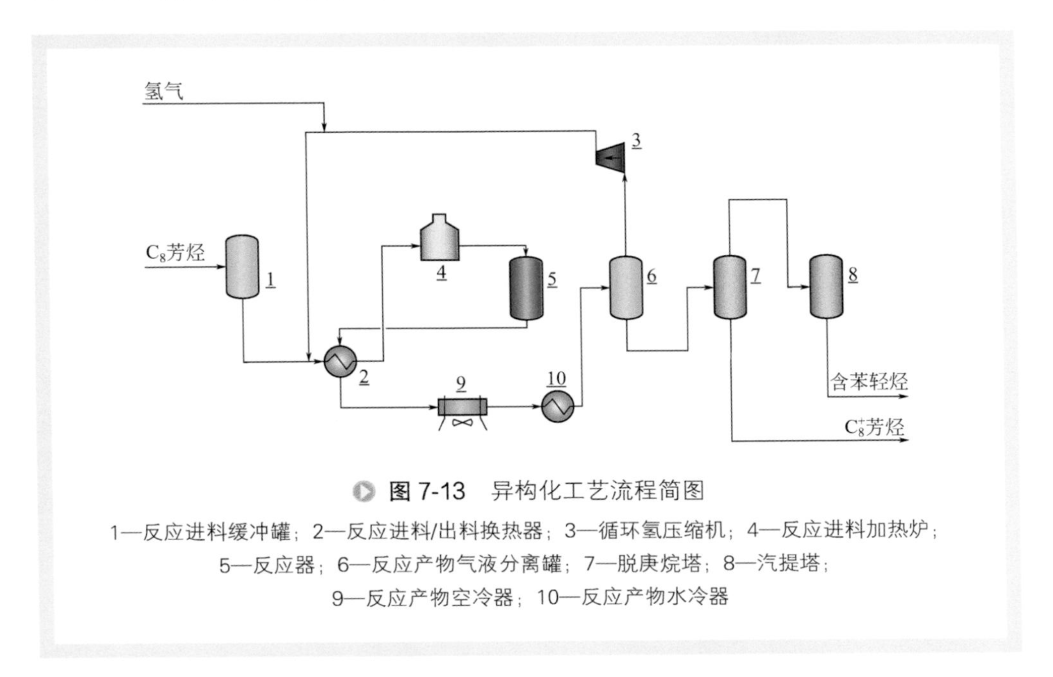

图 7-13　异构化工艺流程简图

1—反应进料缓冲罐；2—反应进料/出料换热器；3—循环氢压缩机；4—反应进料加热炉；5—反应器；6—反应产物气液分离罐；7—脱庚烷塔；8—汽提塔；9—反应产物空冷器；10—反应产物水冷器

为保持反应系统循环氢气纯度，需向循环氢气中补充氢气。异构化产物分离罐底的液体进入脱庚烷塔，从脱庚烷塔顶脱除 C_7 组分。脱庚烷塔底油送至二甲苯分离装置的二甲苯塔，脱庚烷塔顶液相组分送至异构化汽提塔汽提轻组分，异构化汽提塔底物料送至芳烃抽提装置。

二、热能特点分析

A 厂异构化装置的设计能耗如表 7-26 所示。

表7-26　A厂异构化装置的设计能耗

单位：kgoe/t

项目	能耗 /（kgoe/t）	占比 /%	项目	能耗 /（kgoe/t）	占比 /%
电	0.87	6.1	循环水	0.01	0.1
3.5MPaG 蒸汽	1.35	9.6	凝结水	−0.04	−0.3
1.0MPaG 蒸汽	0.35	2.5	合计	14.13	100
燃料气	11.59	82			

B 厂异构化装置的设计能耗如表 7-27 所示。

表7-27　B厂异构化装置的设计能耗

单位：kgoe/t

项目	能耗 /（kgoe/t）	占比 /%	项目	能耗 /（kgoe/t）	占比 /%
电	0.98	5.9	循环水	0.02	0.2
3.5MPaG 蒸汽	7.6	45.6	凝结水	−0.1	−0.6
1.0MPaG 蒸汽	0.41	2.4	合计	16.67	100
燃料气	7.76	46.5			

从以上能耗表中可以看出异构化装置的能耗主要集中在燃料气，其次是蒸汽。异构化装置的燃料气用户有异构化反应加热炉和分馏系统精馏塔再沸炉，蒸汽主要用于压缩机透平驱动。通过强化传热，减少加热炉的燃料气和蒸汽消耗，可以有效降低异构化装置的能耗。

1. 反应产物热量

同歧化装置类似，随着催化剂运转时间的延长，催化剂活性下降，需要提高反应温度才能维持原料转化率。异构化装置的末期反应温度在 400℃以上，必须设置反应进出料换热器，用高温的反应产物来加热反应进料，从而降低反应进料加热炉的燃料气消耗。强化反应进出料换热器的传热过程，增加换热量，就能进一步降低反应进料加热炉的燃料气消耗，从而降低装置的能耗。

2. 分馏塔顶热量

异构化装置分馏部分通常包括两台塔系，脱庚烷塔和汽提塔。脱庚烷塔顶冷凝热比较大，尤其对采用乙苯脱烷基型技术的项目，可考虑采用与脱庚烷塔进料换热，或设置低温热水回收部分塔顶冷凝热。汽提塔由于塔顶气温度低，且热负荷低，一般不考虑回收热量。

三、换热过程强化与集成

1. 反应产物热量回收

从异构化反应器出来的反应产物温度通常在 370 ～ 430℃（初期～末期）之间，与反应器进料换热，能有效回收这部分物料的热量。通常采用焊板式换热器或缠绕管式换热器，减小换热器热端温差，降低异构化反应进料炉的热负荷，以进一步降低装置能耗。根据板式换热器典型的热端温差以及管壳式换热器实际操作条件分别进行模拟计算，采用板式换热器后，反应进料加热炉热负荷可以降低 56% [22]。

2. 低温热量回收

异构化装置的低温热主要集中在分馏塔顶，可以用于加热热媒水进行回收。对于 2.7Mt/a 采用乙苯转化工艺的异构化装置，可回收热量 6.5 ～ 7.9MW。

从异构化进出料换热器出来的反应产物，虽然从温度上看可以再进一步利用，但从保护异构化贵金属催化剂的角度看，不建议用热媒水进行热量回收。

四、换热元件强化传热技术

异构化装置流程比较短，换热设备相对较少。由于异构化装置介质比较洁净，板壳式换热器在异构化装置中的许多位置上得到成功应用。近年来，具有强化传热作用的缠绕管式换热器及表面多孔管都在异构化装置得到应用 [4,10]。

不同专利商的工艺流程不尽相同，但异构化装置内的工艺介质物性相近。可以通过典型流程为例，分析异构化装置中换热设备特点及适用的强化传热措施。

1. 异构化反应部分换热系统

原料经异构化进料 - 分离罐底换热器冷却后，与混合氢在异构化进料 - 产物换热器内换热，经加热炉进一步加热后进入异构化反应器。反应产物在异构化进料 - 产物换热器内冷却后，气液两相介质进入产物空冷器继续冷却。

异构化进料 - 分离罐底换热器的管程、壳程介质传热性能比较好，虽然管程、壳程都是纯液相换热，采用常规弓形折流板光管管壳式换热器，总传热系数也可以达到 600W/（$m^2 \cdot K$）。换热器的控制热阻在壳程，如果需要采取强化传热措施，可以采用螺旋槽纹管等提高壳程换热性能的换热管代替光管，或者采用螺纹管、横纹管扩大二次传热面积。

产物空冷器热负荷较大，由于工艺介质进入空冷器的温位较高，空冷器的有效温差比较大。虽然存在不凝气，采用普通高翅片干式空冷器，空冷器的总传热系数仍达到 460W/（m^2 • K），换热性能良好。综合允许压降和传热的要求，考虑异构化产物的污垢热阻较低，可以采用表面蒸发空冷和板式空冷器等方法强化传热效果，进一步降低传热面积、减少金属消耗及电机数量。

异构化进料 - 产物换热器承担的热负荷较高，又直接影响异构化装置加热炉燃料消耗，是需要重点研究的台位。异构化进料 - 产物换热器热负荷很大，热流体在换热器内过热 253℃，2/3 的热负荷是在纯气相冷却的无相变区域；冷流体过热 233℃，有 1/2 的热负荷发生在纯气相升温的无相变区域。工艺条件见表 7-28。

纯气相换热的传热系数比较低，综合考虑允许压降限制及振动问题，结构设计时气体流速不能过高，进一步降低了气体的膜传热系数。换热器内冷、热流体的温度变化较大，温度交叉区域较宽，只有纯逆流才能解决这个问题。同时热流体、冷流体的允许压降不大，体积流速较大，不可能采用双壳程结构。如果采用管壳式换热器，最佳解决方案是单管程、介质逆流流动换热。计算结果见表 7-29。

表7-28　异构化进料-产物换热器工艺条件

项目	热流体	冷流体
介质	产物	进料
流量 /（kg/h）	320938	320938
允许压降 /kPa	50	70
温度 /℃	470 → 146	102 → 420
气相密度 /（kg/m^3）	13 → 7.48	5.55 → 16.87
液相密度 /（kg/m^3）	— → 748	790 → —
气相黏度 /mPa • s	0.016 → 0.011	0.011 → 0.015
液相黏度 /mPa • s	— → 0.2	0.27 → —
气相导热系数 /［W/（m • K）］	0.118 → 0.12	0.138 → 0.11
液相导热系数 /［W/（m • K）］	— → 0.103	0.112 → —
气相比热容 /［kJ/（kg • K）］	2.81 → 2.95	4.21 → 2.72
液相比热容 /［kJ/（kg • K）］	— → 2.15	2.0 → —

注：热负荷 92.5MW。

表7-29　异构化进料-产物换热器热力学模拟结果

项目	单管程立式换热器方案	焊接板壳式换热器方案
设备规格 /mm	2500 × 24000	2354 × 13125
设备数量 / 台	2	1
管程压降 /kPa	10	
壳程压降 /kPa	66	
总传热系数 / [W/ (m^2 • K)]	325	
换热面积 /m^2	12027	
设备总质量 /t	323	88

由表 7-29 可见，采用焊接板壳式换热器，其设备重量仅为传统管壳式换热器的 27%，降低设备质量 235t，减少设备一次投资。板壳式结构可将换热器长度缩短 11m，减少土建基础投资、降低管道配置及安装费用。

采用板壳式换热器还可以缩小热端温差，降低加热炉负荷、减少燃料消耗。文献 [22] 介绍了以其实际装置改造为契机，选用焊接板壳式换热器取代原有管壳式换热器的成功案例。采用焊接板壳式结构后，反应进料进反应加热炉的温度提高了 32.9℃，加热炉热负荷降低了 3.2MW。按芳烃联合装置“三苯”产量平均 42t/h 计算，装置综合能耗降低 6.6kgoe/t，投资回收期仅 2 年。文献 [23] 介绍了焊接板壳式换热器在 3.3Mt/a 异构化装置上的成功应用案例，并对国内外板壳式换热器综合性能进行了对比，对比结果表明传热效果、换热器压降基本相当。

采用缠绕管式换热器也可以达到强化传热的目的，文献 [10] 根据现场运行情况，分析了缠绕管式换热器的特点及影响因素，并用标定数据说明了缠绕管式换热器的优良换热性能。文献 [24] 描述了缠绕管式换热器在异构化进料 - 产物换热的应用效果。以缠绕管式换热器取代原有常规立式管壳式换热器，降低加热炉燃料气消耗 160kg/h，同时停运 3 台空冷器，降低耗电量。仅此两项，年节约费用 266.28 万元。

2. 脱庚烷塔系换热设备

（1）进料换热器　异构化产物经异构化进料 - 分离罐底换热器、脱庚烷塔进料 - 塔顶换热器和脱庚烷塔进料 - 塔底换热器换热之后，作为原料进入脱庚烷塔。

异构化进料 - 分离罐底换热器、脱庚烷塔进料 - 塔底换热器具有共同的特点：冷、热流体比较洁净，传热效果很好，管程、壳程膜传热系数接近。结构设计合理时，即使采用普通管壳式换热器，总传热系数也能达到 650W/ (m^2 • K)。考虑管程热流体允许压降较大，可以采用具有双面强化传热效果的螺纹管、波纹管或螺旋槽纹管进一步降低设备规格。

脱庚烷塔进料 - 塔顶换热器中冷、热流体比较洁净，传热效果尚可。由于受塔内操作压力影响，塔顶油气冷凝允许压降较小，限制了冷凝传热。可以用螺纹管、锯齿形翅片管代替光管，提高冷凝换热效果，缩减设备规格。

（2）脱庚烷塔顶换热设备　脱庚烷塔顶气经脱庚烷塔进料 - 塔顶换热器换热后，温度降至 145℃左右，介质中仍含有 44%（质量分数）左右的气相。该气液两相介质进入塔顶空冷器、水冷器冷凝、冷却到 40℃。

与异构化产物空冷器类似，由于工艺介质温位较高，空冷器的有效温差比较大。介质换热性能良好，采用普通高翅片干式空冷器，空冷器的总传热系数仍达到 400W/（m^2 • K），所需要的换热面积不大。综合工艺介质的冷却要求，考虑介质的污垢热阻较低，可以采用板式空冷器等方法强化传热效果，进一步降低传热面积、减少金属消耗及电机数量。

韩国某公司用全焊接板式换热器取代脱庚烷塔顶空冷器回收热量，减少了加热炉燃料消耗。国内某装置用全焊接板式换热器代替空冷器，多年运行状态良好。

（3）脱庚烷塔底换热设备　脱庚烷塔底液送入脱庚烷塔底 - 二甲苯再蒸馏塔进料换热器和脱庚烷塔进料 - 塔底换热器。这 2 台换热器具有共同的特点：冷、热流体传热效果很好，即使采用普通管壳式换热器，总传热系数也能接近 700W/（m^2 • K）。可以采用具有双面强化传热效果的螺纹管、波纹管或螺旋槽纹管进一步减小设备尺寸。

脱庚烷塔底设置加热炉或者再沸器取热。脱庚烷塔底介质组分比较单纯，沸腾域较窄，适合采用表面多孔管代替光管，某 1Mt/a 芳烃联合装置的脱庚烷塔底再沸器采用高通量管换热器，效果显著[21]；热流体为纯气相冷凝，基本都是 C_8 芳烃。综合考虑冷、热流体的特点，再沸器立式安装，可以采用管程和壳程同时强化传热的技术措施。以某 2.8Mt/a 异构化装置为例，其塔底再沸器工艺条件见表 7-30，方案对比结果见表 7-31。

表7-30　脱庚烷塔底再沸器工艺条件

项目	壳程	管程
介质	C_8 芳烃	烃
流量 /（kg/h）	99211	288373
允许压降 /kPa	70	热虹吸
温度 /℃	248 → 239	217 → 218
气相密度 /（kg/m^3）	28.3 → —	— → 17.3
液相密度 /（kg/m^3）	— → 642	668 → 667
气相黏度 /mPa • s	0.011 → —	— → 0.01
液相黏度 /mPa • s	— → 0.168	0.184 → 0.183
气相导热系数 /［W/（m • K）］	0.0285 → —	— → 0.026
液相导热系数 /［W/（m • K）］	— → 0.0973	0.1 → 0.1

续表

项目	壳程	管程
气相比热容 /［kJ/（kg・K）］	2.15 → —	— → 2.02
液相比热容 /［kJ/（kg・K）］	— → 2.628	2.532 → 2.531

注：热负荷 7.7MW。

表7-31 脱庚烷塔底再沸器方案对比

项目	普通光管方案	高通量管方案
设备规格（壳体直径 × 换热管长度）/mm	1500 × 6000	1300 × 4000
设备数量 / 台	1	1
壳程压降 /kPa	5	5
静压头 /m	4.1	3
总传热系数 /［W/（m^2・K）］	475	1009
换热面积 /m^2	728	345
设备总质量 /t	24	11

表 7-31 可以看出，采用管内烧结多孔表面、管外开 V 形纵槽的强化传热管代替光管后，管内沸腾传热和管外冷凝传热均得到强化，再沸器总传热系数提高一倍，传热面积减少 52.6%，设备重量降低 54%。再沸器需要的静压头由 4.1m 降低到 3m，脱庚烷塔的裙座高度也可相应降低 1m，可降低土建、安装费用。

五、小结

异构化装置虽然反应热不大，但反应温度高，同时该装置的进料规模远大于其他装置，对该热量尽可能地回收和利用可以显著降低装置能耗。分馏部分塔顶由于组分轻，温位低，难以有效利用，可考虑采用热媒水进行回收。

异构化装置流程比较短，换热设备相对较少。由于异构化装置介质比较洁净，多种高效换热设备已经得到成功应用，为企业带来明显的经济效益。

第五节 对二甲苯分离和二甲苯分馏装置

混合二甲苯中含有乙苯、对二甲苯（PX）、间二甲苯和邻二甲苯这四种碳八芳烃异构体，它们之间密度接近且沸点差较小，用常规的精馏技术很难分离。目前分离对二甲苯的工业化技术有结晶技术和吸附分离技术。在吸附分离技术工业化之前，深冷结晶技术是唯一分离对二甲苯的方法。对二甲苯的冰点比其他碳八芳烃高很多，结晶技术正是利用这一性质，通过深冷结晶实现对二甲苯的分离。但是由于在低温下碳八芳烃异构体之间会形成共熔体，再加上结晶颗粒的大小和母液状态对分离效率的影响，对二甲苯的单程收率较低，仅约 65%，远不如模拟移动床吸附分离技术的收率，因此目前吸附分离技术是 PX 分离主流技术。

一、工艺过程简述

1. 吸附分离装置工艺过程简述

吸附分离技术是利用吸附剂分子筛表面对于对二甲苯的亲和力远高于其他组分的特性分离得到对二甲苯。模拟移动床技术的工业化，使得通过吸附分离技术得到高纯度对二甲苯成为可能。在吸附塔内，吸附剂与碳八芳烃混合物模拟连续逆向流动，形成反复多次的传质过程，使对二甲苯在吸附剂上逐渐提浓，生产出高纯度的产品。由于流程简单，单程回收率高，吸附分离技术工业化后发展迅速，目前工业化的对二甲苯生产装置大多采用该技术。对二甲苯吸附分离技术发展至今，产品纯度一般在 99.7% 以上，最高纯度可达到 99.9%，单程收率通常在 95% ～ 98%，最高可以达到 99% 以上。

目前工业化的对二甲苯吸附分离技术包括 UOP 公司开发的 Parex 工艺、Axens（IFP）公司开发的 Eluxyl 工艺 [25] 和中国石化开发的 SorPX 工艺。这几种工艺在模拟移动床的实现上有所不同，主要是床层管线的切换方案、床层管线冲洗方案等方面。模拟移动床的功能是通过周期性切换进出物料位置来实现的。Parex 工艺通过吸附分离控制系统（ACCS）控制旋转阀的驱动，进而实现吸附塔进出物料的周期性切换；Eluxyl 工艺通过吸附塔顺序控制系统（SCS）控制 144 个程控阀的开关来实现进出物料的周期性切换；SorPX 工艺通过移动床控制系统（MCS）控制 192 个程控阀的开关来实现进出物料的周期性切换。随着吸附塔进出物料的周期自上而下移动切换，同一床层管线和其相连接的吸附塔内构件在不同的时刻通过的物料不同，为了得到高纯度的产品并提高产品的单程回收率，需要对床层管线和吸附塔内构件进行冲洗。不同技术采用的冲洗方案不同。Parex 工艺采用三次冲洗方案；Eluxyl 工艺采用旁路冲洗方案；SorPX 工艺采用四次冲洗方案，可实现对冲洗物流组成、流量的精确调控，提高吸附分离效率，减少解吸剂循环流量 10% 以上。

吸附分离装置通常包括吸附塔、抽余液塔、抽出液塔、成品塔和解吸剂再蒸馏塔，各类技术精馏部分的工艺流程基本相同，其典型流程见图 7-14。

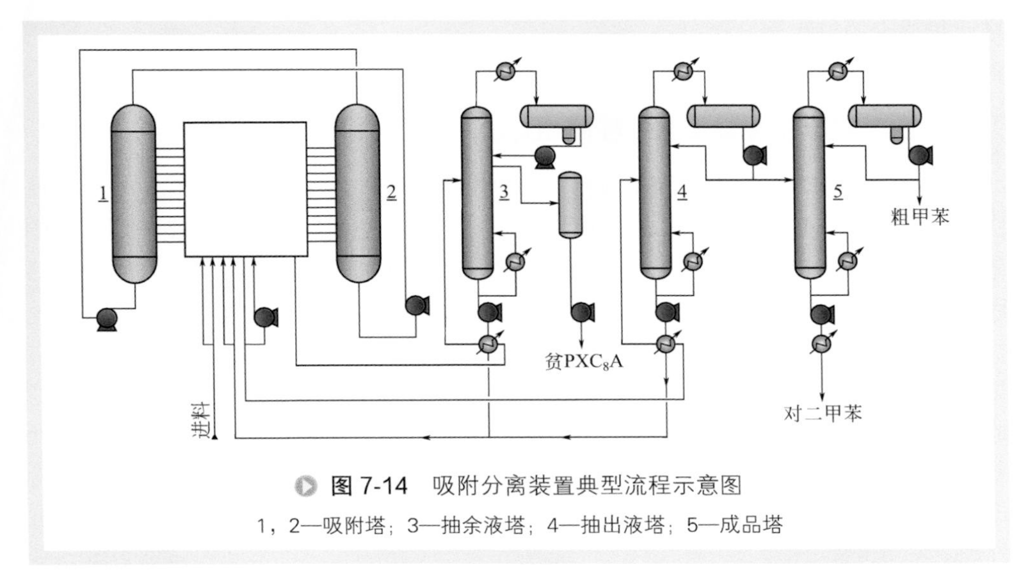

图 7-14 吸附分离装置典型流程示意图

1，2—吸附塔；3—抽余液塔；4—抽出液塔；5—成品塔

典型的模拟移动床吸附分离技术采用两台吸附塔，共 24 个吸附床层，利用两台循环泵，将两台吸附塔首尾相接，使 24 个床层形成一个闭合回路。在循环泵的作用下，液流周期性地绕 24 个床层循环。通过旋转阀或者程控阀周期性地改变各物料进出口位置，相当于改变各区域的位置，使区域沿着床层周期性循环，达到连续吸附分离的目的。

混合二甲苯进料经过滤器除去微量固体颗粒后进入吸附塔的吸附区。在吸附区内，对二甲苯被吸附在吸附剂上，抽余液（未被吸附的 C_8 芳烃与解吸剂的混合物）从吸附区下部在压力控制下流出，经换热升温后进入抽余液塔。在抽余液塔中用蒸馏的方法使 C_8 芳烃和解吸剂分离。塔侧线分出 C_8 芳烃作为异构化反应原料送至异构化装置。塔底产品即解吸剂用泵升压，与塔进料换热后，与抽出液塔底的解吸剂混合，一般可以先作为成品塔再沸器热源，绝大部分经解吸剂过滤器除去微量固体颗粒后循环送入吸附塔的解吸区，其余少部分送至解吸剂再蒸馏塔处理。

吸附塔提纯区下部的抽出液（被吸附的对二甲苯和解吸剂）在流量控制下从吸附塔引出，经换热升温后进入抽出液塔，用蒸馏的方法使对二甲苯和解吸剂分离。塔顶产品为含有部分粗甲苯的对二甲苯，送往成品塔处理。抽出液塔底产品即解吸剂用泵升压，与塔进料换热后，与抽余液塔底的解吸剂混合，返回吸附塔循环使用。

从抽出液塔顶分出的粗对二甲苯进入成品塔，塔顶分出粗甲苯用泵送至歧化装置作为歧化反应原料。塔底物料即对二甲苯产品经对二甲苯空冷器、对二甲苯后冷器冷却至常温，经在线色谱分析合格后用泵送至产品罐区。

从抽余液塔及抽出液塔底分出的少部分解吸剂送至解吸剂再蒸馏塔处理，该塔塔底物为变质解吸剂，经泵升压并冷却后送出装置。塔顶为再生后的解吸剂，打入抽余液塔循环使用。

2. 二甲苯分馏装置工艺过程简述

二甲苯分馏装置由脱烯烃设施和多台分馏塔构成，通常包括原料精制、重整油塔、二甲苯塔、重芳烃塔。如果生产邻二甲苯产品，还需要设置邻二甲苯塔。二甲苯分馏装置的原料通常包括重整装置提供的 C_6^+ 重整生成油、异构化装置脱庚烷塔底物料和歧化装置甲苯塔底物料。

重整油塔的作用是将 C_6^+ 重整生成油馏分分离为 C_6/C_7 馏分和 C_8^+ 芳烃，塔顶的 C_6/C_7 馏分作为芳烃抽提装置原料，C_8^+ 芳烃与歧化装置、异构化装置生产的 C_8^+ 芳烃一起经二甲苯塔、邻二甲苯塔及重芳烃塔分离出 C_8 芳烃、邻二甲苯产品、C_9/C_{10} 芳烃和重芳烃，C_8 芳烃作为吸附分离原料送至吸附分离装置，C_9/C_{10} 芳烃送至歧化反应部分作原料，少量含 C_{11}^+ 重组分可以送加氢裂化或催化裂化装置处理。

在有些芳烃联合装置中，重整油塔布置在连续重整装置，重芳烃塔布置在歧化装置。

二甲苯分馏装置典型流程见图 7-15。

C_6^+ 重整生成油馏分与塔底物料换热后进入重整油塔。塔顶产品为 C_6/C_7 馏分，经冷却后送至芳烃抽提装置，进行芳烃和非芳烃的分离。重整油塔塔底的 C_8^+ 物料经泵升压并与塔进料换热，再经脱烯烃处理器加热器加热后进入脱烯烃处理器

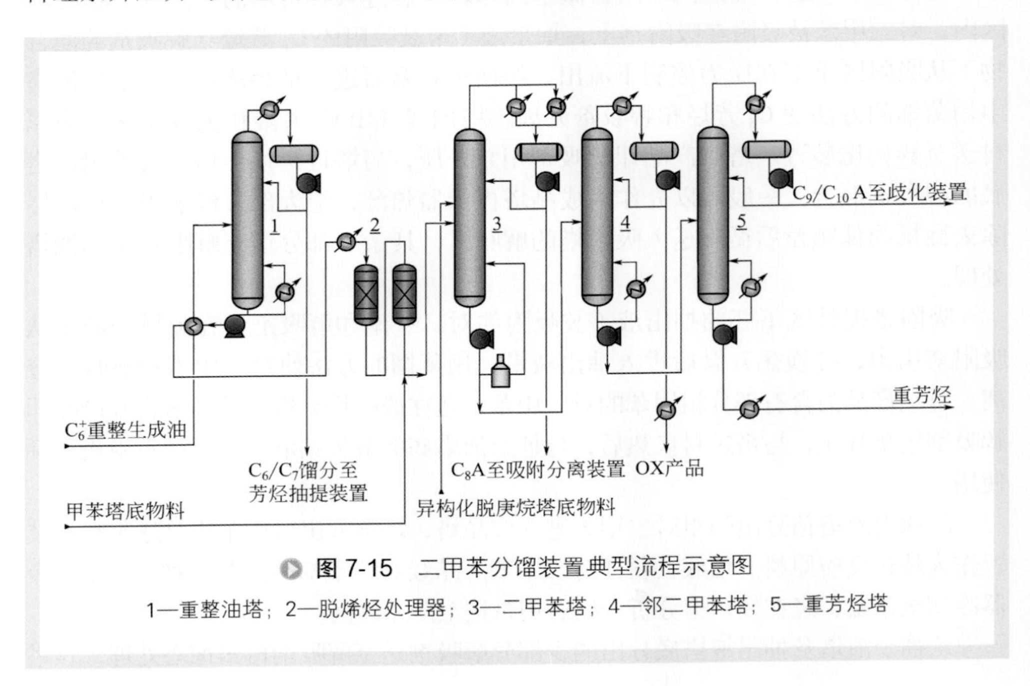

图 7-15　二甲苯分馏装置典型流程示意图

1—重整油塔；2—脱烯烃处理器；3—二甲苯塔；4—邻二甲苯塔；5—重芳烃塔

脱除烯烃。如果重整生成油在上游已经过脱烯烃处理，此处的脱烯烃处理器可以省略。

经脱烯烃处理后的重整油塔底 C_8^+ 物料与歧化甲苯塔底的 C_8^+ 物料混合，经与二甲苯塔底物料换热后送入二甲苯塔，异构化脱庚烷塔底物也送入二甲苯塔的不同位置。二甲苯塔塔顶产品进入吸附分离进料缓冲罐，经泵升压后送至吸附分离装置作原料。

对于生产邻二甲苯的装置，需要将部分邻二甲苯压至二甲苯塔塔底，含有邻二甲苯的 C_9^+ 芳烃塔底物料进入邻二甲苯塔进行分离，塔顶物料即邻二甲苯产品送出装置，塔底的 C_9^+ 芳烃送往重芳烃塔处理。

对于不生产邻二甲苯的装置，邻二甲苯随其他 C_8 芳烃进入二甲苯塔塔顶，二甲苯塔底的 C_9^+ 物料与进料换热后直接送往重芳烃塔。重芳烃塔塔顶的 C_9/C_{10} 芳烃物料送至歧化装置作为歧化反应原料，塔底的 C_{11}^+ 物料作为重芳烃产品经泵升压并经冷却后送出装置。

二、热能特点分析

1. 精馏塔多，需加热冷却的过程多，能耗高

为了给歧化和芳烃抽提装置供料和生产对二甲苯、邻二甲苯等产品，吸附分离和二甲苯分馏装置通常设置 8 台精馏塔。由于产品纯度及装置进料对于杂质含量有严格的要求，精馏塔的分离精度要求很高，需要输入大量的热量。另一方面，塔顶有大量的物料需要冷凝冷却，这是芳烃装置能耗高的主要原因之一。以一套对二甲苯产量为 650kt/a 的芳烃联合装置为例，其上游配套的重整装置规模为 2000kt/a，同时副产 50kt/a 邻二甲苯，该吸附分离和二甲苯分馏装置精馏塔需要输入的热量分别为 107.66MW 和 180.12MW。两装置精馏塔热负荷详见表 7-32。

表7-32　吸附分离和二甲苯分馏装置精馏塔热负荷

吸附分离装置 /MW		二甲苯分馏装置 /MW	
抽余液塔	70.18	重整油塔	22.32
抽出液塔	24.46	二甲苯塔	130.58
成品塔	10.97	邻二甲苯塔	15.52
解吸剂再蒸馏塔	2.05	重芳烃塔	11.7
合计	107.66	合计	180.12

2. 低温位热量多

吸附分离和二甲苯分馏装置精馏塔顶的冷凝热比较多，且塔顶冷凝热的温位普遍都比较低，回流温度通常在 66 ～ 131℃之间。由于温位较低，这部分热量难以在装置内部得到利用，通常采用空冷进行冷却。以前述装置为例，这部分冷凝热高

达 143.77MW。两装置精馏塔顶冷凝热量情况详见表 7-33。

表7-33 吸附分离和二甲苯分馏装置精馏塔顶冷凝热量情况

项目	重整油塔	邻二甲苯塔	抽余液塔	抽出液塔	成品塔	合计
温度 /℃	109 → 71	158 → 131	145 → 121	145 → 121	116 → 66	
热负荷 /MW	20.43	15.77	72.45	25.03	10.09	143.77

三、换热过程强化与集成

1. 塔顶热量回收技术

① 二甲苯塔适度加压操作，与抽余液塔、抽出液塔热量集成。

二甲苯塔是芳烃联合装置的物料和热量集合中心，进料规模大、回流比高、塔顶冷凝负荷大。为了回收二甲苯塔顶物料的冷凝热，通常将二甲苯塔与其他精馏塔进行热量集成，利用二甲苯塔塔顶冷凝热作为其他精馏塔的再沸热源。具体的热量集成方案需要根据实际热量平衡进行匹配。

传统的热量集成工艺流程是：二甲苯塔适度加压操作，抽余液塔和抽出液塔常压操作，利用二甲苯塔顶气相物流的冷凝潜热作为抽余液塔和抽出液塔底再沸器的热源，抽余液和抽出液塔顶物流经过空冷冷凝后作为热回流返塔。二甲苯塔操作压力的选取取决于抽余液塔和抽出液塔塔底再沸器的温位要求。

以前述芳烃联合装置为例，二甲苯塔适度加压后塔操作压力 848kPa，塔顶冷凝热负荷 87.39MW，塔顶物料冷后温度 239℃。抽余液塔和抽出液塔塔底热负荷分别为 70.38MW 和 26.50MW，塔底温度分别为 216℃和 209℃，可以用二甲苯塔顶冷凝物料作为抽余液塔和抽出液塔再沸热源。传统工艺流程中二甲苯塔、抽余液塔和抽出液塔操作条件见表 7-34。

表7-34 传统工艺流程中二甲苯塔、抽余液塔和抽出液塔操作条件

操作条件	二甲苯塔	抽余液塔	抽出液塔
塔顶压力 /kPa	848	29	22
塔顶温度 /℃	247	145	145
塔底温度 /℃	288	216	209
塔顶负荷 /MW	87.39	71.17	26.11
塔底负荷 /MW	91.68	70.38	26.50

不采用热量集成技术回收二甲苯塔顶冷凝热时，二甲苯塔可以按常压操作，此时塔顶的冷凝热 76.8MW。因此，通过采用热量集成技术回收二甲苯塔顶的冷凝

热，可以使装置回收 76.8MW 的热量。

② 二甲苯塔进一步加压，抽余液塔、抽出液塔适度加压发生蒸汽。

由表 7-34 可以看出，虽然二甲苯塔与抽余液塔、抽出液塔采用了热量集成技术，通过提高塔顶物流温位的办法使其冷凝热得到了利用，但由于抽余液塔和抽出液塔顶物流的温位较低，大量冷凝热仍未被回收利用。为了进一步回收抽余液塔和抽出液塔顶冷凝热，中国石化的 SorPX 技术对抽余液塔和抽出液塔适当提压，以提高塔顶物流温位，利用该两股物流可发生 0.5MPa 饱和蒸汽。发生的蒸汽经过热后，可以直接利用，例如驱动压缩机透平或者作为加热蒸汽，也可以用来发电，直接利用时蒸汽利用效率高。为了满足抽余液塔和抽出液塔提压操作后塔底温位要求，二甲苯塔需要进一步提压。抽余液塔和抽出液塔盘数量也适当增加，以降低再沸负荷。三台塔顶物流热回收操作条件及流程见表 7-35 及图 7-16。

表7-35　进一步加压操作的二甲苯塔、抽余液塔和抽出液塔操作条件

操作条件	二甲苯塔	抽余液塔	抽出液塔
塔顶压力 /kPa	1300	250	280
塔顶温度 /℃	273	190	195
塔底温度 /℃	313	252	253
塔顶负荷 /MW	105.54	71.51	26.31
塔底负荷 /MW	109.94	79.95	28.84

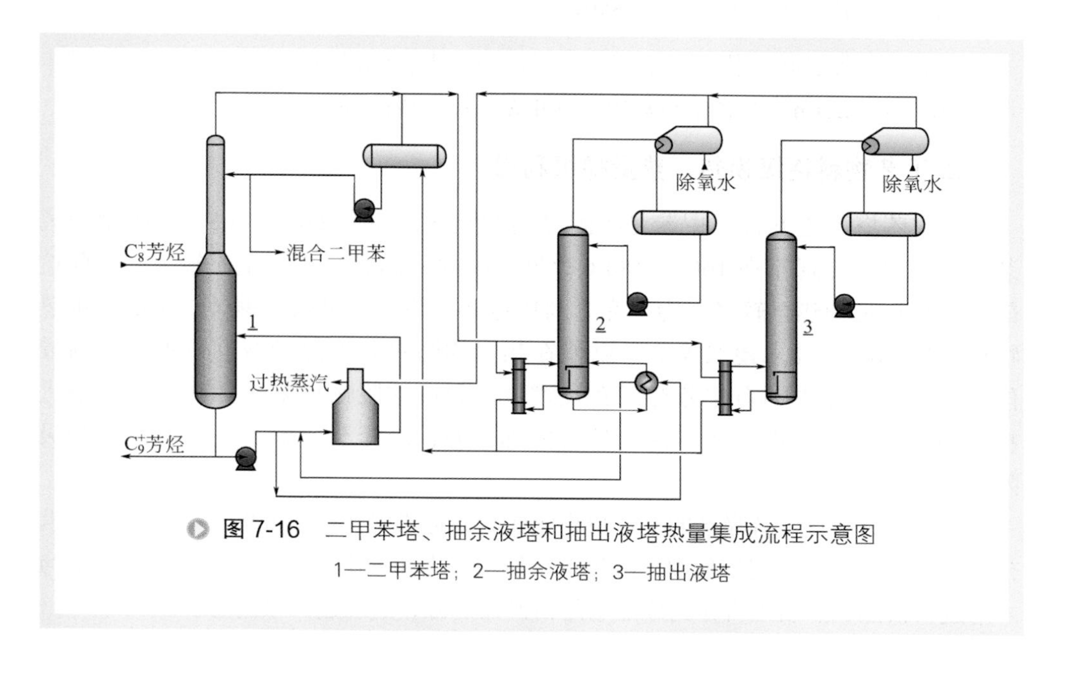

图 7-16　二甲苯塔、抽余液塔和抽出液塔热量集成流程示意图

1—二甲苯塔；2—抽余液塔；3—抽出液塔

采用深度热量集成技术回收三台塔的塔顶冷凝热后，装置进一步节省热量85.8MW。

③ 重芳烃塔适度加压操作，与重整油塔热量集成。

在芳烃联合装置中，重芳烃塔的作用是以 C_9^+ 芳烃为进料，从塔顶分出 C_9/C_{10} 芳烃作为歧化及烷基转移的原料，塔底脱除重组分。传统设计中，重芳烃塔采用常压操作，塔顶物流温度约 184℃，直接入空冷器进行冷却，冷后温度约 150℃。

将重芳烃塔压力提高至 200kPa，塔顶温度相应提高至 218℃，通过将重芳烃塔顶气相物流作为重整油塔再沸热源，实现重芳烃塔顶物流热量回收。由于重芳烃塔顶回收的冷凝热不满足重整油塔底热量需求，通常设置一台蒸汽再沸器，正常操作时，作为重整油塔再沸热量的补充及塔调整操作的手段。重芳烃塔与重整油塔热量集成操作参数见表 7-36。

表7-36　重芳烃塔与重整油塔热量集成操作参数

操作条件	重芳烃塔	重整油塔
塔顶压力 /kPa	200	40
塔顶温度 /℃	218	109
塔底温度 /℃	269	178
塔顶负荷 /MW	12.13	20.43
塔底负荷 /MW	11.70	22.32①

① 重芳烃塔可以为重整油塔提供 12.13MW 热量，不足部分由蒸汽再沸器补充。

对于前述芳烃联合装置，采用重芳烃塔顶与重整油塔热量集成技术后，可减少加热蒸汽用量 21t/h，节省空冷耗电量 49kW，折合成能耗为 24kgoe/t PX。

2. 工艺物料逐级换热，热量梯级利用

二甲苯塔顶的混合二甲苯是吸附分离的原料，通常 240 ～ 265℃，吸附分离装置的进料温度通常在 160 ～ 180℃之间。吸附分离装置进料量比较大，因此这部分物料携带的热量较多。为了充分利用这部分热量，可以根据装置中需要加热物料不同的温度要求逐级换热，以便在热量的回收和换热设备的设置上达到最佳的经济性。在中国石化芳烃成套技术中，利用这股物料依次加热二甲苯塔进料、加热脱庚烷塔进料和作为成品塔再沸热源，冷却至要求的温度后返回到吸附塔。

吸附分离装置中解吸剂的循环量也比较大，通常是进料的 0.95 ～ 1.3 倍，也携带了大量的热量。常规流程中，解吸剂从抽余液塔和抽出液塔底分离出，先分别与本塔进料换热，然后汇合作为成品塔的再沸器热源，之后返回吸附塔。

3. 热媒水回收低温热

利用热媒水回收低温热技术是近年来被广泛采用的低温热回收技术之一。热媒水进入装置温度约60℃、送出装置温度约90℃，装置内100℃左右的低温热量都可以得到回收利用。对于吸附分离装置和二甲苯分馏装置，此类低温热包括成品塔顶冷凝热、对二甲苯产品冷却热、重整油塔顶冷凝热，对前述芳烃联合装置，以上热量合计25.8MW。热媒水回收装置的热量之后，可以用于集中制冷、供暖、发电，也可以供给温位匹配的化工装置使用。

4. 低压蒸汽发电及热媒水发电技术

（1）低压蒸汽发电技术　吸附分离装置中抽余液塔和抽出液塔常规设计为常压塔，塔顶温度145～150℃，冷后温度121～130℃，塔顶温度随塔操作压力不同略有差异。抽余液塔顶和抽出液塔顶的冷凝热是芳烃联合装置两处热负荷较大的低温热。以一套600kt/a芳烃联合装置为例（下同），这两处的热负荷合计为97.4MW，折合成能耗大于100kgoe/t PX。如果这部分低温热能够部分回收，对于芳烃联合装置的节能降耗会起很大的作用。

抽余液塔和抽出液塔按常压塔操作时，塔顶可以发生0.2MPa的蒸汽，经过热后压力一般在0.15MPa左右，这个品质的蒸汽如果用来发电，汽电转换效率低。另外，发电机组规模较大、占地面积大、投资高、投资回收期长，技术经济上不甚合理。因此，适当提高这两台塔的操作压力，可以提高塔顶低温热回收的经济性。

将抽余液塔和抽出液塔塔压分别提至0.25MPa和0.28MPa，可以发生0.5MPa的饱和蒸汽180t/h，净发电功率18MW，净热电转化效率可达15%。采用低压蒸汽发电技术后，每吨对二甲苯产品的能耗可降低约55kgoe。

（2）热媒水发电技术　芳烃联合装置中低于130℃的低温热源，难以用来发生蒸汽，可以用除盐水作为热媒，工艺物料分别与低温除盐水进行换热，回收的低温热集中送到热水发电机组发电。

近年来，采用低沸点有机工质的卡琳娜循环技术（氨水混合物）、朗肯循环技术（氟利昂、戊烷等烃类）在国外得到推广，可以实现较低温度下的低温热发电。

影响热水发电效率的主要因素之一是热媒水的温度。装置内的低温热源主要是塔顶的冷凝热，以及经过换热后的反应产物。综合分析装置内低温热源的温位，采用合理的换热流程以及高效的换热设备，可以提高热媒水的换热终温，进而提高装置内低温热利用效率。以一套1Mt/a芳烃联合装置为例，统筹利用装置内部4处低温热与热媒水进行换热，采用不同的换热流程，可以得到不同换热终温的热媒水，最终得到的发电量不同。热媒水温度越高，热电转换效率越高。不同换热流程热电转换效率的比较详见表 7-37，优化后的换热流程见图 7-17。

表7-37 采用不同换热流程时热电转换效率比较

方案	低温热负荷/MW	换热器数量/台	热媒水流量/(t/h)	热媒水换热终温/℃	净发电量/kW
方案一并联换热	31.06	5	634	112	2448
方案二 优化换热	31.06	5	530	120	2671

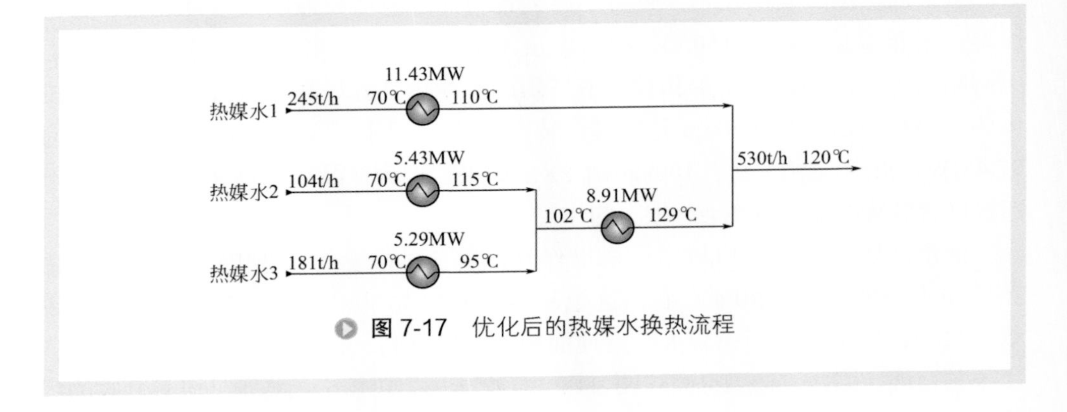

图 7-17 优化后的热媒水换热流程

5. 采用高效传热设备

（1）高通量管换热器 对于利用塔顶物料冷凝热为其他塔提供热量的塔来说，例如前文提到的二甲苯塔、重芳烃塔，高通量管具有在小传热温差下高效传热的特点，可以降低供热塔物料温位，进而降低塔的操作压力，减小塔底热负荷；对于发生蒸汽的工艺物料，发生同样品质的蒸汽时，需要的温度低，同样可以降低塔的操作压力，减小塔底热负荷。以前述 650kt/a 芳烃联合装置为例，抽余液塔和抽出液塔顶采用普通换热器和采用高通量管换热器发生同样等级的蒸汽时，塔的操作条件比较详见表 7-38。

表7-38 采用不同型式换热管发生蒸汽的抽余液塔、抽出液塔操作条件比较

项目	普通换热管	高通量换热管
抽余液塔操作压力 /kPa	250	200
抽余液塔顶操作温度 /℃	190/182	182/173
抽余液塔顶热负荷 /MW	71.51	71.04

续表

项目	普通换热管	高通量换热管
抽余液塔底热负荷 /MW	79.95	77.87
抽出液塔操作压力 /kPa	280	215
抽出液塔顶操作温度 /℃	195	186
抽出液塔顶热负荷 /MW	26.31	25.53
抽出液塔底热负荷 /MW	28.84	27.52
0.5MPa 蒸汽的饱和温度 /℃	158	158

从表 7-38 中可以看出，抽余液塔和抽出液塔塔顶采用高通量管换热器发生蒸汽后，抽余液塔的操作压力降低了 50kPa，塔顶、塔底热负荷分别减小了 0.47MW、2.08MW，抽出液塔的操作压力降低了 65kPa，塔顶、塔底热负荷分别减小了 0.78MW、1.32MW，每吨对二甲苯的能耗降低了约 3.4kgoe。

（2）板式换热器和缠绕管式换热器　板式换热器和缠绕管式换热器都是高效传热设备。与普通换热器相比，由于换热器热端温差小，用于反应进出料换热，可以有效地回收反应产物的热量，降低加热炉的负荷，同时减少空冷、水冷负荷，降低反应系统能耗。用于塔顶物料与低温热水换热，可以提高热水的换热终温，提高热水发电效率。

获得国家科技进步特等奖的中国石化芳烃成套技术包括了上述所有的换热过程强化与集成技术，大幅度降低 PX 装置能耗，提高了技术竞争力。

四、换热元件强化传热技术

吸附分离和二甲苯分馏装置工艺介质比较洁净，换热性能优越，采用常规光管管壳式换热器，设备总传热系数也比较高。该装置中应用最多的是具有强化传热作用的表面多孔管等强化传热技术[21]。

不同专利商的工艺流程不同，有的装置不设置二甲苯再蒸馏塔，但通过一套包括二甲苯再蒸馏塔的流程探讨装置中换热设备的强化措施仍具有指导意义。以某在役吸附分离和二甲苯分馏装置为例分析其换热设备特点及适宜的强化传热技术。

1. 抽出液塔系换热设备

（1）抽出液塔进料换热器　吸附塔抽出液进入抽出液塔进料 - 塔底换热器加热后进入抽出液塔。在换热器内的冷、热流体均为纯液相换热，换热性能比较好，换热器结构设计合理时，常规管壳式结构的总传热系数也会超过 600W/（m^2・K）。由于介质传热性质较好，一般强化液相传热的技术均可用于该换热器。

（2）抽出液塔顶换热设备　抽出液塔顶油气流量大、热负荷大，早期装置中多经空冷器冷凝、冷却至 130℃进入抽出液塔顶回流罐。抽出液塔顶组分比较纯，汽液平衡受压力影响很大。为了保持压降，不适合采用多管程结构，可以采用板式空冷器强化传热。随着新技术的开发和适应能源利用的要求，目前已经取消该空冷器，将这部分低温热量充分利用。

回流罐底液分为两路：一路作为回流返回抽出液塔；一路送入成品塔进料 - 塔底换热器加热后送入成品塔。成品塔进料 - 塔底换热器的热负荷很小，传热效果较好，换热器规格较小。

（3）抽出液塔底再沸器　抽出液塔底设置 2 个再沸器，二甲苯再蒸馏塔顶 - 抽出液塔再沸器热源来自二甲苯再蒸馏塔顶的芳烃气体、二甲苯塔顶 - 抽出液塔再沸器热源来自二甲苯塔顶的芳烃气体。2 台再沸器的工艺介质和传热特性基本相同。抽出液塔底介质是接近纯物质的芳烃，沸腾过程对于压力和温度都十分敏感。其工艺条件如表 7-39 所示。来自塔顶的热流体在再沸器中冷凝后过冷 20℃，冷、热流体的有效温差 36℃。经过传热计算发现，采用普通光管立式热虹吸设计方案，热流体在壳程冷凝效果一般，膜传热系数 1376W/（m^2・K）；冷流体在管程沸腾，全程处于对流沸腾区域。在对流沸腾区域，管内膜传热系数约为 2240W/（m^2・K）。再沸器总传热系数并不高。合理的强化传热技术是采用管内多孔表面、管外开 V 形纵槽的高通量管代替普通光管，从而同时强化管内沸腾和管外冷凝传热。方案对比结果见表 7-40。

表7-39　二甲苯再蒸馏塔顶-抽出液塔再沸器工艺条件

项目	热流体	冷流体
介质	芳烃	芳烃（苯塔底）
流量 /（kg/h）	197339	39665
允许压降 /kPa	50	热虹吸
温度 /℃	258 → 234	214 → 214
气相密度 /（kg/m^3）	33.45 → —	— → 7.24
液相密度 /（kg/m^3）	— → 653	698 → 697
气相黏度 /mPa・s	0.012 → —	— → 0.009
液相黏度 /mPa・s	— → 0.13	0.19 → 0.189
气相导热系数 /［W/（m・K）］	0.036 → —	— → 0.026

续表

项目	热流体	冷流体
液相导热系数 / [W/(m·K)]	—→0.08	0.086→0.096
气相比热容 / [kJ/(kg·K)]	2.15→—	—→2.03
液相比热容 / [kJ/(kg·K)]	—→2.54	2.46→2.46

注：热负荷 17.3MW。

表7-40　二甲苯再蒸馏塔顶-抽出液塔再沸器热力学模拟结果

项目	原传热方案	强化传热方案
设备规格（壳径 × 换热管直管长）/mm	1800×4500	1500×4000
设备数量 / 台	1	1
管程压降 /kPa	热虹吸	热虹吸
壳程压降 /kPa	7	7
总传热系数 / [W/(m^2·K)]	510	1135
换热面积 /m^2	1080	387
设备总质量 /t	32	20.5

通过对比可以发现，采用高通量管代替光管，同时强化管内沸腾和管外冷凝传热，可减少 36% 的设备重量，降低设备投资费用。

中国石油乌鲁木齐石化分公司 1.0Mt/a 芳烃联合装置在抽余液塔再沸器、抽出液塔再沸器均采用高通量管代替光管，获得较好的经济效益[21]。

2. 成品塔系换热设备

（1）成品塔进料换热器　成品塔进料 - 塔底换热器承担的热负荷不大，一般 1MW 左右，传热性能很好。采用普通管壳式换热器，设备总传热系数也可超过 600W/（m^2·K），需要的换热面积较小。

（2）成品塔顶空冷器　成品塔顶 125℃油气经过空冷器冷凝、冷却至 70℃进入回流罐，回流罐底液部分作成品塔回流，其余用作歧化反应原料。

如果成品塔顶空冷器设计时选用流动面积相同的 2 管程结构，工艺介质进入换热管流速为 40m/s 时，完全冷凝后的流速只有 0.2m/s，冷却段的传热效果不佳。改为第一管程流通面积是第二管程的 5 倍方式布管，工艺介质进入换热管流速为 30m/s 时，冷却后的流速增加到 0.8m/s，提高了冷却段的传热效率。从而减少空冷器片数，减少风机、电机数量，降低了空冷器的耗电量。可用于成品塔顶空冷器的强化传热技术还有板式空冷器等同时强化管内、管外传热的结构。

（3）成品塔底换热设备　塔底产品对二甲苯经成品塔进料 - 塔底换热器、空冷器和水冷器冷却至 40℃，送入储罐。

成品塔底设置 2 个再沸器，吸附分离进料 - 成品塔再沸器的热源为来自二甲苯再蒸馏塔顶和二甲苯塔顶的芳烃，解吸剂 - 成品塔再沸器的热源为解吸剂，2 台再沸器热流体侧均为纯液相冷却。

再沸器一般为卧式热虹吸布置，对二甲苯在壳程沸腾。采用普通管壳式换热器，壳程膜传热系数约为 2500W/（m^2 • K），与管程无相变膜传热系数相当。考虑工艺介质性质，多孔表面适合用于强化对二甲苯的沸腾过程，采用管外烧结型表面多孔管代替光管可以提高沸腾侧膜传热系数 10 倍左右，从而提高再沸器的整体传热性能。

在成品塔进料 - 塔底换热器内交换的热负荷比较小，普通管壳式换热器结构的总传热系数也超过 600W/（m^2 • K）。换热器内管程、壳程膜传热系数接近，波纹管、扭曲管等具有同时强化管内、管外无相变换热的换热管可以有效地缩小换热器规格。

对二甲苯产品在空冷器有效温差约 45℃左右，需要的换热面积不大。如果要进一步缩小设备规格，可以采用椭圆管高翅片管代替圆管高翅片管强化传热。

3. 抽余液塔系换热设备

（1）抽余液塔进料换热器　抽余液经抽余液塔进料 - 塔底换热器加热后进入抽余液塔中段。换热器内的冷、热流体都是纯液相换热，管、壳程膜传热系数均超过 2000W/（m^2 • K），换热器总传热系数超过 600W/（m^2 • K），换热效果较好。但由于换热器热负荷大，需要的换热面积大，可以采取波纹管、扭曲管、横纹管等具有双面强化传热作用的换热管代替光管，也可以直接采用板式换热器缩减设备规格。

（2）抽余液塔顶空冷器　抽余液塔顶 160℃油气经过抽余液塔顶空冷器冷却至 130℃进入回流罐。

抽余液塔顶空冷器工艺介质流量大、温度高，设备热负荷大。以本装置为例，空冷器需要冷凝、冷却 88MW 的热量，工艺介质流量为 153420m^3/h。考虑到介质出口温度为 130℃，如果不能利用这部分热量，为避免空气侧结垢，只能采用干式空冷器。由于介质体积流量大，为保证塔顶介质的压力降，适合采用一管程设计。如果采用强化传热技术，板式空冷器是适宜的选择。

（3）抽余液塔底换热设备　介质主要为解吸剂的抽余液塔塔底液由塔底泵送入抽余液塔进料 - 塔底换热器冷却，然后进入解吸剂 - 成品塔再沸器冷却到 178℃左右，再经空冷器冷却至 160 ～ 180℃后进解吸塔。上述 2 台换热器前面已经进行了详细分析，工艺介质离开空冷器的温度较高，空冷器的有效温差达到 120℃，所需换热面积很小。

抽余液塔底设置 2 个再沸器，二甲苯再蒸馏塔顶 - 抽余液塔再沸器热源为来自二甲苯再蒸馏塔顶的芳烃，二甲苯塔顶 - 抽余液塔再沸器热源为来自二甲苯塔顶的芳烃。

抽余液塔再沸器的流量和热负荷比较大，沸腾介质是单纯介质，热流体为芳烃冷凝。该装置抽余液塔 2 台再沸器的热流体来自不同的塔，但其温位和物性一样，只是热负荷不同。二甲苯再蒸馏塔顶 - 抽余液塔再沸器工艺条件如表 7-41 所示。抽余液塔再沸器的热负荷为 35.6MW，热流体流量为 411.668t/h，其余物性数据和表 7-42 中一致。

采用光管立式热虹吸设计方案，热流体在壳程冷凝效果一般，膜传热系数 1405W/（m^2 • K）；冷流体在管程沸腾，全程处于对流沸腾区域，管内膜传热系数约为 2224W/（m^2 • K）。适宜的强化传热手段是：管内采用多孔表面增加起泡核心、强化核态沸腾，管外纵槽表面强化壳程垂直冷凝过程，可获得双面强化的效果。方案对比结果见表 7-42。

表7-41　二甲苯再蒸馏塔顶-抽余液塔再沸器工艺条件

项目	热流体	冷流体
介质	芳烃	芳烃
流量 /（kg/h）	569625	2522021
允许压降 /kPa	50	热虹吸
温度 /℃	258 → 236	222 → 222.4
气相密度 /（kg/m^3）	33.45 → —	— → 8.5
液相密度 /（kg/m^3）	— → 650	689 → 688
气相黏度 /mPa • s	0.012 → —	— → 0.01
液相黏度 /mPa • s	— → 0.13	0.18 → 0.18
气相导热系数 /［W/（m • K）］	0.036 → —	— → 0.027
液相导热系数 /［W/（m • K）］	— → 0.079	0.084 → 0.084
气相比热容 /［kJ/（kg • K）］	2.15 → —	— → 2.06
液相比热容 /［kJ/（kg • K）］	— → 2.559	2.5 → 2.5

注：热负荷 49.2MW。

表7-42 抽余液塔再沸器方案对比

项目	二甲苯再蒸馏塔顶 - 抽余液塔再沸器		二甲苯塔顶 - 抽余液塔再沸器	
	原传热方案	强化传热方案	原传热方案	强化传热方案
设备规格（壳径 × 换热管直管长）/mm	2200×4500	1950×4000	2500×4700	2350×4000
设备数量 / 台	2	2	1	1
管程压降 /kPa	热虹吸	热虹吸	热虹吸	热虹吸
壳程压降 /kPa	9	7	9	7
总传热系数 / [W/（m^2•K）]	519	1132	531	1140
换热面积 /m^2	3360	1370	2203	998
设备总质量 /t	100	60	68	44

通过表 7-42 对比可以发现，采用表面多孔管代替光管，同时强化管内沸腾和管外冷凝传热，两台再沸器减少金属耗量 38%，降低设备一次投资费用，同时降低土建和安装费用。

4. 解吸剂再蒸馏塔系换热设备

解吸剂再蒸馏塔进料直接来自抽余液塔底。解吸剂再蒸馏塔底设热虹吸式再沸器，热源为二甲苯再蒸馏塔底芳烃。再沸器的热负荷不大，有效温差 35℃左右，需要的换热面积不大。如果采用强化传热结构，T 形翅片管和螺纹管均是适宜的选择。

5. 重整油塔系换热设备

（1）重整油塔进料换热器　来自脱戊烷塔进料 - 塔底第三换热器的脱戊烷油，经进料 - 塔底换热器加热后送入重整油塔。

重整油塔进料 - 塔底换热器的热负荷不大，冷、热流体均为无相变换热。管、壳程传热性能较好，常规管壳式换热器结构的总传热系数也超过 600W/（m^2 • K）。如果考虑进一步提高设备换热性能，可采用螺旋槽纹管、螺纹管、波纹管等同时强化管、壳程传热的强化传热管。

（2）重整油塔底换热设备　重整油塔底设置 3 个再沸器取热。重整油塔蒸汽再沸器采用中压蒸汽作为热源；二甲苯塔顶 - 重整油塔再沸器采用二甲苯塔顶的二甲苯气体作为热源；二甲苯再蒸馏塔底 - 重整油塔再沸器采用二甲苯再蒸馏塔底物料作为热源。

其余塔底液送入重整油塔进料 - 塔底换热器，再进入二甲苯白土处理加热器加热后，送入二甲苯分馏白土处理器。这 2 台换热器分别在重整油塔进料和二甲苯再蒸馏塔底进行分析。

三台再沸器总热负荷为33MW，蒸汽再沸器换热量占三台再沸器总热负荷的60%。一般采用卧式热虹吸设计，再沸器换热性能很好。管内蒸汽冷凝膜传热系数超过10000W/（m^2·K），壳程沸腾膜传热系数约3000W/（m^2·K），即使考虑垢阻影响，总传热系数也可超过1000W/（m^2·K）。可以采用管外烧结型表面多孔管强化壳程沸腾膜传热系数，进一步缩小再沸器规格。

另外两台再沸器的冷、热流体膜传热系数基本相当，有效温差较大，需要的换热面积不大。如果采用强化传热技术，可以采用螺旋槽纹管、螺纹管、扭曲管等同时提高管程、壳程传热性能的强化传热结构。

6. 二甲苯再蒸馏塔系换热设备

（1）二甲苯再蒸馏塔进料换热器　来自异构化产物白土处理器的进料经过脱庚烷塔底 - 二甲苯再蒸馏塔进料换热器、再沸炉加热后送入二甲苯再蒸馏塔上部。来自二甲苯分馏白土处理器的物料经二甲苯再蒸馏塔进料 - 塔底换热器加热后，进入二甲苯再蒸馏塔中段。

这两台换热器均为纯液相换热，管程膜传热系数略低于壳程膜传热系数，总传热系数超过600W/（m^2·K）。可以采用螺纹管扩大二次传热面积，也可以采用扭曲管、波纹管等能够同时提高管程、壳程传热性能的强化传热技术。以某吸附分离装置的脱庚烷塔底 - 二甲苯再蒸馏塔进料换热器为例，采用螺纹管或者扭曲管束代替光管管束，在换热管长度不变的基础上，均可以将换热器直径由1000mm降低至900mm。

（2）二甲苯再蒸馏塔塔顶空冷器　二甲苯再蒸馏塔塔顶255℃油气经空冷器冷凝、冷却到240℃左右，进入回流罐。空冷器有效温差高达160℃，需要的换热面积不大。由于工艺介质温度很高，二甲苯再蒸馏塔顶空冷器设计关键是避免空气离开空冷器管束时的温度过高。建议采用较少的管排数代替比较经济的6管排设计以保证设备性能。

（3）二甲苯再蒸馏塔塔底换热系统　二甲苯再蒸馏塔塔底液中的一部分进入二甲苯再蒸馏塔进料 - 塔底换热器加热进料。塔底其余物料分别送到解吸剂再蒸馏塔再沸器、重芳烃塔再沸器、二甲苯再蒸馏塔底 - 重整油塔再沸器、二甲苯白土处理加热器去换热后返回，经再沸炉加热后送二甲苯再蒸馏塔底。

二甲苯白土处理加热器有效温差高达116℃，二甲苯再蒸馏塔进料 - 塔底换热器的有效温差接近70℃。两台换热器换热性能很好，壳程膜传热系数超过2500W/（m^2·K），管程膜传热系数在2000W/（m^2·K）左右。如果要进一步强化换热器性能，可以采用扭曲管、波纹管等双面强化传热技术。其余换热器和再沸器均已在前面对应位置进行过详细分析，重芳烃塔再沸器将在重芳烃塔底部分进行分析。

7. 二甲苯塔系换热网络

（1）二甲苯塔进料换热器　来自脱庚烷塔底 - 二甲苯再蒸馏塔进料换热器的芳烃，经邻二甲苯塔进料 - 脱庚烷塔底物换热器、二甲苯塔再沸炉加热后，送入二甲苯塔。

邻二甲苯塔进料 - 脱庚烷塔底物换热器内的冷、热流体均为纯液相换热，采用普通管壳式换热器时，管程膜传热系数均超过 2500W/（m^2 · K），壳程膜传热系数略低于 2000W/（m^2 · K）。可以采用扭曲管、波纹管等换热管同时强化管、壳程传热，从而缩小换热器规格。

（2）二甲苯塔顶换热系统　二甲苯塔顶气体分四路分别去二甲苯塔顶 - 重整油塔再沸器、二甲苯塔顶 - 抽出液塔再沸器、二甲苯塔顶 - 抽余液塔再沸器、邻二甲苯塔再沸器换热后，进入二甲苯塔回流罐。这些再沸器前面对应部分已有详细分析。

还有部分塔顶气经空冷器冷却至 240℃，送入二甲苯塔回流罐。二甲苯塔顶空冷器的负荷不大，有效温差比较大，可高达 180℃，采用普通干式高翅片管空冷器，所需要的换热面积不大。由于工艺介质温度高，建议采用较少的换热管排数以降低空气出口温度。

8. 邻二甲苯塔系换热设备

塔顶气体经塔顶空冷器冷却到 147℃左右进入邻二甲苯塔回流罐。罐底除回流部分，其余液体经邻二甲苯塔顶产品空冷器、水冷器冷却至 40℃。虽然邻二甲苯塔顶空冷器的热负荷较大，但工艺介质进、出口温度高，有效温差比较大；邻二甲苯塔顶产品空冷器负荷很小。这两台空冷器所需要的传热面积并不多，普通干式高翅片管空冷器的性价比比较高。

塔底再沸器可采用卧式热虹吸式布置，其热源为来自二甲苯塔顶的气体，邻二甲苯在壳程沸腾。管、壳程膜传热系数均在 2000 ～ 3000W/（m^2 · K）之间，再沸器总传热系数较高。如果要进一步提高再沸器性能，适宜的强化传热技术是采用 T 形翅片管强化沸腾传热。如果采用立式安装的热虹吸再沸器，管内多孔表面、管外纵槽的换热管可同时强化管内、管外传热。

9. 重芳烃塔系换热设备

塔顶油气温度约 190℃，早期设计的装置一般经重芳烃塔顶空冷器冷却至 166℃，进入回流罐。随着表面多孔管等高效换热器的应用，塔顶油气多用作重整油塔再沸器的热源或者用于发生蒸汽。

虽然空冷器需要完成 19MW 的热量交换，由于工艺介质温位较高，有效温差比较大，需要的传热面积并不多。扩能改造时，可以采用板式空冷器、椭圆管高翅片管等干式空冷器强化传热技术。韩国某公司在重芳烃塔顶采用一台 800mm × 800mm × 1500mm 的全焊接板式结构，冷却效果比较好。

塔底设置热虹吸再沸器，取热量较大，温差驱动力充足，适合采用螺纹管结构强化传热。

五、小结

吸附分离和二甲苯分馏装置由于精馏塔多，需要加热和冷却的过程较多，装置内难以回收的低温热量较多，因此是芳烃联合装置中耗能较高的装置。针对以上特点，通过热量集成等塔顶热量回收技术、工艺物料逐级换热和能量梯级利用技术，同时利用低温热水发电、低压蒸汽发电等技术深度回收低温热量，加以高效换热设备的适当应用，可以有效地强化传热，降低吸附分离和二甲苯分馏装置的综合能耗。

吸附分离和二甲苯分馏装置工艺介质比较洁净，适宜各种强化传热技术的应用。高效换热设备的使用将会为企业取得节能降耗、节省资金的效益。

参考文献

[1] 刘家明，王玉翠，蒋荣兴．炼油装置工艺与工程 [M]. 北京：中国石化出版社，2017.

[2] 俞惠敏，蔡业彬．波纹管在重整生成物换热器中的应用 [J]. 石油机械，2002，30（11）：48-51.

[3] 张方方，高莉萍．一种新型高效换热器在连续重整装置中的应用 [J]. 石油化工设备技术，2017，38（4）：1-5.

[4] 余良俭，张延丰，周建新．国产超大型板壳式换热器在石化装置中的应用 [J]. 石油化工设备，2010，39（5）：69-73.

[5] 吕凌宇，周利军．缠绕管式换热器在芳烃装置上的应用 [J]. 石油石化节能与减排，2013，3（6）：29-32.

[6] 田华峰．缠绕管式换热器在重整装置上的应用 [J]. 石油化工技术与经济，2017，33（6）：29-33.

[7] 刘洋．缠绕管式换热器在连续重整装置中的应用 [J]. 石油化工技术与经济，2016，32(6）：32-35.

[8] 阮付军．缠绕管式换热器在连续重整装置中的应用 [J]. 中外能源，2017，22（11）：84-89.

[9] 陈崇刚．连续重整缠绕管式换热器的研制及工业应用 [J]. 压力容器，2011，28（5）：41-47.

[10] 陈永东，陈学东．我国大型换热器的技术进展 [J]. 机械工程学报，2013，49（10）：134-143.

[11] 张富，陈韶范，陈满等．紧凑型板式蒸发空冷器在重整装置中的应用 [J]. 石油化工设备，2016，45（4）：72-75.

[12] 魏立东，马军．表面蒸发式空冷器在重整装置中的应用 [J]. 石油化工设备，2003，32（6）：52-53.

[13] 田国华 . 复合型高效空冷器在石化领域的应用 [J]. 工业技术创新，2014，1（5）：600-603.

[14] 陈寻成 . 重整装置板式换热器压降升高原因分析 [J]. 齐鲁石油化工，2010，38（4）：306-307.

[15] 李庆梅，赵敏，马红杰等 . 芳烃抽提装置换热器腐蚀结垢原因分析与对策 [J]. 腐蚀与防护，2008，29（7）：418-420.

[16] 顾锦彤，马贵阳，吴强 . 板式空冷器及应用问题研究 [J]. 化工装备技术，2008，29（6）：15-17.

[17] 杨卫胜，贺来宾 . 甲苯歧化装置节能工艺开发 [J]. 炼油技术与工程，2009，39（5）：12-14.

[18] 汪光胜，周建新 . 板壳式换热器在歧化装置中的选用 [J]. 石油化工设备，2008，37（5）：86-87.

[19] 崔世纯，杨卫胜，刘文杰等 . 板壳式换热器在甲苯歧化装置回收热量中的应用 [J]. 化学工程，1999，27（3）：56-57.

[20] 许卫东 . 新型缠绕管换热器在芳烃装置的应用 [J]. 科技风，2014，（9）：101.

[21] 赵亮，张延丰，陈韶范 . 高通量管热交换器在芳烃装置中的应用及前景 [J]. 石油化工设备，2010，39（6）：68-70.

[22] 刘铁 . 板壳式换热器用于芳烃异构化反应系统的节能探讨 [J]. 炼油技术与工程，2013，43（4）：41-43.

[23] 秦永强 . 国产大型板壳式换热器在芳烃联合装置的应用 [J]. 石油化工设备技术，2017，38（3）：1-5.

[24] 叶帅，随裕光，高飞 . 新型缠绕管式换热器在芳烃异构化装置上应用的节能分析 [J]. 河南科技，2017，9：60-62.

[25] 戴厚良 . 芳烃技术 [M]. 北京：中国石化出版社，2014：18.

第八章

典型乙烯及下游装置中的强化传热

第一节 乙烯裂解

乙烯装置是石油化工的“龙头”，其产品三烯（乙烯、丙烯、丁二烯）和三苯（苯、甲苯、二甲苯）是石油化工最基本的原料，乙烯产量、规模和生产技术是一个国家石油化工发展水平的标志。乙烯装置由乙烯裂解和乙烯分离两部分构成，本节介绍乙烯裂解，乙烯分离将在本章第二节中介绍。

一、工艺过程简述

乙烯裂解的主要作用是把乙烷、炼厂干气等气体原料及石脑油、加氢裂化尾油等液体原料通过蒸汽热裂解生产包括烯烃和芳烃的裂解气，并经分离和精制后得到符合质量要求的低碳烯烃和芳烃。乙烯裂解是乙烯生产装置的核心，目前包括中国石化在内，世界上主要有六个乙烯裂解专利商[1]。

乙烯裂解通常由乙烯裂解炉来实现，一般由辐射段、对流段和急冷系统三部分构成。高温热裂解反应在辐射段进行，反应所需热量由燃料燃烧提供。对流段回收高温烟气中的热量，部分用于预热和汽化裂解原料，并将其过热至反应起始温度，再送入辐射段发生热裂解反应，其余部分用于预热锅炉给水和过热超高压蒸汽。急冷系统回收高温裂解气的热量，大部分用于发生饱和超高压蒸汽，剩余热量通过乙烯分离部分加以回收利用。

乙烯裂解炉是乙烯装置的能耗大户，其能耗占整个乙烯装置总能耗的 50% 以上，如何通过各种强化传热手段和节能措施来降低乙烯裂解能耗，一直是裂解炉的

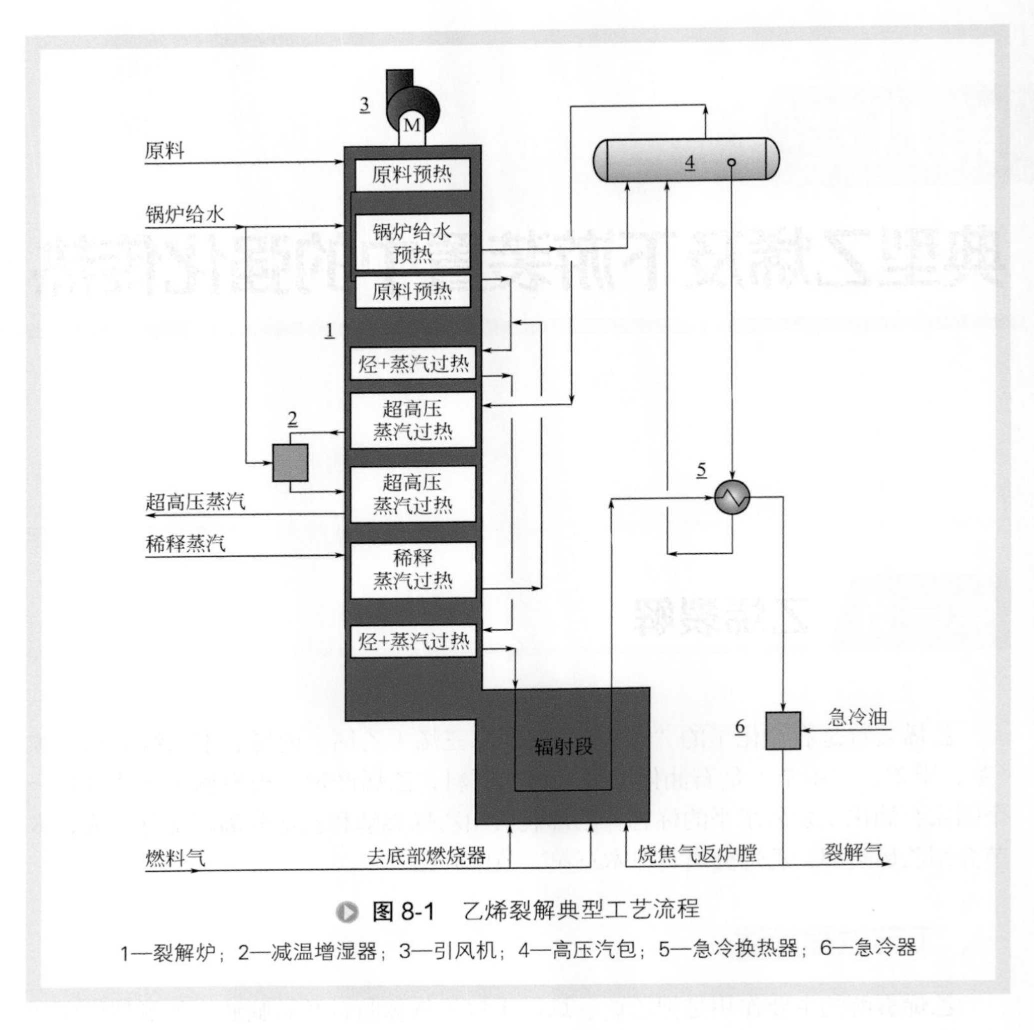

图 8-1 乙烯裂解典型工艺流程

1—裂解炉；2—减温增湿器；3—引风机；4—高压汽包；5—急冷换热器；6—急冷器

研发重点之一[2]。

乙烯裂解典型工艺流程见图 8-1。

二、热能特点分析

（1）辐射段　热裂解反应为自由基反应和分子反应相结合的原理，决定了只有在高温、短停留时间和低烃分压条件下才能获得更高目的产物烯烃的收率，并提高能量利用效率，最终降低单位产品的能量消耗[3]。

裂解炉辐射段传热包括辐射传热、对流传热和热传导，以辐射传热为主，其传热比例占辐射段总传热量的 80% 以上。辐射段传热受多种因素影响，如炉膛的结构与尺寸、燃料种类与供热方式、燃烧器型式及炉管的布置等。

提高辐射段热量利用效率有多种手段，其一是通过辐射炉管构型的优化更好地满足裂解反应的需要，多产目的烯烃产品，降低单位产品能耗；其二是优化提高进入辐射段的物料温度，提高总供热中辐射段反应吸热的比例，使热量更多用于裂解反应而非被动回收；其三是通过扭曲片管等管内外的多种措施强化传热，提高热量的利用效率；其四是采用节能型耐火材料，降低辐射段外壁的散热损失。

（2）对流段　燃料总放热量的 40% ～ 45% 被辐射段吸收后，1100℃左右高温烟气携带其余热量进入对流段，回收大部分热量后排入大气。对流段的主要作用就是在满足裂解工艺要求的前提下，保持整个裂解炉的热量平衡，通过对流段换热管的优化排布尽可能多回收烟气余热，提高裂解炉热效率，并降低投资。

根据对流段的烟气温度分布的特点，设置不同换热区段，按品位高低回收热量。对流段下部烟气热量品位最高，一般用于过热原料烃和稀释蒸汽的混合物，使之达到或接近裂解反应的起始温度，然后送辐射段发生裂解反应；其后的较高能位热量一般用于过热急冷换热器产生的饱和超高压蒸汽；中间能位的热量一般用于过热原料烃和稀释蒸汽；再次一级的烟气热量用于预热锅炉给水；最低能位的热量一般用于预热裂解原料[4]。

对流段换热形式中，最下段以辐射传热为主，其余大部分以对流传热为主。

（3）急冷换热器　由于原料不同，来自辐射段的裂解气温度通常介于 800 ～ 870℃之间，该温度下还会发生二次反应，降低目的产品收率，因此需要将裂解气尽快急冷至二次反应温度以下。通常裂解气的急冷有两种方式，早期是直接喷入水或急冷油，现代裂解炉是通过急冷换热器进行冷却。两种方式热量回收量相似，但能量品位却相差较大。采用急冷换热器回收热量产生超高压蒸汽是回收能量品位最高的一种方式，产生的超高压蒸汽可用于驱动下游压缩机透平，该方式目前是主流技术。

急冷换热器是乙烯裂解中的关键设备，它一方面将高温裂解气迅速急冷至二次反应温度之下以减少目的烯烃损失，同时回收高温裂解气的热量产生高品位热能。在急冷换热器中，一般高温裂解气走管程，冷却介质饱和水走壳程，以沸腾传热方式发生超高压蒸汽。

三、工艺用能优化和换热网络优化

乙烯裂解各单元换热元件材质确定后，导热热阻成为固定值，强化传热基本通过增大传热面积和提高温度梯度来实现。

1. 对流段换热过程强化与集成

对流段换热形式以对流传热为主，在下部高温段也存在部分辐射传热。物料在对流段中有预热、汽化和过热等多段换热，涉及单相流和两相流的复杂传热问题。不同流动形态的流体内膜传热系数和影响因素各有不同。

提高对流段传热强度首先可以通过提高冷热流体的温度梯度即换热温差来实现；第二可以通过流速、流型的选择控制来提高传热系数；第三可以通过增加换热面积来实现。可以采取以下过程强化与集成方式。

（1）提高温度梯度与换热网络优化　为合理回收利用烟气热量，不同裂解原料对应不同的对流段排布。

对于气体原料或石脑油、抽余油、拔头油等轻质油品，不需要汽化或者汽化过程较短，对流段相对简单，通常分为原料预热、锅炉给水预热、原料烃和稀释蒸汽（DS）混合过热和超高压蒸汽过热等换热管段，典型对流段排布见图 8-2。超高压蒸汽过热段分为两段的主要目的是通过注水来调节过热温度，满足乙烯分离压缩机蒸汽透平用户的需要。

对于柴油、加氢尾油等重质油品，汽化点偏高，馏程较长，在对流段中预热时汽化时间较长。为避免结焦，对流段设计较为复杂，通常分为原料预热、锅炉给水预热、原料烃和稀释蒸汽混合过热、稀释蒸汽过热和超高压蒸汽过热等换热管段，典型对流段排布见图 8-3。通常稀释蒸汽分两次注入，通过控制一、二次注入蒸汽的比例和蒸汽的过热温度，保证重质原料在和稀释蒸汽混合过热之前，可以完全汽化并有一定过热度，避免在对流段结焦。裂解重质油品时，对流段热负荷在运行初期和运行末期的变化十分明显，超高压蒸汽产量变化很大，某些时候一次注水量难以调节平衡对流段热负荷和超高压蒸汽过热的温度，通常采用两次注入减温水的方式，此时超高压蒸汽过热则分为三段[4]。

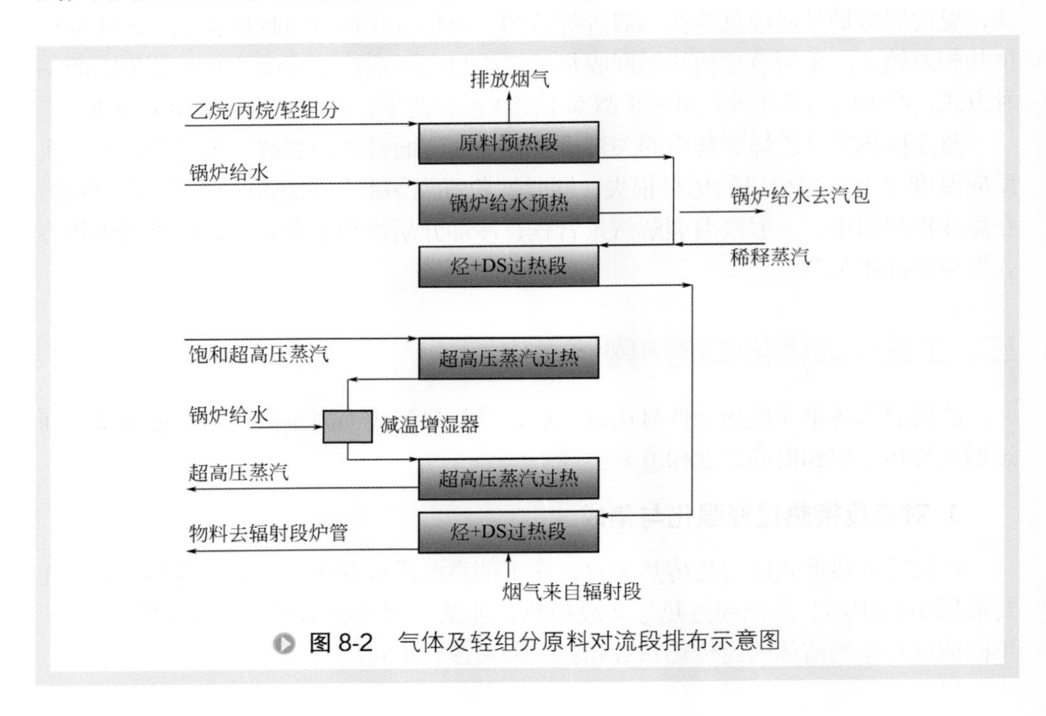

图 8-2　气体及轻组分原料对流段排布示意图

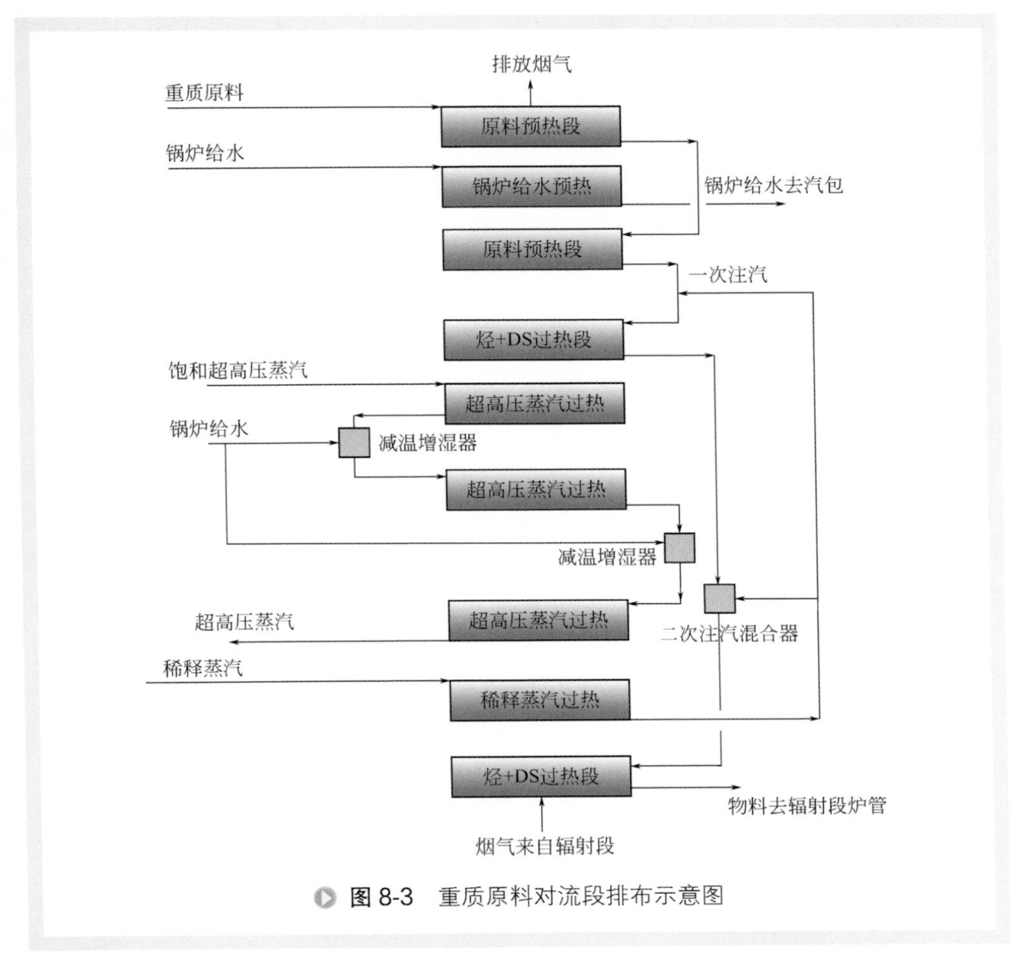

图 8-3　重质原料对流段排布示意图

随着裂解原料变重，对流段设计难度加大，换热管段划分更细，管排数量增多，带来投资增加。一般根据烟气侧温度高低和物料被加热的要求来合理布置换热管段，以充分利用烟气热量。在满足工艺要求的前提下，减少管排，降低换热面积，尤其是减少高等级材料换热管排的面积，在保证一定换热量下最大限度地降低投资费用。

近年来，随着辐射段热量利用效率和节能减排要求的提高，进入对流段的烟气温度下降，对流段排烟温度降低，而对流段工艺物料的换热量需求还有所提高，这增大了对流段热量回收的难度，尤其在对流段尾部的原料预热和锅炉给水预热管段，容易出现“夹点”。在工程设计尤其是装置改造设计中，利用“夹点”技术分析烟气的温度区段与被加热介质的温度区间，优化对流段的区段划分，可以在换热效率和管排布置上取得平衡，保证对流段换热效率的同时，降低设备投资。

提高传热平均温差，在换热量一定时可减少换热面积，节省投资费用。烟气与被加热介质通常采用逆流方式，即烟气由下往上流动，被加热介质从水平布置管排的最上端进入，最下端引出。逆流排布时高温烟气与高温物料首先接触换热，换热管管壁温度相应较高，在某些区段有潜在的结焦风险或者将提高换热管排的设计温度，导致材料升级，造成工程实施上的不合理。此时需采用烟气与物料并流的方式，以控制管壁温度，在少许增加换热面积的同时，有效控制总的换热管成本。

对流段最下部几排换热管，位于辐射段与对流段的交界处，烟气温度通常在1100℃左右，以辐射传热为主，一般称为遮蔽管。为降低遮蔽管的管壁温度，可以应用常规不锈钢管材以及采用并流的换热方式。考虑到辐射传热的特点，为了充分利用辐射传热能量，通常这部分换热管选用光管。

（2）提高传热系数　对于乙烯裂解装置的各种换热管材，提高换热效率集中于提高换热管的内膜传热系数和外膜传热系数。

① 烟气侧的措施　光管外膜传热系数与管束排列、管心距、管外径、烟气流速、烟气导热系数和黏度等参数有关。翅片管的外膜传热系数除了与上述参数有关外，还与翅片高度、翅片间隙等参数相关。在烟气组成确定的情况下，通过对烟气流速、管束排列、翅片规格等参数优化来提高外膜传热系数进而达到提高换热效率的目的。

对流段顶部采用引风机来提供足够的动力克服烟气流动阻力和提高流动速度。较高的流速可以提高传热系数，减少传热面积，但需要功率较大的引风机，增加设备投资和操作费用，因此烟气流速必须统筹考虑两方面的因素。

为充分利用对流段遮蔽管的辐射传热，下部换热管一般与辐射段长度相当，上部进行缩小，一方面可以适当提高烟气流速，增大烟气侧传热系数，降低换热面积；另一方面有利于水平方向上烟气温度的均匀分布，降低温度分布不均对传热的影响。

裂解炉一般以乙烯装置自产的甲烷尾气为燃料，通常在换热管外部不易积灰而影响传热。随着装置运行，助燃空气中的部分灰尘以及辐射段表面粉化脱落的耐火纤维材料，会在对流段管壁外侧积聚而提高管外侧的污垢系数，降低传热效率。一方面，设计上要考虑合适的换热管排布方式和管间距，另外也可采用吹灰器吹灰或者蒸汽 / 化学清洗的手段来清洁换热管[5]。

② 物料侧的措施　除液体原料的汽化段外，裂解炉对流段大部分介质为单相流，包括部分原料预热、锅炉给水预热、部分原料烃、稀释蒸汽混合过热以及超高压蒸汽过热等。

单相流内膜传热系数与管径、流速、流体的比热容、黏度和导热系数等物性相关。在介质一定的情况下，管径和流速的选择对换热效果有较大影响，还要根据对流段系统压降来统一考虑。对流段换热管的管径需要根据流路数进行优选，在满足系统压降的前提下，尽量提高管内流速，以提高传热效率。对流段的锅炉给水预热和超高压蒸汽过热段的管排，通过集合管进行分配，超高压系统对压降的要求较为宽松，在这部分换热管段有较大的优化余地。

裂解炉对流段管排均为水平布置，随着换热进行，液体原料汽化率提高，两相流的流型从层流逐渐过渡到气泡流，最后完全汽化。在裂解炉对流段的设计中，要尽量避免和减少特定流型在管内的持续时间，一方面是考虑到系统压降的影响，另一方面主要考虑避免烃类在对流段内部结焦。在重质液体烃类的汽化段，需要控制换热管段出口的汽化率和换热管的管壁温度，将部分重质烃类的汽化过程转移到对流段管外来实现，从而避免在对流段内部由于管壁温度的影响造成结焦。不同的裂解技术专利商开发研究了多种稀释蒸汽注入方式，通过优化对流段的换热来解决这个难题。

（3）对流段翅片管的应用　螺旋翅片管的应用在裂解炉对流段十分普遍。采用翅片管，在增加传热面积的同时，增大对流传热系数达到强化传热的目的，从而有效降低设备费用。翅片规格的选择要兼顾其对外膜传热系数、烟气侧的压降以及其支撑管板的设计等影响因素，同时还要考虑到长时间运行中积灰对传热和烟气侧压降的影响。

（4）其他强化传热措施的应用　节能水平的提高使得裂解炉排烟温度越来越低。为利用乙烯装置低级位热量，通常采用急冷水先预热原料，导致对流段尾部原料预热管段的传热温差减小，传热动力降低，换热管壁面金属温度随之降低，逐渐进入低温酸露点腐蚀的温度区间。

为了减弱酸露点腐蚀的影响，除选用耐酸露点腐蚀的金属材料外，也有将相变换热引入对流段的尝试。相变换热器利用热管原理，采用间接换热，将相变段布置在对流段，通过管内介质汽化吸收烟气热量，保持换热管温度基本恒定，管内介质汽化的同时降低内膜传热系数，在有限的传热温差下达到较好的换热效果，壁面温度可根据烟气露点进行一定程度的调节，有效避免露点腐蚀的发生。

2. 裂解炉辐射段换热过程强化

辐射段传热以辐射传热为主，占总传热量的80%～85%，剩余部分基本为对流传热。辐射传热较为复杂，既包括燃烧火焰和高温烟气的直接辐射传热，也包括高温壁面对炉管的间接辐射传热。总体说来，辐射段辐射传热受到燃烧器的型式和布置方式、燃料组成、辐射段炉膛尺寸和结构、炉管的型式和布置方式等多种因素的影响。

在炉墙材料和炉管材料选定的情况下，辐射段的温度分布、烟气和介质的传热温差、炉管的换热面积、炉管的管间距和角系数等均是辐射传热的强化方向。

（1）合理的温度分布　炉膛温度分布的均匀性有利于辐射传热速率的提高，影响裂解炉供热方式的演变。最初的裂解炉普遍采用全侧壁燃烧器供热，炉膛温度分布的均匀性较好，但燃烧器数量多，造价高，维护难度大。现代裂解炉的供热逐步转向底部和侧壁联合供热，底部供热比例越来越大，多种裂解技术采用全底部供热的方案。供热方案的优化调整，降低了投资和操作维护量，也满足了裂解反应对供热的要求。

最初的裂解炉辐射段计算中，采用等温模型来计算辐射传热。随着对裂解反应原理和燃烧过程模拟计算的深入了解，逐步提出了按照裂解反应要求合理供给热量的理念。物料进入辐射段以后，需要快速升温，初始反应产生自由基阶段热量需求量最大，随着裂解反应进行，热量需求量逐渐降低，反应一段时间以后，目的烯烃浓度达到最大值，副反应开始增多，应当减少这部分的吸热以降低副反应的强度、减少目的产品损失。根据辐射段反应吸热的特点，各乙烯裂解专利商均在优化燃烧器布置方案，根据裂解反应的要求提出炉膛热通量分布要求，作为裂解炉设计的要点。

近年来，计算流体动力学（CFD）技术被广泛应用于裂解炉辐射段模拟计算中，实现辐射段内燃烧、辐射传热和裂解反应的耦合计算。采用该技术，可以对实际运行的裂解炉进行分析，解决生产问题，也可以指导设计，从源头对裂解炉的技术方案进行优化[6]。

（2）增大传热温差，提高温度梯度　提高炉膛温度，可以增大冷热流体温差，提高传热速率。多年来，研究者开发了系列耐温等级的炉管，辐射炉管材料中镍含量不断提高，辐射炉管最高管壁温度从1040℃可提高到1100℃，直到目前常用35Cr45Ni合金材料的1125℃。受到冶金技术的限制，现在常规高铬镍合金炉管的管壁温度提升已经非常缓慢。

专利商和制造厂一方面从冶金技术出发，添加铝、硅、稀土元素等材料，提高辐射炉管的耐温等级；另一方面也从非金属材料入手，如采用非金属的陶瓷材料，可以大大提高炉管的耐温性能，表面不存在金属元素的催化结焦，对延长裂解炉运行周期有很大帮助，由于工程因素，目前仅停留在试验阶段，尚无产业化大规模应用。

（3）增大换热面积　根据辐射传热的特性，辐射炉管不宜采用普通翅片管方式增加换热面积，可用其他方式实现。

常规采用离心铸造辐射炉管，根据浇铸工艺的要求，在应用中不要求外表面加工，保留其表面粗糙度，对提高换热效率有一定作用。

Technip公司曾公开过其螺旋弯曲炉管的专利。辐射炉管采用螺旋弯曲管，在同样的炉膛高度下可以增加传热面积，提高换热速率。且物料在管内的流动型式的变化对边界层也有一定的减薄效果，有利于增大内表面传热系数。但由于热应力及炉膛尺寸等工程的限制，该方案仅进行过工业试验，未见产业化大规模应用。

（4）优化管排排布　根据裂解原理，高温、短停留时间和低烃分压对生成乙烯、丙烯等目的产品的裂解反应有利。在同样裂解深度条件下提高裂解温度，必须降低反应时间，带来炉管热强度的增加。通过缩小管径来提高单位反应体积的传热面积，是增加传热量的一个有效手段。

小直径炉管比表面积较大，物料在管内的升温速度较快，裂解过程较好符合高温和短停留时间的要求，有利于提高目的产物的选择性和收率。但管径过小，压降增大，动力消耗增加，结焦加剧，会缩短裂解炉的运行周期。

为了克服小直径炉管周期短的缺点，分枝变径管技术得到了应用。分枝变径管应用在原料转化率较低、需要大量吸热的入口管部位，采用直径较小的炉管，增加比表面积，增加传热，在此阶段，由于转化率较低，二次反应较少，结焦也不明显，而在转化率较高的部位，采用较大直径的炉管，可降低炉管对结焦的敏感性，有效延长运转周期，提高目的产物的收率。

辐射传热速率与炉管外径、管间距和炉管相对炉墙平面的角系数有关。辐射炉管布置在炉膛中央接受双面辐射，炉管成双排布置或者布置过密，都会造成辐射角系数降低，换热管之间产生遮蔽，从而降低辐射传热速率。因此，在管排排布时需要考虑辐射炉膛空间的利用效率，合理地布置辐射炉管。

（5）增大传热系数　随着辐射反应的进行，炉管内表面逐渐有焦层沉积，焦层的传热系数远低于金属的传热系数。随着焦层厚度增加，维持同样的反应深度需要提供更多的热量，导致炉管表面金属壁温提高，缩短裂解炉的运行周期。抑制结焦技术是防止管内传热系数降低的一个重要手段。

烃类裂解的成焦机理主要有三种，一是炉管金属成分，主要是镍和铁原子对烃类的催化结焦作用；二是烃类高温裂解自由基反应生成的焦；三是烃类高温裂解生成的不饱和烃类、稠环芳烃类的缩聚形成的焦。影响烃类结焦的因素除原料自身性质和裂解温度、烃分压、停留时间等操作条件外，还与炉管的表面材质有关。

抑制和延缓结焦，除了减少原料中芳烃类组成和优化操作条件外，主要有以下几种技术：

① 向原料中加入结焦抑制剂、对炉管进行表面改性或改善炉管材料等方法，抑制均相与异相结焦反应，或改变焦的物理形态，使之松散，易于清除，能降低炉管渗碳，从而延长裂解炉运行周期。结焦抑制剂的种类较多，常用有机硫化物、有机硅烷、碱金属、碱土金属化合物、有机磷和有机硫磷化合物等。

② 在辐射炉管内表面进行涂层涂覆或原位生成氧化膜，降低炉管表面的催化活性，完全抑制或减少催化焦的生成。如热氧化尖晶石表面改性，利用有机硅烷在热条件下分解形成 SiO_2 涂层等技术，可以在炉管内表面形成一层隔绝 Fe、Ni 等金属元素的涂层，可大幅减缓催化生焦量。

③ 在炉管材质中选用非金属的陶瓷材料，或铸造时加入特定元素如 Al、Ca、Ba、Be、Li 等金属元素，可以有效减少炉管表面的催化生焦。国外有公司进行过尝试，试验效果较好，但由于成本费效比原因未能大规模商用。

（6）提高换热管和炉墙材料黑度　提高换热管和炉墙材料的黑度可以有效地增加辐射传热速率，提高传热强度。目前有技术称采用金属或非金属纳米材料涂覆金属表面和耐火材料表面，可以提高材料黑度，提高辐射传热速率，达到节能目的，但受限于材料性能和高温操作条件，有一定的节能效果但使用寿命较短。

3. 急冷换热器换热过程强化

急冷换热器是将裂解气快速急冷至二次反应终止温度之下，减少目的烯烃产品损失，避免结焦，同时回收裂解气高温位热量，发生超高压蒸汽。

运行过程中，急冷换热器内裂解气会发生结焦，结焦有高温气相结焦和低温冷凝结焦两种成因。高温气相结焦集中在高温段，一般在 600℃以上的部位发生，主要是受二次反应的影响；低温冷凝结焦主要是裂解气中的重组分在遇到低温换热管壁面时，温度低于其露点温度时发生冷凝，然后逐渐形成焦垢。工艺设计上，通过合理选择换热管管径及适当的单管处理量，保持管内较高的质量流速，可以使较为疏松的焦垢难以在管内积聚，一定程度上可以减缓结焦趋势。早期的传统式急冷换热器多采用小口径换热管，换热效果较好，但结焦敏感性大，结焦后不易在线处理干净，逐渐被较大管径的换热管取代。线性急冷换热器的换热管直接与辐射炉管相连接，取消了入口封头，绝热段体积得到有效减少，且不存在裂解气流量分配问题，在工艺性能上比传统式急冷换热器有一定的优点。

对于气体原料裂解，裂解气中重组分含量较少，露点温度较低，可以采用二级或者三级急冷换热器将裂解气温度降低后再送入乙烯分离急冷区，以有效回收高位能热量，降低乙烯装置能耗。

急冷换热器的换热管外为高压水的沸腾传热，主要的传热优化是防止管外锅炉水汽化结垢。一方面通过加入药剂调节锅炉水的 pH 值，另一方面改进下降管进入换热器水侧的结构形式，减少下部水循环死区体积，利用水力旋流降低水垢堆积的同时降低换热管进水侧和背水侧的温差，提高传热效果。

四、传热元件强化传热技术

工艺措施强化传热外，乙烯裂解还有多种传热元件在强化传热中起关键作用，下面分别描述：

① 日本三菱公司曾在其裂解炉上应用了椭圆管。对于同样大小的截面积来讲，椭圆形管的比表面积较圆形炉管的比表面积大，而且由于椭圆形管的短轴垂直于热源而长轴面向热源，比普通圆管辐射传热量大，可以起到强化传热的目的。

由于管截面是椭圆形，对管材要求较高，制造较为复杂，工业已不再应用。

② 一些公司采用过梅花管和内螺旋梅花管方法强化辐射段炉管传热。梅花管能够有效增大传热面积，改善炉管内物料的对流传热，国外已有部分装置采用这种炉管结构的裂解炉。

KBR 公司为了改善毫秒炉运转周期短的缺点，在其裂解炉上采用内螺旋梅花管，有效地增加了传热面积，提高了辐射传热速率，可使裂解炉的运转周期由原来的 7 ～ 14 天增加到 25 天左右。

日本久保田公司的 MERT 管技术与光管相比，传热系数增加，物料压降增加，二代技术的改进主要是在保持换热面积、传热速率的同时设法降低压降。

梅花管和内螺旋梅花管管壁较厚，重量大，加工制造难度大，且大多为专利产品，炉管造价较高，目前应用并不广泛。

鲁姆斯公司还曾公开了在管内增设内肋条，管外增加钉头的强化传热炉管的专利，由于所加的肋条和钉头容易损坏，目前此技术还没有工业应用。

③ 中国石化北京化工研究院等合作开发的扭曲片强化传热技术。根据传热机理，炉管传热的最大阻力在于炉管内壁的边界层，如果能够减小边界层的阻力，将大大强化炉管的传热，扭曲片强化传热技术正是基于此原理。

炉管增加扭曲片管后，强迫流体从活塞流旋转起来，周向流速大大增加，对管壁形成冲刷，使热阻大的边界层大大减薄，增大炉管的总传热系数。降低炉管管壁温度，结焦也随着壁温的下降而减缓，又进一步提高了炉管的总传热系数。

炉管内加入扭曲片管，流体通过炉管的压降会有所增加，试验证明，压降增加对裂解的负面影响远远小于其强化传热的正面影响。

扭曲片强化传热技术在中国石化得到了广泛应用，可以有效延长裂解炉的运行周期。根据某乙烯装置裂解炉辐射段炉管实际运行情况，采用扭曲片后辐射段管壁温度下降了 20℃。在同样负荷工况条件下，加入扭曲片管，裂解炉运转周期可延长 30% ～ 50%；在同样产物收率条件下，裂解炉投料负荷可以提高 5% ～ 7%，燃料用量下降 1%[7]。

目前，针对第一代扭曲片存在的压降偏高、通过性差、容易造成局部应力集中开裂等问题，又开发了第二代扭曲片。两代扭曲片的通过性对比见图 8-4。

对采用一代和二代扭曲片的炉管长度方向和截面方向上温度的计算流体动力学（CFD）模拟计算结果，两者之间几乎没有大的差别，两代扭曲片的强化传热效果接近。

2014 年开始，对二代扭曲片开始进行工业试验。试验结果表明，采用二代扭曲片后，炉管管壁温度与一代扭曲片基本没有差别，对安装两代扭曲片的裂解产物也分别做了取样分析，其结果偏差在取样分析偏差范围之内，其对收率的影响与一代扭曲片基本相同，但炉管压降大大减小。二代扭曲片通过性好，局部应力小，制造难度也大大降低。目前，二代扭曲片已经逐步投入大规模工业应用。

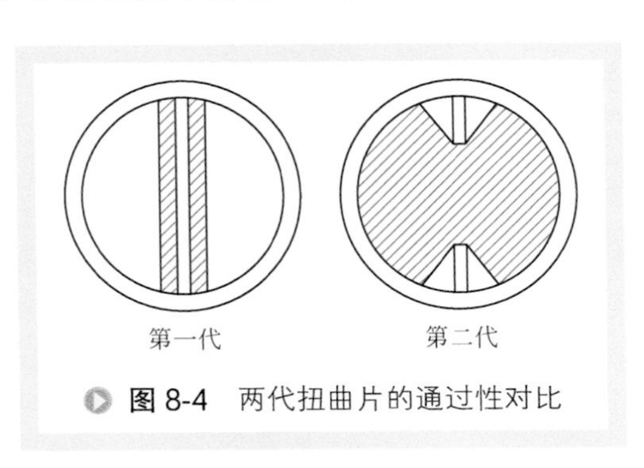

图 8-4　两代扭曲片的通过性对比

此种强化传热元件结构简单，重量较轻，除了在辐射炉管上已经大量应用之外，在诸如对流段遮蔽管排、急冷换热器换热管等处也有较大的应用空间。

五、小结

乙烯裂解，作为乙烯装置的能耗大户，近年来在能量优化利用上采取了包括各种强化传热技术在内的多种手段，通过这些措施，一方面提高了乙烯裂解的工艺性能（裂解产品收率和选择性），延长了运行周期，另一方面降低了能耗，热量回收更为合理充分，裂解炉排烟温度降低，热效率提高，产汽量提高，节能水平达到了新的高度。

第二节 乙烯分离

一、工艺过程简述

乙烯裂解产生的裂解气含有氢、甲烷、乙烷、乙烯、丙烷、丙烯、混合碳四、混合碳五、裂解汽油等上百种组分，此外尚含有少量二氧化碳、硫化氢、一氧化碳、炔烃等杂质以及大量的稀释蒸汽 / 水。为满足下游深加工装置的需要，要求对裂解气进行分离、精制，以生产合格的乙烯和丙烯等产品。目前包括中国石化工程建设有限公司在内，世界上主要有五个乙烯分离专利商。

乙烯分离工艺主要包括顺序（按照碳数的多少，从轻到重依次分离）、前脱丙烷前加氢（先分离碳三和碳四，然后两股物流分别再按照碳数的多少，从轻到重依次分离）和前脱乙烷前加氢（先分离碳二和碳三，然后两股物流分别再按照碳数的多少，从轻到重依次分离）三种技术路线。顺序分离是最传统、应用最广泛的一种路线，又可细分为顺序低压脱甲烷、顺序中压脱甲烷和顺序高压脱甲烷三种工艺流程，其中顺序低压脱甲烷工业应用更广泛，其工艺过程主要包括：汽油分馏及裂解气急冷、裂解气压缩及碱洗、裂解气干燥及激冷、脱甲烷、脱乙烷及乙炔加氢、乙烯精馏、脱丙烷及丙炔 / 丙二烯（MA/PD）加氢转化、丙烯精馏、脱丁烷、丙烯制冷、二元制冷等单元，划分为四个区，即急冷区、压缩区、冷分离区和热分离区。典型的顺序分离（低压脱甲烷）工艺过程见图 8-5。

二、热能特点分析

乙烯分离工艺流程长，温度变化幅度大。工艺物料操作温度，从 210℃以上到 -170℃以下；公用物料有 520℃的超高压蒸汽，也有 -140℃的二元制冷剂。换热器数量及种类多，换热网络复杂，包含急冷区的余热回收利用、干燥器与反应器的进 / 出料热交换，以及冷分离系统的冷量集成等。

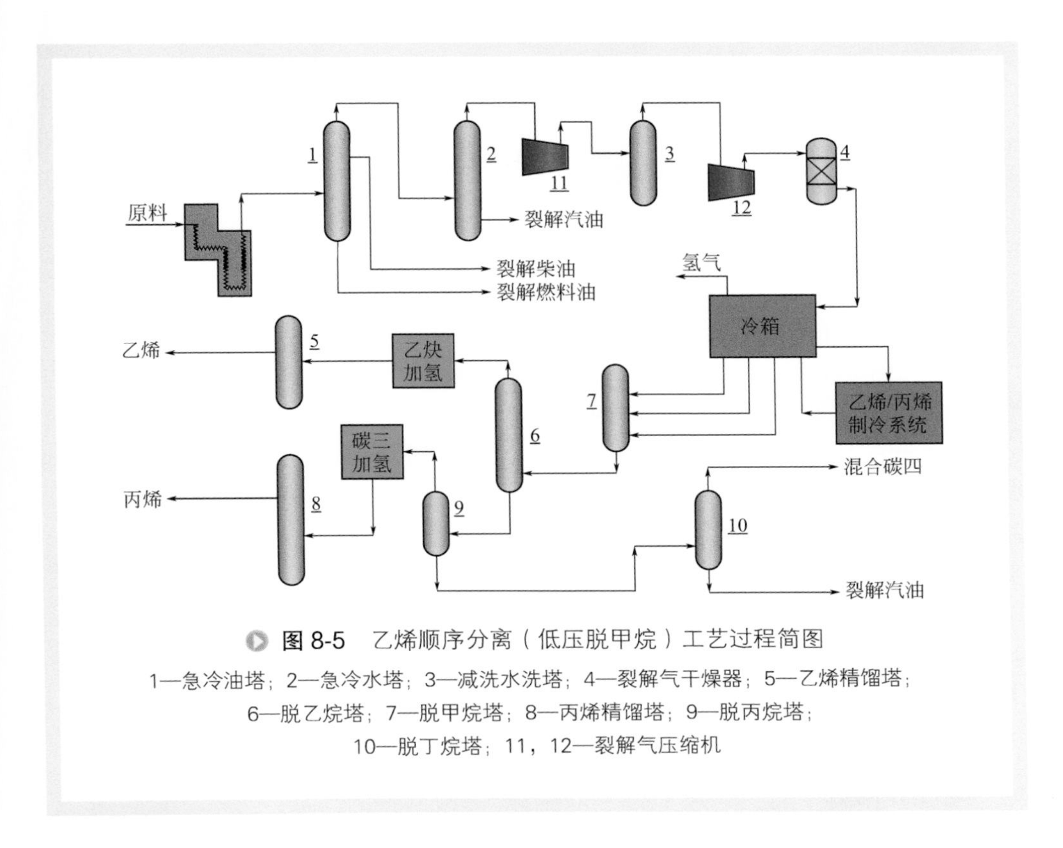

图 8-5　乙烯顺序分离（低压脱甲烷）工艺过程简图

1—急冷油塔；2—急冷水塔；3—减洗水洗塔；4—裂解气干燥器；5—乙烯精馏塔；
6—脱乙烷塔；7—脱甲烷塔；8—丙烯精馏塔；9—脱丙烷塔；
10—脱丁烷塔；11，12—裂解气压缩机

1. 急冷区

（1）油洗塔系统热量回收利用　以液体裂解原料为主的急冷区设置油洗塔，将裂解气冷却到105℃左右。从乙烯裂解来的裂解气温度在370～400℃之间，可以看出，油洗过程裂解气大约有300℃左右的温降，由于该过程温降跨度大，热负荷也大，对于石脑油为主要裂解原料的1Mt/a乙烯装置，热负荷高达157MW。油洗塔设计一般分3段取热：第一段用循环急冷油取热，用于发生170℃的稀释蒸汽，相当于代替了280℃的中压蒸汽；第二段用盘油取热，代替210℃的低压蒸汽作热源用于下游工艺用户；第三段用水洗塔来的裂解汽油回流取热，汽油汽化后再返到水洗塔中冷凝，最终将热量转移到低级位的循环急冷水中并为下游工艺用户提供热源。这三部分的热量分配比例一般为急冷油占70%左右、盘油占20%左右、回流汽油占10%左右。由于温位不同，裂解气高温热量得以合理、高效利用。

（2）水洗塔系统热量回收利用　水洗塔的作用是将裂解气从105℃左右冷却到40℃左右，同时冷凝稀释蒸汽和重裂解汽油，并把它们分离出来。由于大部分重裂解汽油返回急冷油塔作为回流，反复汽化和冷凝，所以急冷水塔实际冷却裂解气的

起始温度应该在135℃左右。

根据裂解原料的不同，急冷水塔的釜温由80℃至88℃不等，原料越重釜温可以越高。这一部分热量通过循环急冷水可用于各种低温位加热用户，急冷水返回时温度一般在60～65℃之间，最后再由循环冷却水或空气进一步冷却至55℃和37℃两股，分别返回水洗塔[8]。

2. 干燥器、反应器系统

（1）干燥器再生系统　乙烯分离有3～4组干燥器，共用一套再生系统。再生气为自产的甲烷，来自冷箱出口，温度30℃，需加热到210℃以上用于干燥器的再生，返回后又需冷却到常温，以分离带出的水分。

（2）甲烷化反应器　氢气甲烷化反应分低温和高温两种方法：初始反应温度，低温法160℃、高温法288℃以上，根据CO的含量不同，反应后的温升在20～50℃不等。粗氢进料温度为常温，而反应后出料需冷却至15℃左右再进行干燥。

（3）乙炔加氢反应器　在顺序分离流程和某些前脱乙烷流程中，乙炔加氢反应的碳二进料来自脱乙烷塔顶，出料则送入冷分离区或乙烯精馏塔，温度都在零下几十摄氏度，但乙炔加氢的反应温度在60～90℃左右。

可见，以上各系统的进/出料，如何强化换热，对能量的节省非常重要。

3. 冷分离区

在乙烯分离中，95%（摩尔分数）粗氢气在-163℃与甲烷分离出来，同时分离出来的甲烷节流减压为低压甲烷后温度达-170℃以下，从高压脱甲烷塔中分离出来的甲烷节流减压为高压甲烷后温度也在-140℃以下，这些物料从冷分离系统中引出时温度为常温。

从乙烯塔分离出的乙烷为塔釜液相，温度为-10℃左右，返回裂解炉循环裂解前需汽化并过热到60℃。脱甲烷塔和乙烯精馏塔，操作温度从零下几十摄氏度到-130℃，塔顶回流需要低温位的冷量冷凝，塔釜再沸也可回收冷量，以降低能耗。

4. 加热与制冷

乙烯分离需要加热的地方有：裂解原料的汽化与过热、发生稀释蒸汽、加热碱洗进料等，所需热量首先由内部物流回收热量提供，不足部分由外引蒸汽补充。

乙烯分离所需要的冷量，常温级由循环冷却水提供，40～-37℃级由丙烯（或甲烷/乙烯/丙烯三元）制冷系统提供，-37～-98℃级由乙烯（或甲烷/乙烯二元、或甲烷/乙烯/丙烯三元）制冷系统提供[9]，-98℃以下的由甲烷、二元、三元或甲烷尾气膨胀机制冷系统提供。

三、换热过程强化与集成

裂解气在氢气 / 甲烷分离过程温度跨度大，从换热角度可以分为高温与低温热量传递与回收、制冷与冷量回收等。技术发展使得乙烯分离的热量和冷量得以高效回收，夹点分析和换热网络分析技术得到广泛应用。首先，冷量和热量优先考虑通过工艺物流进行回收，尽量避免中间传热介质，使过程的㶲损失最小；第二，选择合适的公用物料作为冷却或加热介质，在合理范围内最大程度降低传热温差；第三，根据工艺过程降温的要求，综合优化采用多温位冷剂供冷，降低制冷机功率，减少装置能耗。乙烯分离系统的整体传热过程见图 8-6。

1. 高温换热及热量利用

急冷油取热系统：来自乙烯裂解的裂解气经急冷器直接喷入循环急冷油冷却后进入急冷油塔底，用发生稀释蒸汽后的循环急冷油进一步冷却。升温后的急冷油从急冷油塔底部采出，经过除焦、急冷油循环泵升压，去发生稀释蒸汽等回收热量后循环使用。

2. 低温换热及热量利用

（1）盘油取热系统　在急冷油塔的盘油循环段，低温盘油冷却裂解气并冷凝轻质燃料油，高温盘油可为下游工艺水汽提塔再沸器、脱丙烷塔再沸器等用户提供热源，自身冷却到 120℃左右后循环返回急冷油塔中部。

（2）急冷水系统　裂解气自急冷油塔顶出来后进入急冷水塔，在该塔内与循环急冷水直接接触，被进一步冷却到接近常温。在急冷水塔中，裂解气中的稀释蒸汽和重裂解汽油馏分被冷凝，冷凝的烃和水在塔釜或分离罐中分离，分离出的工艺水经汽提后作为稀释蒸汽发生系统的进料。分离出的急冷水通过急冷水循环泵送到各工艺用加热器或再沸器提供热量，之后通过循环水进一步冷却至不同温度，分两股循环返回急冷水塔不同位置。为有效利用急冷水的热量，必须设定合理的塔釜温

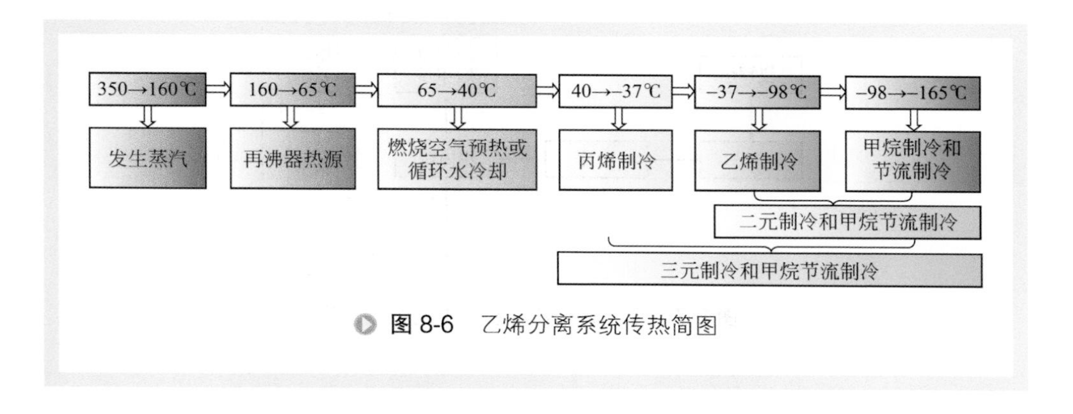

图 8-6　乙烯分离系统传热简图

度，在 83 ～ 85℃为宜。早期的装置，急冷水用户主要是丙烯塔再沸器，急冷水热量利用率较低，不仅损失热量，且后续需要循环水来冷却急冷水，增加了公用工程消耗。目前优化流程除了丙烯塔再沸器外，还有石脑油原料加热器、LPG 汽化器以及裂解炉燃烧空气预热器等，充分利用了急冷水的低温位热量。

（3）进出料换热器的利用　对于干燥器再生系统等，进料需要加热、出料需要冷却，双向消耗能量。通过设置进 / 出料换热器，使进料与出料最大限度地换热，不足部分再用加热或冷却补充，实现了双向节能。

进 / 出料换热器强化传热，对节能至关重要。例如：甲烷化反应器进 / 出料换热器，设置两台串联，使进料和出料尽量换热，大大节省了中压蒸汽的用量。干燥器再生系统进 / 出料换热器的设置和强化传热，减少了高压蒸汽的用量，降低了循环水消耗。乙炔加氢反应器进 / 出料换热器的设置和强化传热，降低了冷量消耗。

3. 冷量的回收利用

乙烯分离涉及冷量的系统包括裂解气干燥、组分预切割等，工艺流程见图 8-7。乙烯装置冷公用工程的能耗约占装置总能耗的 25%，冷量使用过程的强化传热对装置节能至关重要。

（1）粗氢等各种尾气的冷量回收　粗氢气等物流，在深冷系统分离时仍处于低温状态，其冷量充分回收利用，对降低能耗、降低产品系统的材质非常重要。粗氢气等尾气是在一系列冷箱换热器通过冷却冷凝裂解气等物流，回收冷量。

冷箱（见图 8-8）内含多个板翅式换热器和分离罐，用珠光砂填充保冷，是一种高效强化换热设备，传热系数高，单位体积的传热面积大，传热温差可小至1℃，同时集中保冷，冷损小。

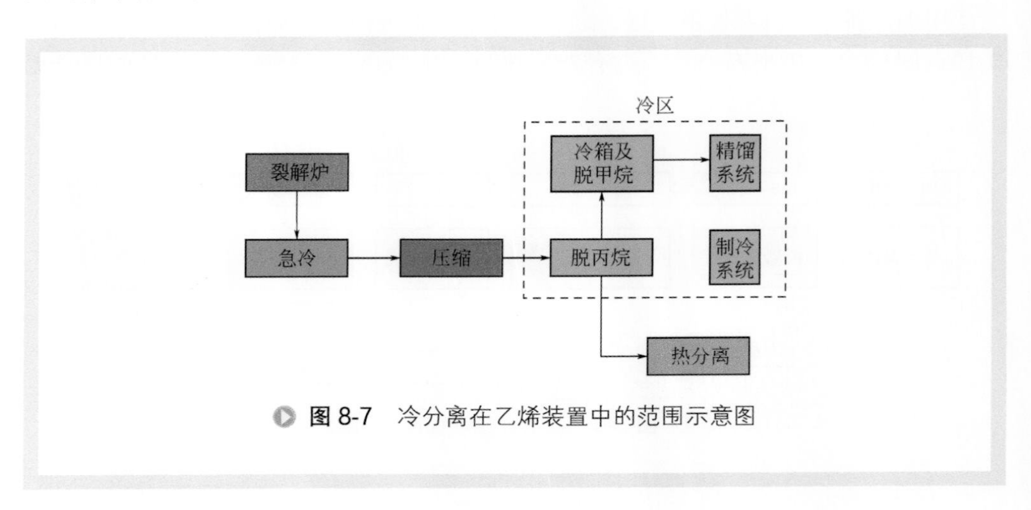

图 8-7　冷分离在乙烯装置中的范围示意图

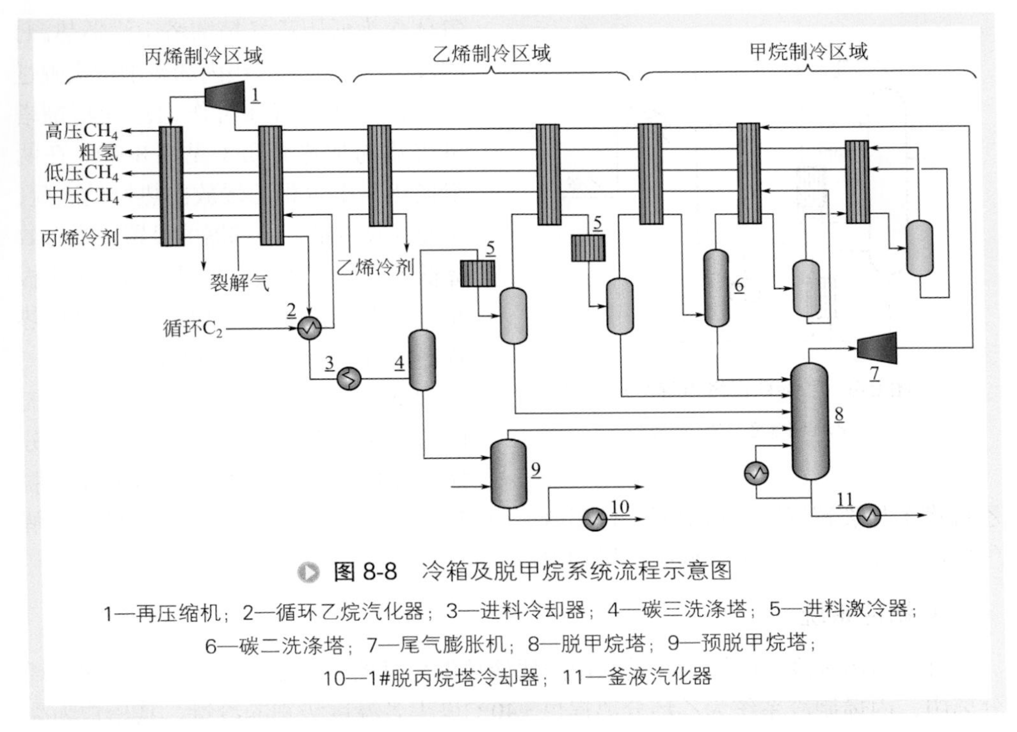

图 8-8　冷箱及脱甲烷系统流程示意图

1—再压缩机；2—循环乙烷汽化器；3—进料冷却器；4—碳三洗涤塔；5—进料激冷器；6—碳二洗涤塔；7—尾气膨胀机；8—脱甲烷塔；9—预脱甲烷塔；10—1#脱丙烷塔冷却器；11—釜液汽化器

（2）循环乙烷冷量的回收　乙烯塔釜出来的低温液相乙烷送至汽化器，冷却裂解气并自身汽化为低温气体，再经过冷箱冷却裂解气和丙烯冷剂，自身被加热至常温，最后经急冷水过热后送往炉区循环裂解。过程中，物流从液态到气态，从接近 -40℃到被加热至 60℃，穿越不同型式的换热器，有釜式、板翅式和列管式等，以适应不同的换热需求。

（3）脱甲烷塔釜液冷量的回收　脱甲烷塔是乙烯分离中操作温度最低的塔，在顺序分离低压脱甲烷流程中塔顶低达 -130℃左右，塔底 -50℃。在某前脱丙烷流程中，脱甲烷塔出来的 -9℃的塔釜液分成三股，在三个换热器里为不同用户提供冷量，汽化后汇合进入乙烯塔。该流程设置是一种强化传热的有效措施，因为脱甲烷塔釜液节流膨胀后的温度在 -57℃左右，而乙烯塔的回流液是用开式热泵或 -35℃左右的冷量冷凝得到，前者属于乙烯制冷级温位，后者为丙烯制冷级温位，从冷级来看，对节省有利。

（4）再沸冷量的回收　冷分离区的各精馏塔，再沸器操作温度均在零摄氏度以下，冷量回收利用很有必要。

① 脱甲烷塔　在某前脱丙烷工艺中，脱甲烷塔的再沸器用裂解气作为热源，-9℃的塔釜液经裂解气加热汽化，将裂解气从 4℃冷却到 -4℃，更有效回收冷量。

② 乙烯塔　在某前脱丙烷流程中，乙烯热泵 / 制冷压缩机三段抽出一股乙烯

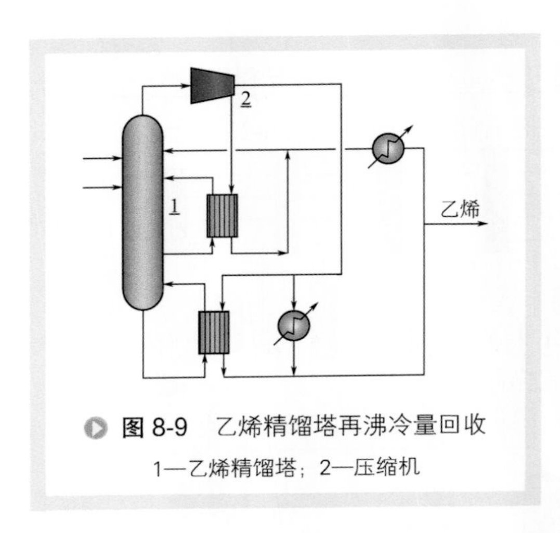

图 8-9 乙烯精馏塔再沸冷量回收

1—乙烯精馏塔；2—压缩机

气体作为低压乙烯精馏塔中沸器热源，四段出口气相经多级丙烯冷剂依次脱过热后，一部分气体可作为乙烯精馏塔再沸器的加热介质（见图 8-9）。在两组换热器中气相乙烯放出热量被冷凝，从而回收冷量，中沸器的设置，更有效降低了压缩机功耗。两组换热器采用板翅式型式，以减少换热温差，提高换热效率，缩小设备尺寸，减小占地。

（5）前脱丙烷（或前脱乙烷）流程的优化　在对裂解气进行首次组分分离过程中，将前脱丙烷塔（或前脱乙烷塔）与裂解气压缩机最后一段组合，可省去回流泵等设备，并提高了塔顶裂解气的冷凝温度，有利于降低制冷机功率。

4. 制冷系统

（1）丙烯制冷　丙烯制冷是利用丙烯液体汽化时的吸热效应实现供冷。在乙烯分离中，丙烯制冷系统为乙烯分离提供 -40℃以上各温度级别的冷量，其用户为裂解气的预冷、工艺物流冷凝等，各部分用量随分离流程不同而不同。

如图 8-10 所示，某乙烯分离采用丙烯四级节流制冷循环。利用蒸汽透平驱动的四段离心式压缩机在环路中循环制冷，用液态丙烯在不同压力下节流汽化来为工艺用户提供 -40℃、-21℃、-1℃和 25℃四个等级的丙烯冷剂。采用多级制冷的目的，就是针对不同温度的用户，采用不同的制冷温度，以保证有效的换热温差，最

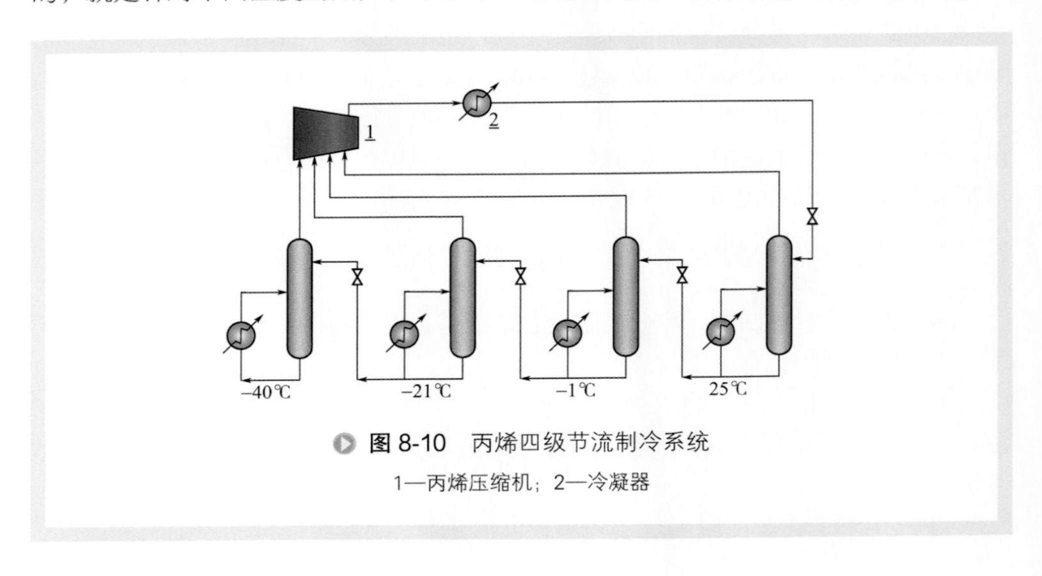

图 8-10 丙烯四级节流制冷系统

1—丙烯压缩机；2—冷凝器

大限度地节省丙烯冷剂循环压缩的功率。

（2）乙烯制冷　在乙烯分离中，乙烯制冷系统为乙烯分离所需 -40 ～ -101℃各温度级别提供冷量。如某乙烯装置乙烯精馏塔与乙烯制冷压缩机组合成开式热泵系统，可提供 -62℃、-80℃和 -101℃三个温度级别的冷剂。该乙烯热泵 / 制冷压缩机四段最终排出的气相经脱过热后，一部分用作乙烯塔再沸器热源，回收冷量而被液化，剩余部分由 -40℃级的丙烯冷剂补充冷凝。同时，从三段出口直接抽出一股热乙烯气体作乙烯精馏塔中沸器的加热介质，以回收乙烯塔中段更低温位的冷量。两者所得的乙烯冷剂，经过冷或直接作为乙烯塔的回流。这样做，一是减少了设备；二是节省了塔的再沸热源；三是减少了乙烯冷凝所需要的丙烯冷剂用量，节省投资又降低能耗。

乙烯冷剂分级使用的目的，同丙烯冷剂一样，通过强化传热措施，节省制冷机功率。

（3）混合制冷　在顺序低压脱甲烷流程中，传统的单组分制冷冷剂有三种：甲烷、乙烯和丙烯，把其中的两种组分或三种组分按一定比例混在一起，可为乙烯装置提供两部分或全部温度级别的冷量[10,11]。目前使用的二元冷剂主要是指甲烷 - 乙烯二元冷剂，甲烷制冷压缩机和乙烯制冷压缩机是相对较小的两台压缩机组，将它们合二为一组成一台稍大机组，有利于节能、降低投资和减少占地。

三元制冷是将甲烷、乙烯、丙烯按一定比例混合，在一台制冷压缩机中压缩。传统的单组分制冷一般需要三个制冷机组：丙烯制冷机、乙烯制冷机和甲烷制冷机，三元制冷只需要一台制冷机。所以，三元制冷从减少设备台数、节省投资和占地上是有益的。

裂解气冷却过程物料流冷却曲线连续平滑，传统单组分复叠制冷冷剂供冷曲线为非连续、级跃式，见图 8-11。

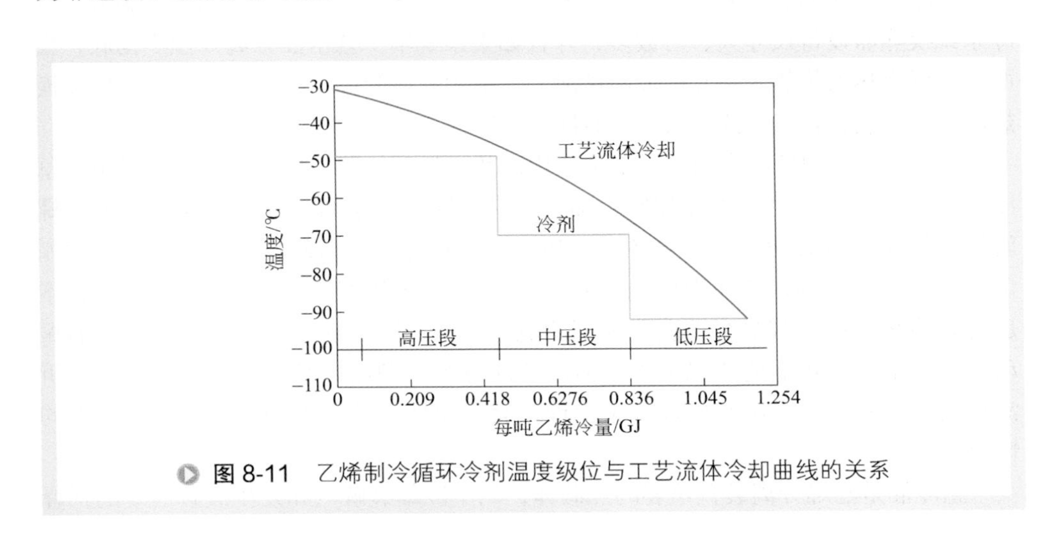

图 8-11　乙烯制冷循环冷剂温度级位与工艺流体冷却曲线的关系

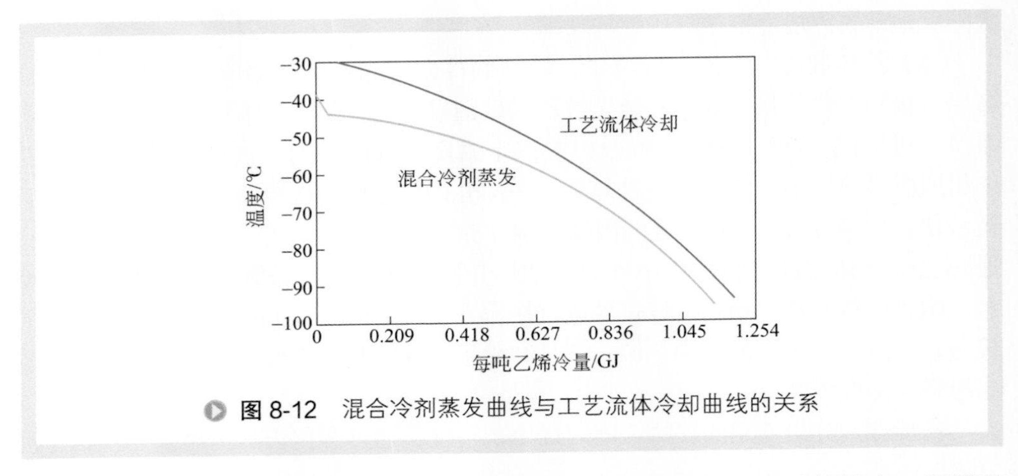

图 8-12　混合冷剂蒸发曲线与工艺流体冷却曲线的关系

在换热器中物料与冷剂的平均换热温差较大，传热过程不可逆性较大，能量利用效率相对不高。采用混合制冷冷剂并使冷剂蒸发曲线与工艺流体冷却曲线尽量靠近（图 8-12），则可以减少平均换热温差，提高能量利用效率，减少能耗[12]。二元制冷和三元制冷就是采用此原理，并按照乙烯分离冷剂级别需要进行设计。

据初步调查，在操作稳定的情况下，使用二元制冷乙烯分离制冷机总功率可减少约 2%，使用三元制冷则可减少近 5%。

四、换热元件强化传热技术

针对乙烯分离换热单元要求，分别采用不同强化传热技术。

1. 急冷系统关键换热器

急冷系统换热器主要为稀释蒸汽发生系统、急冷水系统和急冷油系统服务。急冷系统换热器设备尺寸大、台数多，并且如果系统中工艺水油分离处理不彻底，会严重降低换热器传热效率并造成腐蚀泄漏。采用先进分离工艺，优化操作条件和换热器设计，能够有效降低乙烯分离能耗和物耗，并减少腐蚀泄漏的可能。

急冷水塔底的急冷水送入下游工艺用户及原料预热器等提供热源，并经第一急冷水冷却器和第二急冷水冷却器冷却后分别返回急冷水塔不同位置作为回流。螺旋折流板换热器成功应用于急冷水冷却器。螺旋通道内高速旋转的介质流可冲刷走颗粒物和沉积物，消除壳侧流动死区，并减少壳侧急冷水污垢沉积可能性，增加有效传热面积，减少腐蚀造成泄漏的危害，从而降低操作成本，避免换热器振动，提高单台换热器的传热能力。但需要注意当大型乙烯装置采用大直径螺旋折流板换热器时，如内部结构设计不合理，会出现换热效率不如普通弓形折流板的情况。

急冷油是乙烯分离装置重要的热载体，用于冷却裂解气和发生裂解需要的稀释蒸汽。急冷油黏度是急冷系统的重要技术指标，决定了急冷油 / 稀释蒸汽发生器运行周期和传热效率。如果急冷油控制得好，不用机械清洗，推荐急冷油 / 稀释蒸汽发生器采用立式管内热虹吸型式。与卧式热虹吸相比，立式管内无死区，工艺水停留时间短。这样，即使工艺水 pH 值控制不合格，也不易发生工艺水在高温部位对设备的腐蚀和泄漏，保证了急冷油 / 稀释蒸汽发生器维持较高的传热效率。

2. 压缩系统关键换热器

乙烯分离典型的裂解气压缩采用多段压缩，段间设置后冷器。裂解气压缩机一段后冷器和裂解气压缩机二段后冷器裂解气侧允许压降值较低，易发生振动。可采用折流杆与螺纹管的复合强化措施来解决压降、振动问题，同时强化设备传热效果。

3. 冷分离系统关键换热器

深冷区域的核心换热器为冷箱和板翅式换热器。乙烯分离脱甲烷塔和乙烯精馏塔常采用容器内置换热器，换热器内芯为板翅式换热器，操作时内芯浸在容器液相中，容器内置换热器采用板翅式内芯的传热效果优于管束内芯，节省一半投资，体积缩小一半以上，重量仅为普通釜式管壳式换热器的 1/4。

乙烯冷箱内总压降要求苛刻，需选用高传热性能、低阻力的翅片，导流片尺寸要特殊设计。板翅式换热器的设计需要认真分析各个流股的状态，对不同流股进行综合考虑，保证冷箱传热设计和结构设计的合理化。某乙烯分离 1 号冷箱有 8 股流体换热，工艺参数见表 8-1 和表 8-2。采用板翅式换热器强化传热与普通管壳式换热器技术对比分析见表 8-3。

表8-1　1号冷箱1#换热器工艺条件

项目	冷流股 1	冷流股 3	冷流股 4	冷流股 5	冷流股 6	热流股 7
介质	高压甲烷	氢气	尾气	高压甲烷	循环乙烷	丙烯冷剂
流量 / (kg/h)	29764.8	5224.8	5872.8	14725.2	24722.4	62998.8
允许压降 /kPa	4	13	10	10	18	14
温度 /℃	18.41 → 30	−26 → 30	−26 → 30	−26 → 30	−26 → 30	34.01 → −21.33
气相密度 / (kg/m^3)	3.732 → 3.559	4.367 → 3.546	1.03 → 0.782	4.616 → 3.659	13.611 → 10.176	
液相密度 / (kg/m^3)						489.05 → 572.621
气相黏度 /mPa・s	0.011 → 0.0113	0.0078 → 0.0089	0.0096 → 0.0014	0.0095 → 0.0113	0.0082 → 0.0098	
液相黏度 /mPa・s						0.0773 → 0.1416

续表

项目	冷流股 1	冷流股 3	冷流股 4	冷流股 5	冷流股 6	热流股 7
气相导热系数 /[W/(m•K)]	0.0393 → 0.0411	0.1421 → 0.1641	0.0381 → 0.047	0.031 → 0.039	0.0177 → 0.0243	
液相导热系数 /[W/(m•K)]						0.0984 → 0.1273
气相比热容 /[kJ/(kg•K)]	2.4053 → 2.4229	2.6493 → 2.5965	2.4006 → 2.531	2.27 → 2.3714	1.7521 → 1.875	
液相比热容 /[kJ/(kg•K)]						2.9434 → 2.2688

注：热负荷 3.3MW。

表8-2　1号冷箱2#换热器工艺条件

项目	冷流股 2	冷流股 3A	冷流股 4A	冷流股 5A	冷流股 6A	热流股 8
介质	高压甲烷	氢气	尾气	高压甲烷	循环乙烷	裂解气
流量 /(kg/h)	29764.8	5224.8	5872.8	14725.2	24722.4	194085.6
允许压降 /kPa	7	13	7	10	11	14
温度 /℃	−40 → −26	−40 → −26	−40 → −26	−40 → −26	−38.05 → −26	−18 → −19.96
气相密度 /(kg/m^3)	2.801 → 2.583	4.645 → 3.367	1.144 → 1.03	4.973 → 3.616	14.886 → 13.611	41.977 → 41.505
液相密度 /(kg/m^3)						→ 467.471
气相黏度 /mPa•s	0.009 → 0.0095	0.0075 → 0.0078	0.0091 → 0.0096	0.009 → 0.0095	0.0078 → 0.0082	0.0106 → 0.0106
液相黏度 /mPa•s						→ 0.0796
气相导热系数 /[W/(m•K)]	0.0308 → 0.0328	0.1365 → 0.1421	0.0359 → 0.0381	0.0291 → 0.031	0.0164 → 0.0177	0.0357 → 0.0359
液相导热系数 /[W/(m•K)]						→ 0.1159
气相比热容 /[kJ/(kg•K)]	2.2914 → 2.3019	10.575 → 10.595	2.4 → 2.4227	2.27 → 2.2859	1.7432 → 1.7521	2.4314 → 2.4412
液相比热容 /[kJ/(kg•K)]						→ 2.9314

注：热负荷 0.8MW。

表8-3　1号冷箱方案对比

方案		直径 × 长度/mm	数量/台	总传热系数/[W/(m²•K)]	总换热面积/m²	设备总质量/t
管壳式（光管）			21		10223（光管）	266.3
	E-1（流股 1 和 7 换热）	1500 × 8000	4	50	4313（光管）	120
	E-2（流股 3 和 7 换热）	800 × 6000	2	95	620（光管）	20
	E-3（流股 4 和 7 换热）	900 × 6000	2	85	800（光管）	25
	E-4（流股 5 和 7 换热）	900 × 7000	4	85	1840（光管）	50
	E-5（流股 6 和 7 换热）	900 × 8500	4	90	2230（光管）	30
	E-6（流股 2 和 8 换热）	800 × 3000	1	218	150（光管）	7
	E-7(流股 3A 和 8 换热）	600 × 3000	1	360	80（光管）	4.6
	E-8(流股 4A 和 8 换热）	400 × 3000	1	210	35（光管）	1.9
	E-9(流股 5A 和 8 换热）	600 × 3000	1	200	80（光管）	4.6
	E-10(流股 6A 和 8 换热）	500 × 4000	1	245	75（光管）	3.2
板翅式	10800（长）× 1100（宽）× 1297（高）		1		11411（包括翅片二次扩展面积）	20

从表 8-3 方案对比可明显看出，采用板翅式换热器仅需要 1 台，采用常规管壳式换热器需要 21 台。板翅式换热器结构紧凑，节约占地、管线、阀门、保冷和基础等，优势明显。

4. 热分离系统关键换热器

热分离系统重要的换热设备为高低压脱丙烷塔再沸器、冷凝器等。乙烯分离工艺中脱丙烷采用高低压双塔脱丙烷，换热器最小端部温差只有 3℃，换热器总传热温差小，丙烯侧沸腾强度低，如果采用常规光管管壳式换热器，无法实现小温差下的沸腾，只能提高热源等级。采用高通量管代替光管管束，提高了传热强度，减少了换热面积，设备尺寸显著减小，可应用低品位热源，达到节能的目的。

丙烯精馏塔塔顶冷凝器由循环水提供冷量，冷凝负荷较大，采用光管管壳式换热器，百万吨乙烯需要的总传热面积达到上万平方米，设备台数多、占地面积和投资大，适宜采用高效冷凝换热器来强化冷凝传热和优化设备布置。

5. 制冷系统关键换热器

丙烯制冷压缩机出口设置的丙烯冷剂冷凝器，作用是将丙烯制冷压缩机出口的气相丙烯全部冷凝。某乙烯装置丙烯冷剂冷凝器工艺条件见表 8-4。丙烯非常干净，在管外冷凝，采用螺纹管或高效率冷凝换热管有强化管外冷凝传热、可以充分消除冷凝液表面张力的作用，减薄冷凝液膜，降低液膜热阻。对比方案见表 8-5。

表8-4　丙烯冷剂冷凝器工艺条件

项目	热流体	冷流体
介质	丙烯冷剂	冷却水
流量 /（kg/h）	837363	12084725
允许压降 /kPa	14	70
温度 /℃	70.8 → 44.0	33.0 → 39.0
气相密度 /（kg/m^3）	31.85 → —	
液相密度 /（kg/m^3）	— → 477	
气相黏度 /mPa・s	0.01 → —	
液相黏度 /mPa・s	— → 0.0723	
气相导热系数 /［W/（m・K）］	0.0219 → —	
液相导热系数 /［W/（m・K）］	— → 0.0959	
气相比热容 /［kJ/（kg・K）］	1.95 → —	
液相比热容 /［kJ/（kg・K）］	— → 3.156	

注：热负荷 84MW。

表8-5　丙烯冷剂冷凝器方案对比

项目	光管	螺纹管	高效冷凝强化换热管
设备规格（壳径 × 换热管直管长）/mm	2700 × 11000	2600 × 12000	2200 × 12000
设备数量 / 台	6 并	4 并	4 并
消耗量	循环水：12085t/h	循环水：12085t/h	循环水：12085t/h
换热面积 /m^2	29547	20412	13383
设备总质量 /t	1005	600	465

通过表 8-5 对比分析，选择高效冷凝管代替光管，对丙烯冷凝传热强化可提高 10 倍左右，总换热面积减少 50%，优化设备布置，减少土建和管线等投资。乙烯装置空间紧张，所用设备外形很大，管线布置又有要求，现有空间已经不易满足台数增加的需求。从减少设备台数、优化布置、节省占地和减少基建费用看，采用高效冷凝换热管强化传热手段优势明显。

6. 高通量管在乙烯分离中的应用

乙烯分离中采用高通量管的换热器与常规光管相比的优势明显。高通量管在小温差沸腾传热中是较有效的强化手段，可以有效解决采用普通光管沸腾热强度不足问题。有些换热器有效传热温差不足3℃，由于采用了高通量换热管保持了高的沸腾膜传热系数，使小温差传热成为可能。釜式再沸器一般保持在核状沸腾区内操作，流体沸腾需要一定热强度。当传热温差较小时，泡核发生点的数量少，甚至没有，传热速率明显低于泡核沸腾曲线的外推值。高通量管在较小温差下，能提供大量且稳定的汽化核心，其最小传热温差可以达到2℃，甚至可以接近1℃，在此情况下采用高通量管是最佳选择。高通量管在福建、天津、镇海等大型乙烯装置中均有成功的应用业绩。

从图8-13的对比中可以看出，采用高通量换热管扩展了乙烯分离中换热器核状沸腾的范围。目前乙烯分离采用的高通量换热管主要是外烧结或外涂层的高通量管。在小温差下，高通量换热管沸腾膜传热系数比光管可提高10～30倍，总传热系数提高3～5倍，临界热通量高。高通量管加工工艺成熟，在大型乙烯装置上运

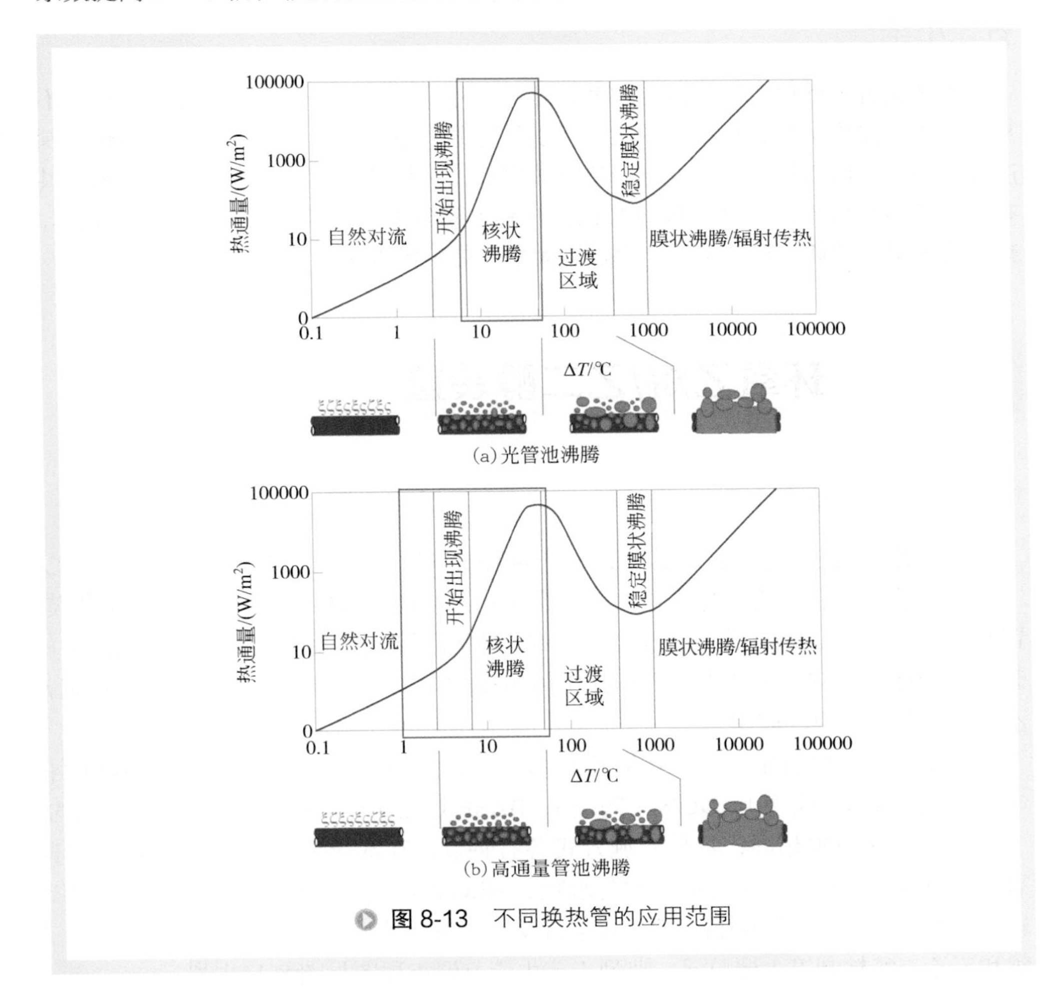

图8-13 不同换热管的应用范围

行10年以上，多孔层未脱落，传热性能未下降，验证了高通量换热管烧结表面坚固，可以抗击操作中流体的腐蚀和冲蚀。

7. 高效冷凝强化换热管乙烯分离中的应用

乙烯分离中采用高效冷凝强化换热管冷凝传热效率高，例如装置中丙烯冷剂冷凝器（见表8-5的对比分析）和丙烯精馏塔冷凝器总传热负荷大约80～110MW，总传热温差10℃，如果采用普通管壳式换热器总传热面积需要2万～3万平方米。而选择高效冷凝强化换热管进行高效传热，换热面积可以减少一半，降低投资。

高效冷凝强化换热管对丙烯冷凝膜传热系数的强化效果是普通光管的7～10倍。高效冷凝强化换热管在小温差冷凝强化传热效率高，同时扩展冷凝表面积，因此减少设备台数，有利于优化设备布置，进而节约投资。高效冷凝强化换热管内壁更加光滑，不易沉积污垢，抗污垢性能优于普通光管。

五、小结

乙烯装置大型化后，设备台数多，外形尺寸大，如果采用常规管壳式换热器不易满足工艺操作条件，且布置困难，特别是冷分离系统尤其明显。管壳式换热器制造技术成熟，但常规管壳式换热器传热效率低，材料及能量消耗大。高效换热器具有更高的传热效率，可减少传热面积，有利于充分提高乙烯分离过程中热回收率，减少公用工程消耗，在低温差、换热器大型化更具优越性。

第三节 环氧乙烷/乙二醇装置

一、工艺过程简述

环氧乙烷/乙二醇装置以乙烯、氧气为基础原料，联合生产出环氧乙烷、一乙二醇、二乙二醇、三乙二醇等重要有机化工产品。截至2009年煤制乙二醇工艺装置[13]投产前，乙二醇生产一直采用“乙烯-环氧乙烷-乙二醇”路线，并可在同一装置联产环氧乙烷。本节重点介绍强化传热技术在氧气直接氧化法生产环氧乙烷/乙二醇工艺过程中的应用。

目前拥有直接氧化法生产环氧乙烷/乙二醇工艺技术的专利商主要有SD（科学设计）、Shell（壳牌）、DOW（陶氏）、BASF（巴斯夫）公司等。几家专利商的工艺技术路线原则相同，具体实施方式各有特点，基本包括：乙烯氧化反应、环氧乙烷吸收和汽提、二氧化碳吸收与解吸、MEG回收与杂质脱除、水合反应配比、轻组分脱除、环氧乙烷精制、乙二醇水合反应、多效蒸发、一乙二醇精制、二乙二醇和三乙二醇精制等主要单元。典型工艺生产方框流程图见图8-14[14,15]。

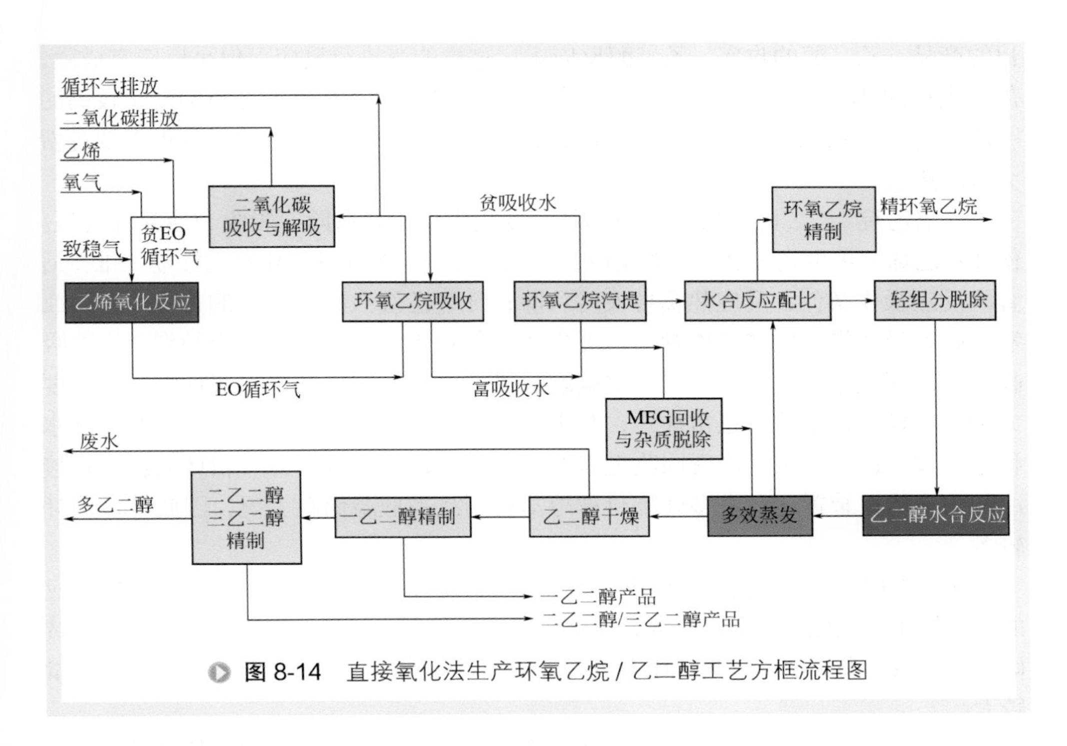

图 8-14 直接氧化法生产环氧乙烷 / 乙二醇工艺方框流程图

二、热能特点分析

不同技术路线环氧乙烷 / 乙二醇装置公用工程单耗略有不同，表 8-6 为典型环氧乙烷 / 乙二醇装置主要公用工程单耗数据，从中可以看出环氧乙烷 / 乙二醇装置能量消耗主要集中在蒸汽、循环水和电上。

表8-6 典型环氧乙烷/乙二醇装置主要公用工程单耗

年份	4.0MPa 蒸汽 /（t/t EOE）	0.4MPa 蒸汽 /（t/t EOE）	循环水 /（t/t EOE）	脱盐水 /（t/t EOE）	电 /（kW·h/t EOE）
2015 年	1.680	1.082	459	1.586	411

注：EOE 为乙烯氧化反应生产环氧乙烷的量，通常以乙烯氧化反应器每生成 1t 环氧乙烷所消耗的公用工程量来衡量装置能量消耗。

环氧乙烷 / 乙二醇生产过程热量输入主要用于：反应原料预热、组分汽提、多效蒸发及产品精制过程。例如：乙烯氧化生产环氧乙烷的反应原料和环氧乙烷水合生成乙二醇的反应原料都需要预热到一定的温度才能触发反应；乙烯氧化反应器出口富环氧乙烷循环气中包含的环氧乙烷采用贫吸收水吸收、二氧化碳采用碳酸盐溶液吸收的方式从贫环氧乙烷循环气中分离出来后，需要大量的热量再从富吸收水、富碳酸盐溶液中汽提出来；环氧乙烷汽提塔汽提出的粗环氧乙烷需要继续精制，实现环氧乙烷与水的分离，得到精环氧乙烷产品，精制过程需要热量输入；为提高目的产品一乙二醇的收率，乙二醇反应采用过量的水进行反应，但是反应完成后，需要大量的热量将过量的水从反应产物中分离出来，同时为了得到纯度比较高的一乙二醇、二乙二醇、三乙二醇产品，需要将这些产品逐一分离，这也需要耗费大量的热量。

环氧乙烷 / 乙二醇装置的冷量消耗主要用于反应热移除、吸收、冷凝等过程。例如：乙烯氧化生成环氧乙烷的反应为强放热反应，为保证催化剂的性能，维持适宜的反应操作条件，反应热需要及时移除；环氧乙烷汽提塔塔釜的贫吸收水，二氧化碳解吸塔塔釜的贫碳酸盐溶液要作为吸收剂重复使用，需要冷却到合适的吸收温度；环氧乙烷汽提塔、二氧化碳解吸塔、一乙二醇精制塔等塔顶冷凝器需要大量的循环水，维持塔正常操作；对于设置再吸收塔的工艺，需要大量的循环水移走吸收热；对于采用冷凝回收配水的工艺过程，需要冷剂将气相环氧乙烷直接冷却为液体；装置还存在多处物料被冷却利用或者低温储存工况，因此冷量消耗较多。

环氧乙烷 / 乙二醇装置的用电设备主要是压缩机、泵和空冷器，乙烯氧化反应的单程转化率较低，循环气量大，循环气压缩机的耗电量较大。因为贫吸收水和贫碳酸盐溶液的循环液量较大、压差较高，导致贫吸收水泵和贫碳酸盐溶液泵耗电量较大。

综上，因环氧乙烷 / 乙二醇工艺装置存在原料预热、高温反应、低温吸收、汽提、蒸发、精制等多种单元操作过程，工艺过程物料温度变化大，对于吸收和解吸过程存在物料的反复冷却 - 升温 - 冷却，需要的冷量和热量也较大，因此如何充分利用反应放出的热量和装置物流自有能量，加强物料之间换热，强化能量利用方案，优化换热网络，降低蒸汽和冷却水消耗，是装置流程设计和传热过程强化中需要重点考虑的内容。

三、工艺用能优化和换热网络优化

1. 优化工艺操作条件，合理设计反应器形式，强化乙烯氧化反应器传热效果

乙烯氧化反应是强放热反应，且主反应环氧化反应活化能比副反应燃烧反应的活化能低。当反应温度升高时，主副反应速率同时增加，但副反应速率增加快于主反应。同时，乙烯转化率提高，而选择性下降。由于副反应的热效应是主反应的 12 倍左右，随着温度升高，放出热量增多，如果热量不能及时移走，会导致温度难以控制，产生“飞温”现象。优化工艺操作条件，合理设计反应器形式，强化反应器传热十分必要。乙烯氧化反应的反应器通常采用列管式固定床反应器，针对反应器壳程传热可以采取如下措施来强化：

① 采用合适的冷媒，及时移走反应热，降低反应管的轴向、径向温差。20 世纪七八十年代的乙二醇装置采用热油为冷媒，在热油为撤热介质时，反应管径向温差可以达到 30℃左右，且管径越粗，径向温差越大，这就易导致管中心处催化剂颗粒易超温而失活 [16]。后期研究表明，如果采用沸水汽化代替热油撤热，壳程基本恒温，反应热更易带走，保证反应能尽可能在近似恒温下进行。沸水汽化撤热的特点是反应器列管具有均匀的温度分布 [17]。在采用沸水撤热时，径向温差仅十多度，管中心处催化剂较难超温，相对热油撤热可以选择较大的反应管径，从而在同等规模下，降低反应器设备投资。因此现在的环氧乙烷 / 乙二醇装置都采用沸水汽化撤热。通过调节反应器壳程汽包的压力，来实现对反应温度的调节。

② 开发传热性能好的新型催化剂载体，强化催化剂传热效果，降低反应器径向温差。

③ 优化反应器结构设计，避免反应器发生“尾烧”。“尾烧”是指反应器出口气体离开催化剂床层后继续发生燃烧反应，导致温度失控的现象。为避免催化剂粉末在反应器下端聚集，可将反应器下封头采用锥形。也可将反应器和反应器出口气体冷却器做成一体，反应出口物料离开反应器后直接进入气体冷却器，减少反应出口高温气体停留时间，降低出口气体温度，降低“尾烧”发生可能性。

④ 加入调节剂，提高催化剂的选择性，有效抑制副反应发生，减少反应放热量。比如添加少量的一氯乙烷或者二氯乙烷，可以提高催化剂的选择性，使反应生成更多的环氧乙烷，降低反应的放热量。

2. 典型环氧乙烷/乙二醇工艺过程中的换热过程强化与集成

（1）乙烯氧化反应单元换热过程强化与集成　典型的乙烯氧化反应单元热量强化利用集成过程见图 8-15。

反应器进料气体与反应器出口气体在反应器进出料换热器 3 中进行换热，反应器进料气在反应器进出料换热器 3 中被预热，然后自上而下流经乙烯氧化反应器 1、乙烯氧化反应器出口冷却器 2，其中的乙烯部分转化为环氧乙烷以及副产物 CO_2 和水。在反应器上段，进料气被继续加热直到反应触发温度。然后进入反应段进行反应 [18]。反应热由反应器壳程的沸水移走。通过热虹吸实现水的循环，水的汽化率为 1.5% ～ 2.5%（质量分数）。反应器温度根据催化剂的条件调整，一般通过调节汽包压力来实现。

反应器出口气体在乙烯氧化反应器出口冷却器 2 通过发生蒸汽降温。之后进入反应器进出料换热器 3 中冷却。通过设置反应器进出料换热器将反应器进料预热与反应器出料冷却集成，节约了能量；利用反应热副产蒸汽，节约了装置外界引入的蒸汽量。

反应器副产蒸汽量与乙烯氧化反应银催化剂的选择性密切相关，催化剂使用初

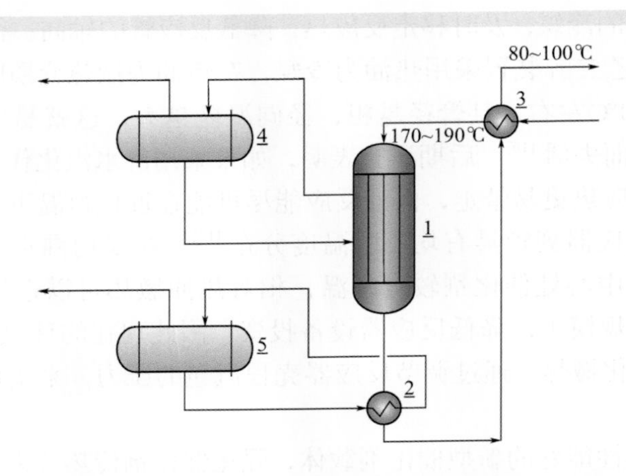

图 8-15 乙烯氧化反应单元热量强化利用集成过程示意图

1—乙烯氧化反应器；2—乙烯氧化反应器出口冷却器；3—反应器进出料换热器；
4—高压汽包；5—中压汽包

期，催化剂选择性较高，反应放出热量较少，装置副产蒸汽量少，装置从外界引入蒸汽多；随着催化剂使用期延长，催化剂选择性逐渐下降，反应放出热量逐渐增加，装置副产蒸汽量逐渐增加，装置从外界引入蒸汽减少。从表 8-7 可以看出，装置不同时期（相隔年）催化剂选择性从 87.6% 降低到 85%，装置在产能维持不变情况下，4.0MPa 蒸汽单耗从 1.68t/t EOE 降低到 1.31t/t EOE，0.4MPa 蒸汽单耗从 1.08t/t EOE 降低到 0.97t/t EOE。催化剂选择性下降蒸汽单耗降低，但装置物料消耗增加，装置原料乙烯单耗从 0.73t/t EOE 增加到 0.75t/t EOE。在原料乙烯成本占比较高时，相对于能耗，物耗对装置经济效益影响更大，因此考核环氧乙烷 / 乙二醇装置水平时，能耗与物耗应综合考虑。

表8-7 典型环氧乙烷/乙二醇装置运行数据 单位：t/t EOE

年份	4.0MPa 蒸汽单耗	0.4MPa 蒸汽单耗	乙烯单耗	乙烯氧化催化剂选择性 /%
第一年	1.68	1.08	0.73	87.6
第二年	1.31	0.97	0.75	85

（2）环氧乙烷吸收与汽提换热过程强化与集成 环氧乙烷吸收与汽提换热过程强化与集成的方案很多，根据不同的贫吸收水温度、贫富吸收水之间的温差及流程设置的差异，有不同的热量利用方案，但都基于最大程度回收物料自身热量。图 8-16 ～图 8-19 列出了几种典型的热量集成方案。

如图 8-16 环氧乙烷吸收水热利用图 I 所示[14]，反应器出口循环气在循环气 / 富吸收水换热器 3 中与富吸收水换热后，进入环氧乙烷吸收塔 1，与贫吸收水逆向接触以吸收环氧乙烷。环氧乙烷及反应器副产的水在吸收塔中吸收和冷凝下

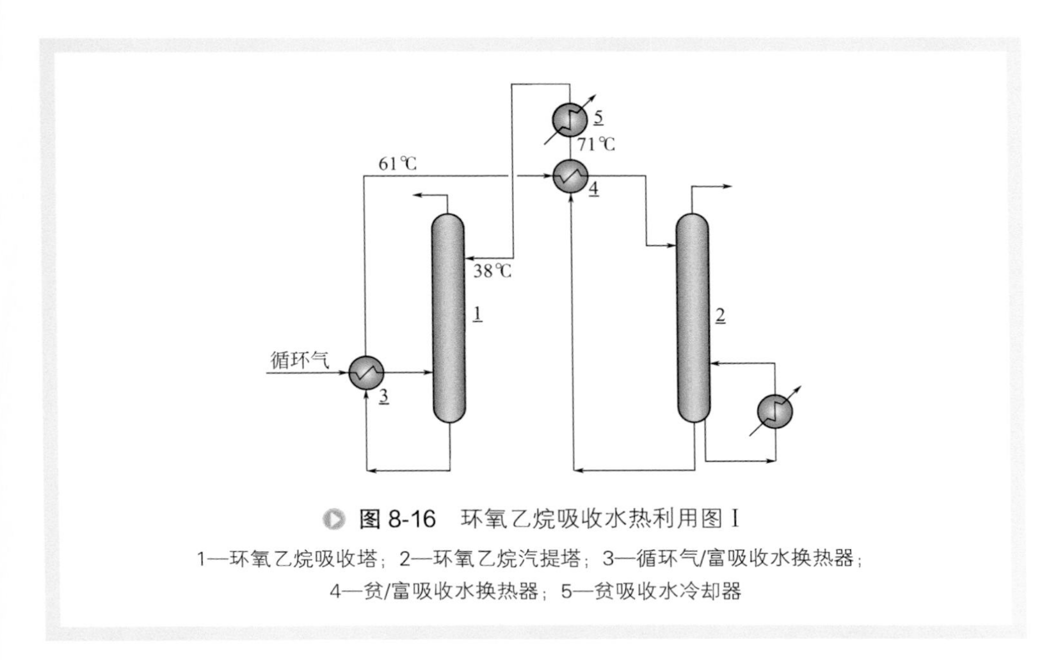

图 8-16　环氧乙烷吸收水热利用图 I

1—环氧乙烷吸收塔；2—环氧乙烷汽提塔；3—循环气/富吸收水换热器；
4—贫/富吸收水换热器；5—贫吸收水冷却器

来，富吸收水首先在循环气 / 富吸收水换热器 3 中被加热，然后在贫 / 富吸收水换热器 4 与贫吸收水进一步换热，进入环氧乙烷汽提塔 2 回收环氧乙烷，富吸收水经过两步换热后，温度升高，减少了环氧乙烷汽提塔 2 再沸器输入的热量。但富吸收水中温度升高，富吸收水中已经开始了环氧乙烷与水的水合反应，为防止生成的乙二醇在吸收水中浓度过高，导致系统发泡，需要控制富吸收水的温度和在设备、管线中的停留时间。通常工业上贫 / 富吸收水换热器 4 采用高效板式换热器来强化传热，布置上尽量靠近环氧乙烷汽提塔 2，尽可能缩短高温物料停留时间。因为吸收水在吸收环氧乙烷的同时也会将循环气中的部分乙烯、甲烷等吸收下来，而这些气体随着富吸收水温度升高，会逐渐从富吸收水中解吸出来，因此在贫 / 富吸收水换热器 4 设计过程中要充分考虑不凝气对传热系数造成的影响，同时也要设计合理的物流走向，充分考虑不凝气排放问题，以使换热器达到最佳的传热效果。

富吸收水进入环氧乙烷汽提塔 2 后，环氧乙烷从塔顶被汽提出来。塔釜贫吸收水经增压后首先预热富吸收水，随后进入贫吸收水冷却器 5 中被冷却到 38℃进入环氧乙烷吸收塔，实现贫吸收水的循环利用。为了维持系统水平衡以及排除循环水回路中累积的乙二醇，通常会抽出一股泄放液送至乙二醇反应 / 蒸发单元。贫吸收水的温度越低越有利于降低环氧乙烷吸收塔塔顶循环气中环氧乙烷含量，因此工业生产中有些装置采用更低的吸收水温度。基于循环水给水温度的限制，若采用更低的贫吸收水温度，就需要换用温度更低的冷剂，如增加冰机。换热网络如图 8-17 所示。

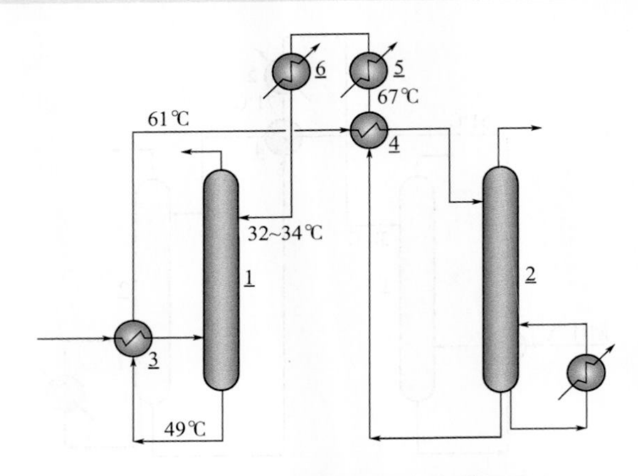

◐ 图 8-17　环氧乙烷吸收水热利用图Ⅱ

1—环氧乙烷吸收塔；2—环氧乙烷汽提塔；3—循环气/富吸收水换热器；
4—贫/富吸收水换热器；5—贫吸收水冷却器；6—冰机

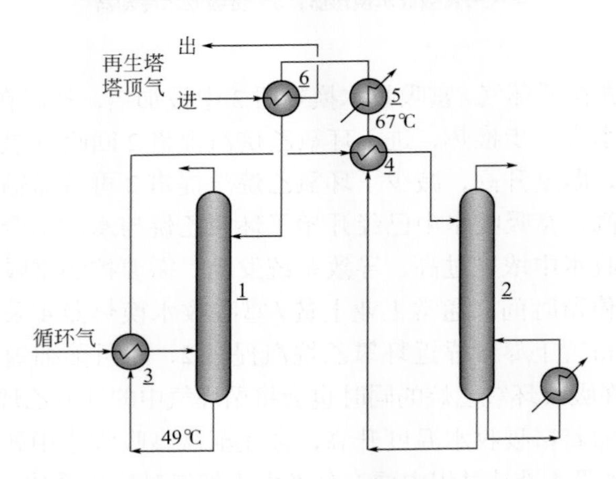

◐ 图 8-18　环氧乙烷吸收水热利用图Ⅲ

1—环氧乙烷吸收塔；2—环氧乙烷汽提塔；3—循环气/富吸收水换热器；
4—贫/富吸收水换热器；5—贫吸收水冷却器；6—冰机

根据冰机的设计，需要提供热水或者低压蒸汽作为冰机热源。结合环氧乙烷/乙二醇装置情况可以采用再生塔塔顶气体的热量[14]作为冰机热源，如图 8-18 所示。

对于反应器出口循环气先急冷脱除杂质的流程[19]，环氧乙烷吸收水热利用方案见图 8-19。反应器出口循环气首先与环氧乙烷吸收塔上段塔釜的富吸收水换热后进入深冷段脱除杂质，然后进入环氧乙烷吸收塔 1 上段与贫吸收水逆向接触，实现环氧乙烷与循环气的分离。环氧乙烷吸收塔上段塔釜的富环氧乙烷吸收水首先被反应

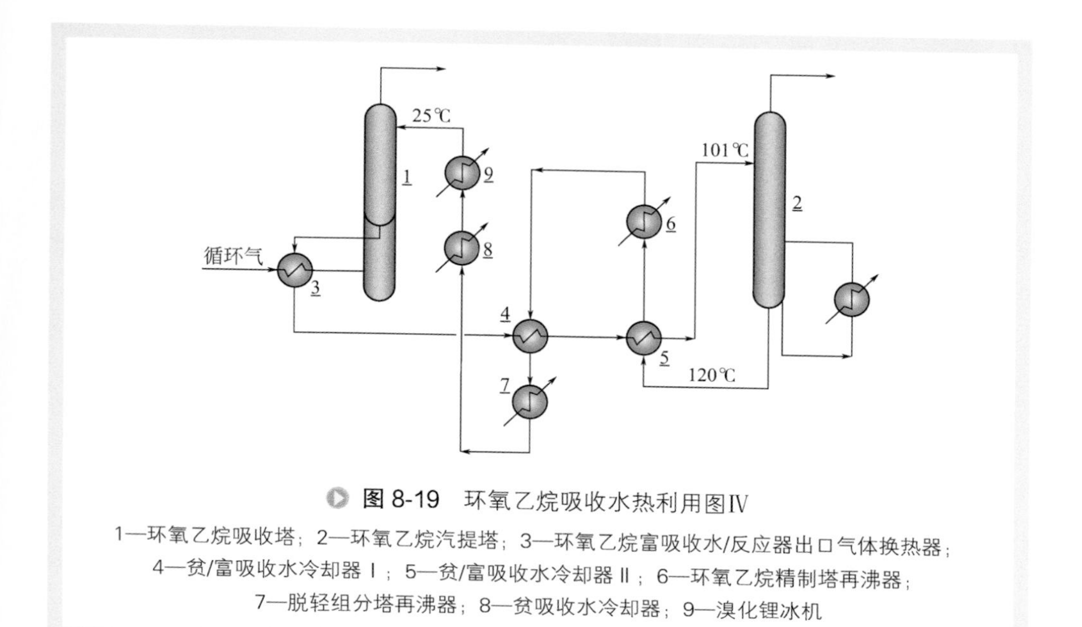

图 8-19　环氧乙烷吸收水热利用图Ⅳ

1—环氧乙烷吸收塔；2—环氧乙烷汽提塔；3—环氧乙烷富吸收水/反应器出口气体换热器；4—贫/富吸收水冷却器Ⅰ；5—贫/富吸收水冷却器Ⅱ；6—环氧乙烷精制塔再沸器；7—脱轻组分塔再沸器；8—贫吸收水冷却器；9—溴化锂冰机

器出口循环气加热，然后依次通过 4 贫 / 富吸收水冷却器Ⅰ、5 贫 / 富吸收水冷却器Ⅱ，被贫吸收水加热后进入环氧乙烷汽提塔 2，在塔顶汽提出环氧乙烷。塔釜贫吸收水被逐级冷却回收热量后送回环氧乙烷吸收塔塔顶循环使用。因为贫吸收水在环氧乙烷汽提塔塔釜出料温度为 120℃，而最终进入环氧乙烷吸收塔需要的温度只有 25℃，且贫吸收水流量比较大，因此贫吸收水可提供的热量较多，除了为富环氧乙烷吸收水提供热量，还作为环氧乙烷精制塔再沸器 6 和脱轻组分塔再沸器 7 的加热热源，充分回收热量后，经过贫吸收水冷却器 8 和溴化锂冰机 9 冷却到目的温度。因为环氧乙烷汽提塔操作条件和塔釜物料组成不同，贫吸收水可以提供的温差和热量也不同，因此针对具体工艺过程对应不同的热量利用方案。

（3）乙二醇水合反应器进料预热器凝液低温热利用[14]　乙二醇水合反应器进料预热器凝液低温热利用见图 8-20[14]。再吸收塔塔釜液直接进入脱轻组分塔 1，则脱轻组分塔进料温

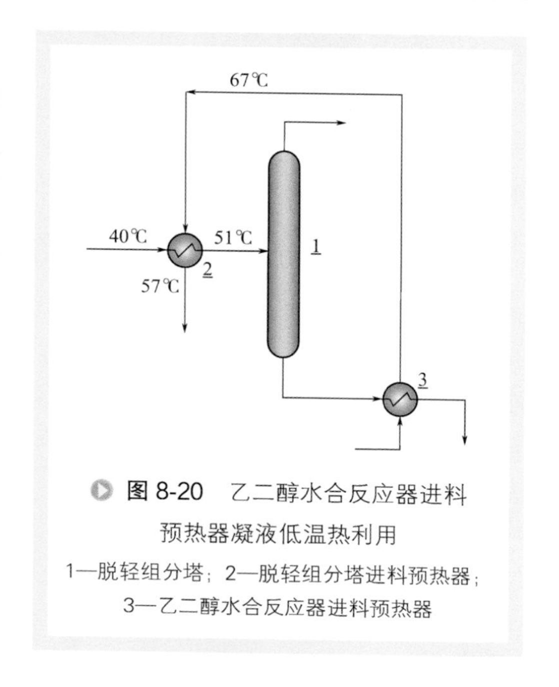

图 8-20　乙二醇水合反应器进料预热器凝液低温热利用

1—脱轻组分塔；2—脱轻组分塔进料预热器；3—乙二醇水合反应器进料预热器

度过低，会导致塔的蒸汽消耗量增大，而进料温度过高会导致塔顶环氧乙烷含量增加。通常再吸收塔塔釜液温度在40℃左右，可利用乙二醇反应进料预热器的工艺凝液对汽提塔进料进行预热，将进料温度提高到51℃左右，减少轻组分汽提塔蒸汽耗量。如图8-20[14]所示，汽提塔塔釜液进反应器之前先通过乙二醇水合反应器进料预热器预热，加热介质为工艺凝液，温度113℃，通过反应器进料预热器换热后凝液温度降至67 ℃，然后预热轻组分汽提塔进料温度接近51℃，自身温度降低到57℃。

（4）多效蒸发　采用多效蒸发来脱除乙二醇反应产物中过量的水，流程一般是并流，优点是：溶液在各效间的流动不需要泵，因后一效蒸发室的压力较前一效的低，所以溶液借此压力差即可自动地由前效流入后效；前一效的溶液沸点较后一效的高，因此当前一效溶液进入后一效内时呈过热状态，便立即自行蒸发，可汽化更多的溶剂。为便于设备的制造和安装，各效蒸发器的加热面积基本上相同。根据这一原则，以及由第一效加热蒸汽的压力和末效真空度的影响所形成总温差的大小，来调整并确定各效的操作压力及各效溶液的最终浓度。多效蒸发效数的确定取决于能耗和投资的综合考虑，常用的多效蒸发效数有三效、四效、五效、七效等。

五效以上的蒸发系统，末效蒸发塔为真空操作，塔顶蒸汽全部冷凝，该工艺简称为冷凝式多效蒸发。蒸发塔多，蒸汽耗量就少。但随着蒸发塔个数的增加，蒸汽耗量减少的作用减弱，同时蒸发塔多，相应因中间再沸器的温差减少，再沸器面积过大，所以不能无限制地增加蒸发塔个数。

采用三效蒸发系统，末效蒸发塔为正压操作，塔顶蒸汽可作为其他工艺物流的热源，多效蒸发的能量是利用加热蒸汽的能级差，该工艺简称为背压式多效蒸发。但由于末效压力较高，多效蒸发系统的总温差变小，因而设计时应该权衡能量的综合利用。为了加大多效蒸发单元的总温差，也可在乙二醇水合反应中采用高温高压的操作条件，这既有利于多效蒸发单元操作，也可使反应的停留时间缩短。因为多效蒸发单元传热温差很小，采用高通量换热管来强化传热。

（5）其他节约能量方法　对于只生产精制环氧乙烷的流程，利用环氧乙烷汽提塔塔釜液作为环氧乙烷精制塔和二氧化碳汽提塔再沸器热源，节约能量[20]；二氧化碳解吸塔塔顶冷凝器、环氧乙烷汽提塔塔顶冷凝器可以采用空气冷却器代替循环水冷却器，以节约冷却水消耗。在蒸汽有保障的工厂，可以使用蒸汽透平驱动压缩机，以节省电耗；采用液力透平回收高压液体静压能等。

四、换热元件强化传热技术

环氧乙烷/乙二醇装置各单元传热特点不同，需采用不同的换热元件进行强化传热。本节以某900kt/a乙二醇装置为例分析换热设备的特点及强化措施。

1. 乙烯氧化反应单元换热设备

反应单元设置进出料换热器，回收产品气热能。反应器进出料换热器工艺条件见表 8-8。反应器进出料换热器主要特点是：热负荷大；允许压降小；冷、热物流温度区间高度重合，传热温差小。现有装置都采用固定管板管壳式换热器。可通过改变折流板型式来强化壳程传热。单弓形折流板易发生管束振动，不常采用。窗口不布管折流板或折流杆替代单、双弓形折流板，可消除管束振动，降低压降。折流杆壳侧压降小，可以将节省的压降用在管内，在保证管侧和壳侧总的压降不超总允许压降前提下，强化管内传热。单弓 - 窗口不布管折流板方案与折流杆方案对比见表 8-9。

表8-8　反应器进出料换热器工艺条件

项目	壳程	管程
介质	产品气	进料气
流量 /（kg/h）	922860	922860
允许压降 /kPa	40	35
温度 /℃	185.6 → 60.6	41.4 → 168.3
气相密度 /（kg/m^3）	9.41 → 13.24	16.82 → 11.6
气相黏度 /mPa • s	0.017 → 0.013	0.013 → 0.017
气相导热系数 / [W/（m • K）]	0.049 → 0.032	0.03 → 0.047
气相比热容 / [kJ/（kg • K）]	2.06 → 1.75	1.736 → 2.02

注：热负荷 60.92MW。

表8-9　反应器进出料换热器方案对比

项目	单弓 - 窗口不布管折流板	折流杆
设备规格（壳径 × 换热管直管长）/mm	4500 × 20000	3000 × 20000
设备数量 / 台	1	1
压降 /kPa	35（总）	46（总）
总传热温差 /℃	15.9	18.3
换热面积 /m^2	24158	13920
设备总质量 /t	600	306

从表 8-9 可以看出，由于壳径缩小，折流杆换热器总传热系数比窗口不布管式换热器可提高 36.1%，设备重量减少 49%，节省了投资和占地。

此外，在氧气混合器处，进料气中乙烯和氧气可能发生完全氧化反应，导致反应气温度瞬间上升至 800℃；在乙烯氧化反应器出口处，产品气也可能发生类似的燃烧现象。这两种极端工况都会对气 - 气换热器产生严重的冲击，对固定管板换热器膨胀节的设计提出更苛刻要求。缠绕管式换热器既强化传热，又解决了膨胀节设计问题。

2. 二氧化碳吸收与解吸单元换热设备

吸收与解吸单元设置贫 - 富碳酸盐溶液换热器回收热能。富碳酸盐溶液在换热器内升温，受到管束振动的影响，有可能闪蒸出气相 CO_2。CO_2 会在换热器死区内驻留，产生“气阻”现象，降低了换热器的换热能力。贫 - 富碳酸盐溶液换热器与反应器进 - 出料换热器的换热特点相同，强化传热方法也相同。

以某 900kt/a 环氧乙烷 / 乙二醇装置贫 - 富碳酸盐溶液换热器为例，与双弓形折流板方案相比，采用折流杆可减少设备重量 15%，缠绕管式换热器减少设备重量 36%。

3. 环氧乙烷吸收、汽提及精制单元换热设备

热负荷较大的贫 - 富吸收水换热器工艺条件如表 8-10 所示，其冷、热流体温度区间高度重合。介质特性要求设备不能存在流动死区，一般国外专利商推荐采用折流杆结构。方案对比见表 8-11。

表8-10　贫-富吸收水换热器工艺条件

项目	热侧	冷侧
介质	贫循环水	富循环水
流量 /（kg/h）	2963970	3081810
允许压降 /kPa	140	140
温度 /℃	113 → 67	56 → 101
液相密度 /（kg/m^3）	952 → 980	974 → 958
液相黏度 /mPa・s	0.256 → 0.433	0.499 → 0.279
液相导热系数 /［W/（m・K）］	0.682 → 0.657	0.629 → 0.658
液相比热容 /［kJ/（kg・K）］	4.21 → 4.17	4.10 → 4.14

注：热负荷 159.56MW。

表8-11　贫-富吸收水换热器方案对比

项目	折流杆方案	全焊接板式方案	缠绕管式方案
设备规格（壳径 × 换热管直管长）/mm	1600×12000	1600×3200	2700×12000
设备数量 / 台	4	4	1
压降 /kPa	225（总）	271（总）	275（总）
总传热系数 /［W/（m^2・K）］	1450	4096	1560
换热面积 /m^2	9535	3380	8850
设备总质量 /t	190	162	115

由此可见，折流杆换热器即使采用外径16mm的小直径换热管，设备重量和占地仍然较大。目前多采用四面可拆全焊接板式换热器来强化传热，但由于设备大型化困难，设备台数多，占地面积大，配管复杂，其紧凑性优势不明显。缠绕管式换热器适合设备大型化，一台设备就可以满足传热要求，设备重量比全焊接可拆板式换热器减少29%。

67℃的贫循环水温度需要用循环水进一步降温冷却到38℃以下，可采用板框式换热器强化传热，减少换热面积约85%。

4. 多效蒸发单元换热设备

增加多效蒸发的能效级数，可节约能源，但对换热设备也提出了更高的要求。多效蒸发级数越多，每一级的传热温差就越小。低温差减弱了沸腾强度，降低了总传热系数，传热面积非常大。某装置第五效再沸器工艺条件见表8-12。

表8-12 第五效再沸器工艺条件

项目	壳程	管程
介质	蒸汽、乙二醇蒸汽	乙二醇溶液
流量 /（kg/h）	130730	942710
允许压降 /kPa	3	热虹吸
温度 /℃	156.9 → 156.9	146.8 → 147.8
气相密度 /（kg/m³）	2.833 → —	2.15 → 2.15
液相密度 /（kg/m³）	— → 918	957 → 957
气相黏度 /mPa・s	0.014 → —	0.014 → 0.014
液相黏度 /mPa・s	— → 0.173	0.24 → 0.24
气相导热系数 /［W/（m・K）］	0.03 → —	0.029 → 0.029
液相导热系数 /［W/（m・K）］	— → 0.675	0.523 → 0.523
气相比热容 /［kJ/（kg・K）］	1.92 → —	1.92 → 1.92
液相比热容 /［kJ/（kg・K）］	— → 4.29	3.8 → 3.8

注：热负荷75.39MW。

多效蒸发都采用立式热虹吸再沸器，介质在管内沸腾。低温差条件下，常规管壳式换热器沸腾强度大大降低，入口段无法产生稳定的沸腾。内烧结多孔、外纵槽高通量管内多孔结构增加了泡核中心，在1～3℃下就能够产生稳定沸腾；自清洁机制降低了管内污垢热阻；管外纵槽有助于迅速排出凝液，降低管外壁液膜厚度，提高冷凝膜传热系数；铜镍合金热传导能力强，进一步降低换热管的金属热阻。多种因素作用下，高通量管大大减小了再沸器的换热面积。普通光管和高通量管对比方案见表8-13。

表8-13　第五效再沸器方案对比

项目	光管方案	高通量管方案
设备规格（壳径 × 换热管直管长）/mm	2900 × 5000	2800 × 4000
设备数量 / 台	4	1
总传热系数 /［W/（m^2·K）］	1025	6050
总换热面积 /m^2	8950	1481
设备总质量 /t	205	44

由表 8-13 可见，高通量管换热器总传热系数比光管强化约 5 倍，相应换热面积和设备重量也大大减少。

乙二醇精制塔釜物料以一乙二醇、二乙二醇、三乙二醇为主，还含有多种杂质，热敏性较高，故在真空下操作。立式热虹吸再沸器是常用的设备选型，但降膜蒸发器以持液量小、停留时间短、无死区、金属壁温低、强化高黏度物料蒸发等特点，更适合应用在这个工况。乙二醇精制塔再沸器工艺条件见表 8-14，传热方案对比见表 8-15。

表8-14　乙二醇精制塔再沸器工艺条件

项目	壳程	管程
介质	蒸汽	一乙二醇、二乙二醇、三乙二醇
流量 /（kg/h）	97100	1044200
允许压降 /kPa	5	热虹吸
温度 /℃	212.7	161 → 164
气相密度 /（kg/m^3）	—	0.38
液相密度 /（kg/m^3）	—	1009.7
气相黏度 /mPa·s	—	0.011
液相黏度 /mPa·s	—	1.113
气相导热系数 /［W/（m·K）］	—	0.021
液相导热系数 /［W/（m·K）］	—	0.195
气相比热容 /［kJ/（kg·K）］	—	1.85
液相比热容 /［kJ/（kg·K）］	—	2.92

注：热负荷 50.8MW。

表8-15　乙二醇精制塔再沸器方案对比

项目	立式热虹吸方案	降膜蒸发器方案
设备规格（壳径 × 换热管直管长）/mm	3500×4000	3200×5000
设备数量 / 台	1	1
总传热系数 /［W/（m^2•K）］	515	688
换热面积 /m^2	2375	1829
设备总质量 /t	97.5	80.8

由表 8-15 可见，降膜蒸发器换热面积减少 23%，设备重量减少 17%。此外，降膜蒸发器还有运行周期长的优势。波纹管管壳式换热器也可应用在乙二醇精馏 [21]。

五、小结

以乙烯氧化反应部分、环氧乙烷吸收与汽提部分、多效蒸发部分等为例，从反应热的强化集成、工艺物料间热量利用集成角度，重点介绍了强化传热技术在环氧乙烷 / 乙二醇装置上的应用情况。通过各工艺过程能量利用方案的实例可以看出，可通过合理设计流程、强化冷热物流之间的热量交换、提高传热设备换热效果、采用高效换热设备等手段来优化环氧乙烷 / 乙二醇装置的能量利用方案，以提高热量集成利用效率，降低装置综合能量消耗。

第四节　环氧丙烷装置

一、工艺过程简述

环氧丙烷（propylene oxide，PO）以丙烯为原料，采用共氧化法、直接氧化法或氯醇法生产 [22]，主要用于生产聚醚多元醇和丙二醇，也是非离子表面活性剂、油田破乳剂、农药乳化剂、碳酸丙烯等的主要原料。共氧化法因装置规模大、生产稳定性高、产品质量好及环保措施可靠等优点，成为目前环氧丙烷发展的主要方向。共氧化法根据原料和联产产品不同，分为乙苯共氧化法［环氧丙烷 / 苯乙烯（PO/SM）法］、异丁烷共氧化法［环氧丙烷 / 甲基叔丁基醚（PO/MTBE）法］和异丙苯法（CHP 法）。本节主要以 PO/SM 法为例介绍强化传热技术在环氧丙烷装置中的应用。

PO/SM 工艺是以丙烯和乙苯为原料，在生产环氧丙烷的同时联产苯乙烯，主要包括乙苯过氧化、丙烯环氧化、苯乙醇脱水及苯乙酮加氢等四个主要反应单元，以及相关的原料、产品精馏单元。典型的乙苯共氧化法环氧丙烷生产工艺流程简图见图 8-21。

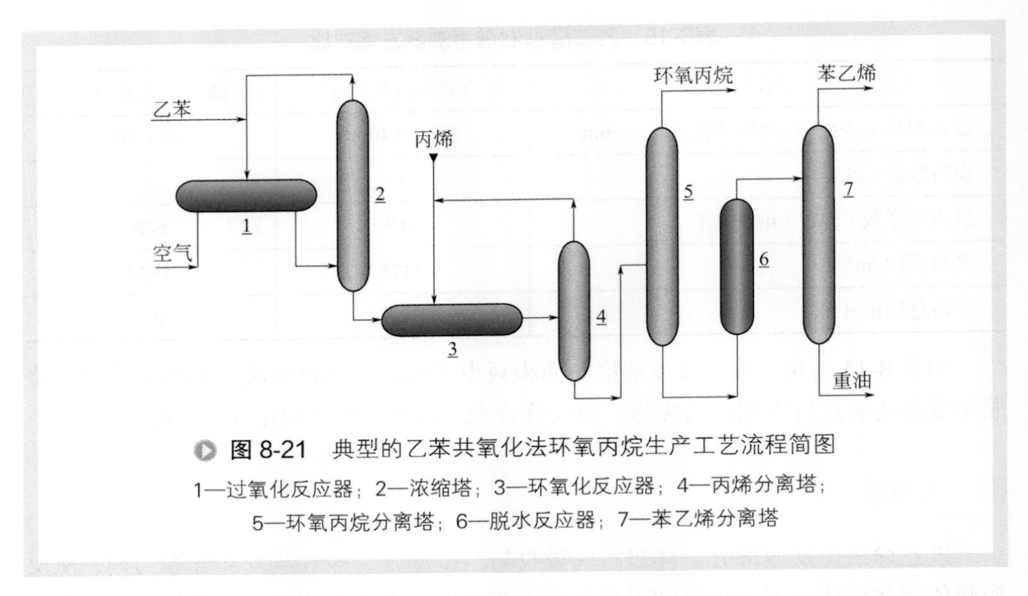

图 8-21　典型的乙苯共氧化法环氧丙烷生产工艺流程简图

1—过氧化反应器；2—浓缩塔；3—环氧化反应器；4—丙烯分离塔；
5—环氧丙烷分离塔；6—脱水反应器；7—苯乙烯分离塔

在乙苯过氧化单元，乙苯经空气氧化生成乙苯过氧化氢，乙苯过氧化氢经浓缩后送入环氧化单元；在环氧化单元，丙烯与乙苯过氧化氢经环氧化反应生成粗环氧丙烷、苯乙醇和苯乙酮，未反应的丙烯回收后循环使用；粗 PO 送入 PO 精制单元得到环氧丙烷产品；苯乙醇送入脱水单元，经脱水反应得到粗 SM，再经分馏得到苯乙烯产品；苯乙酮送入加氢单元，经加氢反应转化为苯乙醇后循环返回脱水单元。

二、热能特点分析

共氧化法工艺由于反应多、分离要求高，因此流程复杂，能耗也相应较高。按环氧丙烷与苯乙烯的总产品量计算，能耗约 250 ～ 350kgoe/t 产品，而其中蒸汽消耗可达 15 ～ 20t/tPO 产品。典型的乙苯共氧化法环氧丙烷装置生产工艺能耗分布见表 8-16。

表8-16　典型的乙苯共氧化法环氧丙烷装置生产工艺能耗分布

项目	能耗 /（kgoe/t 产品）	分布 /%
蒸汽	200 ～ 280	70 ～ 75
电	15 ～ 30	6 ～ 9
循环水	30 ～ 50	15 ～ 20
其他	10 ～ 20	3 ～ 6

注：表中“t 产品”为 PO 产品和联产品的总量。

从表 8-16 中可见，蒸汽的能耗最大，其次是循环水能耗，因此装置开展节能降耗、强化传热的主要方向是减少蒸汽使用量，并尽可能降低循环水消耗。

共氧化法环氧丙烷工艺的热能特点，一是反应热效应突出但回收利用难度大，二是蒸汽用量大，但低品位蒸汽占比高，三是冷凝冷却的公用工程消耗量大。

反应中过氧化反应与环氧化反应均为强放热反应，但反应温度均不超过150℃，回收利用难度大；脱水反应为强吸热反应，需要采用高温热源加热；加氢反应则热效应相对较小，可以忽略。

蒸汽用量大，因工艺侧温度大多在180℃以下，中压蒸汽基本满足要求；对易分解的乙苯过氧化氢和易聚合的苯乙烯等热敏性介质，从工艺安全出发，工艺侧温度一般限制在120℃以下，必须选用低压甚至低低压蒸汽加热。

受乙苯过氧化氢和苯乙烯的温度限制，分离多采用真空操作，冷凝温度多在50～90℃范围，一般需要采用循环水或空冷冷却，热量难以利用，并且热负荷较大。

基于上述热能特点，环氧丙烷装置总的用能与强化传热原则为：反应热以溶剂蒸发取热和直接接触传热为主，以增强取热效果与传热效率；蒸汽以梯级利用为主，在满足低压蒸汽需求的前提下，通过背压透平回收蒸汽能量；在工艺安全许可的范围内，提高分离系统的热联合程度；提高空冷使用范围，降低循环水消耗；充分利用装置自产蒸汽凝液的低温热。

三、工艺用能优化和换热网络优化

根据前述装置用能特点，常用的换热优化措施如下。

（1）反应系统热量回收与传热　针对过氧化和环氧化反应热效应大、温位低、温度控制要求高的特点，通常采用溶剂蒸发取热或过量溶剂循环的方法改善反应器内温度分布；采用蒸发溶剂与冷进料接触冷却的方式，消除传热温差、提高取热能力、强化传热效果。

（2）蒸汽梯级优化利用　首先根据工艺需求，特别是乙苯过氧化氢和苯乙烯的安全需求，在保证必要传热温差的前提下，细分蒸汽等级；其次在细分蒸汽等级的基础上，做好各级蒸汽的梯级匹配，特别是蒸汽透平的合理利用，以提高装置总体的能效水平。

（3）系统热联合　在工艺安全许可的范围内，通过调整塔压，可实现不同分离系统之间的热联合，或减少高品位能量的使用，最终降低装置综合能耗。在丙烯制环氧丙烷（HPPO）工艺中，由于大量的循环甲醇需要在后继单元回收，通过采用高低压双塔流程，将高压甲醇塔顶蒸汽作为低压甲醇塔再沸器热源，使每吨产品蒸汽消耗量降低了35.7%，节能效果显著[23]。

（4）低温热回收利用　根据装置内蒸汽凝结水量较大的特点，可采用溴化锂制冷工艺，以冷冻水代替部分用户的制冷丙烯，降低丙烯制冷机组负荷。据测算，对300kt/a规模的装置，采用溴化锂制冷工艺后，装置综合能耗可降低约25～35kgeo/tPO。

（5）提高空冷器使用范围　因装置冷却负荷集中在50～90℃范围，如全部使用水冷，循环水用量较大。据测算，对 300kt/a 规模的装置，扩大空冷使用范围可减少循环水用量 10000 ～ 15000t/h。

四、换热元件强化传热技术

根据前述分析，环氧丙烷生产工艺决定其传热强化的技术重点，一是解决高真空、低温差导致的设备大型化问题，二是满足热敏性介质的安全操作需求。传热强化技术对提升工艺与工程技术水平意义重大。

螺旋板式换热器因纯逆流适合温度高度交叉场合，并且流体呈螺旋流动、湍流剧烈、有一定的自清洁能力，不易沉积污垢。某进出料换热器内冷、热介质温度高度交叉，并且介质有热敏性，存在结焦结垢倾向，传热分析表明适合采用螺旋板式换热器。该换热器工艺条件见表 8-17，螺旋板式换热器与常规管壳式换热器方案对比见表 8-18。

表8-17　进出料换热器工艺条件

项目	热侧	冷侧
介质	热进料	冷进料
热负荷 /MW	10.0	10.0
允许压降 /kPa	70	60
温度 /℃	210 → 100	50 → 190
液相密度 /（kg/m^3）	800 → 910	920 → 830
液相黏度 /mPa・s	0.259 → 0.90	1.79 → 0.35
液相导热系数 /［W/（m•K）］	0.098 → 0.122	0.132 → 0.105
液相比热容 /［kJ/（kg・K）］	2.326 → 1.82	1.585 → 2.18

注：热负荷 9.455MW。

表8-18　进出料换热器方案对比

项目	管壳式传热方案	螺旋板式传热方案
设备规格（壳径 × 换热管直管长）/mm	600 × 6000	2000 × 2320
设备数量 / 台	6	1
压降 /kPa	70	60
总传热系数 /［W/（m^2・K）］	290	360
换热面积 /m^2	650	480
设备总质量 /t	30	48

由表 8-18 可见，采用 1 台螺旋板式换热器可代替 6 台管壳式换热器，虽然设备重量略大，但节省宝贵占地面积，并可延长检修周期。

环氧丙烷流程中热敏性物料较多，沸腾和冷凝多在真空下进行，强化传热需要根据其特点选择相应的措施。对壳侧冷凝，因受真空系统允许压降限制，气相流速较低、汽液相界面剪切力较小，冷凝液膜较厚，因此螺纹管用于卧式管外冷凝、纵槽管用于立式管外冷凝有助于快速排出表面凝液、减薄液膜厚度，强化传热；而与折流板相比，折流杆压降小、便于不凝气排出，更适宜真空下冷凝。对管侧沸腾，真空条件下因静压差影响泡点温度，常规热虹吸再沸器不仅传热不利，而且金属壁温高、液体停留时间长，更易加剧热敏性物料的分解、聚合。立式降膜再沸器[24]不仅消除了静压差影响，而且液膜表面流速高、传热热阻小、液体停留时间短，特别适合真空下热敏性物料的蒸发操作。表 8-19 为某塔再沸器的工艺条件，其中壳侧冷凝、管侧蒸发。

表8-19　某塔再沸器工艺条件

项目	壳侧	管侧
介质	热物流	冷物流
热负荷 /MW	35	35
允许压降 /kPa	3	2
温度 /℃	100 → 90	65 → 68
气相密度 /（kg/m^3）	1.41	0.387
液相密度 /（kg/m^3）	824.8 → 802.2	894.4 → 909.8
气相黏度 /mPa • s	0.008 → 0.009	0.008
液相黏度 /mPa • s	0.334 → 0.32	0.563 → 0.60
气相导热系数 /［W/（m • K）］	0.018	0.0143
液相导热系数 /［W/（m • K）］	0.112	0.123
气相比热容 /［kJ/（kg • K）］	1.55	1.41
液相比热容 /［kJ/（kg • K）］	2.086 → 1.98	1.94 → 1.97

注：热负荷 30.2MW。

常规管壳式换热器和折流杆降膜式换热器方案对比见表 8-20。对比结果显示，采用折流杆降膜式方案可降低换热面积 20% 以上，并改善高温下热敏物料的聚合损失。

表8-20　某塔再沸器方案对比

项目	管壳式方案	折流杆降膜式方案
设备规格（壳径 × 换热管直管长）/mm	3600 × 5000	3000 × 7500
换热管规格（外径 × 厚度）/mm	38 × 2.5	19 × 2
设备数量 / 台	2	2
压降 /kPa	20	2
总传热系数 /［W/（m^2 • K）］	210	280
换热面积 /m^2	5500	4000
设备总质量 /t	200	150

五、小结

共氧化法环氧丙烷工艺的热能特点是蒸汽与循环水用量大，但装置内低品位热能与反应热不易回收利用，因此合理安排换热网络、综合应用节能措施对提升装置能耗水平作用重要；工艺特点决定传热强化的技术重点，主要是解决高真空、低温差导致的设备大型化，并满足热敏性物质的安全操作需求；传热分析表明，降膜式再沸器更适合真空条件下过氧化物等热敏性物料的蒸发操作、折流杆结构有利于改善真空条件下的壳侧冷凝，而螺旋板式换热器因其纯逆流、自清洁特点，适合温度高度交叉且有结焦倾向的换热操作。

第五节 苯乙烯装置

一、工艺过程简述

苯乙烯（SM）是重要的芳烃类化工原料，用于生产聚苯乙烯（PS）、丁苯橡胶（SBR）、苯乙烯系列树脂等产品。生产苯乙烯的原料，主要是苯和乙烯，或者直接从乙烯裂解汽油中抽提得到。苯乙烯生产主要有三种工艺流程，即：乙苯 - 苯乙烯法、环氧丙烷 - 苯乙烯联产法和苯乙烯抽提法。本节主要对常用的乙苯 - 苯乙烯流程和苯乙烯抽提流程进行介绍。

（1）乙苯 - 苯乙烯工艺流程简述　本法由苯和乙烯经烷基化生产乙苯再由乙苯经脱氢反应制苯乙烯，是目前苯乙烯生产最主要的工艺路线。典型的乙苯 - 苯乙烯工艺流程框图如图 8-22 所示。

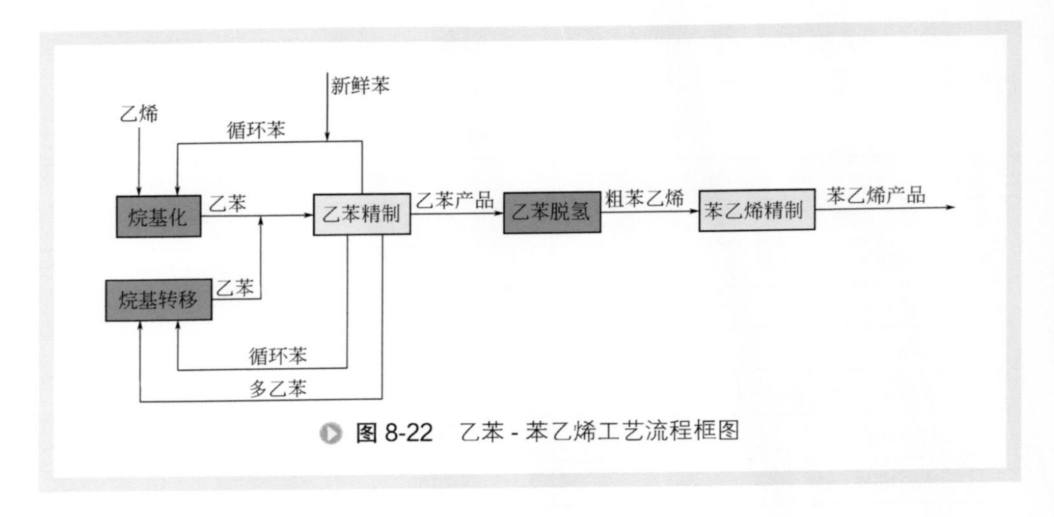

图 8-22　乙苯 - 苯乙烯工艺流程框图

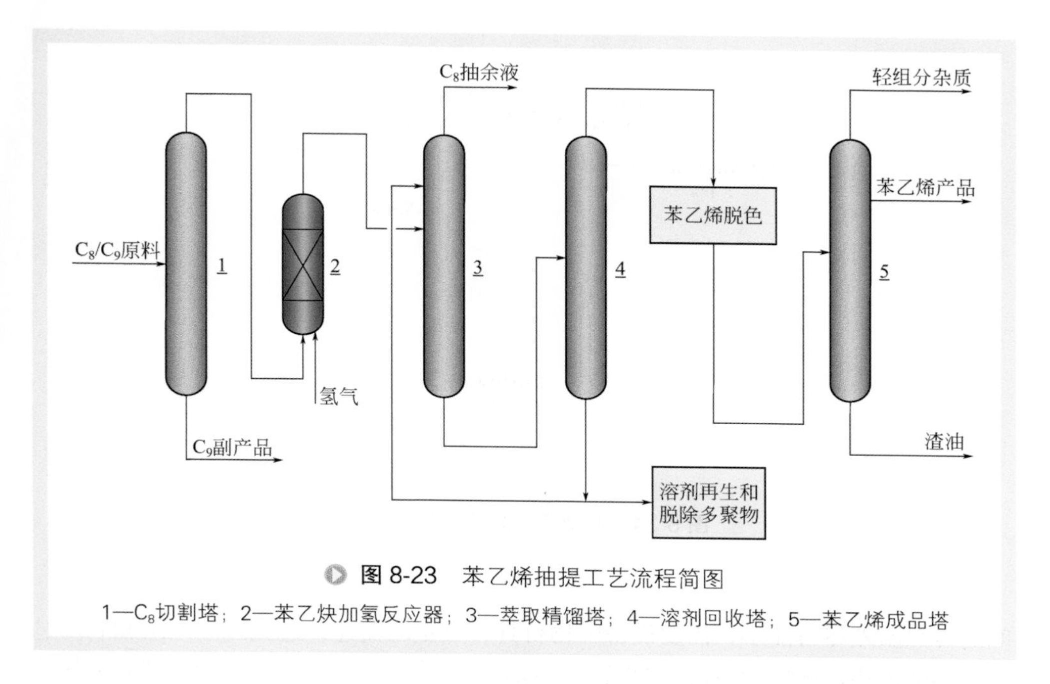

图 8-23　苯乙烯抽提工艺流程简图

1—C_8切割塔；2—苯乙炔加氢反应器；3—萃取精馏塔；4—溶剂回收塔；5—苯乙烯成品塔

（2）苯乙烯抽提工艺流程简述　以石脑油、加氢尾油等为原料的乙烯裂解装置所副产裂解汽油中，含有 3% ～ 5%（质量分数）的苯乙烯，可采用抽提蒸馏的方法分离得到苯乙烯产品。典型的苯乙烯提抽工艺流程简图如图 8-23 所示。

二、热能特点分析

1. 乙苯 - 苯乙烯工艺[25-29]

（1）乙苯部分　苯和乙烯发生烷基化生成乙苯和多乙苯的反应是强放热反应，烷基化反应部分主要对外输出热量，反应热通过发生蒸汽和作为苯精馏塔热进料的形式回收。乙苯精馏所需热源由高压蒸汽提供，各精馏塔塔顶气相通过发生低压蒸汽的形式回收热量。

（2）乙苯脱氢部分　乙苯脱氢制苯乙烯属于强吸热反应，其能耗是乙苯脱氢制苯乙烯工艺的固有能耗，取决于脱氢催化剂的性能，通过传统的热量耦合利用难以达到减小和优化。

（3）苯乙烯精馏部分　苯乙烯精馏部分能耗占整个装置的 1/3 左右，较多采用多级变压热集成技术来回收热量，热能回收率可达 40% ～ 50%。

2. 苯乙烯抽提工艺

苯乙烯物料的自聚属于自发反应，随操作温度升高和物料停留时间变长而加剧，要尽量降低操作温度、加速流动[30]。为了降低苯乙烯物料聚合，热源与物料

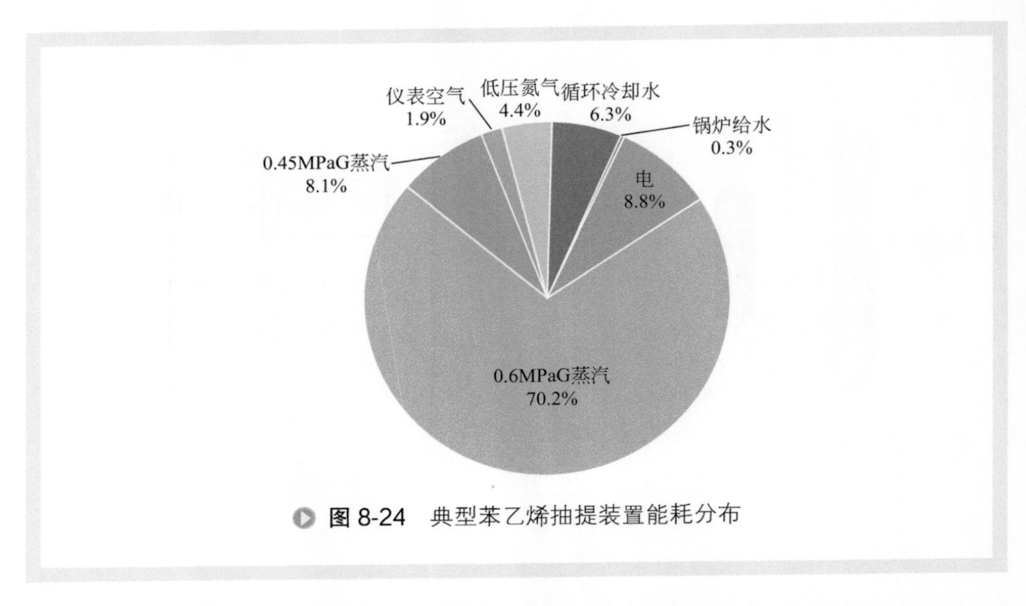

图 8-24　典型苯乙烯抽提装置能耗分布

间的传热温差尽可能小，需要设备内物料具有一定的流速，避免流动死区和局部过热。加强传热，优化传热设备型式及内部结构设计，在低温差下保持较高的传热效率是工程的难点[31]。

0.6MPaG 饱和低压蒸汽消耗在能耗中占比较大（表 8-21），主要用于精馏分离操作的再沸器热源。此压力下的饱和蒸汽温度在 170℃左右，既避免了物料过热，又保证了一定的传热温差，但受全厂蒸汽等级设置限制，大多为 1.0 ～ 1.6MPaG 过热蒸汽，须经过减温减压饱和，造成能量浪费。典型苯乙烯抽提装置能耗分布见图 8-24，如能依托全厂一体化优势，以低温热源替代高等级蒸汽，并采用高效换热设备，可以大大降低装置能耗。

表8-21　苯乙烯抽提装置主要能耗构成　　单位：kgoe/t原料

循环冷却水	锅炉给水	电	0.6MPaG 蒸汽	0.4MPaG 低压蒸汽	仪表空气	低压氮气	合计能耗
5.6	0.27	7.8	62.1	7.05	1.7	3.9	88.42

三、工艺用能优化和换热网络优化

1. 乙苯 - 苯乙烯工艺

通过换热过程的热集成可以实现乙苯 - 苯乙烯装置反应热和各级热源合理、充分利用，降低装置能量消耗。苯乙烯脱氢反应器出料换热器系列中的高压蒸汽发生器可以提供乙苯精馏系统各塔再沸器所需的部分高压蒸汽；同时乙苯反应和精馏部分发生的蒸汽可用于装置内低压蒸汽用户。不同等级蒸汽的合理利用避免了能量的损失。

① 乙苯部分除了发生低等级蒸汽，还可通过强化传热，加热循环苯和循环苯塔进料以回收热量。

② 乙苯脱氢反应器出料三级换热器为管壳式换热器，脱氢反应液走管程，热能得到充分回收，减少了热损失[25]。

③ 苯乙烯精馏系统采取顺序分离，分离乙苯采用二级变压热集成技术，采用操作压力不同的两台精馏塔，并将高压塔的塔顶物料冷凝作为低压塔的再沸器加热介质，热能回收率提高，还可减少蒸汽用量[25]。

2. 苯乙烯抽提工艺

（1）换热流程及换热网络夹点计算　苯乙烯抽提循环溶剂的热量、蒸汽凝液的热量均富裕，可以通过换热回收。溶剂回收塔塔釜的循环溶剂含有较多热量，经过系列换热器回收余热。将蒸汽凝液余热用于生成汽提蒸汽，再用于生成伴热热水和伴热温水，可节省约 0.8 ～ 1.2MW 的热量，占装置总能耗的 4% ～ 6%。

对上述流程进行夹点分析，由图 8-25 组合曲线得到换热夹点为 83.8℃，且所有要被加热的物料操作温度不超过 140℃；违背夹点换热原则的为蒸汽凝液闪蒸所产生的乏汽冷却，改进措施是利用蒸汽乏汽加热工艺物料；但因蒸汽乏汽不稳定，温度较低，利用效果不佳，节能效果不明显。

（2）抽提工艺的热耦合　热耦合抽提工艺是节能方法之一（图 8-26），对于溶剂抽提 - 解吸流程，从已有经验来看，该技术可以降低溶剂解吸塔能耗约 25%，总体节能约 4%。

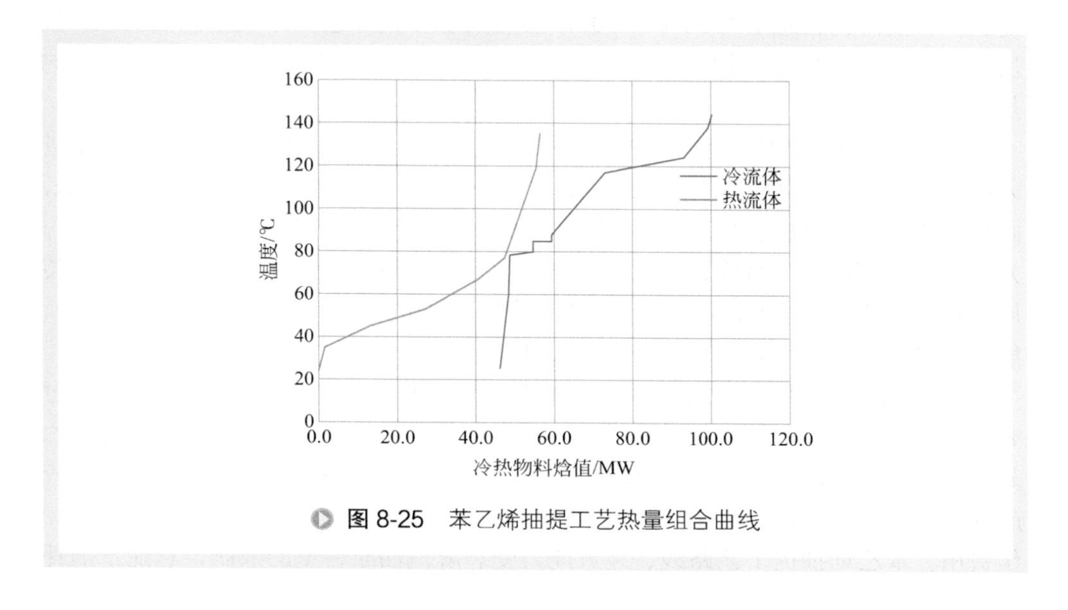

图 8-25　苯乙烯抽提工艺热量组合曲线

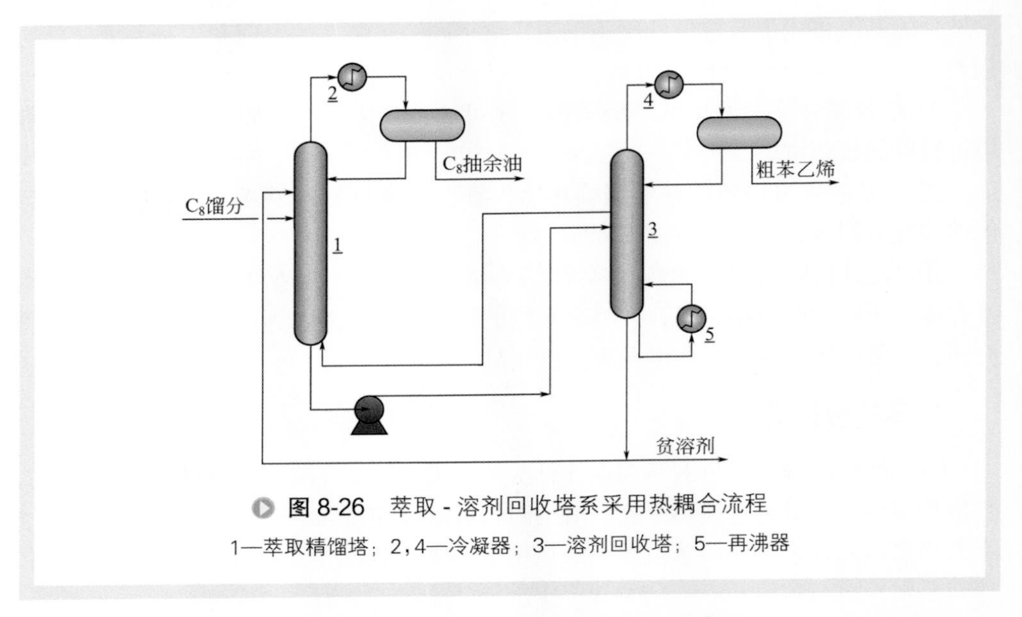

图 8-26 萃取 - 溶剂回收塔系采用热耦合流程

1—萃取精馏塔；2，4—冷凝器；3—溶剂回收塔；5—再沸器

通过计算，苯乙烯抽提工艺的溶剂抽提 - 解吸流程采用热耦合，溶剂抽提塔可以节能 26.7%，占萃取 - 溶剂回收流程总能耗约 7%，与通用抽提热耦合的节能效果相一致。但此热耦合流程在工程上增加了操作复杂性，发生操作波动后的恢复和调整难度高于正常流程，对于稳定苯乙烯产品纯度产生不利影响，且总体节能效果并不明显，需要进一步工程研究。

（3）苯乙炔加氢反应的传热优化设计　苯乙炔加氢反应器涉及加氢放热反应和热量传导，要求反应尽量温和，占物料总量的 0.5%（质量分数）的苯乙炔被加氢反应掉，而占物料总量的 30% ～ 50%（质量分数）的苯乙烯不发生加氢反应，故反应温度低，压力低，放热量小；需要降低加氢反应的温升，同时带走反应释放的热量。

从工程角度，选用下进上出的固定床加氢反应器，液相物料和氢气均从下部进入反应器，液相在反应器中为连续相，氢气为分散相，在催化剂表面的氢含量低，同时其从下至上的鼓泡流动，并可以适量鼓入一定量的氮气用来加强分散效果。一方面利用气相的分散特性，与液相存在流速差，有利于加强催化剂表面物料的传质，避免局部反应过度，还有利于加强催化剂表面的传热；另一方面液相容量大，能够吸收反应热，有利于降低反应温升，抑制过加氢反应。

苯乙烯的工业生产方法，不同路线传热的特点和设备差异较大，但均需要注意苯乙烯自身易聚合的特点，采取措施，避免设备管道堵塞，影响长周期运行。乙苯 - 苯乙烯工艺路线，通过有效地利用烷基化反应热，合理回收乙苯脱氢部分反应产物热量，及优化苯乙烯精馏系统的传热分离流程，可更好实现用能优化，降低操作费用。苯乙烯抽提工艺路线、装置能力受裂解汽油原料量的限制，总能量消耗少，操作温度不高；采用自身热量进行优化传热，利用效果有限，若能采用界外供应低温热量，使用传热温差小的高效换热技术，极大节省装置能耗。

四、换热元件强化传热技术

1. 乙苯－苯乙烯流程强化传热技术

乙苯脱氢制苯乙烯是在高温、低压下发生的强吸热反应，反应进料温度620℃，反应出料温度 580℃。为回收反应出料热能，设置一系列换热器，或者加热进料，或者副产蒸汽，其中高温段进 - 出料换热器最具典型性。

以某720kt/a乙苯 - 苯乙烯装置为例，高温段进 - 出料换热器工艺条件见表8-22，冷、热流体具有温度区间高度重合、两侧体积流量大、允许压降小的特点。折流杆换热器压降小，单位压降传热系数高，适合低压工况，有助于强化该工况传热，对比方案见表 8-23。

表8-22　高温段进-出料换热器工艺条件

项目	壳程	管程
介质	反应进料	反应出料
流量 /（kg/h）	184037	309726
允许压降 /kPa	7	3.5
温度 /℃	230.8 → 535.8	580.1 → 404.2
气相密度 /（kg/m^3）	1.73 → 0.882	0.144 → 0.163
气相黏度 /mPa • s	0.013 → 0.02	0.026 → 0.021
气相导热系数 / [W/（m • K）]	0.0292 → 0.063	0.08 → 0.0592
气相比热容 / [kJ/（kg • K）]	1.96 → 2.58	2.46 → 2.25

注：热负荷 35.55MW。

表8-23　高温段进-出料换热器方案对比

项目	原传热方案	强化传热方案
设备规格（壳径 × 换热管直管长）/mm	5000 × 10100	4000 × 10000
换热管规格（外径 × 壁厚）/mm	50.8 × 2.11	32 × 2
压降 /kPa	9.5（总）	10.5（总）
总传热系数 / [W/（m^2 • K）]	61.3	81.5
换热面积 /m^2	6685	4871
设备总质量 /t	220	约 180

由表 8-23 可见，采用折流杆换热器的总传热系数提高 33%，换热面积减少了 27%，设备重量减少 18%，节省设备成本和现场占地，强化传热效果明显。高温段进 / 出料换热器一般和高压蒸汽发生器、进料汽化器串联组装成一台大型设备。该设备高温高压，且管壳侧流体温差超过 100℃，最大压差超过 4.3MPa，存在大的应力问题。开、停车和意外的操作波动都可能造成设备的破坏。强化传热能够明显减小设备尺寸，有助于降低强度设计难度。

多乙苯塔底再沸器和低压循环塔底再沸器具有介质黏度高、易结垢的特点，采用降膜蒸发结构可有效强化传热，并延长维修周期。

2. 苯乙烯抽提流程精制塔再沸器强化传热技术

苯乙烯精制塔立式热虹吸再沸器易堵塞、操作周期短，是苯乙烯抽提工艺运行初期面临的主要问题。某苯乙烯抽提装置精制塔再沸器工艺条件见表 8-24。

表8-24 苯乙烯抽提装置精制塔再沸器工艺条件

项目	壳程	管程
介质	0.15MPaG 蒸汽	苯乙烯
流量 /（kg/h）	1800	37732
允许压降 /kPa	3	热虹吸
温度 /℃	127.4	85 → 87.58
气相密度 /（kg/m^3）	—	0.461 → 0.461
液相密度 /（kg/m^3）	—	874 → 876.9
气相黏度 /mPa・s	—	0.008 → 0.008
液相黏度 /mPa・s	—	2.42
气相导热系数 /［W/（m・K）］	—	0.014 → 0.014
液相导热系数 /［W/（m・K）］	—	0.131
气相比热容 /［kJ/（kg・K）］	—	1.422 → 1.422
液相比热容 /［kJ/（kg・K）］	—	1.89 → 1.91

注：热负荷 1.091MW。

因苯乙烯在高温下易自聚，精制塔多在真空下操作。当再沸器采用立式热虹吸形式时，换热管内静液柱对泡点温度影响明显，显热段长度可占到换热管长度的 30% 以上。显热段不仅热阻大且金属壁温高，而较高金属壁温会进一步加剧苯乙烯自聚，最终导致再沸器传热效果快速下降。极端情况下，该再沸器运行周期不到 24h。添加阻聚剂可延长操作周期，但易导致产品色度增加、质量下降的后果。

降膜蒸发是在换热管内表面液体薄膜上进行的蒸发过程，液膜薄、热阻小、传热系数大；降膜过程消除了液体静压对泡点温度的影响，可有效利用传热温差、降低金属壁温；降膜流动消除了换热管内液相持液、介质在高温区的停留时间短，有利于减缓苯乙烯自聚。实际运行表明，改用降膜蒸发器后，不仅换热器面积减小，而且操作周期显著延长，产品质量也有所改善。该再沸器采用立式热虹吸与降膜蒸发方案的对比见表 8-25。

表8-25　苯乙烯抽提装置精制塔再沸器方案对比

项目	立式热虹吸方案	降膜蒸发方案
设备规格（壳径 × 换热管直管长）/mm	1000 × 2000	800 × 3500
设备数量 / 台	2（备用 1 台）	1
压降 /kPa	热虹吸	2.5
总传热系数 /［W/（m^2·K）］	260	335
换热面积 /m^2	118	89
设备总质量 /t	9.8	3.5

注：热负荷 1.091MW。

由表 8-25 可见，降膜蒸发方案不仅降低设备重量 64%，

为改善苯乙烯自聚结垢问题，除上述降膜蒸发方案外，刘国维等[32]提出一种使用内虹吸管作为加热元件，应用在立式热虹吸再沸器，强化传热并减缓污垢在管道生长的趋势；武锦涛等[33]提出一种将固体颗粒引入立式热虹吸再沸器的管程，形成气 - 液 - 固多相流系统，以强化传热；此外，在再沸器入口引入一股低压蒸汽，在换热管内提前形成气液两相流动，有助于减少过冷段长度，提高总传热系数。引入低压蒸汽的做法在苯乙烯抽提装置中有应用，对强化传热有较好的效果，但对蒸汽入口分布器设计有较高要求。

五、小结

苯乙烯是热敏性易结垢物料，再沸器选用降膜蒸发器，可以强化传热、减小物料结垢、有效延长操作周期。反应热和塔顶气凝结热回收，产生不同等级的蒸汽，根据传热特点，选择合适的传热元件强化传热。

第六节　碳五分离装置

一、工艺过程简述

裂解碳五是乙烯装置的副产物，含量较多的组分为异戊二烯（IP）、环戊二烯（CPD）和间戊二烯，这些双烯烃可合成许多重要的高附加值产品，是化工利用的

宝贵资源[34,35]。裂解碳五馏分分离工艺主要包括以分离 IP 为主的全分离工艺和以分离 CPD 为主的简单分离工艺[36-45]，本节重点阐述典型二甲基甲酸胺（DMF）法萃取精馏全分离流程及强化传热技术。

DMF 法最早由日本瑞翁公司[46,47]1971 年开发成功。中国石化的 DMF 法裂解碳五分离技术由中国石化工程建设有限公司（SEI）、北京化工研究院和上海石化等共同开发，已形成较为成熟的成套技术。中国石化的 DMF 法裂解碳五分离技术通过不断的开发和工程化改进，包括增加前脱炔单元和萃取精馏液相进料工艺等[48,49]，使处理能力大幅提高，运转周期进一步延长，溶剂单耗不断降低，产品质量稳步提高。典型的 DMF 法碳五分离工艺流程如图 8-27 所示。

二、热能特点分析

碳五分离全装置操作温度和压力比较温和，装置最主要特点是二烯烃容易发生聚合，影响长周期运行。影响二烯烃聚合的因素主要有：温度、氧含量、杂质含量等，其中系统温度高，可以大大提高聚合速率，导致在萃取系统形成橡胶状聚合物，堵塞设备，影响塔板分离效率及换热器的换热效果，从而影响装置长周期运转。DMF 法碳五分离装置内温度最高点为汽提塔的塔釜，为了保证溶剂中的所有烃脱除彻底，操作温度必须为该压力下的溶剂沸点，采用中压蒸汽作为热源。其次

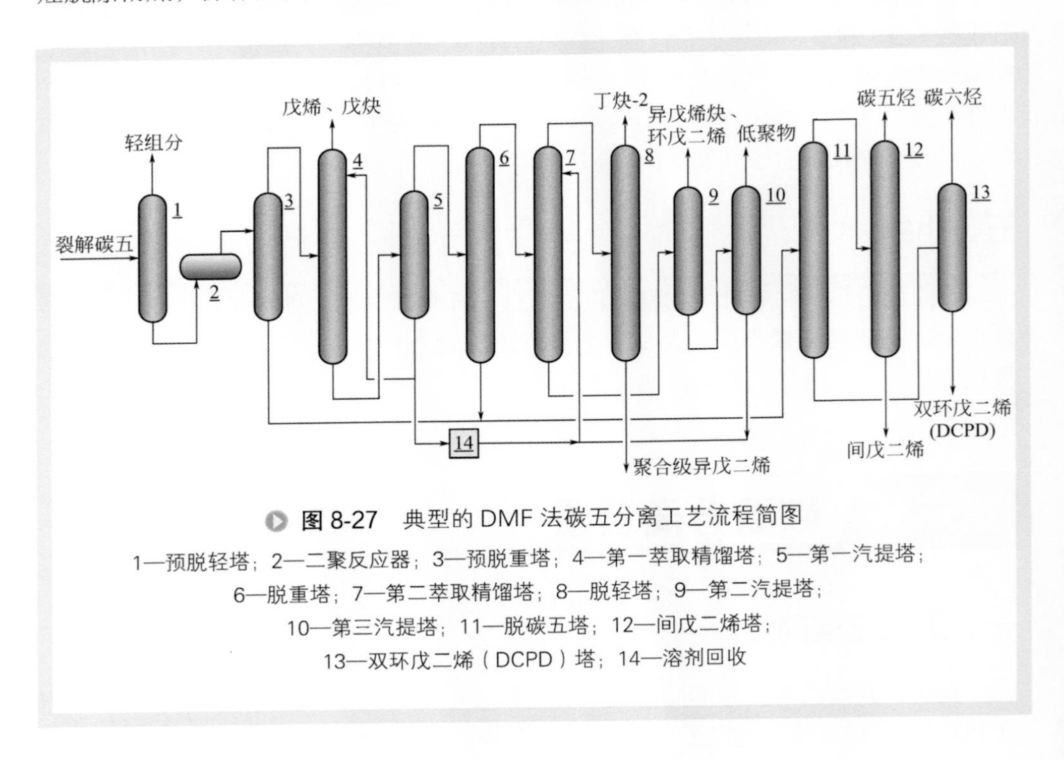

图 8-27 典型的 DMF 法碳五分离工艺流程简图

1—预脱轻塔；2—二聚反应器；3—预脱重塔；4—第一萃取精馏塔；5—第一汽提塔；6—脱重塔；7—第二萃取精馏塔；8—脱轻塔；9—第二汽提塔；10—第三汽提塔；11—脱碳五塔；12—间戊二烯塔；13—双环戊二烯（DCPD）塔；14—溶剂回收

装置内操作温度较高的部位为第一、第二萃取精馏塔和第三汽提塔的塔釜，操作温度为105～115℃左右，采用0.4～0.6MPaG等级低压蒸汽作为热源，尤其是第一、第二萃取塔釜易发生二烯烃聚合反应。塔釜温度最低的是脱重塔和脱轻塔，塔釜温度较低，采用低压蒸汽或装置自产凝液做热源。为了尽可能降低物料聚合，根据物料操作温度，装置内再沸器的加热蒸汽分为中压和低压两个等级。

DMF法碳五分离装置能耗主要由蒸汽、循环水、电三部分构成，表8-26为典型的DMF法能耗。

表8-26 典型DMF法碳五分离装置能耗

项目	循环水	电	1.0MPaG蒸汽	0.4MPaG蒸汽	合计能耗
能耗/(kgoe/t)	16	20.8	37.6	130	204.4
占比/%	7.8	10.2	18.4	63.6	100

从上述可以看出，如果要降低装置能耗，必须从减少蒸汽消耗入手，尤其是低压蒸汽。首先优化工艺操作条件，降低回流比，从而降低塔釜再沸器的热负荷，降低蒸汽消耗；其次为能量的优化，装置内的高品位热源再利用，合理分配热源，也可降低蒸汽消耗，达到节能降耗的目的。

碳五分离热能再利用包括循环溶剂的热利用和凝液的热利用。DMF法碳五分离装置循环溶剂始末端温差较大，其热量可实现逐级利用；凝液的热利用是将装置副产的凝液作为精馏塔再沸器热源进行充分利用。

三、工艺用能优化和换热网络优化

（1）热二聚反应器的强化传热 SEI利用计算流体力学模型（CFD）等软件，对反应器等关键设备进行了结构优化，其中包括热二聚反应器，并应用于中国石化碳五分离装置[50]。现有热二聚反应器一种是采用带隔断板的卧罐作为反应器，如图8-28（a）所示，物料容易走捷径以及物料流动时的混扰，造成部分CPD（环戊二烯）聚合效果不理想。另一种是反应器内中空，存在的问题是反应流型不能很好控制，容易导致全混流。为了维持较高的CPD转化率，现有的反应器体积较大，占地较大，杂质生成量也较多，直接影响装置的经济效益。

针对传统型式缺点，采用改进结构的反应器内部设置多格形分布器，如图8-28（b）所示，分布器为一层或多层设计。增加分布器后物流可以均匀平稳流动且减少返混，可更好地改善热二聚的效果，提高转化率，降低反应器出口CPD的含量。改进结构应用后，对比结果见表8-27。

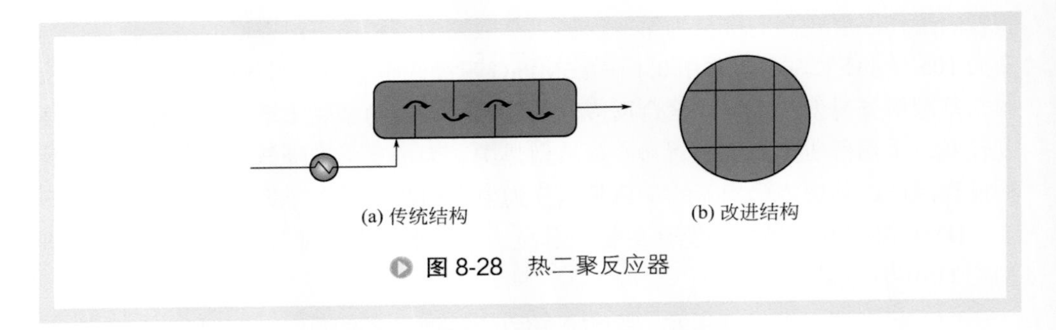

图 8-28　热二聚反应器

表8-27　改进的热二聚反应器与传统反应器的比较

项目		装置 I	装置 II
C_5 原料	CPD 含量（质量分数）/%	19.8	20.0
	DCPD 含量（质量分数）/%	2.0	1.7
	IP 含量（质量分数）/%	19.5	20.0
	PD 含量（质量分数）/%	16.5	15.9
反应器出口	CPD 含量（质量分数）/%	4.0	2.8
	X_3 含量（质量分数）/%①	1.2	0.6
转化率	CPD（质量分数）/%	82.1	88.2
	IP（质量分数）/%	2.8	1.5
DCPD 收率（质量分数）/%		79.8	86.8
CPD 选择性（质量分数）/%		97.3	98.7
装置总收率	DCPD（质量分数）/%	89.0	>93.0
	IP（质量分数）/%	90.0	92.0
IP 中 CPD 含量（质量分数）		$\leqslant 3\times10^{-6}$	$\leqslant 1\times10^{-6}$

① X_3 为 CPD 和 IP 的共聚体。

（2）反应精馏强化传热技术　从传统结构到改进结构都没有充分利用热二聚放出的反应热，若能充分利用该反应热，则可减少装置能耗，反应精馏即可实现此目的。20 世纪 90 年代，北京化工研究院胡竞民等 [51] 提出了把反应精馏技术应用于 C_5 馏分分离；北京化工研究院程建民等 [52] 利用模拟软件模拟了反应精馏过程，提出了优化工艺条件；中国石化工程建设有限公司马立国等 [53] 则提出了一种应用于碳五分离的反应精馏塔 [53]，如图 8-29 所示。

采用反应精馏后，反应精馏流程简洁，设备少，而有热二聚的流程，不仅设备多，且热二聚放出的热量被循环水冷却，造成㶲的浪费。由 SEI 等联合开发的反应

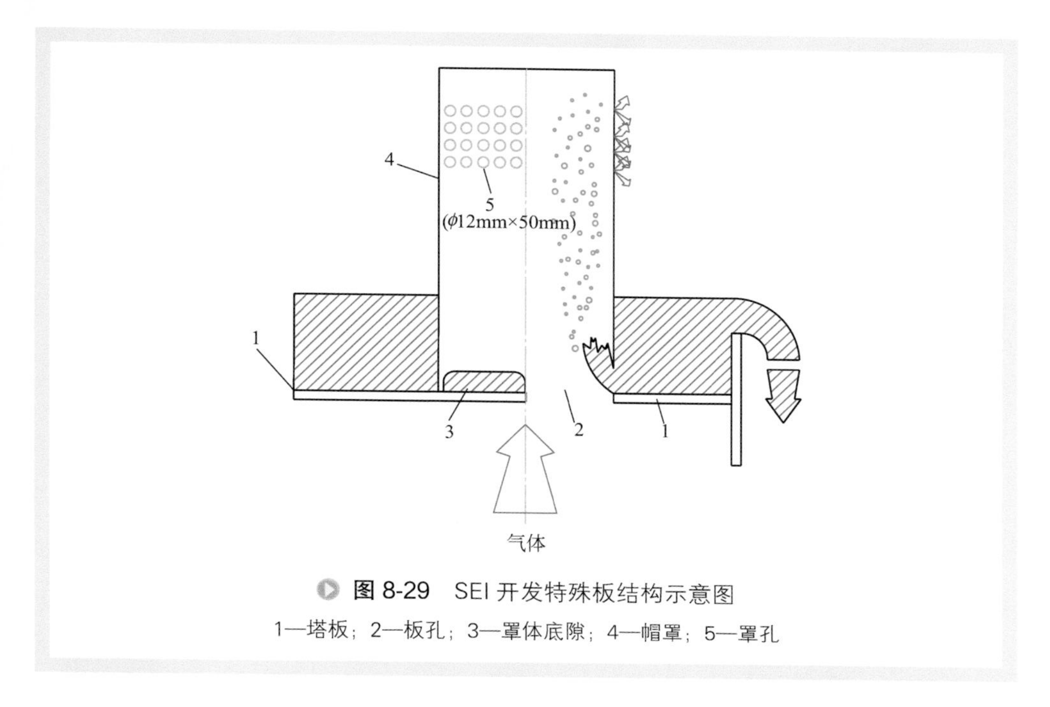

图 8-29　SEI 开发特殊板结构示意图

1—塔板；2—板孔；3—罩体底隙；4—帽罩；5—罩孔

精馏技术，取消了传统的热二聚反应器，将反应热充分利用在强化传热的同时提高主反应转化率，实践证明可行[54,55]。预分离单元 IP 损失率由 2% ～ 3% 降至 1% 左右，全装置 IP 和 CPD 的回收率比传统技术提高 2% 以上，能耗节省 5%。

（3）循环溶剂强化传热　碳五分离装置汽提塔塔釜温度 160 ～ 165℃，但是作为溶剂进入萃取精馏塔要求温度 50 ～ 55℃，二者存在较大温差，不充分利用，一方面造成大量热量损失，另一方面消耗大量水，极不经济。循环溶剂热利用方式较多，但大多存在穿越夹点，能量利用不合理的情形。SEI 结合多年技术开发和工程化经验，对其进行优化改善，改进后有以下优点：①热溶剂实现能量梯级利用，节省蒸汽消耗 5% ～ 10%；②由于中间再沸器的能量补充，减小了塔尤其是下段的气液相负荷，气相负荷减小 10% ～ 30%，液相负荷减小 1% ～ 10%，对于以气相负荷为主导的塔，缩小了塔径，节省了投资[56]。

（4）蒸汽凝液系统强化传热　如图 8-30 所示，装置内汽提塔和溶剂精制塔塔釜温度较高（160 ～ 165℃），采用中压蒸汽作热源，其他蒸汽用户均采用低压蒸汽。通过装置凝液自平衡，达到了热量充分利用，以 150kt/a 碳五分离装置为例，脱轻塔采用凝液作热源节省低压蒸汽 4t/h。

（5）溶剂再生系统强化传热　DMF 法碳五分离装置溶剂为循环利用，随着时间延长，二聚物、焦油、化学品阻聚剂等容易在循环溶剂中富集，因此，需要不断采出小股溶剂送去再生系统，进行脱杂提浓。传统的溶剂回收流程主要问题是溶剂再生釜蒸发过程中，循环溶剂中较重的胶质、黑渣不断累积，待 DMF 很难蒸出时，

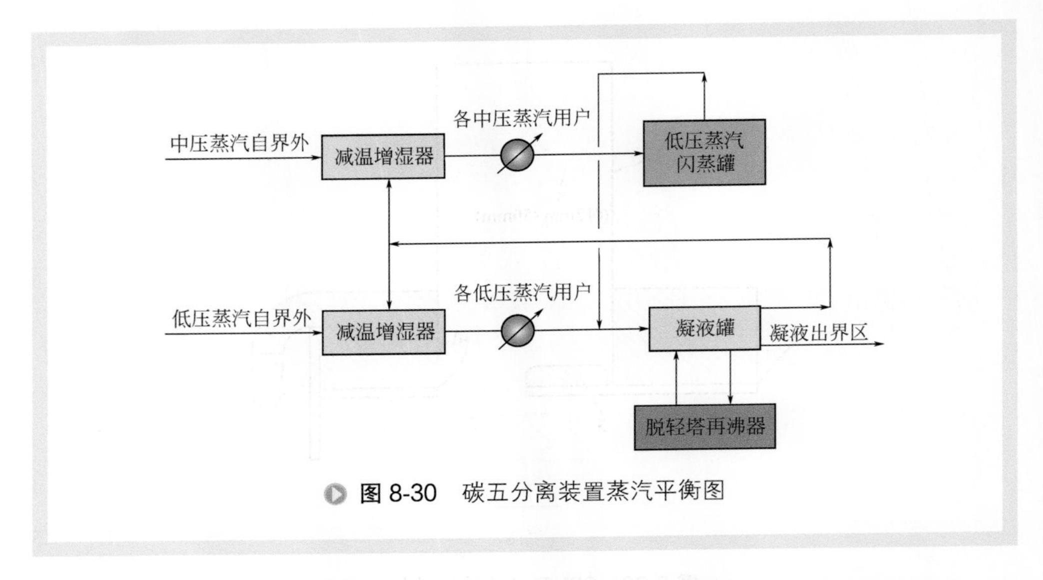

图 8-30　碳五分离装置蒸汽平衡图

进行再生釜的切换。由于再生釜内胶质较黏稠且流动缓慢，停留在换热管外壁，使得传热效果变差，同时排渣过程中，焦油无法完全流出，冷却后形成的固体黏附在再生釜的换热管上，高压水枪也无法彻底冲干净，需要人工特殊清理。使得恶臭的焦油气味排放到大气中，一方面频繁的清理增加了工人的劳动强度，同时也影响再生釜的使用寿命，从而影响装置经济效益；另一方面恶臭的聚合物溶剂胶质污染环境，环保不达标且影响工人身体健康。

经改进后的溶剂回收流程[57,58]，实现了以下特点：

① 将加热器与再生釜剥离，增加溶剂循环泵，强化了传热效果，减少换热面积，节省投资。

② 整个过程可以实现密闭连续，避免了聚合物暴露于空气，减少了污染物的排放。

③ 通过循环泵的间接搅拌作用加强了闪蒸罐内物料的流动，使溶剂与焦油更好分离，减少焦油累积的可能，提高装置经济效益，减少操作强度。

改进后的流程不仅适用于 DMF 法碳五分离装置，还适用于采用 DMF 为溶剂的抽提分离装置。

四、换热元件强化传热技术

异戊二烯、间戊二烯和环戊二烯热敏性较高，易自聚或共聚。这不但降低了产品收率，还由于聚合物在系统中累积，增大了传热、传质的阻力，导致装置产能下降，甚至停车。因此，碳五萃取分离装置的强化传热，必须适应物料易结垢的特点，满足装置长周期满负荷运行的要求。

1. 再沸器强化传热方法

以某 150kt/a 碳五抽提装置为例，预脱重塔再沸器工艺条件见表 8-28，传统选用常规的立式热虹吸式再沸器。真空操作下的立式热虹吸式再沸器换热管入口处因静压头影响，通常有较长的“过冷”段，金属壁温高、液体流速低、停留时间长，加剧了物料中热敏性物质的聚合，恶化了传热过程。由于介质易结垢，操作周期短，一般设计为一开一备。改进后选用立式降膜再沸器，不仅可使用更低等级的蒸汽作为热源，而且实现了降低金属壁温、减缓结垢趋势、提高了产品质量和运行周期的目的，并且不需要再备用设备。对比方案见表 8-29。

表8-28　预脱重塔再沸器工艺条件

项目	壳程	管程
介质	0.4MPaA 蒸汽	C_5
流量 /（kg/h）	14030	636770
允许压降 /kPa	3	热虹吸
温度 /℃	143.6	101.4 → 104.6
气相密度 /（kg/m^3）	—	8.34
液相密度 /（kg/m^3）	—	683.4 → 693.7
气相黏度 /mPa・s	—	0.0091
液相黏度 /mPa・s	—	0.178
气相导热系数 /［W/（m・K）］	—	0.0207
液相导热系数 /［W/（m・K）］	—	0.101
气相比热容 /［kJ/（kg・K）］	—	1.767
液相比热容 /［kJ/（kg・K）］	—	2.17

注：热负荷 8.33MW。

表8-29　预脱重塔釜再沸器方案对比

项目	原传热方案	强化传热方案
设备规格（壳径 × 换热管直管长）/mm	1300×4500	1300×4500
换热管规格（外径 × 厚度）/mm	25×2.5	38×2.5
设备数量 / 台	2（一开一备）	1
压降 /kPa	热虹吸	3.0
总传热系数 /［W/（m^2・K）］	540	766
换热面积 /m^2	466	263
设备总质量 /t	25.5	8.9

可见采用降膜蒸发方案，再沸器传热系数提高了 40%，减少一台设备，总重量减少 65%，强化传热效果明显，解决了再沸器易结垢和双环戊二烯的分解问题。

双环戊二烯塔再沸器是真空操作，一般选择立式热虹吸再沸器。真空再沸器对安装高度极其敏感，选用立式降膜蒸发器有助于解决这些问题。

2. 与贫溶剂换热相关换热设备

按照温位高低，来自汽提塔塔釜的热溶剂依次作为一萃塔和二萃塔再沸器、一萃塔和二萃塔中间再沸器、一萃塔和二萃塔进料预热器的加热热源。作为再沸器热源时，溶剂与物料并行流动时，加大了冷流体过冷段传热温差，减小流体过冷段长度。

在汽提过程中，大量聚合物溶解在溶剂中。当溶剂温度较低时，多聚物就有可能从溶剂中析出，降低换热器传热效果，缩短装置的运行周期。一萃塔和二萃塔进料预热器溶剂走壳侧，由于壳侧死区较多，聚合产物更易于在壳侧内累积。折流板使用竖直切口，有助于减少聚合产物在换热器内的累积。

溶剂精制前需脱除溶剂中的重组分，先进入溶剂精制釜，采用真空蒸发的方式，换热器采用釜式蒸发器的型式。溶剂精制釜的管束与壳体之间存在较大间隙，在间隙处溶剂不易脱除干净；采用中国石化专利技术的椭圆形管束[59]，有助于减少传热死区，并及时排出底部重组分，实现溶剂精制釜的连续操作，延长换热器操作周期。

五、小结

在某 150kt/a 碳五分离装置中应用反应精馏技术，预分离单元 IP（异戊二烯）损失率由 2% ～ 3% 降至 1% 左右，全装置 IP 和 CPD（环戊二烯）的回收率比传统技术提高 2% 以上，能耗节省 5%。通过溶剂换热流程的优化改进，热溶剂实现了能量梯级利用，节省蒸汽消耗 5% ～ 10%；同时由于中间再沸器的能量补充，减小了塔尤其是下段的气液相负荷，气相负荷减小 10% ～ 30%，液相负荷减少 1% ～ 10%，对于以气相负荷为主导的塔，相应地缩小了塔径，节省了投资；通过装置凝液自平衡，达到了热量充分利用，脱轻塔采用凝液作热源节省低压蒸汽 4t/h；通过溶剂再生流程的优化改进，强化了传热效果，延长了装置操作周期，降低了工人劳动强度，提高了装置经济效益。

碳五分离装置物料易聚合、易堵塞，换热器设计时应充分考虑这些因素，理论和实践证明降膜蒸发器适合热敏性介质蒸发的场合。

第七节　丁基橡胶装置

一、工艺过程简述

丁基橡胶具有优良的气密性，主要用于制作各种轮胎的内胎、无内胎轮胎的气密层等，是非常重要的民用和军用物资。它由异丁烯和少量异戊二烯在 -100℃的低温下共聚而成，其典型工艺为以三氯化铝和水为共引发剂、以氯甲烷为溶剂的淤浆法工艺。

淤浆法工艺流程主要包括六个单元：制冷单元、原料精制单元、原料及引发剂配制单元、反应及汽提单元、氯甲烷回收单元、胶粒储存及后处理单元。其流程简图如图 8-31 所示。

二、热能特点分析

1. 冷能利用特点分析

丁基橡胶聚合反应在 -90℃低温下进行，制冷能耗占总能耗 40% 以上，合理利用装置乙烯、丙烯冷能成为关注重点。典型的丁基橡胶装置采用丙烯和乙烯复叠制冷，LNG（液化天然气）汽化冷能品位较高，可以为丁基橡胶装置供冷 [60]。

（1）丙烯冷能利用特点　丙烯压缩分两段，自二级用户来的 -45℃常压丙烯气体先经一段压缩，再与二段入口罐来的丙烯气体混合，经二段压缩至 2.0MPaA。高

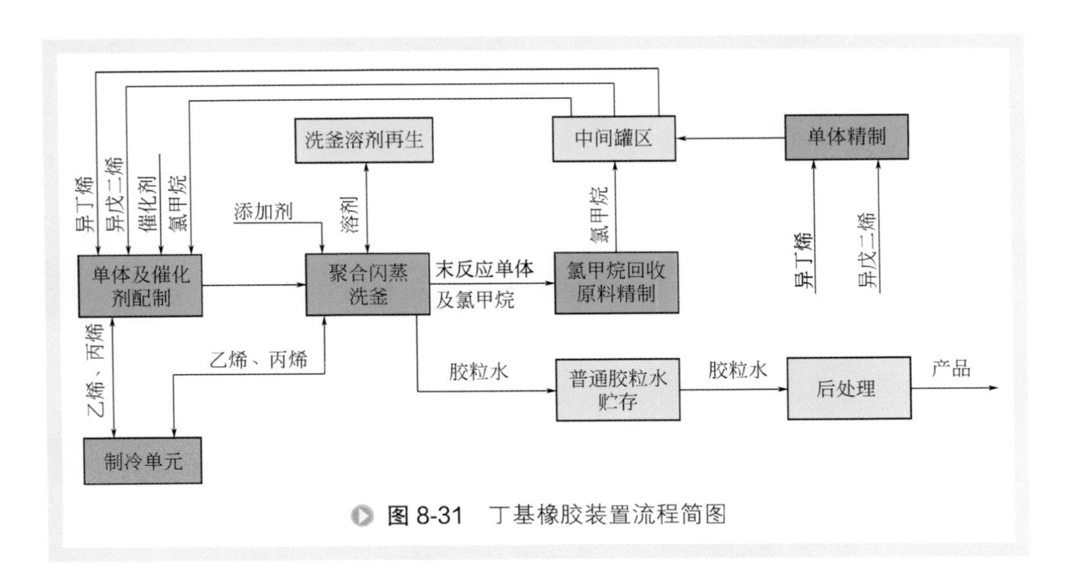

图 8-31　丁基橡胶装置流程简图

压丙烯由循环水冷却、冷凝得到液态丙烯，收集至液态丙烯收集槽。液态丙烯通过降压蒸发提供冷量，其主要蒸发温度分为 -8℃和 -45℃两级，-8℃级丙烯主要用于生产 0 ～ 8℃的低温盐水，-45℃级丙烯主要用于将反应物料和引发剂降温至 -40℃左右，用于冷凝高压乙烯冷剂。

为了减少丙烯压缩机一段负荷，先将高压液态丙烯通过节能器闪蒸降温至 -8℃，该闪蒸气进压缩机二段，再用 -8℃级的液态丙烯闪蒸降温产生 -45℃级的丙烯。通过节能器的利用，减轻了丙烯压缩机低压段负荷，节约了丙烯压缩用能。

（2）乙烯冷能利用特点　乙烯压缩分两段，负压乙烯气体经一段压缩，再与二段入口罐来的乙烯气体混合，经二段压缩至 1.9MPaA。高压热乙烯气经过循环水冷却、-8℃级丙烯冷却、-45℃级丙烯冷凝后收集于液态乙烯收集槽。液态乙烯通过降压蒸发提供冷量，其主要蒸发温度分为 -75℃、-101℃和 -115℃三级，-75℃级乙烯由节能器产生，然后由 -75℃级液态乙烯产生 -101℃和 -115℃级乙烯，-101℃级乙烯主要用于将反应物料和引发剂降温至 -98℃左右，-115℃级乙烯主要用于聚合反应撤热。通过乙烯冷能的梯级利用，合理分配乙烯压缩机各段负荷，降低能耗。

为了减少乙烯压缩机一段负荷，先将高压液态乙烯通过节能器闪蒸降温至 -75℃，该闪蒸气进压缩机二段，再用 -75℃级的液态乙烯闪蒸降温分别产生 -101℃和 -115℃级的乙烯。通过节能器的利用，减轻了乙烯压缩机低压段负荷，节约了乙烯压缩用能。

液态乙烯先经一级闪蒸为一级用户提供冷量，其操作温度约为 -70℃，该闪蒸乙烯气进入乙烯压缩机二段。一级闪蒸罐底的液态乙烯进行二级闪蒸为二级用户提供冷量，其操作温度约为 -101 ～ -120℃，该闪蒸乙烯气进入乙烯压缩机一段。

丁基橡胶装置通常设置循环水、低温盐水、丙烯制冷、乙烯制冷四种冷却介质，冷媒分级利用，有利于装置节能降耗。

2. 热能利用特点分析

在大型压缩机用电的情况下，装置的热能主要用于汽提、氯甲烷回收及原料精制、后处理三个部分，各部分特点如下：

汽提部分是用热能大户，直接通入水蒸气将 -100℃的低温淤浆分散成胶粒水和氯甲烷及未反应单体混合气两部分，由于生产过程中淤浆成分相对稳定，该部分热能用量与产量基本为线性关系。

氯甲烷回收及原料精制部分根据物料操作温度分别利用高压、中压、低压蒸汽及循环热水作为热源。高压蒸汽（3.5MPaG）给操作温度在 250℃以上物料加热，其蒸汽凝液先用于闪蒸中压蒸汽（1.0MPaG），然后用于制造循环热水；中压蒸汽主要用于塔再沸器加热，其蒸汽凝液先用于闪蒸低压蒸汽（0.35MPaG），然后用于制造循环热水；低压蒸汽用于操作温度较低的塔再沸器加热，其蒸汽凝液用于制造循环热水；循环热水主要用于装置热敏性物料再沸器加热及伴热。通过梯级利用热能，装置的蒸汽凝液可降温至 90℃以下送出装置，有效地利用了热能，减少了蒸汽用量。

后处理部分主要用中压蒸汽加热空气，蒸汽凝液先用于闪蒸低压蒸汽，再用于制造循环热水。

三、工艺用能优化和换热网络优化

1. 冷能系统集成

液态乙烯通过降压蒸发提供冷量，其主要蒸发温度分为 -75℃、-101℃和 -115℃三级，-75℃级的乙烯进入乙烯压缩机二段，-101℃级的乙烯减压后与 -115℃级的乙烯共同进入乙烯压缩机一段。传统流程存在 -101℃级的乙烯减压到 -115℃级的乙烯后再压缩的不合理流程，导致乙烯压缩机能耗偏大。新乙烯制冷流程将乙烯压缩机分为三段，其流程如图 8-32 所示。

通过上述换热流程优化，避免了不合理降压过程，减少压缩机能耗约 5% ～ 8%；通过增设乙烯压缩机为三段，减少负压管线使用，节约投资。

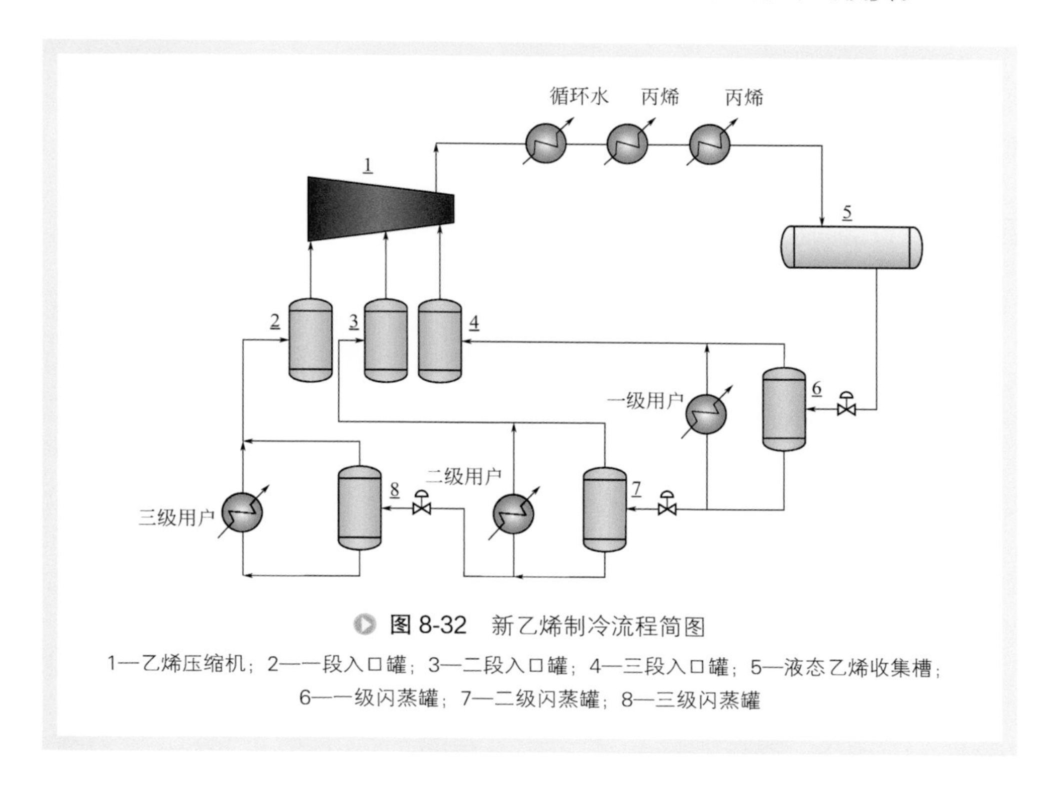

图 8-32 新乙烯制冷流程简图

1—乙烯压缩机；2—一段入口罐；3—二段入口罐；4—三段入口罐；5—液态乙烯收集槽；6—一级闪蒸罐；7—二级闪蒸罐；8—三级闪蒸罐

2. 聚合撤热过程强化

丁基橡胶阳离子聚合反应特点是引发快、增长快，易转移，难终止。由于链转移活化能比链增长活化能高，降低反应温度有助于降低链转移反应速率，有助于获得分子量较高的聚合物。保障良好聚合反应的关键是：高效的传质、传热，从反应釜中移除反应热，维持均匀的反应温度。

工业用丁基橡胶聚合釜主要有轴流导筒型和多层搅拌型两种[61]。

轴流搅拌器具有泵送的功能，使反应物料及淤浆在釜内沿着“导流筒→釜底部→换热管列管→釜顶部→导流筒”的路线做内循环，通过大循环使物料通过列管充分换热，列管间隙利用乙烯在负压下蒸发提供冷能。保证轴流导筒型聚合釜效果的关键是：轴流泵的输送能力要足够，使物料内循环次数足够；导流筒设置合理，避免在聚合釜顶、底部区域返混，避免形成局部死区；换热列管分布合理，物料较均匀通过列管。

多层搅拌型聚合釜内置上下通轴多层搅拌桨，可为物料提供强力搅拌。在搅拌桨与釜壁之间，沿径向均匀设置六组内冷管束，管侧乙烯蒸发提供冷能[61]。混合进料从釜体下部进入，引发剂从釜体侧面进入，在高速搅拌下物料呈强烈湍流，充分传质与传热，稳定聚合。该聚合釜内物料湍流程度高，换热充分，换热管束多、换热面积大，物料在釜内温差小，有利于稳定生产。

无论采用哪种型式聚合釜，都是通过列管换热，所以增强物料流经列管的均匀性和湍动性是强化传热的关键，近年来的优化主要集中在挡板优化和搅拌桨优化方面。

四、换热元件强化传热技术

1. 聚合反应釜强化传热

丁基橡胶聚合条件极为苛刻，操作温度过高或局部温度不均匀，传热面就会快速挂胶，导致撤热能力下降，产品质量恶化。因此丁基橡胶聚合反应器应具有快速传热和混合特性[62,63]，以维持均匀的反应温度，达到延长反应器操作周期，提高聚合分子量，降低产物分布宽度的目的。

聚合反应釜作为丁基橡胶装置核心设备，是装置最高等级冷剂最大用户。强化传热、延长聚合釜操作周期，不仅降低装置物耗和能耗，对于提升产能也有重要意义。

（1）轴流导筒型聚合釜强化传热　反应釜长径比一般在 3 ～ 5 之间，提高流速有助于提高管内传热系数，并提高流体与管壁的壁面剪切力，降低换热管壁面挂胶的趋势，有助于延长聚合釜操作时间，是强化传热的有效手段。以 10kt/a 丁基橡胶装置的轴流导筒型聚合釜为例，管外 6638kg/h 的 -115℃乙烯蒸发，是传热控制项；管内是约 900000kg/h 的 -95℃淤浆。有效的强化传热手段是螺纹管和管外多孔高通量管。对比结果见表 8-30。

表8-30　轴流导筒聚合反应釜方案对比

项目	光管方案	螺纹管方案	高通量方案
设备规格（壳径 × 换热管直管长）/mm	1300 × 6000	1100 × 6000	1100 × 4500
膜传热系数 / [W/（m^2 • K）]	606	1305	2350
总传热系数 / [W/（m^2 • K）]	305	466	605

由表 8-30 可见，采用高通量管代替光管，总传热系数可提高 98% ；采用螺纹管也可提高 53%。

（2）多层搅拌型聚合釜强化传热方法　多层搅拌型聚合釜能够给流体提供更充分的搅拌，促进了流体的湍流程度，强化了管外传热。多层搅拌型聚合釜管外是传热控制项，并且管束间存在着较大的流动和传热死区，易导致挂胶现象。设置螺旋折流板有助于减少流动死区，强化管束外传热。

2. 换热器强化传热

（1）制冷单元换热器强化传热　在使用循环水、冷冻水冷却乙烯气中，水侧的传热系数能达到乙烯气侧的十倍以上。强化乙烯气侧的传热有助于提高总传热系数。螺纹管和高通量冷凝管具有强化管外气体传热系数、扩大二次传热面积的优点。循环水 - 丙烯冷却器、循环水 - 丙烯冷凝器的传热特点与乙烯气冷却器相同，可以选择螺纹管或高通量冷凝管强化传热。

在乙烯冷凝器中，乙烯冷凝和丙烯蒸发传热系数接近。若设备采用立式安装，管内烧结、管外纵槽的高通量管比较适用。

（2）催化剂制备和聚合原料预冷单元换热设备强化传热　聚合反应原料依次经循环水、低温水、-43℃级丙烯冷却和 -101℃级乙烯冷却至 -98℃才能进入聚合釜。管外是丙烯和乙烯蒸发制冷时，采用螺纹管或者管外烧结的高通量管可以强化管外沸腾。

（3）氯甲烷回收单元换热设备强化传热　从脱气釜顶部脱除的混合物流含有约 15%（质量分数）的水蒸气，利用循环水冷凝水蒸气。常规管壳式换热器壳侧膜传热系数只有管内循环水传热系数的 1/10。螺纹管可同时满足压降和强化传热要求，某脱气釜冷凝器热负荷为 20MW，由循环水将介质由 54℃冷却到 43℃。采用螺纹管和光管的方案对比见表 8-31。

表8-31　脱气釜冷凝器方案对比

项目	光管方案	螺纹管方案
设备规格（壳径 × 换热管直管长）/mm	1900 × 9000	1700 × 7500
设备数量 / 台	1	1
总传热系数 /［W/（m^2 • K）］	530	776
换热面积 /m^2	2545	1680
设备总质量 /t	49.9	34.5

循环氯甲烷冷凝器和精氯甲烷冷凝器的工艺介质均含不凝气，设备传热特点和强化传热途径与脱气釜冷凝器相同。

（4）氮气干燥单元换热设备强化传热　氮气干燥单元以气 - 气或气 - 水换热为主，存在气体体积流量大、气体侧膜传热系数低、允许压降小和管束振动等问题，气 - 水换热还存在两侧体积流量差别大的问题。使用螺纹管有助于强化管外气体传热、扩大二次传热面积。使用管内内展翅片有助于强化管内气体传热，但压降增加较多。

五、小结

丁基橡胶聚合反应是在 −90℃的低温下进行，制冷的能耗占总能耗的 40% 以上，通过冷能系统集成，有效降低装置的能耗。通过设置循环水、冷冻盐水、丙烯制冷、乙烯制冷四种冷剂供冷，达到冷媒分级使用、节能降耗的目的。在丙烯制冷和乙烯制冷系统中，充分采用节能器，合理设置压缩机段数，达到减少压缩用能的目的。通过强力搅拌和优良换热管设计，强化反应釜的换热，保证反应在低温下进行，稳定生产过程，延长反应釜操作周期。我国 LNG 使用的迅猛发展，给利用 LNG 汽化冷能为丁基橡胶装置供冷带来了可能。

① 丁基橡胶的聚合是在低温下发生的阳离子聚合反应，对温度控制要求严格。对于聚合釜，需要强化乙烯侧和物料侧两侧传热、减少聚合侧死区。

② 螺纹管或高通量冷凝管适合强化冷凝传热，适用于制冷剂气体冷凝器的传热。

③ 螺纹管有助于强化管外气体传热，管内内展翅片有助于强化管内气体传热，可用于本装置氯气、甲烷冷凝及氮气干燥单元换热器。

参考文献

[1] 王松汉 . 乙烯装置技术与运行 [M]. 北京：中国石化出版社，2009：62-88.

[2] 肖雪军，何细藕 . 乙烯装置裂解炉的节能技术 [J]. 石油化工，2013，32（3）：254-257.

[3] 何细藕 . 烃类蒸汽裂解原理与工业实践（一）[J]. 乙烯工业，2008，20（3）：49-55.

[4] 李昌力 . 对流段预热与热回收（一）[J]. 乙烯工业，2009，21（3）：58-61.
[5] 李昌力 . 对流段预热与热回收（二）[J]. 乙烯工业，2009，21（4）：57-59.
[6] 吴德飞，何细藕，孙丽丽等 . 乙烯裂解炉辐射段三维流场和燃烧的数值模拟计算 [J]. 石油化工，2005，34（8）：749-753.
[7] 张利军 . 扭曲片管强化传热技术的改进研究 [J]. 石油化工设备技术，2017，38（4）：21-24.
[8] 陈滨 . 乙烯工学 [M]. 北京：中国石化出版社，1997：193-210.
[9] 赵百仁，李广华，王建民 . 乙烯装置中气相冷剂过热度的设定及其影响评述 [J]. 化工进展，2007，26（7）：964-969.
[10] 赵百仁，王振维，王泽尧等 . 多元冷剂过冷中的氢气反凝现象 [J]. 化学工程，2008，36（7）：16-19.
[11] 赵百仁，李广华 . 三元制冷系统轻冷剂流道堵塞问题的分析与对策 [J]. 石油化工，2014，43（8）：948-953.
[12] 盛在行 . 二元制冷技术在乙烯装置中的应用 [J]. 化工进展，2002，21（9）：663-667.
[13] 陈贻盾，李国方 ."用煤代替石油乙烯合成乙二醇" 的技术进步 [J]. 中国科学技术大学学报，2009，39（1）：1-10.
[14] 张继东，叶剑云，李俊恒等 . 环氧乙烷 / 乙二醇装置低温热回收利用分析 [J]. 石油石化节能与减排，2014，4（1）：6-9.
[15] 汤之强，谷彦丽，李金兵 . 环氧乙烷 / 乙二醇生产技术进展 [J]. 广东化工，2013，40(4)：73-74.
[16] 张旭之，王松汉，戚以政 . 乙烯衍生物工学 [M]. 北京：化学工业出版社，1995：172.
[17] 陈光荣 . 国外环氧乙烷 / 乙二醇生产技术新进展 [J]. 化工进展，1990，3：26-30.
[18] 张旭之，王松汉，戚以政 . 乙烯衍生物工学 [M]. 北京：化学工业出版社，1995：181-183.
[19] 张光辉 . 环氧乙烷 / 乙二醇装置用能分析及优化 [D]. 大连：大连理工大学，2013.
[20] 吴立娟 . 高纯环氧乙烷工艺技术对比分析 [J]. 化工设计，2015，25（1）：16-19.
[21] 严伟 . 高效换热器在乙二醇精馏中的应用 [J]. 中小企业管理与科技（中旬刊），2015，6：170.
[22] 徐垚 . 工业制环氧丙烷的工艺路线选择 [J]. 石油化工设计，2016，33（1）：7-9.
[23] 唐忠，冯仰渝，王宗铨 . 环氧丙烷生产工艺经济技术评析 [J]. 精细石油化工进展，2000，1（5）：47-52.
[24] 杨守诚 . 降膜蒸发器的设计 [J]. 石油化工设计，1995，12（1）：45-57.
[25] 张晓宇 . 苯乙烯装置节能措施研究 [J]. 橡塑资源利用，2014，6：31-37.
[26] 韩言青 . 乙苯 / 苯乙烯分离过程的节能途径 [J]. 齐鲁石油化工，1993，2：131-134.
[27] 沈江 . 苯乙烯生产工艺节能技术的研究 [J]. 化学世界，2010，2：98-101.
[28] 王明福，齐航 . 苯乙烯装置用能分析及节能措施 [J]. 齐鲁石油化工，2007，35（3）：194-197.

[29] 刘文杰 . 苯乙烯装置节能工艺研究 [J]. 石油化工设计，2008，25（4）：47-49.
[30] 田龙胜，明赵，唐文成等 . 从烃类混合物中萃取精馏分离苯乙烯的复合溶剂及方法 [P]. CN101468938.2009-7-1.
[31] 张浩，马庭州，苏海潮 . 影响苯乙烯抽提装置长周期运行的措施分析 [J]. 石化技术，2017，6：21-22.
[32] 刘国维，李宗堂，黄鸿鼎 . 立式热虹吸重沸器的强化传热 [J]. 高校化学工程学报，1989，3（4）：45-52.
[33] 武锦涛，王世广，姚平经 . 节能型立式热虹吸重沸器的模拟 [J]. 高校化学工程学报，2002，16（3）：252-256.
[34] 张旭之 . 碳四碳五烯烃工学 [M]. 北京：化学工业出版社，1998：585-612.
[35] 吴海君，郭世卓 . 裂解碳五综合利用发展趋势 [J]. 当代石油石化，2004，12（6）：25-28.
[36] Ryu J-y，Michaelson R C.Isoprene Process[P].US 5177290.1993-01-05.
[37] Cheung T-T P，Johnson M M.Separation of Cyclopentadiene from Dicyclopentadiene[P]. US 5659107.1997-08-19.
[38] Kulprathipanja S，Chang C-H.Process for Separating Isoprene[P].US 4570029.1986-02-11.
[39] D'sidocky R M.Reduction of cyclopentadiene from isoprene streams[P].US 4392004.1983-07-05.
[40] Arakawa M，Yamanouchi H，Okumura T，et al.Process for purification of isoprene[P].US 4147848.1979-04-03.
[41] Liakumovich A G，Pantukh B I，Lesteva T M.Process for purifying isoprene[P].US 4232182.1980-11-04.
[42] D'sidocky R M.Reduction of cyclopentadiene from isoprene streams[P].US 4438289.1984-03-20.
[43] Throckmorton M C.Process for the removal of cyclopentadiene from unsaturated C_5 -hydrocarbons[P].US 4471153.1984-09-11.
[44] Ninagawa Y，Yamada O，Renge T，et al.Process for Producing Isoprene[P].US 4593145.1986-06-03.
[45] Wideman L G.Reduction of Cyclopentadiene from Isoprene Streams[P].US 4390742.1983-06-28.
[46] Takao S，Koide T，Nishitai I.Isoprene purification Process[P].US3510405.1970-05-05.
[47] Yoshiaki W.Utilization of C_5 stream and its Prospects[J].Chemical Economy & Engineering Review，1974，6（8）：36-41.
[48] 于豪瀚，杜春鹏，高健翼等 . 采用前脱除炔烃工艺的裂解碳五馏份的分离方法 [P]. CN1056823C.2000-09-27.
[49] 于豪瀚，林敏仙，杜春鹏等 . 液相进料萃取精馏法分离石油裂解碳五馏份的方法 [P]. CN1055281C.2000-08-09.

[50] 高耸，马立国 . 裂解 C_5 分离二聚反应器设计与优化 [J]. 石油化工设备技术，2013，34（4）：47-50.

[51] 胡竞民，徐宏芬，李雪等 . 裂解碳五馏分中的反应精馏技术 [J]. 石油化工设计，1999，16（2）：9-11.

[52] 程建民，李晓峰，杜春鹏等 . 反应精馏在裂解碳五分离中的应用 [J]. 化工进展，2009，28（7）：1278-1281.

[53] 马立国，利梅，孙希瑾等 . 一种应用于碳五分离的反应精馏塔 [P].CN202740805. 2013-02-20.

[54] 郭世鹏 . 反应精馏在碳五分离中的应用实例分析 [J]. 山东化工，2014，43（7）：123-125.

[55] 周召方 . 碳五分离工艺中的反应精馏技术 [J]. 乙烯工业，2014，26（1）：24-27.

[56] 马立国，利梅，侯霞晖等 . 一种碳五萃取精馏的换热系统及换热方法 [P]. CN103183578A.2013-07-03.

[57] 马立国，高耸，利梅等 . 一种裂解碳五分离装置循环溶剂再生系统及方法 [P]. CN103570576A.2014-02-12.

[58] 马立国 .DMF 法碳五分离装置溶剂回收系统流程改进及优化 [J]. 乙烯工业，2014，26（2）：43-46.

[59] 阮细强，杨良瑾，聂毅强等 . 一种溶剂再生釜 [P].CN203264322U.2013-11-06.

[60] 陈茂春，丁文有 . 液化天然气冷能在丁基橡胶装置上的利用 [J]. 石油化工，2015，44（1）：95-102.

[61] 王冰，张鹏飞 . 丁基橡胶聚合反应技术 [J]. 石化技术，2007，14（2）：64-68.

[62] Huang Q，Sheng Y，Deng K，et al.The effect of polymerization conditions on crystalline of polybutene-l catalyzed by metallocene catalyst[J].Chinese Chemical Letters，2007，18（2）：217-220.

[63] 吴一弦，顾笑璐，邱迎昕等 .MeOH/BF3 体系引发异丁烯阳离子聚合反应中水含量及聚合温度的影响 [J]. 高分子学报，2002，4：498-503.

第九章

强化传热与全厂节能

近年来，炼化企业节能降耗处于瓶颈型约束发展时期，一方面，传统节能技术逐步成熟和被广泛应用，特别是21世纪建成投产的若干千万吨级大型炼化企业普遍采用了节能工艺技术，使得加工能耗逐渐降低；另一方面，油品质量不断升级，需要更深的油品精制过程又使得能耗额外增加。

面对日益严峻的节能减排形势和全新的炼化企业能源消耗现状，推进炼化企业系统化节能设计与用能优化，是突破当前炼化企业节能降耗工作瓶颈的重要途径。本章重点介绍顶层规划设计导向的炼化企业创新系统化节能设计与用能优化方法[1]，及方法涉及的工艺装置、蒸汽动力系统、氢气系统、储运系统、低温热综合利用系统、循环水系统等的节能设计与用能优化的内容。同时总结归纳炼化节能技术与措施，为进一步合理降低炼化企业能源消耗水平，提高能量利用效率，开展炼化企业节能设计与用能优化工作提供方法和技术支持。

第一节 创新系统化节能方法

开展炼化企业节能设计与用能优化工作首先需要清楚的是炼化企业能源消耗与哪些因素相关。

一般认为，影响新建炼化企业能源消耗水平的因素主要包括原油性质、总加工工艺流程、产品结构和产品质量。对于已经投产运行的炼化企业，还要关注装置负荷率等影响因素。其中，总加工工艺流程不仅影响炼化企业的产品结构、产品质量，而且对炼化企业的能源消耗也具有重要影响。炼化企业总加工工艺流程是综合权衡资源、能源、环境、效益等因素后，多目标协同优化确定的。因此，以降低炼化企业能源消耗为主要目标之一的总加工工艺流程优化是开展炼化企业节能设计与用能优化工作的重要环节，总加工工艺流程优化包括装置规模与装置结构优化。

炼化企业原油性质和总加工工艺流程确定后，产品结构、产品质量、装置负荷率等就可以基本确定，能源消耗结构和能源消耗水平也随之确定。对应确定的总加工工艺流程，炼化企业能源消耗存在工程极限值，工程极限值主要受当时经济技术条件约束。针对特定的炼化企业能源消耗结构，可以合理规划企业的能源配置系统；而明确能源消耗工程极限值可以合理制定节能目标，进而应用各种节能技术提高炼化企业能量利用效率，进一步降低其能源消耗水平，使炼化企业能源消耗趋近于工程极限值。工程极限值，是假定当前所有技术、经济可行的节能措施已经全部应用，企业能源消耗、综合能耗达到了工程上可以做到的最低限、最优值。

节能技术应用包括能量集成优化利用（称能量集成）和单元强化两部分内容。因此，炼化企业创新系统化节能方法是将炼化企业节能工作划分为能源规划、能量集成、单元强化三个层次，并在这三个层次上进行优化。图 9-1 给出了炼化企业创新系统化节能方法的示意图。

一、能源规划

无论是新建、改扩建炼化企业，还是已经投产运行的炼化企业，开展节能工作的首要步骤是优化调整炼化企业总加工工艺流程。

炼化企业能源规划以总加工工艺流程为基础，应分步进行。

首先，以炼化企业原油性质与产品初步信息为基础，以资源、能源、环境、效益等要素协同优化为目标，通过综合权衡和多目标优化，确定炼化企业总加工工艺流程。

其次，以总加工工艺流程为基础，分析炼化企业能源消耗结构，测算炼化企业能源消耗工程极限值以及燃料、电、蒸汽、水、氢气的需求数据。炼化企业能源消耗工程极限值和燃料、电、蒸汽、水、氢气需求数据可通过炼化能源消耗建模系统测算获取。

然后，将实际运行（或规划设计）的能源消耗值与能源消耗工程极限值进行对比分析，制定节能目标，提供能源配置规划建议。能源规划建议主要涉及燃料外购、热工锅炉设置、电外购、蒸汽平衡、循环水场设置、制氢规模设置、氢气管网设置、热集成等诸多方面。

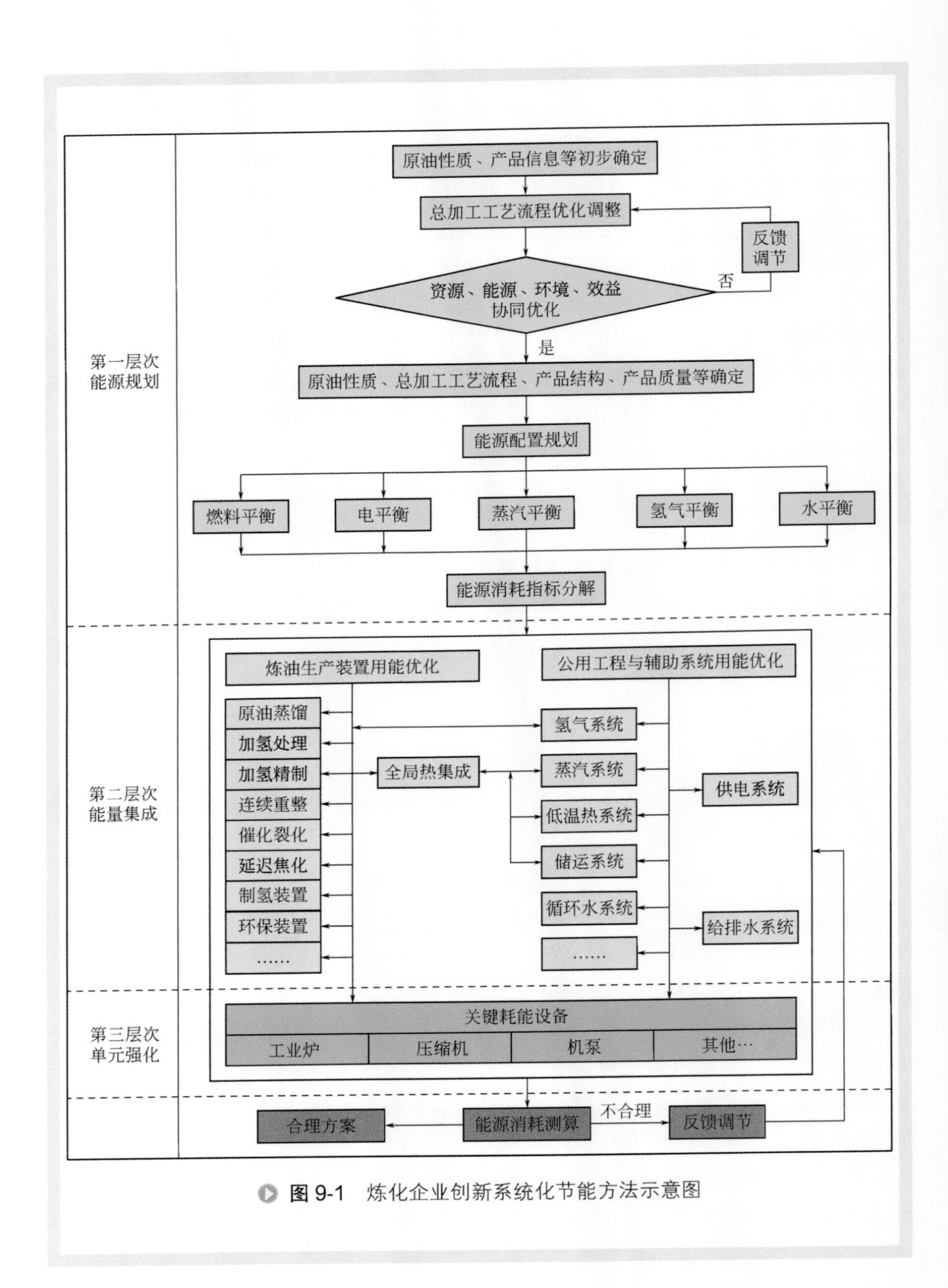

图 9-1 炼化企业创新系统化节能方法示意图

最后，结合节能目标和能源规划建议，将能源消耗指标分解至各炼化工艺装置、公用工程与辅助系统，作为指导和约束能量集成与单元强化层次开展工作的指标。

二、能量集成

能量集成的主要目的是进行炼化工艺装置、公用工程、辅助系统的用能优化，是落实炼化企业能源规划的关键组成部分。炼化企业能量全局优化策略提供了实施炼化企业能量全局优化的逻辑关联关系。首先，进行工艺装置的用能优化，包括反应、分离等核心过程的工艺改进和参数优化。在此基础上，一方面开展氢气系统的优化，另一方面建立装置间热联合和优化换热网络等。随后，开展罐区和辅助系统的用能优化，按照温位匹配、梯级利用的原则，通过优质热阱的挖掘与应用降低不必要的蒸汽或其他高品位能量的消耗，然后对全厂的低温热综合回收利用，按照“长期、稳定、就近”利用的原则，结合全厂平面布置，设计合理的低温热系统，同时开展循环水系统的用能优化。最后，优化蒸汽动力系统，包括蒸汽管网和凝结水系统等，结合全厂蒸汽需求和炼厂气平衡状况，对蒸汽动力系统提出优化的改造和运行策略。

三、单元强化

单元强化是实现炼化企业能量全局优化的重要手段和有效措施，主要涉及关键耗能设备的强化、优化利用。一般情况下，炼化企业关键耗能设备包括工艺装置反应设备、工艺装置余热和余压回收系统或设备、功率不低于 10MW 的加热炉、轴功率不低于 1000kW 的容积式压缩机、轴功率不低于 2000kW 的透平式压缩机以及轴功率不低于 200kW 的机泵等。单元强化的主要实现方式是对单个过程、单元或关键耗能设备开展节能专项技术改造或应用。

四、应用案例

某炼化企业原油加工能力为 8Mt/a，设计主要产品包括液化气、航煤、汽油、柴油、硫黄、燃料油、苯和聚丙烯等，油品质量执行国Ⅴ标准，总加工工艺流程见图 9-2，设计能耗数据见表 9-1。

由表 9-1 可知，该企业设计炼油综合能耗为 69.9kgoe/t 原油，炼油能耗因数（Eff）为 8.5，设计炼油单位因数能耗为 8.2kgoe/（t•Eff）。

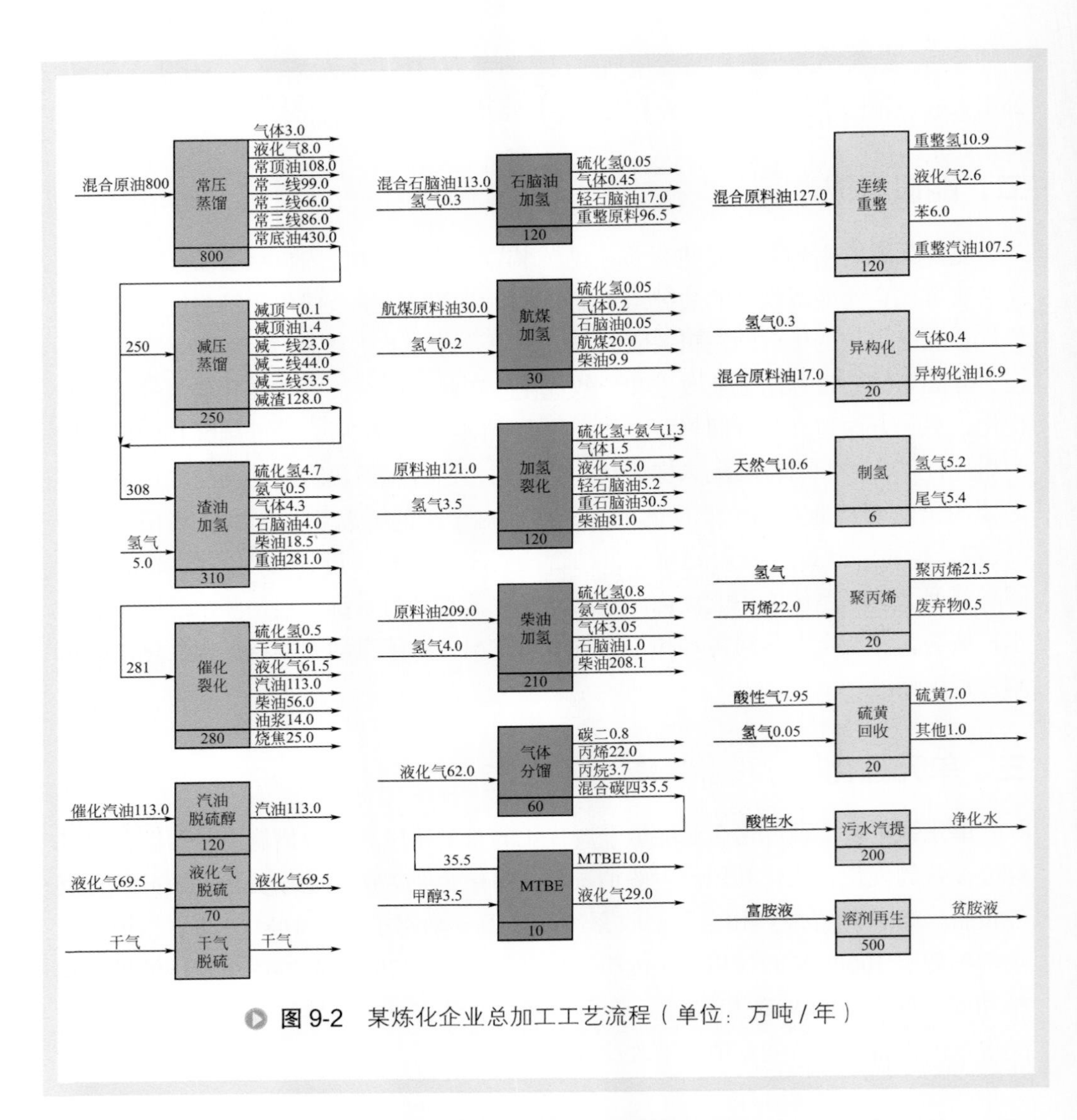

图 9-2　某炼化企业总加工工艺流程（单位：万吨/年）

表9-1　实例炼化企业设计能耗数据

项　目	单位	数值	项　目	单位	数值
消耗燃料气	t/h	27.0	设计炼油能耗	kgoe/t	69.9
消耗新鲜水	t/h	410.0	炼油能耗因数		8.5
消耗电	MW・h	48.0	设计炼油单位因数能耗	kgoe/(t•Eff)	8.2
催化烧焦	t/h	30.0			

1. 能源规划

鉴于实例企业在设计过程中已经完成了总加工工艺流程优化工作，因此，本书以既定总加工工艺流程为基础介绍能源规划和优化。基于上述基础数据，应用中国石化工程建设有限公司（SEI）自主开发的炼油能源消耗建模系统进行测算，测算结果汇总于表 9-2。

由表 9-2 可知，该企业炼油工程极限综合能耗为 61.0kgoe/t 原油，炼油能耗因数为 8.5，工程极限炼油单位因数能耗为 7.2kgoe/（t • Eff）。

表9-2　实例炼化企业工程极限能源消耗数据测算结果

项　目	单位	数值	项　目	单位	数值
工程极限综合能耗	kgoe/t	61.0	电需求量	MW • h	40.0
炼油能耗因数		8.5	新鲜水需求量	t/h	400.0
工程极限炼油单位因数能耗	kgoe/（t•Eff）	7.2	3.5MPa 蒸汽量	t/h	-50
纯氢需求量	t/h	6.2	1.0MPa 蒸汽量	t/h	-140
催化烧焦	t/h	30.0	0.4MPa 蒸汽量	t/h	70
燃料气需求量	t/h	20.5	自产燃料气量	t/h	23.5

工程极限值为节能目标的确立奠定了基础，明确了优化方向。对比表 9-1 与表 9-2 数据，设计燃料气、电消耗量与测算工程极限燃料气、电消耗量存在一定差值是导致设计能耗与工程极限能耗数值不同的主要原因。结合数据分析，提供能源与耗能工质的规划建议。

（1）优化燃料气与热集成　适当强化热集成，合理提升进入加热炉、分馏塔工艺物流的换热终温，适当降低燃料气、分馏塔热源蒸汽消耗量。

（2）蒸汽系统优化　企业 3.5MPa 蒸汽与 1.0MPa 蒸汽富余，0.4MPa 蒸汽不足。根据蒸汽系统类型，建议 3.5MPa、1.0MPa、0.4MPa 蒸汽满足工艺需求后，工艺过程发生的 3.5MPa、1.0MPa、0.4MPa 蒸汽的热量可适当调整为直接热集成。

（3）节电措施　合理利用工艺余压发电，并适当以蒸汽为动力源驱动动设备，降低电消耗量。

2. 能量集成

根据实例炼化企业能源消耗特点，给出下述几个方面的能量集成建议。

① 优选节能工艺、催化剂，合理降低反应苛刻度，源头降低工艺总用能。

② 结合装置布局，重点考虑原油蒸馏 - 渣油加氢 - 催化裂化装置间的热量集成；考虑加氢精制装置间的热量集成。

③ 按照“温度对口、梯级利用”原则，优化蒸汽动力系统，避免蒸汽降质使用。

④ 结合装置布局，设置局部、全厂性的低温热回收管网，全局回收、利用低温热资源。

⑤ 优化循环水系统，适当考虑循环水的重复利用。

⑥ 理顺装置间工艺物流压力等级，避免装置间压力的重复升降，合理节约耗电量。

能量集成层次中，原油蒸馏 - 渣油加氢 - 催化裂化装置间的热集成与全厂低温余热资源利用是两项关键节能措施。其中，原油蒸馏 - 渣油加氢 - 催化裂化等是主要耗能装置，这些装置之间的热联合优化组合方式主要包括装置内热量集成、热供 / 出料及其温度优化，以及不同装置物料间的直接换热等，提高能量整体利用效率。其主要热联合优化组合思路如图 9-3 所示。

通过热集成，原油蒸馏装置自身换热网络优化改造后初底油换热终温可达 290℃。再将 290℃的原油与 335℃左右的油浆换热，可换至约 310℃返回进常压炉，预计节约燃料气 1.5t/h，减产 3.5MPa 蒸汽约 24t/h。

为合理利用低温热资源，建议在设计工况的基础上，全厂设置低温余热回收系统，生产温度约 120℃热媒水进行低温热的回收利用，分别设置下列两个系统。

① 罐区维温与管线伴热低温热利用系统，用回收的低温余热供罐区维温和管线伴热，预计每小时回收低温热 1.2MW。

② 低温余热发电系统，利用低温余热回收系统所产的约 1000t/h 热媒水，集中发电，如热媒水回水温度按 70℃考虑，热电转换效率以 8.0% 计，预计每小时发电 3.5MW。

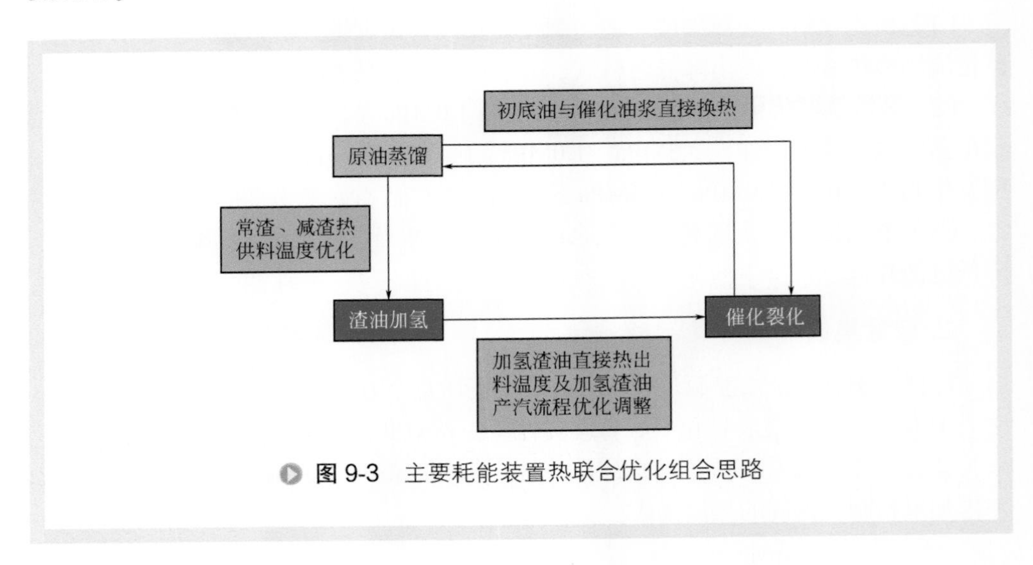

图 9-3 主要耗能装置热联合优化组合思路

3. 单元强化

对实例炼化企业单元强化提出如下建议。

① 采用强化燃烧及烟气余热回收技术，合理提升工艺加热炉热效率；

② 合理提升列入关键耗能设备的压缩机效率；

③ 合理提升列入关键耗能设备的机泵效率等。

该企业大型工艺加热炉设计热效率为 91.0%，重整四合一炉热效率为 92.0%，结合燃烧强化技术与烟气余热回收技术应用，优化提升大型工艺加热炉热效率至 93.0%，提升重整四合一炉热效率为 94.0%，预计节约燃料气约 1.0t/h。主要涉及的加热炉如表 9-3 所示。

表9-3　实例炼化企业大型工艺加热炉情况

序号	名称	负荷 /MW
1	常压加热炉	80.0
2	减压加热炉	20.0
3	渣油加氢反应进料加热炉	25.0
4	渣油加氢分馏塔进料加热炉	25.0
5	重整四合一炉	35.0

4. 节能效果

按照能源规划、能量集成、单元强化建议，并结合关键节能措施实施，优化后设计能耗数据见表 9-4。优化后，实例炼化企业设计炼油能耗为 66.0kgoe/t，相对于设计数据，降低约 5.6%；炼油单位因数能耗为 7.8kgoe/（t•Eff），相对于设计数据，降低约 5.0%。需要指出的是，炼油能耗与炼油单位因数能耗的优化值与工程极限值存在一定差距是合理的，这是因为某些技术可行的节能措施由于没能通过技术经济评价，没有在实际的工程设计中体现。

表9-4　实例炼化企业优化后设计能耗数据

项目	单位	数值
消耗燃料气	t/h	24.0
消耗新鲜水	t/h	410.0
消耗电	MW · h	45.0
催化烧焦	t/h	30.0
设计炼油能耗	kgoe/t	66.0
设计炼油单位因数能耗	kgoe/（t•Eff）	7.8

第二节 全局热集成优化设计

一、炼油工艺装置热集成基础

装置冷热物流组合曲线如图 9-4 所示。

1. 装置物流热输出原则

炼油工艺装置物流热输出的基本原则[2]：

① 夹点之上，温度介于 $T_{h,p}$ 与 $T_{h,s}$ 之间，物流热量不应热输出；

② 夹点之下，温度介于 $T_{h,b}$ 与 $T_{h,p}$ 之间，物流热量热输出与否，需进一步分析；

③ 夹点之下，温度介于 $T_{h,t}$ 与 $T_{h,b}$ 之间，物流热量可以热输出。

2. 装置物流热输入原则

炼油工艺装置物流热输入合理性的诊断原则[2]：

① 夹点之上，温度大于 $T_{c,a}+\Delta T_{min}$，物流热量输入与否，需进一步分析；

② 夹点之上，温度介于 $T_{h,p}$ 与 $T_{c,a}+\Delta T_{min}$ 之间，物流热量不应输入；

③ 夹点之下，温度小于 $T_{h,p}$，物流热量不应输入。

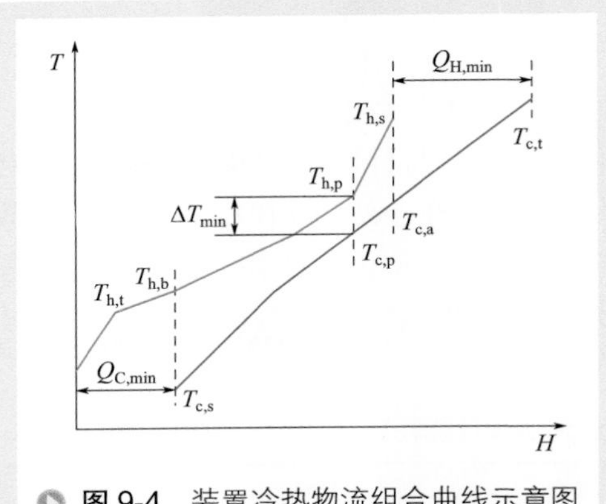

图 9-4 装置冷热物流组合曲线示意图

3. 物流热输出、热输入温度与热量确定方法

物流热输出时，夹点之下，温度介于 $T_{h,b}$ 与 $T_{h,p}$ 之间的物流，其热量热输出与否，需进一步分析确定。物流热输入时，当温度在夹点之上，大于 $T_{c,a}+\Delta T_{min}$，物流热量输入与否，也需要进一步分析确定。文献给出了一种较为直观的物流热输出、热输入温度与热量确定方法[3,4]。

二、炼油多装置热集成策略

炼油多装置热集成策略如图 9-5[2] 所示。首先，选定背景炼化企业，筛选并确定存在热集成机会的工艺装置。基于装置热集成分析策略，对各个装置进行分析，得到热输出、热输入物流需求信息，汇总至多装置热集成物流信息数据库。基于工程知识，如考虑总平面布置等约束，给出可能的跨装置热集成方案。对各个跨装置

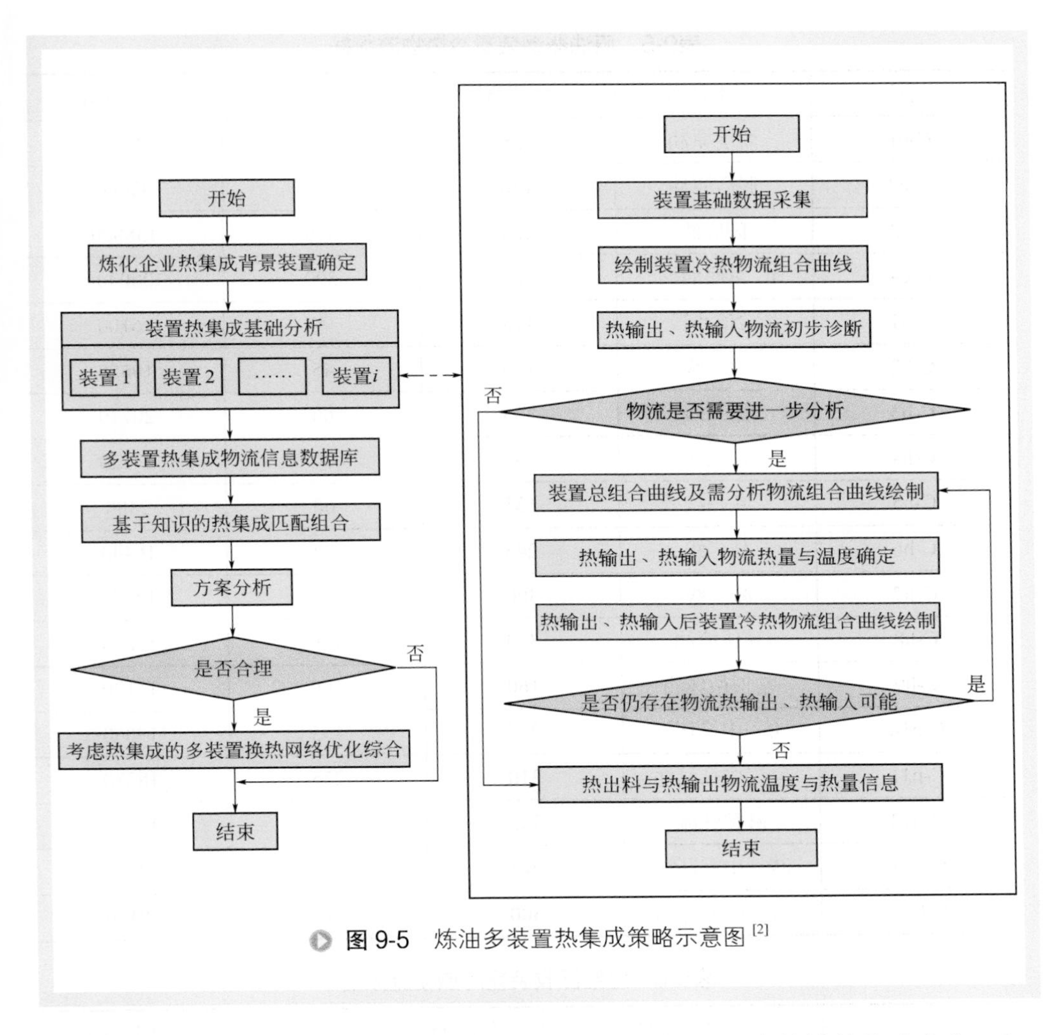

图 9-5 炼油多装置热集成策略示意图 [2]

热集成匹配组合进行经济可行性分析，如经济性不合理，不支持该热集成方案，如经济性合理，输出该热集成方案。最后，汇总各热集成方案，优化综合装置及装置间换热网络。图 9-5 右侧方框表示了装置热集成基础分析策略。

三、案例研究

1. 基础数据采集与校正

采集原油蒸馏、轻烃回收、催化裂化 3 个装置基础设计数据，采用流程模拟软件 Aspen Plus 与 PRO/ Ⅱ对 3 个装置进行流程模拟，重现设计工况，提取冷、热物流的数据，结果见表 9-5 ～表 9-7。

表9-5　原油蒸馏装置冷热物流数据

编号	物流名称	始温 /℃	终温 /℃	热量 /kW
C-c1	脱前原油	40	135	68380
C-c2	脱后原油	130	240	93640
C-c3	闪底油	220	370	138800
C-c4	常底油	365	390	20070
C-h1	常顶油气	115	90	16100
C-h2	常一线	170	45	10650
C-h3	常二线	265	60	20770
C-h4	常三线	335	60	17220
C-h5	减一线	135	60	2480
C-h6	减二线	245	90	16440
C-h7	减三线	300	115	17870
C-h8	减压渣油	370	150	53850
C-h9	常顶循环油	160	100	17120
C-h10	常一中循环油	215	155	19060
C-h11	常二中循环油	310	235	18280
C-h12	减顶回流	135	50	11370
C-h13	减一中循环油	245	165	12030
C-h14	减二中循环油	300	210	28190

表9-6　轻烃回收装置冷热物流数据

编号	物流名称	始温 /℃	终温 /℃	热量 /kW
L-c1	吸收塔底油	46	90	1970
L-c2	富吸收油	55	130	2460
L-c3	解吸塔再沸物流	105	125	4790
L-c4	解吸塔中间再沸物流	80	100	4580
L-c5	解吸塔底油	125	165	6660
L-c6	稳定塔再沸物流	180	190	10110
L-c7	石脑油进料	85	120	2110
L-c8	石脑油塔再沸物流	140	145	7700
L-h1	压缩机出口烃类	120	40	1500

续表

编号	物流名称	始温 /℃	终温 /℃	热量 /kW
L-h2	吸收塔一中循环油	45	40	440
L-h3	吸收塔二中循环油	45	40	510
L-h4	贫吸收油	155	40	3440
L-h5	稳定塔顶气	65	40	9530
L-h6	稳定塔底油	140	40	4200
L-h7	石脑油塔顶气	85	40	8810
L-h8	石脑油塔底油	145	40	10180

表9-7　催化裂化装置冷热物流数据

编号	物流名称	始温 /℃	终温 /℃	热量 /kW
F-c1	催化原料油	170	200	11950
F-c2	脱乙烷汽油	140	145	3850
F-c3	富吸收油	50	120	5735
F-c4	稳定塔再沸物流	180	190	27150
F-c5	解吸塔再沸物流	140	150	31050
F-c6	解吸塔中间再沸物流	90	100	8140
F-c7	凝析油	40	50	3870
F-h1	顶循环油	145	80	29090
F-h2	一中循环油	250	185	26860
F-h3	二中循环油	320	255	27150
F-h4	循环油浆	330	275	64430
F-h5	产品油浆	275	120	2500
F-h6	轻柴油	195	90	8030
F-h7	贫吸收油	200	40	13110
F-h8	分馏塔顶气	125	40	148610
F-h9	稳定汽油	180	80	31220
F-h10	补充吸收剂	80	40	4480
F-h11	液化气	60	40	25110

2. 热集成基础分析

原油蒸馏装置、轻烃回收装置和催化裂化装置的热输出、热输入供需信息分别见表 9-8 ～表 9-10。

表9-8　原油蒸馏装置热输出与热输入物流

项目	温度 /℃	物流名称	备注
热输出	45 ～ 91	C-h1、C-h2、C-h3、C-h4、C-h5、C-h6、C-h12	可以热输出
	95 ～ 231	C-h1、C-h2、C-h3、C-h4、C-h5、C-h6、C-h7、C-h8、C-h9、C-h10、C-h12、C-h13、C-h14	热输出时需分析
	231 ～ 369	C-h3、C-h4、C-h6、C-h7、C-h8、C-h11、C-h13、C-h14	不应热输出
热输入	40 ～ 231	—	不应热输入
	231 ～ 318	—	不应热输入
	大于 318	—	热输入时需分析

表9-9　轻烃回收装置热输出与热输入物流

项目	温度 /℃	物流名称	备注
热输出	38 ～ 82	L-h1、L-h2、L-h3、L-h4、L-h5、L-h6、L-h7、L-h8	可以热输出
	82 ～ 89	L-h1、L-h4、L-h6、L-h7、L-h8	热输出时需分析
	89 ～ 165	L-h1、L-h4、L-h6、L-h8	不应热输出
热输入	46 ～ 89	—	不应热输入
	89 ～ 152	—	不应热输入
	大于 152	—	热输入时需分析

表9-10　催化裂化装置热输出与热输入物流

项目	温度 /℃	物流名称	备注
热输出	40 ～ 130	F-h1、F-h5、F-h6、F-h7、F-h8、F-h9、F-h10、F-h11	可以热输出
	130 ～ 150	F-h1、F-h5、F-h6、F-h7、F-h8、F-h9、F-h10、F-h11	热输出时需分析
	150 ～ 330	F-h2、F-h3、F-h4、F-h5、F-h6、F-h7、F-h9	热输出时需分析
热输入	热端阈值问题换热网络不应热输入		

通过分析，给出原油蒸馏 - 轻烃回收 - 催化裂化热集成物流信息汇总（表 9-11）。

表9-11 热集成物流信息汇总

装置名称	热输出物流信息	热输入物流信息
原油蒸馏	C-h10 可热输出	基础工况，可接收 318℃以上热输入
	C-h11 原则不可热输出	C-h11 输出时，可接收 298℃以上热输入
轻烃回收	不宜热输出	可接收 152℃以上热输入
催化裂化	F-h4 可热输出	不宜热输入

3. 原油蒸馏－轻烃回收－催化裂化热集成方案

由表 9-11，结合工程知识，提出 3 种热集成方案，如表 9-12 所示。其中，方案 0 为基础设计采用的热集成方案，原油蒸馏装置 C-h10 与 C-h11 均热输出，轻烃回收装置不消耗 3.5MPa 蒸汽，催化裂化装置 F-h4 发生 3.5MPa 蒸汽。

表9-12 热集成方案汇总

方案	原油蒸馏	轻烃回收	催化裂化
0	C-h10 与 C-h11 均热输出	不消耗 3.5MPa 蒸汽	F-h4 发生 3.5MPa 蒸汽
1	C-h10 热输出，C-h11 不热输出	消耗 3.5MPa 蒸汽	F-h4 发生 3.5MPa 蒸汽
2	C-h10 热输出，C-h11 不热输出，F-h4 热输入	消耗 3.5MPa 蒸汽	F-h4 热输出至原油蒸馏蒸馏装置
3	C-h10 与 C-h11 均热输出，F-h4 热输入	不消耗 3.5MPa 蒸汽	F-h4 热输出至原油蒸馏蒸馏装置

结合装置冷热公用工程情况，分析对比方案的合理性，方案对比结果见表 9-13。其中，各装置冷公用工程消耗耗能工质均假定为循环水，价格为 0.03 元 /kW；原油蒸馏装置热公用工程消耗能源为燃料气，价格为 0.43 元 /kW，轻烃回收装置热公用工程消耗能源为 3.5MPa 蒸汽，价格为 0.4 元 /kW。

由表 9-13 可知，对于原油蒸馏、轻烃回收、催化裂化三个装置，方案 3 能源消耗费用最低，为最佳热集成方案。

表9-13 热集成方案对比

方案	原油蒸馏装置		轻烃回收装置		催化裂化装置		能源消费合计
	$Q_{C,min}$/kW	$Q_{H,min}$/kW	$Q_{C,min}$/kW	$Q_{H,min}$/kW	$Q_{C,min}$/kW	$Q_{H,min}$/kW	C_{op}/（元 /h）
0	10030	81060	24150	0	238010	0	47898
1	10030	68960	24150	12190	238010	0	42695
2	10030	93270	24150	12190	238010	0	48272
3	10030	69080	24150	0	238010	0	37870

方案 3 中，原油蒸馏装置物流 C-h10 与 C-h11 均热输出至轻烃回收装置，催化裂化装置物流 F-h4 热输入至原油蒸馏装置。C-h11 是原油蒸馏装置夹点之上的物流，按照“夹点之上，温度介于 $T_{h,p}$ 与 $T_{h,s}$ 之间，物流热量不应热输出”原则，不应热输出。实质上，如仅热输出 C-h11，必然导致装置最小热公用工程负荷的增加，如方案 0。分析可知，夹点之上，温度介于 230 ～ 300℃之间，总组合曲线的斜率是负值，表明此处热物流数量较多，导致在这个温度区间内换热网络传热驱动力相对较小。如果存在高于此温度区间的热输入，则可以通过本温度区间物流的部分热输出增大换热网络传热的驱动力。由此可知，方案 3 中 C-h11 热输出是合理的。相对于基础设计热集成方案（方案 0），能源消耗费用可降低约 21.0%。

第三节 全厂强化传热典型案例

一、以“热流图”为基础的炼厂热直供料

炼厂生产装置热集成包括直接热集成和间接热集成两种方式，其中，直接热集成包括装置间的直接热供料（下称热直供料）、工艺物流间的热交换等。装置间的热直供料，避免了上游装置出料冷却 - 中间储罐 - 下游装置进料加热的重复冷却升温以及升降压的过程，在新建炼厂中已广泛实施。

近年来，由于炼厂油品质量升级以及油品结构调整，炼厂装置构成和物流加工走向发生了变化，传统的热直供料模式发生了相应变化，为此，提出以“热流图”为基础的炼厂热直供料技术。“热流图”是以总加工工艺流程为基础，绘制出包含炼厂关键工艺装置、中间储罐、关键工艺物流及其流量、温度等信息，用于表征炼厂全局直接热集成的物流热量走向图。通过“热流图”，可以清楚地看到炼厂关键工艺物流的热直供料关系。典型炼厂“热流图”如图 9-6 所示。由图 9-6 可以看出，该企业的工艺装置之间多数实现了原料直供，主要包括原油蒸馏 - 蜡油加氢、原油蒸馏 - 延迟焦化、原油蒸馏 - 煤油加氢、原油蒸馏 - 加氢裂化、原油蒸馏 - 柴油加氢、蜡油加氢 - 催化裂化、延迟焦化 - 催化裂化等。总体来看，关键工艺装置之间多数实现了热供料，但还存在不合理的地方，主要问题包括：

① 蜡油加氢、延迟焦化、催化裂化、煤油加氢装置进料的 20% ～ 40% 经过了原料罐区，不是完全热供料，存在优化空间；

② 原油蒸馏 - 蜡油加氢、原油蒸馏 - 柴油加氢等装置原料直供管线温降较大，保温、维温情况需要关注；

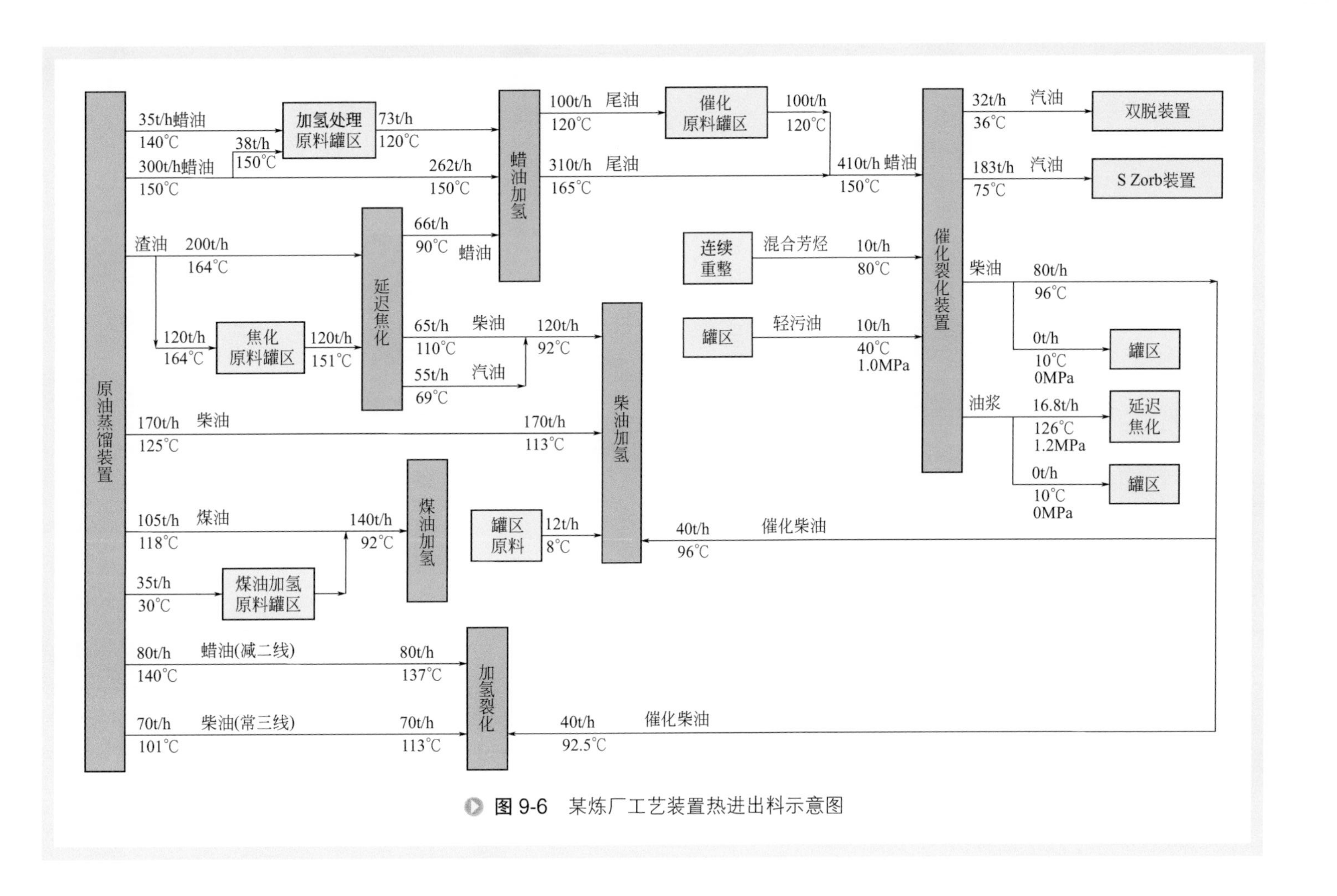

图 9-6 某炼厂工艺装置热进出料示意图

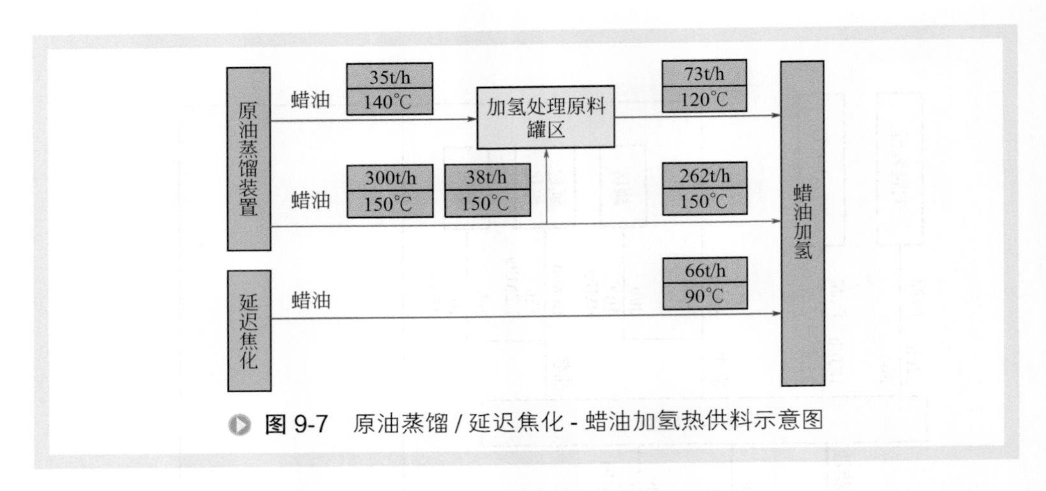

图 9-7 原油蒸馏 / 延迟焦化 - 蜡油加氢热供料示意图

③ 蜡油加氢尾油、催化裂化柴油、延迟焦化蜡油等工艺物流，虽然与相关装置实现了热供料，但供料温度存在优化提升空间。

1. 原油蒸馏/延迟焦化-蜡油加氢热供料

原油蒸馏 / 延迟焦化 - 蜡油加氢热供料示意图见图 9-7。

（1）存在问题

① 原油蒸馏与蜡油加氢装置间实现了热供料，但蜡油加氢装置约 20% 的原料经过罐区，温度由 140℃降至 120℃，降低约 20℃，损失热量较多。

② 原油蒸馏向蜡油加氢直接热供料的管线从原油蒸馏装置输出，到进入蜡油加氢装置，温度下降约 10℃，存在一定的热量损失。

③ 延迟焦化与蜡油加氢装置间实现了热供料，但焦化蜡油温度仅 90℃，低于原油蒸馏装置蜡油温度。

（2）整改措施

① 从原油蒸馏来的蜡油全部热输出至蜡油加氢装置，不经过罐区。如罐区维温设备不能满足正常工况的维温要求，改造罐区维温设备。如原油蒸馏装置至罐区、罐区至蜡油加氢装置管线温降较大，修缮或更换保温材料、提高伴热蒸汽温度。

② 核查原油蒸馏装置向蜡油加氢直接热供料管线的保温情况，对保温效果不佳的管线进行保温材料修缮或更换。

③ 优化焦化蜡油换热流程，部分取消蜡油 - 除盐水换热，将蜡油输出装置温度调整至 120 ～ 130℃。

（3）节能效果

当前蜡油加氢装置进料温度约为 125 ～ 130℃，优化提升后温度为 135 ～ 140℃。

2. 原油蒸馏-延迟焦化热供料

原油蒸馏 - 延迟焦化热供料示意图见图 9-8。

（1）存在问题　原油蒸馏与延迟焦化装置间实现了热供料，但延迟焦化装置约 40% 的原料经过罐区，温度由 164℃降至 151℃，降低约 13℃，损失热量较多。

（2）整改措施　从原油蒸馏来的渣油全部热输出至延迟焦化装置，不经过罐区；如罐区维温设备不能满足正常工况的维温要求，改造罐区维温设备；如原油蒸馏至罐区、罐区至蜡油加氢装置管线温降较大，修缮或更换保温材料、提高伴热蒸汽温度。

（3）节能效果　当前延迟焦化装置进料温度约为 158 ～ 159℃，优化提升后温度为 163 ～ 164℃。

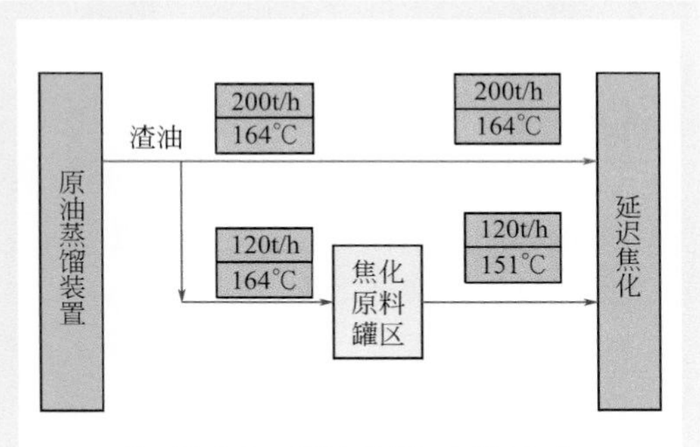

图 9-8　原油蒸馏 - 延迟焦化热供料示意图

3. 原油蒸馏/延迟焦化/催化裂化-柴油加氢热供料

原油蒸馏 / 延迟焦化 / 催化裂化 - 柴油加氢热供料示意图见图 9-9。

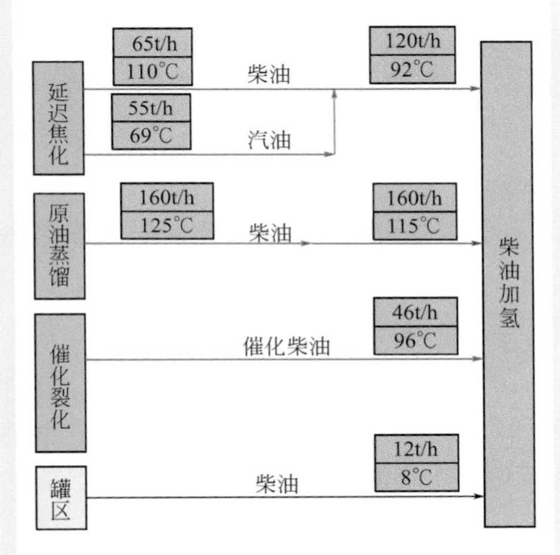

图 9-9　原油蒸馏 / 延迟焦化 / 催化裂化 - 柴油加氢热供料示意图

（1）存在问题　原油蒸馏与柴油加氢装置间实现了热供料，但温度由 125℃降至 115℃，降低约 10℃，损失热量较多。

（2）整改措施　核查原油蒸馏向柴油加氢直接热供料管线的保温情况，对保温效果不佳的管线进行保温材料修缮或更换。

（3）节能效果　优化提升柴油加氢装置进料温度。

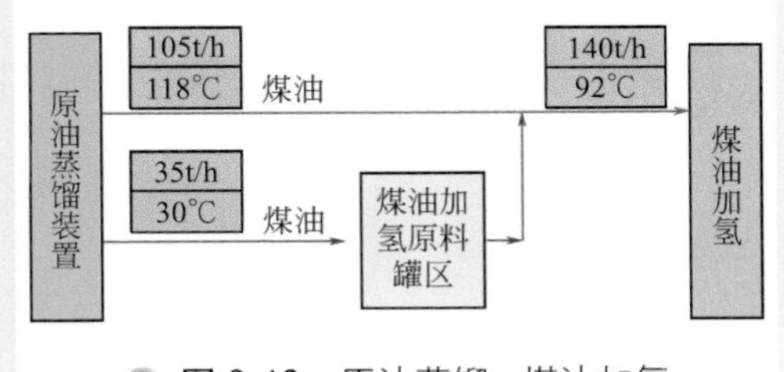

图 9-10　原油蒸馏 - 煤油加氢热供料示意图

4. 原油蒸馏-煤油加氢热供料

原油蒸馏 - 煤油加氢热供料示意图见图 9-10。

（1）存在问题　原油蒸馏与煤油

加氢装置间部分实现了热供料，煤油加氢装置约 75% 的原料从原油蒸馏装置热进料，约 25% 的原料由原油蒸馏装置冷却至 30℃，送至罐区，再送至装置。冷进料部分不合理。

（2）整改措施　从原油蒸馏来的煤油全部热输出至煤油加氢装置，不经过罐区；核查原油蒸馏向煤油加氢直接热供料管线的保温情况，对保温效果不佳的管线进行保温材料修缮或更换。

（3）节能效果　当前煤油加氢装置进料温度约为 90 ～ 92℃，优化提升后温度为 118℃。

5. 原油蒸馏 / 催化裂化 - 加氢裂化热供料

原油蒸馏 / 催化裂化 - 加氢裂化热供料示意图见图 9-11。

（1）存在问题　催化裂化与加氢裂化装置间实现了热供料，但催化裂化到柴油加氢装置温度约 92.5℃，低于加氢裂化装置其他热进料来料温度。

（2）整改措施　部分取消催化柴油与除盐水换热，提升催化柴油到柴油加氢、加氢裂化装置温度至 120℃。

（3）节能效果　优化提升加氢裂化装置进料温度。

6. 蜡油加氢 / 连续重整 - 催化裂化热供料

蜡油加氢 / 连续重整 - 催化裂化热供料示意图见图 9-12。

（1）存在问题

① 蜡油加氢与催化裂化装置间部分实现了热供料，但催化裂化装置约 25% 的原料经过罐区后与直接热供料的蜡油加氢尾油混合，导致直供料尾油的温度由 165℃降至 150℃，损失热量较多。

② 连续重整向催化裂化输入的重芳烃，温度约 80℃，存在优化提升空间。

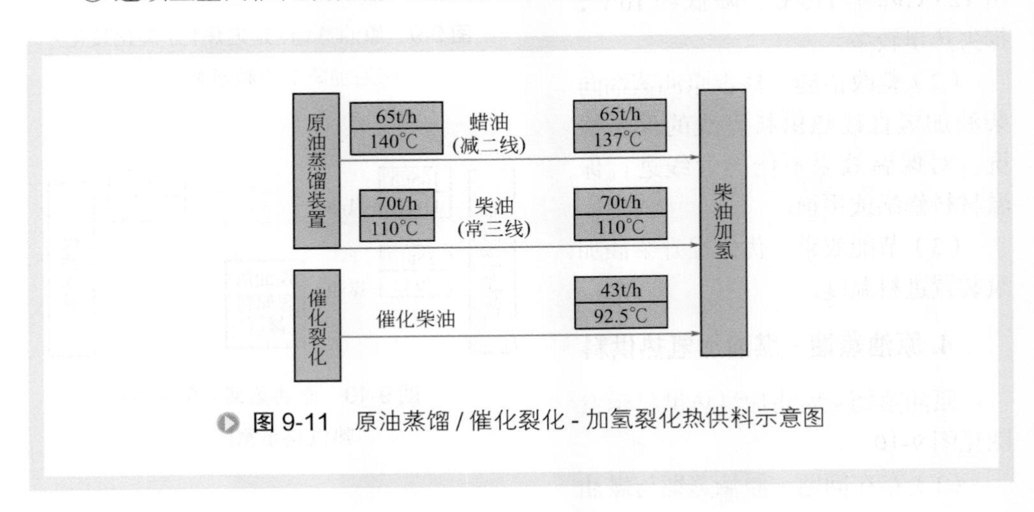

图 9-11　原油蒸馏 / 催化裂化 - 加氢裂化热供料示意图

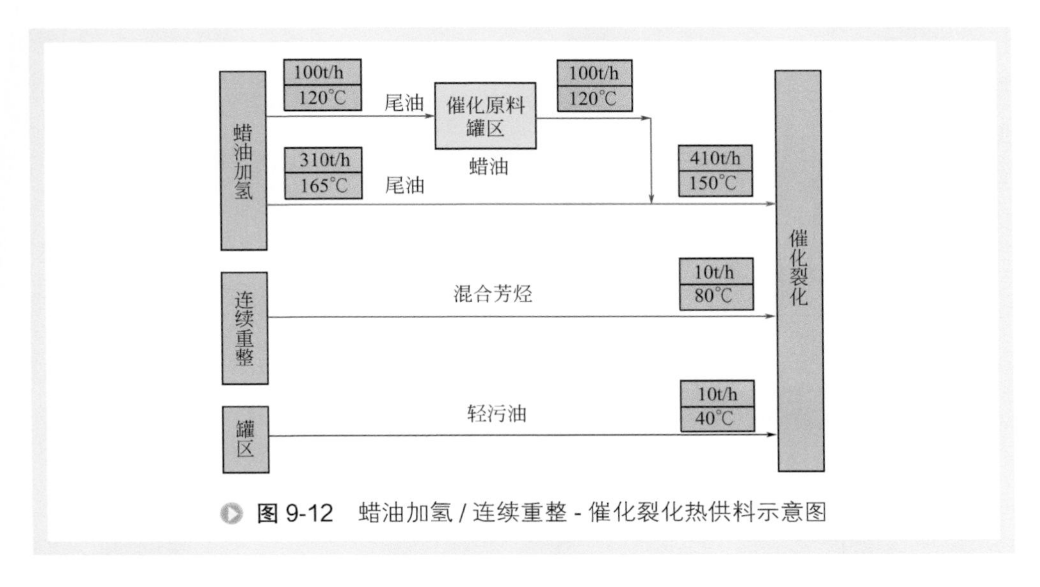

图 9-12 蜡油加氢 / 连续重整 - 催化裂化热供料示意图

③ 加氢蜡油在蜡油加氢装置发生了 1.0MPa 蒸汽，建议部分取消，提升加氢蜡油至催化裂化装置温度。

（2）整改措施

① 从蜡油加氢来的加氢蜡油全部热输出至催化裂化装置，不经过罐区；如罐区维温设备不能满足正常工况的维温要求，改造罐区维温设备；如蜡油加氢装置至罐区、罐区至催化裂化装置管线温降较大，修缮或更换保温材料、提高伴热蒸汽温度。

② 优化提升连续重整重芳烃温度至 120 ～ 140℃。

③ 部分取消蜡油加氢装置加氢蜡油发生 1.0MPa 蒸汽，提升加氢蜡油至催化裂化装置温度至 170 ～ 190℃。

（3）节能效果　当前催化裂化装置进料温度约为 150℃，优化提升后温度为 170 ～ 190℃。催化裂化装置可增产 3.5MPa 蒸汽 8 ～ 10t/h。

7. 连续重整装置进料

连续重整装置进料，全部来自罐区，没有与相关装置实现直供料。

8. 改进后全厂热集成图

图 9-13 是某炼厂优化改进后的“热流图”，由图可知，该炼厂关键工艺装置之间实现了热直供料，主要包括原油蒸馏 - 蜡油加氢、原油蒸馏 - 延迟焦化、原油蒸馏 - 煤油加氢、原油蒸馏 - 加氢裂化、原油蒸馏 - 柴油加氢、蜡油加氢 - 催化裂化、延迟焦化 - 催化裂化等。实施全厂热直供料后，全厂能耗可降低约 2.0 ～ 4.0kgoe/t 原油。

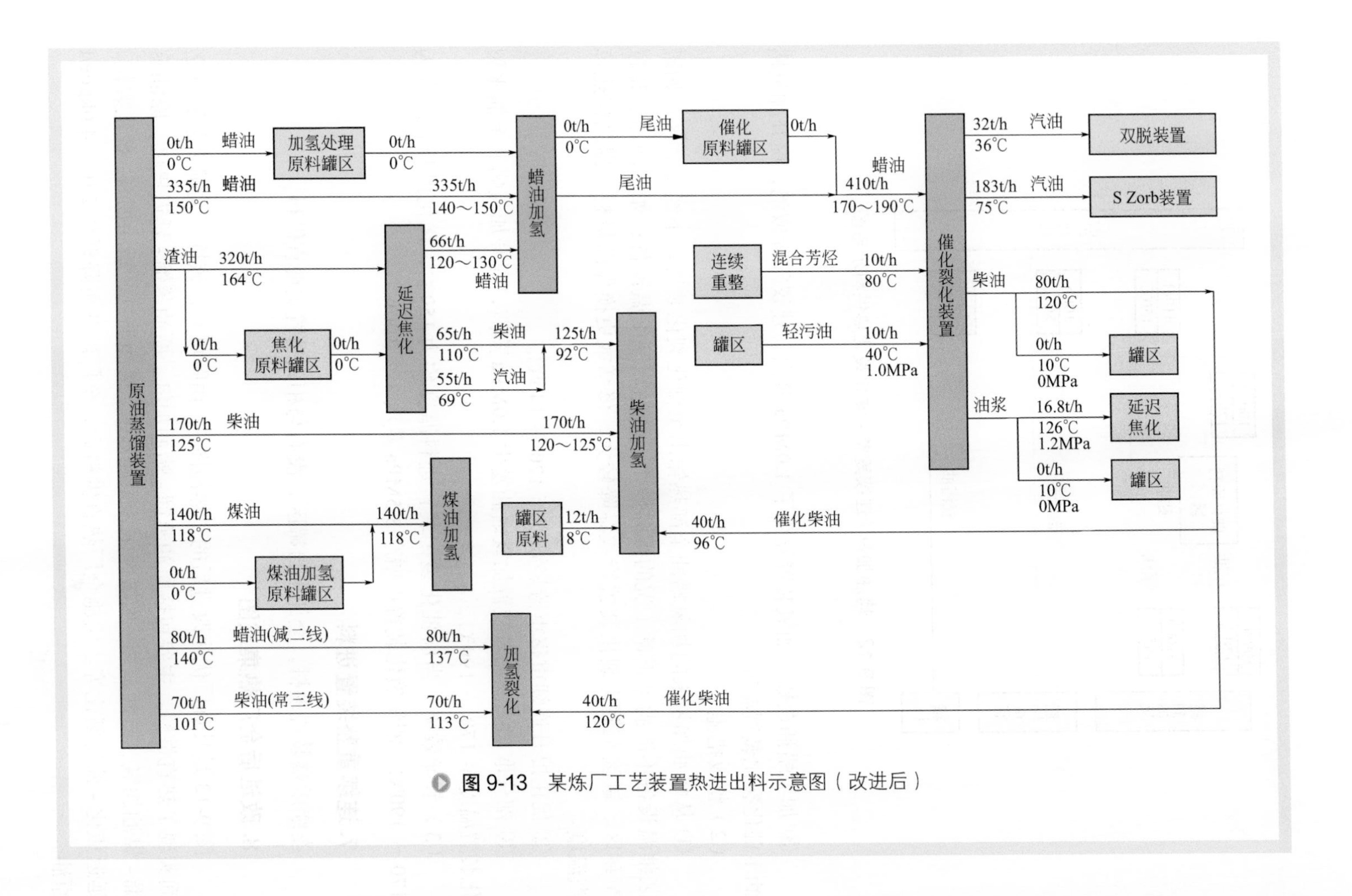

图 9-13 某炼厂工艺装置热进出料示意图（改进后）

二、工艺装置集约化布置

国内新建炼厂一般将所有装置和公用工程及系统单元作为一个整体进行集成优化，主要工艺装置一般分为重油加工、馏分油加工、气体加工、环境保护等装置功能区，相对集中布置以利于大宗物料输送，减少管道输送距离，从而减少机械能和散热的损失。

1. 炼厂气体集中处理拓展低温热阱

在炼厂生产中会伴有大量的气体产生，这些气体中往往含有许多有价值的组分，如轻烃、氢气、乙烯、乙烷等，根据其组成的不同，采取不同的回收手段，如吸附、吸收、冷冻、分离等，采用集成化的技术，在消耗较少的能量基础上将有效组分回收回来，将是实现资源有效利用的重要手段和办法。同时，炼厂气体的回收过程为大系统利用低温热拓展新热阱，一方面，气体精馏分离过程再沸温度一般不高，温度介于 70 ～ 90℃之间的热媒水是这类再沸器的良好热源；另一方面，气体冷冻分离过程需要大量低温水，溴化锂低温制冷水完全可以满足生产需要，是炼厂热媒水高附加值利用的良好途径。

（1）集中设置统一的轻烃回收设施　把常规炼厂的燃料气加工为高附加值产品。过去炼厂中大量含氢的副产气体被当作燃料烧掉，而另一方面又用大量的石脑油、饱和丙烷和丁烷轻烃等宝贵的化工原料烃类去制氢。据初步统计，目前乙烯裂解的原料 90％为石脑油、煤油、柴油、加氢尾油，其乙烯的平均收率只有 32％左右，而炼油厂每年副产的乙烷、丙烷和丁烷等轻烃及液化石油气，又作为工业或民用燃料被烧掉，造成了资源低价值利用。为此炼厂应设置轻烃回收装置、干气回收乙烯和回收氢气设施。将以往作为燃料烧掉的液化气、氢气、乙烯、乙烷等可以提值的组分进行回收。如在加工流程中可以设置气体分馏、MTBE、烷基化等装置，将液化气中的丙烷、丙烯分离出来作为化工原料，同时利用液化气中的异丁烯、异丁烷等组分生产 MTBE、烷基化油等汽油调和组分。

（2）氢气资源管理与安全利用　加氢型的炼油厂中氢气的用量是很大的，根据不同装置对氢气条件要求的差异，合理规划炼厂氢气系统的使用，从而避免氢气系统的降压、升压而造成的能量浪费，提高氢气的利用率，降低用氢成本。常规炼厂的氢源主要来自连续重整的含氢气体和制氢装置的纯氢气，全厂氢气管网根据氢气来源和使用地点分为 2 个或多个系统。如连续重整的含氢气体主要提供给对氢分压要求不高的加氢装置，其余进入炼厂氢气回收提纯系统，提纯后的纯氢气与制氢产生的纯氢提供给高压加氢装置使用。在管网之间要设置连通线，以保证全厂加氢装置的用氢安全。

对 10Mt/a 的加氢型炼厂来说，设置氢气回收系统，每年大约可回收氢气约 7000t；同时富含氢气的 PSA 尾气升压后作为制氢装置原料，这种创新既为低热值的 PSA 尾气提供了出路，合理利用了资源，同时也大量节省了制氢原料。而且可以消耗富余的，回收工艺低温热获取的热媒水，降低工艺冷却负荷，节电、节循环水。

2. 环保装置集成设置提升低压蒸汽能量利用水平

炼厂环保装置一般包括酸性水汽提、溶剂再生、硫黄回收，以及污水处理等装置，传统炼厂的环保装置多是分散布置，既不利于节能降耗，也增加了潜在的安全风险。酸性水汽提、溶剂再生同时是炼厂重要的低压蒸汽消耗大户，以 10Mt/a 的炼油厂为例，酸性水汽提、溶剂再生装置消耗的 0.4MPa、1.0MPa 蒸汽约 120 ～ 150t/h，其蒸汽能耗约占整个炼厂能耗的 5.0% ～ 10.0%。炼厂环保装置的集成精细化设置，对于优化蒸汽动力系统、提升炼厂能量利用水平具有重要意义。

酸性水汽提装置的集成布置主要考虑加氢型和非加氢型装置产生的酸性水中含有不同种类和数量的氨、酚类和氰化物等杂质，将其分别处理，一是减少了彼此间的水质污染，二是降低了因混合加工增加的额外能耗，节约低压蒸汽消耗。溶剂再生装置的集成布置也需要考虑加氢型和非加氢型两类装置的富胺液分别再生处理，再生后分别送到各装置使用。实现统一管理，集中分别再生，一是减少低压蒸汽消耗，降低装置能耗，二是避免了高浓度的酸性气在厂区内的长距离输送和压力损失，减少管线的腐蚀危险等。

三、蒸汽动力系统强化传热技术

1. 蒸汽动力系统概述

蒸汽动力系统是炼油与化工企业的重要组成部分，其任务是将一次能源转换成二次能源，为生产过程提供所需蒸汽、动力、电力和热能等。蒸汽动力系统的安全、稳定运行是炼油与化工企业安全、稳定、长周期运行的基础。炼油与化工企业蒸汽动力系统通常是由动力站（热电站）、蒸汽输送、分配及平衡设施、蒸汽及热用户、给水除氧及凝结水回收等几部分组成。

典型炼油与化工企业蒸汽动力系统如图 9-14 所示。

（1）动力站产汽发电设施　典型炼油与化工企业动力站（热电站）产汽发电设施由锅炉、汽轮发电机组、减温减压器以及除氧器和锅炉给水泵等辅助设施组成。在动力站（热电站）中，锅炉利用一次能源（例如煤、燃料油、天然气、炼厂瓦斯和石油焦等）产生高压或中压蒸汽，再将高压或中压蒸汽通过汽轮发电机，将高压蒸汽的热能转化为电能，输送至全厂用电单元。同时，动力站（热电站）将产生的各压力等级的蒸汽输送至全厂蒸汽管网。

（2）蒸汽输送、分配及平衡设施　炼油与化工企业蒸汽输送、分配及平衡设施由全厂蒸汽主管网、各个装置（单元）内蒸汽支管网、作为平衡和调节的减温减压

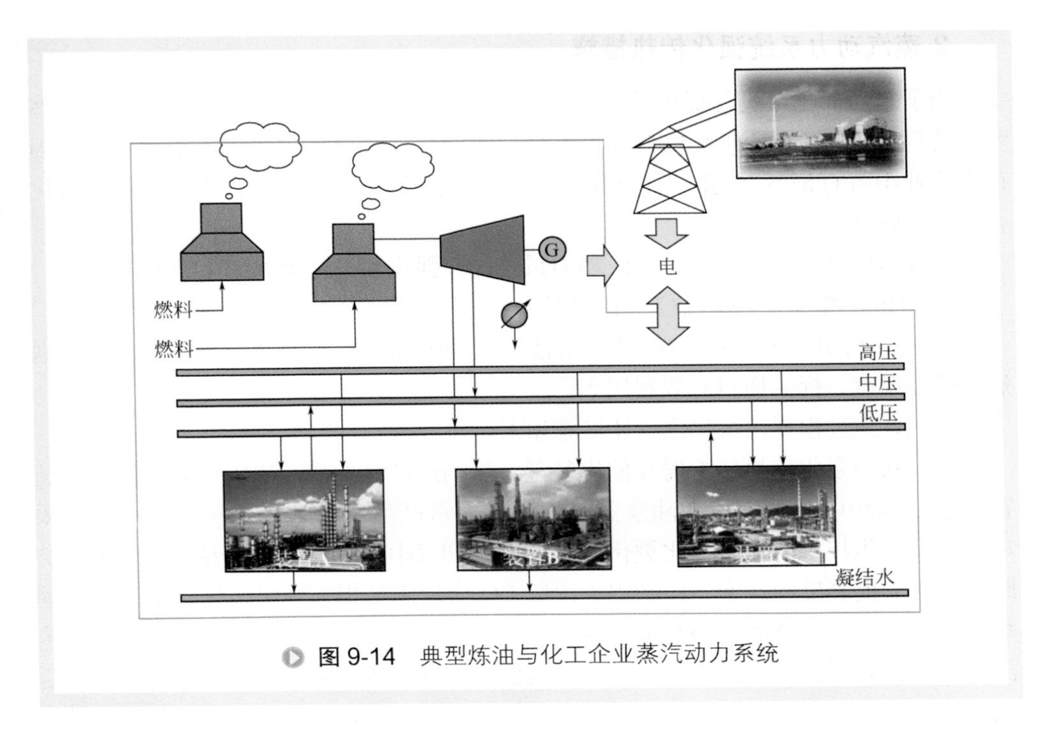

图 9-14 典型炼油与化工企业蒸汽动力系统

设施以及超压排放等设施组成。系统中产生的各个等级的蒸汽，依靠各级母管和支管及分汽缸等分配及平衡设施将各等级蒸汽分配到各个不同用户。减温减压设施作为开工工况及各种事故工况下的蒸汽负荷调节使用，例如为抽凝机组的抽汽或背压汽轮机排汽的供汽旁路备用，可实现自动投入和快速启动，确保在开工工况及各种事故工况下满足全厂各等级蒸汽负荷需求。

（3）装置（单元）内蒸汽用户及产汽设施　炼油与化工企业装置（系统单元）内蒸汽子系统包括装置内余热锅炉和蒸汽发生器等产汽设备、换热器、再沸器等用汽设备以及工艺驱动透平等组成。蒸汽输送子系统将蒸汽输送至各个装置（单元）后，蒸汽会在装置（单元）内分配至各个用汽点用于工艺加热或者透平做功。此外，部分炼油化工装置可利用烟气或者工艺物流的余热发生蒸汽，装置内余热锅炉（或蒸汽发生器）所产生的蒸汽首先在装置内利用，过剩部分进入全厂蒸汽管网。

（4）给水除氧及凝结水回收　炼油与化工企业给水除氧设施包括除氧器、锅炉给水泵以及加药等设备，除盐水及处理后的合格凝结水进入除氧器进行除氧，除氧水通过锅炉给水泵升压后输送至动力锅炉、装置内余热锅炉和蒸汽发生器等产汽设备。

凝结水回收设施将各个装置（单元）产生的各种工艺凝结水和透平凝结水进行回收，并根据工艺凝结水和透平凝结水的品质进行分别处理后作为除氧器补水进行回用。

2. 蒸汽动力系统强化传热措施

为了向石油化工过程提供蒸汽、动力和热能，蒸汽动力系统需要消耗煤、天然气（炼厂瓦斯）、石油焦和燃料油等大量一次能源。蒸汽动力系统的能耗在炼油与化工企业中占有相当大的比例，利用强化传热技术降低蒸汽动力系统的能耗是炼化企业节能降耗的关键。

根据蒸汽系统用能特点，蒸汽动力系统过程强化和设计优化的主要方向为：

① 根据炉膛或者热源温位，利用强化传热技术提高产汽参数。

② 充分利用一次燃料燃烧后烟气的㶲量，利用强化传热技术降低锅炉（余热锅炉）排烟温度，提高燃料有效利用率。

产汽系统过程强化及优化具体措施如下。

（1）利用强化传热技术提高催化装置余热锅炉产汽参数　炼化企业催化裂化装置的余热锅炉以及外取热和油浆蒸汽发生器通常产生 3.82MPa 中压蒸汽。对于采用非完全再生技术的大型催化裂化装置，再生烟气中所含的 CO 需要在余热锅炉炉膛燃烧，为提高反应速率、控制锅炉出口 CO 含量满足相关环保指标要求，余热锅炉炉膛温度通常为 800 ～ 850℃。此烟气温度如用于过热和发生 3.82MPa 中压蒸汽，会有较大㶲损失。此外，外取热器内催化剂温度为 690℃左右，可以发生高压饱和蒸汽。为此本着产汽系统应根据热源温位尽量发生高参数蒸汽的原则，通过强化传热技术对产汽系统进行优化设计，催化裂化装置余热锅炉以及外取热器产生 10.0MPa 高压蒸汽，所产生的高压蒸汽通过 10.0MPa/3.82MPa 背压发电机组发电，可大幅度降低装置能耗和操作费用。

以某厂 2.8Mt/a 催化裂化装置为例，通过产汽系统进行优化，装置余热锅炉按照双压设计，外取热系统所产高压饱和蒸汽与锅炉自产高压饱和蒸汽一并进入余热锅炉高压过热段进行过热，可产生 10.0MPa，540℃高压蒸汽 192t/h。余热锅炉所产生的 192t/h 高压蒸汽送至 10.0MPa/3.82MPa 背压发电机组，正常工况下可发电 13MW。油浆蒸汽发生器内油浆温度需要从 325℃冷却到 275℃，因为热源温位限制，油浆蒸汽发生器仍发生中压饱和蒸汽 71t/h，在余热锅炉中压过热段内过热至 3.82MPa、420℃送至全厂中压蒸汽管网。通过采用强化传热技术优化设计，在不增加燃料消耗条件下，装置可多发电 13MW，装置能耗降低 4.45kgoe/t 原料。某厂 2.8Mt/a 催化裂化装置发生 3.82MPa 中压蒸汽和 10.0MPa 高压蒸汽方案对比指标详见表 9-14。

表9-14　催化裂化装置产汽系统方案对比

项目	常规方案（中压蒸汽）	强化传热优化方案（高压＋中压蒸汽）
产汽压力 / MPa	3.82	10.0/3.82
产汽温度 /℃	420	540/420

续表

项目	常规方案（中压蒸汽）	强化传热优化方案（高压＋中压蒸汽）
产汽流量 /（t/h）	280	高压 192+ 中压 71
背压发电机组 /MW	0	13
锅炉、发电机组及附属设施投资 / 万元	9485	15102
除盐水耗量 /（t/h）	285	265
锅炉自耗电功率 /kW	1520	2070
发电机组循环水耗量 /（t/h）	0	300
装置能耗 /（kgoe/t 原料）	44.84	40.39
高压方案增量部分（高压方案－中压方案）投资回收期 / 年		3.4

（2）利用强化传热技术提高芳烃装置低压蒸汽产汽参数　芳烃联合装置中吸附分离单元抽余液塔和抽出液塔常规设计为常压塔，塔顶温度 145 ～ 150℃，冷后温度 121 ～ 130℃，塔顶温度随塔操作压力不同略有差异。芳烃联合装置抽余液塔顶和抽出液塔顶的余热是两处热负荷较大的低温余热资源。以一套 0.6Mt/a 芳烃联合装置为例，此两处的余热负荷约为 100MW，回收利用好这部分低温余热，能够大幅度降低芳烃联合装置的能耗。抽余液塔和抽出液塔按常压塔操作时，塔顶可以发生 0.25MPa 左右的饱和蒸汽，在经过过热和管线输送后，到达发电机组的压力一般在 0.2MPa 以下。这个等级的电源蒸汽如果用来驱动透平发电，则汽电转换效率低，此外，因为蒸汽压力低、比容大，蒸汽管线的管径大、凝汽发电机组占地面积大，设备和管线的投资高、项目投资回收期长，余热利用的技术经济指标较差。

通过强化传热技术的应用，适当提高这两台塔的操作压力，可以提高塔顶低温热回收的经济性。将抽余液塔和抽出液塔提压操作至塔顶压力分别为 0.25MPa 和 0.28MPa，塔回流温度为 180℃左右，可以发生 0.5MPa 饱和蒸汽 180t/h，经过二甲苯塔底再沸炉的对流段过热至 180 ～ 190℃后用来发电，可净发电 18MW，净热电转化效率可达 15% 以上。采用低压蒸汽发电技术后，芳烃联合装置的能耗可降低约 50kgoe/t 对二甲苯产品。

（3）利用强化传热设备降低锅炉排烟温度　据统计，各炼化企业均设有多台动力锅炉以及数量更多的各种形式余热锅炉，这些锅炉的排烟温度都较高。炼化企业动力锅炉和余热锅炉的排烟温度调研数据详见表 9-15。

表9-15　锅炉排烟温度调研汇总

锅炉类型	动力锅炉	催化裂化装置余热锅炉	硫黄回收装置余热锅炉
排烟温度范围 /℃	120 ～ 180	160 ～ 220	250 ～ 300

由表 9-15 可知，动力锅炉和余热锅炉的排烟温度都较高，这些锅炉烟气是宝贵的余热热源。因锅炉烟气露点高、腐蚀性强，以往没有抗腐蚀好、长周期运行的烟气换热设备，造成烟气能量不能有效利用。动力锅炉和余热锅炉的排烟温度高，不仅浪费宝贵的余热资源，还额外增加后续脱硫系统的喷淋降温水耗。锅炉排烟温度能否进一步降低，是企业节能降耗、提高锅炉效率的关键因素。

利用抗低温露点腐蚀的新型非金属烟气取热器，可以实现锅炉烟气余热深度利用，使锅炉排烟温度革命性降低。采用烟气深度利用技术后锅炉预期排烟温度详见表 9-16。

表9-16　采用烟气深度利用技术后锅炉预期排烟温度

锅炉类型	动力锅炉	催化裂化装置余热锅炉	硫黄回收装置余热锅炉
现有锅炉排烟温度范围 /℃	120 ～ 180	160 ～ 220	250 ～ 300
强化传热后锅炉排烟温度范围 /℃	80 ～ 90①	80 ～ 90①	80 ～ 90①
烟气余热负荷 /MW	5 ～ 50	5 ～ 25	2 ～ 10

① 动力锅炉和余热锅炉的烟气余热负荷为核算到 80℃以上可利用部分数据，如有采暖负荷等更低温度的热阱，排烟温度可以进一步降低。

通过深入研究锅炉烟气特性、解决制约排烟温度降低的露点腐蚀问题，开创性地将锅炉排烟温度降低到 100 ℃以内。在此基础上，设置热媒水系统将非金属烟气换热技术取出的锅炉烟气余热送至余热发电机组或余热制冷机组升级利用，将锅炉烟气余热深度利用技术与余热发电、余热制冷等余热升级利用新技术相结合。锅炉排烟温度降低后，还可显著降低后续脱硫系统的烟气冷却激冷水耗，在节能的同时还可实现节水和除尘的作用。

以某厂 1 套 2Mt/a 催化裂化装置余热锅炉为例，锅炉排烟温度较高为 180 ～ 200℃，余热锅炉出口烟气参数详见表 9-17。

表9-17　催化裂化装置余热锅炉出口烟气参数

烟气组成	O_2	CO_2	N_2	H_2O
烟气含量 / %	2.25	14.11	73.54	10.1
烟气流量（标准状态）/（m^3/h）	292384			
烟气温度 /℃	180 ～ 200			

采用锅炉烟气余热深度利用技术，将催化裂化装置余热锅炉排烟温度由目前的 180 ～ 200℃降低到 80 ～ 90℃，取热量为 12 ～ 13MW。烟气取热器设计参数详见表 9-18。

表9-18 烟气取热器设计参数

项目	数据	项目	数据
烟气换热器入口烟气温度 /℃	180 ～ 200	出水温度 /℃	140
烟气换热器出口烟气温度 /℃	80 ～ 90	热媒水流量 /（t/h）	148 ～ 163
烟气换热器热媒水条件		烟气换热器取热量 / MW	12 ～ 13
进水温度 /℃	70		

通过强化传热技术对锅炉烟气进行深度利用，催化裂化装置余热锅炉排烟温度由 180 ～ 200℃降低到 80 ～ 90℃。通过热媒水系统将以上烟气取热器取出的余热 12 ～ 13MW 送至有机朗肯循环（ORC）余热发电机组回收利用，余热发电机组可实现净发电量 1100 ～ 1200kW，装置能耗降低 1.03 ～ 1.12kgoe/t 原料（表 9-19）。

表9-19 锅炉烟气深度利用技术经济指标

项目	数据	项目	数据
总投资（包括烟气取热、ORC 机组及辅助设施）/ 万元	2050	年发电效益［含税电价 0.7 元 /（kW·h）］/ 万元	646.8 ～ 705.6
发电机组净输出电量 /kW	1100 ～ 1200	项目简单投资回收期 / 年	约 3
装置能耗 /（kgoe/t 原料）	1.03 ～ 1.12		

四、低温余热利用系统中的强化传热

1. 低温余热利用系统中的强化传热技术简介

（1）低温余热利用概述　石油化工生产中工艺物流的加热和冷却过程会产生大量余热，以低温余热为主，温位大多集中在 50 ～ 200℃区间。

（2）炼化企业主要余热资源概况

① 低温余热温度范围　炼化企业低温余热通常可细分为以下三种温位：

a. 较高温位 150 ～ 200℃热源；

b. 中等温位 80 ～ 150℃热源；

c. 较低温位 50 ～ 80℃热源。

炼化企业温位在 150 ～ 200℃的余热已基本利用，重点需要解决的是大量 50 ～ 150℃中低温位余热资源的综合有效利用。

② 低温余热产生位置

a. 工艺过程中余热资源：在分离、转化、精制、改质、聚合、氧化等各种工艺加工过程中工艺物流的余热。

b. 工艺装置加热炉、动力锅炉和工艺装置余热锅炉的烟气余热。

c. 公用工程和辅助设施中的余热：包括凝结水余热，蒸汽发生设备排污水余热，循环冷却水余热以及蒸汽透平、除氧器和排污扩容器等设备产生的乏汽余热。

③ 低温余热利用潜力　根据中国石化能源管理与环境保护部 2013 年 5 月调研数据，14 家炼化企业 80℃以上有利用潜力的工艺物流余热约 2332MW。据不完全统计，中国石化的炼化企业中 80 ～ 150℃工艺物流相对集中、具有利用潜力的中低温位余热资源量约为 4000 ～ 5000MW。根据相关数据估算，全国石化行业 80 ～ 150℃ 具有利用潜力的中低温位余热资源量约为 20 ～ 30GW，具有极大的利用潜力。

④ 低温余热利用原则　余热资源梯级利用时应遵循以下基本原则：

a. 生产装置和系统单元优先选用低能耗的工艺技术，并选择高效率的设备和设施，实现本质节能。在联合装置范围内或全厂范围内优化换热网络流程，力争减少或不产生低温余热。

b. 根据余热资源的品位和特性，通过系统优化实现余热的梯级有效利用，提高余热资源的回收利用效率；高温位余热优先用于高温位的热用户，低温位的余热优先用于低温位的热用户。

c. 优先考虑连续、稳定、同级利用，在同级利用的基础上再考虑余热发电和余热制冷等升级利用技术。优先采用以低温热量代替原工艺生产消耗的蒸汽等二次能源：如利用余热加热除盐水、以热水作为气分等装置再沸器热源、以热水作为储运系统油罐加热和维温热源等。

d. 余热资源利用不影响装置正常生产，保证装置操作安全平稳，在热源、热阱变化以及生产方案切换时装置安全生产不受影响。

e. 余热利用要先热联合后回收，先工业后生活，先厂内后厂外（园区）。

（3）低温余热利用技术途径　从过程热力学角度，低温热利用技术途径有两类：一类是同级利用，另一类是升级利用。

① 低温余热同级利用　对于炼化企业 50 ～ 200℃中低温位的低温余热，首先采用优化换热网络直接换热加以同级利用；其次，还可以用于采暖和伴热。在北方地区由于冬季需要采暖和伴热，冬季的低温余热利用较充分，夏季则会出现过剩的情况；而在南方地区无论是冬季还是夏季低温热均出现富余。

② 低温余热升级利用　在换热、采暖伴热同级利用的基础上，如还有大量过剩低温余热，可以考虑采用低温余热发电技术或低温热制冷技术加以升级利用。低温余热升级利用主要有热泵、制冷和发电做功三种利用方式。

a. 热泵 - 余热制热技术。

b. 余热制冷技术：通常应用于原油蒸馏、催化裂化和焦化等装置。通过余热制冷技术，冷水代替循环水冷却用于吸收稳定系统，在节能的同时提高产品收率。采用热水型溴化锂制冷机组的低温余热制冷技术在部分炼化企业得到了应用，取代了原有空调系统的电制冷或蒸汽制冷。此外，在部分炼化企业还利用热水型溴化锂制冷机组产生的冷水用于催化、轻烃回收等工艺装置，冷却塔顶油气等工艺介质提高产品的收率。

c. 余热发电技术：低温余热发电是一种重要的能量回收形式，可以将低温热能直接转化成高品位的电能。在炼化企业在大量低温热过剩，难以找到合适的回收渠道时，采用低温余热发电是一种有效途径。通过低温余热发电机组将低品位热能转化为高品位能源——电能。发电机组可根据热源情况灵活配置，相比于低温热制冷机组，不受冷水保冷输送距离、冷源利用匹配等因素限制，具有更大推广潜力。

（4）低温余热发电技术　低温余热发电技术是强化传热技术在炼化企业低温余热利用上的典型技术路径。炼化企业所采用的低温余热发电技术主要有以下 4 种：

a. 扩容闪蒸蒸汽发电技术；

b. 低压饱和蒸汽发电技术；

c. 卡琳娜动力循环发电技术；

d. 有机朗肯循环（ORC）发电技术。

① 扩容闪蒸蒸汽发电技术　扩容闪蒸蒸汽发电技术自 20 世纪 80 年代在长岭、洛炼、锦西和锦州等炼油与化工企业的某些项目上进行过尝试应用。多数企业的扩容闪蒸蒸汽发电机组已经拆除，只有一套机组仍在运行。某炼化企业扩容闪蒸蒸汽汽轮发电机组的基本情况如下：

热源：催化装置热水，热水温度 120℃ /75℃，热水流量约 750t/h

机组透平进汽参数：

一次进汽 p=0.14MPaA，T=114℃

二次进汽 p=0.049MPaA，T=80.8℃

机组透平排汽参数：p=0.0088MPaA/T=42.5℃

机组设计额定功率：3000kW

机组自用电率：为机组装机规模的 30% ～ 35%

扩容闪蒸湿蒸汽汽轮发电机组的热效率、经济效益受热源温位和循环水温度等影响较大，机组整体热效率较低，项目经济效益不高且投资回收期较长。自 20 世纪 90 年代后的炼化企业新建项目中，基本不采用扩容闪蒸蒸汽发电技术回收低温热。

② 低压饱和蒸汽发电技术　利用工艺装置的低温余热产生低压饱和蒸汽，利用这些低压饱和蒸汽做工质介质驱动蒸汽透平发电或者驱动压缩机工作。某企业 0.6Mt/a PX 装置，利用工艺低温余热产生 0.4MPa 饱和蒸汽 160 ～ 170t/h，发电 17 ～ 18MW，装置由原来耗电 15 ～ 16MW 变为外送电约 2 ～ 3MW，与国内外先进装置相比装置能耗降低，处于世界领先水平，吨 PX 成本低于同类装置，产生可观的经济效益。

③ 卡琳娜动力循环发电技术　卡琳娜动力循环发电技术以 80% ～ 90% 氨水作为循环工质，工艺装置余热加热后的热水进入卡琳娜发电机组蒸发器，加热系统的

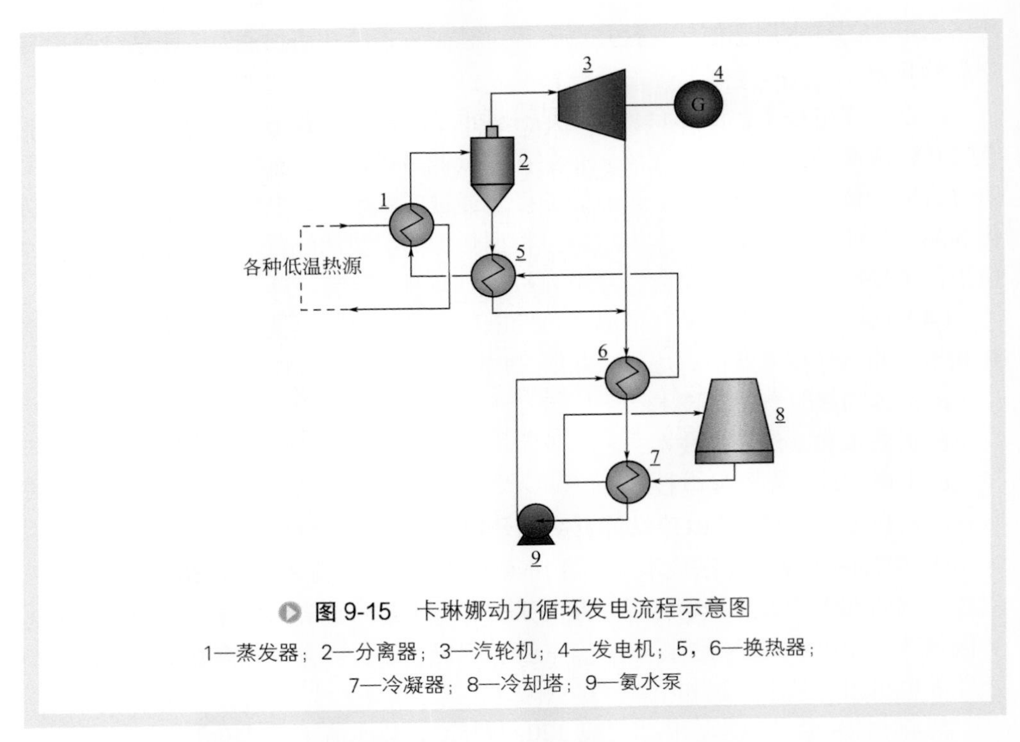

图 9-15　卡琳娜动力循环发电流程示意图

1—蒸发器；2—分离器；3—汽轮机；4—发电机；5，6—换热器；
7—冷凝器；8—冷却塔；9—氨水泵

循环工质，离开蒸发器的水循环回装置；氨蒸气进入汽轮机膨胀做功，驱动发电机发电，汽轮机做功后的乏汽进入换热器、冷凝器（凝汽器）冷凝成氨水，再经氨水泵送到换热器和蒸发器形成卡琳娜动力循环（图 9-15）。

冰岛 Husavik 电厂和德国慕尼黑 Unterhaching 地热电站采用了该技术，热源为地热水，温度为 121℃（表 9-20），冰岛 Husavik 电厂装机规模为 2MW，德国慕尼黑 Unterhaching 地热电站装机规模为 4MW。在国产化的 PX 项目中，设置了我国首套卡琳娜动力循环热水发电机组，利用 780t/h 70℃ /120℃热媒水，通过卡琳娜动力循环热水机组进行发电，装机规模 4MW，设计工况下净发电量 3151kW。

表9-20　冰岛Husavik电厂卡琳娜动力循环性能测试结果

项目	数据	项目	数据
地热热水流量 /（t/h）	324	厂用电功率 / kW	127
地热热水温度 / ºC	121	发电净功率 /kW	1709
冷却水水温 / ºC	5	每吨热水发电 /kW	5.3
发电功率（毛）/ kW	1836		

④ 有机朗肯循环发电技术　有机朗肯循环（ORC）发电技术是以低沸点有机物为工质的朗肯循环。有机工质在换热器中从余热流中吸收热量，生成具一定压力和温度的蒸汽，蒸汽进入膨胀机做功，从而带动发电机或拖动其他动力机械。从膨

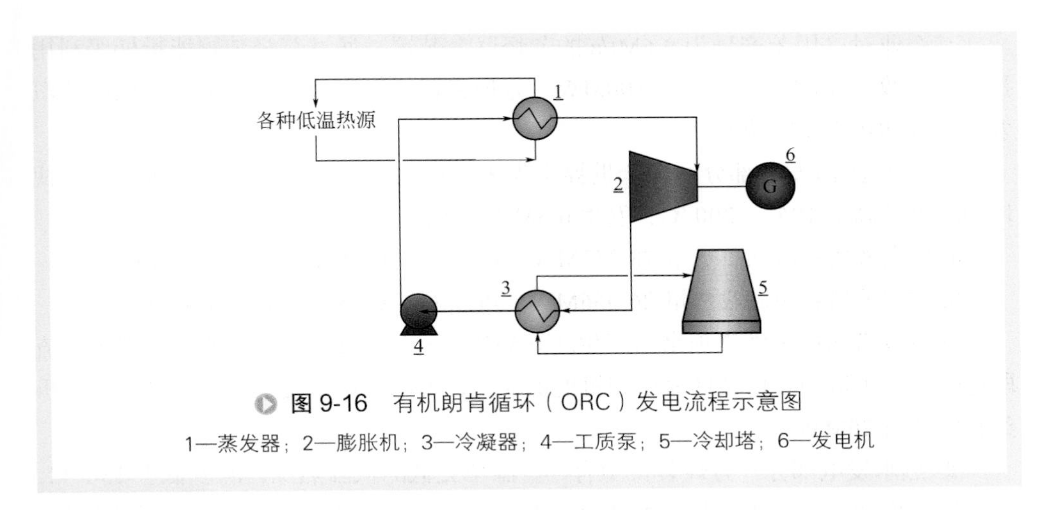

图 9-16　有机朗肯循环（ORC）发电流程示意图

1—蒸发器；2—膨胀机；3—冷凝器；4—工质泵；5—冷却塔；6—发电机

胀机排出的乏汽在冷凝器中凝结成液态，通过泵升压回到换热器，如此形成 ORC 循环（图 9-16）。

ORC 发电技术示范应用始于 20 世纪 50 年代，在欧洲、美国、日本、以色列等是较为广泛应用的工业技术，多用于工业余热回收利用以及地热发电项目。

以色列 ORMAT 公司、美国 UTC/ 普惠公司、瑞典 OPCON AB 公司和意大利 Turboden 公司和 Exergy 公司等为国际上 ORC 发电技术主要技术和设备供应商。截至 2012 年，ORC 发电技术在几十个国家 2000 个低温余热和地热发电项目中有工业化应用业绩。最近几年，部分领先企业的国产化的 ORC 膨胀机的研发、设计和制造取得了突破性进展，并陆续有工业化试验机组投入运行。

2. 强化传热技术在低温余热利用中的实际应用案例

（1）芳烃装置能量梯级利用技术　综合考虑芳烃联合装置工艺流程长，循环物料多，分离过程复杂，分馏塔数目多，塔顶冷凝低温热量多，余热热源温位低，大部分低温热的温位为 90 ～ 160 ℃。由于其温位较低，难以在装置内部得到利用，基本都采用空气冷却器和水冷却器进行冷却。由于低温热源温位低，客观上存在着回收难度大、经济效益不高等问题。目前采用的常规办法是配合工厂的低温热利用整体规划，采用除盐水或除氧水作为循环热媒回收利用装置低温热量，用作热水伴热、罐区维温、生活用热等方面，这些方法只能回收一部分低温热，并且存在季节性变化。芳烃联合装置是高耗能装置，低温热得不到有效利用是重要的原因之一。

通过强化传热技术，采用芳烃装置能量深度集成与低温余热发电技术回收利用芳烃装置大量余热，实现芳烃装置能量梯级利用。低温余热发电是一种重要的能量回收形式，可以将低温热能直接转化成高品位的电能。在大量低温热过剩，难以找到合适的回收渠道时，采用低温余热发电是一种有效途径。

某企业对二甲苯产量为0.6Mt/a的芳烃联合装置，通过芳烃装置能量梯级利用技术可回收利用的低温热大于100MW。芳烃装置能量梯级利用技术包括低压蒸汽发电部分和热水发电两部分：

① 低压蒸汽发电部分　在全世界率先采用抽余液塔、抽出液塔加压操作，使塔顶温度升高至195～200℃，发生0.5MPa蒸汽。

a. 抽余液塔：可回收热量78.252MW，可以发生0.45MPaG蒸汽121t/h。

b. 抽出液塔：可回收热量26.066MW，可以发生0.45MPaG蒸汽41t/h。

抽余液塔和抽出液塔顶余热产生的0.5MPa蒸汽162t/h经二甲苯塔再沸炉对流段过热后，少量为歧化循环氢压缩机提供动力，大部分用于发电，低压蒸汽发电机组装机负荷20MW。

② 热水发电部分　芳烃装置中有一些温位更低的低温热源，温度低于130℃，难以用来发生蒸汽，则采用热媒水系统与各个工艺物料分别进行串联/并联换热，回收的低温热集中送到热水发电机组发电。热水发电部分可根据热源温位和热源大小比选采用卡琳娜循环发电技术或有机工质朗肯循环发电技术。热水发电机组装机负荷4MW。

芳烃装置能量梯级利用技术合计设置余热发电机组24MW，实现装置由受电到外送电的历史性突破。项目节能量51429tce/a，减排 CO_2 135773t/a（碳减排）。低温余热发电经济效益显著，年节约成本超亿元。

（2）低温余热综合利用技术应用　在换热网络优化的基础上，充分考虑炼油与化工企业全厂范围内低温热源和热阱的热量、温位及平面布置位置等具体条件建立全厂性低温热系统，按照“温度对口，梯级利用”的原则，把分散在各个工艺装置的热源集中起来，再供给分散在不同地方、不同温位的热阱，在全局范围内实现低温热的充分及合理利用。通过采用有机朗肯循环发电技术回收利用装置内温位相对较高、热源相对集中的余热资源；通过采用余热制冷技术将低温热能转化成冷能，利用热水型溴化锂制冷机组产生冷水代替循环水，用于催化、焦化、气分等工艺装置，冷却塔顶油气等工艺介质提高产品收率；利用热媒水系统回收过剩低温余热用于厂区建筑物和生活区供暖，替代“高能低用”的供暖蒸汽，降低采暖成本。通过余热发电、制冷、供暖等综合利用技术做到全厂余热“高能高用、低能低用”，使能量利用达到最优配置。

以某炼油与化工企业为例，催化裂化、焦化、加氢裂化、柴油加氢、航煤加氢、催化汽油脱硫等装置存在大量低温余热资源，这些余热没有充分利用，还需要额外消耗大量电能和循环水采用空冷器和水冷器进行冷却，额外消耗大量电能和循环水。同时，气分等装置的低温加热负荷仍在采用1.0MPa蒸汽，厂区建筑物和生活区供暖也消耗大量的1.0MPa蒸汽。此外，重整装置和饱和气回收装置仍在采用高耗能的电制冷/氨制冷机组提供冷水。全厂能耗高、存在“高能低用”现象、能量利用不合理。综合考虑全厂范围内低温热源和热阱的热量、温位、总平面布置位置情况以及区域内工艺装置低温热的产生和消耗特点，在工艺装置内热量优化利用的基础上，将全厂低温热的回收利用划分为若干个区域，拓展同级利用、升级利用方式，形成全厂低温余热梯级综合利用系统。在装置间直接热联合的基础上，优化各个区域低温热系统的设置，设计适宜的热媒水流量和温差，按照“温度对口，梯级利用”的原则，通过热媒水的串联/并联换热，把分散在各个装置和单元的余热资源集中起来，再供给分散在不同地方、不同温位的热阱，实现冷热物流的匹配优化以及热量回收与利用的最大化。区域热媒水系统示意流程如图 9-17 所示。

在被动利用装置余热基础上，进一步结合余热发电、余热制冷、热泵、余热供暖等各种低温余热利用技术的特点，针对不同余热利用技术途径→反馈提出各个装置的余热取热优化方向和要求。通过方案优化，该企业的余热梯级综合利用项目设置为三个区域子系统。

① 第一余热综合利用区域（包括焦化、高压加氢裂化和柴油加氢等装置）：

取出焦化、高压加氢裂化和柴油加氢等装置的低温热，通过采用预热热力锅炉的除盐水、余热发电、余热制冷、热泵等综合利用技术的应用，节省了用于除盐水加热的热电锅炉除氧蒸汽，替代了饱和气回收装置的电制冷机组，制冷水用于焦化装置替代循环水，优化了操作条件，增产液化气。

② 第二余热综合利用区域（包括 3# 催化裂化、气分和重整装置）：

利用催化裂化装置顶循、塔顶油气和轻柴油的余热产生 70 ～ 90℃热媒水，供给气分装置分馏塔的再沸器使用，替代气分装置存在高能低用的 1.0MPa 蒸汽负荷，解决高能低用的问题。根据新建重整装置用冷负荷、需求，结合吸收稳定部分各种

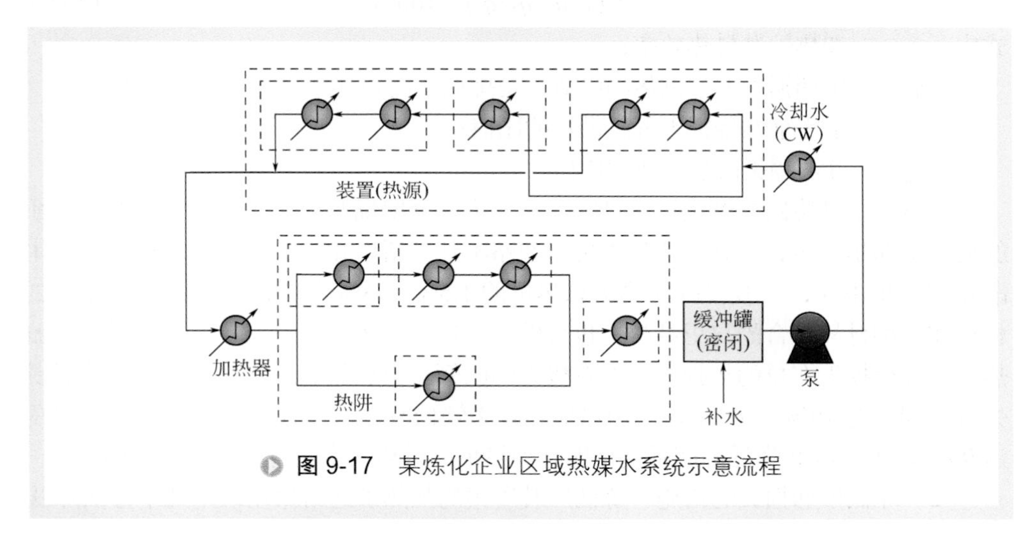

图 9-17　某炼化企业区域热媒水系统示意流程

优化操作方案的冷水负荷要求，反馈提出重整采用装置的余热优先制冷以满足冷量需求剩余余热发电的方式，取热优化方向，实现了重整装置余热资源的余热发电和余热制冷优化组合利用。

③ 第三余热综合利用区域（包括 2# 催化裂化、气分、催化汽油脱硫和航煤加氢等装置）:

根据该区域气体分馏等装置热阱负荷以及生活区冬季供暖负荷需求，结合余热发电、制冷、热泵、供暖等各种低温余热利用技术特点，反馈提出各个装置的余热取热利用优化要求，实现该区域各个装置余热资源的集成优化利用。根据“高能高用、低能低用”以及余热发电机组的配置以“以暖定电”的原则，将区域内催化汽油脱硫、航煤加氢等装置内温度相对较高的余热资源用于余热发电，其他装置内温位较低的余热资源优先用于冬季供暖和非采暖季余热制冷。通过以上集成低温热回收、热量集成利用和热量梯级利用的节能措施，实现全厂余热资源综合有效利用。

五、加热炉节能

1. 强化技术回收低温烟气余热

加热炉是炼油厂生产装置的主要供热中心，其燃料消耗在装置能耗中占有相当的比例：少则 20% ～ 30%，多则 80% ～ 90%[5]。以原油蒸馏装置和催化重整装置为例，加热炉燃料消耗分别约占整个原油蒸馏装置和催化重整装置能耗的 85% 和 80%。因此提高加热炉的燃料热效率对降低装置能耗、减少温室气体排放、提高经济效益有重大意义。

（1）加热炉节能的主要方向　加热炉简化的热效率反平衡表达式：

$$\eta = (1-q_1-q_2-q_3)\times 100\% \qquad (9\text{-}1)$$

式中　η——加热炉燃料热效率；

q_1——排烟损失占总供热的比值，是排烟温度和过剩空气系数的函数；

q_2——不完全燃烧损失占总供热的比值；

q_3——散热损失占总供热的比值。

加热炉用燃烧器的燃烧技术日臻完善，不完全燃烧的现象基本只是在操作不好的情况下偶尔发生，因此其热损失可以忽略不计。新建和维护较好的加热炉的炉体散热损失也不大，一般仅占加热炉总热量的 1.5% ～ 3% 左右，采用新型耐火隔热材料和多种材料组合的衬里结构，也可以减少炉体散热损失，但效果并不明显。加热炉的排烟损失在总的热损失中占有极大的比例。当加热炉热效率较高时，排烟损失占总损失的 70% ～ 80%；当加热炉热效率较低时，排烟损失占总损失的比例高达 90% 以上。因此降低排烟温度是提高加热炉燃料热效率最直接有效的措施。

（2）降低排烟损失的措施　炼油厂装置中的加热炉通常采用以下几个方法降低

排烟温度，从而降低排烟损失，提高加热炉热效率。

① 将低温介质引入对流室末端加热　全装置或者全厂热量综合利用，将低温介质引入加热炉的对流室末端进行加热，从而降低排烟温度。这一措施理论上可行，但实际操作过程中需要充分考虑该低温介质的流量、来料温度、所需加热后的温度等是否与加热炉的负荷匹配；另外还要考虑管路压力降、管线保温和该物料所处的位置和返回的位置等因素。对此方案应进行经济分析：将此低温介质引入加热炉对流室末端加热是否合理，是否有经济效益；同时还需要综合考虑采用此方案回收热量节约的燃料费用与一次性建设投资的回报率。

② 采用烟气余热锅炉发生蒸汽　对于催化重整装置、烃 - 蒸汽制氢装置的加热炉由于主要工艺介质的加热、烃 - 蒸汽转化仅在辐射室完成，进入对流室的烟气温度非常高，通常在 700 ～ 1000℃左右，没有更合适低温介质引入，同时装置自身需要消耗一定的蒸汽用量，因此在对流室设置烟气余热锅炉发生中高压蒸汽以回收热量，降低烟气温度。

烃 - 蒸汽转化炉的对流室除了烟气余热锅炉外，还设置了原料预热段、高温空气预热器（有些工况不设置）和低温空气预热器用以进一步回收烟气余热。

催化重整反应进料加热炉由于受限于锅炉给水的温度（通常为 105℃左右），目前的排烟温度通常都在 145℃左右。

由于环保标准的提高，炼厂加热炉的燃料都必须进行脱硫等洁净化处理，加热炉的排烟温度有进一步降低的空间。但采用余热锅炉的方案，排烟温度的降低受到了限制，为了达到进一步节能的目标，在余热锅炉之后增设了烟气 - 空气换热的空气预热器，排烟温度可以降低至 90 ～ 120℃。

③ 采用烟气 - 空气预热器　出加热炉对流室的烟气温度通常为 400 ～ 180℃，用烟气 - 空气预热器回收烟气余热是较为常见和非常有效的方式。该系统中最重要的设备就是空气预热器，也就是用出对流室的烟气与环境空气换热，被加热了的空气送入加热炉燃烧器供燃烧使用，冷却后烟气通过烟囱排入大气。

常用的空气预热器有管束式预热器、重力热管式预热器、板式预热器、双向翅片铸铁板式预热器、水热媒预热器或者是上述几种形式的组合形式。

管束式预热器是间壁式换热的空气预热器，为了强化管内传热，管内设置扰流件。扰流件的作用是使管内气体改变稳定的流态，从而降低边壁层膜厚度，减少内膜热阻，从而提高传热性能，但压力降会有所增加。为了强化管外传热，管外根据介质情况设置为光管、翅片管或者钉头管的扩面形式，扩面管可以增加管外的有效传热面积，从而起到强化传热的效果。

重力式热管预热器是借助传热媒介的液 - 汽两相变换来实现传递热量。单根热管为两端封闭、内部抽一定程度的真空并充有媒介工质（炼厂使用的通常为水）的管子。热端被加热时，媒介工质吸热蒸发流向冷端，将热量传递给管外的冷介质后，自身冷凝流回热端再吸热蒸发，如此循环完成热量传递。由于工质的汽化潜热大，所以在极小的温差下就能把大量的热量从管子的一端传至另一端，其传热性能非常优越。

为了强化热管的传热性能，通常热管的冷端、热端外部采用扩面形式，如翅片或者钉头，根据工况不同可以调整扩面管的具体参数。另一方面，提高管内的真空度有助于强化管内媒介工质的汽-液两相的转换，有利于有效换热。对于预热器，根据烟气温度的温降，调整热管每一排的排间距及每排热管根数，从而使管外烟气流速始终处于较高的区间，有利于提高管外传热系数。

水热媒预热器主要由烟气-水换热器、空气-水换热器、热水循环泵以及相应的管道组成，是以在密闭管系内循环的软化水作为传热媒介的一种空气预热系统。为强化传热，烟气侧和空气侧的换热管均采用外部连续翅片的扩面形式，内部水热媒始终保持液态，采用较高流速的形式以强化管内的传热效果。在烟气侧，高温烟气将热量传递给管系内的软化水，在空气侧热水将热量传递给燃烧用空气。利用管系上的热水循环泵以维持软化水的流动，实现连续换热。

组合式预热器应用的初衷是有效利用适应特定烟气温度范围的预热器，同时兼顾经济性。烟气温度较高的部分采用换热性能优良的预热器或者耐高温的预热器，如管束式、板式；中温段采用热管式预热器；低温段采用铸铁板式、玻璃管或玻璃板式、石墨管束式、碳化硅管式或者工程塑料管式预热器等形式。一方面加强了传热换热，另一方面提高了耐腐蚀性能，提高了设备在线率，从而有效保障加热炉的热效率，达到节能减排的目的。

④ 新材料的应用　为了提高换热效率，减少露点腐蚀，在预热器换热部分可以采用抗腐蚀性能较好的材料，如ND钢管、搪瓷钢管、硼硅酸盐玻璃管和玻璃板、石墨管、碳化硅管和工程塑料管等。

管束式预热器和热管式预热器在低温段采用了ND钢管、搪瓷钢管，起到了一定抗腐蚀作用。但搪瓷与金属管材的膨胀系数存在差异，易出现开裂剥落，失去抵抗露点腐蚀的能力。另外，整根管子尤其是翅片部分，容易有微小部位没有搪瓷，从而发生电化学腐蚀（点蚀）。

硼硅酸盐玻璃管、玻璃板的预热器目前在国内是新生事物，主要应用在200℃以下环境，有较好的抗低温露点腐蚀的效果，尤其是玻璃板式预热器，兼有板式的传热效果良好的特性，但需要提高抗热震稳定性能。

石墨管、碳化硅管耐腐蚀性能良好，导热性能比钢材要优良，但目前仅可以加工为管子的形式，且不能增加外部翅片以强化传热，由于加工成型需要高温烧结等原因，目前价格较贵。

工程塑料管耐腐蚀性能良好，导热性能较钢材差，主要应用在200℃以下环境，目前工业应用较少，实际效果有待检验。

⑤ 精细操作，降低过剩空气系数　为了确保加热炉的燃料完全燃烧，总是要有一定过剩空气量供给加热炉。实际空气量与燃料化学当量燃烧所用的理论空气量

之比叫作过剩空气系数。《一般炼油装置用火焰加热炉》（SH/T 3036—2012）规定了计算燃料热效率时的过剩空气系数[6]，具体见表9-21。

表9-21　设计过剩空气系数

燃烧器类型	设计过剩空气系数	
	燃料气	燃料油
自然通风	1.20	1.25
强制通风	1.15	1.20

加热炉为微负压操作，为了观察炉膛内部燃烧器的燃烧情况、炉管受热情况、炉管支吊架的情况及衬里等情况，在炉体不同部位开有观察孔、检查门等。在实际操作运行过程中，或多或少会有些空气从炉体进入到炉膛内部。如果过剩空气量增加，排烟时大量空气将热量一并带走，排烟损失增加，热效率降低，增加了燃料消耗量。图9-18[7]表示在不同排烟温度下，过剩空气系数 α 每增加0.1对热效率下降值的影响。

在加热炉运行中，首先应选用技术性能良好的燃烧器，其可以在较低的过剩空气量的情况下实现燃烧，同时还有较大的负荷调节比和较低的 NO_x 排放水平。另外将加热炉炉体可能泄露的位置进行合理密封处理，精细调整燃烧器调节风门挡板的开度，确保在完全燃烧的情况下尽量降低过剩空气供给量。选用泄露量较小、易于调整的烟囱挡板，并调整好烟囱挡板的开度，保证加热炉辐射炉顶负压在-40～-10Pa左右，避免炉膛负压过大，从炉体的泄露点吸入过多的环境空气。控制好进入炉膛的空气量可以有效地减少排烟损失，提高加热炉热效率，节约燃料从而达到节能目的。

2. 减少散热损失

减少炉墙、烟风道和预热器等的散热损失，主要靠合理、高效的衬里结构来实现。

（1）常用衬里材料

① 陶瓷纤维材料　具有体积密度低、热容量（蓄热量）低、导热系数低、施工简便、抗热震及机械振动性能优良、无需烘干、化学性能稳定等特点，是近年来应用在加热炉中的主流材料之一。

陶瓷纤维的直径为2～3μm纤维制品，空隙很多，具有弹性，可以压缩，导热系数极低，可预制成各种形状的块体、毡、毯等，有效缩短了施工工期，因此几乎在

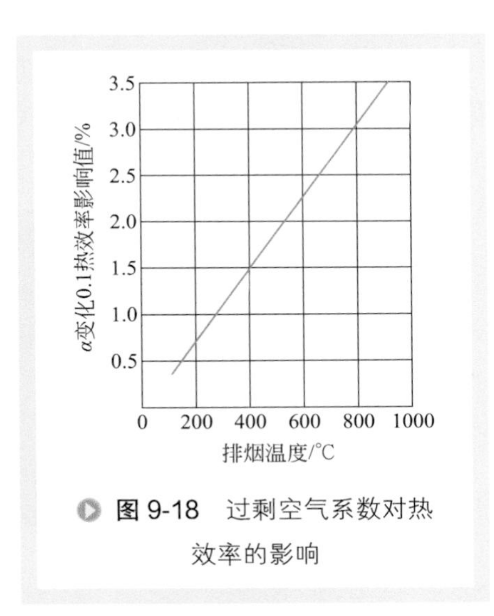

图9-18　过剩空气系数对热效率的影响

加热炉的所有部位上都有所应用。

② 耐火隔热浇注料　是由轻质骨料和结合剂组成的混合干料，在加入水或其他液体调配方后，采用捣制、涂抹等方法将其施工至待装墙面上。浇注料的最大优点是可塑性强，适用于各种形状复杂的部位，施工简便，且相比陶瓷纤维材料具有较高的抗冲刷性和致密性，主要应用在烟气流速较高的部位（如烟囱等）或易产生露点腐蚀的部位。

③ 耐火砖　加热炉的设计中，炉底、承重墙或易被火焰扑舔的热面层多采用砖结构。按照材质组分，加热炉常用耐火砖可分为黏土质耐火砖和高铝质耐火砖两大类。

（2）衬里结构技术发展　随着新技术和新材料在加热炉的衬里设计中广泛使用，理论设计散热损失可降至 1.5% ～ 3%。经过跟踪回访，发现实际应用中效果与理论值仍然存在着差距。这与炉衬材料的性能、施工质量等多方面因素紧密相关。以某厂的实测为例，炉本体总体的保温隔热效果尚佳，满足设计要求，见图 9-19（实测时环境温度为 25℃，基本无风）。由图 9-19 可见，被测试的加热炉除了加热炉的门、孔和套管周围以外，炉墙各处温度在 63.3 ～ 79.1℃范围内，平均 68℃。看火门处的热点温度 159.4℃。泄压门处的局部热点 162.4℃（图 9-20）。炉底燃烧器附近的热点温度 274.2℃（图 9-21）。

从图 9-19 ～图 9-21 可见，该厂的炉群当中也有局部高于平均温度的点或区域，比较明显的部位分布在泄压门周围和炉底燃烧器周围。最高温度点达到了 100℃以上。从温度的数值上看，工程上还有改进的空间。

（3）采用新型隔热保温技术　SEI 对某厂加热炉进行了重点部位的红外热成像扫描，扫描结果显示：加热炉炉体大部分外壁温度较低，平均为 68℃，散热较小。证实了 SEI 近几年的设计是成功的，SEI 开发了专利技术的看火门、泄压门，并对门孔附近炉衬的设计进行了改进，使散热损失减小。济南炼厂焦化装置加热炉上应用新型隔热保温技术，温度低于 50℃。

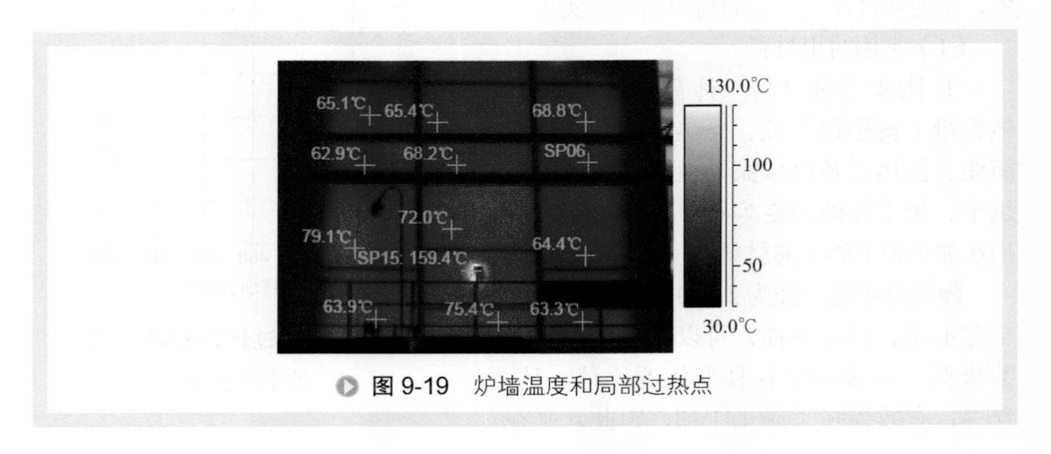

图 9-19　炉墙温度和局部过热点

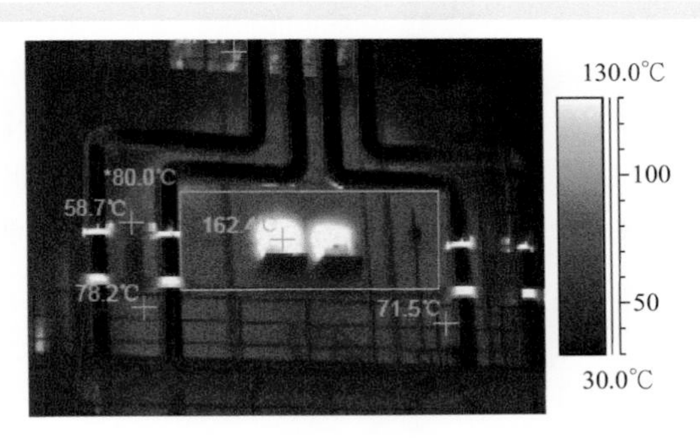

图 9-20　泄压门处的局部热点 162.4℃

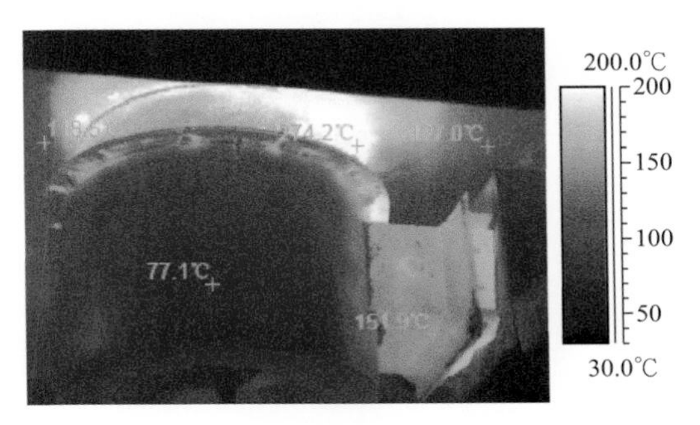

图 9-21　炉底燃烧器附近的热点温度 274.2℃

（4）新结构和新材料在加热炉炉衬上的应用　为了减少炉墙的散热损失，目前 SEI 广泛采用的炉衬设计是：加热炉的辐射段采用陶瓷纤维制品 + 浇注料复合炉衬结构。浇注料作为致密层阻止烟气向炉壁板串漏，减少酸露点腐蚀。向火面的陶瓷纤维为绝热层。这种结构有效地降低了炉外壁温度，减少了炉体的散热量。

SEI 研发的高强度低导热系数浇注料，在相同的保温层厚度条件下，其外壁温度可比普通浇注料降低 15 ～ 20℃。

参考文献

[1] 孙丽丽，蒋荣兴，魏志强 . 创新系统化节能方法与应用方案研究 [J]. 石油石化节能与减排，2015，5（4）: 1-5.

[2] 魏志强，孙丽丽 . 基于夹点技术的炼油过程多装置热集成策略研究与应用 [J]. 石油学报（石油加工），2016，32（2）: 221-229.

[3] Zhang B J，Luo X L，Chen Q L，et al. Heat Integration by Multiple Hot Discharges/Feeds between Plants[J]. Industrial & Engineering Chemistry Research，2011，50（18）: 10744-10754.

[4] Zhang B J，Luo X L，Chen Q L. Hot Discharges/Feeds between Plants To Combine Utility

Streams for Heat Integration[J]. Industrial & Engineering Chemistry Research，2012，51（44）: 14461-14472.
[5] 钱家麟 . 管式加热炉 [M]. 第 2 版 . 北京 : 中国石化出版社，2003: 520-521.
[6] SH/T 3036—2012 一般炼油装置用火焰加热炉 [S]. 北京 : 中国石化出版社，2012: 18.
[7] 钱家麟 . 管式加热炉 [M]. 第 2 版 . 北京 : 中国石化出版社，2003:200.

索　引

K

L

M

N

P